百校土木工程专业“十二五”规划教材

土 木 工 程 材 料

（第 2 版）

主　编　严捍东

副主编　王起才　陈德鹏　史　巍

同济大学出版社
TONGJI UNIVERSITY PRESS
·上海·

内容提要

本书在满足全国高等院校土木工程专业教学指导委员会、工程管理专业教学指导委员会和建筑学专业教学指导委员会制订的课程教学大纲要求的基础上，以现行相关的国家和行业标准、规范为主要依据，较系统地介绍了土木工程用主要材料的品种、定义、分类、规格尺寸、性能和选用的规定。全书共分13章，包括绪论、土木工程材料基本性质、无机气硬性胶凝材料、水泥、混凝土、砂浆、建筑钢材、围护结构材料、防水材料、沥青混合料、建筑用工程塑料制品、建筑装饰材料、土木工程材料试验指导。

本书可作为土木工程、工程管理、建筑学等专业本科教学的教材，也可作为从事建设工程勘测、设计、施工、科研和管理工作专业人员的参考书。

图书在版编目(CIP)数据

土木工程材料/严捍东主编. —2版. — 上海：同济大学出版社，2014.8(2023.7重印)
百校土木工程专业"十二五"规划教材
ISBN 978-7-5608-5576-9

Ⅰ. ①土… Ⅱ. ①严… Ⅲ. ①土木工程-建筑材料-高等学校-教材 Ⅳ. ①TU5

中国版本图书馆CIP数据核字(2014)第176545号

百校土木工程专业"十二五"规划教材

土木工程材料(第2版)

主　编　严捍东　副主编　王起才　陈德鹏　史　巍
责任编辑　马继兰　责任校对　徐春莲　封面设计　陈益平

出版发行　同济大学出版社
(www.tongjipress.com.cn　地址：上海市四平路1239号　邮编：200092　电话：021-65985622)
经　销　全国各地新华书店
印　刷　江苏句容排印厂
开　本　787 mm×1092 mm　1/16
印　张　24.5
字　数　611 000
版　次　2014年8月第1版
印　次　2023年7月第6次印刷
书　号　ISBN 978-7-5608-5576-9

定　价　49.00元

编　委　会

前　言

土木工程材料是材料科学在土木工程中应用的产物，在材料科学与土木工程科学之间起着桥梁和纽带的作用。土木工程是具有很强实践性的学科，土木工程材料主要关注的是材料在宏观尺度上的性能与行为，在必要时则进一步探究材料细观甚至微观尺度的组成与结构的特征，揭示材料组成及结构特征与其宏观性能、行为的关系，在此基础上，为土木工程材料的工程应用和性能优化提供依据。因此，土木工程材料是一门实用性与学术性两方面特色都很突出的学科。

"土木工程材料"是土木工程、工程管理、建筑学专业学生必修的技术基础课，通过该课程内容的学习，力图使土木建筑类学生掌握有关材料的基本理论和基础知识，为后续专业课程（设计、施工、管理和科研）的学习，以及将来在从事土木工程建设工作中正确选择与使用材料奠定一定的理论基础。

本书在满足全国高等院校土木工程专业教学指导委员会、工程管理专业教学指导委员会和建筑学专业教学指导委员会制订的课程教学大纲要求的基础上，以现行相关的国家和行业标准、规范为主要依据较系统地介绍了土木工程用主要材料的品种、定义、分类、规格尺寸、性能和选用的规定，这些内容有利于教师编写教案和学生自主学习。国家和行业标准、规范内容往往代表了我国土木工程材料的最成熟产品、最先进应用技术。

本书由华侨大学严捍东担任主编，兰州交通大学王起才、安徽工业大学陈德鹏、东北电力学院史巍担任副主编，中国民航大学杨新磊、江西科技师范学院严兵、苏州科技学院韩静云、厦门理工学院王甲春、成都理工大学吴飞、河南科技大学张益华参加编写。各章节编写者如下：第1章（严捍东）；第2章（杨新磊）；第3章（严兵、严捍东）；第4章（陈德鹏）；第5章（韩静云、严捍东，王甲春5.7，史巍5.8）；第6章（王甲春、严捍东）；第7章（王起才）；第8章（严捍东）；第9章（吴飞、严捍东）；第10章（吴飞）；第11章（史巍、严捍东）；第12章（张益华12.1，严捍东、张益华12.2，严捍东、史巍12.3，张益华12.4，严捍东、张益华12.5，张益华、严捍东12.6，史巍、严捍东12.7）；第13章（杨新磊13.1，韩静云13.2，陈德鹏13.3，韩静云13.4，王甲春13.5，王起才13.6，吴飞13.7、13.8）。严捍东对全书进行了统稿。

本版编著者向因各种原因不能参加本书编写工作的2004年版主编中国民航大学赵方冉老师、编著者河北农业大学孟志良老师、长沙交通大学姚佳良老师、太原理工大学贾福根老师、河北建筑工程学院薛斌老师、兰州理工大学周茗如老师对本教材的贡献表示衷心的感谢！

编著者希望使用本教材的各高校师生将书中所存在的问题及时反映给我们，使得本教材的质量不断提高，更加适合众多高校的教学要求。

作　者

2014年7月

第一版前言

“土木工程材料”是土木工程专业学生必修的专业基础课程，课程的任务是使学生具有土木工程材料的基本知识，掌握和了解常用的土木工程材料的性能与使用，为学习后续的专业课程（如有关土木工程的结构设计、施工技术、质量管理等方面的课程）打好基础。

本书根据全国高等学校土木工程专业指导委员会对土木工程专业学生的基本要求和审定的教学大纲而编写，教材的体系和内容汲取了多所高校在该课程教学上取得的良好经验，并适当反映了近年来国内外在土木工程材料方面的新技术、新产品，并结合有关的新的国家标准、规范而编写。

本书的作者来自全国13所高校，作者的编写分工如下：赵方冉编写第1章，第2章的§2.1、§2.2节，第13章的§13.4、§13.5节，第14章的§14.1、§14.5.2节；贾福根编写第2章的§2.3—§2.7节，第14章的§14.4节；严兵编写第3章，第4章，第14章的§14.2节；周茗如编写第5章，第14章的§14.3节；韩静云编写第6章的§6.1—§6.4节、题6-1—6-18，第14章的§14.5.1节；薛斌编写第6章的§6.5—§6.7节、题6-19—6-29，第14章的§14.6节；严捍东编写第7章；王起才编写第8章，第14章的§14.7节；吴飞编写第9章的§9.1节，第14章的§14.8节；姚佳良编写第9章的§9.2节，第14章的§14.9节；孟志良编写第10章；张益华编写第11章，第14章的§14.10节；史巍编写第12章，第13章的§13.1—§13.3节。赵方冉对全书进行了统稿。

由多所高校的教师联合编写《土木工程材料》教材对我们来说是初次尝试，我们希望采用该教材的各高校的师生将所发现的书中存在的问题及时反映给我们，使我们能对它的体系和内容不断加以完善，从而更加适合众多高校的教学要求。

作　者
2004年6月

目　　录

1 绪　　论

材料是构成各种土木工程构筑物的物质基础，是决定工程质量、使用性能、使用寿命和建设成本的关键因素。在土木工程建设中，构筑物实体是由材料堆砌或联结而成的，构筑物的许多性能也都是通过控制其各种组成材料的性能来实现的，因此，合理选择与正确使用材料是土木工程建设中的首要工作之一。土木工程材料品种繁多、性能各异、价格悬殊、用量巨大，对土木工程的安全性、适用性、耐久性、美观性和经济性有着重大意义，是从事土木工程设计、施工、管理和科研的专业人员必修的基础学科，只有系统掌握土木工程材料的性能及适用范围，才能合适地应用土木工程材料。

1.1 土木工程材料的定义、分类和作用

1.1.1 土木工程材料的定义

土木工程材料是用于土木工程中的各种原材料及其制品的总称。20 世纪 50 年代以来，本课程在我国一直被称为“建筑材料”，一般泛指工业与民用建筑工程所用的原材料及其制品，进入 21 世纪，随着我国道桥、水利、港口等基础设施建设规模和水平的进步，“建筑材料”这一术语已经不能涵盖工程建设的对象，因此更名为“土木工程材料”。

由于土木工程建设中所涉及的材料品种繁多，几乎涵盖了自然界和各种工业部门生产的所有材料，为方便应用，通常按不同的原则对土木工程材料进行分类。

1.1.2 土木工程材料的分类

(1) 按化学成分分类　根据材料的化学成分，可分为无机材料、有机材料和复合材料，如图 1-1 所示。

复合材料是由两种或两种以上不同性质的材料，通过物理或化学的方法，在宏观上组成具有新性能的材料。各种材料在性能上互相取长补短，产生协同效应，使复合材料的综合性能优于原组成材料而满足各种不同的需求。复合材料使用的历史可以追溯到古代，从古至今沿用的稻草或麦秸增强生黏土和已使用上百年的钢筋混凝土均由几种材料复合而成。现代复合材料的研究深度和应用广度及其生产发展的速度和规模，已成为衡量一个国家科学技术先进水平的重要标志之一。

(2) 按使用功能分类　根据材料的使用功能，可分为承重结构材料、非承重结构材料及功能材料。

① 承重结构材料　主要指梁、板、柱、基础、承重墙体和其他主要起承受荷载作用的材料。材料的力学性能和变形性能是土木工程对结构材料所要求的主要技术性能，这些性能的优劣决定了工程结构的安全性与使用可靠性。

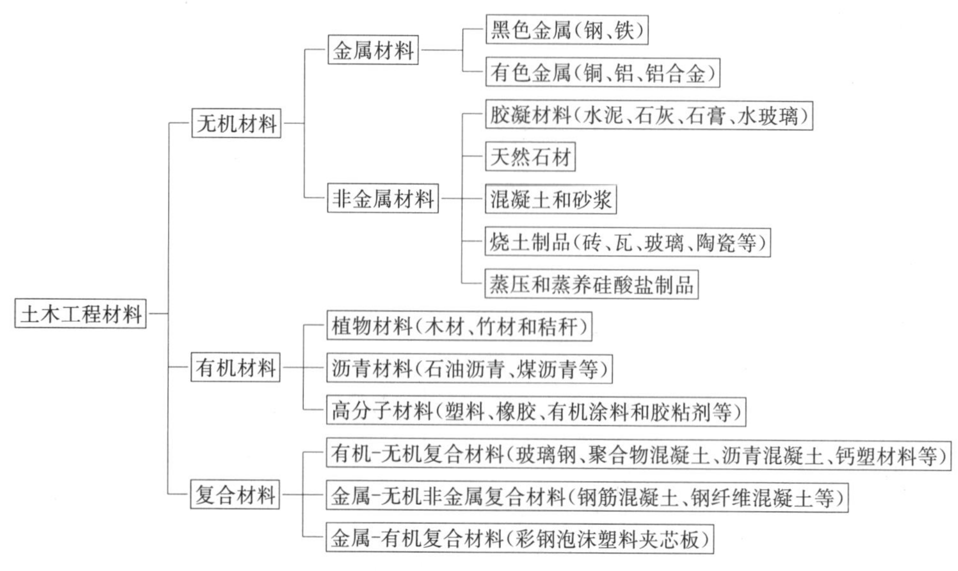

图 1-1　按化学成分对土木工程材料分类

② 非承重结构材料　主要包括框架结构的填充墙、内隔墙和其他围护材料。

③ 功能材料　主要有防水材料、防火材料、装饰材料、保温隔热材料、吸声(隔声)材料、采光材料、防腐材料等。这些功能材料的选择与使用是否科学合理,往往决定了工程使用的可靠性、适用性以及美观性等。

(3) 按使用部位分类　按照使用部位区分,常用的土木工程材料主要有:建筑结构材料、桥梁结构材料、水工结构材料、路面结构材料、建筑墙体材料、表面装饰与防护材料、屋面或地下防水材料等。土木工程的不同部位,各自的技术指标要求可能不同,对所使用材料的主要性能要求就会有所差别。

1.1.3　土木工程材料的作用

材料在土木工程中具有举足轻重的作用。主要体现在以下几个方面:

(1) 材料的质量直接影响着土木工程的质量　质量是土木工程建设追求的第一目标。对已建成构筑物质量状态的评价,在很大程度上依存于对材料质量的控制;以往工程实践表明,材料质量的控制与材料的选择、生产、使用、检验评定、贮运、保管等环节都有关,任何环节的失误都可能造成工程的质量缺陷,甚至是重大质量事故,国内外土木工程的重大质量事故都与材料的质量不良或使用不当有关。

(2) 材料的价格直接影响土木工程的建造成本　在一般土木工程的总造价中,与材料直接有关的费用占 50%以上。

(3) 材料的性能在很大程度上决定了构筑物的功能和使用寿命　构筑物的安全性取决于结构材料的力学性能,适用性取决于围护结构材料和功能材料的防水性能、隔热、保温、隔声性能,美观性取决于材料的装饰性等;构筑物的使用寿命取决于材料的耐久性。同时,材料的耐久性还影响到构筑物运行期间的维护投入。

(4) 材料科学的进步将推动土木工程技术的突破　在人类漫长的历史进程中,材料与社会的进步相辅相成,材料是促进时代进步的重要因素,也推动了建筑设计、结构设计和施工技术的突破。

1.2　土木工程材料的历史、应用现状和发展趋势

1.2.1　土木工程材料的历史

土木工程材料是随着人类社会生产力和科学技术水平的提高而逐渐发展起来的。大自然中存在的草、木、土、石等天然材料为人类建造遮风避雨的居所提供了最基本的建筑材料。距今 10 000～6 000 年前，人类进入了新石器时代，人类学会了打造石刀、石斧等简单的工具并开始定居下来，这一时期的房屋多为半地穴式，所使用的材料多为木、竹、苇、草、泥等，墙体多为木骨抹泥，有的还用火烤得极为坚实，屋顶多为茅草或草泥。

木材是永恒的建筑材料，人类用树枝来建造房屋始于公元前 9000 多年，建造原木房屋最早的历史是中欧在公元前 900 年时的农舍，木框架则始于公元前 6500 年，建于公元 682 年的日本法林寺是世界现存最早的木建筑。中国古代由于木材资源相对丰富，中国木结构建造技术曾在世界建筑史上独树一帜，如建于公元 1056 年的中国山西应县木塔的塔身全是木制构件叠架而成，木结构在中国古代寺庙、皇家宫殿和居民建筑中大量应用。

随着人类生产工具的进步，取材能力增强，人们开始使用天然石材建造房屋、纪念性构筑物，例如：公元前 2500 年前后建造的埃及金字塔、神庙，公元前 400—前 500 年建造的古希腊雅典卫城，公元 80—200 年间兴建的罗马古城等；在中国古代，石材不仅用来建造传统建筑物，还用于修筑桥梁，如建于隋炀帝大业年间(公元 605—618 年)的世界上最古老的石拱桥——坐落于河北省赵县的赵州桥，建于北宋初期(公元 1053—1059 年)的我国现存最早的跨海梁式大石桥——坐落于福建泉州的洛阳桥，开创了世界桥梁筏形基础的开端。

土是人类最早使用的天然胶凝材料，从中东到埃及地区最早大约在公元前 800 年就开始使用日晒土坯砖(黏土加水成泥，成型后用太阳晒干)修建构筑物，古埃及人采用尼罗河的泥浆砌筑未经煅烧的土坯砖，为增加强度和减少收缩，在泥浆中还掺入砂子和草。中国古代最早的胶凝材料是公元前 5000—前 3000 年的一种由天然姜石(黄土中的钙质结核)磨细的粉，被称为“白灰面”，用于涂抹地穴的地面和四壁，公元前 16 世纪的商代，地穴建筑迅速向木结构建筑发展，开始采用黄泥草浆砌筑土坯墙和抹面(公元前 403—前 221 年)，同时，还出现一种非常经济的筑墙方法，即“版筑技术”，就是用木板或木棍作边框，然后在框内浇筑黄土(可掺入糯米汁、卵石骨料、竹筋增强材料)，用木杵夯实之后，将木板拆除即成墙体，这可认为是现代钢筋混凝土的雏形。

烧土制品是人类最早加工制作的人工建筑材料，使人类建造房屋的能力和水平跃上了新台阶。在日晒土坯砖出现后大约经过了 3 000 年(即公元前 500 年左右)，就出现了烧制的黏土砖、瓦，最早被苏美尔人用于建造宫殿。我国从西周时期(公元前 1066—前 711 年)开始出现的烧结黏土砖、瓦，到秦汉时期已经成为最主要的房建材料，因此有“秦砖汉瓦”之说。大约公元前 2000 年的埃及古墓中，就已经有了透明的玻璃作为祭祀品，中世纪欧洲最早开始将彩色玻璃应用于教堂建筑的内墙壁画，1640 年，俄国首先生产出透明的门窗采光玻璃。公元前 2000—公元前 3000 年前，古埃及人开始采用煅烧石膏作建筑胶凝材料，在金字塔建造中用来砌筑石块，古希腊人则是使用石灰石经煅烧得到的石灰。公元前 146 年，罗马帝国吞并希腊，同时继承了希腊人生产和使用石灰的传统并加以改进，在石灰中不仅掺砂子，还掺磨细的火山

灰，在没有火山灰的地区则掺入磨细碎砖，这种三组分砂浆被称为“罗马砂浆”。公元前7世纪的周朝出现了石灰(用大蛤的外壳烧制)，到秦汉时代石灰制造业迅速发展。在公元5世纪的中国南北朝时期出现了一种名叫“三合土”的建筑材料，它由石灰、黏土和细砂组成，有时掺入糯米汁、动物血等有机物，掺加有机物是中国古代胶凝材料发展中一个鲜明的特点。

到18世纪为止，建筑材料一直以天然材料和手工业生产为主体，以18世纪的英国工业革命为契机，工业生产的建筑材料取得了长足进步。19世纪前叶，钢铁、水泥、混凝土和钢筋混凝土等建筑材料的出现与应用是建筑材料发展史上的里程碑。西方人在“罗马砂浆”的基础上，1756年，发现了水硬性石灰，1796年，发明“罗马水泥”以及类似的“天然水泥”，1824年，英国政府发布第一个“波特兰水泥”专利，1845年以来已实现波特兰水泥的工业化生产。由水泥、骨料(砂、石)、水混合而成的现代意义上的混凝土直到19世纪才出现。17世纪70年代开始使用生铁，19世纪初开始使用熟铁建造桥梁和房屋，19世纪中叶开始，冶金业冶炼并轧制出抗拉和抗压强度都很高、延性好、质量均匀的建筑钢材，随后又生产出高强度钢丝、钢索，钢结构得到蓬勃发展。1898年建成的巴黎埃菲尔铁塔是早期钢结构的代表作。19世纪末期平板玻璃的工业化生产方法被确立，具有透明性的房屋采光材料得以大量生产和使用。1851年建造的伦敦“水晶宫”首次向人们展示了金属结构和玻璃材料在建筑中的发展前途。1848年，法国人发明了钢筋混凝土，1886年，美国工程师将预应力混凝土的概念应用到楼板中，1928年法国人提出混凝土收缩和徐变理论，在混凝土中采用高强钢丝并研制了锚具，发明了预应力混凝土技术，进一步扩大了钢筋混凝土的应用领域。20世纪60年代日本和德国科学家发明的高效减水剂使得混凝土技术出现了又一次飞跃。

20世纪出现的化学建材、新型金属材料和各种复合材料，使建筑物的功能和外观发生了根本性的变革。如国家游泳中心“水立方”屋面和围护结构均采用了膜结构，膜材是一种新型复合材料——四氟乙烯涂覆的超细玻璃纤维布。

1.2.2 土木工程材料的应用现状

在现代土木工程建设中，尽管传统的土、石等材料仍在基础工程中广泛应用，砖瓦、木材等传统材料在工程的某些方面应用也很普遍。但是，这些传统的材料在土木工程中的主导地位已逐渐被新型材料所取代。目前，钢材、钢筋混凝土已是不可替代的结构材料；新型合金、陶瓷、玻璃、化学建材及其他人工合成材料、各种复合材料等在土木工程中已占有愈来愈重要的位置。

1.2.3 土木工程材料的发展趋势

尽管目前土木工程材料在品种与性能方面已有很大的进步，但是与人们对材料的期望相比还有较大的差距。

(1) 以天然材料为主导材料的时代即将结束，取而代之的将是各种人工材料。这些人工材料将会向着再生化、多元化、利废化、节能化和绿色化等方向发展。

(2) 未来土木工程材料应该向着轻质高强、高耐久性、良好的工艺性、多功能以及智能化等方向发展。

(3) 为满足现代土木工程结构性能和施工技术的要求，材料的使用必然向着机械化与自动化方向发展，材料的供应向着成品或半成品的方向延伸。

1.3 土木工程材料的技术标准与质量控制

1.3.1 土木工程材料的技术标准

土木工程材料产品标准是生产企业和使用单位生产、销售、采购以及产品质量验收的依据，也是设计、施工、管理和研发等部门共同遵循的依据，准入市场的所有土木工程材料均应有专门的机构或生产单位发布相应的技术标准，对其产品规格、分类、技术要求、检验方法、验收规则、标志、运输和贮存等内容作出详尽而明确的规定。土木工程材料不仅要求符合产品标准，选择和使用时还需要遵照相关设计、施工和应用规范、规程的要求。

目前，我国的技术标准分为国家标准、行业标准、地方标准和企业标准四级。

第一级是国家标准，由国家质量监督检验检疫总局和国家标准化委员会发布，国家标准有强制性标准（代号 GB）和推荐性标准（代号 GB/T），强制性标准是全国必须执行的技术指导文件，产品的技术指标都不得低于标准中规定的要求，推荐性标准在执行时也可采用其他相关标准的规定。

第二级是行业标准，由各主管生产部（局）或行业协会发布，也是全国性的指导性技术文件。如住建部标准（JGJ）、工业和信息化部建材标准（JC）、交通部标准（JT）、铁路行业标准（TB）、水电行业标准（SD）、中国工程建设标准化协会标准（CECS）等。

第三级是地方标准，代号是 DB，只适用于制定标准的地区。

第四级是企业标准，它是由某一企业制定并经有关部门批准的产品（技术）标准。企业标准的代号为 QB，其后应注明企业代号。根据国家标准法规定，对同一产品或技术，其企业标准的技术指标要求不得低于国家标准或行业标准。

标准的一般表示方法是由标准名称、部门代号、标准编号和颁布年份等组成。例如：2007 年制定的国家强制性 175 号通用水泥标准为：《通用水泥》（GB 175—2007）；2011 年制定的国家推荐性 14684 号建设用砂标准为：《建设用砂》（GB/T 14684—2011）。又如，住建部 2011 年制定的 55 号行业标准为：《普通混凝土配合比设计规程》（JGJ 55—2011）。

随着我国经济与世界经济的融合，涉外技术与经济活动的增加，工程中会涉及相关的国际及国外标准，如国际标准（代号 ISO）、美国国家标准（ANS）、美国材料与试验学会标准（ASTM）、英国标准（BS）、德国工业标准（DIN）、日本工业标准（JIS）、法国标准（NF）等。

1.3.2 土木工程材料的质量控制

为满足工程设计要求的技术性能及使用要求，使工程适应相应的使用环境，所用材料的技术性质必须达到相应的技术要求。因此，土木工程材料在选择或使用过程中，必须对其质量进行严格控制。工程实际中对材料进行质量控制的方法主要有：

(1) 通过对材料有关质量文件的书面检验初步确定其来源及基本质量状况。

(2) 对工程拟采用的材料进行抽样验证试验。根据检验所测得的技术指标来判定其实际质量状况，只有相关指标达到相应技术标准规定的要求时，才允许其在工程中使用。

(3) 在使用过程中，通过监测材料的使用性能、成品或半成品的技术性能，从而评定材料在工程中的实际技术性能表现。

(4) 在使用过程中材料技术性能出现异常时，应根据材料的有关知识判定其原因，并采取措施避免其对于工程质量的不良影响。

1.4 土木工程材料课程的性质与教学目的

1.4.1 土木工程材料课程的性质

土木工程材料是土木工程专业的技术基础课。土木工程材料是材料科学在土木工程中应用的产物，在材料科学与土木工程科学之间起着桥梁纽带的作用(图 1-2)。材料科学是研究材料内部组成、结构对材料性能影响及其相互关系的前沿学科，通常采用微观、细观和宏观尺度来分析问题，微观尺度约为纳米数量级，其对象为原子、分子，细观尺度约为微米级，宏观尺度约为毫米级及更大尺寸，主要涉及材料的宏观性能。土木工程是具有很强实践性的学科，土木工程材料主要关注的是材料在宏观尺度上的性能与行为，在必要时则进一步探究材料细观甚至微观尺度的组成与结构的特征，揭示材料组成及结构特征与其宏观性能、行为的关系，在此基础上，为土木工程材料的工程应用和性能优化提供依据。因此，土木工程材料是一门实用性与学术性两方面特色都很突出的学科。

图 1-2 “材料科学”与“土木工程”间的桥梁——土木工程材料

1.4.2 土木工程材料课程的教学目的

通过该课程内容的学习，力图使学生掌握有关材料的基本理论和基础知识，为后续专业课程的学习，以及将来在从事土木工程建设工作中，正确选择与使用材料奠定一定的理论基础。

根据该课程的特点与要求，应注重引导学生在学习中重视对土木工程材料基本性质的掌握与应用；了解当前土木工程中常用材料的组成、结构及其形成机理；熟悉这些材料的主要性能与正确使用方法，以及这些材料技术性能指标的试验检测和质量评定方法。通过对常用材料基本特点和正确使用实例的分析，引导学生学会利用有关理论和知识来分析与评定材料性能的方法，掌握解决工程实际中有关材料问题的一般规律，以便在将来工作中能够认识和使用新的材料。

1.5 土木工程材料课程的学习方法与要求

土木工程材料课程具有内容繁杂、涉及面广、理论体系不够完善等特点，学生在初学时要正确理解与全面掌握这些知识的难度较大。因此，在理论学习方面，应在首先掌握材料基本性质和相关理论的基础上，再熟悉常用材料的主要性能、技术标准及应用方法。

工程实际中，材料问题的处理或某些工程技术问题的解决，主要依靠对于材料知识的灵活运用。为达到正确运用材料知识的目的，在学习过程中还应了解某些典型材料的生产工艺原理和技术性能特点，较清楚地认识材料的组成、结构、构造及其与性能的关系。在此基础上能够利用已掌握的理论知识对材料进行分析，学会判断材料的使用性能和使用方法，掌握土木工程材料的结构、组成、性能及应用等方面之间的相互关系。

在学习典型材料的有关知识方面，要求学生必须熟悉常用土木工程材料的主要品种和规格、选择及应用、贮运与管理等方面的知识，掌握这些材料在工程使用过程中的基本规律，以便于对后续课程内容的学习与理解，并为以后的工作积累材料应用方面的知识。

材料试验是检验土木工程材料性能、鉴别其质量水平的主要手段，也是土木工程建设中质量控制的重要措施之一。此外，土木工程材料实验课的学习与实践也是打好专业基础的重要环节。通过实验课学习，可以使学生加深对理论知识的理解，掌握材料基本性能的试验检验和质量评定方法，培养学生的实践技能。因此，在实验课学习过程中，学生必须具备严谨的科学态度和实事求是的工作作风；通过亲自试验操作来增加对材料的感性认识，并结合实验操作与结果评定的过程，检验对已学有关材料的基本知识、检验和评定材料质量方法的掌握程度。

2　土木工程材料的基本性质

材料作为工程性质的载体，在一定程度上决定了工程结构的可靠、耐久和使用性能。因此，在工程建设中选择、应用、分析和评价材料，通常以其性质为依据。

土木工程材料的基本性质是在实际使用过程中材料所表现出来的、通常也是必须考虑的最基本的、共有的性质。材料在工程中所表现的性质有很多，根据不同的使用环境或要求，对其性质的要求会有所不同，在材料选择与使用中应考虑的性质也不尽相同。为在工程中科学合理地利用材料，必须掌握有关材料的基本性质以及决定或影响这些性质的因素与规律，以便在实际使用中理解这些性质的含义以及不同性质之间的相互联系，掌握这些性质的影响因素与改进方法，改善材料在各种土木工程中的实际性能表现。

2.1　材料的基本物理性质

2.1.1　材料的体积

体积是物体所占有的空间尺寸大小，其度量单位通常以 cm^3 或 m^3 表示。依据不同的结构状态，材料的体积可以采用不同的参数来表示。

(1) 材料的密实体积　材料在绝对致密状态下的体积，或材料内不包括孔隙时的体积，并以 V 表示。自然状态下，除严格控制条件下生产的钢材、玻璃等少数材料可视为绝对密实状态，绝大多数材料并非绝对密实，其密实体积也难以直接测定。测定有孔隙材料的密度时，通常将材料磨成一定细度的粉末，干燥至恒重后用李氏瓶测定其体积。

(2) 材料的表观体积　整体材料(包括内部孔隙)的外观体积，并以 V_0 表示。外形规则且表面平整材料的表观体积，可直接以尺度量后用体积公式计算求得；外形不规则材料(图 2-1(a))的表观体积，常用排水法(或排油法)来测定。

(3) 材料的堆积体积　颗粒材料堆积状态下的总体外观体积，并以 V'_0 表示。颗粒材料的堆积体积中既包含颗粒内部的孔隙，也包含颗粒间的间隙体积(图 2-1(b))。堆积体积可以通过测量其所占有容器的容积，或通过测量其规则堆积形状的几何尺寸计算求得。

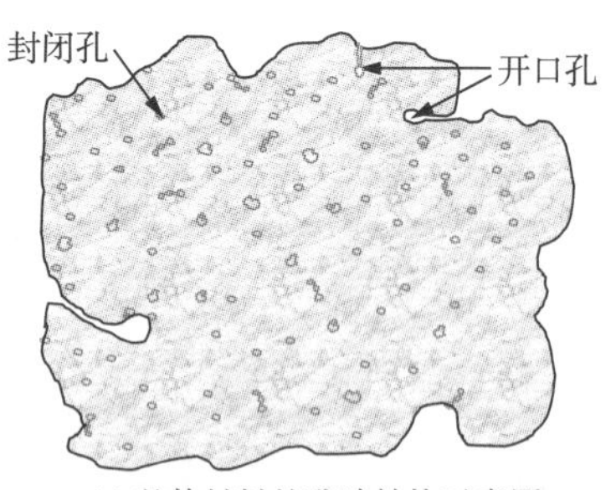

(a) 整体材料的孔隙结构示意图

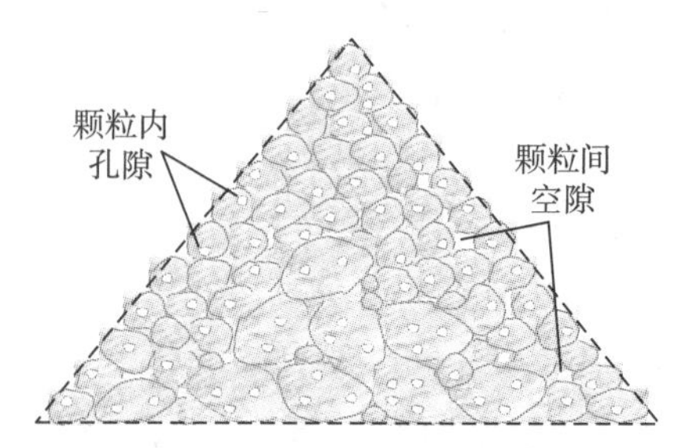

(b) 颗粒堆积材料的孔隙、空隙结构示意图

图 2-1　材料的孔隙与空隙结构示意图

根据上述定义可知，材料的密实体积仅取决于其微观或细观结构，而与宏观结构无关；材料的表观体积则与其宏观组成结构有关；堆积体积不仅与材料内部的微观结构、细观结构、宏观结构有关，而且还与其颗粒间相互填充与接触的程度有关。

2.1.2 材料的密度、表观密度与堆积密度

(1) 密度 密度是材料在绝对密实状态下单位体积的质量，即材料质量 m 与其密实体积 V 之比，通常以 ρ 表示，其计算公式为

$$\rho = \frac{m}{V} \tag{2-1}$$

式中 ρ——材料的密度，g/cm^3；

m——干燥状态下材料的质量，g；

V——材料的绝对密实体积，cm^3。

工程中可通过查表了解材料的密度值，常用土木工程材料的密度见表 2-1。

(2) 表观密度 表观密度是材料在自然状态下单位体积的质量，即材料质量 m 与其表观体积 V_0 之比，通常以 ρ_0 表示，其计算公式为

$$\rho_0 = \frac{m}{V_0} \tag{2-2}$$

式中 ρ_0——材料的表观密度，kg/m^3；

m——材料的质量，kg；

V_0——材料的表观体积，m^3。

表观密度是反映整体材料在自然状态下的物理参数，材料在不同的含水状态下（干燥状态、气干状态、饱和面干、湿润状态），其表观密度会不同，干燥状态下测得的值称为干表观密度，如未注明，通常指气干状态的表观密度。由于表观体积中包含了材料内部孔隙的体积，材料干表观密度值通常小于其密度值。

材料中的孔隙又可有封闭孔和开口孔之分（图 2-1(a)），通常又将材料质量与包括所有孔隙体积在内的体积之比称为体积密度，材料质量与其不含开口孔隙的体积之比则称之为材料的视密度。显然，在用排水法或排油法测定材料表观体积用以确定体积密度时，应将材料表面封蜡后再测量。

几种常见土木工程材料的表观密度见表 2-1。

(3) 堆积密度 堆积密度是指散粒材料单位堆积体积的质量，即材料质量 m 与其堆积体积 V_0' 之比，通常以 ρ_0' 表示，其计算公式为

$$\rho_0' = \frac{m}{V_0'} \tag{2-3}$$

式中 ρ_0'——材料的堆积密度，kg/m^3；

m——材料的质量，kg；

V_0'——材料的堆积体积，m^3。

材料的堆积密度不仅与其颗粒的宏观结构、含水状态等有关，而且还与其颗粒间空隙或颗粒间被挤压实的程度等因素有关，因此，有干堆积密度及湿堆积密度之分，亦有紧密堆积密度

和松散堆积密度之别。常用土木工程材料的堆积密度见表 2-1。

表 2-1　常用土木工程材料的密度、表观密度、堆积密度

材料名称	密度/($g \cdot cm^{-3}$)	表观密度/($kg \cdot cm^{-3}$)	堆积密度/($kg \cdot cm^{-3}$)
钢材	7.85	7 800～7 850	—
石灰石(碎石)	2.48～2.76	2 300～2 700	1 400～1 700
砂	2.5～2.6	—	1 500～1 700
水泥	2.8～3.1	—	1 600～1 800
粉煤灰(气干)	1.95～2.40	—	550～800
烧结普通砖	2.6～2.7	1 600～1 900	—
普通水泥混凝土	—	2 000～2 800	—
红松木	1.55～1.60	400～600	—
普通玻璃	2.45～2.55	2 450～2 550	—
铝合金	2.7～2.9	2 700～2 900	—

2.1.3　材料的孔隙率与空隙率

(1) 孔隙率与密实度　材料中所含孔隙的多少常以孔隙率表示，它是指材料所含孔隙的体积占材料自然状态下总体积的百分率，以 P 表示，其计算公式为

$$P=\frac{V_0-V}{V_0}\times 100\%=\left(1-\frac{\rho_0}{\rho}\right)\times 100\% \tag{2-4}$$

密实度是与孔隙率相对应的概念，指材料的体积内被固体物质充实的程度，用 D 表示，可用下式计算，显然 $P+D=1$。

$$D=\frac{V}{V_0}\times 100\%=\frac{\rho_0}{\rho}\times 100\% \tag{2-5}$$

材料的许多性质都与其孔隙率有关，比如强度、热工性质、声学性质、吸水性、吸湿性、抗冻性及抗渗性等。除了孔隙率以外，材料中孔隙的种类、孔径大小、孔的分布状态也是影响其性质的重要因素之一，通常称之为孔特征。

(2) 空隙率与填充率　散粒材料在堆积状态下颗粒间空隙体积占总堆积体积 V' 的百分率称为空隙率，以 P' 表示，其计算公式为

$$P'=\frac{V_0'-V_0}{V_0'}\times 100\%=\left(1-\frac{\rho_0'}{\rho_0}\right)\times 100\% \tag{2-6}$$

填充率是与空隙率对应的概念，指散粒材料在堆积状态下颗粒的填充程度，即颗粒体积占总堆积体积 V' 的百分率，以 D' 表示，可用下式计算，显然 $P'+D'=1$。

$$D'=\frac{V_0}{V_0'}\times 100\%=\frac{\rho_0'}{\rho_0}\times 100\% \tag{2-7}$$

空隙率反映了堆积材料中颗粒间空隙的多少，它对于研究堆积材料的结构稳定性、填充程度及颗粒间相互接触连接的状态具有实际意义。工程实践表明，堆积材料的空隙率较小时，说明其颗粒间相互填充的程度较高或接触连接的状态较好，其堆积体的结构稳定性也较好。

2.1.4 材料与水有关的性质

(1) 亲水性与憎水性 与水接触时，有些材料能被水润湿，而有些材料则不能被水润湿，对这两种现象来说，前者为亲水性，后者为憎水性。材料具有亲水性或憎水性的根本原因在于材料的分子结构(是极性分子或非极性分子)，亲水性材料与水分子之间的分子亲合力大于水本身分子的内聚力；反之，憎水性材料与水分子之间的亲合力小于水本身分子间的内聚力。

工程实际中，材料通常以润湿角的大小来划分亲水性或憎水性。润湿角是水与材料接触时，在材料、水和空气三相交点处，沿水表面的切线与水和固体接触面所成的夹角 θ，其值愈小，材料浸润性越好，越易被水润湿。当材料的润湿角 $\theta \leqslant 90°$时，为亲水性材料；当材料的润湿角 $\theta > 90°$时，为憎水性材料，参见图 2-2。水在亲水性材料表面可以铺展开，且能通过毛细管作用自动将水吸入材料内部；水在憎水性材料表面不仅不能铺展开，而且水分不能渗入材料内部，降低了材料的吸水性。

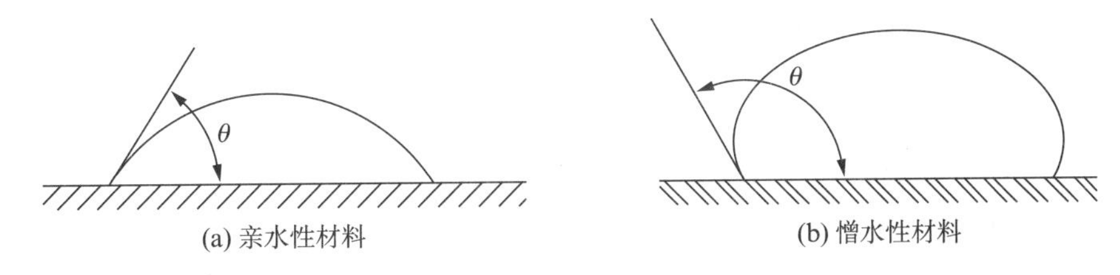

图 2-2 材料润湿示意图

常见土木工程材料中，水泥制品、玻璃、陶瓷、金属材料、石材等无机材料和部分木材等为亲水性材料；塑料、沥青、油漆、防水油膏等为憎水性材料。

(2) 吸水性 材料在水中吸收水分的性质，称为材料的吸水性，并以吸水率表示该能力。材料吸水率的表达方式有两种，即质量吸水率和体积吸水率。

① 质量吸水率 是指材料在吸水饱和时所吸水量占材料干燥质量的百分比，以 W_m 表示。质量吸水率 W_m 的计算公式为

$$W_m = \frac{m_b - m}{m} \times 100\% \tag{2-8}$$

式中 W_m——材料的质量吸水率，%；

m_b——材料吸水饱和状态下的质量，g 或 kg；

m——材料在干燥状态下的质量，g 或 kg。

② 体积吸水率 是指材料在吸水饱和时所吸水的体积占干燥材料表观体积的百分率，以 W_V 表示。体积吸水率 W_V 的计算公式为

$$W_V = \frac{m_b - m}{V_0 \cdot \rho_w} \times 100\% \tag{2-9}$$

式中 W_V——材料的体积吸水率，%；

m_b——材料吸水饱和状态下的质量，g 或 kg；

m——材料在干燥状态下的质量,g 或 kg;

V_0——材料在自然状态下的体积,cm^3 或 m^3;

ρ_w——水的密度,g/cm^3,常温下取 $\rho_w = 1.0\ g/cm^3$。

材料的质量吸水率与体积吸水率之间的关系为

$$W_V = W_m \cdot \rho_0 \tag{2-10}$$

式中,ρ_0 为材料在干燥状态下的表观密度,g/cm^3。

材料的吸水率与其孔隙率有关,更与其孔特征有关。水分是通过材料的开口孔吸入,并经过连通孔渗入材料的内部,所以材料内与外界连通的孔隙愈多,其吸水率就愈大。对于孔特征相近的材料,一般孔隙率越大,吸水性越强。

(3) 吸湿性 材料的吸湿性是指材料吸收潮湿空气中水分的性质,用含水率表示。当较干燥的材料处于较潮湿的空气中时,便会吸收空气中的水分;而当较潮湿的材料处在较干燥的空气中时,便会向空气中释放水分。前者是材料的吸湿过程,后者是材料的干燥过程(此性质也称为材料的还湿性)。在任一条件下材料内部所含水的质量占干燥材料质量的百分率称为材料的含水率,以 W_h 表示,其计算公式为

$$W_h = \frac{m_s - m}{m} \times 100\% \tag{2-11}$$

式中 W_h——材料的含水率,%;

m_s——材料吸湿后的质量,g 或 kg;

m——材料在干燥状态下的质量,g 或 kg。

显然,材料的含水率受所处环境中空气湿度的影响。当空气中湿度在较长时间内稳定时,材料的吸湿和干燥过程处于平衡状态,此时材料的含水率则保持不变,其含水率称为材料的平衡含水率。当材料处于某一湿度稳定的环境中时,材料的平衡含水率只与其本身的性质有关。一般亲水性较强的材料,或含有开口孔隙较多的材料,其平衡含水率就较高,它在空气中的质量变化也较大。

材料吸水或吸湿后,除了本身的质量增加外,还会降低其绝热性、强度及耐久性,造成体积的增减和变形,这些多会对工程带来不利的影响。

(4) 耐水性 材料的耐水性是指材料长期在水作用下不破坏,强度也不显著降低的性质。衡量材料耐水性的指标是材料的软化系数,通常用下式计算:

$$K_R = \frac{f_b}{f_g} \tag{2-12}$$

式中 K_R——材料的软化系数;

f_s——材料吸水饱和状态下的强度,MPa;

f_g——材料干燥状态下的强度,MPa。

软化系数可以反映材料吸水饱和后强度降低的程度,它是材料吸水后性质变化的重要特征之一。其实,许多材料吸水(或吸湿)后,即使未达到饱和状态,其强度也会下降,原因在于材料吸水后,水分会分散在材料内微粒的表面,削弱了微粒间的结合力。当材料内含有可溶性物质时(石膏、石灰等),吸入的水还可能使其内部的部分物质被溶解,造成内部结构的解体及强度的严重降低。耐水性与材料的亲水性、可溶性、孔隙率、孔特征等均有关,工程中常从这几个

方面改善材料的耐水性。

工程中通常把 $K_R>0.85$ 的材料作为耐水性材料，可用于水中或潮湿环境中的重要结构。用于受潮较轻或次要结构时，材料的 K_R 值也不得小于 0.75。

(5) 抗渗性 材料的抗渗性通常是指材料抵抗压力水渗透的能力。长期处于有压水中时，材料的抗渗性就是决定其工程使用寿命的重要因素。表示材料抗渗性的指标有两个，即渗透系数和抗渗等级。

① 渗透系数 按照达西定律，在一定的时间 t 内透过的水量 W，与材料垂直于渗水方向的渗水面积 A、材料两侧的水压差 H 成正比，与渗透距离（材料的厚度 d）成反比，以下式表示为：

$$K_s=\frac{W\cdot d}{A\cdot t\cdot H} \tag{2-13}$$

式中 K_s—材料的渗透系数，cm/h；

W——时间 t 内的渗水总量，cm^3；

A——材料垂直于渗水方向的渗水面积，cm^2；

H——材料两侧的水压差，cm；

t——渗水时间，h；

d——材料的厚度，cm。

材料的 K_s 值愈小，则说明其抗渗能力愈强。工程中一些材料如柔性防水卷材的防水能力可以用渗透系数表示。

② 抗渗等级 土木工程中，对一些常用材料（如混凝土、砂浆等）的抗渗（防水）能力常以抗渗等级表示。材料的抗渗等级是指材料用标准方法进行透水试验时，规定试件在透水前所能承受的最大水压力，并以符号“P”及可承受的水压力值（以 0.1 MPa 为单位）表示抗渗等级。如防水混凝土的抗渗等级为 P6，P8，P12，P16，P20，表示其分别能够承受 0.6 MPa，0.8 MPa，1.2 MPa，1.6 MPa，2.0 MPa 的水压而不渗水。因此，材料的抗渗等级愈高，其抗渗性愈强。

材料的抗渗性与其亲水性、孔隙率、孔特征、裂缝等缺陷有关，在其内部孔隙中，开口孔、连通孔是材料渗水的主要通道。工程中一般采用降低孔隙率、改善孔特征（减少开口孔和连通孔）、减少裂缝及其他缺陷或对材料进行憎水处理等方法来提高其抗渗性。

(6) 抗冻性 材料的抗冻性是指材料在吸水饱和状态下，能经受多次冻融循环作用而不破坏，强度也不严重降低的性质。

材料的抗冻性用抗冻等级来表示。土木工程中通常按规定的方法对材料的试件进行冻融循环试验，比如以试件强度下降不超过 25%、质量损失不超过 5%时所能承受的最大冻融循环次数来确定混凝土的抗冻性，并以抗冻等级表示。材料的抗冻等级，以字符“F”及材料可承受的最大冻融循环次数表示，如 F25，F50，F100 等，分别表示此材料可承受 25 次、50 次、100 次的冻融循环。通常根据工程的使用环境和要求，确定对材料抗冻等级的要求。

就材料本身来说，材料的抗冻性主要与其孔隙率、孔特征、吸水性、抵抗胀裂的强度以及内部对局部变形的缓冲能力等有关，工程中常从这些方面改善材料的抗冻性。

2.1.5 材料与热有关的性质

(1) 导热性 导热性是指材料两侧有温差时材料将热量由温度高的一侧向温度低的一侧

传递的能力，简称传导热的能力。

材料的导热性以导热系数 λ 表示，其含义是当材料两侧的温差为 1 K 时，在单位时间（1 s 或 1 h）内，通过单位面积（1 m^2）并透过单位厚度（1 m）的材料所传导的热量。以公式表示为

$$\lambda = \frac{Q \cdot a}{(t_1 - t_2) \cdot A \cdot Z} \tag{2-14}$$

式中 λ——材料的导热系数，W/(m · K)；

Q——传导的热量，J；

a——材料的厚度，m；

A——材料的传热面积，m^2；

Z——传热时间，s 或 h；

$(t_1 - t_2)$——材料两侧的温度差，K。

材料的导热系数是建筑物围护结构（墙体、屋盖）热工计算时的重要参数，是评价材料保温隔热性能的参数。材料的导热系数越大，则其导热性越强，绝热性越差；土木工程材料的导热性差别很大，通常把 $\lambda < 0.23$ W/(m · K)的材料称为绝热材料。

材料的导热性与其结构和组成、含水率、孔隙率及孔特征等有关，且与材料的表观密度有很好的相关性。一般非金属材料的绝热性优于金属材料；材料的表现密度小，孔隙率大，闭口孔多，孔分布均匀、孔尺寸小，含水率小时，其导热性差，则绝热性好。通常所说的材料导热系数是指干燥状态下的导热系数，当材料一旦吸水或受潮时，导热系数会显著增大，绝热性变差。

单位时间内通过单位面积的热量，称为热流强度，以 q 表示。则式(2-14)可改写成下式：

$$q = \frac{(t_1 - t_2)}{a/\lambda} = \frac{(t_1 - t_2)}{R} \tag{2-15}$$

在热工设计中，将 a/λ 称为材料层的热阻，用 R 表示，其单位为(m · K)/W，热阻 R 可用来表明材料层抵抗热流通过的能力，在同样温差条件下，热阻越大，通过材料层的热量越少。

(2) 热容量和比热 热容量是指材料受热时吸收热量或冷却时放出热量的能力，可用下式表示：

$$Q = m \cdot c \cdot (t_1 - t_2) \tag{2-16}$$

式中 Q——材料的热容量，kJ；

m——材料的质量，kg；

$(t_1 - t_2)$——材料受热或冷却前后的温度差，K；

c——材料的比热，kJ/(kg · K)。

其中比热 c 是真正反映不同材料间热容性差别的参数，其物理意义是指质量为 1 kg 的材料，在温度改变 1 K 时所吸收或放出热量的大小。

材料的比热值大小与其组成和结构有关，比热值大的材料对缓冲建(构)筑物的温度变化有利，工程中常优先选择热容量大的材料。因为水的比热值最大，当材料含水率高时，比热值则大。通常所说材料的比热值是指其干燥状态下的比热值。

材料的热容量是建筑物围护结构（墙体、屋盖）热工计算的另一重要参数，设计计算时应选用热容量较大而导热系数较小的建筑材料，以使建筑物保持室内温度的稳定性。

(3) 导温系数 在工程结构温度变形及温度场研究时，还会用到另外一个材料热物理参

数导温系数(或称热扩散系数),表示材料被加热或冷却时,其内部温度趋于一致的能力,是材料传播温度变化能力大小的指标。导温系数的定义式为

$$\alpha = \frac{\lambda}{\rho \cdot c} \tag{2-17}$$

式中 α——材料的导温系数,又称热扩散率或热扩散系数,m^2/s 或 m^2/h;

λ——材料的导热系数,W/(m·K);

c——材料的比热,kJ/(kg·K);

ρ——材料的密度,kg/m^3。

导温系数愈大,表明材料内部的温度分布趋于均匀愈快。导温系数也可作为选用保温隔热材料的指标,导温系数越小,绝热性能越好,越易保持室内温度的稳定性。泡沫塑料一类轻质保温材料的热物理性能的特点就是导热系数很小,而导温系数很大,静态空气的导温系数也非常大,可能导致房间快速变冷和变热的问题。

(4) 材料的温度变形性 材料的温度变形是指温度升高或降低时材料体积变化的特性。除个别材料(如 277 K 以下的水)以外,多数材料在温度升高时体积膨胀,温度下降时体积收缩。这种变化表现在单向尺寸时,为线膨胀或线收缩,相应的表征参数为线膨胀系数(α)。材料温度变化时的单向线膨胀量或线收缩量可用下式计算:

$$\Delta L = (t_2 - t_1) \cdot \alpha \cdot L \tag{2-18}$$

式中 ΔL——线膨胀或线收缩量,mm 或 cm;

$(t_2 - t_1)$——材料升(降)温前后的温度差,K;

α——材料在常温下的平均线膨胀系数,1/K;

L——材料原来的长度,mm 或 cm。

在土木工程中,对材料的温度变形大多关心其某一单向尺寸的变化,因此,研究其平均线膨胀系数具有实际意义。材料的线膨胀系数与材料的组成和结构有关,常通过选择合适的材料来满足工程对温度变形的要求。常见土木工程材料的热工参数见表 2-2。

表 2-2 **常见土木工程材料的热工参数**

材料名称	导热系数/[W·(m·K)$^{-1}$]	比热/[J·(g·K)$^{-1}$]	线膨胀系数/($\times 10^{-6}$·K^{-1})
钢材	55	0.63	10～12
普通混凝土	1.28～1.51	0.48～1.0	5.8～15
烧结普通砖	0.4～0.7	0.84	5～7
木材(横纹)	0.17	2.51	—
水	0.6	4.187	—
花岗岩	2.91～3.08	0.716～0.787	5.5～8.5
玄武岩	1.71	0.766～0.854	5～75
石灰石	2.66～3.23	0.749～0.846	3.64～6.0
大理石	2.45	0.875	4.41
沥青混凝土	1.05	—	(负温下)20

2.1.6 材料的吸声性能

当声波遇到材料表面时，一部分被反射，另一部分穿透材料，其余的声能转化为热能而被吸收。声能穿透材料和被材料消耗的性质称为材料的吸声性，评定材料的吸声性能好坏的主要指标称为吸声系数(α_s)。吸声系数是指声波遇到材料表面时，被吸收的声能与入射能之比，即：

$$\alpha_s = \frac{E}{E_0} \tag{2-19}$$

式中 E——材料吸收的声能；

E_0——入射到材料表面的全部声能。

假如入射声能的70%被吸收，30%被反射，则该材料的吸声系数就等于0.7。一般材料的吸声系数在0～1之间，当入射声能100%被吸收而无反射时，吸声系数等于1。当门窗开启时，吸声系数相当于1。

任何材料都具有一定的吸声能力，只是吸收的程度有所不同，材料的吸声特性与声波的方向、频率，以及材料的表观密度、孔隙构造、厚度等有关。通常取125，250，500，1 000，2 000，4 000(Hz)等六个频率的吸声系数来表示材料的吸声频率特性。凡六个频率的平均吸声系数大于0.2的材料，称为吸声材料。

吸声材料的基本特征是多孔、疏松、透气。对于多孔材料，由于声波能进入材料内相互连通的孔隙中，受到空气分子的摩擦阻滞，由声能转化为热能。对于纤维材料，由于引起细小纤维的机械振动而转变为热能，从而把声能吸收掉。

目前噪声已成为一种严重的环境污染，建筑物的声环境问题越来越受到人们的关注和重视。选用适当的材料对建筑物进行吸声和隔声处理是建筑物噪声控制过程中最常用最基本的技术措施之一。

材料吸声和材料隔声的区别在于，材料的吸声着眼于声源一侧反射声能的大小，目标是反射声能要小。材料隔声着眼于声源另一侧的透射声能的大小，目标是透射声能要小。吸声材料对入射声能的衰减吸收，一般只有十分之几，因此，其吸声能力即吸声系数可以用小数来表示；而隔声材料是透射声能衰减到入射声能的比例，为方便表达，其隔声量用分贝的计量方法表示。建筑上把主要起隔绝声音作用的材料称为隔声材料，主要用于外墙、门窗、隔墙以及隔断等。

2.2 材料的力学性质

力学性质是指材料抵抗外力的能力及其在外力作用下的表现，通常以材料在外力作用下所表现的强度和变形特性来描述。

2.2.1 材料的强度、强度等级与比强度

(1) 强度 强度是指材料在外力作用下抵抗破坏的能力，并以单位面积上所能承受荷载的大小来表示。材料在受外力作用时，便产生内部应力，且应力随外力的增大而增大，当应力增大到材料内部质点间结合力所能承受的极限时，便会导致内部质点间的断开或错位，此极限

应力值通常称为材料的强度。

在不同的土木工程结构中，材料可能承受不同形式的荷载，从而使材料表现出的强度类型不同。根据不同的外力作用形式，材料的强度可分为抗压强度、抗拉强度、抗弯（抗折）强度、抗剪强度等（图 2-3），各种不同受力形式的强度计算公式见表 2-3。

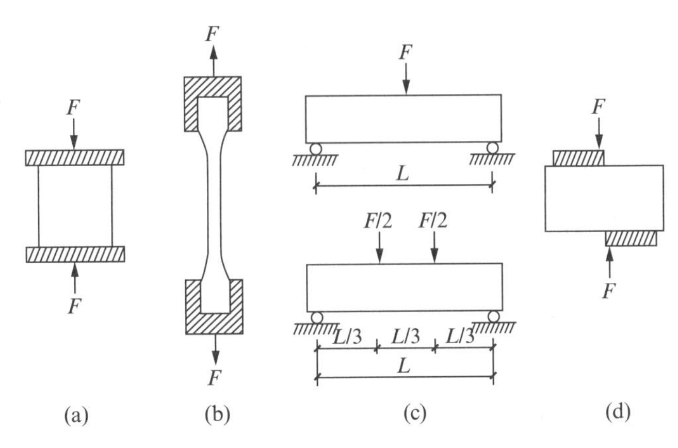

图 2-3　材料受力示意图

表 2-3　　材料在不同作用力形式下的强度计算公式

作用形式	强度计算公式	参数说明
抗压 抗拉 抗剪	$f=\frac{F}{A}$	f——材料的抗压、抗拉或抗剪强度（MPa）； F——材料能承受的最大荷载（N）； A——材料的受力面积（mm^2）
抗弯 （抗折）	$f_{tm}=\frac{3FL}{2bh^2}$（单点加荷） $f_{tm}=\frac{FL}{bh^2}$（三分点加荷）	f_{tm}——材料的抗弯（抗折）强度（MPa）； F——最大荷载（N）； L——两支点间距（mm）； b,h——材料截面的宽度和高度（mm）

结构类型与状态不同的材料，对不同受力形式的抵抗能力可能不同，特别是材料的宏观构造不同时，其强度差别可能很大。对于内部构造非匀质的材料，其不同方向的强度，或不同外力作用形式下的强度表现会有明显的差别。例如水泥混凝土、砂浆、砖、石材等非匀质材料的抗压强度较高，而抗拉、抗折强度却很低。土木工程常用结构材料的强度值范围见表 2-4。

表 2-4　　土木工程常用结构材料的强度值范围　　单位：MPa

材料	抗压强度	抗拉强度	抗弯（折）强度	抗剪强度
钢材	215～1 600	215～1 600	—	200～355
普通混凝土	10～60	1～4	1～10	2.0～4.0
烧结普通砖	7.5～30	—	1.8～4.0	1.8～4.0
花岗岩	100～250	7～25	10～40	13～19
石灰岩	30～250	5～25	2～20	7～14
玄武岩	150～300	10～30	—	20～60
松木（顺纹）	30～50	80～120	60～100	6.3～6.9

材料的强度本质上就是其内部质点间结合力的表现。不同的宏观或细观结构，往往对材料内质点间结合力的特性具有决定性的作用，从而使材料表现出大小不同的宏观强度或变形特性。影响材料强度的内在因素有很多，首先材料的组成决定了材料的力学性质，不同化学组成或矿物组成的材料，具有不同的力学性质。其次是材料结构的差异，如结晶体材料中质点的晶型结构、晶粒的排列方式、晶格中存在的缺陷情况等；非结晶体材料中的质点分布情况、存在的缺陷或内应力等；凝胶结构材料中凝胶粒子的物理化学性质、粒子间粘接的紧密程度、凝胶结构内部的缺陷等；宏观状态下材料的结构类型、颗粒间的接触程度、粘结性质、孔隙等缺陷的多少及分布情况等。通常，材料内质点间的结合力愈强、孔隙率愈小、孔隙分布愈均匀或内部缺陷愈少时，材料的强度可能愈高。此外，有很多测试条件会对强度结果产生影响，主要包括：

① 含水状态　大多数材料被水浸湿后或吸水饱和状态下的强度低于干燥状态下的强度。这是由于水分被组成材料的微粒表面吸附，形成水膜，增大材料内部质点间距离，材料体积膨胀，削弱微粒间的结合力。

② 温度　温度升高，材料内部质点的振动加强，质点间距离增大，质点间的作用力减弱，材料的强度降低。

③ 试件的形状和尺寸　相同的材料及形状，小尺寸试件的强度高于大尺寸试件的强度；相同的材料及受压面积，立方体试件的强度要高于棱柱体试件的强度。

④ 加荷速度　加荷速度快时，由于变形速度落后于荷载增长速度，故测得的强度值偏高；反之，因材料有充裕的变形时间，测得的强度值偏低。

⑤ 受力面状态　试件受力表面不平整或表面润滑时，所测强度值偏低。

由此可知，材料的强度是在特定条件下测定的数值。为了使试验结果准确，且具有可比性，各个国家均制定了统一的材料试验标准。在测定材料强度时，必须严格按照规定的试验方法进行。强度是大多数材料划分等级的依据。

(2) 强度等级　土木工程材料常按其强度值的大小划分为若干个强度等级。如烧结普通砖按抗压强度分为 MU10～MU30 共五个强度等级；硅酸盐水泥按 28 d 的抗压强度和抗折强度分为 42.5 级～62.5 级共三个强度等级，普通混凝土按其抗压强度分为 C10～C100 共 19 个强度等级。通过标准规定将土木工程材料划分强度等级，对生产者和使用者均有重要意义，它可使生产者在控制质量时有据可依，从而保证产品质量；对使用者则有利于掌握材料的性能指标，以便于合理选用材料，正确地进行设计和便于控制工程施工质量。

强度是材料的实测极限应力值，是唯一的；而每一个强度等级则包含一系列实测强度。

(3) 比强度　比强度是指按单位体积质量计算的材料强度，即材料强度与其表观密度之比（f/ρ_0），它是衡量材料轻质高强特性的参数。

结构材料在土木工程中的主要作用就是承受结构荷载。对多数结构物来说，相当一部分的承载能力用于抵抗本身或其上部结构材料的自重荷载，只有剩余部分的承载能力才能用于抵抗外荷载。为此，提高材料承受外荷载的能力，不仅应提高其强度，还应减轻其本身的自重；材料必须具有较高的比强度值，才能满足高层建筑及大跨度结构工程的要求。几种土木工程结构材料的比强度值见表 2-5。

2.2.2　材料的弹性与塑性

在土木工程中，外力作用下材料的断裂就意味着工程结构的破坏，此时材料的极限强度就是确定工程结构承载能力的依据。但是，有些工程中即使材料本身并未断开，但在外力作用下质点间的相对位移或滑动过大，也可能使工程结构丧失承载能力或正常使用状态，这种质点间相对位移或滑动的宏观表现就是材料的变形。

表 2-5　　几种结构材料的参考比强度值

材料(受力状态)	强度/MPa	表观密度/($kg\cdot m^{-3}$)	比强度
玻璃钢(抗弯)	450	2 000	0.225
低碳钢	420	7 850	0.054
铝材	170	2 700	0.063
铝合金	450	2 800	0.160
花岗岩(抗压)	175	2 550	0.069
石灰岩(抗压)	140	2 500	0.056
松木(顺纹抗拉)	100	500	0.200
普通混凝土(抗压)	40	2 400	0.017
烧结普通砖(抗压)	10	1 700	0.006

微观或细观结构类型不同的材料在外力作用下所产生的变形特性不同，相同材料在承受外力的大小不同时所表现出的变形也可能不同。弹性变形和塑性变形通常是材料的两种最基本的力学变形，此外还有黏性流动变形和徐变变形等。

(1) 弹性与弹性变形　材料在外力作用下产生变形，外力去除后能恢复为原来形状和大小的性质称为弹性，这种可恢复的变形称为弹性变形。弹性变形的大小与其所受外力的大小成正比，其比例系数对某些弹性材料来说在一定范围内为一常数，这个常数被称为该材料的弹性模量，并以 E 表示，其计算公式为

$$E=\frac{\sigma}{\varepsilon} \tag{2-20}$$

式中　σ——材料所承受的应力，MPa；

ε——材料在应力 σ 作用下的应变。

弹性模量是反映材料抵抗变形能力的指标，其值愈大，表明材料抵抗变形的能力愈强，相同外力作用下的变形就愈小。材料的弹性模量是土木工程结构设计和变形验算所依据的主要参数之一，几种常用土木工程材料的弹性模量见表 2-6。

表 2-6　　几种常用土木工程材料的弹性模量值　　$\times 10^4$ MPa

材料	低碳钢	普通混凝土	烧结普通砖	木材	花岗岩	石灰岩	玄武岩
弹性模量	21	1.45～3.60	0.3～0.5	0.6～1.2	200～600	60～100	100～800

(2) 材料的塑性与塑性变形　材料在外力作用下产生变形，在其内部质点间不断开的情况下，外力去除后仍保持变形后形状和大小的性质就是塑性，这种不可恢复的变形称为塑性变形。

一般认为，材料的塑性变形是因为内部的剪应力作用致使某些质点间相对滑移的结果。当所受外力很小时，材料几乎不产生塑性变形，只有当外力的大小足以使材料内质点间的剪应力超过其相对滑移所需要的应力时，才会产生明显的塑性变形；而且只要该外力不去除，塑性变形会继续发展。在土木工程中，当材料所产生的塑性变形过大时，就可能导致其丧失承载能力。

理想的弹性材料或塑性材料很少见，大多数材料在受力时的变形既有弹性变形，又有塑性变形。只是不同的材料，或同一材料的不同受力阶段，可能以弹性变形为主，或以塑性变形为主。

许多材料的塑性往往受温度的影响较明显，通常较高温度下更容易产生塑性变形。有时，工程实际中也可利用材料的这一特性来获得某种塑性变形。例如在土木工程材料的加工或施工过程中，经常利用塑性变形而使材料获得所需要的形状或使用性能。

2.2.3 材料的脆性与韧性

(1) 脆性 外力作用下，材料未产生明显的变形而发生突然破坏的性质称为脆性，具有这种性质的材料称为脆性材料。一般脆性材料的抗静压强度较高，但抗冲击能力、抗振动能力、抗拉及抗折(弯)强度很差。土木工程中常用的无机非金属材料多为脆性材料，例如天然石材、普通混凝土、砂浆、普通砖、玻璃及陶瓷等。

(2) 韧性 材料在振动或冲击等荷载作用下，能吸收较多的能量，并产生较大的变形而不突然破坏的性质称为韧性。材料韧性的主要特征表现就是在荷载作用下能产生较明显的变形，破坏过程中能够吸收较多的能量。衡量材料韧性的指标是材料的冲击韧性值，即破坏时单位断面所吸收的能量，并以 α_k 表示，其计算公式为

$$\alpha_k = \frac{A_k}{A} \tag{2-21}$$

式中 α_k——材料的冲击韧性值，J/mm^2；

A_k——材料破坏时所吸收的能量，J；

A——材料受力截面积，mm^2。

对于韧性材料，在外力的作用下会产生明显的变形，并且变形随着外力的增加而增大，在材料完全破坏之前，施加外力产生的功被转化为变形能而被材料所吸收。显然，材料在破坏之前所产生的变形越大，且所能承受的应力越大时，它所吸收的能量就越多，表现为材料的韧性就越强。

桥梁、路面、工业厂房等土木工程的受振结构部位，应选用韧性较好的材料。常用的韧性材料有低碳钢、低合金钢、铝材、橡胶、塑料、木材、竹材等，玻璃钢等复合材料也具有优良的韧性。

2.2.4 材料的硬度与耐磨性

(1) 硬度 硬度是指材料表面抵抗硬物压入或刻划的能力。土木工程中为保持建筑物的使用性能和外观，常要求材料具有一定的硬度，如部分装饰材料、预应力钢筋混凝土锚具等。

工程中用于表示材料硬度的指标有多种，对金属、木材等材料常以压入法检测其硬度，其方法分别有：洛氏硬度(HR，它是以金刚石圆锥或圆球的压痕深度计算求得的硬度值)、布氏硬度(HB，它是以压痕直径计算求得的硬度值)等。天然矿物材料的硬度常用摩氏硬度表示，它是以

两种矿物相互对刻的方法确定矿物的相对硬度，并非材料绝对硬度的等级。其硬度的对比标准分为十级，由软到硬依次分别为：滑石、石膏、方解石、萤石、磷灰石、正长石、石英、黄玉、刚玉、金刚石。磨光天然石材的硬度常用肖氏硬度计检测(用测得的撞销回跳的高度来表示)。

(2) 耐磨性 材料的耐磨性是指材料表面抵抗磨损的能力。材料的耐磨性常以磨损率 G 表示，其计算公式为

$$G = \frac{m_1 - m_2}{A} \tag{2-22}$$

式中 G——材料的磨损率，g/cm^2；

m_1，m_2——材料磨损前后的质量损失，g；

A——材料试件受磨面积，cm^2。

材料的磨损率 G 值越低，表明该材料的耐磨性越好。一般硬度较高的材料，耐磨性也较好。土木工程中有些部位经常受到磨损的作用，如路面、地面等。选择这些部位的材料时，其耐磨性应满足工程的使用寿命要求。

材料的硬度和耐磨性均与其内部结构、组成、孔隙率、孔特征、表面缺陷等有关。

2.3 材料的耐久性

材料在使用过程中，除受到各种外力作用外，还要受到环境中各种自然因素的破坏作用。材料在使用过程中抵抗各种环境因素的长期作用，并保持其原有性能而不破坏、不变质的能力称之为耐久性。耐久性是材料的一种综合性质，包括材料的抗冻性、耐热性、大气稳定性和耐腐蚀性等。环境因素的破坏作用可分为物理作用、化学作用和生物作用。

物理作用主要有干湿交替、温度变化、冻融循环等，这些变化会使材料体积产生膨胀或收缩，或导致内部裂缝的扩展，长期反复作用将使材料产生破坏。

化学作用主要是指酸、碱、盐等物质的水溶液或有害气体对材料产生的侵蚀作用，化学作用可使材料的组成成分发生质的变化，从而引起材料的破坏，如钢材的锈蚀等。

生物作用主要是指材料受到虫蛀或菌类的腐朽作用而产生的破坏。如木材等有机质材料，常会受到这种破坏作用的影响。

耐久性是土木工程材料的一项重要的技术性质，随着社会的发展，人们对材料的耐久性愈加重视，提高材料耐久性就是延长工程结构的使用寿命。工程实践中，要根据材料所处的结构部位和使用环境等因素，综合考虑其耐久性，并根据各种材料的耐久性特点，合理地选用。土木工程中材料的耐久性与破坏因素的关系见表 2-7。

表 2-7　　土木工程材料耐久性与破坏因素的关系

破坏因素分类	破坏原理	破坏因素	评定指标
渗透	物理	压力水、静水	渗透系数、抗渗等级
冻融	物理、化学	水、冻融作用	抗冻等级、耐久性系数
冲磨气蚀	物理	流水、泥砂	磨蚀率
碳化	化学	CO_2、H_2O	碳化深度

续表

破坏因素分类	破坏原理	破坏因素	评定指标
化学侵蚀	化学	酸、碱、盐及其溶液	*
老化	化学	阳光、空气、水、温度交替	*
钢筋锈蚀	物理、化学	H_2O、O_2、氯离子、电流	电位锈蚀率
碱集料反应	物理、化学	R_2O、H_2O、活性集料	膨胀率
腐朽	生物	H_2O、O_2、菌	*
虫蛀	生物	昆虫	*
热环境	物理、化学	冷热交替、晶型转变	*
火焰	物理	高温、火焰	*

注：* 表示可参考强度变化率、开裂情况、变形情况、破坏情况等进行评定。

从上述导致材料耐久性不良的作用来看，影响材料耐久性的因素主要有外因与内因两个方面。影响材料耐久性的内在因素主要有：材料的组成与结构、强度、孔隙率、孔特征、表面状态等。当材料的组成和结构特点不能适应环境要求时便容易过早地产生破坏。

工程中改善材料耐久性的主要措施有：根据使用环境选择材料的品种；采取各种方法控制材料的孔隙率与孔特征；改善材料的表面状态，增强抵抗环境作用的能力。

2.4 材料的组成、结构与构造

材料是由原子、分子或分子团以不同结合形式构成的物质。材料的组成或构成方式不同，其性质可能有很大的差别；组成或构成方式相近的材料，其性质也具有相近之处。我们知道，土木工程材料包括有机材料、金属材料、无机非金属材料等，由于其组成的不同，使其各自分别具有不同的特性。此外，即使属于相同类别的材料，由于其中原子或分子之间的结合方式及缺陷状态不同，其性质也可能有显著的差别。

2.4.1 材料的组成

材料的组成是决定材料性质的最基本因素。材料的组成包括材料的化学组成、矿物组成和相组成。

(1) **化学组成** 化学组成是指材料的化学元素及化合物的种类与数量。当材料处于某一环境中，材料与环境中的物质间必然要按化学变化规律发生变化。如混凝土受到酸、盐类物质的侵蚀作用；材料遇火时的可燃性、耐火性；钢材和其他金属材料的锈蚀等都属于化学作用。材料在各种化学作用下表现出的性质都是由其化学组成所决定的。

(2) **矿物组成** 通常将无机非金属材料中具有特定的晶体结构、特定的物理力学性能的组织结构称为矿物。矿物组成是指构成材料的矿物的种类和数量。某些材料如天然石材、无机胶凝材料，其矿物组成是决定其性质的主要因素。例如：硅酸盐水泥中，熟料矿物硅酸三钙含量高，则其硬化速度较快，强度较高。

从宏观组成层次讲，人工复合的材料如混凝土、建筑涂料等是由各种原材料配合而成的，因此影响这类材料性质的主要因素是其原材料的品质及其配合比例。

(3) 相组成 材料中结构相近、性质相同的均匀部分称为相。自然界中的物质可分为气相、液相、固相三种形态。同种物质在不同的温度、压力等环境条件下，也常常会转变其存在的状态，一般称为相变，如由气相转变为液相或固相。土木工程材料中，同种化学物质由于加工工艺的不同，温度、压力等环境条件的不同，可形成不同的相。例如：在铁碳合金中就有铁素体、渗碳体、珠光体。土木工程材料大多是多相固体材料，这种由两相或两相以上的物质组成的材料称为复合材料。例如：混凝土可认为是由集料颗粒（集料相）分散在水泥浆体（基相）中所组成的两相复合材料。

复合材料的性质与其构成材料的相组成和界面特性有密切关系。所谓界面是指多相材料中相与相之间的分界面。在实际材料中，界面是一个各种性能尤其是强度性能较薄弱的区域，它的成分和结构与相内的部分是不一样的，可作为"相界面"来处理。因此，对于土木工程材料，可通过改变和控制其相组成和界面特性来改善和提高材料的技术性能。

2.4.2 材料的结构与构造

材料的性质除与材料组成有关外，还与其结构和构造有密切关系。材料的结构和构造泛指材料各组成部分之间的结合方式及其在空间排列分布的规律。通常，按材料结构和构造的尺度范围，可分为宏观结构（构造）、细观结构（构造）和微观结构（构造）。但构造进一步强调了相同材料或不同材料间的搭配与组合关系，如木材的宏观构造、微观构造就是指具有相同的结构单元——木纤维管胞，按不同形态和方式在宏观和微观层次上的搭配和组合情况，它决定了木材的各向异性等一系列物理力学性质。

1. 宏观结构

材料的宏观结构是指用裸眼或放大镜可直接观察到的结构和构造状况，其尺度范围在 10^{-3}m 级以上。土木工程实际中，经常在这一层次上描述与评价材料的结构状态。按宏观结构的特征，材料有致密、多孔、粒状、层状等结构，宏观结构不同的材料具有不同的特性。例如，玻璃与泡沫玻璃的组成相同，但宏观结构不同，前者为致密结构，后者为多孔结构，其性质截然不同，玻璃用作采光材料，泡沫玻璃用作绝热材料。

材料宏观结构和构造的分类及特征可参见表 2-8。

表 2-8 **材料宏观结构和构造**

宏观结构		结构特征	常用的土木工程材料举例
按孔隙特征	致密结构	无宏观尺度的孔隙	钢铁、玻璃、塑料、沥青等
	微孔结构	主要具有微细孔隙	石膏制品、烧土制品等
	多孔结构	具有较多粗大孔隙	加气混凝土、泡沫玻璃、泡沫塑料等
按构造特征	纤维结构	主要由纤维状材料构成	木材、玻璃钢、岩棉、GRC 等
	层状结构	由多层材料叠合构成	复合墙板、胶合板、纸面石膏板等
	散粒结构	由松散颗粒状材料构成	砂石材料、膨胀蛭石、膨胀珍珠岩等
	堆积结构	由骨料和胶结材料构成	各种混凝土、砂浆、陶瓷等

2. 细观结构

材料的细观结构(又称亚微观结构、介观结构)是指用光学显微镜和一般扫描透射电子显微镜所能观察到的结构,是介于宏观和微观之间的结构。其尺度范围在 $10^{-3} \sim 10^{-9}$ m。材料的细观结构根据其尺度范围,还可分为显微结构和纳米结构。

显微结构是指用光学显微镜所能观察到的结构,其尺度范围在 $10^{-3} \sim 10^{-7}$ m。土木工程材料的显微结构,应针对具体材料分类研究。对于水泥混凝土,通常是研究水泥石的孔隙结构及界面特性等;对于金属材料,通常是研究其金相组织、晶界及晶粒尺寸等。材料在显微结构层次上的差异对材料的性能有显著的影响。例如,钢材的晶粒尺寸越小,钢材的强度越高。又如混凝土中毛细孔的数量减少、孔径减小,将使混凝土的强度和抗渗性等提高。因此,对于土木工程材料而言,从显微结构层次上研究并改善材料的性能十分重要。

材料的纳米结构是指一般扫描透射电子显微镜所能观察到的结构,其尺度范围在 $10^{-7} \sim 10^{-9}$ m。材料的纳米结构是 20 世纪 80 年代末期引起人们广泛关注的一个尺度。其基本结构单元有团簇、纳米微粒、人造原子等。由于纳米微粒和纳米固体有小尺寸效应、表面界面效应等基本特性,使由纳米微粒组成的纳米材料具有许多奇异的物理和化学性能,因而得到了迅速发展,在土木工程中也得到了应用,比如纳米涂料等。

3. 微观结构

材料的微观结构是指原子或分子层次的结构。材料按微观结构基本上可分为晶体和非晶体。

(1) 晶体 晶体是质点(原子、分子、离子)按一定规律在空间重复排列而成的结构,具有一定的几何形状和物理性质。晶体质点间键能的大小以及结合键的特性决定晶体材料的特性,见表 2-9。

表 2-9　材料微观结构类型、常见材料及其主要特性

材料的微观结构	常见材料	主要特性
原子晶体(以共价键结合)	金刚石、石英、刚玉	强度、硬度、熔点均高,密度较小
离子晶体(以离子键结合)	氧化钠、石膏、石灰岩	强度、硬度、熔点较高,但波动大,部分可溶,密度中等
分子晶体(以分子键结合)	蜡及有机化合物晶体	强度、硬度、熔点较低,大部分可溶,密度小
金属晶体(以金属键结合)	铁、钢、铜、铝及其合金	强度,硬度变化大,密度大

在金属材料中,晶粒的形状和大小也会影响材料的性质。常采用热处理的办法使金属晶粒产生变化,以收到调节和控制金属材料机械性能(强度、韧性、硬度等)的效果。金属晶体在外力作用下具有弹性变形的特点。当外力达到一定程度时,由于某一晶面上的剪应力达到一定限度,沿该晶面发生相对的滑动,因而材料产生塑性变形。

无机非金属材料中的晶体,通常不是单一的结合键,而是既存在共价键又存在离子键。比如硅酸盐材料的结构比较复杂,是由基本单元 SiO_4 与其他金属离子结合而成,可以组成链状结构、层状结构等硅酸盐晶体,硅酸盐晶体的基本结构单元是 SiO_4 四面体,硅在四个氧形成的四面体的正中。硅酸盐材料在土木工程材料中占有重要地位,它广泛应用在水泥、陶瓷、砖瓦、玻璃等材料中。

(2) 玻璃体 玻璃体是熔融物在急冷时,质点来不及按一定规律排列而形成的内部质点无序排列的固体或固态液体。玻璃体结构的材料没有固定的熔点和几何形状，且各向同性。由于内部质点未达到能量最低位置，大量化学能储存在材料结构中，因此，其化学稳定性差，易与其他物质发生化学反应。如粉煤灰、粒化高炉矿渣、火山灰等玻璃体常被用作硅酸盐水泥的掺和料。

(3) 胶体 胶体是指一些细小的固体粒子(直径 1～100 μm)分散在介质中所组成的结构。一般属于非晶体。由于胶体的质点很微小，表面积很大，所以表面能很大，吸附能力很强，使胶体具有很强的黏结力。胶体由于脱水或质点凝聚作用，而逐渐产生凝胶。凝胶具有固体性质，在长期应力作用下又具有黏性液体的流动性质。混凝土的强度及变形性质与水泥水化形成的 C-S-H 凝胶有很大的关系。

练习题

【2-1】 何谓材料的密实度、孔隙率？两者之间有什么关系？如何计算？

【2-2】 材料中的孔隙特征有哪些？材料表观密度与视密度的差别是什么？

【2-3】 哪些参数或因素可影响颗粒堆积材料的堆积密度？如何提高其堆积密度？

【2-4】 材料的吸水性和吸湿性有何区别与联系？材料含水后对材料性能有何影响？

【2-5】 如何区分亲水材料与憎水材料？举例说明怎样改变材料的亲水性和憎水性？

【2-6】 脆性材料和韧性材料有何区别？使用中应注意哪些问题？

【2-7】 当某一建筑材料的孔隙率增大时，下表内的其他性质将如何变化？(用符号填写：↑增大，↓下降，—不变，？不定)

孔隙率	密度	表观密度	强度	吸水率	抗冻性	导热性
↑						

【2-8】 什么是材料的耐久性？在工程结构设计时应如何考虑材料的耐久性？

【2-9】 块体石料的孔隙率和碎石的空隙率有何工程意义？各是如何测试的？

【2-10】 某岩石的密度为 2.75 g/cm^3，孔隙率为 1.5%；今将该岩石破碎为碎石，测得碎石的堆积密度为 1 560 kg/m^3。试求此岩石的表观密度和碎石的空隙率。

【2-11】 现有某石材干燥试样，称其质量为 253 g，将其浸水饱和，测得排出水的体积为 114 cm^3；将其取出擦干表面并再次放入水中，排出水体积为 117 cm^3。若试样体积无膨胀，求此石材的体积密度、视密度、质量吸水率和体积吸水率。

【2-12】 烧结普通砖进行抗压试验，测得浸水饱和后的破坏荷载为 185 kN，干燥状态的破坏荷载为 207 kN(受压面积为 115 mm×120 mm)，问此砖的饱水抗压强度和干燥抗压强度各为多少？是否适宜用于常与水接触的工程结构物？

3 无机气硬性胶凝材料

大多数土木工程结构物都是由胶凝材料粘结而成的整体。胶凝材料是指能将散粒材料(如砂、石子等)、块状材料(如砖、石块等)或纤维材料(如玻璃纤维、植物纤维等)粘结成整体,并经物理、化学作用可由塑性浆体逐渐硬化而成为坚硬石状体的材料。

按照化学成分,胶凝材料可分为有机胶凝材料和无机胶凝材料两大类。土木工程中常用的有机胶凝材料有沥青、树脂、橡胶等。常用的无机胶凝材料品种则更多,根据硬化条件的不同又可分为气硬性胶凝材料和水硬性胶凝材料。气硬性胶凝材料只能在空气中凝结硬化,也只能在空气中保持和发展其强度,如建筑石膏、石灰、水玻璃、菱苦土等,它们的耐水性很差,只能适用于地上或干燥环境。水硬性胶凝材料不仅能在空气中硬化,而且能更好地在水中硬化,并保持和发展其强度,如各种水泥,它们的耐水性很好,可适用于大气环境、潮湿或水中环境的工程。

3.1 建筑石灰

石灰的生产和使用工艺简单,成本低廉,原料分布广,具有某些优异性能,至今在土木工程中用途也十分广泛。它是土木工程中应用历史最久和应用量最大的传统胶凝材料。

3.1.1 石灰的生产

生产石灰的原料多为天然岩石,如石灰石、白云质石灰石、白垩等,其中黏土杂质的含量一般不宜超过8%。当这些原料在煅烧窑中高温煅烧时,碳酸钙($CaCO_3$)会分解而得到块状生石灰(主要成分为CaO),其化学反应为:

$$CaCO_3 \xrightarrow{900\ ℃\sim 1\ 100\ ℃} CaO + CO_2 \uparrow$$

石灰煅烧窑有土窑和立窑。土窑为间歇式煅烧,立窑为连续式煅烧。机械化立窑操作可靠,能耗料耗低,成品质量好,是目前石灰生产的主要方法。其生产过程为:原料和燃料按一定比例从窑顶分层装入,逐层下降,在窑中经预热、煅烧、冷却等阶段后,成品从窑底卸出。其工艺流程为:

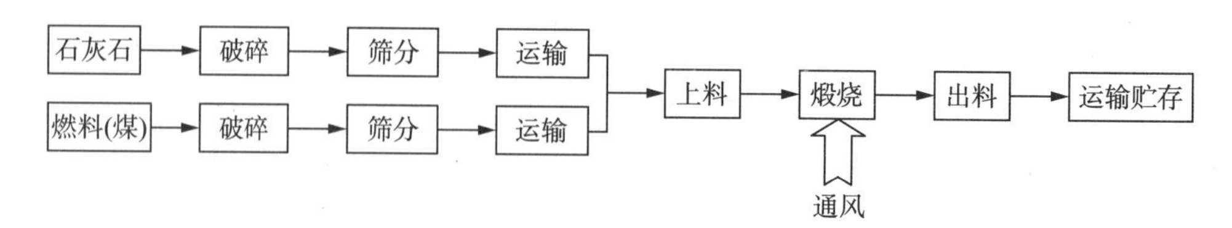

图3-1 生石灰生产工艺流程示意图

石灰的煅烧需要足够的温度和时间。煅烧过程中,石灰石在600 ℃左右开始分解,随着温度的升高分解速度逐渐加快;当温度达到900 ℃时,CO_2 分压达到1个大气压,此时分解达到较快的速度，因此常将这个温度作为 $CaCO_3$ 的分解温度。在实际生产中，为了提高生产效率，可采用更高的煅烧温度以进一步加快石灰石的分解，但不得采用过高的温度，一般石灰石的煅烧温度波动在 1 000 ℃～1 200 ℃或更高一些。

正常温度和煅烧时间所得到的生石灰具有多孔结构，内部孔隙率大，表观密度较小，晶粒细小，与水反应迅速，称为正火石灰。若煅烧温度低或时间短时，石灰石的表层部分可能为正火石灰，而内部会有未分解的石灰石核心，该核心称为欠火石灰；它与水反应时仅表面水化，而其石灰石核不能水化。若煅烧温度过高或高温持续时间过长，因高温烧结收缩而使石灰内部孔隙率减少，体积收缩，晶粒变得粗大，该石灰称为过火石灰；过火石灰常呈灰黑色，其表面常被黏土杂质融熔形成的玻璃釉状物所覆盖而带有玻璃状外壳或产生裂纹，它与水反应时速度很慢，往往需要很长时间才能产生明显的水化效果。

由于石灰石中常含有一定量的碳酸镁($MgCO_3$)，在煅烧过程中不可避免地会分解而形成 MgO，其反应为

$$MgCO_3 \xrightarrow{600\ ℃\sim700\ ℃} MgO + CO_2 \uparrow$$

MgO 的烧成温度比 CaO 的低，当石灰烧成时，MgO 成为过火状态，结构致密，水化速度很慢，当其含量过多时，对于石灰的使用也会产生不利的影响。

3.1.2 石灰的消化和硬化

1. 生石灰的消化

生石灰遇水后会产生多种剧烈的物理化学变化，这些变化不仅会产生大量的热量使温度急剧升高，而且将导致体积安定性不良等现象。为此，工程中通常不直接使用生石灰，而是提前进行消化处理以消除这些不良现象。

石灰的消化是指生石灰加水后发生水化反应，并自动松散为粉末或浆体的过程，经过消化的石灰称为消石灰(也称熟石灰)。其反应式如下：

$$CaO + H_2O \longrightarrow Ca(OH)_2 + 64.9\ kJ$$

生石灰的消化方法有人工消化和机械消化，人工消化常用于现场配制石灰膏、石灰浆或消石灰粉等，机械消化多用于生产成品消石灰粉。人工消化法分为湿消化法和干消化法。

(1) 湿消化法 适于现场制备石灰浆和石灰膏。方法是先挖一消化池和一储灰池，并按高低布置；消化时将生石灰置于消化池中，加水消化或再适当搅拌；消化后的石灰浆用筛网过滤后流入储灰池中备用。

石灰消化时会产生大量热量，其固体体积也会膨胀 1～2.5 倍。如果消化不充分，则在消石灰中残留有未消化的生石灰颗粒(主要是过火石灰)；在石灰凝结硬化后，未消化的生石灰还会继续水化，并伴随着体积膨胀，这种局部体积膨胀会导致结构松散、表面隆起、开裂、裂缝或局部脱落等破坏现象。为保证生石灰得以充分消化，必须将石灰浆在储灰池中存储二周以上，这一过程称之为“陈伏”；为避免已经形成的消石灰与空气接触而被碳化，消石灰“陈伏”期间应在其浆体表面覆盖 2 cm 以上的隔离水层。

(2) 干消化法 当工程中需要粉状消石灰(如拌制石灰土、石灰三合土等)时，应将生石灰消化成消石灰粉。其方法是将生石灰块分层铺放，并分层喷洒加水，每层生石灰约 50 cm 厚；或在生石灰堆中插入有孔水管，缓慢地向内部加水，使生石灰逐渐消化。在消化石灰粉时应注

意其加水量，以能使生石灰充分消化而又不过湿成团为度。

2. 石灰浆的凝结硬化

含有水分的石灰浆在干燥条件下使用时会发生一系列物理化学变化，从而产生凝结与硬化。石灰硬化的机理包括干燥硬化、结晶硬化和碳酸化硬化。

(1) 干燥硬化 当石灰浆体应用于工程中而逐渐干燥时，其中的游离水分会逐渐蒸发，从而在内部形成大量彼此相通的毛细孔隙。残留于孔隙内的水分具有一定的表面张力作用而产生毛细管力，毛细管力促使颗粒间互相聚集而粘结。随着水分的继续减少，毛细管力进一步增大，颗粒间接触也更加紧密，并产生了固体颗粒间的分子引力(范德华力)，使之进一步相互粘结，形成一个凝聚结构的空间网络而获得强度。由于石灰浆体干燥硬化的强度值很低，当再遇水时，其强度又会逐渐丧失，因此它表现为明显的气硬性。

(2) 结晶硬化 随着游离水分的不断减少，石灰浆体溶液中氢氧化钙浓度很快达到过饱和，并不断从溶液中结晶析出。晶体逐渐发育长大，相互交叉搭接形成结晶结构网，不断结晶和长大的晶体，又使结晶结构网被填充和加强，使其逐渐趋于致密，结构强度提高。由于氢氧化钙是可溶于水的晶体，其结晶结构网的接触点溶解度较高，当再次遇水时，也会引起强度下降。

(3) 碳酸化硬化 处于大气环境中的石灰浆体结构围绕着 CO_2 与 $Ca(OH)_2$ 反应生成 $CaCO_3$，并使石灰浆体结构的物理力学性能发生变化，这一过程称为石灰的碳酸化硬化(简称碳化)，其反应式为

$$Ca(OH)_2 + CO_2 \xrightarrow{H_2O} CaCO_3$$

碳化后生成的碳酸钙晶体可相互交叉连生或与氢氧化钙晶体共生，构成紧密交织的结晶网，促使石灰硬化体强度提高。另外，$CaCO_3$ 的固相体积比 $Ca(OH)_2$ 的固相体积稍大，也使石灰硬化体的结构更加致密，从而对其表面强度有显著的改善。

因为碳化反应只有在适当含水率的条件下才能进行，空气中的 CO_2 含量较低，而且碳化是从结构或颗粒的表面开始的，生成的 $CaCO_3$ 致密结构会覆盖在结构或颗粒的表面，阻碍了 CO_2 向内层的渗透和内部水分的排出，所以石灰的碳化速度较慢。若期望快速碳化或获得较厚的碳化层，需采用高浓度 CO_2 进行强制碳化。

从石灰浆体结构硬化的过程来看，以上三种硬化形式是同时交叉进行的。其中，干燥硬化与初期结构的形成有关，结晶硬化对强度的增长起主导作用，碳化作用影响后期强度的进一步发展。就石灰-水系统而言，反应后的体积会减小，即发生化学收缩。

3.1.3 石灰的技术性质、分类和性能要求

1. 石灰的技术性质

(1) 保水性与可塑性好 消石灰浆体中的氢氧化钙为极细小的颗粒(粒径约 1 μm)，呈胶体分散状态，表面附有一层较厚的水膜，颗粒间的摩擦力较小，这使得石灰浆具有良好的保水性与可塑性，使用时易铺摊成均匀的薄层。因此，石灰膏除用作胶凝材料外，还可用作混合砂浆的增塑材料，以增加砂浆的和易性。

(2) 硬化缓慢且强度低 石灰的凝结硬化很慢，且硬化速度与环境湿度有关；在较干燥环境中，达到终凝需要 1 d 以上，基本硬化则需要数天。石灰硬化后的强度较低，如按 1∶3 配比的石灰砂浆 28 d 抗压强度也仅为 0.2～0.5 MPa。因此，它不适于作为承重结构的主要材料。

(3) 硬化时体积收缩大且易开裂 由于 $Ca(OH)_2$ 胶粒吸附有较厚的水膜，在石灰浆体干燥硬化时，大量水分蒸发所产生的毛细管力会导致系统较大的体积收缩，必然会造成其硬化结构开裂。因此，除用作很薄的粉刷层外，石灰浆不宜单独使用，施工中常加入一定的集料（砂子等）或纤维增强材料（麻刀、纸筋灰等），以降低其收缩或提高其抗开裂的能力。

(4) 耐水性差 硬化后的石灰浆体成分主要是 $Ca(OH)_2$ 和少量 $CaCO_3$。因为未碳化的 $Ca(OH)_2$ 可溶于水，在潮湿环境中其硬化结构容易被水软化而破坏，甚至产生溃散，所以石灰制品的耐水性很差，软化系数很低，不宜用于潮湿环境。欲提高其耐水性时，应掺加憎水性物质或改变其硬化反应机理而形成水硬性结构。

2. 石灰的分类和性能要求

1）石灰的分类

由于加工方法不同，石灰的物理状态或化学组成有很大的差别。

(1) 按成品加工方法分 主要包括建筑生石灰、建筑生石灰粉、建筑消石灰粉、石灰浆。

① 建筑生石灰 由石灰石原料煅烧而得的块状石灰，是生产其他石灰的原料。

② 建筑生石灰粉 以建筑生石灰为原料，经研磨所制得的生石灰粉，一般细度达到0.08 mm筛筛余小于15%。由于它颗粒细小，遇水后可直接消化，多用于石灰制品的生产。

③ 建筑消石灰粉 以建筑生石灰为原料，经消化加工所制得的消石灰粉。

④ 石灰浆 将生石灰加多量水（为石灰体积的3～4倍）消化而得的可塑性浆体，也称为石灰膏；如果水分加得更多，则呈白色悬浮液，称为石灰乳。

这些不同石灰产品的状态、成分与用途差别见表3-1。

表3-1 不同石灰产品的状态、成分与用途

产品名称	物理状态	有效成分	主要用途
建筑生石灰	灰白色块状物	$CaO+MgO$	生产其他石灰产品
建筑生石灰粉	白色或灰白色粉末	$CaO+MgO$	生产石灰膏或硅酸盐制品
建筑消石灰粉	白色粉末	$Ca(OH)_2+Mg(OH)_2$	制作石灰土、三合土、硅酸盐制品
石灰浆	白色浆体	$Ca(OH)_2+Mg(OH)_2$	抹面、刷浆与砌筑胶结

(2) 按其化学成分分 主要包括钙质石灰、镁质石灰等。

根据《建筑生石灰》(JC/T 479—2013)的规定，建筑生石灰和建筑生石灰粉的类别代号如表3-2所示。

表3-2 建筑生石灰的分类

类别	名称	代号
钙质石灰	钙质石灰90	CL90
	钙质石灰85	CL85
	钙质石灰75	CL75
镁质石灰	镁质石灰85	ML85
	镁质石灰80	ML80

注：90、85、80、75代表石灰中(CaO+MgO)的百分含量。

(3) 按消化速度分 主要包括快熟石灰、中熟石灰和慢熟石灰。

① 快熟石灰 在 10 min 以内可完成熟化过程的石灰。

② 中熟石灰 完成熟化过程需要 10～30 min 的石灰。

③ 慢熟石灰 完成熟化过程需要 30 min 以上的石灰。

2）建筑生石灰和生石灰粉的性能要求

建筑生石灰和建筑生石灰粉的技术性能应满足《建筑生石灰》(JC/T 479—2013)规定的要求(表 3-3)。其中,产浆量主要体现生石灰(粉)制备石灰膏时的产品效率。

表 3-3 建筑生石灰的物理性质

名称	产浆量/[$dm^3 \cdot (10\ kg)^{-1}$]	细度	
		0.2 mm 筛余量	90 μm 筛余量
CL90-Q CL90-QP	≥26 —	— ≤2%	— ≤7%
CL85-Q CL85-QP	≥26 —	— ≤2%	— ≤7%
CL75-Q CL75-QP	≥26 —	— ≤2%	— ≤7%
ML85-Q ML85-QP	—	— ≤2%	— ≤7%
ML80-Q ML80-QP	—	— ≤7%	— ≤2%

注：Q 代表生石灰块,QP 代表生石灰粉。

3）建筑消石灰粉的技术要求

《建筑消石灰》(JC/T 481—2013)适用于以建筑生石灰粉为原料,经水化和加工制得的建筑消石灰粉,不包括水硬性消石灰。建筑消石灰按扣除游离水和给合水后(CaO+MgO)的百分含量进行分类,分为钙质消石灰(HCL)和镁质消石灰(HML),具体分类如表 3-4 所示。

表 3-4 建筑消石灰的化学成分和物理性质

名称	CaO+MgO 的百分含量 ≥	MgO	游离水	细度		安定性
				0.2 mm 筛余量	90 μm 筛余量	
HCL90	90%	≤5%	≤2%	≤2%	≤7%	合格
HCL85	85%					
HCL75	75%					
HML85	85%	>5%				
HML80	80%					

3.1.4 石灰的应用与贮存

1. 石灰的应用

在土木工程建设中,石灰的应用十分广泛,主要应用有:

(1) 石灰乳涂料 石灰乳是石灰加大量水所得的稀浆,它主要用于一般建筑的室内墙面和顶棚的粉刷。掺入少量佛青颜料，可使其呈纯白色；掺入各种颜色的耐碱材料，可获得不同色彩的装饰效果。掺入少量有机胶凝材料(如108胶等)或水硬性材料(如白水泥等)，可提高其耐水性和粘结力，且不易掉白。

(2) 配制砂浆 石灰膏或消石灰粉可以单独或与水泥一起配制各种砂浆，用于墙体抹面或砌体砌筑。前者称为石灰砂浆，主要用于墙体的多层抹面或室内墙体的砌筑；后者称为混合砂浆，用于顶棚抹灰、外墙及易受潮砌体的砌筑。当用于抹灰时，为减少其开裂，常加入麻丝、纸筋灰或其他纤维增强材料。

(3) 石灰土与石灰三合土 石灰土(简称灰土)是消石灰与黏土拌和的混合物，其一般配比为1∶2～4；若再加入砂、碎石或炉渣等其他材料后即成为三合土，其一般配比约为1∶2∶3。石灰土或三合土在强力夯实或振实作用下可获得较密实的结构，其中的$Ca(OH)_2$可与黏土中的部分活性氧化硅及氧化铝等发生化学反应，生成具有水硬性的水化硅酸钙和水化铝酸钙矿物，从而获得一定的抗压强度、耐水性和抗渗性。它们主要用于各种建筑物的基础处理、道路基层及广场地面的垫层等。

(4) 生产硅酸盐制品 硅酸盐制品是由磨细生石灰(约占10%)与硅质材料(如砂、粉煤灰、炉渣等)加水拌和，压制成型，再经蒸压养护制成的产品。其中包括灰砂硅酸盐制品、粉煤灰硅酸盐制品等。主要产品有灰砂砖、灰砂砌块、粉煤灰砖、粉煤灰砌块、配筋灰砂构件、灰砂加气混凝土等，是替代烧结黏土砖的主要砌体材料。

(5) 生产碳化石灰制品 碳化石灰制品是利用石灰碳酸化所产生的强度而制成的块体材料。通常是将磨细生石灰与纤维增强材料(如玻璃纤维)或骨料(如炉渣、矿渣等)混合，加水搅拌成型，再用二氧化碳(石灰窑废气等)进行人工碳化制成碳化砖、碳化石灰板等产品。主要用于墙体砌筑、非承重的内隔墙、天花板等。

(6) 地基加固和静态破碎 对于含水的软弱地基，可以将生石灰块灌入地基的桩孔内并捣实，利用石灰消化时体积膨胀所产生的巨大膨胀压力而使土壤挤密，从而使地基获得加固效果，也称为石灰桩。

利用经特殊处理过的石灰或过火石灰缓慢水化且体积显著膨胀的特性，可配制静态破碎剂或膨胀剂。用于混凝土、钢筋混凝土构筑物的拆除，岩石的破碎或加工等。

2. 石灰的贮存

石灰贮存过程中应注意防潮和防碳化。生石灰应贮存在干燥的环境中，要注意防雨防潮，且不宜久存；消石灰贮存时应包装密封，以隔绝空气防止碳化；石灰膏应在其上层始终保留2 cm以上的水层，以防止碳化失效。

3.2 建筑石膏

建筑石膏是以硫酸钙($CaSO_4$)为主要成分的气硬性胶凝材料，它是土木工程中应用历史最久的胶凝材料之一。石膏不仅来源丰富，制作与使用工艺简单，而且技术性能十分优良。因此，它也是极具发展前景的胶凝材料。

3.2.1 石膏的分类

根据化学构成的差别，石膏有多个品种。建筑石膏是由天然石膏(又称生石膏)或含硫酸钙的工业副产石膏(又称化学石膏)加工而成的。

(1) 天然石膏 天然石膏是在自然界中稳定存在的石膏矿物,分为天然二水石膏和天然硬石膏。

天然二水石膏又称软石膏($CaSO_4 \cdot 2H_2O$),属于以二水硫酸钙为主要矿物复合组成的沉积岩,一般沉积在距地表 800~1 500 m 的深处。二水石膏晶体无色透明,含少量杂质时呈灰色、淡黄色或淡红色,其密度为 2.2~2.4 g/cm³,难溶于水,是生产建筑石膏的主要原料。

天然硬石膏又称无水石膏,是由无水硫酸钙($CaSO_4$)所组成的沉积岩石,其密度为 2.9~3.1 g/cm³。硬石膏矿层一般位于二水石膏层以下的深处,其晶体结构比较稳定,化学活性小。硬石膏经煅烧并掺入活性激发剂后也会具有较好的胶凝性能。

(2) 烟气脱硫石膏 采用石灰或石灰石湿法脱除烟气中二氧化硫产生的,以二水硫酸钙为主要成分的副产品。

(3) 磷石膏 采用磷矿石为原料,湿法制取磷酸时所得的,以二水硫酸钙为主要成分的副产品。

综合利用化学石膏,不仅可以节约能源和资源,而且可以满足土木工程对于石膏建材持续不断的需求,将是未来发展石膏建材的主要来源。

《建筑石膏》(GB 9776—2008)的规定,建筑石膏按原材料种类分为天然建筑石膏(代号 N)、脱硫建筑石膏(S)和磷建筑石膏(P)。

3.2.2 石膏的生产

从图 3-2 可看出,二水硫酸钙随加热温度升高可得到不同产物,具有不同的水化性能。

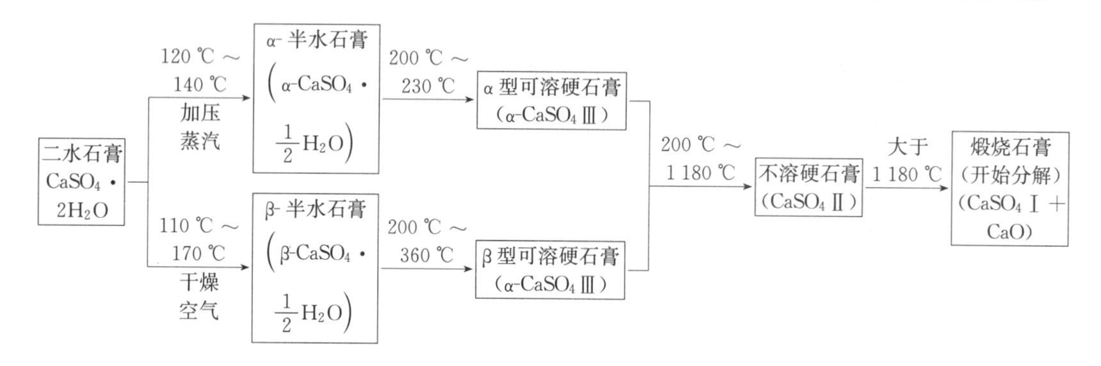

图 3-2 二水石膏随温度升高的产物

(1) 建筑石膏 天然石膏或工业副产石膏经脱水处理制得的,以β半水硫酸钙(β-$CaSO_4 \cdot 1/2H_2O$)为主要成分,不预加任何外加剂或添加物的粉状胶凝材料。在回转窑或炒锅中进行直接加热(煅烧)至 110 ℃~170 ℃可得β型半水石膏。普通建筑石膏是煅烧脱水而成的β型半水石膏再经磨细制得的白色粉末,其密度为 2.60~2.75 g/cm³,松堆积密度为 800~1 000 kg/m³,是土木工程中应用最多的石膏材料。

(2) α型高强石膏 二水硫酸钙($CaSO_4 \cdot 2H_2O$)在饱和水蒸气介质或液态水溶液中,且在一定的温度、压力或转晶剂条件下得到的以α型半水硫酸钙(α-$CaSO_4 \cdot 1/2H_2O$)为主要晶体形态的粉状胶凝材料。其密度为 2.6~2.8 g/cm³,松堆积密度为 1 000~1 200 kg/m³。《α型高强石膏》(JC/T 2038—2010)规定:生产α型高强石膏用的天然二水石膏应符合《天然石膏》(GB/T 5483—2008)中一级品(二水硫酸钙含量≥85%)以上的要求。由于高强石膏具有较高的强度和粘结能力，多用于要求较高的抹灰工程、装饰制品和制作石膏板；当加入防水剂后可制成高强防水石膏，还可加入少量有机胶结材料使其形成无收缩的胶粘剂。

(3) 硬石膏 硬石膏又称无水石膏，是半水石膏在 200 ℃左右时转变而成的Ⅲ型脱水石膏，其结构不稳定，在潮湿条件下易转变成相应的半水石膏。当温度继续升高时可转变成可溶性硬石膏，但其性质变化却不大，也能很快从空气中吸收水分而水化，且强度较低。

可溶性硬石膏在 400 ℃～1 180 ℃范围煅烧转变成不溶性硬石膏($CaSO_4$ Ⅱ)时，其结构体变得紧密和稳定，密度大于 2.99 g/cm^3，难溶于水，凝结很慢。只有加入某些激发剂(如碱性粒化高炉矿渣、石灰等)后，才具有一定的水化和硬化能力；可溶性硬石膏经磨细后可制成无水石膏水泥(硬石膏水泥)，主要用于制作石膏灰浆、石膏板和其他石膏制品。

3.2.3 建筑石膏的凝结与硬化

建筑石膏加水调制成可塑性的浆体，该浆体会很快失去塑性而产生凝结，并硬化成为具有一定强度的固体。建筑石膏的凝结与硬化机理很复杂，但其硬化理论主要有两种，一是结晶理论(又称溶解—沉淀理论)；一是胶体理论(又称局部反应理论)。在此过程中，浆体内部的化学变化结果主要为

$$CaSO_4 \cdot \frac{1}{2}H_2O + 1.5H_2O \longrightarrow CaSO_4 \cdot 2H_2O + 19\ 300\ J/mol$$

按照结晶理论，建筑石膏的凝结硬化过程可分为三个阶段，即水化作用的化学反应阶段，结晶作用的物理变化阶段和硬化作用的强度增强阶段。凝结硬化机理可表述为：半水石膏加水拌和，立即溶解于水，并生成不稳定的过饱和溶液，溶液中的半水石膏经过水化反应成为二水石膏。因为二水石膏比半水石膏的溶解度小许多(20 ℃时，以 $CaSO_4$ 计，二水石膏为 2.05 g/L，α 型半水石膏为 7.06 g/L，β 型半水石膏为 8.16 g/L)，所以二水石膏在溶液中处于高度过饱和状态，从而导致二水石膏晶体很快析出。二水石膏晶体的析出，破坏了原有半水石膏溶液的平衡状态，使半水石膏进一步溶解。如此不断地进行半水石膏的溶解和二水石膏的析晶，直到半水石膏全部水化为止。同时，由于浆体中的自由水分因水化和蒸发而逐渐减少，浆体变稠，结晶颗粒之间的距离减小，并因范德华分子力相互作用而形成凝聚结构。此外，由于二水石膏晶粒之间通过结晶接触点以化学键相互作用而形成结晶结构，浆体开始失去可塑性(即达到初凝)。之后，浆体继续变稠，晶体生长，晶体之间的摩擦力、粘结力增加，并开始相互搭接交错，形成结晶结构网，并产生结构强度，浆体失去可塑性(即为终凝)。此后，晶体颗粒继续长大并交错共生，直至水分完全蒸发，结构强度得以充分增长，这个过程即为硬化过程。石膏浆体的凝结与硬化过程是交错进行的连续过程。

半水石膏完全水化的理论需水量是 18.6%，而实际用水量远大于此，通常普通建筑石膏(β 型半水石膏)水化时的用水量一般为 60%～80%。未参与水化的多余水分蒸发后在石膏硬化体内会留下大量的孔隙，从而使其密实度和强度都大大降低。通常其强度只有 7.0～10.0 MPa。

对于高强石膏(α 型半水石膏)，由于水化时的用水量较低(35%～45%)，只是建筑石膏用水量的一半，因此硬化体结构较密实，抗压强度也较高，可达 24.0～40.0 MPa。

3.2.4 建筑石膏的技术特性

(1) 凝结硬化快 建筑石膏水化迅速，常温下完全水化所需时间仅为 7～12 min，浆体

凝结硬化快。建筑石膏凝结硬化快的特点使其施工速度快，使用操作方便，制品生产周期短，适合于大规模连续生产。在使用时若需要延长凝结时间，可掺加适量缓凝剂。常用缓凝剂有0.1%～0.5%硼砂、0.1%～0.2%的动物胶(经用石灰处理过)、1%亚硫酸盐酒精废液等。

(2) 硬化体孔隙率大、强度较低 如上所述，由于使用时建筑石膏的实际用水量比理论用水量多3～4倍，多余水分蒸发后，会形成大量孔隙，其孔隙率可高达40%～60%。因此，建筑石膏制品的表观密度较小(400～900 kg/m^3)，质量轻，导热系数小(0.121～0.205 W/(m·K))，具有较好的绝热性，吸音性能良好。但高孔隙率也使其强度较低，为提高石膏制品的强度，可掺入适量纤维或其他增强材料。

(3) 体积稳定 建筑石膏凝结硬化时，体积不收缩还略有膨胀，一般膨胀率为0.05%～0.15%。其微膨胀性可使其硬化后具有良好的成型性，并使制品表面光滑饱满、尺寸准确，从而可制成图案花型复杂的装饰构件、形状各异的模型或雕塑。这种微膨胀性，不仅避免了干燥开裂，还可消除内部的应力集中，使其硬化体具有良好的可加工性，可采用锯、钉、刨、钻、粘等施工工艺。

(4) 不耐水 石膏浆体随内部水分的干燥逐步硬化，孔隙率高，且具有很强的吸湿性，吸湿后水分能使晶体粒子间的结合力减弱，强度下降，软化系数仅为0.3～0.45。若长期浸泡在水中还会因二水石膏晶体溶解而引起溃散破坏；若吸水后受冻，会因孔隙中水分结冰膨胀而引起崩溃。因此，石膏的耐水性、抗冻性都较差。为提高石膏制品的强度与耐水性，可加入适量的水硬性材料(如水泥等)、活性掺和料(如粉煤灰、磨细矿渣等)及有机防水材料。

(5) 防火性能良好 石膏制品遇火时，其中的各种水分会逐渐蒸发，尤其是二水石膏结晶水的脱水蒸发，会在制品表面形成水蒸气幕，可有效地阻止火焰的蔓延，而且水分蒸发后的石膏制品还能基本保持其原来的结构和强度而不会丧失其使用功能。通常制品的厚度越大，其防火性越好。

(6) 具有一定调湿作用 由于石膏制品内部的大量毛细孔隙对空气中水分具有较强的吸附能力，在干燥时又可释放水分。因此，它用作内墙装饰材料时，对室内空气的湿度具有一定的调节作用。

(7) 装饰性好 石膏硬化后，表面细腻平滑，颜色洁白，典雅美观，加入颜料后还可制成色彩丰富的装饰制品，而且色泽稳定。

3.2.5 石膏胶凝材料的技术要求

(1) 建筑石膏的技术要求 《建筑石膏》(GB 9776—2008)规定，建筑石膏的物理力学性能应符合表3-5的要求，按2 h强度(抗折)分为3.0，2.0和1.6三个等级。其产品标记顺序为：产品名称、抗折强度、标准号。例如：抗折强度为2.5 MPa的建筑石膏标记为：建筑石膏2.5 GB 9776。建筑石膏物理力学性能的测定方法按现行GB 17669的规定执行。

(2) α型高强石膏的技术要求 《α型高强石膏》(JC/T 2038—2010)规定，其细度为0.125 mm方孔筛筛余百分数不大于5%；初凝时间不小于3 min，终凝时间不大于30 min；强度应不小于表3-6的数值，根据烘干抗压强度分为α25、α30、α40和α50四个强度等级。其性能指标的测定方法按JC/T 2038—2010的规定执行。

表 3-5　　建筑石膏的物理力学性能

等级	细度,0.2 mm 方孔筛筛余	凝结时间/min		2 h 强度/MPa	
		初凝	终凝	抗折	抗压
3.0	≤10%	≥3	≤30	≥3.0	≥6.0
2.0				≥2.0	≥4.0
1.6				≥1.6	≥3.0

表 3-6　　α 型高强石膏的强度要求

等级	2 h 抗折强度/MPa	烘干抗压强度/MPa
α25	3.5	25.0
α30	4.0	30.0
α40	5.0	40.0
α50	6.0	50.0

3.2.6　建筑石膏的应用

在房屋建筑工程建设中,建筑石膏主要用于配制石膏抹面材料、石膏混凝土、制作各种石膏制品(如石膏墙板、吊顶板、装饰板等)。

1. 粉刷(抹灰)石膏

二水硫酸钙经脱水或无水硫酸钙经煅烧和/或激发。其生成物半水硫酸钙($CaSO_4 \cdot 1/2H_2O$)和Ⅱ型无水硫酸钙(Ⅱ-$CaSO_4$)单独或两者混合后掺入外加剂,也可加入集料制成的抹灰材料。《粉刷石膏》(JC/T 517—2004)规定按其用途分为面层粉刷石膏(F)、底层粉刷石膏(B)和保温层粉刷石膏(T)三类,其中,面层粉刷石膏通常不含集料,强度较高;底层粉刷石膏通常含有集料;保温层粉刷石膏含有轻集料,硬化体的体积密度不大于 500 kg/m^3,具有较好的热绝缘性。粉刷石膏的保水率和强度应符合表 3-7 的要求,初凝时间应不小于 1 h,终凝时间应不大于 8 h,可操作时间不小于 30 min;面层粉刷石膏的细度为 1.0 mm 和 0.2 mm 筛孔的筛余百分数分别应不大于 0%和 40%。性能测定方法按现行规范 JC/T 517 的规定执行。

表 3-7　　粉刷石膏保水率和强度的要求

产品类别	面层粉刷石膏	底层粉刷石膏	保温层粉刷石膏
保水率/%	90	75	60
抗折强度/MPa	3.0	2.0	—
抗压强度/MPa	6.0	4.0	0.6
剪切粘结强度/MPa	0.4	0.3	—

粉刷石膏既具有建筑石膏快硬早强、尺寸稳定、吸湿、防火、轻质等优点,又克服了建筑石膏现场施工中粘性大、不易抹压等缺点,具有良好的施工性能。利用粉刷石膏进行粉刷施工时

拉开自如，收光容易，且与基底的粘结力较强，可适合于各类墙体的抹面。其面层致密光滑，不开裂、不起灰、硬度高。粉刷石膏还可用于生产石膏制品，其板材的强度可比普通石膏板提高1.2～2.5倍，可直接贴于墙面上。

《抹灰石膏》(GB/T 28627—2012)规定：抹灰石膏按用途分为面层抹灰石膏(F)、底层抹灰石膏(B)、轻质底层抹灰石膏(L)和保温层抹灰石膏(T)。含有轻集料，硬化体体积密度不大于1 000 kg/m^3 的称为轻质底层抹灰石膏。保温抹灰石膏硬化体的体积密度不大于500 kg/m^3，且导热系数不大于0.1 W/(m·K)，其他凝结时间、保水率、抗压强度、抗折强度、拉伸粘结强度的要求见GB/T 28627的要求。

2. 石膏板

石膏板的品种很多，主要有纸面石膏板、纤维石膏板、石膏空心条板、装饰石膏板等。

(1) 纸面石膏板 《纸面石膏板》(GB/T 9775—2008)规定：按其功能分为普通纸面石膏板(P)、耐水纸面石膏板(S)、耐火纸面石膏板(H)和耐水耐火纸面石膏板(SH)四类。普通纸面石膏板是以建筑石膏为主要原料，掺入适量纤维增强材料和外加剂等，与水搅拌后得到的料浆浇注于护面纸的面纸与背纸之间，并与护面纸牢固地粘结在一起的建筑板材；浇筑料中掺入耐水外加剂，并采用耐水护面纸则得到耐水纸面石膏板；浇筑料中掺入无机耐火纤维增强材料则得到耐火纸面石膏板；三种改性措施都采用则得到耐水耐火纸面石膏板。

纸面石膏板可制成不同的棱边形状，主要有矩形(J)、45°倒角形(D)、楔形(C)、和圆形(Y)四种。其产品规格尺寸的长度有1 500，1 800，2 100，2 400，2 440，2 700，3 000，3 300，3 600和3 660 mm十种，宽度有600，900，1 200和1 220 mm四种，板厚度有9.5，12.0，15.0，18.0，21.0和25.0 mm六种。主要性能指标有外观质量、尺寸和尺寸偏差、对角线长度差、楔形棱边断面尺寸、面密度、断裂荷载、硬度、抗冲击性、护面纸与芯材粘结性、吸水率(仅适用于S和SH产品)、表面吸水量(仅适用于S和SH产品)、遇火稳定性(仅适用于H和SH产品)等，相应性能指标要求和测试方法按现行GB/T 9775的规定执行。

纸面石膏板具有轻质高强、尺寸稳定、保温、隔热、防火、抗震等良好的性能，还具有施工方便(可钉、可锯)的优点，与木龙骨、轻钢龙骨可组合成建筑物的隔断、墙面和吊顶等，广泛用于室内装修工程。

由于纸面石膏板具有原料来源广，产品性能优良，生产能耗低，轻质，隔热保温性能好，可再生性好等综合优势，使其成为世界各国重点发展的轻质墙板。

(2) 石膏空心条板 《石膏空心条板》(JC/T 829—2010)规定：石膏空心条板是以建筑石膏为主要原料，无机轻集料、无机纤维增强材料，加入适量添加剂而制成的空心条板，代号为SGK。空心条板的长边应设榫头和榫槽或双面凹槽，其外形示意图见图3-3。

石膏空心条板一般规格尺寸为：长2 100～3 600 mm，宽600 mm，厚60，90，120 mm，孔与孔之间和孔与板面之间的最小壁厚应不小于12.0 mm。其主要性能指标有外观质量、尺寸和尺寸偏差、面密度、孔与孔之间和孔与板面之间的最小壁厚、力学性能，性能要求和测试方法按现行JC/T 829的规定执行。石膏空心条板主要用于房屋建筑工程的内隔墙。

3. 嵌缝石膏

以建筑石膏为主要原料，掺入外加剂，混合均匀后，用于石膏板材之间填嵌缝隙或找平用的粉状嵌缝材料。其性能指标有细度、凝结时间、施工性、保水率、抗拉强度、打磨性、抗裂性、抗腐化性，性能要求和测试方法按现行《嵌缝石膏》(JC/T 2075—2011)的规定执行。

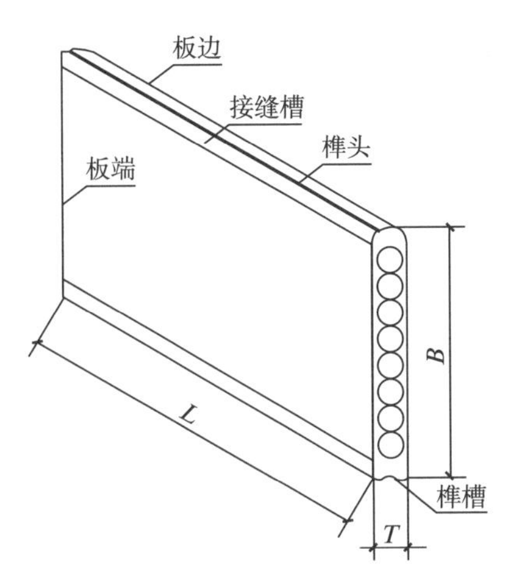

图 3-3　石膏空心条板外形示意图

4. 石膏砌块

以建筑石膏为主要原料，经加水搅拌、浇注成型和干燥制成的建筑石膏制品，其外形为长方体，纵横边缘设有榫头和榫槽，生产中允许加入纤维增强材料或其他集料，也可加入发泡剂、憎水剂。

《石膏砌块》(JC/T 698—2010)规定：按其结构分为带有水平或垂直方向预制孔洞的砌块(K)和无预制孔洞的砌块(S)，要求空心砌块的表观密度不大于 800 kg/m^3，实心砌块的表观密度不大于 1 100 kg/m^3；按其防潮性能分为普通砌块(P)和防潮砌块(F)。石膏砌块的规格为：长度 600 mm、666 mm，高度 500 mm，厚度 80、100、120 和 150 mm。其性能指标主要有外观质量、尺寸和尺寸偏差、表观密度、断裂荷载和软化系数，性能要求和测试方法按现行 JC/T 698 的规定执行。

石膏砌块具有石膏制品的各种优点，当用作房屋建筑的墙体材料时，具有砌筑方便，不用龙骨，墙面平整，可不用抹灰等优点。它不仅具有优良的防火性能，而且其呼吸功能突出，可营造出比其他墙体更加舒适的室内环境。

5. 石膏装饰制品

(1) 装饰石膏板　目前主要有三种产品：嵌装式装饰石膏板(JC/T 800—2007)、吸声用穿孔石膏板(JC/T 803—2007)和装饰纸面石膏板(JC/T 997—2006)，它们主要用于室内吊顶，也可用作内墙装饰板。

嵌装式装饰石膏板为正方形，背面四周加厚并带有嵌装企口，其正面可为平板、带孔和带浮雕图案，棱边断面形式有直角型和倒角型。安装时，可通过四周的企口与龙骨紧密咬合，无须任何钉固件。产品有普通(QP)和吸声(QS)两种，对吸声板要求六频率混响室法平均吸声系数不小于 0.3。主要规格有 600 mm×600 mm，边厚不小于 28 mm，500 mm×500 mm，边厚不小于 25 mm。主要性能指标为外观质量、尺寸及允许偏差、单位面积重量、含水率和断裂荷载，性能要求和测试方法按现行 JC/T 800 的规定执行。

吸声用穿孔石膏板主要用于室内吊顶和墙体的吸声结构中。边长规格为 500 mm×600 mm，厚度规格为 9 mm 和 12 mm，棱边形状有直角型和倒角型两种，根据板材的基板不同与有无背覆材料进行分类与标记，如表 3-8 所示，在潮湿环境使用或使用对耐火性能有较高要求时，应采用相应的防潮、耐水或耐火基板。孔径、孔距与穿孔率如表 3-9 所示。其主要技术性能指标

表 3-8　　基板与背覆材料

基板与代号	背覆材料代号	板类代号
装饰石膏板 K	无背覆材料 W	WK、YK
纸面石膏板 C	有背覆材料 Y	WC、YC

表 3-9　　孔径、孔距与穿孔率

孔径/mm	孔距/mm	穿孔率/%	
		孔眼正方形排列	孔眼三角形排列
6	18	8.7	10.1
	22	5.8	6.7
	24	4.9	5.7
8	22	10.4	12.0
	24	8.7	10.1
10	24	13.6	15.7

有使用条件、外观质量、尺寸允许偏差、含水率、断裂荷载、护面纸与石膏芯的粘结等，性能要求和测试方法按现行 JC/T 803 的规定执行。

普通装饰石膏板是以纸面石膏板为基材，在其正面经涂覆、压花、贴膜等加工后，用于室内装饰的板材。产品按防潮性能分为普通板(P)和防潮板(F)两种，长度和宽度有≤600 mm 和>600 mm 两个范围，吊顶用基材厚度不小于 6.5 mm，隔墙用基材厚度不小于 12.0 mm。主要技术性能有外观、尺寸允许偏差、单位面积质量、含水率、断裂荷载、护面纸与石膏芯的粘结和受潮挠度，性能要求和测试方法按现行 JC/T 997 的规定执行。

(2) 艺术装饰石膏制品　艺术装饰石膏制品是以优质建筑石膏粉为基料，配以纤维增强材料、胶粘剂等，与水拌和制成均匀的料浆，浇注在具有各种造型、图案、花纹的模具内，经硬化、干燥、脱模而成。

浮雕艺术石膏线角、线板和花角具有表面光洁、颜色洁白高雅、花型和线条清晰、立体感强、尺寸稳定、强度高、无毒、防火、施工方便等优点，广泛用于高档宾馆、饭店、写字楼和居民住宅的吊顶装饰，是一种造价低廉、装饰效果好、调节室内湿度和防火的理想装饰装修材料，可直接用粘贴石膏腻子和螺钉进行固定安装。

浮雕艺术石膏灯圈外形一般加工成圆形板材，也可根据室内装饰设计要求和用户的喜好制作成椭圆形或花瓣型，其直径有 500～1 800 mm 等多种，板厚一般为 10～30 mm。室内吊顶装饰的各种吊挂灯或吸顶灯，配以浮雕艺术石膏灯圈，使人进入一种高雅美妙的装饰意境。

装饰石膏柱有罗马柱、麻花柱、圆柱、方柱等多种，柱上、下端分别配以浮雕艺术石膏柱头和柱基，柱高和周边尺寸由室内层高和面积大小而定。柱身上纵向浮雕条纹，可显得室内空间更加高大。在室内门厅、走道、墙壁等处设置装饰石膏柱，既丰富了室内的装饰层次，更给人一种欧式装饰艺术和风格的享受。

石膏花饰板厚一般为 15～30 mm，用于建筑物室内顶棚或墙面装饰。浮雕壁挂表面可涂饰不同色彩的涂料，也是室内装饰的新型艺术制品。

3.3 水玻璃

水玻璃俗称泡花碱，是一种水溶性的硅酸盐，由不同比例的碱金属氧化物和 SiO_2 化合而成，如硅酸钠（$Na_2O \cdot nSiO_2$）、硅酸钾（$K_2O \cdot nSiO_2$）等。工程上常用的水玻璃是钠水玻璃，当工程技术要求较高时也可采用钾水玻璃。

3.3.1 水玻璃的生产

生产钠水玻璃的主要原料是石英砂、氢氧化钠水溶液、碳酸钠或硫酸钠等，有湿法生产和干法生产两种生产工艺。

湿法生产是将石英砂与氢氧化钠水溶液在压蒸锅（0.2～0.3 MPa）内用蒸汽加热溶解制成水玻璃溶液。其反应式为

$$nSiO_2 + 2NaOH \longrightarrow Na_2O \cdot nSiO_2 + H_2O$$

干法生产是将石英砂与碳酸钠磨细，按比例配合拌匀，在玻璃熔炉内熔融，冷却生成固体水玻璃，再与水加热溶解成液体水玻璃。其反应式为

$$Na_2CO_3 + nSiO_2 \xrightarrow{1\,300\ ^\circ C} Na_2O \cdot nSiO_2 + CO_2 \uparrow$$

水玻璃中二氧化硅与氧化钠的摩尔数比 n 称为水玻璃模数，一般在 1.5～3.5 之间。n 值越大，水玻璃中胶体组分越多，其粘性和强度越高，在水中的溶解能力越低，越易分解、硬化。当 n 大于 3.0 时，要在 0.4 MPa 压力以上才能溶解，不便于使用。故土木工程中常用水玻璃模数为 2.5～2.8，既易溶于水又有较高的强度，其密度为 1.3～1.5 g/cm^3。水玻璃溶液的浓度通常用波美度（°*Bé*）来表示，一定浓度的溶液都有一定的密度或比重，因此，波美度与比重（密度）可以换算，其公式为：°*Bé*＝144.3－（144.3/比重）。

液体水玻璃无色透明，当含有杂质时常呈青灰色、绿色或微黄色。水玻璃模数可根据要求调整配制，也可用两种不同模数的掺配使用。液体水玻璃可与水按任意比例混合，使用时仍可加水稀释。

3.3.2 水玻璃的硬化

水玻璃溶液在空气中与二氧化碳反应，生成无定形二氧化硅凝胶，凝胶逐渐干燥而硬化，其反应式如下：

$$Na_2O \cdot nSiO_2 + CO_2 + mH_2O \longrightarrow Na_2CO_3 + nSiO_2 \cdot mH_2O$$

空气中二氧化碳含量很少，上述反应极其缓慢，为加速硬化，需加入促硬剂，促使硅酸凝胶快速析出，常用的促硬剂是氟硅酸钠（Na_2SiF_6），其化学反应式如下：

$$2(Na_2O \cdot nSiO_2) + Na_2SiF_6 + mH_2O \longrightarrow 6NaF + (2n+1)SiO_2 \cdot mH_2O$$

氟硅酸钠加入后，水玻璃的初凝时间可缩短至 30～60 min，终凝时间至 240～360 min，7 d 可达到最高强度。氟硅酸钠的适宜掺量为水玻璃质量的 12%～15%。用量过少时，硬化速度缓慢，强度降低，且因未反应的水玻璃易溶于水，致使耐水性变差；用量过多时，凝结过快，造成

施工困难，渗透性变大，强度降低。

3.3.3 水玻璃的技术性质和应用

1. 水玻璃的技术性质

(1) 粘结力强，强度高 水玻璃硬化后的产物主要是硅酸凝胶，比表面积大，具有较强的粘结力和较高的强度，水玻璃混凝土的抗压强度可达 15～40 MPa，水玻璃胶泥的抗拉强度可达 2.5 MPa。另外，由于凝胶体有堵塞毛细孔的作用，水玻璃有一定防止渗透的作用。

(2) 耐酸性强 水玻璃具有高度的耐酸性能，能抵抗除氢氟酸、300 ℃以上过热磷酸、高级脂肪酸及油酸以外的几乎所有无机酸和有机酸的作用。

(3) 耐热性好 水玻璃不燃烧，硬化后形成的二氧化硅网状骨架在高温下强度并不降低，甚至有所提高，其耐热度可达 1 200 ℃。

(4) 耐碱性、耐水性较差 水玻璃易溶于水，也可溶于碱，在加入固化剂氟硅酸钠的情况下，也不能完全反应而硬化，因此，水玻璃硬化后不耐碱、不耐水。常采用中等浓度的酸对硬化的水玻璃进行酸洗处理，使其完全转变为硅酸凝胶，以提高其耐水性。

2. 水玻璃的应用

(1) 配制耐酸胶泥、耐酸砂浆和耐酸混凝土 作为耐酸材料用于化工、冶金工业的贮酸槽、酸洗池、耐酸地坪及其他耐酸器材等。耐酸胶泥由水玻璃、磨细的石英砂或无定形二氧化硅等耐酸填料和固化剂氟硅酸钠配成；加入耐酸骨料则可配成耐酸砂浆或耐酸混凝土。

(2) 配制耐热胶泥、耐热砂浆和耐热混凝土 水玻璃与耐热填料、耐热骨料配合可制成耐热胶泥、耐热砂浆和耐热混凝土。耐热胶泥主要用于耐火材料的砌筑和修补；耐热砂浆和耐热混凝土主要用于高炉基础和有耐热要求的结构部位。

(3) 涂刷建筑材料表面，提高其密实度和抗风化能力 水玻璃与空气中的二氧化碳和材料中的氢氧化钙反应能生成硅酸钙凝胶，凝胶填充材料孔隙可使材料密实，因此，用水玻璃浸渍或涂刷砌体材料或混凝土表面，可提高其密实度、强度、抗渗性、抗冻性和耐水性。但不能用于石膏制品，因为水玻璃与硫酸钙会反应生成硫酸钠，能在制品孔隙中结晶膨胀，导致制品的破坏。

(4) 配制灌浆材料加固地基 将水玻璃与氯化钙或水玻璃与水泥(见《建筑工程水泥-水玻璃双液注浆技术规程》(JGJ/T 211—2010)交替注入土壤中进行双液注浆，两者反应生成的硅胶和氢氧化钙能胶结土壤颗粒并填充孔隙，且硅胶吸水后膨胀，可使地基承载力和不透水性提高。

(5) 配制速凝防水剂 水玻璃与多种矾可配制二矾、三矾或四矾速凝防水剂，一般凝结不超过 1 min，掺入水泥浆、砂浆或混凝土中，用于修补、堵漏、填缝和抢修等表面处理之用。但由于凝结迅速，不宜用于屋面或地面的刚性防水层。

多矾防水剂主要用蓝矾(硫酸铜 $CuSO_4 \cdot 5H_2O$)、红矾(重铬酸钾 $K_2Cr_2O_7$)、明矾(硫酸铝钾 $KAl(SO_4)_2 \cdot 12H_2O$)、紫矾(硫酸铬钾 $KCr(SO_4)_2 \cdot 12H_2O$)等四种矾。

(6) 配制建筑涂料 水玻璃可配制多种建筑涂料。水玻璃与聚乙烯醇按 1∶1～2 的比例配合，再加其他辅助材料可制成内墙涂料(如 106 内墙涂料)，具有无毒、无味、不燃、干燥快、耐候性好、防霉、防静电、施工方便等特点。

3.4　镁质胶凝材料

镁质胶凝材料是由磨细的苛性苦土(MgO)或苛性白云石(MgO 和 CaO)为主要组成的一种气硬性胶凝材料，该材料不宜用纯水而需用调和剂拌制，常用的调和剂为氯化镁溶液。因此 $MgO\text{-}MgCl_2\text{-}H_2O$ 混合物被称为镁氧水泥、氯氧镁水泥、镁质水泥，它是法国人索勒尔(Sorel)于 1867 年发明的，又称索勒尔水泥。

3.4.1　镁质胶凝材料的原料

(1) 轻烧氧化镁　苦土粉是用菱镁矿(主要成分 $MgCO_3$)在 800 ℃～850 ℃煅烧磨细制得，其生产方式与石灰相似，反应式如下：

$$MgCO_3 \xrightarrow{800\ ℃\sim850\ ℃} MgO + CO_2\uparrow$$

块状 MgO 经磨细，即得白色或浅黄色粉末状菱苦土，密度为 3.1～3.4 g/cm^3，堆积密度为 800～900 kg/m^3。《镁质胶凝材料用原料》(JC/T 449—2008)对轻烧氧化镁物理化学性能的要求如表 3-10 所示。

表 3-10　　轻烧氧化镁的物理化学性能

指标			级别		
			Ⅰ级	Ⅱ级	Ⅲ级
氧化镁/活性氧化镁(MgO)		≥	90%/70%	80%/55%	70%/40%
游离氧化钙(f-CaO)		≤	1.5%	2.0%	2.0%
烧失量		≥	6%	8%	12%
细度(80 μm)筛余		≤	10%		
抗折强度/MPa ≥	1 d		5.0	4.0	3.0
	3 d		7.0	6.0	5.0
抗压强度/MPa ≥	1 d		25.0	20.0	15.0
	3 d		30.0	25.0	20.0
凝结时间	初凝/min	≥	40		
	终凝/h	≤	7		
安定性			合格		

(2) 氯化镁　氯化镁由盐卤液经干燥处理制得，为白色粉末或浅黄色至深棕色固体。《镁质胶凝材料用原料》(JC/T 449—2008)对氯化镁化学成分的要求如表 3-11 所示。测定胶砂强度时氯化镁溶液必须用洁净的淡水将氯化镁配置成密度为 1.2 kg/L 的溶液。通过胶砂流动度试验确定镁质胶凝材料中氯化镁溶液和轻烧氧化镁的比值 N。

表 3-11　　氯化镁的化学成分

项　　目		指　　标
氯化镁($MgCl_2$)	≥	43%
钙离子(Ca^{2+})	≤	0.7%
碱金属氯化物(以 Cl^- 计)	≤	1.2%

当用白云石($MgCO_3 \cdot CaCO_3$)生产时,煅烧温度不宜高于 800 ℃,一般为 650 ℃~750 ℃,避免 $CaCO_3$ 分解,以形成 MgO 和 $CaCO_3$ 的混合物。

3.4.2　镁质胶凝材料的硬化

轻烧 MgO 与水拌和时,其水化、凝结和硬化机理与石灰相似,反应式如下:

$$MgO + H_2O \longrightarrow Mg(OH)_2 + 40.6\ kJ$$

其水化较快(但比石灰消化慢)、放热量大。但 $Mg(OH)_2$ 溶解度小、凝结硬化速度慢、体积收缩大,且内部结构松散,强度很低,因此,不宜直接加水拌和。采用氯化镁溶液时,其反应式如下:

$$mMgO + nMgCl_2 \cdot 6H_2O \longrightarrow mMgO \cdot nMgCl_2 \cdot 9H_2O$$

MgO 与 MgCl 的摩尔比为 4~6 时,生成的 $5Mg(OH)_2 \cdot MgCl_2 \cdot 8H_2O$(5 相)和 $3Mg(OH)_2 \cdot MgCl_2 \cdot 8H_2O$(3 相)结晶相复盐相对稳定。因而,氯化镁溶液(以 $MgCl_2 \cdot 6H_2O$ 计)的适宜掺量为 55%~60%。

镁质胶结料具有良好的可塑性,还能较好地胶结某些有机材料,其缺点是抗水性差。但掺加某些外加剂(如磷酸或磷酸盐、水溶性树脂等),可提高其抗水性。用硫酸镁、硫酸亚铁溶液代替氯化镁溶液做调和剂,可以降低胶结料的吸湿性,提高抗水性,但其强度不如用氯化镁溶液的高。

3.4.3　镁质胶凝材料的技术性质和应用

(1) 镁质胶凝材料的技术性质　用氯化镁溶液拌制的镁质胶凝材料凝结较快,一般在 20 min~6 h 之间;强度高,抗压强度可达 40~60 MPa,其中,1 d 强度最高可达 60%~80%,7 d 可达最高强度;硬化后的表观密度为 1 000~1 100 kg/m^3,具有轻质、早强和高强性质;粘结性能好,碱性弱于水泥,能与各种纤维材料粘结并不腐蚀纤维,其制品的抗拉、抗折和抗冲击性能强,可作弹性地面材料。镁质胶凝材料的缺点是吸湿性强、耐水性差、制品易受潮变形翘曲,不宜用于潮湿环境;制品中含氯离子较多,对钢铁有锈蚀作用,不宜用铁质金属材料进行固定或直接接触。

(2) 镁质胶凝材料的应用　以氯氧镁水泥、粗、细集料和(或)增强纤维为主要材料,掺加适量改性材料,经搅拌、浇筑成型或其他方法加工、养护可制成装饰天棚、内隔墙和室内地板的氯氧镁水泥板块,其表面可以是本色、着色或经各种饰面处理(天棚板),《氯氧镁水泥板块》(JC/T 568—2007)规定其产品性能指标有:规格、外观、平整度、直角偏离度、尺寸允许偏差、物理力学性能(含单位面积质量、出厂含水率、吸水率、断裂荷载、浸水 24 h 抗折强度、受潮挠度、受潮变形、浸水 24 h 线膨胀、泛霜、耐磨性），性能要求和测试方法按现行规范 JC/T 568 的规定执行。

练习题

【3-1】 什么是胶凝材料，如何分类？

【3-2】 什么是凝结、硬化？什么是初凝、终凝？

【3-3】 请描述建筑石膏的凝结硬化过程。

【3-4】 建筑石膏有哪些特性？建筑石膏的主要技术要求是什么？

【3-5】 在现场使用建筑石膏时为什么要加缓凝剂？常用的缓凝剂有哪些？

【3-6】 如何提高建筑石膏制品的抗拉强度？如何提高建筑石膏的耐水性？

【3-7】 建筑石膏的主要用途有哪些？

【3-8】 石灰有哪些主要品种？生石灰是如何生产出来的？

【3-9】 生石灰消化时应注意哪些问题？石灰浆体是如何凝结硬化的？

【3-10】 比较石膏与石灰的硬化特点，并分析其原因及用途差别。

【3-11】 何谓石灰的“陈伏”？“陈伏”期间应注意什么问题？

【3-12】 石灰的技术特性有哪些点？其主要用途有哪些？

【3-13】 过火石灰的膨胀对石灰的使用及工程质量十分不利，而建筑石膏体积膨胀却是石膏的一大优点，这是为什么？

【3-14】 利用石灰砂浆抹面的内墙，使用一段时间后墙面上出现许多不规则的网状裂纹、部分位置出现隆起和放射状裂纹，试分析这些现象的原因，应如何防止？

【3-15】 查阅资料，了解石膏和石灰标准还规定了哪些项目，并了解其质量检测项目和检测方法。

【3-16】 水玻璃的模数与性质有什么关系？水玻璃使用时加入 Na_2SiF_6 起什么作用？

【3-17】 水玻璃耐酸混凝土由哪些材料组成？

【3-18】 镁质胶凝材料的主要成分是什么？其凝结硬化有什么特点？与石灰相比有什么不同？

【3-19】 菱苦土为什么适宜做地面和板材？

【3-20】 有三种白色粉料，分别是生石灰、消石灰和建筑石膏，请用简单方法进行区别。

4 水　　泥

水泥是能与水发生物理化学作用，使其由可塑性浆体硬化成坚硬的人造石材的一种粉末状水硬性胶凝材料。粉末状的水泥与水混合后，经过一系列物理化学过程，能够在空气中或水中凝结硬化，并可将砂石等散粒状材料胶结成整体。

水泥是目前土木工程建设中最重要的材料之一，它在各种工业与民用建筑、道路与桥梁、水利与水电、海洋与港口、矿山及国防等工程中广泛应用。水泥在这些工程中可用于制作各种混凝土与钢筋混凝土建筑物和构筑物，并可用于配制各种砂浆及其他各种胶结材料等。

为满足土木工程建设发展的需要，水泥品种越来越多，产量和应用量也不断增加，随着生产装备的大型化和自动化水平提高，在水泥质量不断提高的基础上，其性能也更为稳定。

土木工程中应用的水泥品种有上百种，按其化学成分可分为硅酸盐系水泥、铝酸盐系水泥、硫铝酸盐系水泥、铁铝酸盐系水泥等，其中，以硅酸盐系水泥中的通用硅酸盐水泥应用最为广泛。水泥按用途与性能也可划分为通用水泥、专用水泥及特性水泥三类。

通用水泥是指一般土木工程中大量用的水泥，主要指通用硅酸盐水泥中的硅酸盐水泥、普通硅酸盐水泥、矿渣硅酸盐水泥、火山灰质硅酸盐水泥、粉煤灰硅酸盐水泥和复合硅酸盐水泥等。专用水泥是指专门用途的水泥，如砌筑水泥、道路硅酸盐水泥等。特性水泥则是指某种性能比较突出的水泥，如快硬硅酸盐水泥、白色硅酸盐水泥、抗硫酸盐硅酸盐水泥、低热硅酸盐水泥、硅酸盐膨胀水泥等。通常又把专用水泥和特性水泥合称为特种水泥。

4.1　通用硅酸盐水泥

通用硅酸盐水泥是以硅酸盐水泥熟料和适量的石膏及规定的混合材料制成的水硬性胶凝材料。

4.1.1　通用硅酸盐水泥的种类及其生产

(1) 通用硅酸盐水泥的种类　按照混合材料的品种和掺量的不同可分为硅酸盐水泥、普通硅酸盐水泥、矿渣硅酸盐水泥、火山灰质硅酸盐水泥、粉煤灰硅酸盐水泥和复合硅酸盐水泥。按《通用硅酸盐水泥》(GB 175—2007)的规定，通用硅酸盐水泥的各品种水泥代号和组分应符合表 4-1 的规定。

(2) 通用硅酸盐水泥生产　通用硅酸盐水泥的生产有三大步骤：水泥生料的制备、水泥熟料的烧成和水泥成品的磨制，参见图 4-1，其生产过程可简称为“两磨一烧”。

在生产水泥的各种原料中，石灰石主要提供形成水泥熟料主要矿物成分所需的 CaO，黏土主要提供 SiO_2，Al_2O_3，Fe_2O_3 等，不足的 Fe_3O_4 成分由校正原料如铁矿粉来补充。水泥生料的氧化物在煅烧窑(主要有回转窑、立窑)中经过干燥、预热、分解、烧成和冷却等五个阶段，并产生一系列物理化学变化而形成所需要的熟料矿物成分，其中烧成阶段是水泥熟料矿物形

表 4-1　　　　　　　　　　通用硅酸盐水泥各品种代号及组分

品　种	代号	组　分				
		熟料+石膏	粒化高炉矿渣	火山灰质混合材料	粉煤灰	石灰石
硅酸盐水泥	P・Ⅰ	100%	—	—	—	—
	P・Ⅱ	≥95%	≤5%	—	—	—
		≥95%	—	—	—	≤5%
普通硅酸盐水泥	P・O	≥80%且＜95%	＞5%且≤20%			—
矿渣硅酸盐水泥	P・S・A	≥50%且＜80%	＞20%且≤50%	—	—	—
	P・S・B	≥30%且＜50%	＞50%且≤70%	—	—	—
火山灰质硅酸盐水泥	P・P	≥60%且＜80%	—	＞20%且≤40%	—	—
粉煤灰硅酸盐水泥	P・F	≥60%且＜80%	—	—	＞20%且≤40%	—
复合硅酸盐水泥	P・C	≥50%且＜80%	＞20%且≤50%			

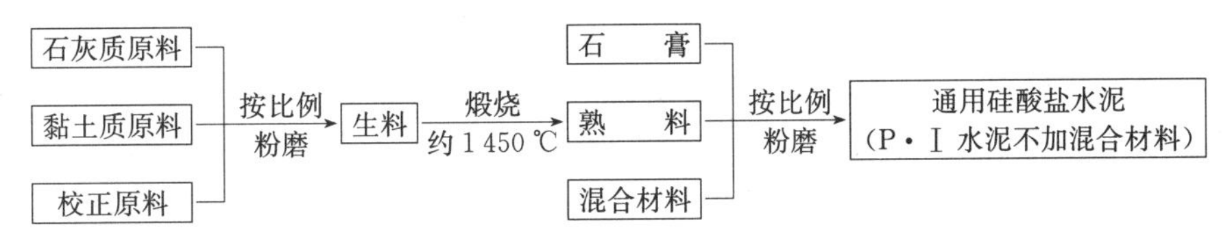

图 4-1　通用硅酸盐水泥生产工艺过程示意图

成的关键，其煅烧温度（常控制在 1 300 ℃～1 450 ℃）、煅烧时间、煅烧过程中的混合均匀性等对于熟料的质量具有重要的影响。为了延缓水泥熟料的凝结时间，水泥中必须掺加适量石膏。

4.1.2　通用硅酸盐水泥的组成材料

1. 硅酸盐水泥熟料

硅酸盐水泥熟料是由主要含 CaO，SiO_2，Al_2O_3，Fe_2O_3 的原料，按适当比例磨成细粉烧至部分熔融所得以硅酸钙为主要矿物成分的水硬性胶凝物质。其中硅酸钙矿物不小于 66%，氧化钙和氧化硅质量比不小于 2.0。硅酸盐水泥熟料主要由四种矿物组成，其名称和含量范围见表 4-2。

表 4-2　　　　　　　　　　水泥熟料的主要矿物组成

矿物成分	基本化学组成	矿物简称	一般含量范围
硅酸三钙	$3CaO \cdot SiO_2$	C_3S	36%～60%
硅酸二钙	$2CaO \cdot SiO_2$	C_2S	15%～37%
铝酸三钙	$3CaO \cdot Al_2O_3$	C_3A	7%～15%
铁铝酸四钙	$4CaO \cdot Al_2O_3 \cdot Fe_2O_3$	C_4AF	10%～18%

在这四种矿物中，C_3S、C_2S 称为硅酸盐矿物，一般占熟料总量的 75%～82%，C_3A 和 C_4AF 称为熔剂矿物，通常占熟料总量的 18%～25%。硅酸盐水泥熟料除上述主要组成外，尚

含有少量以下成分：

(1) 游离态氧化镁(f-MgO) 它是原料中带入的杂质，在熟料烧成过程中未与其他氧化物结合而成为死烧 MgO，属有害成分，含量多时会使水泥体积安定性不良。

(2) 游离态氧化钙(f-CaO) 在煅烧过程中未能化合而残存下来的死烧 CaO，属有害成分，含量多时会使水泥体积安定性不良，通常应严格控制熟料中其含量在 1%～2%以下。

(3) 含碱矿物 含碱矿物是指含有 Na_2O 和 K_2O 及其盐类的物质，当其含量较高时，一旦遇有活性骨料就容易产生碱—集料(骨料)膨胀反应。若工程使用活性骨料，用户要求提供低碱水泥时，水泥中的碱含量应不大于 0.60%或由买卖双方协商确定。

2. 石膏

一般应采用天然石膏(主要含 $CaSO_4 \cdot 2H_2O$)或天然混合石膏(含 $CaSO_4 \cdot 2H_2O$ 和 $CaSO_4$)，当采用工业副产石膏时应经过试验证明对水泥性能无害。

3. 混合材料

混合材料是生产水泥时为改善水泥的性能，调节水泥的强度等级而掺入的人工或天然矿物材料。除Ⅰ型硅酸盐水泥之外，其他通用硅酸盐水泥品种都掺加有适量的混合材料，这些混合材料与水泥熟料共同磨细后，可使水泥获得不同的技术性能。硅酸盐水泥熟料中掺入大量混合材料制成的水泥，不仅可调节水泥强度等级、增加产量、降低成本，还可调整水泥的性能，扩大水泥品种，满足不同工程的需要。

按照混合材料在水泥中的性能表现不同，可分为活性混合材料、非活性混合材料和窑灰，其中活性混合材料用量最大。

1) 活性混合材料

磨细的混合材料与石灰、石膏或硅酸盐水泥熟料混合后，其混合物加水拌和后可产生某些化学反应，生成有一定胶凝性的物质，且具有水硬性，这种混合材料称为活性混合材。通常采用石灰、石膏、熟料等作为激发剂来促使其潜在反应能力加快发挥。

(1) 粒化高炉矿渣 在高炉冶炼生铁时，将浮在铁水表面的熔融物，经水淬急冷处理而成的粒径为 0.5～5 mm 的疏松颗粒材料，称为粒化高炉矿渣，其中玻璃体含量达 80%以上，因此储有较大的化学潜能。

(2) 火山灰质混合材料 火山灰质混合材料按其成因可分为天然的和人工的两类。天然火山灰质混合材料包括火山灰(火山喷发形成的碎屑)、凝灰岩(由火山灰沉积而成的岩石)、浮石(火山喷出时形成的玻璃质多孔岩石)、沸石(凝灰岩经环境介质作用而形成的一种以含水铝硅酸盐矿物为主的多孔岩石)、硅藻土(由极细的硅藻介壳聚集、沉积而成)等。人工火山灰质混合材料包括燃烧过的煤矸石、烧页岩、烧黏土和炉渣等。

(3) 粉煤灰 粉煤灰是火力发电厂等以煤粉为燃料的燃煤炉烟道气体中所收集的粉末，也是一种火山灰质活性混合材，但因含有大量粒径小于 45 μm 的实心球形玻璃微珠，有利于降低水泥的需水量。

2) 非活性混合材料

凡不具有活性或活性很低的人工或天然的矿质材料经粉磨而成的细粉，掺入水泥中无不利影响的材料称为非活性混合材料。水泥中掺加非活性混合材料后可调节水泥的性能和强度等级、降低水化热，并增加水泥产量。常用的非活性混合材料有石灰岩、砂岩经磨细而成的细粉，其中石灰石中 Al_2O_3 的含量应不大于 2.5%。

4.1.3 通用硅酸盐水泥的技术要求

1. 细度(选择性指标)

细度是指水泥颗粒的粗细程度,它是影响水泥性能的主要因素之一。水泥细度通常采用筛析法(GB/T 1345)或比表面积法(勃氏法,GB/T 8074)测定。筛析法是以 80 μm 方孔筛或 45 μm 方孔筛的筛余百分数来表示其细度的方法;比表面积法是以 1 kg 水泥所具有的总表面积(m^2)来表示其细度的方法。

为满足工程对水泥细度的要求,现行 GB 175 规定:硅酸盐水泥和普通硅酸盐水泥以比表面积表示,不小于 300 m^2/kg;矿渣硅酸盐水泥、火山灰质硅酸盐水泥、粉煤灰硅酸盐水泥和复合硅酸盐水泥以筛余表示,80 μm 方孔筛筛余不大于 10%或 45 μm 方孔筛筛余不大于 30%。

2. 凝结时间

凝结时间是水泥从加水开始到水泥浆体失去可塑性所需的时间。根据水泥加水至不同的物理状态可分为初凝和终凝。从加水拌和起至水泥浆开始失去塑性所需的时间称为初凝;自加水拌和至水泥浆完全失去塑性并开始有一定结构强度所需的时间称为终凝。

在土木工程中要求水泥的凝结时间,对于工程施工具有重要的意义。通常要求水泥的初凝不宜过早,这是为了保证水泥浆在较长时间内保持有流动性,以满足工程施工操作所需的时间;水泥的终凝也不宜过迟,这是为了使水泥混凝土或砂浆等在成型完毕后能尽快完成凝结硬化,产生强度,以便于下一道工序及早施工。为此 GB 175 规定:水泥的凝结时间应根据 GB/T 1346 进行试验,硅酸盐水泥初凝不小于 45 min,终凝时间不大于 390 min;其他品种的通用硅酸盐水泥初凝不小于 45 min,终凝不大于 600 min。初凝和终凝有一项指标不符合要求的为不合格品。

水泥的凝结时间是以标准稠度的水泥净浆,在规定温度和湿度下,用凝结时间测定仪所测定的参数。其中所谓标准稠度是指水泥净浆达到所规定稠度时所需的拌和水量,它以拌和水占水泥质量的百分率来表示。硅酸盐水泥的标准稠度用水量,一般在 24%~35%之间。水泥的标准稠度用水量取决于多种因素,水泥磨得愈细时,其标准稠度用水量也愈大;熟料矿物成分或混合材料不同时,其标准稠度用水量亦有所差别。

3. 安定性

水泥的体积安定性是指水泥在凝结硬化过程中体积均匀变化的性能。水泥硬化后若产生不均匀的体积变化则称为体积安定性不良,水泥体积安定性不良会使水泥混凝土或砂浆结构产生不均匀的膨胀性破坏(如变形、开裂或溃散),甚至引起严重工程事故。

造成水泥安定性不良的原因主要是由于其熟料中含有过多游离氧化钙或过多游离氧化镁,或水泥中石膏超量等所致。它们的共同特点是参与水化过程的时机太晚,通常要在水泥凝结硬化一段时间后才开始慢慢水化,且水化时产生体积膨胀,引起不均匀的体积变化而使硬化水泥石结构破坏。

为防止工程中采用安定性不良的水泥,通常在使用前应严格检验其安定性。由游离氧化钙引起的水泥安定性不良采用沸煮法检验,可根据 GB/T 1346 采用试饼法或雷氏法,以雷氏法为准。其中,试饼法是将标准稠度的水泥净浆做成试饼经恒沸 3 h 后,用肉眼观察其外观状态。若未发现裂纹,用直尺检查也没有弯曲现象时,则称为安定性合格;反之,则为不合格。雷氏法是测定水泥浆在雷氏夹中经硬化后的沸煮膨胀值,当两个试件经沸煮后的雷氏膨胀测定值的平均值不大于 5 mm 时，即判为该水泥安定性合格；反之，则为不合格。

由于游离氧化镁的水化作用比游离氧化钙更加缓慢，当怀疑游离氧化镁过量时，必须根据 GB/T 750 用压蒸法检验其危害作用。石膏或 SO_4^{2-} 超量所造成的危害需将试件经长期常温水浸泡后才能发现。因此，过量氧化镁和过量硫酸盐的危害作用不易快速检验，故在水泥生产中通过分析熟料中氧化镁含量和水泥中 SO_3 含量来进行日常控制。

现行 GB 175 规定：硅酸盐水泥及普通水泥中氧化镁含量不得超过 5.0%，如果水泥经压蒸安定性试验合格，氧化镁含量允许放宽到 6.0%；其他通用硅酸盐水泥（不包括 B 型矿渣水泥）中氧化镁含量不得超过 6.0%，大于 6.0%时，需进行水泥压蒸安定性试验并合格。矿渣硅酸盐水泥中三氧化硫含量不得超过 3.5%；其他通用硅酸盐水泥中三氧化硫含量不得超过 4.0%。

4. 强度

水泥的强度是评定其质量的重要指标。GB 175 规定，采用《水泥胶砂强度检验方法（ISO 法）》(GB/T 17671—1999)测定水泥强度，该法是将硅酸盐水泥和标准砂按质量计以 1∶3 混合，用 0.5 的水胶比按规定的方法制成 40 mm×40 mm×160 mm 的试件，在标准温度 20 ℃±1 ℃的水中养护，分别测定其 3 d 和 28 d 的抗折强度和抗压强度。对于火山灰水泥、粉煤灰水泥、复合水泥和掺火山灰质混合材料的普通水泥在进行胶砂强度检验时，其用水量按 0.50 水胶比和胶砂流动度不小于 180 mm 来确定。当流动度小于 180 mm 时，须以 0.01 的整倍数递增的方法将水胶比调整至胶砂流动度不小于 180 mm。胶砂流动度试验按 GB/T 2419 进行，其中胶砂制备按 GB/T 17671 进行。

根据水泥胶砂强度试验测定结果，确定通用硅酸盐水泥各品种的强度等级，依据水泥 3 d 的不同强度又分为普通型和早强型两种，其中标有代号 R 为早强型水泥。不同品种不同强度等级的通用硅酸盐水泥，其 3 d 和 28 d 龄期的强度应符合表 4-3 的规定。各龄期强度指标全部满足规定值者为合格，否则为不合格。

表 4-3　　通用硅酸盐水泥强度等级　　MPa

品　种	强度等级	抗压强度		抗折强度	
		3 d	28 d	3 d	28 d
硅酸盐水泥	42.5	≥17.0	≥42.5	≥3.5	≥6.5
	42.5 R	≥22.0		≥4.0	
	52.5	≥23.0	≥52.5	≥4.0	≥7.0
	52.5 R	≥27.0		≥5.0	
	62.5	≥28.0	≥62.5	≥5.0	≥8.0
	62.5 R	≥32.0		≥5.5	
普通硅酸盐水泥	42.5	≥17.0	≥42.5	≥3.5	≥6.5
	42.5 R	≥22.0		≥4.0	
	52.5	≥23.0	≥52.5	≥4.0	≥7.0
	52.5 R	≥27.0		≥5.0	

续表

品种	强度等级	抗压强度		抗折强度	
		3 d	28 d	3 d	28 d
矿渣硅酸盐水泥 火山灰质硅酸盐水泥 粉煤灰硅酸盐水泥	32.5	≥10.0	≥32.5	≥2.5	≥5.5
	32.5 R	≥15.0		≥3.5	
	42.5	≥15.0	≥42.5	≥3.5	≥6.5
	42.5 R	≥19.0		≥4.0	
	52.5	≥21.0	≥52.5	≥4.0	≥7.0
	52.5 R	≥23.0		≥4.5	
复合硅酸盐水泥	32.5 R	≥15.0	≥32.5	≥3.5	≥5.5
	42.5	≥15.0	≥42.5	≥3.5	≥6.5
	42.5 R	≥19.0		≥4.0	
	52.5	≥21.0	≥52.5	≥4.0	≥7.0
	52.5 R	≥23.0		≥4.5	

4.1.4 通用硅酸盐水泥的水化与凝结硬化

水泥加适量水拌和后，立即发生化学反应，水泥的各组分开始溶解并产生复杂的物理、化学与力学的变化，可称之为水泥的水化。随着反应的进行，可塑性的水泥浆体将逐渐失去流动能力，最终凝结硬化成为具有一定强度的坚硬材料。从水泥加水搅拌开始到水泥浆体失去塑性的过程称为凝结，此时水泥浆体还不具备强度；随着水泥水化反应的继续进行，凝结的水泥浆体产生明显的强度并逐渐发展而成为坚硬水泥石的过程称为硬化。凝结硬化实际上是一个连续复杂的物理化学变化过程，水泥水化是其凝结硬化的前提，而凝结硬化则是水泥水化的结果。

1. 通用硅酸盐水泥的水化

1）熟料矿物的水化特性

因为通用硅酸盐水泥中不同矿物成分在使用过程中的主要水化、凝结与硬化特性有较大的差异，所以水泥的凝结硬化性能主要取决于其熟料的主要矿物成分及其相对含量。各种水泥熟料矿物水化所表现的特性见表 4-4。

表 4-4　四种主要矿物成分的水化、凝结与硬化特性

性能指标		熟料矿物			
		C_3S	C_2S	C_3A	C_4AF
水化速率		快	慢	最快	快，仅次于 C_3A
凝结硬化速率		快	慢	最快	快
28 d 水化热		多	少	最多	中
强度	早期	高	低	低	低
	后期	高	高	低	低

在水泥熟料的四种主要矿物成分中，C_3S 的水化速率较快，水化热较大，其水化物主要在早期产生。因此，其早期强度最高，且能不断得到增长，通常是决定水泥强度等级高低的最主要矿物。

C_2S的水化速率最慢，水化热最小，其水化产物和水化热主要表现在后期；它对水泥早期强度贡献很小，但对后期强度的增长至关重要。因此，它是保证水泥后期强度增长的主要矿物。

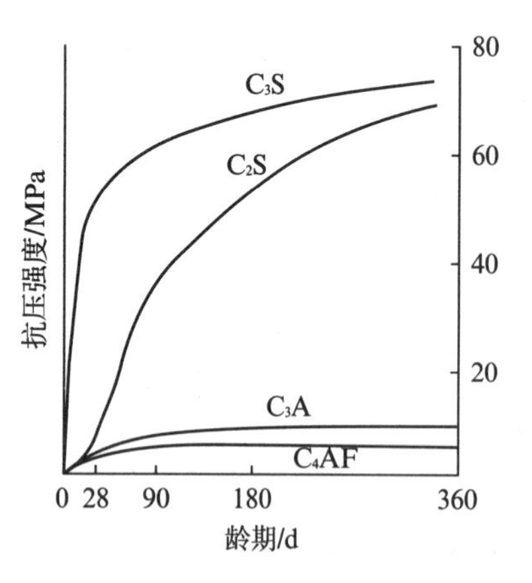

图 4-2　各水泥熟料矿物强度增长曲线

C_3A的水化速率极快，水化热也最集中；由于其水化产物主要在早期产生，因此对水泥的凝结与早期(3 d以内)的强度影响最大，硬化时所表现的体积减缩也最大。尽管C_3A可促使水泥的早期强度增长很快，但其实际强度并不高(图 4-2)，而且后期几乎不再增长，甚至会使水泥的后期强度有所降低。

C_4AF是水泥中水化速率较快的成分，仅次于C_3A。其水化热中等，抗压强度较低，但抗折强度相对较高，因此属于水泥中脆性较低的矿物。当水泥中C_4AF含量增多时，有助于水泥抗折强度的提高。

因为水泥是由上述几种不同矿物按照不同比例构成的，而且它们各自的性质也有很大的差别，当它们在水泥中的相对含量改变时，水泥的技术性质也随之改变。例如：要使水泥具有快硬高强的性能，应适当提高水泥熟料中C_3S及C_3A的相对含量；若要求水泥的发热量较低，可适当提高C_2S及C_4AF的含量而控制C_3S及C_3A的含量。因此，掌握通用硅酸盐水泥熟料中各矿物成分的含量及特性，就可以大致了解水泥的性能特点。

水泥在凝结硬化过程中，因水化反应所放出的热量称为水泥的水化热，通常以kJ/kg为单位表示。水化放热量和放热速率不仅影响其凝结硬化速率，而且由于热量的积蓄还会影响施工和工程质量，如有利于低温环境中的施工，不利于大体积结构的体积稳定等。因此，对于某些大体积混凝土工程，如大型基础、水坝、桥墩等大体积混凝土构筑物，水化热积聚在内部不易发散，内外部温差可达到50 ℃～60 ℃以上，并引起较大的应力，甚至导致混凝土的开裂等破坏，因此不宜采用发热量较大的水泥，而应采用低热水泥。而对于冬期施工等低温环境的工程，采用较高水化热的水泥，可利用其自身的热量来促进凝结硬化速度的速度。

水泥水化热的多少不仅取决于矿物成分，而且还与水泥细度、混合材料及外加剂的品种和掺量等有关。水泥中熟料矿物初期水化时，铝酸三钙放热量最多，速度也快；硅酸三钙放热量稍低，硅酸二钙放热量最小，速度也较慢。水泥细度越细，水化反应越容易进行，其水化放热量越多，放热速度也越快

2）水泥熟料单矿物的水化反应

通用硅酸盐水泥加水拌和后，各熟料矿物的水化反应如下：

(1) 硅酸三钙水化　C_3S在常温下的水化反应生成水化硅酸钙(C-S-H凝胶)和氢氧化钙晶体。其水化反应如下：

$$3CaO \cdot SiO_2 + nH_2O = xCaO \cdot SiO_2 \cdot yH_2O + (3-x)Ca(OH)_2$$

水化硅酸钙为凝胶，微观结构是纤维状。C_3S水化速率很快，水化放热量大，生成的水化硅酸钙凝胶构成具有很高强度的空间网络结构。水化生成的氢氧化钙以晶体形态析出。

(2) 硅酸二钙的水化　C_2S的水化与C_3S相似，但水化速度慢很多。其水化反应如下：

$$2CaO \cdot SiO_2 + nH_2O = xCaO \cdot SiO_2 \cdot yH_2O + (2-x)Ca(OH)_2$$

所形成的水化硅酸钙在形貌方面与 C_3S 水化生成的无大的区别，故也称为 C-S-H 凝胶。但氢氧化钙生成量比 C_3S 水化生成的少，且结晶比较粗大。

(3) 铝酸三钙的水化 C_3A 的水化迅速，放热快，其水化产物组成和结构受液相 CaO 浓度和温度的影响很大，先生成介稳状态的水化铝酸钙晶体，常温下的典型水化反应如下：

$$3(CaO \cdot Al_2O_3)+27H_2O = 4CaO \cdot Al_2O_3 \cdot 19H_2O+2CaO \cdot Al_2O_3 \cdot 8H_2O$$

C_4AH_{19} 是一种不稳定水化物，在低于 85% 相对湿度时，会脱水最终转化为水石榴石（C_3AH_6）。

在有石膏的情况下，C_3A 水化的最终产物与其石膏掺入量有关。最初形成的三硫型水化硫铝酸钙，简称钙矾石，常用 AFt 表示。若石膏在 C_3A 完全水化前耗尽，则钙矾石与 C_3A 作用转化为单硫型水化硫铝酸钙（AFm）。石膏掺量不足时，C_3A 水化会使水泥发生瞬凝现象。

(4) 铁铝酸四钙的水化 C_4AF 是水泥熟料中铁相固溶体的代表。它的水化速率比 C_3A 略慢，水化热较低，即使单独水化也不会引起快凝。C_4AF 水化反应及其产物与 C_3A 很相似，生成水化铝酸钙与水化铁酸钙的固溶体，其反应可表示为

$$4CaO \cdot Al_2O_3 \cdot Fe_2O_3+7H_2O = 3CaO \cdot Al_2O_3 \cdot 6H_2O+CaO \cdot Fe_2O_3 \cdot H_2O$$

3）通用硅酸盐水泥的水化

通用硅酸盐水泥的水化实际上是复杂的化学反应，上述几个典型的水化反应过程同时发生，且受水泥熟料矿物种类及其比例、混合材料的种类和加入量所影响。

如果忽略一些次要的成分，则硅酸盐水泥与水作用后生成的主要水化产物为：水化硅酸钙和水化铁酸钙凝胶，氢氧化钙、水化铝酸钙和水化硫铝酸钙晶体。其中，胶体的不断生成会逐渐填充晶体骨架的孔隙，从而凝结硬化为密实的水泥石结构。在完全水化的水泥石构成成分中，水化硅酸钙约占 70%，氢氧化钙约占 20%，钙矾石和单硫型水化硫铝酸钙约占 7%。若混合材料较多时，还可能有相当数量的其他硅酸盐凝胶。

当水泥中掺加了大量活性混合材料（如矿渣、火山灰及粉煤灰等）时，其水化过程中除了水泥熟料矿物成分的水化之外，活性混合材料还会在饱和的氢氧化钙溶液中，发生显著的二次水化作用，其水化反应一般认为是：

$$xCa(OH)_2+SiO_2+m_1H_2O \longrightarrow xCaO \cdot SiO_2 \cdot n_1H_2O$$
$$yCa(OH)_2+Al_2O_3+m_2H_2O \longrightarrow yCaO \cdot Al_2O_3 \cdot n_2H_2O$$

式中，x、y 值一般为≥1 的整数，它取决于混合材料的种类、石灰与活性氧化硅、活性氧化铝的比例、环境温度以及作用所延续的时间等因素；n 值一般为 1～2.5。其中 $Ca(OH)_2$ 和 SiO_2 相互作用的过程是无定形的硅酸吸收钙离子，起初为不定成分的吸附系统，然后形成无定形的水化硅酸钙、水化铝酸钙，再经过较长一段时间后慢慢地转变成微晶体或结晶不完善的凝胶体结构。

2. 通用硅酸盐水泥的凝结硬化

1882 年，雷·查特理（H·Leetlatelier）首先提出水泥凝结硬化理论，此后，人们在不断探索水泥的凝结硬化机理。随着各种物相分析测试手段的应用，对水泥浆体结构形成的认识在不断深入。根据传统的水泥凝结硬化理论，水泥浆体水化、凝结与硬化的发展过程可分为诱导期、凝结期、硬化期三个阶段，各阶段的主要物理化学变化见表 4-5。

表 4-5　　水泥凝结硬化不同阶段的主要物理化学变化

硬结硬化阶段	持续时间	主要物理化学变化
诱导期	5～60 min	初始溶解和水化，水泥颗粒表面形成凝胶膜
凝结期	24 h 以内	凝胶膜增厚，水泥颗粒进一步水化
硬化期	24 h～若干年	凝胶体填充毛细孔

(1) 诱导期(从拌水到初凝)　在水泥与水接触之初，水泥颗粒表面迅速发生化学反应，硅酸三钙水化生成水化硅酸钙凝胶和氢氧化钙，氢氧化钙立即溶于水中，钙离子浓度急剧增大。达到过饱和时则呈结晶析出。同时，铝酸三钙和石膏反应生成钙矾石晶体析出，附在颗粒表面。在水泥水化初期，部分水泥中的熟料矿物经水化而形成新的产物，它以 C-S-H 和氢氧化钙的快速形成为特征。此后，水泥颗粒被 C-S-H 形成的一层包裹膜全部包住，并不断向外增厚，随后逐渐在包裹膜内侧沉积，阻碍了水泥颗粒与水的接触。在此期间，水泥水化产物数量不多，水泥颗粒仍呈分散状态，所以水泥浆体基本保持塑性状态，随后开始进入凝结期。

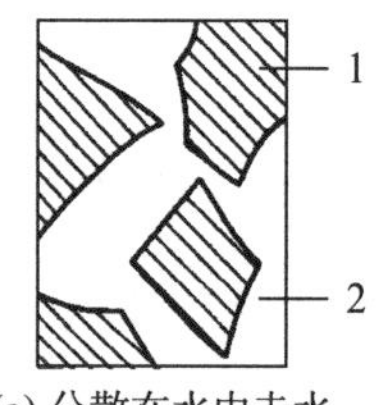

(a) 分散在水中未水化的水泥颗粒

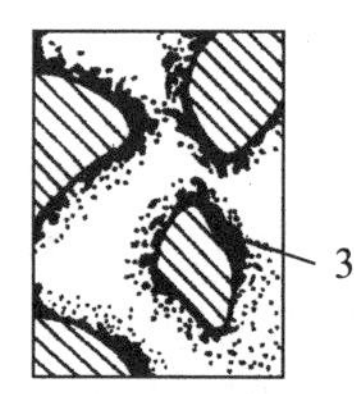

(b) 在水泥颗粒表面形成水化物膜层

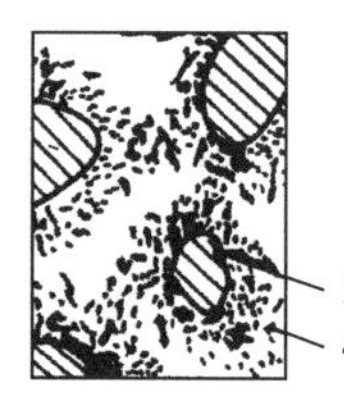

(c) 膜层长大并互相连接(凝结)

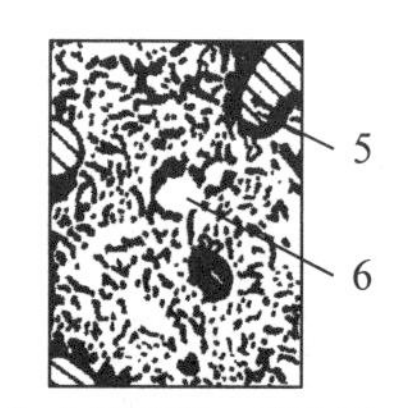

(d) 水化物进一步发展，填充毛细孔(硬化)

1—水泥颗粒；2—水分；3—胶体；4—晶体；5—水泥中未水化的水泥颗粒内核；6—毛细孔

图 4-3　硅酸盐系水泥凝结硬化过程示意图

(2) 凝结期(初凝到约 24 h)　在诱导期后由于渗透压的作用，水泥颗粒表面的膜层破裂，水进入膜内与熟料发生反应，水泥继续水化。在此期间，水化产物不断增加并填充被水所占有的空间，水泥颗粒形成了由分子力结合的凝聚结构，使水泥浆体逐渐失去塑性，这一过程就是水泥的凝结，此阶段结束约有 15%的水泥水化。

(3) 硬化期(24 h 到水化结束)　水泥水化反应渐趋减慢，各种水化产物逐渐填满原来由水所占据的空间，由于钙矾石的针棒状晶体的相互搭接，特别是大量片状 C-S-H 的交叉攀附，而使原先分散的水泥颗粒及其水化产物连结起来，构成一个相互连结的三维空间整体。随着凝胶体膜层的逐渐增厚，水泥颗粒内部的水化越来越困难，经过较长时间(几个月甚至若干年)的水化以后，除原来极细的水泥颗粒被完全水化外，仍存在大量尚未水化的熟料颗粒内核。因此，硬化后的水泥石是由各种水化物(凝胶和晶体)、未水化的熟料颗粒内核和毛细孔所组成的复合结构，并随着不同时期相对数量的变化，而使水泥石的结构不断改变，从而表现为水泥石的性质也不断变化。

在已经硬化的水泥石结构中，尽管水泥石中凝胶之间或晶体、未水化水泥熟料颗粒与凝胶之间产生粘结力的实质至今尚无明确的结论，但一般认为范德华力、氢键、离子引力以及表面能是产生粘结力的主要来源，甚至也可能有化学键力的作用；因此，不可否认的是水化硅酸钙凝胶对水泥石的强度及其他主要性质起着支配作用。

3. 影响通用硅酸盐水泥凝结硬化速度的主要因素

(1) 水泥的熟料矿物组成及细度 水泥熟料中各种矿物的凝结硬化特点不同，当水泥中各矿物的相对含量不同时，水泥的凝结硬化特点就不同。如水泥熟料中 C_3S 与 C_3A 含量的提高，将使水泥的凝结硬化加快，早期强度提高，同时水化热也多集中在早期。

水泥磨得愈细，水泥颗粒平均粒径小，比表面积大，水化时与水的接触面大，水化速度快，凝结硬化快，早期强度就高。但水泥颗粒过细时，会增加磨细的能耗和提高成本，且不宜久存。此外，水泥过细时，其硬化过程中还会产生较大的体积收缩。

(2) 水泥浆的水胶比 水泥浆的水胶比是指水泥浆中水与水泥的质量之比。当水泥浆中加水较多时，水胶比较大，此时水泥的初期水化反应得以充分进行；但是水泥颗粒间原来被水隔开的距离较远，颗粒间相互连接形成骨架结构所需的凝结时间长，所以水泥浆凝结较慢，且空隙多，降低水泥石的强度。

(3) 石膏的掺量 硅酸盐水泥中加入适量的石膏会起到良好的缓凝效果，且由于钙矾石的生成，还能提高水泥石的早期强度。但是石膏掺量过多时，可能危害水泥石的安定性。

(4) 环境温度和湿度 水泥水化反应的速度与环境的温度有关，只有处于适当温度下，水泥的水化、凝结和硬化才能进行。通常，养护温度升高时，水泥的水化加快，早期强度发展也快。若在较低温度下硬化，虽然其强度发展较慢，但仍可获得较高的最终强度。但水泥的硬化温度不得低于−5 ℃，否则会由于水泥浆体中水的结冰，而导致水泥的水化停止，甚至影响其结构强度。

水泥水化是水泥与水之间的反应，必须在水泥颗粒表面保持有足够的水分，水泥的水化、凝结硬化才能充分进行。保持水泥浆温度和湿度的措施，称水泥的养护。

(5) 龄期 水泥浆随着时间的延长水化物增多，内部结构就逐渐致密，一般来说，强度不断增长。

4.1.5 通用硅酸盐水泥石的腐蚀与预防

通用硅酸盐水泥的硬化结构在通常环境条件下可表现出较好的耐久性，但是，在某些环境条件下(如腐蚀性液体或气体介质中)，其结构将会受到腐蚀介质的作用而产生逐渐破坏。

环境对水泥石结构的腐蚀可分为物理腐蚀与化学腐蚀：物理腐蚀是指各类盐溶液渗透到水泥石结构内部，并不与水泥石成分发生化学反应，而是产生干燥结晶的体积膨胀对水泥石造成破坏作用，在干湿交替的部位，这类腐蚀尤为严重。化学腐蚀是指外界各类腐蚀介质与水泥石内部的某些成分发生化学反应，并生成易溶于水矿物、体积显著膨胀的矿物或无胶结能力的物质，从而导致水泥石结构的解体。

1. 通用硅酸盐水泥石的几种典型腐蚀类型

1) 软水侵蚀(溶出性侵蚀)

不含或仅含少量重碳酸盐(含 HCO_3^- 的盐)的水称为软水，如雨水、蒸馏水、冷凝水及部分江水、湖水等。当水泥石长期与软水相接触时，水化产物将按其稳定存在所必需的平衡氢氧化钙(钙离子)浓度的大小，依次逐渐溶解或分解，从而造成水泥石的破坏，这就是溶出性侵蚀。

在各种水化产物中，$Ca(OH)_2$ 的溶解最大(25 ℃每升约 1.3 g CaO)，因此首先溶出，这样不仅增加了水泥石的孔隙率，使水更容易渗入，而且由于 $Ca(OH)_2$ 浓度降低，还会使水化产物依次发生分解，如高碱性的水化硅酸钙、水化铝酸钙等分解成为低碱性的水化产物，并最终变成硅酸凝胶、氢氧化铝等无胶凝能力的物质。在静水及无压力水的情况下，由于周围的软水易为溶出的氢氧化钙所饱和，使溶出作用停止，所以对水泥石的影响不大；但在流水及压力水的作用下，水化产物的溶出将会不断地进行下去，水泥石结构的破坏将由表及里地不断进行下去。

当水泥石与环境中的硬水接触时，水泥石中的氢氧化钙与重碳酸盐发生反应：

$$Ca(OH)_2 + Ca(HCO_3)_2 \longrightarrow 2CaCO_3 + 2H_2O$$

所生成的碳酸钙沉积在已硬化水泥石中的孔隙内起密实作用，从而可阻止外界水的继续侵入及内部氢氧化钙的扩散析出。因此，对需与软水接触的混凝土，若预先在空气中硬化和存放一段时间后，可使其经碳化作用而形成碳酸钙外壳，这将在一定程度上阻止溶出性侵蚀。

2）盐类侵蚀

在水中通常溶有大量的盐类，某些溶解于水中的盐类会与水泥石相互作用产生置换反应，生成一些易溶或无胶结能力或产生膨胀的物质，从而使水泥石结构破坏。最常见的盐类侵蚀是硫酸盐侵蚀与镁盐侵蚀。

(1) 硫酸盐侵蚀　在海水、湖水、盐沼水、地下水、某些工业污水及流经高炉矿渣或煤渣的水中，常含钾、钠、氨的硫酸盐，它们很容易与水泥石中的氢氧化钙产生置换反应而生成硫酸钙。所生成的硫酸钙又会与水泥石中固态水化铝酸钙作用生成高硫型水化硫铝酸钙（钙矾石），体积急剧膨胀（约 1.5 倍），使水泥石结构破坏，其反应式为：

$$3Ca \cdot Al_2O_3 \cdot 6H_2 + 3(CaSO_4 \cdot 2H_2O) + 19H_2O \longrightarrow 3CaO \cdot Al_2O_3 \cdot 3CaSO_4 \cdot 31H_2O$$

钙矾石呈针状晶体，常称其为“水泥杆菌”（图 4-4）。若硫酸钙浓度过高，则直接在孔隙中生成二水石膏结晶，产生体积膨胀而导致水泥石结构破坏。

图 4-4　硫酸盐对水泥腐蚀产生的“水泥杆菌”示意

(2) 镁盐的腐蚀　在海水及地下水中，常含有大量的镁盐，主要是硫酸镁和氯化镁。氯化镁和硫酸镁与水泥石中的氢氧化钙起复分解反应，其反应式为

$$MgSO_4 + Ca(OH)_2 + 2H_2O \longrightarrow CaSO_4 \cdot 2H_2O + Mg(OH)_2$$

$$MgCl_2 + Ca(OH)_2 \longrightarrow CaCl_2 + Mg(OH)_2$$

因为生成的氢氧化镁松散而无胶凝性能，氯化钙又易溶于水，二水石膏又将引起硫酸盐腐蚀作用。因此，硫酸镁对水泥石起镁盐与硫酸盐双重侵蚀作用，腐蚀作用更加严重。

3）酸类侵蚀

(1) 碳酸的侵蚀　在工业污水、地下水中常溶解有较多的二氧化碳，这些水溶液对水泥石的腐蚀作用可通过二次反应而造成对水泥石的破坏。首先是二氧化碳与水泥石中的氢氧化钙作用生成碳酸钙：

$$Ca(OH)_2 + CO_2 + H_2O \longrightarrow CaCO_3 + 2H_2O$$

然后是生成的碳酸钙再与含碳酸的水作用转变成重碳酸钙，此反应为可逆反应：

$$CaCO_3 + CO_2 + H_2O \longrightarrow Ca(HCO_3)_2$$

当水中含有较多的碳酸，上述反应向右进行，从而导致水泥石中的 $Ca(OH)_2$ 不断地转变为易溶的 $Ca(HCO_3)_2$ 而流失，进一步导致其他水化产物的分解，使腐蚀作用进一步加剧，使水泥石结构遭到破坏。

(2) 一般酸的腐蚀 水泥的水化产物呈碱性，在工业废水、地下水、沼泽水中常含有无机酸和有机酸，工业窑炉中的烟气常含有二氧化硫，遇水后生成亚硫酸，这些酸类物质将对水泥石产生不同程度的腐蚀作用。各种酸很容易与水泥石中的 $Ca(OH)_2$ 产生中和反应，其作用后的生成物或者易溶于水而流失，或者体积膨胀而在水泥石内造成内应力而导致结构破坏。腐蚀作用最强的是无机酸中的盐酸、氢氟酸、硝酸、硫酸和有机酸中的醋酸、蚁酸和乳酸等。例如：盐酸和硫酸分别与水泥石中的 $Ca(OH)_2$ 作用，反应生成的氯化钙易溶于水，生成的二水石膏继而又起硫酸盐的腐蚀作用。其反应式如下：

$$2HCl + Ca(OH)_2 \longrightarrow CaCl_2 + H_2O$$

$$H_2SO_4 + Ca(OH)_2 \longrightarrow CaSO_4 \cdot 2H_2O$$

4）强碱的腐蚀

水泥石本身具有相当高的碱度，低浓度或碱性不强的碱类溶液一般对水泥石结构无害。但是，当水泥中铝酸盐含量较高时，如铝酸盐含量较高的水泥石遇到强碱（如氢氧化钠，氢氧化钾等）作用后也会被腐蚀破坏。氢氧化钠与水泥熟料中未水化的铝酸盐作用时，可生成易溶的铝酸钠，其反应式为

$$3CaO \cdot Al_2O_3 + 6NaOH \longrightarrow 3Na_2O \cdot Al_2O_3 + 3Ca(OH)_2$$

当水泥石被氢氧化钠浸透后再经干燥时，容易与空气中的二氧化碳作用生成碳酸钠，从而在水泥石毛细孔中结晶沉积，最终导致水泥石结构被胀裂。

除上述四种侵蚀类型外，对水泥石可产生腐蚀作用的其他物质还有糖类、氨盐、酒精、动物脂肪、含环烷酸的石油产品等物质。

在实际工程中，水泥石的腐蚀常常是几种侵蚀介质同时存在、共同作用所产生的；但干燥的固体化合物通常不会对水泥石结构产生侵蚀作用，对水泥石产生腐蚀作用的介质多为溶液，而且只有在其达到一定浓度时才可能构成严重危害。此外，较高的环境温度、较快的介质流速、频繁交替的干湿等环境条件也是促进化学腐蚀的重要因素。

水泥石的耐蚀性可用耐蚀系数定量表示。耐蚀系数是以同一龄期下水泥试体在侵蚀性溶液中养护的强度与在淡水中养护的强度之比，比值越大，耐蚀性越好。

2. 水泥石腐蚀的原因

① 水泥石中存在有引起腐蚀的组分，如 $Ca(OH)_2$ 和水化铝酸钙；

② 水泥石本身不密实，有很多毛细孔通道，侵蚀介质易于进入其内部；

③ 腐蚀与通道相互作用。

3. 水泥石腐蚀的预防措施

针对水泥石腐蚀的原理，为防止或减轻水泥石的腐蚀，通常可采用下列措施：

(1) 根据腐蚀环境特点，合理选用水泥品种 可以选用水化产物中 $Ca(OH)_2$ 含量少的水泥，以降低 $Ca(OH)_2$ 损失对水泥石的危害；选用 C_3A 的含量低的水泥，降低硫酸盐类的腐蚀作用。另外，掺入适当的活性混合材料，可提高水泥对不同介质的抗腐蚀性能。

(2) 提高水泥石的密实程度，降低水泥石的孔隙率 如降低水胶比、掺加某些可堵塞孔隙的物质、改善施工方法使其结构更为致密等。

(3) 加做保护层 可以在水泥石表面敷设一层耐腐蚀性强且不透水的保护层(通常可采用耐酸石料、耐酸陶瓷、玻璃、塑料或沥青等)，杜绝或减少腐蚀介质渗入水泥石内部。

4.1.6 通用硅酸盐水泥的包装、标志、运输与贮存

(1) 包装 水泥可以散装或袋装，袋装水泥每袋净含量为 50 kg，且应不少于标志质量的 99%；随机抽取 20 袋总质量(含包装袋)应不少于 1 000 kg。其他包装形式由供需双方协商确定，但有关袋装质量要求，应符合上述规定。水泥包装袋应符合 GB 9774 的规定。

(2) 标志 水泥包装袋上应清楚标明：执行标准、水泥品种、代号、强度等级、生产者名称、生产许可证标志(QS)及编号、出厂编号、包装日期、净含量。包装袋两侧应根据水泥的品种采用不同的颜色印刷水泥名称和强度等级，硅酸盐水泥和普通硅酸盐水泥采用红色，矿渣硅酸盐水泥采用绿色；火山灰质硅酸盐水泥、粉煤灰硅酸盐水泥和复合硅酸盐水泥采用黑色或蓝色。

散装发运时应提交与袋装标志相同内容的卡片。

(3) 运输与贮存 水泥在运输与贮存时不得受潮和混入杂物，不同品种和强度等级的水泥在贮运中避免混杂。

4.1.7 通用硅酸盐水泥的性能特点及选用

1. 硅酸盐水泥

因为硅酸盐水泥中的混合材料掺量很少，所以其特性主要取决于所用水泥熟料矿物的构成与性能。因此，硅酸盐水泥通常具有以下基本特性：

(1) 水化、凝结与硬化速度快，强度高，尤其是早期强度更高 通常土木工程中所采用的硅酸盐水泥多为强度等级较高的水泥，主要用于要求早强的结构工程，大跨度、高强度、预应力结构等较重要结构的混凝土工程。

(2) 水化热大，且放热较集中 硅酸盐水泥中早期参与水化反应的熟料成分比例高，尤其是其中的 C_3S 和 C_3A 含量更高，使其在凝结硬化过程中的放热反应表现较为剧烈。通常情况下，硅酸盐水泥的早期水化放热量大，放热持续时间也较长；其 3 d 内的水化放热量约占其总放热量的 50%，3 个月后可达到总放热量的 90%。为此，硅酸盐水泥不适宜在大体积混凝土等工程中使用。

(3) 抗冻性好，干缩性小，耐磨性好 由于硅酸盐水泥能够形成较致密的早期硬化结构，使其表现出较好的耐冻性和耐磨性；只要得到适当早期养护，可以获得较为稳定的结构，从而表现出较小的干缩。这些特性使其更适用于有抗冻、耐磨和干燥环境中的结构工程。

(4) 耐腐蚀性差　硅酸盐水泥的水化产物中含有较多可被腐蚀的物质(如氢氧化钙等)，故硅酸盐水泥不适用于软水环境或酸性介质化学腐蚀环境中的工程，也不适用于经常与流水接触或有压力水作用的工程。

(5) 耐热性差　随着温度的升高，硅酸盐水泥硬化结构中的组成会产生较明显的变化。当环境温度达到100 ℃～250 ℃时，由于尚存的游离水会使其产生额外水化作用，还会使脱水后C-S-H凝胶与部分氢氧化钙晶体对水泥石起加强作用，而使水泥石的强度有所提高。当温度达到250 ℃～300 ℃时，其中部分水化物开始脱水(水化硅酸钙160 ℃时就可能开始脱水)，致使水泥石结构产生收缩，强度受到影响而开始下降。当受热温度达到400 ℃～600 ℃时，其水泥石中部分矿物的晶型转变或分解，使其强度明显下降。当温度达到700 ℃～1 000 ℃时，其水泥石的结构遭到严重破坏而使其强度严重降低，甚至产生崩溃。

此外，水泥石中的氢氧化钙在547 ℃以上时，将会脱水分解成氧化钙，如果再受到潮湿或水的作用，又将引起氧化钙的水化膨胀，导致更严重的水泥石结构破坏，故硅酸盐水泥不适合用于耐热要求较高的工程。

2. 普通硅酸盐水泥

普通水泥的主要组分仍是硅酸盐水泥熟料，故其基本特征与硅酸盐水泥相近。因为普通水泥中掺入了一定量的混合材料，所以其某些性能与硅酸盐水泥又有所差异。通常，普通水泥的抗冻、耐磨等性能也较硅酸盐水泥稍差。此外，当水泥强度等级相同时，普通水泥的早期硬化速度表现稍慢，3 d抗压强度也较硅酸盐水泥稍低。

3. 矿渣硅酸盐水泥

矿渣水泥中由于掺加了较多的活性混合材料，其水化、凝结与硬化过程与硅酸盐水泥或普通硅酸盐水泥有较大差别。矿渣水泥加水后，首先是水泥熟料的矿物成分快速水化；随后，在熟料水化所产生的$Ca(OH)_2$等的激发作用下，矿渣中的活性SiO_2、Al_2O_3即与$Ca(OH)_2$作用形成具有胶凝性能的水化硅酸钙和水化铝酸钙。

值得指出的是，由于水泥中的石膏除了可调节水泥的凝结时间外，还具有对活性混合材料的活性激发作用。因此，矿渣水泥中石膏的掺量一般可比硅酸盐水泥中稍多些，但其掺量也不得过多。否则也会降低水泥的质量。

与硅酸盐水泥及普通硅酸盐水泥相比，矿渣水泥主要有以下特点：

(1) 早期强度低，后期强度增长潜力大　矿渣水泥中活性SiO_2，Al_2O_3与$Ca(OH)_2$的化学反应在常温下进行得较为缓慢，故其早期硬化较慢，其早期(28 d以前)强度与同等级的硅酸盐水泥或普通水泥相比则较低；而28 d以后的强度发展将超过硅酸盐水泥或普通水泥(其差别可参见图4-5)。

(2) 水化热低　在矿渣水泥中，由于熟料减少，使其中水化热较高的C_3S和C_3A含量相对减少，故其水化热较低，不适于较低温环境中使用，但却适用于要求水化热较少的大体积混凝土工程。

(3) 对于软水及抗硫酸盐等侵蚀性环境具有较强的抵抗能力　由于矿渣水泥中掺加了大量矿渣，熟料含量相对减少，C_3S及C_3A的含量也相对减少，

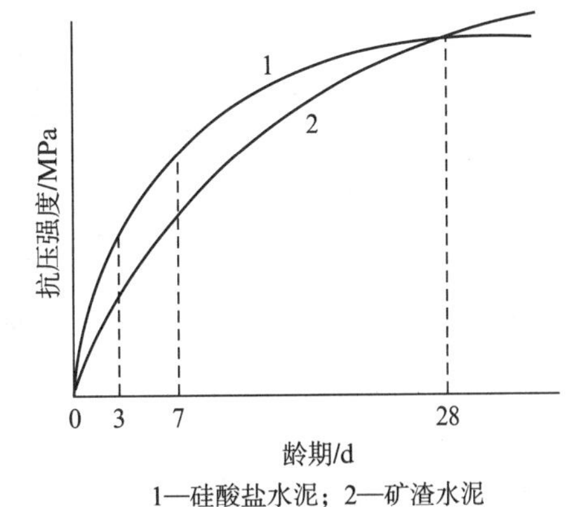

1—硅酸盐水泥；2—矿渣水泥

图4-5　硅酸盐水泥与矿渣水泥强度增长曲线

其水化产物的浓度也相对较少，还由于其中 $Ca(OH)_2$ 与矿渣的二次反应作用，生成了较稳定的水化硅酸钙及水化铝酸钙。因此，矿渣水泥硬化后的水泥石中，$Ca(OH)_2$ 及易受硫酸盐侵蚀的水化铝酸钙都大为减少，从而提高了抗溶出性侵蚀及抗硫酸盐侵蚀的能力。故矿渣水泥较适用于受软水或硫酸盐侵蚀的水工结构物、海洋或海岸工程、地下工程等。

(4) 对温度敏感，适合高温养护 矿渣水泥在较低温度下，凝结硬化较硅酸盐水泥及普通水泥缓慢，故若用于冬季施工时，更需加强保温养护措施。但在湿热条件下，矿渣水泥的强度却得以充分发展，故矿渣水泥较适于较高温度的养护环境。

(5) 保水性较差，泌水性较大 水泥加水拌和后，水泥浆体能够保持一定量的水分而不析出的性能，称为保水性。由于矿渣在与熟料共同粉磨过程中，颗粒难于磨得很细，且矿渣玻璃质亲水性较弱，从而表现为保水性较差，泌水性较大。因此，采用矿渣硅酸盐水泥时，容易在混凝土内形成毛细管通道及水囊，且当水分干燥蒸发后会形成较多的毛细孔及大孔，从而降低混凝土的密实性、均匀性及抗渗性。

(6) 硬化后干缩性较大 水泥在空气中硬化时，随着水分的蒸发，体积会有微小的收缩，称为干缩。水泥干缩，易使混凝土表面发生微细裂缝，从而降低混凝土的耐久性和力学性能。矿渣水泥的干缩率比硅酸盐水泥及普通水泥较大，尤其早期干燥时更为显著。因此，使用矿渣水泥时，应注意加强保湿养护。

(7) 抗冻性较差、耐磨性较差 矿渣水泥抗冻性及耐磨性均较硅酸盐水泥及普通水泥差，因此，矿渣水泥不宜用于严寒地区水位经常变动的部位，也不宜用于受高速水流冲刷及具有耐磨要求的工程。

(8) 抗碳化能力较差 由于矿渣水泥硬化结构中的 $Ca(OH)_2$ 浓度(碱度)较硅酸盐水泥及普通水泥低，当用矿渣水泥配制混凝土及砂浆时，其表层被碳化的速率进行得较快，使其在较短时间内碳化深入内部。因此，当矿渣水泥用于钢筋混凝土结构时，一旦碳化深入到达钢筋表面，就会丧失水泥石对钢筋的保护能力，从而导致钢筋的锈蚀，这将影响钢筋混凝土的耐久性。

(9) 耐热性较强 与其他品种的硅酸盐水泥相比，矿渣水泥的耐热性较强，因此，对于处于较高温度环境的工程(如高温车间、高炉基础等)，矿渣硅酸盐水泥比较适合。

4. 火山灰质硅酸盐水泥

火山灰水泥的许多性能，如抗侵蚀性、水化热、强度及其发展规律、温度敏感、抗碳化性能等，都与矿渣水泥具有相近的特点。但是，火山灰水泥的抗冻性及耐磨性比矿渣水泥还要差一些；而且当掺有黏土质混合材料时，其抗硫酸盐侵蚀能力也较差。故其应用环境与其他品种的硅酸盐水泥有较大差别。

火山灰质混合材料内部含有大量的微细孔隙，故火山灰质硅酸盐水泥的保水性好。火山灰水泥在潮湿的环境下使用时，水化生成的水化硅酸钙凝胶密度较小，水泥石结构较致密，因而具有较好的抗渗性及耐水性。因此，它比较适用于需要抗软水、硫酸盐侵蚀的工程及要求抗渗的工程。但是，火山灰水泥在干燥环境下使用时，由于其标准稠度需水量较大，干缩率较大，其部分胶体脱水后往往导致其结构物表面出现粉化现象。此外，处于干热环境中的混凝土工程也不宜使用火山灰水泥。

5. 粉煤灰硅酸盐水泥

粉煤灰水泥的水化、凝结与硬化过程与火山灰水泥基本相同，其性能上也与火山灰水泥相似。把粉煤灰水泥列为一个独立的水泥品种，是因为粉煤灰水泥在性能上确有它独自的特点，而且水泥中大量利用粉煤灰也有重要的环保意义。

与其他品种硅酸盐水泥相比，粉煤灰水泥的主要特点是干缩性比较小，甚至比硅酸盐水泥及普通水泥还小，因而使其表现为较好的抗裂性；而且在相同拌和用水量的情况下，粉煤灰水泥配制的水泥浆表现为更好的流动性，这主要是因为粉煤灰中的细颗粒多呈球形（玻璃微珠），且较为致密，使其本身具有较好的可流动性，而且表面润湿所需的水量也较少。

利用粉煤灰水泥干缩性较小、抗裂性较好、水化热较低和抗侵蚀性较强等特点，可大量应用于水利工程、地下工程中等大体积混凝土工程。

6. 复合硅酸盐水泥（简称复合水泥）

复合水泥的性能与火山灰水泥相接近。由于掺入了两种或两种以上规定的混合材料，其效果不只是各类混合材料的简单混合，而是互相取长补短，产生单一混合材料不能起到的优良效果。其性能介于普通水泥和矿渣水泥、火山灰水泥与粉煤灰水泥之间，与其他掺大量混合材料的通用硅酸盐水泥相比，早期强度较高。

上述通用硅酸盐水泥的适用条件和选用可参见表4-6。

表4-6　不同品种的通用硅酸盐水泥适用环境与选用参考

项目	混凝土工程特点及所处环境条件		优先选用	可以选用	不宜选用
普通混凝土	1	在一般气候环境中的混凝土	普通水泥	矿渣水泥、火山灰水泥 粉煤灰水泥、复合水泥	—
	2	在干燥环境中的混凝土	普通水泥	矿渣水泥	火山灰水泥 粉煤灰水泥
	3	在高湿度环境中或长期处于水中的混凝土	矿渣水泥、火山灰水泥 粉煤灰水泥、复合水泥	普通水泥	—
	4	大体积的混凝土	矿渣水泥、火山灰水泥 粉煤灰水泥、复合水泥	普通水泥	硅酸盐水泥
有特殊要求的混凝土	1	要求快硬、高强的混凝土	硅酸盐水泥	普通水泥	矿渣水泥、火山灰水泥 粉煤灰水泥、复合水泥
	2	严寒地区的露天混凝土，寒冷地区处于水位升降范围内的混凝土	普通水泥	矿渣水泥 （强度等级＞32.5）	火山灰水泥 粉煤灰水泥
	3	严寒地区处于水位升降范围内的混凝土	普通水泥	—	矿渣水泥、火山灰水泥 粉煤灰水泥、复合水泥
	4	有抗渗性要求的混凝土	普通水泥	硅酸盐水泥、火山灰水泥 粉煤灰水泥	矿渣水泥
	5	有耐磨性要求的混凝土	硅酸盐水泥 普通水泥	矿渣水泥 （强度等级＞32.5）	火山灰水泥 粉煤灰水泥
	6	受侵蚀性介质作用的混凝土	矿渣水泥、火山灰水泥 粉煤灰水泥、复合水泥		硅酸盐水泥 普通水泥

注：当水泥中掺有黏土质混合材料时，则不耐硫酸盐腐蚀。

4.2　其他品种硅酸盐水泥

土木工程中除了广泛应用上述通用硅酸盐水泥外，有些工程中还常应用部分具有特殊性能的硅酸盐水泥。例如：快硬硅酸盐水泥、白色硅酸盐水泥、彩色硅酸盐水泥、膨胀硅酸盐水泥以及抗硫酸硅酸盐水泥等。

4.2.1 快硬硅酸盐水泥

凡以硅酸盐水泥熟料和适量石膏磨细制成的，以 3 d 抗压强度表示标号的水硬性胶凝材料，称为快硬硅酸盐水泥(简称快硬水泥)。快硬硅酸盐水泥的制造方法与通用硅酸盐水泥基本相同，只是适当增加了熟料中水化、硬化速度较快矿物的含量，其硅酸三钙含量可达 50%～60%，铝酸三钙可达 8%～14%，两者的总量应不少于 60%～65%，此外，还应适当增加石膏的掺量(通常达 8%)，并提高水泥的粉磨细度，通常比表面积达 300～400 m^2/kg。

快硬水泥的技术性质应满足《快硬硅酸盐水泥》(GB 199—1990)的规定，细度为 0.08 mm 方孔筛筛余不大于 10%；初凝不得小于 45 min，终凝不得迟于 10 h；安定性(沸煮法)合格，水泥中 SO_3 含量不得超过 4.0%。力学性能需符合表 4-7 的要求。

表 4-7 快硬硅酸盐水泥的主要品种与性能

标号	抗压强度/MPa			抗折强度/MPa		
	1 d	3 d	28 d*	1 d	3 d	28 d*
325	15.0	32.5	52.5	3.5	5.0	7.2
375	17.0	37.5	57.5	4.0	6.0	7.6
425	19.0	42.5	62.5	4.5	6.4	8.0

*：供需双方参考指标。

快硬水泥可以满足土木工程对水泥混凝土高强与早强的要求，如用于早强混凝土工程、紧急抢修工程、低温施工工程和预制混凝土构件等。

4.2.2 白色硅酸盐水泥

由白色硅酸盐水泥熟料，加入适量石膏和混合材料磨细制成的水硬性胶凝材料称为白色硅酸盐水泥(白水泥)，代号 P·W。

白色硅酸盐水泥熟料为以适当成分的生料烧至部分熔融，所得主要成分为硅酸钙，氧化铁含量少的熟料，熟料中氧化镁的含量不宜超过 5.0%。石膏为符合 GB/T 5483 规定的 G 类或 M 类二级(含)以上的天然石膏或混合石膏，符合 GB/T 21371 规定的工业副产石膏。混合材料为石灰岩、白云质石灰岩和石英砂等天然矿物。要求水泥中白色硅酸盐水泥熟料和石膏含量为 70%～100%，石灰岩、白云质石灰岩和石英砂等天然矿物含量为 0%～30%。

根据《白色硅酸盐水泥》(GB/T 2015—2017)规定，白色硅酸盐水泥按强度分为 32.5 级、42.5 级、52.5 级，各强度等级水泥 3 d 和 28 d 龄期的强度不得低于表 4 - 8 的要求。白色硅酸盐水泥按白度分为 1 级和 2 级，代号分别为 P·W - 1 和 P·W - 2，1 级白度不小于 89，2 级白度不小于 87。

表 4-8 白色硅酸盐水泥各龄期强度要求

强度等级	抗压强度/MPa		抗折强度/MPa	
	3 d	28 d	3 d	28 d
32.5	12.0	32.5	3.0	6.0
42.5	17.0	42.5	3.5	6.5
52.5	22.0	52.5	4.0	7.0

4.2.3 彩色硅酸盐水泥

凡由硅酸盐水泥熟料及适量石膏(或白色硅酸盐水泥)、混合材及着色剂磨细或混合制成的带有色彩的水硬性胶凝材料称为彩色硅酸盐水泥。

彩色水泥基本色有红色、黄色、蓝色、绿色、棕色和黑色等。其他颜色的彩色硅酸盐水泥的生产,可由供需双方协商。

《彩色硅酸盐水泥》(JC/T 870—2012)规定,彩色水泥分为 27.5,32.5,42.5 三个强度等级,各强度等级水泥各龄期的强度不得低于表 4-9 的要求。生产彩色水泥时对色差和颜色耐久性有要求。

表 4-9　　彩色水泥的各龄期强度要求

强度等级	抗压强度/MPa		抗折强度/MPa	
	3 d	28 d	3 d	28 d
27.5	7.5	27.5	2.0	5.0
32.5	10.0	32.5	2.5	5.5
42.5	15.0	42.5	3.5	6.5

白水泥和彩色水泥在各种装饰工程中应用较多,所以又被统称为装饰水泥,常用来制作彩色仿石材料(人造大理石等),配制彩色水泥浆或彩色砂浆,生产装饰混凝土,是制造彩色水刷石及水磨石等各种装饰材料的主要胶凝材料。

4.2.4 道路硅酸盐水泥

由道路硅酸盐水泥熟料,适量石膏和混合材料,磨细制成的水硬性胶凝材料称为道路硅酸盐水泥(道路水泥)。

道路硅酸盐水泥熟料的铝酸三钙的含量不应大于 5%,铁铝酸四钙的含量不应小于 15%,游离氧化钙的含量不应大于 1.0%。石膏为符合 GB/T 5483 规定的 G 类或 M 类二级(含)以上的天然石膏或混合石膏,符合 GB/T 21371 规定的脱硫石膏。混合材料应为符合相关标准要求的 F 类粉煤灰、粒化高炉矿渣(粉)、粒化电炉磷渣、钢渣(粉)。要求水泥中熟料和石膏的质量为 90%~100%,活性混合材料的质量为 0%~10%。

道路硅酸盐水泥按 28d 抗折强度分为 7.5 和 8.5 两个等级。其他技术指标要求应满足表 4-10 的要求。

表 4-10　　道路硅酸盐水泥技术指标要求

<table>
<tr><td rowspan="2">要求项目</td><td rowspan="2">MgO/%</td><td rowspan="2">SO_3/%</td><td rowspan="2">烧失量/%</td><td rowspan="2">比表面积/($m^2 \cdot kg^{-1}$)</td><td rowspan="2">安定性(煮沸法)</td><td rowspan="2">28 d 干缩率/%</td><td rowspan="2">28 d 磨损量/($kg \cdot m^{-2}$)</td><td colspan="2">凝结时间/min</td></tr>
<tr><td>初凝</td><td>终凝</td></tr>
<tr><td>指标</td><td>≤5.0</td><td>≤3.5</td><td>≤3.0</td><td>300~450</td><td>合格</td><td>≤0.1</td><td>≤3.00</td><td>≥90</td><td>≤720</td></tr>
<tr><td rowspan="2">强度等级</td><td colspan="4">抗折强度/MPa</td><td colspan="5">抗折强度/MPa</td></tr>
<tr><td colspan="2">3 d</td><td colspan="2">28 d</td><td colspan="2">3 d</td><td colspan="3">28 d</td></tr>
<tr><td>7.5</td><td colspan="2">≥4.0</td><td colspan="2">≥7.5</td><td colspan="2">≥21.0</td><td colspan="3">≥42.5</td></tr>
<tr><td>8.5</td><td colspan="2">≥5.0</td><td colspan="2">≥8.5</td><td colspan="2">≥26.0</td><td colspan="3">≥52.5</td></tr>
</table>

与其他品种的通用水泥相比，道路水泥具有抗折强度与早期强度高、耐磨性好、干缩率低，抗冲击性、抗冻性和抗硫酸盐侵蚀能力均较好等优点。它更适用在公路路面、机场跑道、车站及公共广场等工程的面层混凝土中应用。

4.2.5 明矾石膨胀水泥

硅酸盐水泥在空气中硬化时，通常都会产生一定的收缩，这些收缩将使水泥石结构产生内部应力，甚至产生微裂缝，为此，应采用膨胀水泥来消除这些收缩造成的不利影响。工程实际中对于某些后浇部位(如接头、填塞孔洞、修补缝隙等)，其体积收缩必然会造成界面开裂，此时必须采用膨胀水泥才能获得后浇部位的密实。

以硅酸盐水泥熟料为主，铝质熟料、石膏和粒化高炉矿渣(或粉煤灰)，按适当比例磨细制成的，具有膨胀性能的水硬性胶凝材料，称为明矾石膨胀水泥，代号 A·EC。经一定温度煅烧后，具有活性，Al_2O_3 含量在 25%以上的材料称为铝质熟料。其膨胀作用主要是基于硬化早期，铝质熟料中的铝酸盐和石膏遇水化合，生成高硫型水化硫铝酸钙晶体(钙矾石)，从而产生明显的体积膨胀而致。利用这一原理，可以通过调整膨胀水泥的各组成配比，使其生成所期望的钙矾石数量，以获得不同的膨胀值和满足不同的技术要求。

《明矾石膨胀水泥》(JC/T 311—2004)规定该水泥分为 32.5，42.5 和 52.5 三个强度等级，限制膨胀率：3 d 应不小于 0.015%，28 d 应不大于 0.1%。当用于防渗工程时，3 d 不透水性应合格。

明矾石膨胀水泥主要用于补偿收缩混凝土结构工程，防渗抗裂混凝土工程，补强和防渗抹面工程，大口径混凝土排水管以及接缝、梁柱和管道接头，固接机器底座和地脚螺栓等。

4.2.6 抗硫酸盐硅酸盐水泥

以特定矿物组成的硅酸盐水泥熟料，加入适量石膏磨细制成的具有抵抗中等浓度硫酸根离子侵蚀的水硬性胶凝材料，称为中抗硫酸盐硅酸盐水泥，简称中抗硫酸盐水泥，代号 P·MSR。具有抵抗较高浓度硫酸根离子侵蚀的水硬性凝材料，称为高抗硫酸盐硅酸盐水泥，简称高抗硫酸盐水泥，代号 P·HSR。

《抗硫酸盐硅酸盐水泥》(GB 748—2005)：中抗硫酸盐水泥中 C_3S 和 C_3A 的计算含量分别不应超过 55.0%和 5.0%；高抗硫酸盐水泥中 $C_3S<50.0\%$，$C_3A<3.0\%$。根据 28 d 抗压强度分为 32.5 和 42.5 两个强度等级。抗硫酸盐性：中抗硫酸盐水泥 14 d 线膨胀率不应大于 0.060%，高抗硫酸盐水泥 14 d 线膨胀率不应大于 0.040%。

抗硫酸盐水泥除了具有较强的抗侵蚀能力外，还具有较高的抗冻性。因此它主要适用于受硫酸盐侵蚀、冻融循环及干湿作用的海洋工程与海岸工程、水利工程及地下工程。

4.2.7 中热硅酸盐水泥、低热硅酸盐水泥

中热硅酸盐水泥是以适当成分的硅酸盐水泥熟料加入适量石膏磨细而成的具有中等水化热的水硬性胶凝材料，称为中热水泥，代号 P·MH，强度等级为 42.5。

中热硅酸盐水泥熟料中硅酸三钙的含量不大于 55.0%，铝酸三钙的含量不大于 6.0%，游离氧化钙含量不大于 1.0%。

低热硅酸盐水泥是以适当成分的硅酸盐水泥熟料加入适量石膏磨细制成的具有低等水化热的水硬性胶凝材料，称为低热水泥，代号 P·LH，强度等级分为 32.5 和 42.5 两个等级。

低热硅酸盐水泥熟料中硅酸三钙的含量不小于40.0%，铝酸三钙的含量不大于6.0%，游离氧化钙含量不大于1.0%。

《中热硅酸盐水泥、低热硅酸盐水泥》(GB 200—2017)规定了两种水泥各自的强度等级与各龄期的强度值，如表4-11所示。

表4-11　水泥的等级与各龄期强度

品　种	强度等级	抗压强度/MPa			抗折强度/MPa		
		3 d	7 d	28 d	3 d	7 d	28 d
中热水泥	42.5	≥12.0	≥22.0	≥42.5	≥3.0	≥4.5	≥6.5
低热水泥	42.5	—	≥13.0	≥42.5	—	≥3.5	≥6.5
	32.5	—	≥10.0	≥32.5	—	≥3.0	≥5.5

中热硅酸盐水泥、低热硅酸盐水泥的主要特点为水化热低，适用于大坝和大体积混凝土工程。

4.3　铝酸盐系水泥

铝酸盐水泥熟料是以钙质和铝质材料为主要原料，按适当比例配制成生料并煅烧至完全或部分熔融，经冷却所得以铝酸钙为主要矿物组成的产物。铝酸盐水泥是由铝酸盐水泥熟料磨细制成的水硬性胶凝材料，代号CA。由于它是以矾土为主要原料，且其铝含量较高，故又被称为矾土水泥或高铝水泥；因为它具有耐高温的特点，故又称为耐火水泥。

铝酸盐水泥的主要矿物成分为铝酸一钙($CaO \cdot Al_2O_3$ 简写为CA)，并含有部分其他铝酸盐，如$CaO \cdot 2Al_2O_3$(简写为CA_2)、$2CaO \cdot Al_2O_3 \cdot SiO_2$(简写为$C_2AS$)、$12CaO \cdot 7Al_2O_3$(简写为$C_{12}A_7$)等。有时铝酸盐水泥中还含有少量的$2CaO \cdot SiO_2$等。铝酸一钙在常温(30 ℃以下)条件下铝酸盐水泥的主要水化产物为CAH_{10}和C_2AH_8，且不同产物可同时形成与并存；当在较高温度(30 ℃以上)环境中水化硬化时，其主要水化产物为C_3AH_6。CA_2的水化与CA基本相同，只是水化速度较慢；$C_{12}A_7$的水化作用则很快，且会生成C_2AH_8；而C_2AS的水化作用则极为微弱，可视为惰性矿物。C_2S则会逐渐生成少量C-S-H凝胶。

铝酸盐水泥的特性有：

① 快凝早强，1 d强度可达最高强度的80%以上。

② 水化热大，且放热量集中，1 d内放出水化热总量的70%～80%，使混凝土内部温度上升较高，故即使在−10 ℃下施工，铝酸盐水泥也能很快凝结硬化。

③ 抗硫酸盐性能很强，因其水化后无$Ca(OH)_2$及水化铝酸三钙生成。

④ 耐热性好，能耐1 300 ℃～1 400 ℃高温。

⑤ 长期强度要降低，一般长期强度降低40%～50%。

关于铝酸盐水泥长期强度降低的原因，国内外存在许多说法，但比较多的看法认为：一是铝酸盐水泥主要水化产物CAH_{10}和C_2AH_8也为亚稳晶体结构，经过一定时间后，特别是在较高温度及高湿度环境中，易转变成稳定的呈立方体结构的C_3AH_6。立方体晶体相互搭接差，使骨架强度降低。二是在晶型转化的同时，固相体积将减缩约50%，使孔隙率增加。三是在晶体转变过程中析出大量游离水，进一步降低了水泥石的密度，从而使强度下降。

《铝酸盐水泥》(GB/T 201—2015)规定，铝酸盐水泥按 Al_2O_3 含量(质量百分比)分为CA50，CA60，CA70 和 CA80 四个品种：CA50(50%≤Al_2O_3<60%)，该品种根据强度分为CA50-Ⅰ，CA50-Ⅱ，CA50-Ⅲ和 CA50-Ⅳ；CA60(60%≤Al_2O_3<68%)，该品种根据矿物组成分为 CA60-Ⅰ(以铝酸一钙为主)和 CA60-Ⅱ(以铝酸二钙为主)；CA70(68%≤Al_2O_3<77%)和 CA80(77%≤Al_2O_3)，在磨制 CA70 水泥和 CA80 水泥时可掺加适量的 α-Al_2O_3 粉。不同类型铝酸盐水泥各龄期强度不得低于表 4-12 的要求。

表 4-12　　铝酸盐水泥主要品种与性能

水泥类型	抗压强度大于等/MPa				抗折强度大于等/MPa				凝结时间	
	6 h	1 d	3 d	28 d	6 h	1 d	3 d	28 d	初凝/min	终凝/min
CA50-Ⅰ	20*	40	50	—	3.0*	5.5	6.5	—	≥30	≤360
CA50-Ⅱ		50	60	—		6.5	7.5	—		
CA50-Ⅲ		60	70	—		7.5	8.5	—		
CA50-Ⅳ		70	80	—		8.5	9.5	—		
CA60-Ⅰ	—	65	85	—	—	7.0	10.0	—	≥30	≤360
CA60-Ⅱ		20	45	85	—	2.5	5.0	10.0	≥60	≤1080
CA-70	—	30	40	—	—	5.0	6.0	—	≥30	≤360
CA-80	—	25	30	—	—	4.0	5.0	—	≥30	≤360

注：* 当用户需要时，生产厂应提供试验结果。

铝酸盐水泥快硬早强的特点使其更适用于某些要求早强快硬的工程结构和临时性结构工程，如各种抢修工程、紧急军事工程；利用其在高温下结构较稳定的特点，可以用于高温环境的结构工程，如高温窑炉的炉体和炉衬、高温车间的部分结构等；利用其耐软水及盐类腐蚀的特点，可以用于某些腐蚀环境中的工程。此外，由于铝酸盐水泥快硬高强、颜色较浅且对颜料的适应性较好、可在表面析出大量氢氧化铝胶体而使表面致密光亮，这些特性又使其适合于制作各种人造石材、彩色水磨石等水泥制品。

因为铝酸盐水泥的后期强度增长潜力很小，尤其是在较高环境中还可能产生后期强度的部分倒缩现象，所以，它不适合应用于长期承重的结构及高温高湿环境中的工程。当用于长期承载的结构工程时，铝酸盐水泥应采用较低的水胶比，以获得足够的稳定强度。实践证明，当铝酸盐水泥的水胶比<0.40 时，由于其早期强度较高，即使后期因温度升高而产生晶型转化，并使强度产生部分倒缩后，仍能保持较高的稳定强度。

为获得较高的早期强度，铝酸盐水泥应尽可能避免在高温季节施工，尤其不能进行蒸汽养护，其适宜的施工温度为 15 ℃，不宜大于 25 ℃。工程实际中，铝酸盐水泥一般不得与硅酸盐水泥或石灰混合使用。铝酸盐水泥不得长期存放，存放期间应特别注意防潮防水，也不得混放。

4.4　其他系列水泥简介

4.4.1　硫铝酸盐水泥

以适当成分的生料，经煅烧所得以无水硫铝酸钙($3(CaO \cdot Al_2O_3) \cdot CaSO_4$)和 β 型硅酸二钙为主要矿物成分的水泥熟料掺加不同量的石灰石、适量石膏磨细制成，具有水硬性的胶凝材料，称为硫铝酸盐水泥。按《硫铝酸盐水泥》(GB 20472—2006)，硫铝酸盐水泥可分为快硬硫铝酸盐水泥、自应力硫铝酸盐水泥、低碱度硫铝酸盐水泥等品种。

快硬硫铝酸盐水泥是由适当成分的硫铝酸盐水泥熟料和少量石灰石、适量石膏共同磨细制成的，具有早期强度高的水硬性胶凝材料，代号 R·SAC。石灰石掺加量应不大于水泥质量的 15%。以 3 d 抗压强度分为 42.5，52.5，62.5，72.5 四个强度等级，其 1 d，3 d，28 d 抗压强度和抗折强度应符合现行 GB 20472 的相关规定。

低碱度硫铝酸盐水泥是由适当成分的硫铝酸盐水泥熟料和较多量石灰石、适量石膏共同磨细制成的，具有碱度低的水硬性胶凝材料，代号 L·SAC。石灰石掺加量为水泥质量的 15%～35%。以 7 d 抗压强度分为 32.5，42.5，52.5 三个强度等级，其 28 d 自由膨胀率、1 d 和 7 d 抗压强度和抗折强度应符合现行 GB 20472 的相关规定。

自应力硫铝酸盐水泥是由适当成分的硫铝酸盐水泥熟料加入适量石膏共同磨细制成的，具有膨胀性的水硬性胶凝材料，代号 S·SAC。以 28 d 自应力值分为 3.0，3.5，4.0，4.5 四个自应力等级，其 7 d 和 28 d 自由膨胀率、28 d 自应力增进率、7 d 和 28 d 自应力值应符合现行 GB 20472 的相关规定。

由于硫铝酸盐水泥中的无水硫铝酸钙遇水后水化很快，往往在水泥失去塑性前就已经形成了大量的钙矾石和氢氧化铝凝胶；该水泥中的 β-C_2S 是在较低温度下(1 250 ℃～1 350 ℃)形成的较高活性矿物成分，它的水化速度也较快并很快生成 C-S-H 凝胶。在硫铝酸盐水泥的凝结硬化过程中，水化形成的 C-S-H 凝胶和氢氧化铝凝胶不断填充由钙矾石结晶骨架的空间结构，逐渐形成致密的水泥石结构，从而使快硬硫铝酸盐水泥获得更高的早期强度。另外，C_2S 水化析出的 $Ca(OH)_2$ 还能加快与氢氧化铝及石膏的反应，从而进一步增加了钙钒石的数量，水泥石结构的早期强度得以很快提高。因此，硫铝酸盐水泥表现出很显著的快硬早强特点。

由于硫铝酸盐水泥的水化产物对于大部分酸和盐类具有较强的抵抗能力，其内部结构很快被填充密实。因此，硫铝酸盐水泥形成的水泥石结构不仅具有良好的抗腐蚀性，而且还具有较高的抗冻性和抗渗性。

此外，硫铝酸盐水泥水化形成的钙钒石在 150 ℃高温环境中容易脱水而发生晶型转变，并导致其强度大幅度下降，故其耐热性较差。

快硬硫铝酸盐水泥主要用于早强、抗渗和抗硫酸盐侵蚀的混凝土，配制快硬水泥浆用于灌浆、喷锚支护、抢修、堵漏等，也可用于负温施工(冬期施工)。此外，利用快硬硫铝酸盐水泥快凝、早强、不收缩和碱度较低的特点，可用于制作各种水泥制品及玻璃纤维增强材料；考虑硫铝酸盐水泥碱度低而易使钢筋锈蚀的特点，不得用于普通钢筋混凝土工程；因为硫铝酸盐水泥耐热性较差，所以不适合于夏季高温施工环境及高温结构中使用。

4.4.2 铁铝酸盐水泥

目前，铁铝酸盐水泥主要有快硬铁铝酸盐水泥、膨胀铁铝酸盐水泥、自应力铁铝酸盐水泥 3 个品种。

以适当成分的生料，经煅烧所得以无水硫铝酸钙、铁相和硅酸二钙为主要矿物成分的熟料，加入适量石膏和 0～10%的石灰石，磨细制成的早期强度的水硬性胶凝材料，称为快硬铁铝酸盐水泥，代号 R·FAC。《快硬铁铝酸盐水泥》(JC 435—1996)规定其按 3 d 抗压强度分为 425，525，625，725 四个标号。

以适当成分的生料，经煅烧所得以铁相、无水硫铝酸钙和硅酸二钙为主要矿物成分的熟料，加入适量石灰石和石膏，磨细制成的具有可调膨胀性能的水硬性胶凝材料，称为膨胀铁铝酸盐水泥。《膨胀铁铝酸盐水泥》(JC 436—1991)规定，以水泥自由膨胀率值分为微膨胀铁铝酸盐水泥和膨胀铁铝酸盐水泥两类，微膨胀水泥净浆试体 1 d 自由膨胀率不得小于 0.05%；28 d 自由膨胀率不得大于 0.5%。膨胀水泥净浆试体 1 d 自由膨胀率不得小于 0.10%；28 d 不得大于 1.00%。两类膨胀铁铝酸盐水泥的标号均以 28 d 抗压强度表示，定为 525 一个标号。

以适当成分的生料，经煅烧所得以无水硫铝酸钙、铁相和硅酸二钙为主要矿物成分的熟料，加入适量石膏磨细制成的具有膨胀性能的水硬性胶凝材料，称为自应力铁铝酸盐水泥，代号 S·FAC。《自应力铁铝酸盐水泥》(JC 437—2010)规定，按 28 d 自应力值，其分为 3.0，3.5，4.0，4.5 四个自应力等级。水泥 7 d，28 d 自由膨胀率和抗压强度、28 d 自应力增进率、7 d 自应力值的要求可参考 JC 437 的规定。

4.5 新型胶凝材料及其在土木工程中的应用

4.5.1 碱激发胶凝材料

1. 碱激发胶凝材料的概念及分类

碱激发胶凝材料是近年来新发展的一类新型无机非金属材料，是由铝硅酸盐胶凝成分固结的化学键合的一种新型胶凝材料。它是通过铝硅酸盐组分的溶解、分散、聚合和脱水硬化而成。其矿物组成与沸石相近，物理形态上呈三维网络结构，因此其具有有机聚合物、陶瓷、水泥的优良性能。其中研究得最早也比较成功的碱矿渣水泥，是由乌克兰水泥科学家 Glukhovsky V D 的研究小组于 20 世纪 50 年代后期研究发明的。80 年代又成功地将碱矿渣水泥应用于实际建筑工程中。我国从 20 世纪 80 年代初期开始这方面的研究。迄今为止，碱激发胶凝材料以其早强、快硬、高强及耐化学侵蚀等优越的特性而受到水泥界的关注。

对于碱激发胶凝材料的分类还没有明确的划分，根据原材料的名称大致分为以下四类：

(1) 碱—铝硅酸盐玻璃体类 这一类是以工业废渣，如矿渣、粉煤灰、磷渣、赤泥、煤矸石等为主要原料，以铝硅酸盐的玻璃体或无定形物质为主体，因废渣产生的工业源不同，组成变化较大，故一般还可以分为：

钙含量较高的，如矿渣、磷渣等；钙含量较低的，如粉煤灰、煤矸石等。根据主要生产原料的不同，又可分为碱激发矿渣水泥、碱激发粉煤灰水泥、碱激发复合水泥等。

(2) 碱—烧黏土类 以黏土经适当温度煅烧后形成偏高岭石做原料，经碱的激发而形成的胶凝材料。一般命名为土聚水泥、地聚水泥、土壤聚合水泥及地聚合物等。

(3) 碱—矿石尾矿类 主要是碱激发钾长石尾矿，它和烧黏土类有相似处，即钙含量少。目前对这类水泥的研究还不多，但也是一个新的原料来源。上述碱-烧黏土类有时也归于此类，称碱矿物胶凝材料。

(4) 碱—碳酸钙类 碱碳酸盐胶凝材料是从研究碱-碳酸盐反应(碱骨料反应)得到的启发，认为在某些特定的情况下碱性硅酸盐溶液有可能与天然石灰岩反应，形成具有胶凝性的、有一定强度的材料，从而开发了一种新的无机灌浆材料。

2. 碱激发胶凝材料的性能特点

碱激发胶凝材料所用的原料不同，在形成硬固体以后的力学性能差别较大，但它的强度，尤其是抗拉强度比硅酸盐水泥浆体高得多。此外,碱激发胶凝材料具有良好的、较全面的耐久性。

1) 碱激发矿渣类

碱矿渣水泥是由碱组分和矿渣(铝硅酸盐组分)组成,是一种无熟料水泥。其原材料矿渣可以采用水淬高炉矿渣、电热磷渣、有色金属矿渣、钢渣和化铁渣;碱质组分可以采用工业产品,如氢氧化钠、碳酸钠、碳酸钾、水玻璃等。碱矿渣水泥具有生产工艺简单、投资省、生产能耗低、能有效利用工业副产品和废渣、生产过程排放的温室气体少(约为普通水泥的10%)、综合技术性能特别是耐久性优良等特点。但是凝结时间短、拌合物黏度大、硬化体收缩大。

碱激发矿渣水泥的优点有:

(1) 早期强度高,凝结时间短和高强度 不掺缓凝剂时,矿渣经碱激发,可得到快硬混凝土和超快硬混凝土,通常情况下,3 d 抗压强度可达到 20 MPa 以上,28 d 可达到 50 MPa 以上。

(2) 低吸水性 碱矿渣胶凝材料中碱组分具有良好的减水作用。实际操作中,水胶比很小,所以结构致密。

(3) 抗渗性好 水泥石的抗渗性主要决定于毛细孔的数量,毛细孔的数量低,水泥石的抗渗性就好,碱矿渣水泥的毛细孔率仅为16.9%~20%,在承受40个水压力下而无渗透现象。

(4) 抗冻性和抗化学侵蚀性能好 因为碱激发胶凝材料的抗渗性好,所以水以及其他有害介质无法进入材料内部,引起侵蚀、冻坏等不良结果,且碱矿渣胶凝材料的水化热仅为水泥的1/2~1/3,甚至更低。

2) 碱激发粉煤灰类

碱激发粉煤灰类胶凝材料有着许多优异的性能,流动性大、强度高、耐水性大于普通硅酸盐水泥、抗硫酸盐侵蚀性能佳、抗冻性好、无明显收缩和泌水现象。

碱激发粉煤灰由于粉煤灰性质的原因也存在着一些问题需要解决。如:粉煤灰品质低,我国大多数电厂粉煤灰的品质偏低,多为Ⅲ级灰,Ⅰ级、Ⅱ级灰只占5%左右,使得粉煤灰产品的早期强度偏低,限制了其应用。粉煤灰活性较低,虽然粉煤灰中有大量的铝硅酸盐矿物,但是因为其中硅氧四面体聚合度高,所以活性很难被激发。早期强度低,由于粉煤灰的水化过程比较缓慢,其强度的黄金发展期需在28 d以后,所以在早期还不能发挥粉煤灰的火山灰活性,因此,碱激发粉煤灰类胶凝材料的早期强度增长缓慢。

3) 碱激发碳酸盐类

碱激发碳酸盐胶凝材料是近年来研究开发的一种新型胶凝材料,其原材料是天然碳酸盐矿物和工业水玻璃,具有利废、节能和对环境影响小等特点。但材料性能尚有以下不足:早期强度低后期强度增长率不大。抗渗性能尚不能达到防水砂浆或防水混凝土的要求。通过掺加矿渣、粉煤灰、偏高岭土等铝硅酸盐物质可以改善碱激发碳酸盐胶凝材料的力学和抗渗性能。

3. 碱激发胶凝材料在土木工程中的应用

对于这种性能特异的新型胶凝材料,具备一些普通硅酸盐水泥所没有的优点,可充分利用它们的特点,着重应用于硅酸盐水泥较难以取得满意的工程上,或者是利用其胶凝性开发新的产品,拓宽原水泥的应用范围。主要可应用在以下几个方面:

(1) 高强结构材料 碱胶凝材料的力学性能除表现为强度,尤其是抗拉和抗弯强度很高外,弹性模量也很高,将它用作结构材料也是可行的,如俄罗斯列别茨克市于1989年从基础、墙体、楼板到屋面材料全部用碱矿渣水泥建了一栋22层大楼,建筑面积达5 105.2 m^2。即使在−25 ℃低温下,还可以施工。

(2) 固封材料 由于碱胶凝材料不仅强度高，且致密性好，同时有的材料硬化后固体中还含有三维网状笼形结构的沸石，因此它是固化各种化工废料、固封有毒金属离子及核放射元素的有效材料。如法国在碱胶凝材料中加入非晶态金属纤维制造了核废料容器。波兰曾报道成功地用碱矿渣水泥固封硫磺井。

(3) 海水工程、强酸腐蚀环境中的工程材料 由于它耐腐蚀性能好，用于海港建筑、码头、某些化工厂的酸性储罐等。在乌克兰曾用碱矿渣水泥建筑了敖得萨海港，建筑马厩(腐蚀性强)等；用碱性矿渣粉煤灰水泥混凝土建筑硫酸池，用于淮河治理工程的排水管，使用两年后，外观良好，其中钢筋完好，耐腐蚀系数为 0.88，硅酸盐水泥制得的管子外观则严重腐蚀，钢筋腐蚀严重，耐腐蚀系数仅为 0.25。

4.5.2 地聚合物

1. 地聚合物的概念

地聚合物(Geopolymer)是近年发展起来的一类新型无机高聚合胶凝材料，属于碱激发胶凝材料中的一种，是由法国科学家 JosephDavidovits 教授于 20 世纪 70 年代首先发现并命名。Geopolymer 一词原意指由地球化学作用或地质合成作用而形成的铝硅酸盐矿物聚合物，而这一概念发展到现在则包括了所有采用天然矿物或固体废弃物制备成的以硅氧四面体与铝氧四面体聚合而成的具有非晶态和准晶态特征的三维网络凝胶体。地聚合物的原料以无机非金属矿物和工业废渣为主，主要的有效成分为铝—硅酸盐。经较低温度煅烧，转变为无定形结构的偏高岭石，具有较高的火山灰活性。经碱性激发剂及促进剂的作用，硅铝氧化物经历了一个由解聚到再聚合的过程，形成类似地壳中一些天然矿物的铝硅酸盐网络状结构。

20 世纪 80 年代，国外在该类胶凝材料的研制方面已取得了阶段性成果。已有的商品如美国的 PYRAMENT 牌水泥、德国 TROLIT 牌黏结剂、芬兰的“F 胶凝材料”和法国 GEOPOLYMERAM 牌陶瓷等；90 年代，日本也着手开发这类胶凝材料。目前已有近 30 个国家和地区成立了专门研究这类胶凝材料的实验室，并对这方面的技术进行高度保密。而我国在这一领域的研究起步较晚，地聚合物通常也被称为土壤聚合物、地聚物、土聚水泥、矿物键合材料、矿物聚合材料、无机高聚合水泥和化学键合陶瓷等。

2. 地聚合物的性能特点

地聚合物与普通硅酸盐水泥的不同之处在于：前者存在离子键、共价键和范德华键，并以前两类为主；后者则以范德华键和氢键为主。这就是两种材料性能十分悬殊的原因。地聚合物兼具有机高聚物、陶瓷、水泥的特点，又不同于上述材料，具有良好的力学能和耐久性能。

(1) 凝结硬化快、早期强度高 地聚合物具有良好的早强特征，有研究表明：利用碱激发偏高岭土制得的地聚合物在 25 ℃下 4 h 的抗压强度可达 87.5 MPa，7 d 强度可以达到 137.6 MPa。凝结时间方面具有快硬水泥的特点，并表现出随着温度升高，凝结时间缩短的趋势。使用优质骨料配制的地聚合物混凝土，25 ℃下 1 d 的抗压强度可达 56 MPa，后期强度也不降低。在一定工艺条件下，地聚合物制品的强度可达 300 MPa 以上。

(2) 良好的界面结合能力 传统硅酸盐水泥在与骨料结合的界面处容易出现氢氧化钙的富集和择优取向的过渡区，造成界面结合力薄弱。地聚合物与一般矿物颗粒或废弃物颗粒具有良好的界面亲和性，且不存在硅酸钙的水化反应，其最终产物主要是以共价键为主的三维网络凝胶体，与骨料界面结合紧密，不会出现类似的过渡区。与水泥基材料相比，当抗压强度相同时，地聚合物具有更高的抗折强度。

(3) 耐腐蚀性好 地聚合物水化不产生钙矾石等硫铝酸盐矿物，因而能耐硫酸盐侵蚀；地聚合物在酸性溶液和各种有机溶剂中也都表现了良好的稳定性。在5%的硫酸溶液中，分解率只有硅酸盐的1/13，在5%的盐酸溶液中其分解率只有硅酸盐水泥的1/12。

(4) 抗渗性、抗冻性好 地聚合物能形成致密的结构，强度高，抗渗性能优良；而且孔洞溶液中电解质浓度较高，因而耐冻融循环的能力增强。

(5) 体积稳定性好 地聚合物水化凝结硬化和使用过程中具有良好的体积稳定性。其7 d线收缩率只有普通水泥的1/7～1/5，28 d线收缩率中只有普通水泥的1/9～1/8。地聚合物还具有极好的高温体积稳定性。

(6) 保温隔热性能好 地聚合物导热系数为0.24～0.38 W/(m·K)，可与轻质耐火黏土砖(0.3～0.4 W/(m·K))相媲美，隔热效果好。

(7) 耐久性好 地聚合物是由无机硅氧四面体与铝氧四面体聚合而成的三维网络凝胶体，具有有机高聚物的键接结构。所以地聚合物兼有有机高聚物和硅酸盐水泥的特点，但又不同于上述材料。与有机高分子相比，地聚合物不老化、不燃烧，耐久性好；与硅酸盐水泥相比，其能经受环境的影响，耐久性远远优于硅酸盐水泥。

(8) 环境协调性好 地聚合物的生产主要以煤系高岭土、粉煤灰、矿物废渣、煤矸石等固体废弃物为原料，生产过程中不使用不可再生的石灰石资源，因此可以大大降低CO_2的排放量，生产地聚合物相对于硅酸盐水泥能减少约80%的CO_2排放。

3. 地聚合物在土木工程中的应用

地聚合物是一种不同于硅酸盐水泥的新型胶凝材料，具有有机高分子、陶瓷、水泥的优良性能，又具有原材料丰富、工艺简单、价格低廉、节约能源等优点，是一种环保型“绿色建筑材料”。它以其独特的性能以及在建筑材料、高强材料、固核固废材料、密封材料和耐高温材料等方面所显示出广阔的应用前景。

(1) 快速修补材料 地聚合物是目前胶凝材料中快硬早强性能最为突出的一类材料，由于地聚合物具有早期强度高及界面黏结强度高的特点，可用作混凝土结构的快速修补材料。用它修建的机场跑道，1 h后可以步行，4 h后可以通车，6 h后可供飞机起降。1991年海湾战争期间美国修建的临时机场以惊人的速度震惊了世界，其使用的建筑材料就是早强性能优异的地聚合物。

(2) 地聚合物基涂料 地聚合物水化后结构致密，具有良好的防水、防火等性能。利用白色的煅烧高岭土作为硅-铝反应物，用一定模数和浓度的水玻璃作为碱激发剂，并加入适量填料可制出地聚合物基涂料。该地聚物基涂料具有耐淡水、海水、盐和稀硫酸等化学侵蚀的特性。与有机涂料相比，地聚合物基涂料具有耐酸性、防火阻燃性、环保性、防霉菌性等一系列优点。地聚合物基涂料作为特种涂料将有广阔的应用前景。

(3) 地聚合物板材 利用地聚合物快硬早强特点，玻璃纤维增强水泥板材(GRC)生产工艺中可省去了蒸养或较长时间室温养护，地聚合物浆体具有良好的可塑性可大部分或全部取消甲基纤维素(CMC)的使用，因此可大幅度提高GRC生产效率和降低生产成本。与水泥制品相比，地聚合物制品特有的高抗折强度、耐腐蚀和导热系数低的特点，使得用地聚合物生产的GRC特别适合作新型墙体最外面的装饰性保护层。其特有的耐久性可大大延长新型墙体服役的时间与安全性。

(4) 建筑用地聚合物块体材料 地聚合物比水泥更适合制备建筑用标准砖、各种尺寸的建筑砌块、铺路砖、屋面瓦等建筑用块体材料。

(5) 地聚合物混凝土路面 地聚合物混凝土的抗折强度、硬度、弹性模量、耐磨性都比水泥混凝土高,但不适于泵送,由于传统混凝土路面多采用翻斗车运输,因而对施工无不利影响。

(6) 地聚合物灌浆材料 灌浆材料按成本和用途可分为中低强度型和高强度型两类。中低强度型灌浆材料主要用于充填地下溶洞、矿山采空区,以保证在其上面修建公路、铁路或进行建筑施工以及在今后长期使用中的安全。这类灌浆材料一般用量巨大,但不要求有太高的强度。这类灌浆材料如能使用地聚合物来胶结就地取材的固体废弃物或黄土、细砂等材料,将会使成本大幅度下降,同时能够保证有良好的整体强度和耐地下水溶蚀的能力。

高强度灌浆材料的主要用途之一是用来加固锚索和锚杆的地下部分。地聚合物把作为锚索或锚杆的钢筋或钢绞线握裹在中心,四周靠地聚合物与围岩的粘合力和一定的膨胀压力(需采用具有一定膨胀功能的地聚合物)和围岩结合在一起。这种锚固结构失效的主要方式是内部钢筋或钢绞索的锈蚀,而地聚合物特有的低孔隙率、高密闭性和高抗溶蚀性正赋予其良好的防锈蚀能力。

(7) 地聚合物密封固结材料 地聚合物特有的降低固体废弃物中金属离子溶出的功能使得地聚合物成为比水泥更好、成本更低的用于固结高重金属固体废弃物及放射性固体废弃物的固结材料。

(8) 耐酸碱腐蚀材料 利用地聚合物良好的抗酸、碱能力可将其用于修建存储酸、碱废水的堤坝、水池和管道,也可用地聚合物修建垃圾填埋场的密封层。

4.5.3 磷酸盐水泥

磷酸盐水泥是新型水泥质材料的一种,家族成员有磷酸镁、磷酸铝、磷酸锌与磷酸钙等,用于土木工程的主要为磷酸镁。

磷酸镁水泥一般由烧结的氧化镁粉末与水溶性磷酸盐粉末(早期为磷酸二氢铵($NH_4H_2PO_4$),现在主要为磷酸二氢钾(KH_2PO_4),或两者的混合物)组成。这种水泥凝结硬化很快、早期强度很高,有很好的抗水和抗冻融性能。它与很多骨料和基底的粘结性好,已用于混凝土道路和机场的快速修补,最快 45 min 可开放交通。典型的磷酸镁水泥 1 h 抗压强度可达到 20.7 MPa,极限强度达 57 MPa。其反应机理被认为是 MgO 与酸性磷酸盐之间的酸-碱反应,反应开始形成凝胶,然后析出不溶性磷酸盐晶体,主要是六水磷酸氨镁 $NH_4MgPO_4 \cdot 6H_2O$,俗称“鸟粪石”。要求所用 MgO 粉末的活性非常低,或是重烧 MgO 粉末或死烧 MgO 粉末,同时还需与硼酸或硼酸盐等缓凝剂一起使用,才能获得所需的施工时间。该水泥近年来已逐渐成为材料领域内研究热点。

练习题

【4-1】 什么是通用硅酸盐水泥?试述硅酸盐水泥中不同的熟料矿物组成对水泥性质的影响。

【4-2】 硅酸盐水泥的主要水化产物有哪些?硅酸盐水泥的硬化水泥石结构是如何构成的?

【4-3】 试说明下述各条“必须”的原因:

(1) 制造硅酸盐水泥时必须掺入适量的石膏;

(2) 水泥粉磨必须具有一定的细度；

(3) 水泥体积安定性必须要合格；

(4) 测定水泥强度等级、凝结时间和体积安定性时，均必须采用规定加水量。

【4-4】 试分析硅酸盐水泥强度发展的规律和主要影响因素。

【4-5】 现有甲、乙两个品种的硅酸盐水泥熟料，其矿物组成如下表所示。若用它们分别制成硅酸盐水泥，试估计其强度发展情况，说明其水化放热的差异，并阐明其理由。

品种及主要矿物成分	熟料矿物组成/%			
	C_3S	C_2S	C_3A	C_4AF
甲	56	20	11	13
乙	44	31	7	18

【4-6】 什么是活性混合材料？什么是非活性混合材料？它们在水泥中各自的作用如何？

【4-7】 试述通用硅酸盐水泥腐蚀的定义、种类及各自腐蚀的机理，并简述防止水泥腐蚀的技术措施。

【4-8】 与普通硅酸盐水泥相比，试说明矿渣硅酸盐水泥耐热性能好，火山灰质硅酸盐水泥在潮湿环境下抗渗性能好，粉煤灰水泥抗裂性能好的理由。

【4-9】 造成硅酸盐水泥安定性不良的原因有哪些？这些因素各如何检验？土木工程中采用了安定性不良的水泥后有何危害？水泥的安定性不合格时怎么办？

【4-10】 为什么矿渣硅酸盐水泥、火山灰质硅酸盐水泥、粉煤灰硅酸盐水泥不宜用于早期强度要求高或在较低温度环境中施工的工程？

【4-11】 有下列混凝土结构，试分别选用合适的水泥品种，并说明选用的理由：

(1) 大体积混凝土工程；

(2) 采用湿热养护的混凝土构件；

(3) 高强度混凝土工程；

(4) 严寒地区受到反复冻融的混凝土工程；

(5) 与硫酸盐介质接触的混凝土工程；

(6) 有耐磨要求的混凝土工程；

(7) 紧急抢修的工程或紧急军事工；

(8) 高炉基础；

(9) 道路工程。

【4-12】 为什么普通水泥早期强度较高、水化热较大、耐腐性较差，而矿渣水泥和火山灰质水泥早期强度低、水化热小，但后期强度增长较快，且耐腐蚀性较强？

【4-13】 试述高铝水泥的矿物组成、水化产物及特性，以及它在使用中应注意的问题？

【4-14】 硫铝酸盐水泥的主要矿物是什么？其主要技术特点及应用要求有哪些？

【4-15】 与硅酸盐水泥相比，下列品种水泥的矿物组成及主要性能有何不同？为什么？

(1) 白水泥；

(2) 快硬硅酸盐水泥；

(3) 低热硅酸盐水泥；

(4) 抗硫酸盐硅酸盐水泥。

5 普通水泥混凝土

5.1 概　　述

传统普通混凝土是指用水泥(胶凝材料)、砂(细集料)、石(粗集料)和水四个组分,按一定比例配合,经搅拌、成型、养护硬化而得的人造石材,简称混凝土。根据所用胶凝材料的不同,混凝土可分为水泥混凝土、沥青混凝土、石膏混凝土、聚合物混凝土和聚合物浸渍混凝土等。

随着社会经济的发展,土木建筑行业也迅速发展,对混凝土的需求也日益增大。目前,混凝土的应用已从一般的工业与民用建筑、港口码头、道路桥梁、水利工程等领域扩展到了海上浮动平台、海底建筑、地下城市建筑、高压储罐、核电站等领域,已成为世界上用量最大的人造石材。

5.1.1 水泥混凝土的发展概况

自19世纪20年代波特兰水泥出现以来,用它配制成的混凝土,其强度和耐久性都有了很大提高,因而混凝土获得了迅速发展和极广泛用途。19世纪50年代钢筋混凝土的诞生,使水泥混凝土在土木工程各领域的应用不断扩展。

20世纪20年代发明了预应力钢筋混凝土施工工艺,进一步弥补了混凝土抗拉强度低的弱点,为钢筋混凝土结构在大跨度桥梁等构筑物中的应用开辟了新的途径。

特别指出的是,20世纪60年代各种混凝土化学外加剂不断涌现,尤其是减水剂、塑化剂的大量应用,不仅改善了混凝土的各种性能,而且为混凝土施工工艺的发展变化创造了良好条件,如泵送混凝土、自密实混凝土、自流平混凝土等的发展都与高效减水剂和高性能减水剂的研制成功与应用密切相关。因此化学外加剂被确认为混凝土的第五组分。与此同时,在使用外加剂的前提下,高性能矿物掺和料的逐渐推广应用,不仅解决了工业废渣的利用,而且有效地改善了混凝土的性能,矿物掺和料又被认为是混凝土的第六种组分。组分的改变使大量应用的混凝土强度由原来的20 MPa左右逐渐向50 MPa以上转变。

在生产工艺上,水泥混凝土已基本摆脱过去那种劳动强度大、生产规模零星分散、技术含量低的落后状态。20世纪80年代以来,我国各地区纷纷建立了大、中型预拌混凝土厂,可保质保量地为用户及时提供满足工程要求的商品混凝土。

未来的建筑要向超高层、大跨度方向发展,还要开发地下和海洋建筑。这些变化势必要求混凝土的综合性能全面改善,高性能水泥混凝土(HPC)将是其主要发展方向之一。因此,未来的高性能水泥混凝土除了具有高强度(抗压强度60 MPa以上)外,还必须具备良好的施工操作性、体积稳定性,而且必须具有适应环境的高耐久性。

据统计,20世纪末,全世界每年平均消耗的水泥混凝土量约为90亿吨,在21世纪它仍将在众多的工程材料中居主导地位。从人类可持续发展的角度出发,未来混凝土及其原材料在生产、开发和应用过程中，还应具有节约资源和能源、减少废气废料排放和尽可能减少对环境危害的特点，以保护人类赖以生存的自然环境，因此，绿色高性能混凝土（GHPC）也是未来的发展方向。

上述发展动态表明，混凝土科学的发展潜力很大，混凝土技术与应用领域仍存在巨大的空间，有待于我们进一步开拓。

5.1.2 混凝土的分类

1. 按表观密度分类

(1) 重混凝土 干表观密度大于 2 600 kg/m^3。是用重晶石、铁矿石、钢屑等作集料制成的混凝土。对 X 射线和 γ 射线有较高的屏蔽能力，主要用作核能工程的辐射屏蔽结构材料，又称防辐射混凝土。

(2) 普通混凝土 干表观密度为 1 950～2 500 kg/m^3。是用天然砂、石为集料制成的混凝土，是土木工程中最常用的混凝土品种，广泛用于房屋、桥梁、大坝、路面等结构工程。

(3) 轻混凝土 干表观密度小于 1 950 kg/m^3。是采用轻集料或引入气孔制成的混凝土，包括轻集料混凝土、多孔混凝土和大孔混凝土。其用途可分为结构用、保温用和结构兼保温用等几种。

2. 按用途分类

按混凝土在工程中的用途不同可分为结构混凝土、防水混凝土、耐热混凝土、耐酸混凝土、装饰混凝土、大体积混凝土、补偿收缩混凝土、防辐射混凝土、道路混凝土等。

3. 按生产和施工方法分类

按混凝土的生产和施工方法不同可分为预拌混凝土（商品混凝土）、泵送混凝土、喷射混凝土、压力灌浆混凝土（预填骨料混凝土）、挤压混凝土、离心混凝土、真空吸水混凝土、碾压混凝土等。

另外，按混凝土中所掺加的掺和料不同可分为粉煤灰混凝土、硅灰混凝土、磨细高炉矿渣混凝土、纤维混凝土等；还可按每立方米混凝土中水泥用量（C）分为贫混凝土（$C\leqslant 170\ kg/m^3$）和富混凝土（$C\geqslant 230\ kg/m^3$）。

5.1.3 普通混凝土的特点

(1) 原材料来源广泛 混凝土中砂、石等地方性材料约占 70%以上，具有可就地取材、价格低廉的特点。

(2) 施工方便 新拌混凝土具有良好的可塑性和浇注性。可按设计要求浇筑成各种形状和尺寸的整体现浇结构或预制构件。

(3) 性能可调整 通过调整混凝土组成材料的配合比，特别是掺入外加剂和掺和料，可获得不同强度、施工和易性、耐久性或具有特殊性能的混凝土。

(4) 抗压强度高，且与钢筋具有良好的共同工作性 混凝土抗压强度一般在 10～60 MPa 之间，有的可高达 80～100 MPa。它与钢筋间的粘结力较强，能有效地保护钢筋免受腐蚀，并与钢筋具有相近的温度胀缩性，使两者复合成钢筋混凝土后，形成具有互补性的受力整体，扩展了混凝土作为工程结构材料的应用范围。

(5) 耐久性好 可抵抗大多数环境破坏作用，保持混凝土结构长期使用性能稳定，维修费用少。

但是，混凝土也有自重大、比强度小、抗拉强度低（一般只有其抗压强度的 1/10～1/20）、变形能力差、易开裂和硬化较慢，生产周期长等缺点。这些缺陷正随着混凝土技术的不断发展而逐渐得以改善，但在目前工程实践中还应注意其不利影响。

5.2　普通混凝土的组成材料

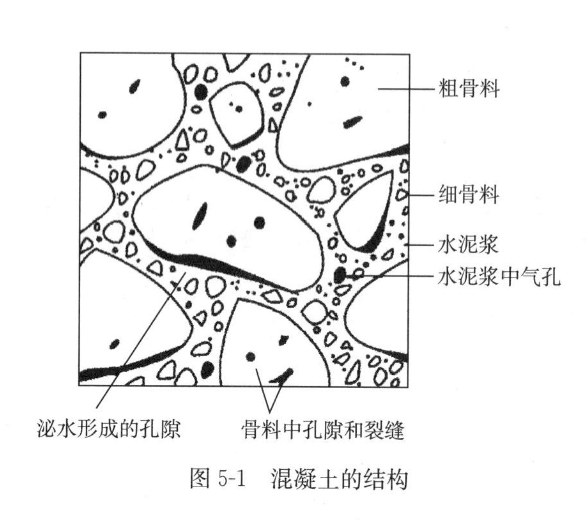

图 5-1　混凝土的结构

在混凝土四种组成材料中，砂、石在混凝土中起骨架作用，因此称为骨料（或称集料）。水泥和水形成的水泥浆包裹在砂粒的表面，并填充砂粒间的空隙而形成砂浆，水泥砂浆又包裹石子，并填充了石子间的空隙而形成混凝土。在混凝土硬化前，水泥浆起润滑作用，赋予新拌混凝土一定的流动性以便于施工。在混凝土硬化后，水泥浆形成的水泥石又起胶结作用，把砂、石等集料胶结成为整体而成为坚硬的人造石材，并产生力学强度。硬化混凝土的组织结构如图 5-1 所示。

混凝土的技术性质很大程度上取决于原材料的性质及其相对含量，同时也与施工工艺（配料、搅拌、捣实成型、养护等）有关。因此，要获得满足设计性能要求的混凝土，首先必须了解其原材料的性质、作用及其质量要求。

5.2.1　水泥

水泥在混凝土中起胶结作用，它是混凝土中最重要的组分，应合理选择水泥的品种及强度等级，以满足工程对混凝土和易性、强度、耐久性及经济性等方面的要求。

(1) 水泥品种的选择　配制混凝土所用水泥的品种，应根据工程性质、部位、工程所处环境及施工条件，参考各种水泥的特性进行合理选择。常用水泥品种及其适用环境选择见表 4-6。

(2) 水泥强度等级的选择　水泥强度等级的选择，应当与混凝土的设计强度等级相适应。原则上是配制高强度的混凝土选用强度等级高的水泥，反之亦然。如果所选水泥强度偏低，为满足混凝土强度要求则加大水泥用量，不仅不经济，且使混凝土收缩值和水化热增大；若水泥强度偏高，少量水泥就能满足混凝土强度要求，但会影响混凝土的和易性和密实度，导致混凝土耐久性差。如果必须用强度等级高的水泥配制低强度等级的混凝土时，可通过掺入适量的矿物掺和料来改善和易性，提高其密实度。

5.2.2　细集料(砂)

混凝土用集料按粒径大小分为细集料和粗集料。粒径在 0.15～4.75 mm 之间的岩石颗粒称为细集料；粒径大于 4.75 mm 的颗粒称为粗集料。集料总体积要占混凝土体积的 70%～

80%。因此,集料质量的优劣对混凝土性能影响很大。为保证混凝土的质量,通常要求集料具有良好的颗粒级配,颗粒粗细程度适当;颗粒形状应近圆形,表面较粗糙以利于与水泥浆的粘结。集料中有害杂质含量少,集料化学性能与物理状态稳定,应具有足够的力学强度以使混凝土具有较高的坚固耐久性能。

1. 细集料的分类和颗粒特征

《建设用砂》(GB/T 14684—2011)将砂按产源分为天然砂、机制砂两类。按细度模数分为粗、中、细三种规格。砂按技术要求分为Ⅰ类、Ⅱ类、Ⅲ类。

天然砂是自然生成的,经人工开采和筛分的粒径小于 4.75 mm 的岩石颗粒,包括河砂、湖砂、山砂、淡化海砂,但不包括软质、风化的岩石颗粒。河砂、湖砂和海砂长期受水流的冲刷作用,砂颗粒表面圆滑、洁净,但海砂中常含有碎贝壳及可溶盐等有害杂质,不能直接用于配制钢筋混凝土。山砂颗粒多具棱角,表面粗糙,砂中含泥量及有机质等有害杂质较多。天然砂中河砂的综合性质最好,是土木工程中用量最多的细集料。

机制砂是经除土处理,由机械破碎、筛分制成的,粒径小于 4.75 mm 的岩石、矿山尾矿或工业废渣颗粒,但不包括软质、风化的岩石颗粒,俗称人工砂。

我国建筑用砂年需约 6 亿吨。天然砂资源是一种地方资源、是短时间内不可再生和长距离运输的,随着混凝土技术的迅速发展,现代混凝土对砂的技术要求越来越高,特别是高强度等级和高性能混凝土对骨料的要求很严,能满足其要求的天然砂数量越来越少,甚至没有。某些地区混凝土用砂供需矛盾非常突出,而砂的价格越来越高,用砂高峰时甚至无砂可用。发展新砂源势在必行,发展机制砂和淡化海砂是解决砂源的可行途径。

2. 细集料的质量要求

(1) 含泥量、石粉含量和泥块含量 含泥量是指天然砂中粒径小于 75 μm 的颗粒含量;石粉含量是指机制砂中粒径小于 75 μm 的颗粒含量;泥块含量是指砂中粒径大于 1.18 mm,经水浸洗、手捏后小于 600 μm 的颗粒含量。

天然砂中的泥土颗粒包覆于砂粒表面,妨碍水泥浆与砂子的粘结,增大混凝土用水量,增大混凝土的干缩,降低混凝土强度及耐久性。因此,应严格控制砂中含泥量。在配制高强度混凝土时,通常需将砂子冲洗干净。

机制砂中有一定量的石粉,石粉的粒径虽小于 75 μm,但与天然砂中的泥土成分不同,粒径分布不同,它在混凝土中的表现也不同。一般认为机制砂中含适量石粉可以改善新拌混凝土的和易性。此外,由于石粉主要是由 40～75 μm 的微粒组成,能嵌固填充在细骨料间隙中,从而提高混凝土的密实性。当砂中夹有黏土块时,会形成混凝土中的薄弱部分,这对混凝土质量影响更大。天然砂含泥量和泥块含量应符合表 5-1 的要求。机制砂石粉含量和泥块含量应符合表 5-2 的规定。

表 5-1 天然砂含泥量和泥块含量

项　目	指　标		
	Ⅰ类	Ⅱ类	Ⅲ类
含泥量(按质量计)/%	≤1.0	≤3.0	≤5.0
泥块含量(按质量计)/%	0	≤1.0	≤2.0

表 5-2　　　　人工砂石粉含量和泥块含量

类　别		Ⅰ	Ⅱ	Ⅲ
MB 值<1.40 或快速法合格	MB 值	≤0.5	≤1.0	≤1.4 或合格
	石粉含量(按质量计)/%[a]	≤10		
	泥块含量(按质量计)/%	0	≤1.0	≤2.0
MB 值≥1.40 或快速法不合格	石粉含量(按质量计)/%	≤1.0	≤3.0	≤5.0
	泥块含量(按质量计)/%	0	≤1.0	≤2.0

注：[a]根据使用地区和用途，在试验验证的基础上，可由供需双方协商确定。

(2) 有害物质含量　砂中的有害物质是指各种可能降低混凝土性能与质量的物质。对不同类别的砂，应限制其中云母、轻物质、硫化物与硫酸盐、氯盐和有机物等有害物质的含量，见表 5-3。砂中不得混有草根、树叶、树枝、塑料、煤块、煤渣等杂物。

表 5-3　　　　砂中有害物质含量

类　别	Ⅰ	Ⅱ	Ⅲ
云母(按质量计)/%	≤1.0	≤2.0	
轻物质(按质量计)/%	≤1.0		
有机物(比色法)/%	合格		
硫化物及硫酸盐(按 SO_3 质量计)/%	≤0.5		
氯化物(以氯离子质量计)/%	≤0.01	≤0.02	≤0.06
贝壳(按质量计)[a]/%	≤3.0	≤5.0	≤8.0

注：[a]该指标仅适用于海砂，对其他砂种不作要求；注：轻物质是指表观密度小于 2 000 kg/m^3 的物质。

砂中云母表面光滑，与水泥浆的粘结性差；硫化物及硫酸盐对水泥有侵蚀作用；有机物会影响水泥的水化硬化；氯化物对钢筋混凝土中钢筋的锈蚀有促进作用。当砂中有害物质过多时，应进行清洗与过筛处理，使其符合要求。采用海砂配制钢筋混凝土时，海砂中氯离子含量不应大于 0.06%(以干砂重的百分率计)；预应力钢筋混凝土则不宜采用海砂。

《普通混凝土配合比设计规程》(JGJ 55—2011)特别强调混凝土配合比设计应满足耐久性能要求，氯离子对钢筋有严重的腐蚀作用，因此，规程按环境条件影响氯离子引起钢筋锈蚀的程度简明地分为四类，并规定了各类环境条件下混凝土中氯离子的最大含量(表 5-4)。表 5-4 中的氯离子含量是相对混凝土中水泥用量的百分比，与控制氯离子相对混凝土中胶凝材料用量的百分比(《混凝土结构设计规范》(GB 50010—2010)中采用)相比，偏于安全。

(3) 碱活性集料　对于重要工程中的混凝土用砂，或者怀疑所用砂有可能引起碱-集料反应时，应对砂子进行专门的碱活性检验。

(4) 粗细程度及颗粒级配　砂的粗细程度是指不同粒径的砂粒，混合在一起后的平均粒径的大小。砂的颗粒级配是指不同粒径砂颗粒的组配情况。

砂子的粗细程度和颗粒级配采用筛分析方法测定。砂筛分析法是用一套方孔孔径为

表 5-4　　混凝土拌合物中水溶性氯离子最大含量

环境条件	水溶性氯离子最大含量(水泥用量的质量百分比)/%		
	钢筋混凝土	预应力混凝土	素混凝土
干燥环境	0.30	0.06	1.00
潮湿但不含氯离子的环境	0.20		
潮湿且含有氯离子的环境 盐渍土环境	0.10		
除冰盐等侵蚀性物质的腐蚀环境	0.06		

9.50 mm,4.75 mm,2.36 mm,1.18 mm,600 μm,300 μm 和 150 μm 的 7 个标准筛,将 500 g 干砂试样由粗到细依次过筛,然后称得剩余在各筛上的砂质量,并计算出各筛上的分计筛余百分率(某一筛上的筛余量占砂样总质量的百分率),分别以 a_1,a_2,a_3,a_4,a_5 和 a_6 表示;再算出各筛的累计筛余百分率(某一筛与孔径更大的各筛的所有分计筛余百分率之和),分别以 A_1,A_2,A_3,A_4,A_5 和 A_6 表示。累计筛余百分率与分计筛余百分率的关系见表 5-5。

表 5-5　　累计筛余百分率与分计筛余百分率的关系

筛孔尺寸	分计筛余/%	累计筛余/%
4.75 mm	a_1	$A_1=a_1$
2.36 mm	a_2	$A_2=a_1+a_2$
1.18 mm	a_3	$A_3=a_1+a_2+a_3$
600 μm	a_4	$A_4=a_1+a_2+a_3+a_4$
300 μm	a_5	$A_5=a_1+a_2+a_3+a_4+a_5$
150 μm	a_6	$A_6=a_1+a_2+a_3+a_4+a_5+a_6$

砂的粗细程度用细度模数 M_x 表示,计算式为

$$M_x=\frac{(A_2+A_3+A_4+A_5+A_6)-5A_1}{100-A_1} \tag{5-1}$$

砂的细度模数 M_x 越大,表示砂越粗。当 M_x 的值在 3.7～3.1 间时为粗砂,当 M_x 的值在 3.0～2.3 范围内时为中砂,当 M_x 的值在 2.2～1.6 之间时为细砂,当 M_x 的值在 1.5～0.7 之间时为特细砂。普通混凝土用砂的细度模数范围一般为 3.7～1.6,工程中通常采用中砂较为适宜。

混凝土用砂量相同的条件下,砂子的粗细对混凝土的性能影响很大。细砂的总表面积大,需要较多的水泥浆包裹砂表面,才能赋予混凝土流动性和粘接强度。一般来说,用粗砂配制混凝土更节省水泥。

如果砂颗粒的粒径相近,见图 5-2(a),则砂在堆积状态下空隙率较大,需要较多的水泥浆来填充;如果粗颗粒间的空隙由较小颗粒填充,则空隙减少,见图 5-2(b);如果余下的空隙由更小的颗粒填充,则使砂形成最密实的堆积状态,见图 5-2(c)。因此,要减少砂粒间的空隙,必须有大小不同的颗粒合理搭配。

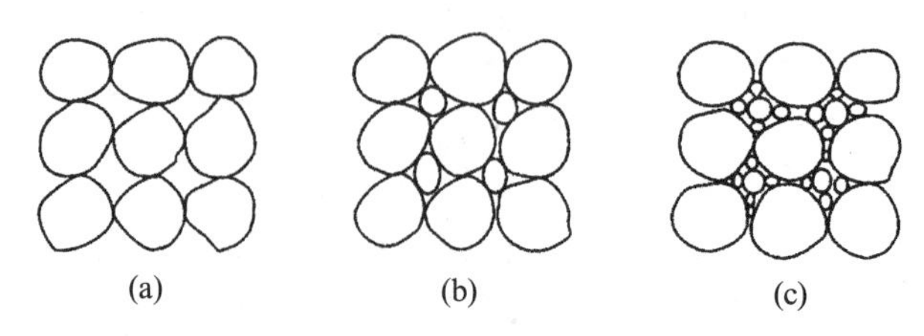

图 5-2　集料的颗粒级配

砂的颗粒级配用级配区表示，以级配区或筛分曲线判定砂级配的合格性。根据 600 μm 孔径筛（控制粒级）的累计筛余百分率，可将砂子划分成为 1 区、2 区、3 区三个级配区，每个级配区均规定了不同孔径筛的累计筛余范围，见表 5-5。普通混凝土用砂的颗粒级配应处于表 5-6 中的任何一个级配区中，才符合级配要求。

表 5-6　　**砂的颗粒级配区范围**

筛孔边长	1 区	2 区	3 区
9.50 mm	0	0	0
4.75 mm	10～0	10～0	10～0
2.36 mm	35～5	25～0	15～0
1.18 mm	65～35	50～10	25～0
600 μm	85～71	70～41	40～16
300 μm	95～80	92～70	85～55
150 μm	100～90	100～90	100～90

注：砂的实际颗粒级配与表中数字相比，除了 4.75 mm 和 600 μm 筛挡外，允许略有超出范围，但超出总量应小于 5%。

砂子的筛分曲线是以筛孔尺寸为横坐标，累计筛余为纵坐标，根据表 5-5 中的累计筛余上、下限范围画出的 1，2，3 三个级配区间，见图 5-3。

使用筛分曲线判定砂的级配区时，先将待测砂的各筛累计筛余标注到图中并连成曲线，然

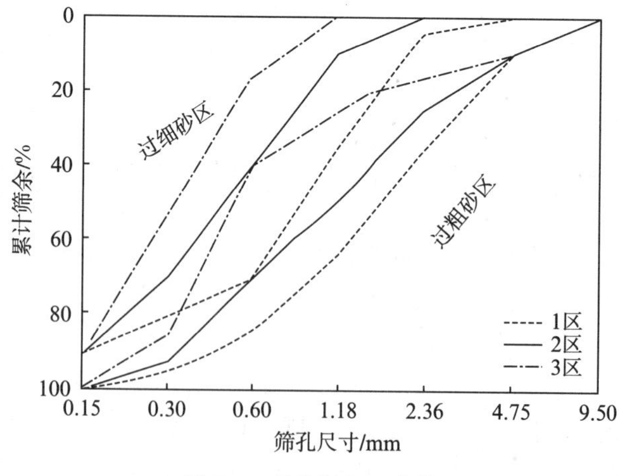

图 5-3　砂的级配区曲线

后观察此筛分曲线是否完全落在三个级配区的某一区间内，据此判定该砂级配的合格性。同时，也可根据筛分曲线偏向情况，大致判断砂的粗细程度。当筛分曲线偏向右下方时，表示砂较粗；筛分曲线偏向左上方时，表示砂较细。

砂的细度模数相同，颗粒级配可以不同。在配制混凝土时，砂的颗粒级配和细度模数应同时考虑。如果砂的级配良好且含有较多的粗颗粒，并以适量的中颗粒及少量的细颗粒填充其空隙，这种砂的空隙率及总表面积均较小，配制的混凝土水泥用量少，施工操作性能好，而且还可提高混凝土的密实度、强度和耐久性。因此配制混凝土时宜优先选用2区砂。

在实际工程中，若砂料出现过细、过粗或自然级配不良时，可采用人工掺配的方法来改善。将粗、细砂按适当的比例掺配，或将砂过筛后剔除过粗或过细颗粒，也可获得粗细程度和颗粒级配良好的合格砂。

(5) 坚固性 坚固性是指集料在自然风化和其他外界物理化学因素作用下抵抗破裂的能力。天然砂用硫酸钠溶液检验，将砂试样在饱和硫酸钠溶液中经5次循环浸渍后，其质量损失应符合表5-6的规定。机制砂的坚固性指标和压碎指标值应同时符合表5-7的规定。

表5-7　　砂的坚固性指标和压碎指标值

项　　目		指　　标		
		Ⅰ类	Ⅱ类	Ⅲ类
坚固性指标，质量损失/%	≤	8	8	10
机制砂的单级最大压碎指标/%	≤	20	25	30

5.2.3 粗集料(碎石、卵石)

1. 粗集料的分类和颗粒特征

《建设用卵石、碎石》(GB/T 14685—2011)规定，建设用石分为卵石和碎石。卵石、碎石按技术要求分为Ⅰ类、Ⅱ类、Ⅲ类。

普通混凝土常用的粗集料有碎石和卵石两种。碎石是由天然岩石、卵石或矿山废石经机械破碎、筛分制成的，粒径大于4.75 mm的岩石颗粒。碎石多棱角，表面粗糙和洁净，与水泥浆粘结性较好。卵石又称砾石，由自然风化、水流搬运和分选、堆积形成的，粒径大于4.75 mm的岩石颗粒。按产源可分为河卵石、海卵石及山卵石等几种，河卵石应用较多。与碎石比较，卵石表面光滑，拌制的混凝土易于流动和变形，有利于施工操作。但卵石与水泥石的粘结力较差，在相同条件下碎石混凝土强度比卵石混凝土强度高10%左右。

2. 粗集料的技术要求

(1) 含泥量和泥块含量 粗集料的含泥量是指粒径小于75 μm的颗粒含量；泥块含量是指粒径大于4.75 mm，经水洗、手捏后小于2.36 mm的颗粒含量。粗集料含泥量和泥块含量应符合表5-8中的要求。

(2) 有害物质 粗集料中应严格控制有机物、硫化物及硫酸盐等有害物质的含量，见表5-8。

表 5-8

项目			指标		
			Ⅰ类	Ⅱ类	Ⅲ类
粗集料含泥量和泥块含量	含泥量(按质量计)/%	≤	0.5	1.0	1.5
	泥块含量(按质量计)/%	≤	0	0.5	0.7
粗集料中有害物质含量	有机物(比色法)/%	≤	合格	合格	合格
	硫化物及硫酸盐(按 SO_3 质量计)含量/%	≤	0.5	1.0	1.0

(3) 针、片状颗粒含量 粗集料的颗粒形状以接近立方体形或球形为好。针状颗粒是指长度大于该颗粒所属粒级平均粒径 2.4 倍的颗粒;片状颗粒则是指厚度小于平均粒径 0.4 倍的颗粒。针、片状颗粒不仅因本身受力时易折断而影响混凝土强度,而且会增大集料的空隙率,影响混凝土综合性能。粗集料中针、片状颗粒含量应符合表 5-9 的要求。

表 5-9 **粗集料中针、片状颗粒含量**

项目		指标		
		Ⅰ类	Ⅱ类	Ⅲ类
针、片状颗粒/%(按质量计)	≤	5	10	15

(4) 颗粒级配 粗集料的颗粒级配也是通过筛分析试验确定,其标准方孔筛的孔径为 2.36 mm,4.75 mm,9.50 mm,16.0 mm,19.0 mm,26.5 mm,31.5 mm,37.5 mm,53.0 mm,63.0 mm,75.0 mm 及 90.0 mm 共 12 个筛,各筛号的分计筛余百分率及累计筛余百分率的计算与砂相同。

粗集料的级配有连续粒级和单粒级两种,见表 5-10。连续粒级是指 4.75 mm 以上至最大粒径 D_{max},各粒级均占一定比例,且在一定范围内。单粒级指从 1/2 最大粒径开始至 D_{max}。

表 5-10 **普通混凝土用粗集料的颗粒级配**

公称粒径/mm		2.36	4.75	9.50	16.0	19.0	26.5	31.5	37.5	53.0	63.0	75.0	90.0
连续粒级	5~16	95~100	85~100	30~60	0~10	0							
	5~20	95~100	90~100	40~80	—	0~10	0						
	5~25	95~100	90~100	—	30~70	—	0~5	0					
	5~31.5	95~100	90~100	70~90	—	15~45	—	0~5	0				
	5~40	—	95~100	70~90	—	30~65	—	—	0~5	0			
单粒级	5~10	95~100	80~100	0~15	0								
	10~16		95~100	80~100	0~15								
	10~20		95~100	85~100		0~15	0						
	16~25			95~100	55~70	25~40	0~10						
	16~31.5		95~100		85~100			0~10	0				
	20~40		95~100		85~100				0~10	0			
	40~80					95~100			70~100		30~60	0~10	0

混凝土采用连续级配的粗集料为宜，这种级配可以获得更小的空隙率，最大限度地发挥集料的骨架作用与稳定作用，减少水泥用量。单粒级用于组合成具有要求级配的连续粒级，也可与连续粒级配合使用，以调整粗集料的级配。级配不良的粗集料，容易导致新拌混凝土的施工性能差，降低混凝土的质量。

(5) 最大粒径 粗集料的最大粒径是指构成其颗粒级配的公称粒径的上限值。粗集料的粒径越大，其总表面积越小，包裹其表面所需的水泥浆量就越少。

① 对于贫混凝土（1 m^3 混凝土中水泥用量小于 170 kg），若采用粒径较大的粗集料时，对混凝土强度有利。特别在大体积混凝土中，采用大粒径粗集料，对于减少水泥用量、降低水泥水化热具有重要的意义。但对于结构混凝土，尤其是高强混凝土，粗集料最大粒径超过 40 mm 后，由于大粒径粗集料造成的不均匀性和与水泥浆过小的粘结面积将导致混凝土强度下降。

② 粗集料最大粒径值还受混凝土结构截面尺寸及配筋间距的限制。根据《混凝土结构工程施工质量验收规范》(GB 50204—2002)2011 版规定，混凝土用粗集料的最大粒径不得大于结构截面最小尺寸的 1/4，同时不得大于钢筋间最小净距的 3/4；对于混凝土实心板，最大粒径不宜超过 1/3 板厚，且不得大于 40 mm。对于泵送混凝土，最大粒径与输送管内径之比，碎石不宜大于 1∶3，卵石不宜大于 1∶2.5。通常情况下，普通混凝土的最大粒径不得超过 45 mm。

(6) 强度 粗集料在混凝土中起骨架作用，应具有足够的强度。粗集料的强度可采用岩石立方体强度和压碎指标两种方法检验。

① 岩石立方体抗压强度是指将碎石的母岩制成边长为 50 mm 的立方体（或直径与高均为 50 mm 的圆柱体），在浸水饱和状态下测定其极限抗压强度值。混凝土用粗集料的岩石抗压强度应不小于混凝土抗压强度的 1.5 倍。

② 压碎指标是指将 9.5～19.0 mm 的粗集料（称量 G_1）装入标准圆筒内，对粗集料均发匀加荷至 200 kN，卸荷后用孔径为 2.36 mm 的筛子筛去被压碎的细粒，称取筛余（G_2），按下式计算压碎指标值 Q_c：

$$Q_c = \frac{G_1 - G_2}{G_1} \times 100 \tag{5-2}$$

压碎指标值越小，石子强度越高。根据标准，粗集料的压碎指标值应满足表 5-11 的要求。

(7) 坚固性 具有某种特征孔结构的岩石会表现出不良的体积稳定性，当粗集料中这种颗粒较多时，由于干湿循环或冻融交替等作用引起的体积变化将会导致混凝土破坏。若粗集料的结构致密，则表现为强度较高，吸水率小，坚固性好；而结构疏松、矿物成分复杂和构造不均匀的粗集料坚固性较差。

粗集料的坚固性采用硫酸钠溶液法进行检验，经 5 次循环浸渍后的质量损失不应超过表 5-11 的规定值。

表 5-11　粗集料的压碎指标和坚固性指标

项目			指标		
			Ⅰ类	Ⅱ类	Ⅲ类
压碎指标	碎石压碎指标/%	≤	10	20	30
	卵石压碎指标/%	≤	12	14	16
坚固性指标	经 5 次循环后质量损失/%	≤	5	8	12

对于处于腐蚀性介质环境中的混凝土，或经常处于水位变化区的地下结构用混凝土，或有抗疲劳、耐磨、抗冲击等要求的混凝土，所用粗集料经上述 5 次循环后的质量损失不得大于 8%。

(8) 碱活性 粗集料中含有碱活性集料时，可能产生比活性细集料更严重的危害。对于重要工程用混凝土，应采用岩相法检验粗集料的碱活性种类及严重程度(也可由地质部门提供)。经检验后，若粗集料被判定为具有潜在碱-碳酸反应危害时，则不宜用作混凝土粗集料；当被判定为有潜在碱-硅酸反应危害时，则应采取以下措施后方可使用：

① 使用含碱量小于 0.6%的水泥，或掺加能抑制碱-集料反应的掺和料；

② 当使用含钾、钠离子的混凝土外加剂时，必须进行专门的试验。经碱-集料反应试验后，试件应无裂缝、酥裂、胶体外溢等现象，在规定的试验龄期的膨胀率应小于 0.10%。

(9) 集料的含水状态 集料的含水状态可分为干燥状态、气干状态、饱和面干状态和湿润状态等四种，如图 5-4 所示。集料含水率等于或接近于零时称为干燥状态；集料含水率与大气湿度相平衡，但未达到饱和状态时称气干状态；集料表面干燥而内部孔隙含水达到饱和时称饱和面干状态；而当集料不仅内部孔隙含水达到饱和，而且表面还附着一层自由水时称为湿润状态。

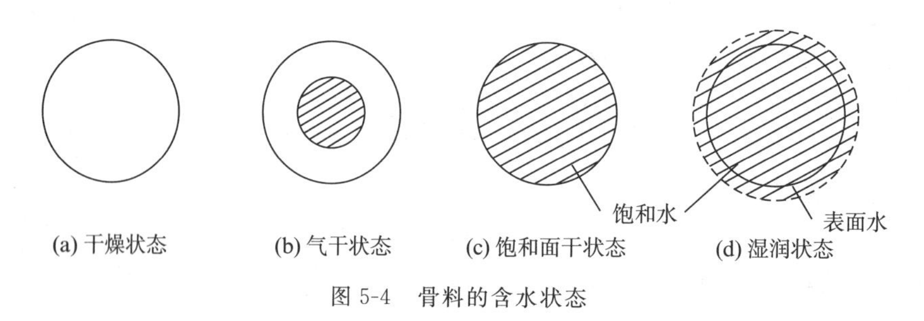

图 5-4 骨料的含水状态

在配制混凝土时，由于集料的含水状态不同，将影响混凝土的用水量和集料用量。混凝土配合比计算时，一般以干燥状态的集料为基准，而一些大型水利工程，常以饱和面干状态的集料为基准。

5.2.4 水

混凝土用水包括拌制混凝土用水和混凝土养护用水。混凝土用水可以是自来水、地表水、地下水、海水、经处理后的工业废水。拌制及养护混凝土宜采用饮用水。地表水和地下水常溶有较多的有机质和矿物盐类，只有经检验确认其不影响混凝土质量的情况下才能使用。海水中含有较多硫酸盐和氯盐，可加速钢筋混凝土中钢筋的锈蚀，并影响混凝土耐久性。因此，对于钢筋混凝土结构，不得采用海水拌制混凝土。对有饰面要求的混凝土，也不得采用海水拌制，以免因混凝土表面产生盐析而影响装饰效果。生活污水的水质比较复杂，一般不得用于拌制混凝土。经处理过的工业废水经检验合格后，方可用于拌制混凝土。

《混凝土拌合用水标准》(JGJ 63—2006)要求混凝土用水不得妨碍混凝土的凝结和硬化，不得影响混凝土的强度发展和耐久性，不得含有加快钢筋混凝土中钢筋锈蚀的成分，也不得含有污染混凝土表面的成分。混凝土用水中各种物质含量限值应满足表 5-12 的要求。

在配制混凝土时，若对水质有怀疑，应将待检验水和饮用水分别做水泥凝结时间或混凝土强度对比试验。对比试验测得的水泥初凝时间差及终凝时间差均不超过 30 min，且符合《通

表 5-12　　　　混凝土用水中物质含量限值

项　　目	预应力混凝土	钢筋混凝土	素混凝土
pH 值	>4	>4	>4
不溶物/($mg \cdot L^{-1}$)	<2 000	<2 000	<5 000
可溶物/($mg \cdot L^{-1}$)	<2 000	<5 000	<10 000
氯化物(以 Cl^- 计)/($mg \cdot L^{-1}$)	<500	<1 200	<3 500
硫酸盐(以 SO_4^{2-} 计)/($mg \cdot L^{-1}$)	<600	<2 700	<2 700
硫化物(以 S^{2-} 计)/($mg \cdot L^{-1}$)	<100	—	—

用硅酸盐水泥》(GB 175—2007)规定的凝结时间要求时才可以使用。用待检验水配制的水泥混凝土试件的 28 d 抗压强度,不得低于用饮用水配制的对比试件抗压强度的 90%。对使用钢丝或热处理钢筋的预应力混凝土结构,混凝土用水中的氯离子含量不得超过 350 mg/L。

5.2.5　混凝土外加剂

《混凝土外加剂定义、分类、命名与术语》(GB 8075—2005)将混凝土外加剂定义为:是一种在混凝土搅拌之前或拌制过程中加入的、用以改善新拌混凝土和(或)硬化混凝土性能的材料。除特殊情况外,一般掺量不超过水泥质量的 5%。混凝土外加剂技术经济效果显著,已成为现代混凝土中不可缺少的第五组分。

混凝土外加剂种类繁多,按主要功能分为四类。

① 改善新拌混凝土流变性能的外加剂,如各种减水剂、泵送剂、引气剂、保塑剂等。

② 调节混凝土凝结时间、硬化性能的外加剂,如缓凝剂、速凝剂、早强剂等。

③ 改善混凝土耐久性的外加剂,如引气剂、防水剂和阻锈剂等。

④ 改善混凝土其他性能的外加剂,如加气剂、膨胀剂、防冻剂、着色剂、防水剂等。

1. 外加剂技术要求

《混凝土外加剂》(GB 8076—2008)国家标准适用于高性能减水剂(早强型、标准型、缓凝型)、高效减水剂(标准型、缓凝型)、普通减水剂(早强型、标准型、缓凝型)、引气减水剂、泵送剂、早强剂、缓凝剂及引气剂共八类混凝土外加剂。按照 GB 8076 规定的试验条件配制的掺有外加剂的受检混凝土性能应符合表 5-13 的要求。

膨胀剂、防水剂、速凝剂和防冻剂的性能分别符合《混凝土膨胀剂》(GB 23439—2009)、《砂浆、混凝土防水剂》(JC 474—2008)、《喷射混凝土用速凝剂》(JC 477—2005)、《混凝土防冻剂》(JC 475—2004)的规定。

2. 常用外加剂性能特点

1) 减水剂

减水剂是指在新拌混凝土坍落度基本相同的条件下,能显著减少混凝土拌合用水量的外加剂。

(1) 减水剂的作用机理　减水剂一般均为表面活性剂。表面活性剂的分子结构由亲水基团和憎水基团两部分组成,见图 5-5。

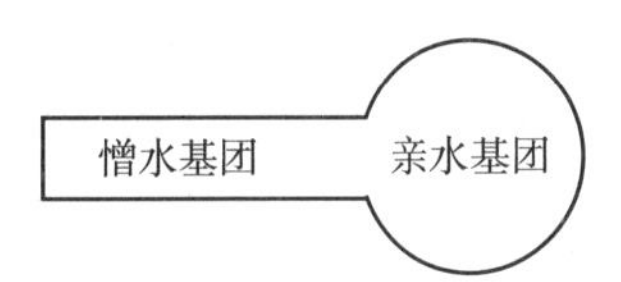

图 5-5　表面活性剂分子结构模型

表 5-13　　受检混凝土性能指标

试验项目		外加剂品种												
		高性能减水剂 HPWR			高效减水剂 HWR		普通减水剂 WR			引气减水剂 AEWR	泵送剂 PA	早强剂 Ac	缓凝剂 Re	引气剂 AE
		早强型 -A	标准型 -S	缓凝型 -R	标准型 -S	缓凝型 -R	早强型 -A	标准型 -S	缓凝型 -R					
减水率/% ≥		25	25	25	14	14	8	8	8	10	12	—	—	6
泌水率比/% ≤		50	60	70	90	100	95	100	100	70	70	100	100	70
含气量/%		≤6.0	≤6.0	≤6.0	≤3.0	≤4.5	≤4.0	≤4.0	≤5.5	≥3.0	≤5.5	—	—	≥3.0
凝结时间之差/min	初凝	−90～+90	−90～+120	>+90	−90～+120	>+90	−90～+90	−90～+120	>+90	−90～+120	—	−90～+90	>+90	−90～+120
	终凝			—		—			—			—	—	
1 h 经时变化量	坍落度	—	≤80	≤60	—	—	—	—	—	—	≤80	—	—	—
	含气量	—	—	—						−1.5～+1.5	—			−1.5～+1.5
抗压强度比/% ≥	1 d	180	170	—	140	—	135	—	—	—	—	135	—	—
	3 d	170	160	—	130	—	130	115	—	115	—	130	—	95
	7 d	145	150	140	125	125	110	115	110	110	115	110	100	95
	28 d	130	14	130	120	120	100	110	110	100	110	100	100	90
收缩率比/% ≤	28 d	110	110	110	135	135	135	135	135	135	135	135	135	135
相对耐久性(200 次)/% ≥		—	—	—	—	—	—	—	—	80	—	—	—	80

注：1. 表中抗压强度比、收缩率比、相对耐久性为强制性指标，其余为推荐性指标。
2. 除含气量和相对耐久性外，表中所列数据为掺外加剂混凝土与基准混凝土的差值或比值。
3. 凝结时间之差性能指标中的“－”号表示提前，“＋”号表示延缓。
4. 相对耐久性(200 次)性能指标中的“≥80”表示将 28 d 龄期的受检混凝土试件快速冻融循环 200 次后，动弹性模量保留值≥80%。
5. 1 h 含气量经时变化量指标中的“－”号表示含气量增加，“＋”号表示含气量减少。
6. 其他品种的外加剂是否需要测定相对耐久性指标，由供、需双方协商确定。
7. 当用户对泵送剂等产品有特殊要求时，需要进行的补充试验项目、试验方法及指标，由供需双方协商决定。

水泥加水拌和时，由于水泥颗粒间的分子凝聚力的作用，将会使水泥浆形成絮凝结构，见图 5-6(a)。这种絮凝结构中包裹了拌和水(游离水)，降低了新拌混凝土的流动性。在水泥浆中加入减水剂后，由于减水剂的表面活性作用，其憎水基团定向吸附于水泥颗粒表面，亲水基团指向水溶液。这种作用一方面使水泥颗粒表面带有同性电荷，颗粒在电性斥力的作用下相互分开，见图 5-6(b)，絮凝结构解体，游离水被释放出来，充分发挥了自由水对新拌混凝土的流动性作用；另一方面，附着在水泥颗粒表面的亲水基团对水的亲合力较强，在水泥颗粒表面形成一层稳定的溶剂化水膜，见图 5-6(c)，阻止了颗粒间的直接接触并起润滑作用，进一步提高了混凝土的流动性。此外，由于水泥颗粒被有效分散，颗粒表面被水充分润湿，水泥水化面积增大使水化充分，从而提高了混凝土的强度。

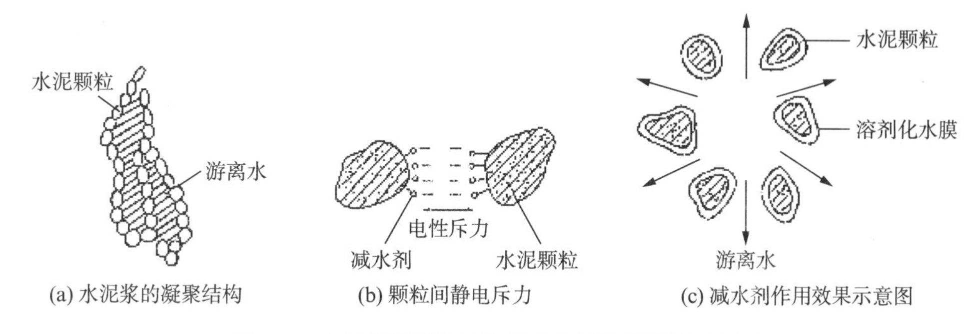

图 5-6　水泥浆的凝聚结构及减水剂作用效果示意图

(2) 减水剂的技术经济效果

① 提高流动性。混凝土配合比不变，掺加减水剂后可提高新拌混凝土的流动性，且不影响混凝土的强度。

② 提高混凝土强度。保持新拌混凝土流动性不变，掺加减水剂可减少拌合用水量。如果水泥用量不变，则水胶比降低，提高了混凝土的强度。

③ 节约水泥。保持新拌混凝土流动性不变，掺入减水剂可减少拌和水用量，如果水胶比不变，则不影响混凝土强度。此时可相应减少水泥用量，从而达到节约水泥的目的。

④ 改善混凝土耐久性。在混凝土中掺入减水剂，可以减少新拌混凝土的泌水、离析现象，改善硬化混凝土的孔隙结构，增大密实度，从而提高其抗渗、抗冻、抗化学腐蚀及防锈蚀能力。

(3) 常用减水剂的功能特点　减水剂的发展历程可分为以下三个阶段：以木钙等为代表的第一代(普通)减水剂阶段、以萘系等为主要代表的第二代(高效)减水剂阶段和目前以聚羧酸盐为代表的第三代(高性能)减水剂阶段。当然，减水剂的这三个发展阶段并不是截然分开的，而是相互交叉的。表 5-14 对比了三代减水剂对混凝土性能影响的特点。

2) 引气剂

引气剂是在混凝土搅拌过程中，能引入大量分布均匀微小气泡的外加剂。按其化学成分可分为松香树脂类、烷基苯磺酸盐类及脂肪醇磺酸盐类等三大类。松香热聚物是混凝土中使用效果较好的引气剂品种之一。

引气剂属于憎水性表面活性剂，能显著降低水的表面张力，使水在搅拌作用下，容易引入空气形成许多微小的封闭气泡。这些气泡大小均匀，直径在 20～1 000 μm 之间，大多在 200 μm 以下。大量均匀、封闭微小气泡的存在，对混凝土性能产生很大影响：

表 5-14　　　　三代减水剂对混凝土性能影响特点对比

性能	第一代减水剂	第二代减水剂	第三代减水剂
	木钙、木钠、木镁等	萘系、蜜胺系、氨基磺酸系、脂肪系等	各类聚羧酸系高性能减水剂
减水率	一般掺量：5%～8% 饱和掺量：12%左右	一般掺量：15%～20% 饱和掺量：30%左右	一般掺量：25%～30% 饱和掺量：大于 45%
对混凝土拌合物综合性能的影响	超掺时，缓凝严重，引气量大，强度下降严重，单用时易引起混凝土质量事故	掺萘系混凝土拌合物坍落度损失大、易泌水。 掺蜜胺系混凝土拌合物坍落度损失大、黏度大	混凝土拌合物流动性和流动保持性好，很少存在泌水、分层、缓凝等现象
混凝土强度增长	一般	较高	高
对混凝土体积稳定性的影响	对混凝土的体积稳定性影响不大	萘系增加混凝土塑性收缩和干缩；蜜胺系可降低混凝土 28 d 的收缩率	与萘系相比，可明显降低混凝土收缩
对混凝土含气量的影响	增加混凝土的含气量	一般情况下，混凝土含气量增加很少	一般情况下，会增加混凝土的含气量，但可控制
钾、钠离子含量	较少	一般在 5%～15%之间	一般在 0.2%～1.5%之间
环保性能及其他有害物质含量	环保性能好，一般不含有害物质	环保性能差，生产过程使用大量甲醛、萘、苯酚等有害物质，成品中也含有一定量的上述有害物质	生产和使用过程中均不含任何有害物质，环保性能优秀

(1) 改善新拌混凝土的和易性　在新拌混凝土中引入的大量微小气泡，相对增加了水泥浆体积，而气泡本身又起到了如同轴承滚珠的作用，使颗粒间摩擦阻力减小，提高了新拌混凝土的流动性。同时，由于水分被均匀地吸附在气泡表面，使其自由流动或聚集趋势受到阻碍，从而使新拌混凝土的泌水率显著降低，黏聚性和保水性明显改善。

(2) 显著提高混凝土的抗渗性和抗冻性　混凝土中大量微小气泡堵塞或隔断了混凝土中的毛细管渗水通道，由于保水性的提高，减少了混凝土内水分聚集造成的水囊孔隙，改变了混凝土的孔结构，显著提高了混凝土的抗渗性。此外，由于大量均匀分布的气泡具有较高的弹性变形能力，它可有效地缓冲混凝土孔隙中水分结冰时产生的膨胀应力，从而显著提高混凝土的抗冻性。

(3) 降低混凝土弹性模量　混凝土中大量微小气泡的存在使其弹性模量略有降低，弹性变形能力增大，这对提高混凝土抗裂性有利。

(4) 混凝土强度有所降低　混凝土中大量气泡的存在使其有效受力面积减小，强度及耐磨性有所降低。通常，混凝土中含气量每增加 1%，其抗压强度可降低 4%～6%，抗折强度可降低 2%～3%。为防止混凝土强度过多的下降，应严格控制引气剂的掺量。

引气剂可用于抗渗混凝土、抗冻混凝土、抗硫酸盐侵蚀混凝土、泌水严重的混凝土、贫混凝土、轻混凝土等，对处于严酷环境的水泥混凝土路面、水工结构的抗冻性改善有良好效果。但引气剂不宜用于蒸养混凝土及预应力混凝土。

3) 早强剂

早强剂是加速混凝土早期强度发展的外加剂。按其化学成分可分为氯盐类、硫酸盐类、有机胺类及其复合早强剂四类。其常用品种及性能见表 5-15。

早强剂的主要作用机理是加速水泥水化速度，加速水化产物的早期结晶和沉淀。用于混

表 5-15　　常用早强剂品种及性能

类别	氯盐类	硫酸盐类	有机胺类	复合类
常用品种	氯化钙	硫酸钠 (元明粉)	三乙醇胺	① 三乙醇胺(A)+氯化钠(B); ② 三乙醇胺(A)+氯化钠(B)+亚硝酸钠(C); ③ 三乙醇胺(A)+亚硝酸钠(C)+二水石膏(D); ④ 硫酸盐复合早强剂(NC)
适宜掺量(占水泥质量百分比)	0.5~1.0	0.5~2.0	0.02~0.05 一般不单独使用,常与其他早强剂复合使用	① (A)0.05+(B)0.5; ② (A)0.05+(B)0.5+(C)0.5; ③ (A)0.05+(C)1.0+(D)2.0; ④ (NC)2.0~4.0
早强效果	显著 3 d 强度可提高 50%~100%; 7 d 强度可提高 20%~40%	显著 掺量为 1.5%时达到混凝土设计强度 70%的时间可缩短一半	显著 早期强度可提高 50%左右,28 d 强度不变或稍有提高	显著 3 d 强度可提高 70% 28 d 强度可提高 20%

凝土中,可以缩短混凝土施工养护期,加快施工进度,提高模板周转率。早强剂主要适用于有早强要求的抢修工程及低温施工混凝土、有防冻要求的混凝土、预制构件、蒸汽养护等。

4) 缓凝剂

缓凝剂是指能延长混凝土凝结时间的外加剂。缓凝剂有糖类、无机盐类、羟基羧酸及其盐类和木质素磺酸盐类等四类。常用的缓凝剂是糖蜜、木钙,其中糖蜜的缓凝效果最好。

有机类缓凝剂多为表面活性剂,能吸附在水泥颗粒表面并使表面带有同性电荷,从而使水泥颗粒相互排斥,阻碍了水泥水化产物的凝聚。无机类缓凝剂往往是在水泥颗粒表面形成一层难溶的薄膜,阻碍了水泥颗粒的正常水化,导致混凝土缓凝。

缓凝剂能延缓混凝土的凝结时间,延缓水泥水化放热速度,通常具有减水作用,对钢筋也无锈蚀作用。主要适用于夏季施工、泵送施工和远距离运输的混凝土,大体积混凝土。缓凝剂不适用于日最低气温 5 ℃以下施工的混凝土,也不宜单独用于有早强要求的混凝土及蒸养混凝土。

5) 速凝剂

速凝剂是指能促使混凝土迅速凝结硬化的外加剂。速凝剂的主要成分为铝酸钠或碳酸钠等盐类。速凝剂中的铝酸钠、碳酸钠等盐类在碱性溶液中迅速与水泥中的石膏反应生成硫酸钠,使石膏丧失原有的缓凝作用,导致水泥中 C_3A 的迅速水化,促进溶液中水化物晶体的快速析出,使混凝土中水泥浆迅速凝固。

目前,土木工程中较常用的速凝剂品种有“红星Ⅰ型”和“711 型”等。其中,红星Ⅰ型是由铝氧熟料、碳酸钠、生石灰等按一定比例配制而成的一种粉状物。711 型速凝剂是由铝氧熟料与无水石膏按 3∶1 的质量比配合粉磨而成的混合物。

速凝剂主要用于矿山井巷、隧道、地铁等工程以及喷锚支护时喷射混凝土或喷射砂浆工程中。

6) 防冻剂

防冻剂是能使混凝土在负温下硬化,并在规定养护条件下达到预期性能的外加剂。常用的混凝土防冻剂有氯盐类(如 $CaCl_2$ 和 $NaCl$ 等);氯盐阻锈类(氯盐与亚硝酸钠、铬酸盐、磷酸盐等阻锈剂复合而成);无氯盐类(硝酸盐、亚硝酸盐、碳酸盐、尿素、乙酸等)。

防冻剂主要用于负温条件下施工的混凝土。值得指出的是，防冻剂的作用效果主要体现在对混凝土早期抗冻性的改善，防冻组分本身并不一定提高混凝土的抗冻性，特别应注意其对混凝土后期性能的影响。

7）膨胀剂

膨胀剂是指与水泥、水拌和后经水化反应生成钙矾石、氢氧化钙或钙矾石、氢氧化钙，使混凝土产生体积膨胀的外加剂。《混凝土膨胀剂》(GB 23439—2017)规定，混凝土膨胀剂按水化产物分为：硫铝酸钙类混凝土膨胀剂(A)、氧化钙类混凝土膨胀剂(C)和硫铝酸钙-氧化钙类混凝土膨胀剂(AC)；按限制膨胀率分为Ⅰ型和Ⅱ型。

硫铝酸钙类膨胀剂加入混凝土中以后，其中的无水硫铝酸钙可产生水化并能与水泥水化产物反应，生成三硫型水化硫铝酸钙(钙矾石)，使水泥石结构固相体积明显增加而导致宏观体积膨胀。氧化钙类膨胀剂的膨胀作用，主要是利用 CaO 水化生成 $Ca(OH)_2$ 晶体过程中体积增大的效果，而使混凝土产生结构密实或宏观体积膨胀。

普通水泥混凝土硬化过程中的特点之一是体积收缩，这种收缩会使混凝土性能受到明显的影响，膨胀剂能使混凝土在硬化过程中产生体积膨胀，补偿收缩，从而改善混凝土的综合性能。目前，膨胀剂主要用于地下室底板和侧墙混凝土、钢管混凝土、超长结构混凝土、有防水要求的混凝土工程。

8）泵送剂

泵送剂是指在新拌混凝土泵送过程中能显著改善其泵送性能的外加剂。

泵送剂主要是改善新拌混凝土和易性的外加剂，它所改进的主要是新拌混凝土在输送过程中的均匀稳定性和流动性，这与减水剂的性能有所差别。

混凝土中掺加泵送剂后，能使其流动性显著增加，并降低其泌水性和离析现象，从而方便其泵送施工操作，并保证混凝土的质量。但所掺泵送剂的品种和掺量应严格掌握与控制，必要时应进行试验确定，以避免泵送剂对水泥凝结硬化过程或后期性能的不利影响。

3. 外加剂的选择与应用

《混凝土外加剂应用技术规范》(GB 50119—2013)规定了普通减水剂、高效减水剂、聚羧酸系高性能减水剂、引气剂及引气减水剂、早强剂、缓凝剂、泵送剂、防冻剂、速凝剂、膨胀剂、防水剂、阻锈剂等外加剂的品种、适用范围和施工技术要求，是指导工程中正确选择和合理使用各类外加剂的规范。

常用混凝土外加剂的主要功能和适用范围见表 5-16。

5.2.6 矿物掺和料

《建筑材料术语标准》(JGJ/T 191—2009)定义：矿物掺和料是一类以硅、铝、钙等的一种或多种氧化物为主要成分，具有规定的细度，掺入混凝土中能改善混凝土性能的粉体材料。为降低水泥用量，提高混凝土性能，现代混凝土组成材料中大量使用各种矿物掺和料。《普通混凝土配合比设计规程》(JGJ 55—2011)规定，采用硅酸盐水泥或普通硅酸盐水泥时，钢筋混凝土中矿物掺和料最大掺量宜符合表 5-17 的规定，预应力混凝土中矿物掺和料最大掺量应符合表 5-18 的规定。

表 5-16　　　　　　　　化学外加剂主要功能和适用范围

外加剂类型	主要功能	适用范围
高性能减水剂	1. 掺量低(按照固体含量计算,一般为胶凝材料质量的 0.15%~0.25%),减水率高。 2. 混凝土拌合物流动性好,坍落度损失低。 3. 对混凝土增强效果潜力大。 4. 用其配制的混凝土收缩率较小,可改善混凝土体积稳定性和耐久性。 5. 一定的引气量	特别适合用于高强混凝土、自密实混凝土、清水混凝土、混凝土预制构件等特种混凝土。近年来,随着其产量提高,价格降低,正逐渐成为普通预拌混凝土生产中的主要减水剂品种
高效减水剂	1. 在保证混凝土工作性及水泥用量不变条件下,可大幅度减少用水量(减水率大于 12%),可制备早强、高强混凝土。 2. 在保持混凝土用水量及水泥用量不变条件下,可增大混凝土拌合物流动性,制备大流动性混凝土	1. 用于日最低气温 0 ℃以上的混凝土施工。 2. 用于钢筋密集、截面复杂、空间窄小及混凝土不易振捣的部位。 3. 凡普通减水剂适用的范围高效减水剂亦适用。 4. 制备早强、高强混凝土以及流动性混凝土
普通减水剂	1. 在保证混凝土工作性及强度不变条件下,可节约水泥用量。 2. 在保证混凝土工作性及水泥用量不变条件下,可减少用水量,提高混凝土强度。 3. 在保持混凝土用水量及水泥用量不变条件下,可增大混凝土流动性	1. 用于日最低气温+5 ℃以上的混凝土施工。 2. 各种预制及现浇混凝土、钢筋混凝土及预应力混凝土。 3. 大模板施工、滑模施工、大体积混凝土、泵送混凝土以及流动性混凝土
引气剂及引气减水剂	1. 改善混凝土拌合物的工作性,减少混凝土泌水离析。 2. 增加硬化混凝土的抗冻融性	1. 有抗冻融要求的混凝土,如公路路面、飞机路道等大面积易受冻部位。 2. 轻集料混凝土。 3. 提高混凝土抗渗性,用于防水混凝土。 4. 改善混凝土的抹光性。 5. 泵送混凝土
早强剂及早强减水剂	1. 缩短混凝土的蒸养时间。 2. 加速自然养护混凝土的硬化	1. 用于日最低温度-3 ℃以上时,自然气温正负交替的严寒地区的混凝土施工。 2. 用于蒸养混凝土、早强混凝土
缓凝剂及缓凝减水剂	降低热峰值及推迟热峰出现的时间	1. 大体积混凝土。 2. 夏季和炎热地区的混凝土施工。 3. 用于日最低气温 5 ℃以上的混凝土施工。 4. 预拌混凝土、泵送混凝土以及滑模施工
防冻剂	混凝土在负温条件下,使拌合物中仍有液相的自由水,以保证水泥水化,混凝土达到预期强度	用冬季负温(0 ℃以下)条件下混凝土施工
膨胀剂	使混凝土体积在水化、硬化过程中产生一定膨胀,以减少混凝土干缩裂缝,提高抗裂性和抗渗性能	1. 补偿收缩混凝土,用于自防水屋面、地下防水及基础后浇缝防水堵漏等。 2. 填充用膨胀混凝土,用于设备底座灌浆,地脚螺栓固定等。 3. 自应力混凝土,用于自应力混凝土压力管
速凝剂	速凝、早强	用于喷射混凝土
泵送剂	改善混凝土拌合物泵送性能	泵送混凝土

1. 粉煤灰

粉煤灰又称为飞灰(fly ash),它是从电厂煤粉炉烟道气体中收集到的粉末。当细小的煤粉掠过炉膛高温区时,会立即燃烧,由于风压的作用,燃烧过的煤粉很快被冲到炉膛外迅速冷却形成玻璃体。在此过程中,熔融的微颗粒因受到骤冷作用而将因表面张力作用形成的圆珠形态保持下来,形成粉煤灰所特有的球形玻璃微珠。此外,粉煤灰在形成过程中产生的大量非

表 5-17　　　　钢筋混凝土中矿物掺和料最大掺量

矿物掺和料种类	水胶比	最大掺量/%	
		采用硅酸盐水泥	采用普通水硅酸盐泥
粉煤灰	≤0.40	45	35
	>0.40	40	30
粒化高炉矿渣粉	≤0.40	65	55
	>0.40	55	45
钢渣粉	—	30	20
磷渣粉	—	30	20
硅灰	—	10	10
复合掺和料	≤0.40	65	55
	>0.40	55	45

注：1. 采用其他通用硅酸盐水泥时，宜将水泥混合材掺量 20%以上的混合材量计入矿物掺和料。
2. 复合掺和料各组分的掺量不宜超过单掺时的最大掺量。
3. 在混和使用两种或两种以上矿物掺和料时，矿物掺和料总掺量应符合表中复合掺和料的规定。

表 5-18　　　　预应力混凝土中矿物掺和料最大掺量

矿物掺和料种类	水胶比	最大掺量/%	
		采用硅酸盐水泥	采用普通水硅酸盐泥
粉煤灰	≤0.40	35	30
	>0.40	25	20
粒化高炉矿渣粉	≤0.40	55	45
	>0.40	45	35
钢渣粉	—	20	10
磷渣粉	—	20	10
硅灰	—	10	10
复合掺和料	≤0.40	55	45
	>0.40	45	35

晶相玻璃体中含有较高比例的活性 SiO_2 和 Al_2O_3，这使其具有较强的火山灰活性。

由于粉煤灰具有上述结构及性能特点，使其在水泥混凝土中能够发挥某些特殊的作用。当优质粉煤灰掺加到水泥混凝土中，其特有的球形微珠可在新拌混凝土中产生滚珠轴承作用，使新拌混凝土具有更高的流动性，产生明显的形态减水效应。优质粉煤灰通常含有大量强度高、堆积状态稳定的玻璃微珠颗粒，当其嵌固于水泥混凝土内部时，不仅可以改善其构成颗粒的级配，还可提高水泥浆基体的强度和耐久性，从而产生有利于混凝土结构的微集料效应。优质粉煤灰中的非晶相玻璃体中含有较高比例的活性 SiO_2 和 Al_2O_3，它们能够与水泥的水化产物 $Ca(OH)_2$ 发生“二次反应”，使粉煤灰产生明显的火山灰效应，也使粉煤灰的微集料效应和水泥的活性得到充分发挥。

为规范粉煤灰产品的质量并确保普通混凝土的质量，《用于水泥和混凝土中的粉煤灰》(GB 1596—2017)根据燃煤品种将粉煤灰分为F类(即俗称的“低钙粉煤灰”，由无烟煤或烟煤煅烧)和C类(即俗称的“高钙粉煤灰”，由褐煤或次烟煤煅烧，氧化钙含量一般≥10%)。并对粉煤灰的质量指标作了严格规定，拌制砂浆和混凝土用粉煤灰根据细度、需水量比、烧失量指标将其划分为I级、II级和III级三个级别(表5-19)。

表5-19　　粉煤灰质量指标要求

指标			级别		
			Ⅰ	Ⅱ	Ⅲ
细度(0.045 mm方孔筛筛余)/%	不大于		12.0	30.0	45.0
需水量比/%	不大于		95	105	115
烧失量/%	不大于		5.0	8.0	15.0
含水量/%	不大于		1.0		
三氧化硫/%	不大于		3.0		
游离氧化钙/%	不大于	F类	1.0		
		C类	4.0		
安定性(雷士夹沸煮后增加距离)/mm	不大于	C类	5.0		
强度活性指数,%	不小于		70		

2. 粒化高炉矿渣粉

将粒化高炉矿渣经干燥、粉磨(可以添加少量石膏或助磨剂一起粉磨)达到规定细度并符合规定活性指数的矿物粉体材料。矿粉的主要化学成分为SiO_2，Al_2O_3，CaO，MgO等，其中SiO_2，Al_2O_3和CaO占矿粉总量的90%左右。矿粉的晶相组成除大量玻璃体外，矿渣中还含有钙镁铝黄长石和很少量的硅酸一钙和硅酸二钙等结晶体，因此，矿粉具有微弱的自身水硬性。矿粉的作用机理为：

(1) 胶凝效应　矿粉中玻璃体形态的活性SiO_2和Al_2O_3，经过机械粉磨激活，能与水泥水化过程中析出的氢氧化钙进行“二次反应”，在表面生成具有胶凝性能的水化铝酸钙、水化硅酸钙等凝胶物质。当掺入适量石膏时，还能进一步生成水化硫铝酸钙，促进强度形成和发展。

(2) 微集料效应　与粉煤灰的微集料效应相似。矿粉的最小颗粒粒径在10 μm左右，在水泥水化过程中，均匀分散于孔隙和凝胶体中，起到填充毛细管及孔隙裂缝作用，改善了孔结构，提高了水泥石的密实度。另一方面，未参与水化的颗粒分散于凝胶体中起到集料的骨架作用，进一步优化了凝胶结构，改善与粗细集料之间的粘结性能和混凝土的微观结构，从而改善混凝土的宏观综合性能。

经联合粉磨的矿粉，表面粗糙度小于水泥颗粒，因此也具有一定的形态效应，起到减水作用，使混凝土的流动性提高。

为规范矿粉的生产并推广矿粉在水泥、砂浆和混凝土中的应用，《用于水泥、砂浆和混凝土中的粒化高炉矿渣粉》(GB/T 18046—2017)规定，矿粉的质量主要按比表面积、活性指数分为

S105、S95、S75 三个等级，具体质量指标如表 5-20 所示。

表 5-20　　粒化高炉矿渣粉质量指标

项目			级别		
			S105	S95	S75
密度/$(g \cdot cm^{-3})$		≥	2.8		
比表面积/$(m^2 \cdot kg^{-1})$		≥	500	400	300
活性指数/%	7 d	≥	95	75	55
	28 d	≥	105	95	75
流动度比/%		≥	95		
含水量/%		≤	1.0		
三氧化硫/%		≤	4.0		
氯离子/%		≤	0.06		
烧失量/%		≤	3.0		
玻璃体含量/%		≥	85		
放射性			合格		

3. 钢渣粉

由符合《用于水泥中的钢渣》(YB/T 022—2008)规定的转炉或电炉钢渣，经磁选除铁处理后粉磨达到一定细度的粉末。

钢渣粉的化学成分以 CaO 和 SiO_2 为主，其余为 Al_2O_3，MgO，FeO 和 Fe_2O_3 等组分，以化学成分而言，钢渣粉和水泥熟料有些相似，只是氧化物含量差别较大。钢渣的胶凝活性来源于其含有的硅酸盐、铝酸盐及铁铝酸盐矿物，其中所含的硅酸二钙 C_2S、硅酸三钙 C_3S 对强度的贡献最大。虽然钢渣的化学成分与水泥熟料相似，但它的生成温度比硅酸盐熟料高了很多，其矿物结晶致密、晶粒较大，水化速度缓慢，只是一种具有潜在活性的胶结材料；且钢渣中含有大量的 CaO，MgO 成分，控制不当极易造成安定性不良的后果。将钢渣经机械磨细后，可以改变原先的晶体结构，增加颗粒表面的活化能，可以充当水泥或水泥混凝土的活性材料。另外，钢渣粉具有较好的流动性、耐久性、体积稳定性和抗碱骨料反应，混凝土中掺加钢渣粉后可提高混凝土的和易性，消除碱骨料反应。

为规范钢渣粉的生产并推广其在普通混凝土中的应用，《用于水泥和混凝土中的粒化高炉钢渣粉》(GB/T 20491－2017)规定，钢渣粉按 7d、28d 活性指数分为一级、二级，具体质量指标如表 5-21 所示。

4. 磷渣粉

以粒化电炉磷渣为主，与少量石膏共同粉磨制成一定细度的粉体，称为粒化电炉磷渣粉，简称磷渣粉。

磷渣是电炉法制取黄磷时得到的一种经冷淬处理后的工业废渣——粒化电炉磷渣，简称磷渣，近似于钢铁厂的高炉水淬渣其主要成分为硅酸盐玻璃体，主要化学成分是 CaO，SiO_2，Al_2O_3，此外还有少量的 TiO_2，Fe_2O_3，P_2O_5，MgO，F 以及微量的 MnO，K_2O，Na_2O，具有较高的潜在水化活性。磷渣粉是一种优良的混凝土矿物掺和料，掺入混凝土后可以降低其水化热，

表 5-21　　钢渣粉的技术要求

项　目			一级	二级
比表面积/($m^2 \cdot kg^{-1}$)		≥	350	
密度/($g \cdot cm^{-3}$)		≥	3.2	
含水量/%		≤	1.0	
游离氧化钙(质量分数)/%		≤	4.0	
三氧化硫(质量分数)/%		≤	4.0	
活性指数/%	≥	7 d	65	55
		28 d	80	65
流动度/%		≥	90	
安定性		沸煮法	合格	
		压蒸法	6 h 压蒸膨胀率≤0.05%(当钢渣中 MgO 含量大于 5.0% 时可不检验)	

改善混凝土的抗裂性;优化混凝土内孔结构与孔级配,降低大孔孔隙率,提高细孔比例,最终提高混凝土的强度和抗渗性;此外还可缓解碱—骨料和硫酸盐造成的膨胀等损害程度。

为规范磷渣粉的生产并推广其在普通混凝土中的应用,《用于水泥和混凝土中的粒化电炉磷渣粉》(GB/T 26751—2011)规定,磷渣粉的按 7 d 和 28 d 活性指数分为 L95,L85,L70 三个级别,具体质量指标如表 5-22 所示。

表 5-22　　电炉磷渣粉的技术指标

项　目			级别 L95	级别 L85	级别 L70
比表面积/($m^2 \cdot kg^{-1}$)		≥	350		
活性指数/%	≥	7 d	70	60	50
		28 d	95	85	70
流动度/%		≥	95		
密度/($g \cdot cm^{-3}$)		≥	2.8		
五氧化磷含量/%		≤	3.5		
碱含量(Na_2O+0.658K_2O)/%		≤	1.0		
三氧化硫/%		≤	4.0		
氯离子/%		≤	0.06		
烧失量/%		≤	3.0		
含水量/%		≤	1.0		
玻璃体含量/%		≥	80		
放射性			I_{Ra}≤1.0 且 I_{γ}≤1.0		

5. 硅灰

硅灰是指在冶炼硅铁合金或工业硅时，通过烟道排出的硅蒸气氧化后，经收尘器收集到的以无定型二氧化硅为主要成分的粉末状产品。一般呈青灰色或银白色，在电子显微镜下可以观察到硅灰为非结晶态的球形颗粒，表面光滑。硅灰的相对密度为 2.1～2.3 g/cm³，堆积密度为 200～300 kg/m³。用勃氏法测得的比表面积为 3 400～4 700 m²/kg，用氮吸附法测得的比表面积为 18 000～22 000 m²/kg。由于硅粉具有独特的细度，小的球状硅粉可填充于水泥颗粒之间，使胶凝材料具有更好的级配，低掺量下，还能降低水泥的标准稠度用水量。但因其比表面积很大，其吸附水分的能力很强，掺量提高时，将增加混凝土的用水量，需水量比约为 125%。综合考虑混凝土的性能和生产成本，一般情况下是水泥重量的 5%～15%，超过 20% 水泥浆将变得非常粘稠。掺入硅粉可降低泌水，但硅粉的掺入会加大混凝土的收缩。《砂浆和混凝土用硅灰》(GB/T 27690—2011)规定，硅灰按其使用时的状态，分为硅灰(SF)和硅灰浆(SF－S，以水为载体的含有一定数量硅灰的匀质性浆料)。硅灰的技术要求见表 5-23。

表 5-23　　硅灰技术要求

项　　目		指　　标
固含量(浆料)		按生产厂控制的±2%
总碱量/%	≤	1.5
SiO_2 含量/%	≥	85.0
氯含量/%	≤	0.1
含水率(粉料)/%	≤	3.0
烧失量比/%	≤	4.0
需水量比/%	≤	125
比表面积(BET 法)/($m^2 \cdot g^{-1}$)	≥	15
活性指数(7 d 快速法)/%	≥	105
放射性		$I_{ra} \leqslant 1.0$，$I_r \leqslant 1.0$
抑制碱骨料反应性/%		14 d 膨胀率降低值≥35
抗氯离子渗透性/%		28 d 电通量之比≤40

为规范矿物掺合料在混凝土中的应用，引导其技术发展，达到改善混凝土性能、提高工程质量、延长混凝土结构物使用寿命并有利于工程建设的可持续发展，国家在 2014 年 5 月 16 日发布了 GB/T 51003－2014《矿物掺合料应用技术规范》，适用于粉煤灰、粒化高炉矿渣粉、硅灰、石灰石粉、钢渣粉、磷渣粉、沸石粉和复合矿物掺合料在混凝土工程中的应用。

5.3　新拌混凝土的技术性质

混凝土的各组成材料按一定比例配合，经搅拌均匀后，尚未凝结硬化之前，称为新拌混凝土，也称混凝土拌合物。新拌混凝土必须具备良好的和易性，才能方便施工，获得质量均匀、结构密实的混凝土，从而保证硬化混凝土的强度和耐久性。

5.3.1　和易性的概念

新拌混凝土的和易性也称工作性，是指其在搅拌、运输、浇筑、捣实等施工作业中易于流动变形，并能获得质量均匀、成型密实混凝土的性能。和易性是一项综合的技术性质，它包括流动性、黏聚性和保水性三方面的性能。

(1) 流动性 流动性是指新拌混凝土在自重或机械振捣力的作用下，能产生流动并均匀密实地充满模板的性能。流动性的大小，在外观上表现为新拌混凝土的稀稠，直接影响着浇捣施工的难易和混凝土的成型质量。

(2) 黏聚性 黏聚性是指新拌混凝土内部组分间具有一定的黏聚力，在运输和浇筑过程中不致发生分层离析现象，使混凝土能保持整体均匀稳定的性能。黏聚性差的新拌混凝土，或表现为发涩，或产生石子下沉，导致石子与砂浆分离，振捣后容易出现蜂窝、空洞等现象。

(3) 保水性 保水性是指新拌混凝土具有一定保持内部水分的能力，在施工过程中不致产生严重的泌水现象。在施工过程中，保水性差的新拌混凝土中一部分水易从内部析出至表面，在水渗流之处留下许多毛细管孔道，成为以后混凝土内部的透水通路。另外，在水分上升的同时，一部分水还会滞留在石子及钢筋的下缘形成水隙，从而减弱水泥浆与石子或钢筋的胶结力，显著降低混凝土的密实性、强度及耐久性。

混凝土拌合物的流动性、黏聚性及保水性，三者之间互相关联又互相矛盾。例如黏聚性好的新拌混凝土，往往保水性也好，但其流动性可能较差；当新拌混凝土的流动性很大时，往往会导致黏聚性和保水性变差。因此，所谓新拌混凝土的和易性良好，就是使这三方面的性能在某种具体条件下得到统一，达到满足施工操作与混凝土后期质量良好的状况。

5.3.2 和易性的测定方法及评定

新拌混凝土的和易性是一项综合技术性质，很难用一种简单的测定方法和指标来全面恰当地予以表达。根据《普通混凝土拌合物性能试验方法》(GB/T 50080—2002)规定，用坍落度法或维勃稠度法来测定新拌混凝土的流动性，并辅以经验来目测评定其黏聚性和保水性，综合评定其和易性。维勃稠度法适用于较干硬的新拌混凝土。

1. 坍落度法

坍落度法适用于测定塑性混凝土(坍落度不小于 10 mm)的流动性。将新拌混凝土分三层装入标准坍落度圆锥筒内(使捣实后每层高度为筒高的 1/3左右)，每层用弹头棒均匀地捣插 25 次。用镘刀刮平试样后，垂直向上提起圆锥筒，新拌混凝土锥体因自重而产生坍落。将圆锥筒与混凝土料并排放置，所测得新拌混凝土坍落前后最高点之间的高差(以 mm 为单位)即为坍落度，见图 5-7。

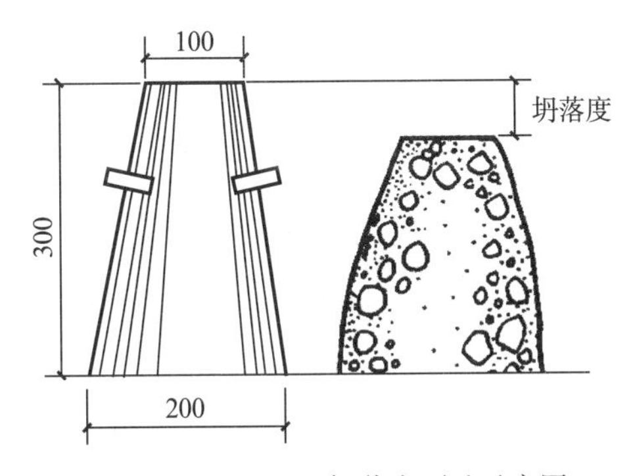

图 5-7 新拌混凝土坍落度测试示意图

新拌混凝土的坍落度值越大，表明其流动性越好。在测定坍落度的同时，应观察新拌混凝土的黏聚性和保水性，以全面地评价其和易性。例如用捣棒轻轻敲击已坍落的新拌混凝土锥体的一侧，此时若锥体四周渐渐均匀下沉，则表明其黏聚性良好；如果锥体突然倒坍，部分崩裂或发生离析现象，则表明其黏聚性不好。保水性是以新拌混凝土中稀浆析出的程度来评定的，当坍落度筒提起后，若有较多的稀浆从底部析出，锥体部分也因失浆而集料外露，则表明新拌混凝土的保水性能不好；若坍落度筒提起后无稀浆或仅有少量稀浆由底部析出，则表明新拌混凝土的保水性良好。

坍落度试验只适用于集料最大粒径不大于 40 mm 且坍落度值为 10～220 mm 的新拌混凝土。对于坍落度值大于 220 mm 的新拌混凝土，应以坍落扩展度检测，即测量坍落后混凝土的扩展直径最大和最小两个方向的直径 D_{max}，D_{min}，当二者的差值小于 50 mm 时，则以其平均值作为坍落度扩展度；当二者的差值大于 50 mm 时，则表示实验操作失误而无效。

在根据坍落度测定结果进行流动性分级评定时，其测值最小为 1 mm，且精确到 5 mm。由于坍落度是新拌混凝土自重引起的变形，它对富水泥浆的新拌混凝土更为敏感，而对贫水泥浆的新拌混凝土则误差较大。

2. 维勃稠度法

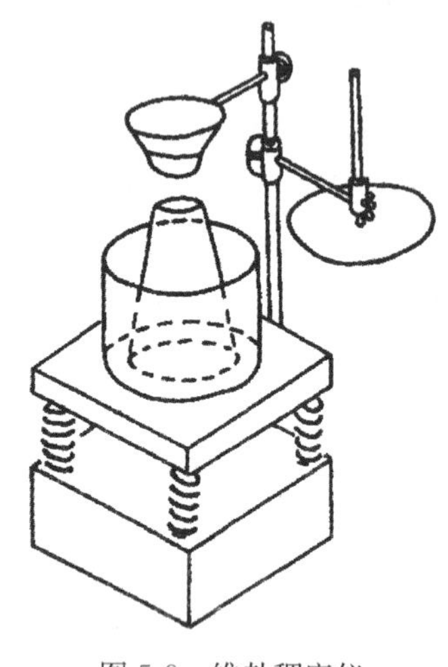

图 5-8　维勃稠度仪

维勃稠度法是由瑞士人 V・勃纳(Bahrner)所提出的新拌混凝土和易性检测方法，它主要适合于坍落度值小于 10 mm 的干硬性新拌混凝土。其检测仪器称为维勃稠度仪(图 5-8)，试验时先将新拌混凝土按规定方法装入在圆桶内的截头圆锥(无底)桶内，装满后将圆锥桶垂直向上提出，并在新拌混凝土锥体顶面盖一透明玻璃圆盘；然后开启振动台并记录时间，从开始振动至玻璃圆盘底面布满水泥浆时所经历的时间(以秒计)，即为新拌混凝土的维勃稠度值。时间值越小，表明其流动性越好。维勃稠度法只适用于集料最大粒径小于 40 mm 且维勃稠度值在 5～30 s 之间的新拌混凝土。

《混凝土质量控制标准》(GB 50164—2011)规定，塑性混凝土按坍落度分为 S1，S2，S3，S4 和 S5 五级；泵送、自密实混凝土按坍落度扩展度分为 F1，F2，F3，F4，F5 和 F6 六个等级；干硬性混凝土按维勃稠度分为 V0，V1，V2，V3 和 V4 五级。具体指标如表 5-24 所示。

表 5-24　　混凝土拌合物流动性分类

名　称	代号	指标
塑性混凝土/mm 坍落度≥10 mm	S1	10～40
	S2	50～90
	S3	100～150
	S4	160～210
	S5	≥220
干硬性混凝土/s 维勃稠度 5～30 s	V0	≥31
	V1	30～21
	V2	20～11
	V3	10～6
	V4	5～3

续表

名　　称	代号	指标
泵送、自密实混凝土/mm 坍落度≥220 mm	F1	≤340
	F2	350～410
	F3	420～480
	F4	490～550
	F5	560～620
	F6	≥630

5.3.3 新拌混凝土和易性的选择

选择混凝土拌合物和易性时，应根据施工方法、结构构件截面尺寸大小、配筋疏密并参考有关资料(或经验)来确定。对截面尺寸较小、形状复杂或配筋较密的构件，或采用人工插捣时，应选择较大的坍落度。反之，对无筋厚大结构、钢筋配置稀疏易于施工的结构，尽可能选用较小的坍落度，以减少水泥浆用量。《混凝土结构工程施工及验收规范》(GB 50204—92)曾经规定，混凝土浇筑时的坍落度，宜参照表 5-25 选用。表中的数值是指采用机械振捣混凝土时的坍落度，当采用人工捣实时应适当提高坍落度值。

表 5-25　　不同结构对新拌混凝土坍落度的要求

项　目	结 构 种 类	坍落度/mm
1	基础或地面等的垫层，无筋的厚大结构或配筋稀疏的结构构件	10～30
2	板、梁和大型及中型截面的柱子等	30～50
3	配筋密列的结构(薄壁、斗仓、筒仓、细柱等)	50～70
4	配筋特密的结构	70～90

正确选择新拌混凝土的坍落度，对于保证混凝土的施工质量及节约水泥具有重要意义。原则是在不妨碍施工操作并能保证振捣密实的条件下，尽可能采用较小的坍落度，以节约水泥并获得质量较好的混凝土。GB 50164—2011 规定，泵送混凝土拌合物坍落度设计值不宜大于 180 mm。混凝土拌合物的坍落度经时损失不应影响混凝土的正常施工，泵送混凝土拌合物坍落度的经时损失不宜大于 30 mm/h。

5.3.4 影响和易性的主要因素

1. 水泥浆的数量——浆集比

水泥浆是赋予新拌混凝土流动性的关键因素。在水胶比不变的情况下，新拌混凝土中的水泥浆数量越多，包裹在集料颗粒表面的浆层越厚，润滑作用越好，使集料间的摩擦阻力减小，新拌混凝土的流动性就大。但是，若水泥浆量过多，就会出现流浆及泌水现象，使新拌混凝土的黏聚性及保水性变差，同时对混凝土的强度与耐久性也会产生一定的影响，而且还浪费了水泥。若水泥浆数量过少，则不能填满集料间的空隙或不能完全包裹集料表面时，新拌混凝土黏聚性就会变差，甚至产生崩坍现象。因此，新拌混凝土中水泥浆数量不能太少或过多，应以满足流动性和强度的要求为度。

2. 水泥浆的稠度(水胶比)

在水泥用量不变的情况下,水胶比越小,水泥浆就越稠,水泥浆的黏滞阻力或黏聚力增大,新拌混凝土的流动性就越小。当水胶比过小时,水泥浆干稠,则新拌混凝土的流动性过低,从而导致运输、浇筑和振实施工操作困难,难以保证其成型密实质量。相反,增加用水量而使水胶比增大后,可以降低水泥浆的黏滞阻力或黏聚力,在一定范围内可以增大新拌混凝土的流动性。但若水胶比过大,水泥浆因过稀而几乎失去黏聚力,尽管新拌混凝土的流动性可能较大,由于其黏聚性和保水性的严重下降而容易产生分层离析和泌水现象,这将严重影响混凝土的强度及耐久性。因此,工程实际中决不可以单纯加水的办法来增大流动性,而应在保持水胶比不变的条件下,以增加水泥浆数量的办法来调整新拌混凝土的流动性。

无论是水泥浆的数量还是水泥浆的稠度,它们对新拌混凝土流动性的影响最终都体现为用水量的多少。实际上,在配制混凝土时,当粗、细集料的种类及比例确定后,对于某一流动性的新拌混凝土,其拌合用水量基本不变,即使水泥用量有所变动(如 1 m^3 混凝土水泥用量增减 50～100 kg)时,新拌混凝土的坍落度也可保持基本不变。这一关系称为“恒定用水量法则”,它为混凝土配合比设计时确定拌合用水量带来很大方便。

根据上述法则,当采用常用水胶比(0.4～0.8)时,可以根据粗骨料品种、粒径及施工要求的流动性来直接确定配制 1 m^3 塑性或干硬性混凝土的用水量,见表 5-42 和表 5-43。

3. 砂率

砂率 S_p 是指混凝土中砂的质量占砂、石总质量的百分率,其表达式为

$$S_p = \frac{S}{S+G} \times 100\% \tag{5-3}$$

式中,S,G 分别为砂、石的质量。

砂率的变化对新拌混凝土的和易性影响较大。砂率过大,集料的总表面积和空隙率均会增大,在水泥浆数量不变的情况下,水泥浆量相对显得太少,减弱了水泥浆的润滑作用,新拌混凝土就显得干稠,流动性降低。若砂率过小,则拌合物中石子过多而砂子过少,此时砂浆量较少不足以包裹石子表面,也不能填满石子间空隙,导致集料颗粒间直接接触而产生较大的摩擦阻力,也会显著降低新拌混凝土的流动性,并严重影响其黏聚性和保水性,容易造成离析、水泥浆流失等现象。

适当的砂率可以填满石子间的空隙,而且还能保证粗集料间有一定厚度的砂浆层,以减小集料间的摩擦阻力,使新拌混凝土获得较好的流动性。这个适宜的砂率,称为“合理砂率”。采用合理砂率时,在用水量及水泥用量一定的情况下,能使新拌混凝土获得最大的流动性,并保持良好的黏聚性和保水性,见图 5-9。此外,采用合理砂率,还能使新拌混凝土在具有较好流动性、黏聚性与保水性的同时,水泥用量为最少,见图 5-10。

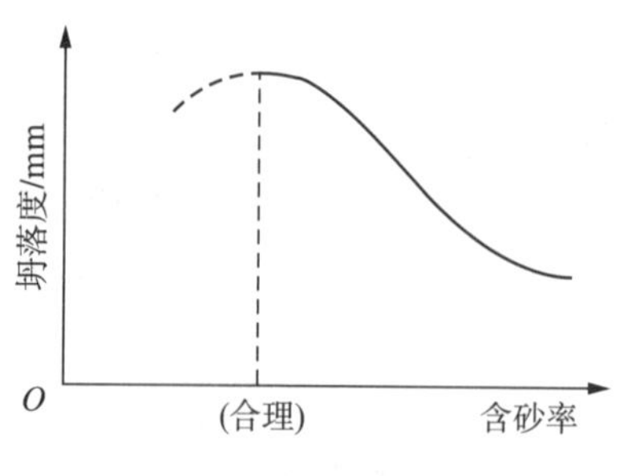

图 5-9 砂率与坍落度的关系
(水与水泥用量不变)

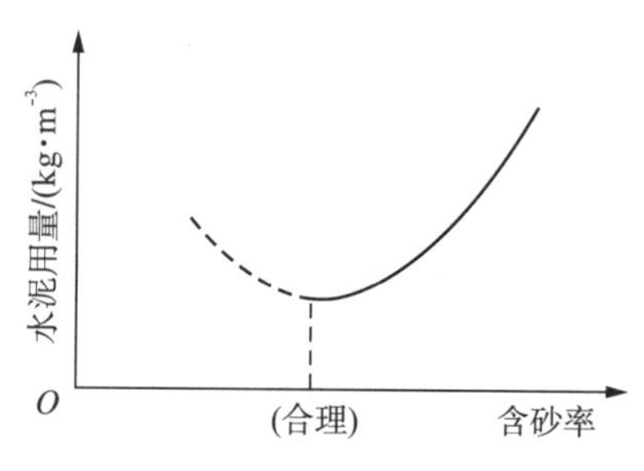

图 5-10 砂率与水泥用量的关系
(坍落度不变)

砂率的确定可依据砂石混合料中砂子体积以填满粗集料空隙后略有富余为度这一原则进行理论计算求得；也可配制多组砂率不同的混凝土，通过试验检测其和易性（坍落度），并依据其相互关系，见图5-9，来确定最佳砂率。一般情况下，在保证新拌混凝土不离析，能很好地浇灌、捣实的条件下，应尽量选用较小的砂率，可节约水泥。

4. 组成材料性质的影响

(1) 水泥品种 水泥对新拌混凝土和易性的影响主要表现在水泥的需水量上，需水量大的水泥品种，达到相同的坍落度时所需的用水量较多。矿渣水泥与火山灰质水泥的需水量较大，加水量相同时，它们所配制的新拌混凝土流动性较小；普通硅酸盐水泥所配制的新拌混凝土的流动性和保水性较好。

(2) 集料性质 集料性质多指混凝土所用集料的品种、级配、颗粒粗细及表面性状等。采用卵石及河砂拌制的新拌混凝土流动性要比用碎石及山砂拌制的新拌混凝土流动性较好。级配良好的集料空隙率小，在水泥浆数量一定的情况下，包裹集料表面的水泥浆层则较厚，新拌混凝土的和易性较好。细砂的比表面积大，用细砂拌制的新拌混凝土的流动性则较差，但黏聚性和保水性可能较好。

(3) 外加剂 在混凝土中掺加减水剂、引气剂等外加剂后，会使新拌混凝土的和易性有明显的改善，在不增加水泥用量的条件下，能使其流动性显著提高，并有效改善黏聚性和保水性。

5. 时间及环境温度

搅拌后的新拌混凝土会随存放时间的延长而逐渐变得干稠，坍落度将逐渐减小，这种现象称为坍落度损失。原因是新拌混凝土中一部分水已与水泥水化，另一部分水逐渐被集料所吸收，还有一部分水被蒸发。而且随着时间的延长，混凝土内部凝聚结构逐渐形成，对混凝土的流动阻力增大。这些因素均可导致新拌混凝土的坍落度损失。因此，新拌混凝土的坍落度会随着时间的延长而明显下降，见图5-11。

如果环境温度较高，混凝土坍落度损失将更快。因为较高的环境温度可使水分蒸发及水泥水化反应速度加快。为此，土木工程施工过程中应注意温度对新拌混凝土坍落度的影响，见图5-12。

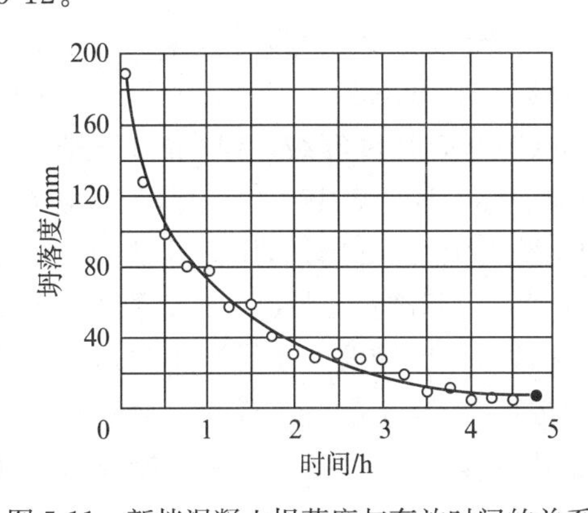

图5-11　新拌混凝土坍落度与存放时间的关系

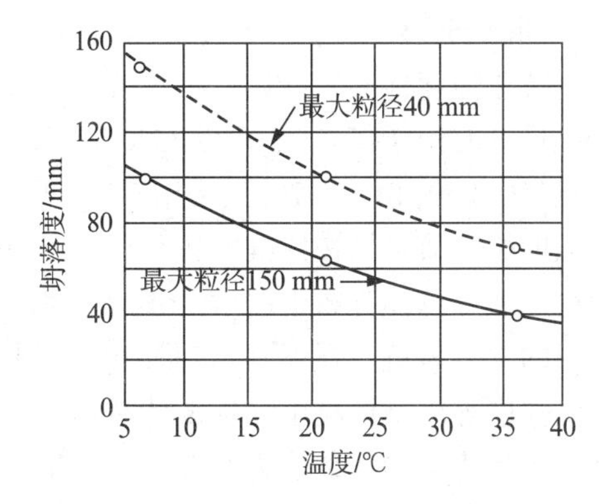

图5-12　温度对新拌混凝土坍落度的影响

6. 和易性的调整与改善

为满足实际工程需要，通常采用改善新拌混凝土和易性的措施，主要包括如下内容。

① 当新拌混凝土坍落度小于设计要求时，为了保证混凝土的强度和耐久性，不能单独加

水，应保持水胶比不变，增加适量的胶凝材料浆体。

② 当坍落度大于设计要求时，应保持砂率不变，增加适量的砂石用量，实际上减少胶凝材料浆体的相对数量。

③ 改善集料(特别是粗集料)的级配，既可以提供新拌混凝土流动性，也能改善黏聚性和保水性。

④ 采用合理砂率，在可能条件下，尽量采用较粗的砂、石，以提高混凝土的质量并节约水泥。

⑤ 掺加减水剂或引气剂，是改善新拌混凝土和易性的有效措施。

5.4 硬化混凝土的技术性质

5.4.1 硬化混凝土的强度

普通混凝土一般多用作结构材料，因此强度是硬化混凝土最重要的技术性质。混凝土的强度包括抗压强度、抗拉强度、抗弯强度、抗剪强度、与钢筋的粘结强度等。其中以抗压强度为最大，故结构中的混凝土主要用于承受压力。

混凝土强度与混凝土的其他性能关系密切。一般来说，混凝土的强度越高，其刚性、不透水性、抵抗风化和某些介质侵蚀的能力也越强。混凝土的抗压强度是结构设计的主要参数，也是混凝土质量评定和控制的主要技术指标。

1. 混凝土的抗压强度 f_{cu} 与强度等级

我国采用立方体抗压强度作为混凝土的强度特征值。根据《普通混凝土力学性能试验方法》(GB/T 50081—2002)，按规定方法制作 150 mm×150 mm×150 mm 的标准立方体试件，在标准养护条件(温度 20 ℃±2 ℃，相对湿度 95%以上的标准养护室中养护，或在温度为 20 ℃±2 ℃的不流动的 $Ca(OH)_2$ 饱和溶液中)下养护到 28 d 龄期，用标准试验方法所测得的抗压强度值称为混凝土的标准立方体抗压强度，以 f_{cu} 表示。

《混凝土强度检验评定标准》(GB/T 50107—2010)规定，混凝土强度等级采用符号 C 与立方体抗压强度标准值(以 N/mm^2 计)表示，共划分为 C10，C15，C20，C25，C30，C35，C40，C45，C50，C55，C60，C65，C70，C75，C80，C85，C90，C95 和 C100 等强度等级。但《混凝土结构设计规范》(GB 50010—2010)只采用 C15～C80 的 14 个等级。GB/T 50107—2010 规定，立方体抗压强度标准值是指按标准方法制作和养护的立方体试件，在 28 d 龄期，用标准试验方法测得的抗压强度总体分布中的一个值，强度低于该值的百分率不超过 5%(即具有强度保证率为 95%的立方体抗压强度)。如 C40 表示混凝土立方体抗压强度标准值 $f_{cu,k}$=40 MPa。

强度等级是混凝土结构设计时强度计算取值的依据，混凝土的强度等级必须达到结构设计时满足建筑物承载能力所要求的混凝土强度。此外，混凝土强度等级还是混凝土施工中控制工程质量和工程验收时的重要依据。

GB/T 50081—2002 规定，试件的尺寸应根据混凝土中集料的最大粒径按表 5-26 选定。相同混凝土的试件尺寸较小时，所测得的抗压强度值较大。这是由于试件受压时，试件受压面与试件承压板之间的摩擦力对其横向膨胀起着约束作用，该约束阻碍了近试件表面混凝土的裂缝扩展，使其表现强度提高，见图 5-13。显然，愈接近试件的端面，这种约束作用就愈大，在距端面大约$\frac{\sqrt{3}}{2}a$的范围以外，约束作用才消失。这种作用的效果可表现为试件破坏后，其上下部分多呈现为近似棱锥体，见图 5-14。通常，将这种作用称为“环箍效应”。如没有环箍效应，如试件与压板接触面涂油，则试件破坏形态见图 5-15。

GB/T 50107—2010 规定，用非标准试件测得的强度值均应乘以换算系数，混凝土强度等级<C60 时，其值为对 200 mm×200 mm×200 mm 试件为 1.05；对 100 mm×100 mm×100 mm试件为 0.95。当混凝土强度等级≥C60 时，宜采用标准试件；使用非标准试件时，尺寸换算系数应由试验确定。

表 5-26　　混凝土试件尺寸选用表

试件横截面尺寸/(mm×mm)	集料最大粒径/mm	
	劈裂抗拉强度试验	其他试验
100×100	20	31.5
150×150	40	40
200×200	—	63

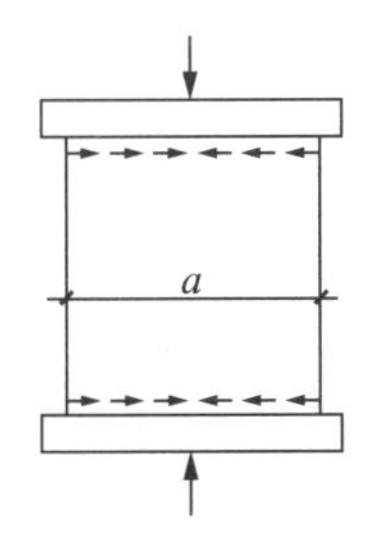

图 5-13　压力机板对试件的约束作用

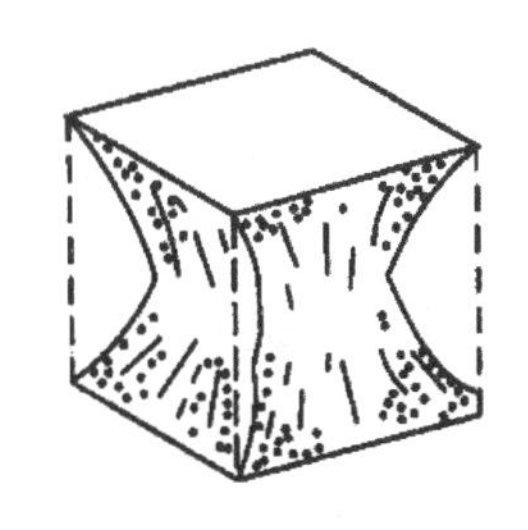
图 5-14　试件破坏后残存的棱锥体

图 5-15　不受压板约束时试件的破坏情况

2. 混凝土轴心抗压强度 f_{cp}

在工程结构中，许多钢筋混凝土受压构件为棱柱体或圆柱体。为了使测得的混凝土强度尽可能接近于工程结构的实际受力情况，在钢筋混凝土结构设计中，计算轴心受压构件(如柱子、桁架的腹杆等)时，应以混凝土的轴心抗压强度(以 f_{cp}表示)作为设计依据。

混凝土轴心抗压强度 f_{cp}又称棱柱体抗压强度。GB/T 50081—2002 规定：采用 150 mm×150 mm×300 mm 的棱柱体作为标准试件，按照标准养护方法与试验方法所测得轴向抗压强度的代表值。与标准立方体试件抗压强度 f_{cu}相比，相同混凝土的轴心抗压强度值 f_{cp}的表现值较小。且随着棱柱体试件高宽比(h/a)的增大，其轴心抗压强度减小；但当高宽比达到一定值后，强度就趋于稳定，这是因为试验中试件压板与试件表面间的摩阻力对棱柱体试件中部的影响已消失，所形成的纯压状态测值较稳定。显然，混凝土的轴心抗压强度肯定比同截面的立方体强度要低，当标准立方体抗压强度 f_{cu}在 10～50 MPa 范围内时，轴心抗压强度 $f_{cp}=(0.7\sim0.8)f_{cu}$，其系数一般取 0.76。

在工程实际中，也可以采用非标准尺寸的棱柱体试件来检测混凝土的轴心抗压强度，但其高宽比(h/a)应在 2～3 的范围内。

3. 混凝土的抗折强度 f_{tf}

混凝土的抗折强度是指处于受弯状态下混凝土抵抗外力的能力，由于混凝土为典型的脆性材料，它在断裂前无明显的弯曲变形，故称为抗折强度。按照《普通混凝土力学性能试验方法》(GB/T 50081—2002)的规定，混凝土的抗折强度是采用 150 mm×150 mm×550 mm 的试梁在三分点加荷状态下测得，其试件受力简图见图 2-3。混凝土试件的抗折强度计算公式为

$$f_{tf}=\frac{FL}{bh^2} \tag{5-4}$$

式中 f_{tf}——混凝土的抗折强度，MPa；

F——所承受的最大垂直荷载，N；

L——试梁两支点间的间距(450 mm)；

b——试梁高度(150 mm)；

h——试梁宽度(150 mm)。

如果采用 100 mm×100 mm×450 mm 的试梁或中间集中单点加荷方法进行抗折强度试验，所测得的抗折强度值应乘以折减系数 0.85 后作为标准抗折强度值。

我国《公路水泥混凝土路面设计规范》(JTGD 40—2011)规定，道路、机场道面与广场道面用水泥混凝土的强度控制指标以抗折强度为准，抗压强度仅作为参考指标。上述用途的水泥混凝土必须满足规范和设计要求的抗折强度，其中用于不同道路的水泥混凝土抗折强度标准值应满足表 5-27 的规定。按抗折强度进行混凝土配合比设计时，其配制抗折强度应取要求抗折强度标准值的 1.15 倍。

混凝土的抗折强度与抗压强度之间具有一定的相关性，通常抗压强度较高的混凝土，其抗折强度也较高，它们之间的参考关系见表 5-28。

表 5-27　道面混凝土抗弯拉(抗折)强度标准值要求　MPa

交通等级	特重	重	中等	轻
普通水泥混凝土	5.0	5.0	4.5	4.0
钢纤维混凝土	6.0	6.0	5.5	5.0

表 5-28　普通水泥混凝土抗折强度与抗压强度参考关系

抗折强度	1.0	1.5	2.0	2.5	3.0	3.5	4.0	4.5	5.0	5.5
抗压强度	5.0	7.7	11.0	14.9	19.3	24.2	19.7	35.8	41.8	48.4

4. 混凝土的抗拉强度 f_{ts}

混凝土是典型的脆性材料，其抗拉强度只有抗压强度的 1/10～1/20，而且混凝土强度等级越高，拉压比越低。因此，在钢筋混凝土结构设计中，通常不考虑混凝土的承拉能力，而是依靠其中配置的钢筋来承担结构中的拉力。尽管如此，混凝土的抗拉强度对于其抗裂性仍具有重要作用，它通常是结构设计中确定混凝土抗裂度的主要依据，也是抵抗由于干湿变化和温度变化而导致开裂的主要指标。

由于混凝土的脆性特点，其抗拉强度难以直接测定，我国目前采用劈裂抗拉试验法间接得出混凝土的抗拉强度，称劈裂抗拉强度 f_{ts}。混凝土劈裂抗拉强度是采用边长为 150 mm 的立

方体试件，试验时，先在立方体试件的上下两个相对表面加上垫条，然后施加均匀分布的压力，使试件在竖向平面内产生均匀分布的拉应力，见图5-16，该拉应力可以根据弹性理论计算得出。劈裂抗拉强度计算公式为

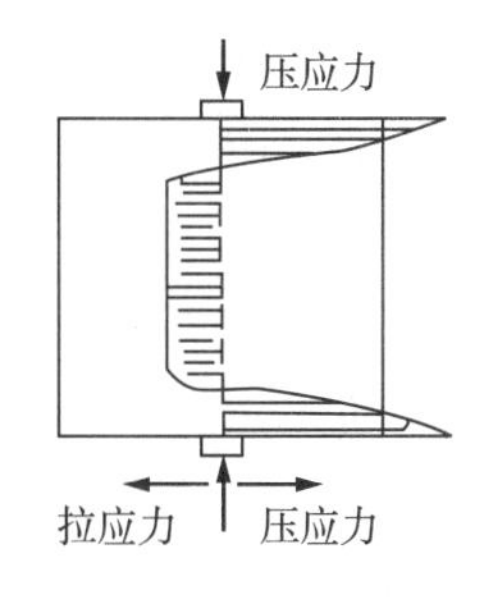

图 5-16　劈裂试验时垂直于受力面的应力分布

$$f_{ts}=\frac{2P}{\pi A}=0.637\cdot\frac{P}{A} \tag{5-5}$$

式中　f_{ts}——混凝土劈裂抗拉强度，MPa；

P——破坏荷载，N；

A——试件劈裂面积，mm^2。

试验研究证明，在相同条件下，混凝土的劈裂抗拉强度 f_{ts} 与标准立方体抗压强度 f_{cu} 之间具有一定的相关性，对于强度等级为10～50 MPa的混凝土，其相互关系可近似表示为

$$f_{ts}=0.35f_{cu}^{3/4} \tag{5-6}$$

通常，由于随着混凝土强度等级的提高而表现为更明显的脆性，其劈裂抗拉强度 f_{ts} 与标准立方体抗压强度(f_{cu})之间的差别可能更大。

5. 混凝土与钢筋的粘结强度

在钢筋混凝土结构中，为使钢筋与混凝土间有效地协同工作，要求两者之间必须有足够的粘结强度。这种粘结强度，主要来源于混凝土与钢筋之间的摩擦力、钢筋与水泥石之间的粘结力以及变形钢筋的表面机械啮合力。粘结强度与混凝土的性能有关，通常与混凝土抗压强度成正比。此外，粘结强度还受其他许多因素的影响，如钢筋尺寸及变形钢筋种类，钢筋在混凝土中的位置(水平钢筋或垂直钢筋)，加载类型(受拉钢筋或受压钢筋)，干湿变化或温度变化等。

目前，还没有一种较适当的材料试验能够准确测定混凝土与钢筋的粘结强度。为了对比不同混凝土的粘结强度，美国材料试验学会(ASTMC234)提出了一种拔出试验方法：在边长为150 mm的立方体混凝土试件中埋入直径为19 mm的标准变形钢筋，以不超过34 MPa/min的加荷速度对钢筋施加拉力，直到钢筋发生屈服、混凝土开裂或加荷端钢筋滑移超过2.5 mm时，记录出现上述三种中任一情况时的荷载值 P，并用下式计算混凝土与钢筋的粘结强度：

$$f_{N}=\frac{P}{\pi dL} \tag{5-7}$$

式中　f_N——粘结强度，MPa；

d——钢筋直径，mm；

L——钢筋埋入混凝土中的长度，mm；

P——测定的荷载值，N。

6. 影响混凝土强度的因素

水泥混凝土在凝结硬化过程中，由于水泥石收缩而引起砂浆体积变化，在砂浆与粗集料界面上产生分布不均匀的拉应力，导致其界面上形成了许多微细裂纹。此外，由于混凝土成型后的泌水作用所形成的塑性收缩和聚集于粗集料下缘的水隙等，也会形成硬化混凝土的界面裂缝。因此，硬化后的混凝土在未受外力作用之前，其内部已存在一定的界面裂纹。当混凝土受

力时，这些界面裂缝会逐渐扩大、延长并汇合连通起来，形成可见的裂缝，直至导致混凝土结构丧失连续性而遭到完全破坏。

混凝土强度试验表明，中低强度混凝土在受力破坏时主要表现为集料与水泥石的粘结界面开裂或水泥石本身的开裂。混凝土中集料本身的强度大大超过水泥石及界面的强度，所以集料破坏的可能性很小。因此，混凝土的强度主要取决于水泥石强度及其与集料的粘结强度，而粘结强度又与水泥强度等级、水胶比及集料的性质有密切关系。此外，混凝土的强度还受施工质量、养护条件及龄期的影响。

(1) 水泥强度等级与水胶比的影响 水泥强度等级和水胶比是影响混凝土强度最主要的因素，也是决定性因素。

水泥强度等级越高，形成的水泥石强度越高，且与集料的界面粘结强度越大，混凝土的强度则高。因此，如果水胶比不变，水泥强度等级越高，所配制的混凝土强度也就越高。

从理论上讲，水泥水化所需的结合水一般为水泥质量的23%左右，但在配制混凝土时，为了获得施工要求的流动性，常需多加一些水。塑性混凝土的水胶比一般在0.40～0.80。混凝土中这些多加的水不仅使水泥浆变稀，胶结力减弱，而且多余的水分残留在混凝土中或蒸发后形成气孔或通道，减少了混凝土抵抗荷载的有效面积，而且可能在孔隙周围引起应力集中。在水泥强度等级相同的条件下，混凝土的强度主要取决于水胶比，水胶比愈小，水泥石的强度愈高且与集料粘结力愈大，混凝土强度也愈高。

但是，上述规律只适用于新拌混凝土已被充分振捣密实的情况。若水胶比过小，新拌混凝土过于干稠，可能不适合于正常施工振捣工艺，难以使混凝土振捣密实，容易出现较多的蜂窝、孔洞等缺陷，反而导致混凝土强度的严重下降。因此，混凝土的水胶比也与所采用的密实工艺有关，不同密实工艺振实所需水胶比关系曲线见图5-17。

工程实践与试验研究的结果表明，在所用材料相同的情况下，混凝土的强度 f_{cu} 与水灰比(W/C)之间呈有规律的曲线关系，见图5-17中的实线，而 f_{cu} 与灰水比(C/W)之间则呈近似线性关系，见图5-18。混凝土强度与灰水比、水泥强度之间的关系可用线性经验公式(又称鲍罗米公式)表示：

$$f_{cu}=\alpha_a f_{ce}\left(\frac{C}{W}-\alpha_b\right) \tag{5-8}$$

式中 f_{cu}——混凝土28 d龄期的抗压强度，MPa；

C——1 m^3 混凝土中水泥用量，kg；

W——1 m^3 混凝土中水的用量，kg；

f_{ce}——水泥的实际强度，MPa，在无法取得水泥实际强度数据时，可用式 $f_{ce}=\gamma_c f_{ce,g}$ 估算，其中 γ_c 为水泥强度等级标准值的富余系数，可按实际统计资料确定；当缺乏实际统计资料时，如水泥刚出厂，则32.5级水泥可取1.12，42.5级水泥可取1.16，52.5级水泥可取1.10，如水泥已储存一段时间，但没有超过3个月，可取其强度等级最低值，如超过3个月但未出现结块，则需取样实测其强度；

$f_{ce,g}$——水泥强度等级，如42.5级，$f_{ce,g}$取42.5 MPa；

α_a，α_b——回归系数，它与集料品种及水泥品种等因素有关，其数值通过试验求得，若无试验统计资料，碎石：$\alpha_a=0.46$，$\alpha_b=0.07$；卵石：$\alpha_a=0.48$，$\alpha_b=0.33$。

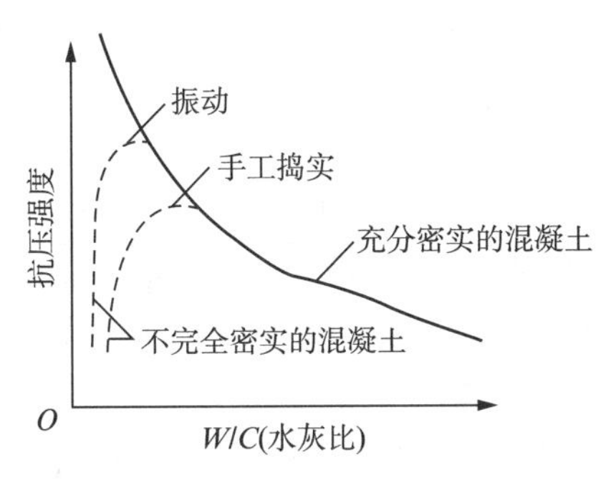

图 5-17　混凝土强度与水胶比的关系

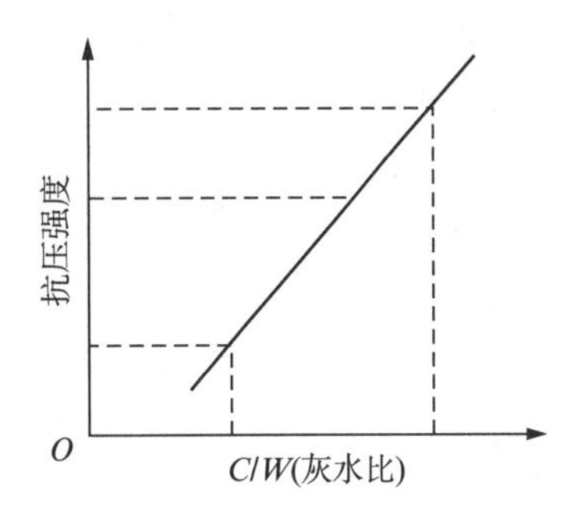

图 5-18　混凝土强度与灰水比的关系

由于现代混凝土生产中普遍使用粉煤灰和粒化高炉矿渣粉等矿物掺和料取代水泥作为辅助胶凝材料，因此水灰比这一概念已经不能真实反映混凝土中浆体材料的组成，2011 年 12 月 1 日开始实施的《普通混凝土配合比设计规程》(JGJ 55—2011)采用了两个新的术语：胶凝材料和水胶比，胶凝材料是指混凝土中水泥和活性矿物掺和料的总称，水胶比是指混凝土中用水量与胶凝材料用量的质量比。相应地在该规程中通过混凝土强度计算水胶比的鲍罗米公式也改为计算水胶比，如式(5-9)所示。

$$W/B = \frac{\alpha_a f_b}{f_{cu,0} + \alpha_a \alpha_b f_b} \tag{5-9}$$

式中　W/B——混凝土水胶比；

α_a，α_b——公式回归系数。碎石：$\alpha_a=0.53$，$\alpha_b=0.20$，卵石：$\alpha_a=0.49$，$\alpha_b=0.13$；

f_b——胶凝材料 28 d 胶砂抗压强度(MPa)；可按现行国家标准《水泥胶砂强度检验方法(ISO 法)》GB/T 17671 实测；如无实测值，可按式(5-10)计算。

$$f_b = \gamma_f \cdot \gamma_s \cdot f_{ce} \tag{5-10}$$

式中，γ_f，γ_s 分别为粉煤灰影响系数和粒化高炉矿渣粉影响系数，可按表 5-29 选用。f_{ce}取值方法同式(5－8)。

表 5-29　　粉煤灰影响系数和粒化高炉矿渣粉影响系数

掺量	粉煤灰影响系数	矿渣粉影响系数
0	1.00	1.00
10	0.85～0.95	1.00
20	0.75～0.85	0.95～1.00
30	0.65～0.75	0.90～1.00
40	0.55～0.65	0.80～0.90
50	—	0.70～0.85

注：1. 采用Ⅰ级、Ⅱ级粉煤灰宜取上限值。

2. 采用 S75 级粒化高炉矿渣粉宜取下限值，采用 S95 级粒化高炉矿渣粉宜取上限值，采用 S105 级粒化高炉矿渣粉可取上限值加 0.05。

3. 当超出表中的掺量时，粉煤灰和粒化高炉矿渣粉影响系数应经试验确定。

(2) 集料的影响 集料品质如有害杂质含量、颗粒表面特征和形状、颗粒强度、集灰比等对混凝土强度有影响。通常，当集料强度较高，有害杂质含量少，且级配良好、砂率适当时，才能组成坚强密实的骨架，有利于混凝土强度的提高。

碎石混凝土的强度要高于卵石混凝土的强度，这种情况在水胶比较小（小于 0.40）时最为明显，但随着水胶比的增大，两者强度差值逐渐减小，当水胶比达 0.65 后，两者的强度差异就不显著了，这是因为当水胶比很小时，界面强度对混凝土强度的影响更大；而水胶比很大时，水泥石强度则成为主要影响因素。颗粒以近似球形或立方形的集料对混凝土强度有利；而过多的针状或片状颗粒会使混凝土的孔隙率增大，造成混凝土中有薄弱环节，导致混凝土强度下降。

混凝土中集料与水泥的质量之比称为集灰比。集灰比对于 C35 以上的混凝土强度影响很大，在水胶比和坍落度相同的情况下，混凝土强度随集灰比的增大而提高。当然，过多的集料也会降低混凝土的强度。因此，为提高混凝土的强度，应采用适当的集灰比。

原材料对混凝土抗折强度影响的特点：多数影响水泥混凝土抗压强度的因素都会影响其抗折强度，其中水泥的抗折强度是影响混凝土抗折强度的最主要因素，集料的界面状态和粒径对抗折强度的影响更为敏感。当混凝土中掺加纤维类材料后其抗折强度的提高十分明显。

(3) 养护温度及湿度的影响 养护是指混凝土成型后，必须在一定时间内保持适当的温度和足够的湿度，以使水泥充分水化。混凝土强度是随着其中水泥石强度的发展而增长的渐进过程，其发展的速度与程度主要取决于水泥的水化程度，而温度和湿度是影响水泥水化速度和程度的重要因素。当养护温度较高时，水泥水化速度较快，混凝土的强度发展也较快；反之，在低温下混凝土强度发展迟缓，见图 5-19。当温度降至冰点以下时，水泥水化反应基本停止而使混凝土强度不再发展，而且可能由于混凝土孔隙中的水结冰膨胀（9%）导致混凝土结构疏松，混凝土强度受到损失。因此，低温环境中的混凝土施工，要特别注意保温养护，以免混凝土早期受冻破坏。

水是水泥进行水化反应的必要条件。若环境湿度较低，空气干燥，混凝土中的水分蒸发较快，缺少了水泥水化所必需的水分，阻碍了混凝土的强度增长。因此，保湿养护对混凝土强度发展非常重要，混凝土早期保湿养护的时间愈短，对混凝土后期强度的发展愈不利，见图 5-20。

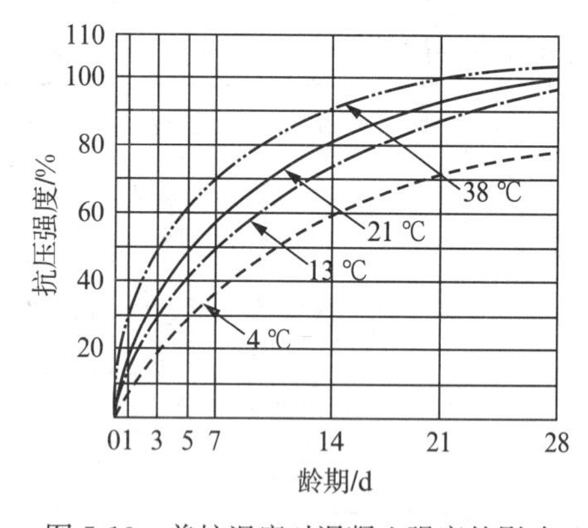

图 5-19　养护温度对混凝土强度的影响

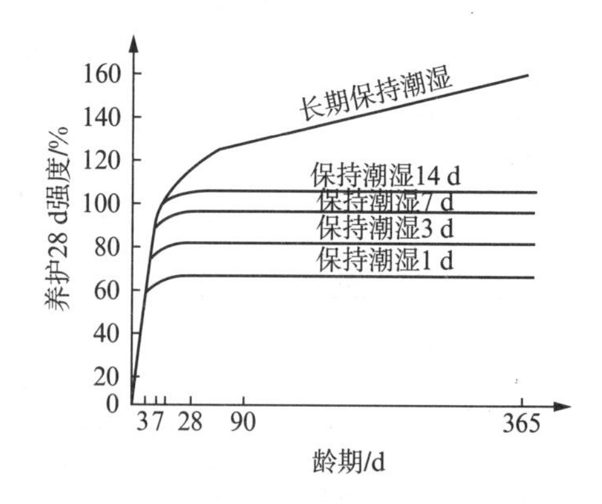

图 5-20　混凝土强度与保湿养护时间的关系

混凝土硬化期间缺水，还将导致其结构疏松，形成干缩裂缝，严重降低其抗渗性，从而影响混凝土的耐久性。《混凝土结构工程施工质量验收规范》（GB 50204—2002）（2011 版）规定，在混凝土浇筑完毕后，应在 12 h 内进行覆盖并开始浇水，以防止水分蒸发。对于夏季施工的混凝土结构，更要特别注意浇水保湿养护。当日平均气温低于 5 ℃时不宜浇水，而应保湿覆盖。混凝土浇水养护的持续时间，当采用硅酸盐水泥、普通硅酸盐水泥或矿渣硅酸盐水泥时，不得少于 7 d；当采用火山灰质硅酸盐水泥或粉煤灰硅酸盐水泥时，以及掺用缓凝型外加剂或对混凝土有抗渗性要求时，不得少于 14 d。

(4) 龄期 龄期是指混凝土在正常养护条件下所经历的时间，即自拌制混凝土加水时开始至某一时刻的延续时间。在正常养护条件下，混凝土的强度随龄期的增长而不断发展，最初 7～14 d 内强度发展较快，以后便逐渐缓慢。尽管通常所指强度是 28 d 强度，但 28 d 后强度仍在发展，只是发展速度较慢。其实，只要温度和湿度条件适当，混凝土的强度增长过程很长，可延续数十年之久。从混凝土强度与龄期的关系可以看出这一趋势，见图 5-19 和图 5-20。

实践证明，在标准养护条件下，普通水泥混凝土强度的发展大致与其龄期的对数成正比例关系：

$$\frac{f_{\mathrm{n}}}{f_{28}}=\frac{\lg n}{\lg 28} \tag{5-11}$$

式中 f_{n}——混凝土 n d 龄期的抗压强度，MPa；

f_{28}——混凝土 28 d 龄期的抗压强度，MPa；

n——养护龄期，d，$n\geqslant 3$ d。

利用该式可根据混凝土的早期强度估算其 28 d 龄期的强度，或者由混凝土的 28 d 强度推算某一龄期时的强度。由于影响混凝土强度的因素很多，按此式估算的结果只能作为参考。

(5) 施工方法的影响 拌制混凝土时采用机械搅拌比人工拌和更为均匀，特别是在拌和低流动性混凝土时效果更显著。实践证明，在相同配合比和成型密实条件下，机械搅拌的混凝土强度一般要比人工搅拌时的提高 10%左右。

7. 提高混凝土强度的措施

(1) 采用高强度等级水泥或早强型水泥 在混凝土配合比不变的情况下，采用高强度等级水泥可提高混凝土 28 d 龄期的强度；采用早强型水泥可提高混凝土的早期强度，有利于加快施工进度。

(2) 采用低水胶比的干硬性混凝土 降低水胶比是提高混凝土强度最有效的途径之一。低水胶比的干硬性新拌混凝土中自由水分少，硬化后留下的孔隙少，混凝土密实度高，强度显著提高。但水胶比过小，将影响混凝土的流动性，造成施工困难；可采取同时掺加混凝土减水剂的办法，使混凝土在较低水胶比的情况下，仍具有良好的和易性。

(3) 采用机械搅拌与振捣 在施工中，对于干硬性混凝土或低流动性混凝土，必须同时采用机械搅拌和机械振捣混凝土，使物料均匀，成型密实，强度提高。

(4) 采用湿热处理养护措施 湿热处理，可分为蒸汽养护及蒸压养护两类。

蒸汽养护是将混凝土放在温度低于 100 ℃的常压蒸汽中进行养护，以加速水泥的水化反应。蒸压养护是将混凝土放在温度 175 ℃及 8 个大气压的压蒸釜中进行养护。蒸汽(压)养护可使混凝土预制构件获得足够的早期强度，可以缩短拆模时间，提高模板及场地的周转率，有效提高生产效率和降低成本。

(5) 掺加混凝土外加剂或掺和料 掺加某些可以促进水泥水化速度的外加剂是使混凝土获得早强、高强的重要手段之一。混凝土中掺入早强剂，可提高其早期强度。掺入减水剂尤其是高效减水剂，可大幅度减少拌合用水量，使混凝土获得较高的强度。对于某些高强混凝土，在掺入高效减水剂的同时，往往还必须掺入磨细的矿物掺和料（如硅灰、优质粉煤灰、超细磨矿渣粉等），以显著提高混凝土的强度。

5.4.2 混凝土的变形性能

混凝土在硬化和使用过程中常会产生变形，变形将可能导致混凝土开裂，从而影响混凝土的强度及耐久性。混凝土的变形包括非荷载作用下的变形与荷载作用下的变形。非荷载作用下的变形又分为混凝土化学收缩、干湿变形及温度变形；荷载作用下的变形又分为短期荷载作用下的变形及长期荷载作用下的变形——徐变。《普通混凝土长期性能和耐久性能试验方法步骤》(GB/T 50082—2009)中规定了普通混凝土收缩性、早期抗裂性、受压徐变性、抗压疲劳变形性的试验方法。

1. 非荷载作用下的变形

(1) 化学收缩 混凝土在硬化过程中，由于水泥水化生成物的固相体积小于水化前反应物的总体积，从而引起混凝土的收缩，称为化学收缩。混凝土的化学收缩通常不可恢复，且其收缩量随着混凝土中水泥用量的增多而增大，并随着混凝土硬化龄期的延长而增加，一般在混凝土成型后 40 d 内增长较快，以后便逐渐趋于稳定。混凝土的化学收缩量通常很小（小于1%），对混凝土结构几乎没有明显影响，但当其收缩量较大（水泥用量过多）时也可在混凝土内部产生微细裂纹，从而降低混凝土的耐久性。

(2) 干湿变形 环境湿度的变化对混凝土的影响主要表现为干缩或湿胀变形。混凝土内部所含水分有三种形式：自由水（即孔隙水），毛细管水和凝胶体颗粒吸附水。当后两种水发生变化时，混凝土就会产生干湿变形。

当混凝土在水中硬化时，由于水泥凝胶体中胶体颗粒表面的吸附水膜增厚，胶体粒子间距离增大，使其体积产生微小的湿膨胀。这种湿膨胀的变形量很小，一般无破坏作用。

但是，当混凝土处于干燥环境中时，首先蒸发的是自由水，然后是毛细管水。毛细管水蒸发时会在毛细孔中形成负压，随毛细管水分的不断蒸发，负压逐渐增大而产生收缩力。这种收缩应力可导致混凝土的体积收缩，或由于混凝土难以承受该应力而开裂。若继续干燥，水泥凝胶体中的吸附水也开始蒸发，使凝胶体因失水而紧缩，其结果也会导致混凝土的体积收缩或收缩开裂。

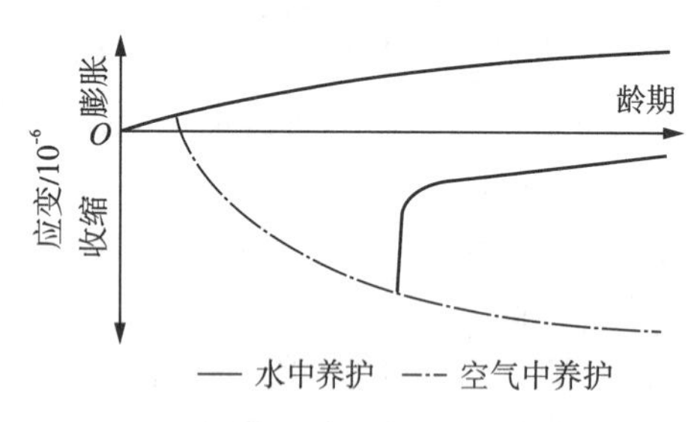

图 5-21 混凝土的湿胀干缩变形

干缩后的混凝土若再吸水变湿时，其部分干缩变形可以恢复，这将会造成混凝土的可逆收缩，但仍有 30%～50%的变形已不可恢复。混凝土的湿胀干缩变形规律见图 5-21。

混凝土的干缩变形检测方法是用 100 mm×100 mm×515 mm 的标准试件，在规定试验条件下直接测得其干缩率。用这种小试件测得的混凝土干缩率只能反映其相对干缩性，而实际构件的尺寸要比试件大得多，且构件内部的干燥过程较为缓慢，因此，实际混凝土结构的干缩率要比试验值较小。通常，混凝土的干缩率试验值可达$(3\sim5)\times10^{-4}$；而在混凝土结构设计时，其干缩率取值为$(1.5\sim2.0)\times10^{-4}$，即每米混凝土的收缩量为 0.15～0.20 mm。

干缩变形对混凝土危害较大，它可导致混凝土表面产生很高的拉应力而产生开裂，不仅降低结构承载能力与安全性，也严重降低了混凝土的抗渗、抗冻、抗侵蚀等耐久性能。

(3) 温度变形 混凝土与其他材料一样也会随着温度的变化而产生热胀冷缩变形，这种变形在早期危害很大。混凝土的温度变形对大体积混凝土(最小边长尺寸在 1 m 以上的混凝土结构)、纵长的混凝土结构及大面积混凝土工程等极为不利，易使这些结构产生明显的温度裂缝。

混凝土的温度线膨胀系数为(1.0～1.5)×10^{-5}/℃，即温度每升降 1 ℃，1 m 长的混凝土结构物将产生 0.01～0.015 mm 的膨胀或收缩变形。这对纵长的混凝土结构或大面积混凝土工程来说，其累计变形也可能导致结构的破坏。因此，为防止其受大气温度变化影响而产生开裂，土木工程中通常采用每隔一段距离设置一道伸缩缝，或在结构中设置温度钢筋等措施，以避免其热胀冷缩变形造成的破坏。

2. 荷载作用下的变形

1) 短期荷载作用下的变形

短期荷载作用下的变形主要是指弹塑性变形。

(1) 混凝土的弹塑性变形 混凝土是一种由水泥石、砂、石、游离水、气泡等组成的不匀质多相复合材料，它既不是一种完全弹性体，也不是一种完全塑性体，而是一种弹塑性体。当混凝土受力时，既产生弹性变形，又产生塑性变形，其应力 σ 与应变 ε 之间呈曲线关系(图 5-22)。

在静力试验的加荷过程中，若加荷至应力为 σ、应变为 ε 的 A 点，然后将荷载逐渐卸去，则卸荷时的应力-应变曲线为 AC 弧线。卸荷后所恢复的应变 $\varepsilon_{弹}$ 是混凝土弹性变形的结果，$\varepsilon_{弹}$ 称为弹性应变；剩余的不能恢复的应变 $\varepsilon_{塑}$ 是混凝土塑性变形的结果，$\varepsilon_{塑}$ 称为塑性变形。

(2) 混凝土的弹性模量 在应力-应变曲线上任一点的应力 σ 与其应变 ε 的比值，称为混凝土在该应力下的变形模量，它反映了混凝土所受应力与产生应变之间的关系。由于混凝土是弹塑性体，很难准确地测定其弹性模量，只可间接地计算其近似值。当应力 σ 小于轴心抗压强度 f_{cp} 的 30%～50%时，在重复荷载作用下，每次卸荷都在应力-应变曲线中残留一部分塑性变形 $\varepsilon_{塑}$，但随着重复次数的增加(3～5 次)，$\varepsilon_{塑}$ 的增量逐渐减少，最后所得到的应力-应变曲线只有很小的曲率，几乎与初始切线(混凝土最初受压时的应力-应变曲线在原点的切线)相平行(图 5-23 中的 $A'C'$ 线)。该近似直线的斜率即为所测混凝土的静力受压弹性模量，并称之为混凝土割线弹性模量。

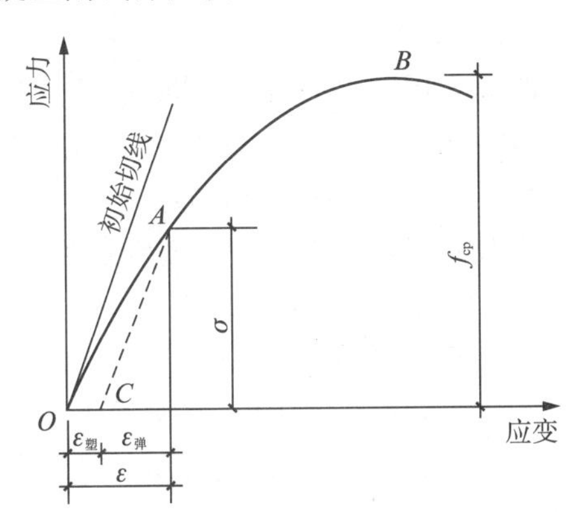

图 5-22　压力作用下混凝土的应力-应变曲线

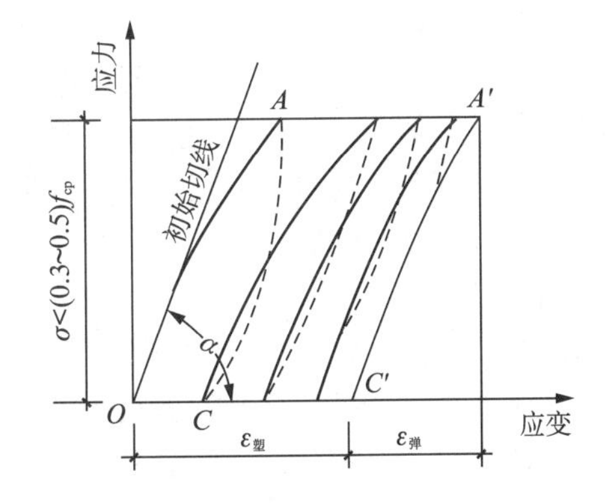

图 5-23　低应力重复作用下的应力-应变曲线

《普通混凝土力学性能试验方法》(GB/T 50081—2002)规定，混凝土弹性模量的测定，是采用 150 mm×150 mm×300 mm 的棱柱体试件，取其轴心抗压强度 f_{cp} 的 40%作为试验控制应力荷载值(即 $\sigma=0.4f_{cp}$)，经四次以上反复加荷与卸荷后，测得应力与应变的比值，即为混凝

土的弹性模量 E,它在数值上与 $\tan\alpha$ 相近。

混凝土的强度越高,弹性模量越大,两者间存在一定的相关性。当混凝土强度等级由 C10 增加到 C60 时,其弹性模量大致由 1.75×10^{4} MPa 增加到 3.60×10^{4} MPa。混凝土中集料的含量越多,或集料弹性模量越大,则混凝土的弹性模量就越高。混凝土的水胶比较小,或养护较充分且龄期较长时,混凝土的弹性模量就较大。蒸汽养护的混凝土弹性模量比标准养护的低。掺入引气剂将使混凝土弹性模量降低。

混凝土的弹性模量具有重要的实用意义。在结构设计中,混凝土弹性模量是计算钢筋混凝土的变形、裂缝扩展及大体积混凝土的温度应力时所必需的参数。

2) 长期荷载作用下混凝土的变形——徐变

徐变是指混凝土在长期恒荷载作用下,随着时间的延长,沿着作用力的方向发生的变形。这种随时间而发展的变形性质,是混凝土徐变的特点。混凝土不论是受压、受拉还是受弯,均会产生徐变,徐变变形一般要延续 2～3 年才逐渐趋向稳定。混凝土在长期荷载作用下,变形与持荷时间的关系见图 5-24。

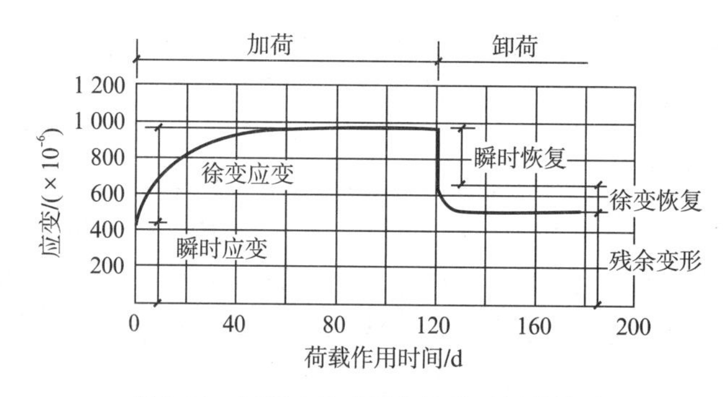

图 5-24　混凝土的变形与持荷时间的关系

由图 5-24 可知,在对混凝土加荷的瞬间,会产生明显的瞬时变形,其中主要为弹性变形;加荷后随着时间的延长,便逐渐产生了徐变变形,其中以塑性变形为主。徐变变形在加荷初期增长较快,以后逐渐减慢,最后渐趋停止。

通常,混凝土的徐变变形量可为瞬时变形量的 2～3 倍,最终徐变变形量可达$(3\sim15)\times10^{-4}$,即 0.3～1.5 mm/m。当混凝土在荷载作用下持荷一定时间后再卸除荷载,则其中一部分变形可瞬时恢复,其值要比加荷瞬间产生的瞬时变形略小。但在卸荷后的一段时间内变形还会逐渐恢复,这种现象称为徐变恢复。最后残存的不能恢复的变形,则称为残余变形。

混凝土产生徐变的原因,一般认为是水泥石中的凝胶体在长期荷载作用下产生黏性流动,使凝胶孔水向毛细孔内迁移,或者凝胶体中的吸附水或结晶水向毛细孔迁移渗透所致。混凝土硬化初期,水泥水化量少,毛细孔数量多,且凝胶体结构连接不紧密,凝胶体易于在水泥石中流动,此时加荷将会导致徐变发展较快且徐变量也较大;混凝土充分硬化后,水泥水化逐渐完善,毛细孔数量相对较少,毛细孔抗变形能力与凝胶体抗流变能力均较高,此时加荷时混凝土的徐变发展缓慢且徐变量也较小。

徐变对混凝土结构物的影响有利也有弊。有利方面表现在:徐变可减弱钢筋混凝土内部的局部应力集中,应力重新分布,使结构物的整体承载能力提高。对大体积混凝土结构,徐变能消除一部分由于温度变形所产生的破坏应力。不利方面表现为:预应力钢筋混凝土中,徐变会使钢筋的预应力受到损失。

5.4.3 混凝土的耐久性

混凝土的耐久性是指混凝土抵抗环境介质作用,长期保持其稳定良好的使用性能和外观完整性,从而维持混凝土结构安全、正常使用的能力。

在混凝土结构设计中十分重视混凝土的强度,而往往忽视环境对结构耐久性的影响。从以往混凝土结构物的破坏来看,有许多在尚未达到预计使用寿命之前就出现了严重的性能劣化而影响了正常使用,需要付出巨额代价来维护或维修,或提前拆除报废。混凝土结构耐久性设计的目标就是保证混凝土结构在规定的使用年限内,在常规的维修条件下,不出现混凝土劣化、钢筋锈蚀等影响结构正常使用和外观的损坏。因此,在设计混凝土结构时,强度与耐久性应同时关注。

混凝土的耐久性是一个综合性概念,包括抗渗、抗冻、抗侵蚀、抗碳化、抗碱-集料反应及阻止混凝土中钢筋锈蚀等性能。《普通混凝土长期性能和耐久性能试验方法》(GB/T 50082—2009)规定了普通混凝土抗冻性、动弹性模量、抗水渗透性、抗氯离子渗透性、抗碳化性、钢筋锈蚀、抗硫酸盐侵蚀、碱-骨料反应的试验方法。

1. 混凝土抗渗性

混凝土抗渗性是指混凝土抵抗液体(水、油、溶液等)压力渗透作用的能力。混凝土的抗渗性主要与其密实度及内部孔隙大小和特征有关。水胶比是影响混凝土中水泥石渗透性的一个主要因素。当混凝土的水胶比大于0.60时,水泥石的渗透系数急剧增大,见图5-25,混凝土抗渗性将显著下降。

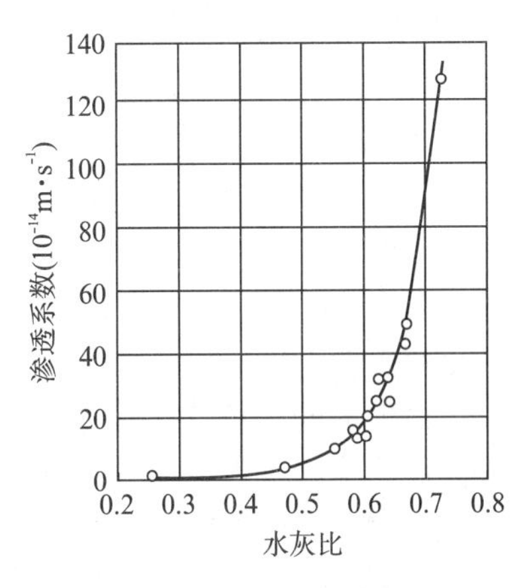

图 5-25 水泥石的渗透系数

混凝土的抗渗性用抗渗等级表示。抗渗等级是以28 d龄期的标准试件,按规定的方法进行试验,所能承受的最大静水压力来表示。GB 50164—2011 规定普通混凝土抗水渗透性能分为P4,P6,P8,P10,P12及大于P12的等级,表示混凝土可抵抗0.4、0.6、0.8、1.0、1.2 MPa及1.2 MPa以上的静水压力而不渗透。混凝土抗氯离子渗透性能的等级划分应符合表5-30和表5-31的规定。

表 5-30　　混凝土抗氯离子渗透性能的等级划分(RCM法)

等　　级	RCM-Ⅰ	RCM-Ⅱ	RCM-Ⅲ	RCM-Ⅳ	RCM-Ⅴ
氯离子迁移系数 D_{RCM}/($\times 10^{-12}$ m^2/s)	$D_{RCM} \geqslant 4.5$	$3.5 \leqslant D_{RCM} < 4.5$	$2.5 \leqslant D_{RCM} < 3.5$	$1.5 \leqslant D_{RCM} < 2.5$	$D_{RCM} < 1.5$

注:混凝土龄期应为84 d。

表 5-31　　混凝土抗氯离子渗透性能的等级划分(电通量法)

等　　级	Q-Ⅰ	Q-Ⅱ	Q-Ⅲ	Q-Ⅳ	Q-Ⅴ
电通量 Q_s/C	$Q_s \geqslant 4\,000$	$2\,000 \leqslant Q_s < 4\,000$	$1\,000 \leqslant Q_s < 2\,000$	$500 \leqslant Q_s < 1\,000$	$Q_s < 500$

注:混凝土龄期宜为28 d。当混凝土中水泥混合材与矿物掺和料之和超过胶凝材料用量的50%时,测试龄期可为56 d。

如果混凝土抗渗性较差，水等液体介质易渗入内部，当遇负温或环境水中含有侵蚀性介质时，混凝土易遭受冰冻或侵蚀破坏，对钢筋混凝土，则易引起钢筋锈蚀。因此，对地下建筑、水池、水塔、压力水管、水坝、油罐以及港工、海工等工程，通常把混凝土抗渗性作为一个重要的耐久性指标。

提高混凝土抗渗性的关键在于提高混凝土密实度和改善混凝土中的孔隙结构，减少连通孔隙及开裂等缺陷。常用措施有：降低水胶比；选择级配良好的集料；混凝土施工振捣密实，养护良好；在混凝土中掺加引气剂或引气型减水剂及掺和料等以改善其内部结构。

2. 混凝土抗冻性

混凝土抗冻性是指混凝土在饱水状态下，能经受多次冻融循环而不破坏，同时也不严重降低强度的性能。混凝土受冻时内部存在两种压力，一是混凝土孔隙中的水在负温下结冰，体积膨胀造成的静水压力；二是混凝土内部的冰、水蒸气压不同，压力差迫使未冻水向冻结区迁移造成的渗透压力。当两种压力产生的内应力超过混凝土的抗拉强度时，就会产生微细裂缝，经多次冻融循环后微细裂缝增多和扩展，使混凝土内部结构逐渐破坏。混凝土的抗冻性与其内部孔隙数量、孔隙特征、孔隙内充水程度、环境温度等有关。当混凝土的水胶比较小、密实度较高、含封闭小孔较多时，抗冻性好。

GB 50164—2011 规定混凝土抗冻性以抗冻标号(慢冻法)或抗冻等级(快冻法)表示。混凝土的抗冻标号分 D25、D50、D100、D150、D200、D250、D300 及＞D300 八个，抗冻等级分为 F50、F100、F150、F200、F250、F300、F350、F400 和＞F400 九个，其中数字表示混凝土能经受的最大冻融循环次数。如 D200 表示该混凝土试件能承受 200 次慢速冻融循环，且试件强度损失小于 25%，重量损失小于 5%。F200 表示该混凝土试件能承受 200 次快速冻融循环，且试件重量损失小于 5%，动弹性模量损失小于 60%。

寒冷地区的建筑及建筑物中的寒冷环境(如冷库)对所用混凝土都要求具有抗冻能力。工程实际中应根据气候条件或环境温度、混凝土所处部位及可能遭受冻融循环的次数等因素，来确定混凝土的抗冻等级。对于有抗冻要求的混凝土，可适当降低水胶比，提高密实度，还可掺加引气剂或引气型减水剂、防冻剂，使混凝土中含有适量封闭孔隙，有效提高其抗冻性。

3. 混凝土的抗侵蚀性

当混凝土结构物暴露于含有侵蚀性介质的环境中时便会遭受侵蚀，主要是混凝土中水泥石的侵蚀，通常有软水侵蚀、硫酸盐侵蚀、镁盐侵蚀、碳酸盐侵蚀、一般酸侵蚀和强碱侵蚀等，其破坏机理见本书第 4 章。此外，在海岸与海洋混凝土工程中，海水对混凝土的侵蚀作用除了化学作用外，尚有反复干湿的物理作用、盐分在混凝土内的结晶与聚集、海浪的冲击磨损、海水中氯离子对钢筋的锈蚀作用等，这些综合侵蚀作用将加剧混凝土的劣化速度。

混凝土的抗侵蚀性与所用水泥品种、混凝土的密实程度及缺陷等有关。对于结构密实或含有封闭孔隙的混凝土，环境水等不易侵入，则其抗侵蚀性较强。提高混凝土抗侵蚀性的措施主要有合理选用水泥品种、降低水胶比，提高混凝土密实度或改善孔结构。

GB 50164—2011 规定混凝土拌合物中水溶性氯离子最大含量应符合表 5-4 的要求。混凝土抗硫酸盐等级分为 KS30，KS60，KS90，KS120，KS150 和大于 KS150。

4. 混凝土的碳化

混凝土的碳化是指空气中的二氧化碳在有水存在时，与水泥石中的氢氧化钙发生如下反应,并生成碳酸钙和水的过程。

$$Ca(OH)_2 + CO_2 + H_2O = CaCO_3 + H_2O$$

碳化使混凝土的碱度下降,该过程也称混凝土的"中性化"。碳化是二氧化碳由表及里逐渐向混凝土内部扩散的过程。通常,混凝土的碳化深度随时间的延长而增长,但增长速度逐渐减慢。实践证明,混凝土的碳化深度大致与其碳化时间的平方根成正比,可用下式表示:

$$D = \alpha\sqrt{t} \tag{5-12}$$

式中 D——混凝土碳化深度,mm;

t——混凝土碳化时间,d;

α——碳化速度系数。它反映了混凝土抗碳化能力的强弱,且与其原材料有关;α 值愈大,混凝土碳化速度愈快,则抗碳化能力愈差。GB 50164—2011 规定混凝土抗碳化性能的等级划分应符合表 5-32 的要求。

表 5-32　　混凝土抗碳化性能的等级划分

等　　级	T-Ⅰ	T-Ⅱ	T-Ⅲ	T-Ⅳ	T-Ⅴ
碳化深度 d/mm	$d \geqslant 30$	$20 \leqslant d < 30$	$10 \leqslant d < 20$	$0.1 \leqslant d < 10$	$Q_s < 0.1$

碳化对混凝土性能既有有利的影响,也有不利的影响。不利影响主要是混凝土碱度降低,减弱了对钢筋的保护作用。这是因为混凝土中水泥水化生成大量的氢氧化钙,使钢筋处在碱性环境中而在表面生成一层钝化膜,保护钢筋不易锈蚀。但当碳化深度穿透混凝土保护层达到钢筋表面时,使钢筋钝化膜被破坏而易导致发生锈蚀,产生体积膨胀,混凝土保护层开裂。开裂后的混凝土更有利于二氧化碳、水、氧等有害介质的进入,加速碳化的进行和钢筋的锈蚀,最后导致混凝土产生顺筋开裂而破坏。另外,碳化会使混凝土收缩,混凝土表面产生拉应力而出现微细裂缝,从而降低混凝土的抗拉、抗折强度及抗渗能力。

碳化对混凝土的有利影响是,所产生的碳酸钙填充了水泥石的孔隙,以及碳化时放出的水分有助于未水化水泥的继续水化,可提高混凝土碳化层的密实度,对提高抗压强度有利。如混凝土预制基桩就是利用碳化作用来提高桩的表面硬度。

影响混凝土碳化速度的主要因素有环境中二氧化碳的浓度、环境湿度、水泥品种、水胶比及施工质量等。二氧化碳浓度高(如铸造车间),混凝土碳化速率快;当环境的相对湿度为50%～75%时,混凝土碳化速度最快,当相对湿度小于25%或在水中时,碳化将停止;普通硅酸盐水泥碱度高,故其抗碳化能力优于掺混合材料的水泥,且随水泥中混合材料掺量的增多碳化速度加快;水胶比小的混凝土较密实,二氧化碳和水不易渗入,故碳化速度就较慢;混凝土施工振捣不密实或养护不良时,由于密实度较差也会使碳化加快。

在实际工程中,为减少碳化作用对钢筋混凝土结构的不利影响,可采取以下措施:

① 在钢筋混凝土结构中,保证足够的混凝土保护层,使碳化深度在建筑物设计年限内达不到钢筋表面。

② 根据工程所处环境和使用条件,合理选用水泥品种。

③ 采用较低的水胶比和较多的水泥用量。

④ 使用减水剂等,改善混凝土的和易性,提高混凝土的密实度。

⑤ 在混凝土表面涂刷保护层(如聚合物砂浆、涂料等)或粘贴面层材料(如贴面砖等),防止二氧化碳侵入。

⑥ 加强施工质量控制,保证混凝土的振捣质量并加强养护,减少或避免混凝土出现蜂窝等质量事故。

设计钢筋混凝土结构时,尤其当采用钢丝网薄壁结构时,必须考虑混凝土的抗碳化问题。

5. 混凝土的碱-集料反应

碱-集料反应是指水泥中的强碱(K_2O 和 Na_2O)与集料中的活性 SiO_2 发生化学反应,并在集料表面生成复杂的碱-硅酸凝胶,这种凝胶吸水后会产生很大的体积膨胀(体积可增加 3 倍以上),导致混凝土胀裂破坏。有些集料还可能与水泥中的强碱产生碱-碳酸盐反应而造成界面结构破坏,也属于碱-集料反应破坏的表现。

碱-集料反应发生必须具备三个条件:

(1) 水泥中或混凝土中的碱含量高 当水泥中碱含量按($Na_2O+0.658K_2O$)%计算大于 0.6%时,就很有可能产生碱-集料反应。

(2) 砂、石集料中含有活性二氧化硅等成分 有些矿物(如蛋白石、玉髓、鳞石英等)含有活性二氧化硅,它们常存在于流纹岩、安山岩、凝灰岩等天然岩石中。

(3) 有水存在 在干燥情况下,混凝土不可能发生碱-集料膨胀反应。

混凝土的碱-集料反应进行缓慢,有一定潜伏期,通常要经若干年后才会出现,其破坏作用一旦发生便难以阻止。碱-集料反应引起混凝土开裂后,还会引发或加剧冻融、钢筋锈蚀、化学腐蚀等因素对混凝土的破坏作用,综合破坏作用下将导致混凝土结构的迅速崩溃,直至丧失使用性能。因此碱-集料反应应以预防为主,对大型水工结构、桥梁结构、飞机场跑道等重要工程的混凝土所用的粗、细集料,应进行碱活性检验,当检验判定集料为有潜在危害时应采取预防措施。

《普通混凝土配合比设计规程》(JGJ 55—2011)规定:对于有预防混凝土碱骨料反应设计要求的工程,宜掺用适量粉煤灰或其他矿物掺和料,混凝土中最大碱含量不应大于 3.0 kg/m^3;对于矿物掺和料碱含量,粉煤灰碱含量可取实测值的 1/6,粒化高炉矿渣粉碱含量可取实测值的 1/2。

6. 提高混凝土耐久性的措施

土木工程中的混凝土,由于所处的环境和使用条件千差万别,对其耐久性的要求也不相同。

但是影响混凝土耐久性的因素却有许多共同之处,混凝土的密实程度是影响耐久性的主要因素,其次是原材料的性质和施工质量等。因此,提高混凝土耐久性的综合性措施主要有:

1) 合理选择混凝土的组成材料

主要是水泥品种和骨料。根据混凝土工程特点或所处环境条件,选择水泥品种。选择质量良好、技术要求合格的骨料。

2) 提高混凝土制品的密实度

(1) 严格控制混凝土的水胶比和胶凝材料用量 控制最大水胶比是保证混凝土耐久性能的重要手段,在控制最大水胶比的条件下,最小胶凝材料用量是满足混凝土施工性能和掺加矿物掺和料后满足混凝土耐久性能的胶凝材料用量下限。

《混凝土结构设计规范》(GB 50010—2010)规定设计使用年限为50年的混凝土结构，其混凝土材料宜符合表5-33的要求。《普通混凝土配合比设计规程》(JGJ 55—2011)对工业与民用建筑工程所用混凝土的最小胶凝材料用量作了规定，如表5-34所示。采用硅酸盐水泥或普通硅酸盐水泥时，钢筋混凝土中矿物掺和料最大掺量宜符合表5-17的规定，预应力混凝土中矿物掺和料最大掺量应符合表5-18的规定。矿物掺和料在混凝土中的掺量最终应通过试验确定。

表5-33　　结构混凝土材料的耐久性基本要求

环境等级	最大水胶比	最低强度等级
(一类)室内干燥环境 无侵蚀性静水浸没环境	0.60	C20
(二a类)室内潮湿环境 非严寒或寒冷地区的露天环境 非严寒或寒冷地区与无侵蚀性的水或土壤直接接触的环境 严寒或寒冷地区的冰冻线以下与无侵蚀性的水或土壤直接接触的环境	0.55	C25
(二b类)干湿交替环境 水位频繁变动环境 严寒或寒冷地区的露天环境 严寒或寒冷地区的冰冻线以上与无侵蚀性的水或土壤直接接触的环境	0.50(0.55)	C30(C25)
(三a类)严寒或寒冷地区冬季水位变动区环境 受除冰盐影响环境 海风环境	0.45(0.50)	C35(C30)
(三b类)盐渍土环境 受除冰盐作用环境 海岸环境	0.40	C40

注：1. 有可靠工程经验，二类环境中的最低强度等级可降低一个等级。
2. 处于严寒和寒冷地区二b类、三a类环境中的混凝土应使用引气剂，并可采用括号中的有关参数。

表5-34　　混凝土中的最小胶凝材料用量

最大水胶比	最小胶凝材料用量/($kg \cdot m^{-3}$)		
	素混凝土	钢筋混凝土	预应力混凝土
0.60	250	280	300
0.55	280	300	300
0.50	320		
≤0.45	330		

(2) 密实度　选择级配良好的骨料及合理砂率，保证混凝土的密实度。

(3) 措施　掺入适量减水剂，提高混凝土的密实度。严格按操作规程进行施工操作。

3) 改善混凝土的孔隙结构

掺加引气剂有利于混凝土的耐久性，尤其对于有较高抗冻要求的混凝土，掺加引气剂可以明显提高混凝土的抗冻性能。JGJ 55—2011规定：长期处于潮湿或水位变动的寒冷和严寒环境以及盐冻环境的混凝土应掺用引气剂。引气剂掺量应根据混凝土含气量要求经试验确定，混凝土最小含气量应符合表5-35的规定，最大不宜超过7.0%。

表 5-35　　　　　　　　　　　　**混凝土最小含气量**

粗骨料最大公称粒径/mm	混凝土最小含气量/%	
	潮湿或水位变动的寒冷和盐冻环境	盐冻环境
40.0	4.5	5.0
25.0	5.0	5.5
20.0	5.5	6.0

注：含气量为气体占混凝土体积的百分比。

5.5　混凝土的质量控制和评定

混凝土的质量控制是为了保证所生产混凝土的技术性能满足设计要求。在混凝土的生产过程中，组成材料的质量、配合比设计、新拌混凝土的性能、施工技术及管理等均可能影响到混凝土的质量。因此，质量控制应贯穿于混凝土的设计、配制、施工及检验全过程。

混凝土质量波动将直接反映到其最终的强度上，而且强度与混凝土其他性能具有较好的相关性，因此，混凝土的强度是反映其质量与结构可靠性的重要指标，检测与评定混凝土的强度是控制混凝土工程质量的一个重要技术措施，也是检验混凝土质量稳定性与施工水平的主要手段。

5.5.1　混凝土质量(强度)的波动规律

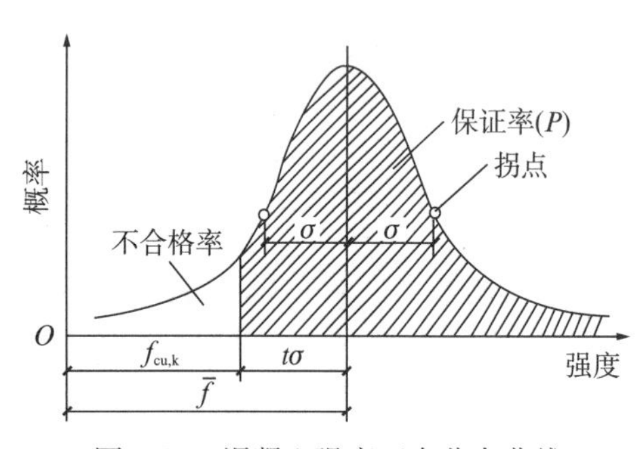

图 5-26　混凝土强度正态分布曲线

在混凝土施工过程中，原材料、施工工艺、试验条件、气候因素的变化，均会使混凝土强度产生波动。即使在正常的原材料供应和施工条件下，混凝土的强度值也有高低，但总是在平均强度值附近波动，因此混凝土强度数据波动具有某种规律性，利用这种规律性，可对混凝土质量进行控制和判断。大量的数理统计分析和工程实践证明，同一等级的混凝土，在施工条件基本一致的情况下，强度波动符合正态分布规律，见图 5-26。

正态分布的特点是，曲线以平均强度为轴两边对称，中间高两边低。平均强度附近强度概率高，距离对称轴越远，强度概率越小。对称轴两侧曲线上各有一个拐点，拐点至对称轴的水平距离等于标准差 σ。曲线与横坐标之间的面积为概率的总和等于 100%。

观察正态分布曲线的形状可大致判断混凝土的质量波动情况和施工管理水平。曲线越窄、越高，相应的标准差值也越小，表明强度越集中于平均强度附近，混凝土匀质性好，质量波动小，施工管理水平高。反之亦然。

在数理统计方法中，常用强度平均值、标准差、变异系数和强度保证率等统计参数来评定混凝土质量。

1. 强度平均值$\overline{f}_{cu}$

平均强度代表混凝土强度总体平均水平，但并不反映混凝土强度波动情况。其值按下式计算：

$$\overline{f}_{cu}=\frac{1}{n}\sum_{i=1}^{n}f_{cu,i} \tag{5-13}$$

式中 n——试件组数；

$f_{cu,i}$——第 i 组试件的抗压强度，MPa。

2. 标准差 σ

标准差 σ 又称对称均方差，反映混凝土强度的离散程度，即波动程度。σ 值越大，强度分布曲线就宽而矮，离散程度越大，则混凝土质量越不稳定。σ 是评定混凝土质量均匀性的重要指标，可按下式计算：

$$\sigma=\sqrt{\frac{\sum_{i=1}^{n}f_{cu,i}^{2}-n\overline{f}_{cu}^{2}}{n-1}} \tag{5-14}$$

式中 n——试件组数；

$f_{cu,i}$——第 i 组试件的抗压强度，MPa；

$\overline{f}_{cu}$——n 组试件抗压强度的算术平均值，MPa；

σ——n 组抗压强度的标准差，MPa。

3. 变异系数

变异系数 C_v 是标准差 σ 与平均强度 $\overline{f}_{cu}$的比值，又称离差系数，是说明混凝土质量均匀性的指标。在相同生产管理水平下，混凝土的强度标准差会随强度平均值的提高或降低而增大或减小，它反映绝对波动量的大小，有量纲。对强度水平不同的混凝土之间质量稳定性的比较，可考虑用相对波动的大小，即变异系数(C_v)来表征，C_v 值越小，说明该混凝土质量越稳定。C_v 可用下式计算：

$$C_v=\frac{\sigma}{\overline{f}_{cu}} \tag{5-15}$$

4. 强度保证率 P

按照数理统计的概念，强度保证率是指混凝土强度总体分布中，不小于设计要求的强度等级标准值($f_{cu,k}$)的概率。以正态分布曲线下的面积为概率的总和，等于 100%。强度保证率可按如下方法计算：

先算出概率度 t，即

$$t=\frac{\overline{f}_{cu}-f_{cu,k}}{\sigma}=\frac{\overline{f}_{cu}-f_{cu,k}}{C_v\cdot\overline{f}_{cu}} \tag{5-16}$$

根据标准正态分布曲线方程，可得到概率度 t 与强度保证率 P 的关系，见表 5-36。

工程中的 P 值可根据统计周期内，混凝土试件强度不低于要求强度等级标准值的组数与试件总组数之比求得，即

表 5-36　　不同概率度 t 时的强度保证率 P

t	0.00	0.50	0.84	1.00	1.20	1.28	1.40	1.60
P/%	50.0	69.2	80.0	84.1	88.5	90.0	91.9	94.5
t	1.645	1.70	1.81	1.88	2.00	2.05	2.33	3.00
P/%	95.0	95.5	96.5	97.0	97.7	99.0	99.4	99.87

$$P=\frac{N_0}{N}\times 100\% \tag{5-17}$$

式中　N_0——统计周期内，同批混凝土试件强度大于或等于规定强度等级标准值的组数；

N——统计周期内同批混凝土试件总组数，$N\geqslant 25$。

GB 50164—2011 规定，混凝土生产控制水平可按强度标准差 σ 和实测强度达到强度标准值组数的百分率 P 来表征。强度标准差 σ 应符合表 5-37 的规定。实测强度达到强度标准值组数的百分率 P 应按公式(5-17)计算，且 P 不应小于 95%。

表 5-37　　混凝土强度标准差　　MPa

生产场所	强度标准差 σ		
	<C20	C20～C40	≥C45
预拌混凝土搅拌站 预制混凝土构件厂	≤3.0	≤3.5	≤4.0
施工现场搅拌站	≤3.5	≤4.0	≤4.5

5.5.2　混凝土的配制强度

混凝土在生产过程中，常因原材料性能及施工条件的变化而出现质量波动，如果按设计的强度等级 $f_{cu,k}$ 配制混凝土，则在施工中将有 50% 的混凝土达不到设计强度等级(即概率度 $t=0$，保证率 $P=50\%$)，为使混凝土强度具有足够的保证率 P(即强度不低于设计强度等级的百分率)，在设计混凝土配合比时，必须使配制强度高于其设计强度等级。这里指的配制强度实际上等于混凝土的平均强度。

根据《混凝土强度检验评定标准》(GB 50107—2010)的规定，混凝土强度保证率必须达到 95% 以上，此时对应的保证率系数 $t=1.645$，由式(5-16)可得下式：

$$f_{cu,0}\geqslant f_{cu,k}+1.645\sigma \tag{5-18}$$

式中　$f_{cu,0}$——混凝土配制强度，MPa；

$f_{cu,k}$——混凝土立方体抗压强度标准值，也即混凝土的设计强度等级，MPa；

1.645——当要求强度保证率为 95% 时的保证率系数；

σ——混凝土强度标准差，MPa。

5.5.3　混凝土强度的评定方法

按照《混凝土强度检验评定标准》(GB 50107—2010)、《混凝土质量控制标准》(GB 50164—2011)和《普通混凝土力学性能试验方法标准》(GB/T 50081—2002)的有关规定，除了机场、道路路面等混凝土结构部位以外，多数水泥混凝土强度的检测评定都是以抗压强度作为主控指标，分批组织评定和验收其质量。同一验收批的混凝土应由强度等级相同、龄期相同、生产工艺条件和配合比基本相同的混凝土组成。制作试件用混凝土应在浇筑地点随机抽取，取样频率及数量、试件尺寸大小选择、成型方法、养护条件、强度测试以及强度代表值的取定等，均应符合标准规定的要求。

根据混凝土的生产方式及特点不同，其强度检测与评定方法可分为统计方法和非统计方法两类。

1. 统计方法评定

① 当混凝土的生产条件在较长时间内能保持一致，且同一品种混凝土的强度变异性能保持稳定时，应由连续的三组试件代表一个验收批，其强度应同时符合下列要求：

$$mf_{cu} \geqslant f_{cu,k} + 0.7\sigma_0 \tag{5-19}$$

$$f_{cu,min} \geqslant f_{cu,k} - 0.7\sigma_0 \tag{5-20}$$

检验批混凝土立方体抗压强度的标准差应按式(5-14)计算。

当混凝土强度等级不高于 C20 时，尚应符合下式要求：

$$f_{cu,min} \geqslant 0.85 f_{cu,k} \tag{5-21}$$

当混凝土强度等级高于 C20 时，尚应符合下式要求：

$$f_{cu,min} \geqslant 0.90 f_{cu,k} \tag{5-22}$$

式中 mf_{cu}——同一验收批混凝土强度的平均值，N/mm^2；

$f_{cu,k}$——混凝土立方体抗压强度的标准值，N/mm^2；

σ_0——验收批混凝土强度的标准差，N/mm^2，当 σ_0 计算值小于 2.5 N/mm^2 时，应取 2.5 N/mm^2；

$f_{cu,min}$——同一验收批混凝土立方体抗压强度的最小值，N/mm^2；

$f_{cu,i}$——前一检验期内同一品种、同一强度等级的第 i 组混凝土试件的立方体抗压强度代表值，N/mm^2；该检验期不应少于 60 d，也不宜大于 90 的；

n——前一检验期内的样本容量，在该期间内样本容量不应少于 45。

② 当样本容量不少于 10 组时，其强度应同时满足下列要求：

$$mf_{cu} \geqslant f_{cu,k} + \lambda_1 . S_{f_{cu}} \tag{5-23}$$

$$f_{cu,min} \geqslant \lambda_2 \cdot f_{cu,k} \tag{5-24}$$

同一检验批混凝土立方体抗压强度标准差应按下式计算：

$$S_{f_{cu}} = \sqrt{\frac{\sum_{i=1}^{n} f_{cu,i}^2 - nm_{f_{cu}}^2}{n-1}} \tag{5-25}$$

式中，λ_1，λ_2 为合格判定系数。按表 5-38 取值。

2. 非统计方法评定

当用于评定的样本容量小于 10 组时，应采用非统计方法评定混凝土强度。其强度应同时符合下列规定：

表 5-38　　合格判定系数

试件组数	10～14	15～19	≥20
λ_1	1.15	1.05	0.95
λ_2	0.90	0.85	

$$mf_{cu} \geqslant \lambda_3 \cdot f_{cu,k} \tag{5-26}$$

$$f_{cu,min} \geqslant \lambda_4 \cdot f_{cu,k} \tag{5-27}$$

式中，λ_3,λ_4 分别为合格判定系数，数值按表 5-39 取值。

表 5-39　　混凝土强度的非统计法合格评定系数

混凝土强度等级	<C60	≥C60
λ_3	1.15	1.10
λ_4	0.95	

3. 混凝土强度的合格性判断

① 当检验结果能满足上述规定时，则该批混凝土强度判为合格；当不能满足上述规定时，该批混凝土强度判为不合格。

② 对评定为不合格批的混凝土，可按国家现行的有关标准进行处理。

5.6　普通混凝土的配合比设计

混凝土配合比是指混凝土中各组成材料用量之间的比例关系。混凝土配合比有两种表示方法：一种是以每 1 m^3 混凝土中各项材料的质量来表示，如水泥 300 kg/m^3、砂 660 kg/m^3、石子 1 260 kg/m^3、水 180 kg/m^3 等，此法多用于混凝土配合比设计过程中；另一种表示方法是以混凝土中各项材料相互间的质量比来表示（以水泥质量 1），若将上述配合比换算成质量比，即为水泥：砂：石子＝1：2.2：4.2，水胶比＝0.6，这种方法主要用于定性表示不同混凝土配合比，用以检验或指导混凝土的配制与生产。此外，在混凝土配制现场也可以用搅拌机每盘投料量表示其配合比，如当搅拌机每盘投料为 0.5 m^3 时，则上述配合比为 150 kg/m^3、砂 330 kg/m^3、石子 630 kg/m^3、水 90 kg/m^3。

混凝土配合比设计的任务，就是依据原材料的技术性能及施工条件，确定能够满足工程所要求技术性能的各项组成材料的用量。混凝土配合比设计要满足以下四项基本要求：

① 满足施工所要求的新拌混凝土的和易性；

② 满足结构设计要求的混凝土强度等级；

③ 具有与使用环境相适应的耐久性（如抗冻性、抗渗性、抗侵蚀性等）；

④ 在保证工程质量的前提下，应尽量节约较高成本材料，以降低混凝土的成本。

5.6.1　混凝土配合比设计中的三个基本参数

为了达到混凝土配合设计的四项基本要求，关键是要控制好水胶比（W/B）、单位用水量

(W)和砂率(S_p)三个基本参数。这三个基本参数的确定原则如下：

(1) 水胶比确定原则 水胶比根据混凝土强度和耐久性确定。在满足混凝土设计强度和耐久性的基础上，选用较大水胶比，以节约水泥，降低混凝土成本。

(2) 单位用水量确定原则 单位用水量主要根据坍落度要求和粗集料品种、最大粒径确定。在满足施工和易性的基础上，尽量选用较小的单位用水量，以节约水泥。因为当水胶比一定时，用水量越大，所需胶凝材料用量也越大。

(3) 砂率确定原则 以砂用量能填满石子的空隙略有富余为准则。砂率对混凝土和易性、强度和耐久性影响很大，也直接影响水泥用量，故应尽可能选用最优砂率，并根据砂的细度模数、混凝土坍落度要求等加以调整，有条件时宜通过试验确定。

5.6.2 混凝土配合比设计的基本资料

混凝土配合比设计是建立在各种基本资料和设计要求基础上的求解过程，因此，必须具备这些基础资料才能正确完成这一设计任务。基本设计资料主要有：

(1) 结构设计对混凝土强度的要求 即混凝土的强度等级。

(2) 工程设计对混凝土耐久性的要求 如根据工程环境条件所要求的抗渗等级、抗冻等级等。

(3) 原材料品种及其物理力学性质 水泥的品种、实测强度(或强度等级)、密度等；粗、细集料的品种、表观密度及堆积密度、吸水率及含水率、颗粒级配，砂的粗细程度，石子的最大粒径等；拌合用水的水质或水源情况；外加剂的品种、名称、特性及参考掺量。

(4) 工程结构与施工条件 包括结构截面最小尺寸及钢筋最小净距、搅拌及运输方式、浇注与密实工艺所要求的坍落度、施工单位质量管理水平及混凝土强度标准差(σ)等。

5.6.3 混凝土配合比设计的步骤

首先根据各种原材料的技术性能以及工程对混凝土的技术要求进行初步计算，得出“初步计算配合比”；然后经试验室试拌调整，得出满足和易性要求并经表观密度校核的“基准配合比”；再经强度检验(如有抗渗、抗冻等耐久性要求，应当进行相应的试验)，确定满足设计和施工要求且较为经济的“试验室配合比”；最后施工单位还需根据现场砂石实际含水率，进行配合比换算，最终得出直接指导混凝土生产的“施工配合比”。

1. 初步计算配合比

(1) 计算混凝土的配制强度($f_{cu,0}$) 为了使混凝土的强度保证率达到95%的要求，在进行配合比设计时，必须使混凝土的配制强度($f_{cu,0}$)高于设计要求的强度标准值($f_{cu,k}$)。

① 当混凝土的设计强度小于C60时，混凝土配制强度应按式(5-17)计算。

$$f_{cu,0} \geqslant f_{cu,k} \geqslant 1.645\sigma$$

② 当混凝土设计强度等级不小于C60时，配制强度应按下式确定。

$$f_{cu,0} \geqslant 1.15 f_{cu,k} \tag{5-28}$$

当具有近1～3个月的同一品种、同一强度等级混凝土的强度资料时，其混凝土强度标准差σ可按(式5-14)计算。并应符合以下规定：① 对于强度等级不大于C30的混凝土：当σ计算值不小于3.0 MPa时，应按照计算结果取值；当σ计算值小于3.0 MPa时，σ应取3.0 MPa。② 对于强度等级大于C30且不大于C60的混凝土：当σ计算值不小于4.0 MPa时，应按照计算结果取值；当σ计算值小于4.0 MPa时，σ应取4.0 MPa。③ 当没有近期的同一品种、同一强度等级混凝土强度资料时，其强度标准差σ可按表5-40取值。

表5-40　　混凝土σ取值　　MPa

混凝土强度标准值	≤C20	C25～C45	C50～C55
σ/MPa	4.0	5.0	6.0

(2) 确定水胶比(*W/B*)　当混凝土强度等级小于C60时，可按式(5-6)计算水胶比。

$$\frac{W}{B}=\frac{\alpha_a f_b}{f_{cu,0}+\alpha_a\alpha_b f_b} \tag{5-29}$$

为了保证混凝土的耐久性，应按耐久性要求(表5-33)复核水胶比。如果计算水胶比大于规定的最大水胶比值时，应取规定的最大水胶比值。

(3) 确定用水量和外加剂用量

① 每立方米干硬性或塑性混凝土的用水量(m_{w0})应符合下列规定：混凝土水胶比在0.40～0.80范围时，可按表5-41和表5-42选取；混凝土水胶比小于0.40时，可通过试验确定。

表5-41　　干硬性混凝土的用水量　　kg/m³

拌和物稠度		卵石最大粒径/mm			碎石最大粒径/mm		
项　目	指标	10.0	20.0	40.0	10.0	20.0	40.0
维勃稠度/s	16～20	175	160	145	180	170	155
	11～15	180	165	150	185	175	160
	5～10	185	170	155	190	180	165

表5-42　　塑性混凝土的用水量　　kg/m³

项　目	指标	卵石最大粒径/mm				碎石最大粒径/mm			
		10.0	20.0	31.5	40	16.0	20.0	31.5	40.0
坍落度/mm	10～30	190	170	160	150	200	185	175	165
	35～50	200	180	170	160	210	195	185	175
	55～70	210	190	180	170	220	205	195	185
	75～90	215	195	185	175	230	215	205	195

注：1. 本表用水量系采用中砂时的平均取值，如采用细砂，每立方米混凝土用水量可增加5～10 kg，采用粗砂时则可减少5～10 kg。
2. 掺用各种外加剂或掺和料时，用水量应相应调整。

② 掺外加剂时，每立方米流动性或大流动性混凝土的用水量(m_{w0})可按下式计算：

$$m_{w0}=m_{w0}'(1-\beta) \tag{5-30}$$

式中　m'_{w0}——未掺外加剂时推定的满足实际坍落度要求的每立方米混凝土用水量(kg/m³)，以表5-42中90 mm坍落度的用水量为基础，按每增大20 mm坍落度相应增加5 kg/m³用水量来计算；

β——外加剂的减水率(%),应经混凝土试验确定。

③ 每立方米混凝土中外加剂用量(m_{a0})应按下式计算:

$$m_{a0} = m_{b0}\beta_a \tag{5-31}$$

式中 m_{a0}——计算配合比每立方米混凝土中外加剂用量,kg/m³;

m_{b0}——计算配合比每立方米混凝土中胶凝材料用量,kg/m³,试拌调整后,在拌和物性能满足的情况下,取经济合理的胶凝材料用量;

β_a——外加剂掺量,%,应经混凝土试验确定。

(4) 胶凝材料、矿物掺和料和水泥用量

① 每立方米混凝土的胶凝材料用量 m_{b0} 应按下式计算,计算值不应小于表 5-34 规定的最小胶凝材料用量,并应进行试拌调整,在拌合物性能满足的情况下,取经济合理的胶凝材料用量:

$$m_{b0} = \frac{m_{w0}}{W/B} \tag{5-32}$$

② 每立方米混凝土的矿物掺和料用量 m_{f0} 应按下式计算:

$$m_{f0} = m_{b0}\beta_f \tag{5-33}$$

式中,β_f 为矿物掺和料掺量(%),可参考表 5-17 和表 5-18 确定。

③ 每立方米混凝土的水泥用量 m_{c0} 应按下式计算:

$$m_{c0} = m_{b0} - m_{f0} \tag{5-34}$$

(5) 确定合理砂率值(S_P) 砂率应根据骨料的技术指标、混凝土拌合物性能和施工要求,参考既有历史资料确定。当缺乏砂率的历史资料可参考时,混凝土砂率的确定应符合下列规定:

① 坍落度小于 10 mm 的混凝土,其砂率应经试验确定。(干硬性混凝土)

② 坍落度为 10～60 mm 的混凝土,其砂率可根据粗骨料品种、最大公称粒径及水胶比按表 5-44 选取。

③ 坍落度大于 60 mm 的混凝土,其砂率可经试验确定,也可在表 5-43 的基础上,按坍落度每增大 20 mm、砂率增大 1%的幅度予以调整。

表 5-43　　混凝土砂率选用表

水胶比	卵石最大粒径/mm			碎石最大粒径/mm		
	10.0	20.0	40.0	16.0	20.0	40.0
0.40	26～32	25～31	24～30	30～35	29～34	27～32
0.50	30～35	29～34	28～33	33～38	32～37	30～35
0.60	33～38	32～37	31～36	36～41	35～40	33～38
0.70	36～41	35～40	34～39	39～44	38～43	36～41

注:1. 本表数值系中砂的选用砂率,对细砂或粗砂,可相应地减少或增大砂率。
2. 采用人工砂配制混凝土时,砂率可适当增大。
3. 只用一个单粒级粗骨料配制混凝土时,砂率应适当增大。

(6) 计算砂、石用量(m_{s0}、m_{g0}) 砂、石用量可用体积法或质量法计算。

① 体积法又称绝对体积法,体积法的基本原理为混凝土的总体积等于砂体积、石子体积、水体积、水泥体积、矿物掺和料体积和混凝土中所含的少量空气体积之和。则有:

$$\frac{m_{c0}}{\rho_c}+\frac{m_{f0}}{\rho_f}+\frac{m_{g0}}{\rho_g}+\frac{m_{s0}}{\rho_s}+\frac{m_{w0}}{\rho_w}+0.01\alpha=1 \tag{5-35}$$

式中 m_{c0},m_{f0},m_{g0},m_{s0},m_{w0}——依次分别为计算配合比每立方米混凝土的水泥用量、矿物掺和料用量、粗骨料用量、细骨料用量、水用量,kg/m³;

ρ_c,ρ_f,ρ_g,ρ_s,ρ_w——依次分别为水泥密度、矿物掺和料密度、粗骨料表观密度、细骨料表观密度、水密度,kg/m³,水泥密度可取 2 900～3 100 kg/m³,水密度可取 1 000 kg/m³;

α——混凝土的含气量百分数,在不使用引气剂或引气型外加剂时,α 可取 1。

② 质量法又称假定表观密度法,质量法基本原理为混凝土的总重量等于各组成材料质量之和。当混凝土所用原材料和三个基本参数确定后,混凝土的表观密度(即 1 m³ 混凝土的重量)接近某一定值。若预先能假定出混凝土表观密度,则有:

$$m_{f0}+m_{c0}+m_{g0}+m_{s0}+m_{w0}=m_{cp} \tag{5-36}$$

式中,m_{cp}为每立方米混凝土拌合物的假定质量,kg,可取 2 350～2 450 kg/m³。

$$\beta_s=\frac{m_{s0}}{m_{s0}+m_{g0}}\times 100\% \tag{5-37}$$

由式(5-35)、式(5-37)或式(5-36)、式(5-37)联立解方程组,可求出砂、石用量 m_{s0}和 m_{g0}。

混凝土配合比设计以计算每立方米混凝土中各材料用量为基准,计算时其骨料以干燥状态为准,所谓干燥状态的骨料系指细骨料含水率小于 0.5%,粗骨料含水率小于 0.2%。

2. 基准配合比——和易性调整

按经验公式和表格计算得出的混凝土初步配合比必须在实验室进行试拌,以进行拌合物性能检验和表观密度校核,并提出供强度和耐久性能检验用的基准配合比。

混凝土的搅拌方法,宜与生产时使用的方法相一致。每盘混凝土试配的最小搅拌量应符合表 5-44 的规定,并不应小于搅拌机公称容量的 1/4 和不大于搅拌机公称容量。

表 5-44 **混凝土试配的最小搅拌量**

骨料最大粒径/mm	拌合物数量/L
≤31.5	20
40	25

准确称取按试配数量计算所得的各组成材料用量,拌合均匀后测定其坍落度或维勃稠度,并观察其黏聚性和保水性。若其和易性不满足施工要求,则需要调整各材料用量。其调整原则如下:

① 当实测坍落度小于(或维勃稠度大于)要求值时,可保持水胶比不变,适当增加水泥浆数量。一般每增加 10 mm 坍落度,需增加 2%～5%的水泥浆量。

② 当实测坍落度大于(或维勃稠度小于)要求值时,可在保持砂率不变的情况下,适当增

加砂、石用量，使水泥浆量相对减少。

③ 当新拌混凝土显得砂浆量不足而表现出黏聚性或保水性不良时，可单独增加用砂量，即适当增大砂率。

④ 当新拌混凝土显得砂浆量过多而其流动性较差时，应适当增加石子用量，即适当减小砂率。

按照上述调整原则，每次调整后均应对新拌混凝土的和易性进行重新评定，直至满足要求为止。并按下式计算每立方米混凝土的各材料用量，即基准配合比：

令：$\rho_{c,c}=m_c'+m_f'+m_g'+m_s'+m_w'$，则有：

$$\begin{cases} m_c = \dfrac{m_c'}{\rho_{c,c}} \times \rho_{c,t} \\ m_f = \dfrac{m_f'}{\rho_{c,c}} \times \rho_{c,t} \\ m_g = \dfrac{m_g'}{\rho_{c,c}} \times \rho_{c,t} \\ m_s = \dfrac{m_s'}{\rho_{c,c}} \times \rho_{c,t} \\ m_w = \dfrac{m_w'}{\rho_{c,c}} \times \rho_{c,t} \end{cases} \tag{5-38}$$

式中 $\rho_{c,c}$——试拌调整后，拌合所用各材料的实际总用量，kg；

$\rho_{c,t}$——实际混凝土拌合物的湿表观密度；

m_c',m_f',m_g',m_s',m_w'——试拌调整后，水泥、矿物掺和料、粗骨料、细骨料、水实际拌合用量，kg；

m_c,m_f,m_g,m_s,m_w——基准配合比中每立方米混凝土的水泥、矿物掺和料、粗骨料、细骨料、水用量中，kg/m^3。

必须特别说明和重视的是，当初步计算配合比的和易性经测试完全满足要求而无需调整时，也必须测定实际混凝土拌合物的湿表观密度，并利用上式计算 m_c,m_f,m_g,m_s,m_w 的值。否则将出现“负方”或“超方”现象。亦即初步计算每立方米混凝土，在实际拌制时，少于或多于 $1\ m^3$。基准配合比与初步计算配合比的表观密度相同时，则无需重新计算。

3. 实验室配合比——强度和耐久性复核

根据和易性满足要求的基准配合比和水胶比，配制一组混凝土试件；另外，保持用水量不变，水胶比分别增加和减少 0.05 再配制二组混凝土试件，用水量应与基准配合比相同，砂率可分别增加和减少 1%。三组试件经标准养护 28 d，测定抗压强度，宜绘制强度和胶水比的线性关系图（图 5-27）或插值法确定略大于配制强度对应的胶水比。在基准配合比的基础上，用水量（m_w）和外加剂用量（m_a）应根据确定的水胶比做调整；胶凝材料用量（m_b）应以用水量乘以确定的胶水比计算得出；粗骨料和细骨料用量（m_g 和 m_s）应根据用水量和胶凝材料用量进行调整。此水胶比对应的配合比，称为混凝土实验室配合比。进行强度检验的配比调整过程中，混凝土的配合比可能发生了变化，可再次按式（5-38）进行校正。

配合比调整后，应测定拌合物水溶性氯离子含量，试验结果应符合表 5-4 的规定。对耐久性有设计要求的混凝土应进行相关耐久性试验验证。

4. 施工配合比——折减现场砂、石含水量

实验室配合比是以干燥集料为基础的配合比，而施工现场所用砂、石材料露天堆放，通常会含有一定的水分。为在施工过程中准确执行实验室配合比，施工技术人员必须先测定砂、石的实际含水率，在用水量中扣除砂、石带入的水，并相应增加砂、石料的称量值，换算以后的配合比称为施工配合比。

假设砂的含水率为 $a\%$；石子的含水率为 $b\%$，则施工配合比按下列各式计算：

$$
\begin{aligned}
&\text{细骨料：} m_{s,s} = m_s(1 + a\%) \\
&\text{粗骨料：} m_{g,s} = m(1 + b\%) \\
&\text{水：} m_{w,s} = m_w - m_s \cdot a\% - m_g \cdot b\%
\end{aligned}
\tag{5-39}
$$

5.6.4 混凝土配合比设计实例

【例 5-1】 某高层全现浇框架结构柱(不受雨雪影响，无冻害)用混凝土的设计强度等级为 C30，施工要求的坍落度为 35～50 mm，若采用机械搅拌和机械振捣时，施工单位以往统计的混凝土强度标准差为 4.8 MPa，所用原材料性能如下：

普通水泥　强度等级 42.5(f_{ce}=47.1 MPa)，ρ_c=3 100 kg/m³

河　　砂　ρ_{os}=2 640 kg/m³，ρ_{os}=1 480 kg/m³，W_s=3%，级配为Ⅱ区，中砂(μ_f=2.6)

碎　　石　ρ_{og}=2 680 kg/m³，ρ'_{og}=1 520 kg/m³，W_g=1%，级配为连续粒级 4.75～37.5 mm，D_{max}=37.5 mm

自 来 水　ρ_w=1 000 kg/m³

试设计该混凝土的配合比(以干燥状态集料为基准)，并进行施工配合比换算。

解：

1. 确定初步计算配合比

(1) 计算配制强度($f_{cu,0}$)　$f_{cu,0}=f_{cu,k}+1.645\sigma=30+1.645\times4.8=37.9$ MPa

(2) 计算确定水胶比(W/B)　对于碎石，应取 $\alpha_a=0.53$，$\alpha_b=0.20$，则有

$$\frac{W}{B}=\frac{\alpha_a f_b}{f_{cu,0}+\alpha_a\alpha_b f_b}=\frac{0.53\times47.1}{37.9+0.53\times0.20\times47.1}=0.58$$

耐久性复核。根据表 5-33 的规定，该混凝土所处为(一类)室内干燥环境无侵蚀性静水浸没环境，最大水胶比为 0.60，取 0.55(在计算值基础上适当降低)。

(3) 选定单位用水量(m_{w0})　根据已知条件：碎石 D_{max}=37.5 mm 和坍落度为 35～50 mm，查表 5-44 选定 m_{w0}=175 kg。

(4) 计算水泥用量(m_{c0})

$$m_{c0}=\frac{m_{w0}}{W/C}=\frac{175}{0.55}=318\text{ kg}$$

耐久性复核，根据表 5-34 最小胶凝材料用量限定为 300 kg，计算值满足耐久性要求，故取 m_{c0}=318 kg。

(5) 选定合理砂率 S_p　据已知条件碎石 D_{max}=37.5 mm 和水胶比为 0.5～0.6 时，查表 5-43，得其砂率 S_p 为 32%～36%(插值)，可选取 S_p=34%。

(6) **计算砂、石用量(m_{s0}，m_{g0})**

① 利用体积法求解

$$\begin{cases}\dfrac{m_{c0}}{\rho_c}+\dfrac{m_{s0}}{\rho_{s0}}+\dfrac{m_{g0}}{\rho_{g0}}+\dfrac{m_{w0}}{\rho_w}+0.01q=1\\ \dfrac{m_{s0}}{m_{s0}+m_{g0}}\times 100\%=S_p\end{cases}$$

取空气含量系数 $q=1$，并将有关数据代入：

$$\begin{cases}\dfrac{318}{3\,100}+\dfrac{m_{s0}}{2\,640}+\dfrac{m_{g0}}{2\,680}+\dfrac{175}{1\,000}+0.01=1\\ \dfrac{m_{s0}}{m_{s0}+m_{g0}}\times 100\%=34\%\end{cases}$$

解方程组得：$m_{s0}=646$ kg，$m_{g0}=1\,254$ kg

② 利用质量法求解　假定混凝土表观密度为 $\rho_{cp}=2\,400$ kg/m^3，将有关数据代入下式并求解得：$m_{s0}=648$ kg，$m_{g0}=1\,258$ kg。

$$\begin{cases}m_{c0}+m_{s0}+m_{g0}+m_{w0}=\rho_{cp}\\ \dfrac{m_{s0}}{m_{s0}+\mathrm{m}_{g0}}\times 100\%=S_p\end{cases}$$

比较上述两种方法的计算结果可知，质量法与体积法基本相同。现以体积法计算结果为例，混凝土的初步计算配合比为

$$m_{c0}=318\text{ kg}\quad m_{s0}=646\text{ kg}$$
$$m_{g0}=1\,254\text{ kg}\quad m_{w0}=175\text{ kg}$$

2. 确定基准配合比——混凝土和易性调整

根据表 5-44 的规定，石子最大粒径为 37.5 mm 时所需新拌混凝土的试配体积应为 25 L，则所需各材料用量分别为：水泥 7.95 kg、砂 16.15 kg、石子 31.35 kg、水 4.38 kg。按规定方法拌合均匀后，测定新拌混凝土的坍落度为 25 mm，小于设计要求值。经增加 5%水泥浆(水泥 0.40 kg，水 0.22 kg)后，新拌混凝土的实测坍落度为 40 mm，且黏聚性、保水性良好，则和易性达到了设计要求。

和易性调整合格后的混凝土各原材料的实际用量分别为：水泥 7.95+0.40=8.35 kg、砂 16.15 kg、石子 31.35 kg、水 4.38+0.22=4.60 kg，拌合物总量为 60.45 kg。经实际测定，该新拌混凝土的实测表观密度为 $\rho_{ct}=2\,430$ kg/m^3，则其调整后的基准配合比为：

$$m'_{c0}=\frac{8.35}{60.45}\times 2\,430=336\text{ kg}$$

$$m'_{s0}=\frac{16.15}{60.45}\times 2\,430=649\text{ kg}$$

$$m'_{g0}=\frac{31.35}{60.45}\times 2\,430=1\,260\text{ kg}$$

$$m'_{w0}=\frac{4.60}{60.45}\times 2\,430=185\text{ kg}$$

3. 确定实验室配合比——混凝土强度复核

在基准配合比的基础上，增加两种配合比，其水胶比分别为 0.50 和 0.60，经试配调整(此例砂率未作调整，同基准配合比砂率)和易性合格后，测出其表观密度分别为 2 455 kg/m³ 和 2 415 kg/m³。三种配比各成型试件一组，经 28 d 标准养护，测出其抗压强度值分别为

水胶比　0.5($B/W=2.00$)　$f_{cu1}=38.9$ MPa

水胶比　0.55($B/W=1.82$)　$f_{cu2}=37.1$ MPa

水胶比　0.60($B/W=1.67$)　$f_{cu3}=35.6$ MPa

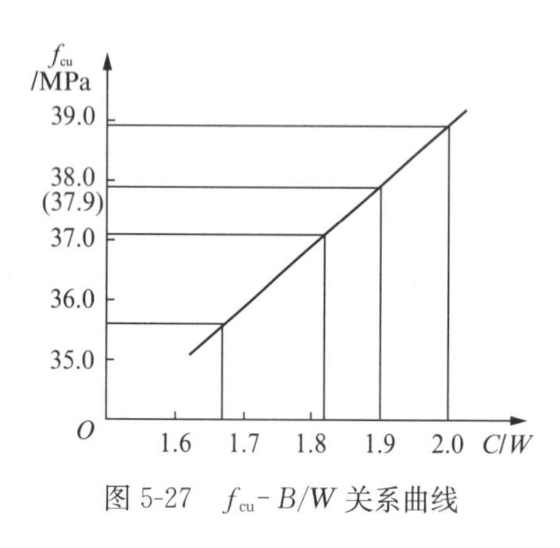

图 5-27　f_{cu}-B/W 关系曲线

绘制强度与水胶比关系曲线如图 5-27 所示，从图中可查得对应于配制强度 37.9 MPa 的 B/W 值为 1.90(即 $W/B=0.53$)。

根据恰好满足配制强度 $f_{cu,0}$ 时的水胶比($W/B=0.53$)，修正每立方米混凝土各材料用量：水 185 kg、水泥 185×1.90=352 kg、砂 649 kg、石子 1 260 kg。该配比即为实验室配合比。

按照所确定的实验室配合比重新试配，检测新拌混凝土的表观密度为 2 450 kg/m³，而计算表观密度为

$$352+649+1\,260+185=2\,446(\text{kg/m}^3)$$

则其配合比校正系数为 $\delta=\frac{2\,450}{2\,446}=1.002$。经比较得 $|\rho_{ct}-\rho_{cc}|<0.02\rho_{cc}$，其表观密度误差较小，无须重新校正，故混凝土的实验室配合比应为

$$m_c = 352\ \text{kg}\quad m_s = 649\ \text{kg}$$
$$m_g = 1\,260\ \text{kg}\quad m_w = 185\ \text{kg}$$

4. 确定施工配合比——折减砂、石含水量

考虑砂石中的含水率后，各原材料的实际用量为

$$m_c' = m_c = 352\ \text{kg}$$
$$m_s' = 649(1+3\%) = 649+19 = 668\ \text{kg}$$
$$m_g' = 1\,260(1+1\%) = 1\,260+13 = 1\,273\ \text{kg}$$
$$m_w' = 185-19-13 = 153\ \text{kg}$$

施工配合比为　$m_c':m_s':m_g'=1:1.90:3.62$，　$W/B=0.43$

【例 5-2】 某高层办公楼的基础底板设计使用 C30 等级混凝土，采用泵送施工工艺，确定坍落度设计值为 180 mm，机械搅拌。结合设计和施工要求，选择原材料并检测其主要性能指标如下：(1) 水泥：选用 P·O42.5 级水泥，28 d 胶砂抗压强度 48.6 MPa，安定性合格。(2) 矿物掺和料：选用 F 类Ⅱ级粉煤灰，细度 18.2%，需水量比 101%，烧失量 7.2%。选用 S95 级矿粉，比表面积 428 m²/kg，流动度比 98%，28 d 活性指数 99%。(3) 粗骨料：选用最大公称粒径为 25 mm 的碎石，连续级配，含泥量 1.2%，泥块含量 0.5%，针、片状颗粒含量

8.9%。(4) 细骨料：采用当地产天然河砂，细度模数2.70，级配Ⅱ区，含泥量2.0%，泥块含量0.6%。(5) 外加剂：选用国内某公司生产A型聚羧酸减水剂，减水剂适宜掺量1.0%，减水率为25%，含固量为20%。(6) 自来水。试计算其施工配合比各种材料用量。

解：1) 计算初步配合比

(1) 计算混凝土配制强度 按题意已知：混凝土设计强度 $f_{cu,k}=30$ MPa，由于缺乏强度标准差统计资料，查表5-40，标准差 $\sigma=5.0$ MPa。混凝土配制强度：

$$f_{cu,0}=30+1.645\times5.0=38.2\ \text{MPa}$$

(2) 计算水胶比

① 矿物掺和料掺量选择可确定3种情况，比较其技术经济。应根据表5-17的规定，并考虑混凝土原材料、应用部位和施工工艺等因素来确定粉煤灰、矿粉掺量。水胶比>0.40，普通硅酸盐水泥，单掺粉煤灰最大掺量为30%，复合掺和料最大掺量为45%。综合考虑：方案1：C30混凝土的粉煤灰掺量30%。方案2：C30混凝土的粉煤灰掺量30%，矿粉掺量10%。方案3：C30混凝土的粉煤灰掺量25%，矿粉掺量20%。

② 胶凝材料胶砂强度。胶凝材料胶砂强度试验应按现行国家标准《水泥胶砂强度检验方法(ISO法)》(GB/T 17671)规定执行，对3种胶凝材料进行胶砂强度试验。也可从表5-29选取所选3个方案的粉煤灰或矿粉的影响系数，计算 f_b。

检测或计算结果：方案1：实测掺加30%粉煤灰的胶凝材料28 d胶砂强度为35.0 MPa；方案2：根据表5-29选取粉煤灰和矿粉影响系数，计算胶凝材料28 d胶砂强度 $f_b=0.70\times1.0\times48.6=34.0$ MPa；方案3：根据表5-29选取粉煤灰和矿粉影响系数，计算胶凝材料28 d胶砂强度 $f_b=0.75\times0.98\times48.6=35.7$ MPa。

③ 水胶比计算：已知 $f_{cu,0}=38.2$ MPa，采用碎石：$\alpha_a=0.53$，$\alpha_b=0.20$。按强度要求计算水胶比：

$$\text{方案1：}\frac{W}{B}=\frac{\alpha_a f_b}{f_{cu,0}+\alpha_a\alpha_b f_b}=\frac{0.53\times35.0}{38.2+0.53\times0.20\times35.0}=0.443$$

$$\text{方案2：}\frac{W}{B}=\frac{\alpha_a f_b}{f_{cu,0}+\alpha_a\alpha_b f_b}=\frac{0.53\times34.0}{38.2+0.53\times0.20\times34.0}=0.431$$

$$\text{方案3：}\frac{W}{B}=\frac{\alpha_a f_b}{f_{cu,0}+\alpha_a\alpha_b f_b}=\frac{0.53\times35.7}{38.2+0.53\times0.20\times35.7}=0.451$$

(3) 计算用水量

① 确定坍落度设计值为180 mm。根据表5-42选择单位用水量。满足坍落度90 mm的塑性混凝土单位用水量为210 kg/m^3(插值)。

② 推定未掺外加剂时混凝土用水量，以满足坍落度90 mm的塑性混凝土单位用水量为基础，按每增大20 mm坍落度相应增加5 kg/m^3 用水量来计算坍落度180 mm时单位用水量 $m'_{w0}=(180-90)/20\times5+210=232.5$ kg/m^3。

③ 掺外加剂时的混凝土用水量。已知外加剂减水率 $\beta=25\%$利用式(5-30)计算掺外加剂时的混凝土用水量如下：

$$m_{w0}=m_{w0}(1-\beta)=232.5\times(1-25\%)=174\ \text{kg}$$

(4) 计算胶凝材料用量 根据上述水胶比和单位用水量数据，根据公式(5-32)计算胶凝材料用量如下：

方案 1：$m_{b0}=\dfrac{m_{w0}}{W/B}=\dfrac{174}{0.443}=393\text{ kg}$

方案 2：$m_{b0}=\dfrac{m_{w0}}{W/B}=\dfrac{174}{0.431}=403\text{ kg}$

方案 3：$m_{b0}=\dfrac{m_{w0}}{W/B}=\dfrac{174}{0.451}=386\text{ kg}$

(5) 计算外加剂用量 选定 C30 混凝土的 A 型减水剂掺量为 1.0%，根据式(5-31)计算外加剂用量如下：

方案 1：$m_{a0}=m_{b0}\beta_a=393\times1\%=3.93\text{ kg}$
方案 2：$m_{a0}=m_{b0}\beta_a=403\times1\%=4.03\text{ kg}$
方案 3：$m_{a0}=m_{b0}\beta_a=386\times1\%=3.86\text{ kg}$

(6) 计算矿物掺和料用量 根据上述确定的粉煤灰和矿粉掺量，根据式(5-33)分别计算粉煤灰和矿粉用量如下：

方案 1：$m_{f0}=m_{b0}\beta_f=393\times30\%=118\text{ kg}$
方案 2：$m_{f0}=m_{b0}\beta_f=403\times30\%=121\text{ kg}$，$m_{k0}=m_{b0}\beta_f=403\times10\%=40\text{ kg}$
方案 3：$m_{f0}=m_{b0}\beta_f=386\times25\%=96\text{ kg}$，$m_{k0}=m_{b0}\beta_f=386\times20\%=77\text{ kg}$

(7) 计算水泥用量 根据胶凝材料用量、粉煤灰用量，根据式(5-34)计算水泥用量如下：

方案 1：$m_{c0}=m_{b0}-m_{f0}=393-118=275\text{ kg}$
方案 2：$m_{c0}=m_{b0}-m_{f0}=403-121-40=242\text{ kg}$
方案 3：$m_{c0}=m_{b0}-m_{f0}=386-96-77=213\text{ kg}$

(8) 计算砂率 根据表 5-43 的规定，初步选取坍落度 60 mm 时砂率值为 31%(插值)。随后按坍落度每增大 20 mm、砂率增大 1%的幅度予以调整，得到坍落度 180 mm 混凝土的砂率 $\beta_s=(180-60)/20+31\%=37\%$。即：坍落度 180 mm 的 C30 混凝土砂率为 37%。

(9) 计算粗细骨料用量 采用质量法计算混凝土配合比，假定 C30 混凝土容重为 2 400 kg/m^3。则粗、细骨料用量按式(5-36)和式(5-37)组成方程组求出粗、细骨料用量。计算结果：方案 1 混凝土的砂和石子用量分别为 678 kg/m^3 和 1 154 kg/m^3。方案 2 混凝土的砂和石子用量分别为 673 kg/m^3 和 1 147 kg/m^3。方案 3 混凝土的砂和石用量分别为 680 kg/m^3 和 1 158 kg/m^3。

(10) 调整用水量 已知外加剂的含固量为 20%，扣除液体外加剂的水分，C30 混凝土实际单位用水量计算结果为：三个方案的调整用水量均为 171 kg/m^3。从表 5-45 可以看出，方案 3 胶凝材料和水泥用量最少，从经济方面来看是最优方案。

表 5-45 三个方案的混凝土各种材料用量 kg/m^3

方案	胶凝材料	水泥	粉煤灰	矿粉	粗骨料	细骨料	减水剂	水
1	394	275	118	—	1 154	678	3.93	171
2	405	242	121	40	1 147	673	4.05	171
3	386	213	96	77	1 158	680	3.86	171

2）试拌，提出基准配合比

① 以方案 3 为例，试拌制 15 L 混凝土拌合物，各组成材料用量如下：

水泥＝213×0.015＝3.20 kg，粉煤灰＝96×0.015＝1.44 kg，矿粉＝77×0.015＝1.16 kg，砂＝680×0.015＝10.2 kg，碎石＝1 158×0.015＝17.37 kg，水＝171×0.015＝2.56 kg，外加剂＝3.86×0.015＝57.9 g。

② 按以上计算的材料用量进行试拌，测得混凝土拌合物坍落度为 160 mm，小于施工要求值，保持水胶比不变，增加 5%水泥浆，经重新搅拌后混凝土拌合物实测坍落度为 190 mm，黏聚性和保水性良好，满足施工要求。实测混凝土湿表观密度 $\rho_{c,t}=2\,420\ \text{kg/m}^3$，因此，可确定基准配合比如下：

$$m_c' = 3.20(1+0.05) = 3.36\ \text{kg}$$
$$m_f' = 1.44(1+0.05) = 1.51\ \text{kg}$$
$$m_k' = 1.16(1+0.05) = 1.22\ \text{kg}$$
$$m_w' = 2.56(1+0.05) = 2.69\ \text{kg}$$
$$m_s' = 10.2\ \text{kg}$$
$$m_g' = 17.37\ \text{kg}$$
$$\rho_{c,c} = m_c' + m_f' + m_k' + m_g' + m_s' + m_w' = 36.35\ \text{kg}$$

$$\begin{cases} m_c = \dfrac{m_c'}{\rho_{c,c}} \times \rho_{c,t} = \dfrac{3.36}{36.35} \times 2\,420 = 244\ \text{kg/m}^3 \\ m_f = \dfrac{m_f'}{\rho_{c,c}} \times \rho_{c,t} = \dfrac{1.51}{36.35} \times 2\,420 = 100\ \text{kg/m}^3 \\ m_k = \dfrac{m_k'}{\rho_{c,c}} \times \rho_{c,t} = \dfrac{1.22}{36.35} \times 2\,420 = 81\ \text{kg/m}^3 \\ m_w = \dfrac{m_w'}{\rho_{c,c}} \times \rho_{c,t} = \dfrac{2.69}{36.35} \times 2\,420 = 179\ \text{kg/m}^3 \\ m_g = \dfrac{m_g'}{\rho_{c,c}} \times \rho_{c,t} = \dfrac{17.37}{36.35} \times 2\,420 = 1\,156\ \text{kg/m}^3 \\ m_s = \dfrac{m_s'}{\rho_{c,c}} \times \rho_{c,t} = \dfrac{10.2}{36.35} \times 2\,420 = 679\ \text{kg/m}^3 \end{cases}$$

基准配合比为

$$\begin{aligned} m_c : m_f : m_k : m_g : m_s : m_w &= 224 : 100 : 81 : 1\,156 : 679 : 179 \\ &= 1 : 0.45 : 0.36 : 5.16 : 3.03 : 0.80 \end{aligned}$$

3）强度校核，确定实验室配合比

根据已确定的基准配合比，另外计算两个水胶比，在基准配合比水胶比基础上分别增加或减少 0.05，用水量与基准配合比相同，每个配合比均试拌 15 L 混凝土拌合物，经观察黏聚性和保水性均良好，基准配合比混凝土 28 d 强度分别为 38.5 MPa，无需再调整。

4）换算施工配合比

施工现场砂、石含水率分别为 3.8%、0.7%，则施工配合比砂、石、水的用量调整为

$$砂=679(1+3.8\%)=705\ \text{kg/m}^3$$

石子=1 156(1+0.7%)=1 164 kg/m³

水：W'=179−679×3.8%−1 164×0.7%=145 kg/m³

5.7 轻集料混凝土

轻骨料(或轻集料)混凝土指用轻粗骨料、轻砂(或普通砂)、水泥和水配制而成的干表观密度不大于1 950 kg/m³ 的混凝土。《轻骨料混凝土技术规程》(JGJ 51—2002)规定，轻骨料混凝土按立方体抗压强度标准值分为LC5.0，LC7.5，LC10，LC15，LC20，LC25，LC30，LC35，LC40，LC45，LC50，LC55和LC60十三个强度等级；按其干表观密度分为600，700，800，900，1 000，1 100，1 200，1 300，1 400，1 500，1 600，1 700，1 800，1 900十四个密度等级。按其用途分为三大类，如表5-46所示。

表5-46　轻骨料混凝土按用途分类

类别名称	强度等级合理范围	密度等级合理范围	用途
保温轻骨料混凝土	LC5.0	≤800	用于保温的围护结构或热工构筑物
结构保温轻骨料混凝土	LC5.0，LC7.5，LC10，LC15	800～1 400	主要用于要求承重保温的围护结构
结构轻骨料混凝土	LC15，LC20，LC25，LC30，LC35，LC40，LC45，LC50，LC55，LC60	1 400～1 950	主要用于承重结构或构筑物

5.7.1 轻集料

《轻集料及其试验方法第1部分：轻集料》(GB/T 17431.1—2010)规定，轻集料是堆积密度不大于1 200 kg/m³ 的粗、细集料的总称。轻集料按形成方式分为人造轻集料(陶粒、陶砂等)、天然轻集料(浮石、火山渣等)和工业废渣轻集料(自燃煤矸石、煤渣等)。轻粗集料按干表观密度分为200，300，400，500，600，700，800，900，1 000，1 100，1 200十一个密度等级，轻细集料分为500，600，700，800，900，1 000，1 100，1 200八个密度等级。轻集料的技术性能要求有颗粒级配、密度等级、轻粗集料的筒压强度与强度标号、1 h吸水率与软化系数、轻粗集料的粒型系数、有害杂质含量，除有害杂质含量中氯离子含量和放射性外，其他性能的检测方法均按《轻集料及其试验方法第2部分：轻集料试验方法》的规定进行。

人造轻粗集料的最大粒径不宜大于19.0 mm。不同颗粒级配的轻粗集料适合于不同的混凝土结构或制品，连续粒级中5～40 mm、5～31.5 mm粒级的轻集料主要适用于配制结构保温用混凝土；5～25 mm、5～20 mm、5～16 mm粒级的轻集料主要适用于结构用混凝土；5～10 mm粒级的轻集料主要适用于生产混凝土空心砌块；10～16 mm粒级的轻集料属单粒级级配，主要用于配制无砂大孔混凝土。

轻粗集料的颗粒强度对轻骨料混凝土的强度及其他一系列物理力学性能都有很大影响，它是轻集料最重要的技术指标之一。测定颗粒强度主要采用筒压强度法，即将10～20 mm的轻集料装入标准承压筒中，以集料被压入20 mm深时的平均抵抗应力作为筒压强度值。筒压强度越大，颗粒强度越高，但对密度等级600～900的人造高强轻粗集料，除筒压强度值外，同时需进行强度标号的测定，两个指标应同时符合表5-47的要求。

表 5-47　　高强轻粗骨料的筒压强度和强度标号　　MPa

密度等级	筒压强度(≥)	强度标号(≥)
600	4.0	25
700	5.0	30
00	6.0	35
900	6.5	40

轻集料颗粒为多孔材料，通常其吸水率较高，特别是它过快的吸水对于混凝土的浇注、密实与凝结过程具有不利的影响。因此，混凝土的配制与施工操作应适应其早期的高吸水率特点。混凝土用轻集料的吸水率一般是指其 1 h 吸水率，因为 1 h 以后的吸水基本上不会对混凝土产生明显的不利影响。为适应轻集料吸水率高的特点，在混凝土施工中必须对轻集料进行饱和预湿，以保证搅拌、运输、浇注、密实等工艺过程中混凝土的流动性。尤其是采用泵送混凝土时，应特别注意避免由于轻集料吸水造成的"堵泵"等事故。

粒型系数是表征人造轻粗集料外观几何特征的技术指标。通过测量并计算颗粒长向最大尺寸与中间截面最小尺寸的比值来表示，对于人造轻集料要求平均粒型系数不大于 2.0，对其他两类则不作规定。常见轻粗集料的粒型有三类：圆球型、普通型和碎石型。骨料颗粒的粒型系数越小，则越接近圆形，其比表面积越小，它所制成的混凝土结构状态与物理力学性能就越好，所需的水泥用量和砂率也较小。

5.7.2　轻集料混凝土配合比设计

轻骨料混凝土配合比设计的基本原则主要是应满足抗压强度、密度和稠度的要求，并尽可能合理地利用各种材料，设计时还应满足对混凝土某些性能(如弹性模量、碳化和抗冻性等)的特殊要求。

设计过程中，轻骨料混凝土的配合比也应通过计算和试配来确定。全轻混凝土宜采用松散体积法进行配合比计算，砂轻混凝土可采用绝对体积法进行配合比计算。

1. 全轻混凝土配合比计算(松散体积法)

全轻混凝土是指由轻砂做细骨料配制的轻骨料混凝土。其配比设计计算步骤如下：

(1) 骨料的种类和最大粒径　根据设计要求的轻骨料混凝土强度等级和用途，确定粗细骨料的种类和粗骨料的最大粒径。

(2) 测定骨料的指标　测定粗、细骨料的堆积密度，并测定粗骨料筒压强度和 1 h 吸水率。

(3) 计算混凝土试配强度　同普通混凝土配制强度计算方法。

(4) 选择水泥用量　不同试配强度轻骨料混凝土的水泥用量可参考表 5-48 选用。

表 5-48　　轻骨料混凝土的水泥用量　　kg/m³

混凝土试配强度/MPa	轻骨料密度等级						
	400	500	600	700	800	900	1 000
<5.0	260~320	250~300	230~280				
5.0~7.5	280~360	260~340	240~320	220~300			

续表

混凝土试配强度/MPa	轻骨料密度等级						
	400	500	600	700	800	900	1 000
7.5～10		280～370	260～350	240～320			
10～15			280～350	260～340	240～330		
15～20			300～400	280～380	270～370	260～360	250～350
20～25				330～400	320～390	310～380	300～370
25～30				380～450	370～440	360～430	350～420
30～40				420～500	390～490	380～480	370～470
40～50					430～530	420～520	410～510
50～60					450～550	440～540	430～530

注：1. 表中 LC30 以下的轻骨料混凝土为采用 32.5 级水泥的用量；LC30 以上的轻骨料混凝土为采用 42.5 级水泥用量。

2. 表中下限值适用于圆球型和普通型轻粗骨料，上限值适用于碎石型轻粗骨料和全轻混凝土。

3. 最高水泥用量不宜超过 500 kg/m³。

(5) 选择净用水量　轻骨料混凝土的用水量应考虑轻骨料 1 h 吸水率的影响，其净用水量应根据施工要求的稠度(坍落度或维勃稠度)及密实工艺来确定，可参考表 5-49 选用。

表 5-49　轻骨料混凝土的净用水量

轻骨料混凝土用途	稠　度		净用水量/(kg·m⁻³)
	维勃稠度/s	塌落度/mm	
预制构件及制品：			
(1) 振动加压成型	10～20	—	45～140
(2) 振动台成型	5～10	0～10	140～180
(3) 振捣棒或平板振动器振实	—	30～80	165～215
现浇混凝土：			
(1) 机械振捣	—	50～100	180～225
(2) 人工振捣或钢筋密集	—	≥80	200～230

注：1. 表中值适用于圆球型和普通型轻粗骨料，对碎石型轻粗骨料，宜增加 10 kg 左右的用水量。

2. 掺加外加剂时，宜按其减水率适当减少用水量，并按施工稠度要求进行调整。

3. 表中用水量适用于砂轻混凝土；若采用轻砂时，宜取轻砂 1 h 吸水率作为附加水量；若无轻砂吸水率数据时，可适当增加用水量，并按施工稠度要求进行调整。

(6) 选择砂率　轻骨料混凝土的砂率可按表 5-50 选用。

表 5-50　轻骨料混凝土的砂率

轻骨料混凝土用途	细骨料品种	砂率/%
预制构件	轻砂	35～50
	普通砂	30～40
现浇混凝土	轻砂	—
	普通砂	35～45

(7) 粗细骨料的计算 粗细骨料松散状态的总体积可根据其类型参考表 5-51 选用，并按下列公式计算每立方米混凝土所用粗细骨料的质量。

$$V_s = V_t \times S_p \tag{5-40}$$

$$m_s = V_s \times \rho_{1s} \tag{5-41}$$

$$V_a = V_t - V_s \tag{5-42}$$

$$m_a = V_a \times \rho_{1a} \tag{5-43}$$

式中 V_s, V_a, V_t——分别为每立方米混凝土中细骨料、粗骨料和总骨料的松散体积，m^3；

m_s, m_a——分别为每立方米混凝土中细骨料和粗骨料的用量，kg；

S_p——砂率，%；

ρ_{1s}, ρ_{1a}——分别为细骨料和粗骨料的堆积密度，kg/m^3。

表 5-51　　粗细骨料总体积

轻粗骨料粒型	细骨料品种	粗细骨料总体积/m^3
圆球型	轻砂	1.25～1.50
	普通砂	1.10～1.40
普通型	轻砂	1.30～1.60
	普通砂	1.10～1.50
碎石型	轻砂	1.35～1.65
	普通砂	1.10～1.60

(8) 总用水量的计算 根据净用水量和附加用水量的关系计算总用水量：

$$m_{wt} = m_{wn} + m_{wa} \tag{5-44}$$

式中 m_{wt}——每立方米混凝土的总用水量，kg；

m_{wn}——每立方米混凝土的净用水量，kg；

m_{wa}——每立方米混凝土的附加水量，kg。

其中附加水量计算的原则应符合表 5-52 的规定。

(9) 混凝土干表观密度的计算 混凝土干表观密度(ρ_{cd})应按下式计算，并与设计要求的干表观密度进行对比。若其误差大于 2%，则应重新调整和计算配合比。

$$\rho_{cd} = 1.15m_c + m_a + m_s \tag{5-45}$$

表 5-52　　附加水量的计算

项　　目	附加水量/m_{wa}
粗骨料预湿，细骨料为普通砂	$m_{wa}=0$
粗骨料不预湿，细骨料为普通砂	$m_{wa}=m_a \cdot \omega_a$
粗骨料预湿，细骨料为轻砂	$m_{wa}=m_s \cdot \omega_s$
粗骨料不预湿，细骨料为轻砂	$m_{wa}=m_a \cdot \omega_a+m_s \cdot \omega_s$

注：1. ω_a、ω_s 分别粗、细骨料的 1 h 吸水率。
2. 当轻骨料含水时，必须在附加水量中扣除自然含水量。

2. 砂轻混凝土配合比计算(绝对体积法)

砂轻混凝土是由普通砂或部分轻砂做细骨料配制而成的轻骨料混凝土。对于砂轻骨料混凝土,可采用绝对体积法进行配合比计算,其计算步骤为:

① 根据设计要求的轻骨料混凝土强度等级、密度等级和用途,确定粗细骨料的种类和粗骨料的最大粒径。

② 测定粗骨料的堆积密度、颗粒表观密度、筒压强度和 1 h 吸水率,并测定细骨料的堆积密度和相对密度。

③ 配制强度、水泥用量、用水量和砂率的选择计算与松散体积法相同。

④ 按下列公式计算粗细骨料的用量:

$$V_s = \left[1 - \left(\frac{m_c}{\rho_c} + \frac{m_{wn}}{\rho_w}\right) \div 1\,000\right] \times s_p \tag{5-46}$$

$$m_s = V_s \times \rho_s$$

$$V_a = \left[1 - \left(\frac{m_c}{\rho_c} + \frac{m_{wn}}{\rho_w} + \frac{m_s}{\rho_s}\right) \div 1\,000\right] \tag{5-47}$$

$$m_a = V_a \times \rho_{ap} \tag{5-48}$$

式中 V_s——每立方米混凝土的细骨料绝对体积,m^3;

m_c——每立方米混凝土的水泥用量,kg;

ρ_c——水泥的相对密度,可取 $\rho_c = 2.9 \sim 3.1\ g/cm^3$;

ρ_w——水的密度,可取 $\rho_w = 1.0\ g/cm^3$;

V_a——每立方米混凝土的轻粗骨料绝对体积,m^3;

ρ_s——细骨料密度,g/cm^3,(采用普通砂时,可取 $\rho_s = 2.6\ g/cm^3$);

ρ_{ap}——轻粗骨料的颗粒表观密度,g/cm^3。

⑤ 附加水量与表观密度计算与松散体积法相同。

5.7.3 轻集料混凝土的特性及其应用

(1) 轻骨料混凝土具有较高的比强度 与普通混凝土相比,轻骨料混凝土的表观密度明显较小,但其强度却比较接近。当其他因素控制较好的情况下,利用高强轻骨料可以配制出强度等级为 LC30 以上的轻骨料混凝土。例如利用密度等级为 900 的人造高强轻骨料(高强陶粒),可以配制强度等级为 LC60 的轻骨料混凝土,其 28 d 抗压强度可达 70 MPa 以上。因此,轻骨料混凝土具有更高的比强度值,这使其更适合于在大跨度及高层建筑物中推广应用。

通常轻骨料混凝土的表观密度主要取决于其所用轻骨料的表观密度和用量;而轻骨料混凝土的强度影响因素很多,除了与其所用水泥性质和配比外,轻骨料的性质(强度、堆积密度、颗粒形状、吸水性等)和用量也具有重要的影响。尤其当配制较高强度的轻骨料混凝土时,其破坏往往是由于轻骨料本身的破坏而导致其他部位的破坏。当混凝土强度达到一定程度后,由于轻骨料性质的限制,即使混凝土中水泥浆的强度再增加,其混凝土强度也很难提高,通常认为此时已经达到了该轻骨料配制混凝土的极限强度。

(2) 轻骨料混凝土的收缩和徐变较大 由于轻骨料本身结构与力学方面的特性,使轻骨料混凝土的收缩变形要比普通混凝土大 20%~50%,徐变变形要比普通混凝土大 30%~69%,热膨胀系数比普通混凝土小 20%左右。这些特性也使其应用受到限制。

(3) 轻骨料混凝土具有优良的保温性能 轻骨料混凝土具有较低的导热系数，当采用全轻混凝土时，虽然使混凝土的强度有所降低，但其表观密度会显著下降，从而使其导热系数显著下降，保温绝热性显著改善。当其表观密度为 1 860 kg/m^3 时，相应的导热系数为 0.87 W/(m・K)；当表观密度为 1 409 kg/m^3 时，相应的导热系数为 0.49 W/(m・K)；当其表观密度为 1 000 kg/m^3 时，相应的导热系数下降为 0.28 W/(m・K)，显然采用轻骨料混凝土可获得更好的保温性。

(4) 轻骨料混凝土荷载条件下变形较大 由于轻骨料混凝土的弹性模量较小，一般为同强度等级普通混凝土的 30%～70%，从而使其在相同外力作用下可产生比普通混凝土更大的变形。这对要求高刚度的结构不利。但其变形将有利于内应力的释放和对温度裂缝发展的控制，也有利于提高建筑物的抗震性能与抵抗动荷载的能力。

(5) 轻骨料混凝土具有更好的抗渗性、抗冻性和耐火性 由于轻骨料混凝土中界面结构的改善和收缩开裂的减少，使其具有更好的抗渗性能，同时也改善了抗冻性。轻骨料混凝土良好的隔热性及更好的变形适应性，使其在遇到火灾时表现出比普通混凝土更强的抵抗能力。这些特性使其更适合于有抗渗、抗冻要求的各类建筑和耐火等级要求较高的结构。

结构用轻骨料混凝土的性能指标可参考现行《轻骨料混凝土技术规程》(JGJ 51—2002)、《轻骨料混凝土结构设计规程》(JGJ 12—2006)和《轻骨料混凝土桥梁技术规程》(CECS202：2006)的相关规定。

5.8 现代混凝土技术进展

混凝土在土木工程的各个领域应用得越来越广泛。现代土木工程不断向超高、重载和大跨度方向发展。随着环境和节能问题越来越突出，对混凝土材料性能的要求势必越来越高，混凝土越来越向着高性能、多功能的方向发展。例如，随着我国城市建筑用地日益紧张，建造高层或超高层的建筑和建造多层的地下建筑甚至水中建筑越来越多，要求混凝土具有轻质、高强、高耐久性，如高强混凝土、高性能混凝土、防水混凝土及水下浇注混凝土等。

5.8.1 高性能水泥混凝土

高性能水泥混凝土(HPC)是指多方面均具有较高质量的混凝土，其高质量包括良好的和易性(易于浇注、捣实且不离析)，优良的物理力学性(较高的强度与刚度、较好的韧性、良好的体积稳定性)，可靠的耐久性(抗渗、抗冻性、抗腐蚀、抗碳化、耐磨性好)等。

1. 高性能水泥混凝土的配制要求

在材料性能方面，高性能混凝土(HPC)与以往的高强度混凝土具有明显的差别，它对混凝土的综合性能指标要求更高，不仅要求强度高，还要求具有更好的和易性与耐久性。

从材料技术方面来看，高性能混凝土(HPC)是在采用优质原材料的基础上，采用现代混凝土技术，并在严格的质量管理条件下制成的混凝土材料。其配制过程中除了要求技术性能较好的水泥、水、集料外，必须掺加适量优质的活性细矿物掺和材料及效率更高的化学外加剂。此外，HPC 还应在节约资源与能源，减少对环境影响方面也具有更好效果。为满足这些要求，工程实际中通常采取以下措施：

(1) 采用较低的混凝土水胶比 为满足高强度与高耐久性的要求，通常要使混凝土的水胶比控制在 0.38 以下。但为了同时确保混凝土的流动性就必须选择适宜低水胶比特性的水泥，并掺加适当的细矿物掺和材料。

比较理想的水泥有球状水泥、调粒水泥等，这些水泥中近球状颗粒较多，颗粒级配更为合理且堆积密度大，其比表面积并不高，但具有较高的水化活性。从其组分来看，通常 C_3A 含量较低，C_2S 含量较高。

所采用减水剂应具有较高的减水率(应不低于 20%～30%)，并有适当的引气性与抗坍落度损失能力。所掺矿物活性掺和料宜采用超细化材料，通常采用硅灰(比表面积达 20 m^2/g)、比表面积达到 0.6 m^2/g 以上的矿渣、天然沸石、粉煤灰等。

(2) 选用合理的集料 为了获得混凝土合理的堆积结构，通常应选用级配较好的集料。其中粗集料的最大粒径一般≤20 mm，应表面粗糙，粒形接近方正，针片状颗粒含量低，表观密度大于 2.65 g/cm^3，堆积密度≥1 450 kg/m^3，吸水率小于 1.0%。细集料除要求良好的级配外，还应杂质含量低，也应具有良好的粒形和坚固性。

2. 高性能水泥混凝土的配制方法

目前土木工程中配制高性能水泥混凝土是在普通水泥混凝土基础上实现的。由于普通水泥混凝土的水胶比较大，在浇筑过程因产生内、外分层而容易造成其结构的密实性与均匀性不良，从而对混凝土的强度及耐久性有很大影响。因此，使普通混凝土达到高性能化的主要途径就是提高混凝土结构的均匀性和密实性，具体措施为：

(1) 改善集料级配，降低集料间的空隙率 由于普通混凝土用集料的粒径较大(通常大于 20 mm 的居多)，针片状颗粒含量高，空隙率也较大。因此在配制高性能水泥混凝土时应选择最大粒径为 20 mm 的合理级配粗集料，或在普通集料中增加 5～10 mm 豆石的比例，以降低集料的堆积空隙率。此外应严格控制其针片状颗粒含量，使其多接近立方体形为佳。

(2) 合理选择混凝土的单方用水量 用水量是决定混凝土和易性的主要因素之一，也是影响混凝土强度与耐久性的主要因素。为尽可能降低混凝土中自由水量，并能获得较理想的和易性应采用适当的用水量。通常，强度等级为 C20 和 C30 的混凝土宜采用 180～185 kg/m^3 的用水量，C40 和 C50 混凝土宜采用约 175 kg/m^3 的用水量。还可通过外加剂的作用来调整用水量，使其在满足混凝土拌合物和易性要求的前提下尽可能减少用水量。

(3) 控制胶凝材料的用量 根据所配混凝土强度等级不同，一般情况下 C20 混凝土胶凝材料的用量不大于 350 kg/m^3，其中水泥 200 kg/m^3，超细粉≤150 kg/m^3；C30 混凝土胶凝材料的用量不大于 400 kg/m^3，其中水泥 250 kg/m^3，超细粉≤150 kg/m^3；C40 混凝土胶凝材料的用量不大于 450 kg/m^3，其中水泥 300 kg/m^3，超细粉≤150 kg/m^3；C50 混凝土胶凝材料的用量不大于 500 kg/m^3，其中水泥 350 kg/m^3，超细粉≤150 kg/m^3。

5.8.2 智能混凝土

智能水泥混凝土是以水泥混凝土为载体，并复合可产生某种智能效果的材料后形成的水泥基复合材料。智能水泥混凝土是为满足土木工程智能化要求而发展的新型材料。它包括具有电敏性、磁敏性、热敏性、湿敏性、自修复性等特种智能水泥混凝土。

在电敏性智能水泥混凝土中通常掺加部分特性碳纤维制成的复合材料。因为碳纤维具有一定的导电性，当将其分散于水泥混凝土中后，由于被这些无机非金属材料阻隔所形成的势垒构成了具有一定电阻的导电网络。当由于某些因素导致混凝土产生内部应力或温度变化时，其导电网络的电性就会发生变化，从而可将混凝土的力学变化或温度变化转化为电信号，这对于自动监控混凝土结构具有较高的应用价值。通常，当在水泥净浆中掺加体积率0.5%的碳纤维时，其应变传感的灵敏度远远高于一般的电阻应变片。当其经受疲劳荷载后，其体积电阻率会随疲劳次数发生不可逆的降低，因此，可以利用它对水泥混凝土的疲劳损伤进行监测。

利用PAN基的短切碳纤维可制成热敏性智能水泥混凝土，实验研究结果表明，它在温度为20℃～70℃范围内的温差与温差电动势之间具有良好稳定的线性关系，可以利用它对建筑物内部和周围环境温度变化的实时监控，也可利用其热电效应产生电能。

此外，利用智能水泥混凝土对于环境湿度的反应，可以监控与自动调节环境湿度；利用埋入混凝土中的空心纤维，将某些粘结修补剂贮藏起来，当混凝土开裂时，断裂的空心纤维就会自动将粘结修补剂释放出来，达到混凝土自修复的目的。

5.8.3 泵送混凝土

泵送混凝土是现代大型混凝土工程施工中最常用的工艺之一，它是通过管道将搅拌好的新拌混凝土输送到建筑物的模板中直接浇筑施工的方法。泵送浇筑无须捣实，省能、省力、减少噪声。

为使混凝土在管道中顺利输送，要求其必须具有较高的流动性(其坍落度为100～200 mm)，并具有较好的稳定性和保塑性，以避免混凝土在输送过程中的离析、泌水或阻力过大，从而获得良好的可泵性。

可泵性是泵送混凝土必备的性能，它是指在泵送压力的作用下，新拌混凝土在其表面水泥浆薄层的润滑作用下形成结构稳定均匀的柱体，并在输送管道内沿管壁作悬浮运动，从而形成连续稳定的柱塞流。

为使泵送混凝土获得良好的可泵性，在材料选择与配比设计方面应注意以下问题：

(1) 选用保水性好、泌水性小的水泥 一般可选用硅酸盐水泥、普通硅酸盐水泥、矿渣硅酸盐水泥、粉煤灰硅酸盐水泥，不宜采用火山灰质硅酸盐水泥；若无条件限制或特殊要求，应优先使用硅酸盐水泥和普通硅酸盐水泥。

(2) 采用适当的水泥用量 在水胶比满足强度要求的前提下，应有足够的水泥浆量以形成所需要的管道内壁润滑层，并覆盖砂石集料表面，使各颗粒间相互分开且黏结。当水泥用量偏低时，部分相互直接接触的集料颗粒间缺少水泥浆的传递作用，其泵送压力只能通过集料颗粒间相互传递，这将容易造成碎石颗粒间的挤紧或卡死，从而使阻力增加，甚至导致堵塞。若水泥用量偏高时，混凝土内部黏结能力过大，也会增加混凝土的黏滞阻力。通常，泵送混凝土的水泥用量随着输送管径的减小或输送距离的延长而增大。一般要求水泥用量不宜少于280～300 kg/m^3，且不得低于250 kg/m^3，最大水泥用量不得超过550 kg/m^3。轻集料泵送混凝土的水泥用量较高，一般为310～360 kg/m^3。

(3) 应有适当的砂率 不仅影响泵送混凝土的内部稳定性，而且还会影响其水泥最佳用量。细集料充足时，石子被砂浆所包裹，可使石子悬浮在砂浆中流动，这有利于混凝土可泵性的提高。当砂率偏少时，石子难以在砂浆中形成悬浮体，从而导致混凝土的可泵性很差。此外，砂的粗细与级配也会影响混凝土的可泵性，特别是当水泥用量较低时，砂中应含有一定量(不小于15%)粒度小于0.3 mm的细砂粉或掺加适量(约为水泥用量的15%～20%)的粉煤灰或石粉，以利于充满碎石之间的空隙，在管壁上建立起一层均匀的润滑层。泵送混凝土合理的砂率要比普通混凝土的含砂率大4%～6%，通常为40%～52%，其中碎石混凝土的含砂率应大于43%。

(4) 合适的粗集料粒径与级配 为保证泵送混凝土在管道内形成良好的运动状态，所用的粗集料的粒径不得过大，通常要求其不得大于泵送管径的1/3。泵送混凝土还要求粗集料有较好的级配，以采用空隙率较低的连续级配粗集料为好。

5.8.4 膨胀混凝土

普通混凝土在浇筑硬化过程中，由于化学减缩、冷缩和干缩等原因会引起体积收缩，其收缩值为自身体积的0.04%～0.06%。这些收缩将给混凝土结构物的体积稳定性、耐久性带来很大的危害。为此，必须消除或减少这些收缩，以防止这些危害的产生，采用膨胀混凝土可以达到此目的。

膨胀水泥混凝土的特点是利用其中某些成分在凝结硬化过程中的膨胀效应，而使混凝土产生均匀的体积膨胀以消除或补偿其各种收缩，从而获得抗裂、防渗等效果。工程中常见的膨胀混凝土种类、使用目的和适用范围见表5-53。

表5-53 膨胀混凝土的类别、使用目的及其适用范围

膨胀混凝土的类别	使用目的	适用范围
补偿收缩混凝土	减少混凝土干缩裂缝，提高混凝土抗裂性和防渗性能	屋面防水，地下防水，储罐、水池、水塔基础后浇带。混凝土结构补强、防水堵漏。压力灌浆等工程以及钢筋混凝土及预应力钢筋混凝土构件
填充用膨胀混凝土（砂浆）	提高机械、设备、构件的安装质量加快安装速度等	机械设备的底座灌浆，地脚螺栓固定。梁柱接头的浇筑基础后浇缝。管道接头的填充和防水堵漏等混凝土工程
自应力混凝	产生化学预应力，提高抗裂性及防渗性能	自应力压力管

根据使混凝土产生膨胀的方法不同，有膨胀水泥混凝土和掺膨胀剂水泥混凝土。

膨胀水泥混凝土所用水泥本身的水化过程中可产生明显的体积膨胀。掺膨胀剂水泥混凝土是在通用硅酸盐水泥基础上掺加膨胀剂而形成的膨胀混凝土，常用的掺膨胀剂有硫铝酸盐系膨胀剂、石灰系膨胀剂、铁粉系膨胀剂、氧化镁型膨胀剂及复合型膨胀剂等几种类型。

膨胀混凝土主要用于建筑物地下室、地铁、地下构筑物、隧道、管道、地沟、海工和水工等要求抗裂防渗的构筑物，也适合于后浇缝、二次灌注的填充性混凝土。它最适合于潮湿环境中使用，在干燥环境中使用时应进行较长时间的潮湿养护；使用掺膨胀剂前应对其掺加量、水泥适应性进行试验验证。

5.8.5 其他品种混凝土

(1) 纤维混凝土 纤维水泥混凝土(简称FRC)也称为纤维增强混凝土，它是不连续的短纤维无规则地均匀分散于水泥砂浆或水泥混凝土基材中而形成的复合材料。

由于普通水泥混凝土具有显著的脆性，尤其是高强混凝土的脆性更加突出，这会为其应用带来许多问题。如混凝土抵抗各种变形(干燥变形、化学变形、温度变形)的能力很差，抵抗动荷载的能力很差，很容易由于这些弱点而产生明显的开裂甚至破坏。当在混凝土中掺加了纤维后，可以通过纤维的阻裂、增韧和增强作用而显著提高上述抵抗能力，使其成为具有一定韧性的复合材料。

纤维对于混凝土性能改善的机理主要表现在以下方面。首先，在混凝土凝结硬化初期，纤维可以限制混凝土的各种早期收缩，有效地抑制混凝土早期干缩微裂纹及离析裂纹的产生和发展，可以大大增强混凝土的抗裂抗渗能力。其次，当混凝土结构承受外力作用时，纤维能与基体共同承受外力。在受外力初期，基体是主要承受外力者，当基体产生开裂趋势后，横跨裂缝的纤维就会阻碍其开裂的扩展，并承担部分荷载，从而提高混凝土基体材料的抗荷载能力。此外，随着外力的不断增大，适当体积掺量的纤维可继续承受较高的荷载并产生较大的变形，直至纤维被拉断或从基体中拔出而破坏，从而使其受力破坏过程中表现出更高的韧性。

(2) 海洋混凝土 海洋混凝土是指适合于海洋环境中使用的混凝土。海洋工程结构包括海岸工程(如港口、挡潮闸，跨海桥梁、潮汐电站、海岸防护工程)和离岸工程(如大型深水码头、海上采油平台等)。海洋工程结构所用混凝土需要长期遭受海水及海洋气候的侵蚀，如冻融破坏(潮差区和溅沫区)、冰凌侵蚀(潮差区)、风浪冲刷、海水(主要是 $MgSO_4$ 和 $MgCl_2$)腐蚀、地基沉陷位移以及各种碰撞等。海洋工程结构混凝土遭受破坏的主要形式包括水下钢筋混凝土中钢筋锈蚀膨胀所导致的混凝土顺筋开裂剥离、冻融等所造成的混凝土层层剥蚀、腐蚀介质对混凝土中水泥石结构长期腐蚀的开裂与表面溃散等。海洋混凝土应满足相应的抗渗性、抗冻性、抗侵蚀性等耐久性指标的要求。

海洋工程结构混凝土具有某些特殊的破坏表现，如钢筋混凝土较素混凝土严重，离岸工程较海岸工程严重，迎风面较背风面严重，背阳面较向阳面严重，暴露部位比隐蔽部位严重。因此，在工程实际中应特别注意这些部位混凝土的耐久性改善。

(3) 绿化混凝土 绿化混凝土是指能够适应绿色植被、绿色植物生长的混凝土及其制品。绿化混凝土可用于城市道路两侧及中央隔离带、水边护坡、楼顶、停车场等部位，增加城市的绿化空间，吸收噪音和粉尘，可对城市气候的生态平衡起到调解作用、具有环保意义的混凝土材料。

20 世纪 90 年代初期，日本最早开始研究绿化混凝土并申请了专利。当时主要针对大型土木工程，如修筑道路、大坝、人工岛等。这些工程需要开挖山体、破坏了自然景观，同时产生大面积的人造混凝土平面和水边护坡等，需要对这些部位进行绿化处理。随着人类对环境和生态平衡的重视，混凝土结构物的绿化，人造景观与自然景观的协调成为混凝土学科的一个重要课题。在此背景下，日本混凝土协会成立了混凝土结构物绿化设计研究委员会，从混凝土结构物的绿化施工方法、评价指标等多方面进行了系统的研究和开发。绿化混凝土在日本得到了广泛的应用，如城市建筑物、近水、护岸工程、道路、机场建设等大型土木工程的绿化。近年来我国城市建设加快，城区被大量的建筑物和混凝土的道路所覆盖，绿色面积明显减少，混凝土结构物的绿化问题逐渐受到人们的重视，如在城市停车场等部位应用孔洞型绿化混凝土材料。

(4) 干硬混凝土 干硬性混凝土是指混凝土拌合物坍落度在 0～10 mm 的混凝土，一般把坍落度为零称为超干硬性混凝土。因为在捣实时必须采取碾压振动，因此也称为碾压混凝土。干硬混凝土水泥用量少，骨料用量多，尤其是粗骨料用量多，施工时由于拌合物流动性很小，普通的振动无法使其致密，须采取振动碾压才能达到足够密实。干硬性混凝土适合于大体积混凝土工程，如大坝、大体积建筑物基础、公路和机场跑道等。

(5) 水下不分散混凝土 水下不分散混凝土也称为水下浇注混凝土，可在水下浇注而骨料和水泥浆不会发生分离。水下不分散混凝土可用于混凝土桥墩、海上油气井的桩基、海岸的防浪堤坝、混凝土码头和船坞等需要混凝土在水下进行施工的工程。1974 年，联邦德国首先研制出这种不分散混凝土(non dispersible concrete, NDC)。该不分散混凝土在水中不分散,且可以在水下高质量地浇注混凝土,如水下施工或水下混凝土构筑物的抢修和补强。

(6) 防爆混凝土 防爆混凝土在碰撞冲击和摩擦等机械作用下不产生火花,可用于生产、存放易爆物品建筑物的混凝土中。普通混凝土在遭遇碰撞冲击和摩擦作用下有可能产生火花,如果建筑物内存放易燃易爆物品,就可能引发爆炸、燃烧事故。防爆混凝土主要是将普通混凝土中在冲击、碰撞、摩擦作用下易于产生火花的骨料换成不产生火花的骨料。骨料的选择是配制防爆混凝土的关键,常用的骨料应以碳酸钙为主要成分,氧化铁含量低的白云石、大理石或石灰石。防爆混凝土最多应用于化工厂、化工仓库及油库地面。

(7) 发光混凝土 发光混凝土是一种表面可以发出磷光或荧光的混凝土,在混凝土的表面层加入可以发出磷光或荧光的材料制得。最先由德国迪尔公司制造成功,商品名为 Diwit 发光混凝土。这种混凝土材料的结构致密,具有很高的耐磨性和耐污染性,即使稍有污染、经雨水冲刷或车辆行驶时摩擦后又十分光洁。

Diwit 发光混凝土可用于街道标识,如人行横道、交通边线,特别是高速公路边线,中心线和转弯线以及地下室楼梯,防空室、隧道、地下通道等。在机场可用发荧光的混凝土表示飞机着陆点、飞机跑道,机场应放置发射紫外光的装置,以便使发光混凝土发射出强烈的荧光。通常 Diwit 发光混凝土寿命可达 20 年,而且可以重复加以显激,这种发光混凝土曾在巴西、澳大利亚、瑞典、挪威等国家采用,经受了冬夏极冷极热气候和冰雪侵蚀而未受影响。

(8) 金属混凝土 金属混凝土是指用金属代替普通水泥作为胶结材料,生产时可先往模板内铺放骨料混合物,然后熔融的金属浇注填满。金属混凝土不仅具有很高的强度,而且有很高的耐热性、耐磨性、化学稳定性及耐火性。采用金属混凝土代替金属制成各种制品和构件可以节约金属,改善金属的技术性能和使用效果。金属混凝土适宜作受温度、磨损、冲击和化学腐蚀的各种薄壁结构,以及各种承载能力高的建筑构件。

(9) 上釉混凝土 上釉混凝土可以在表面熔烧釉料的混凝土,混凝土上釉后表面呈现一种釉质光泽的彩色或具有图案装饰,外观美观,用于各种装饰。与陶瓷釉质品相比,可以较方便地制得体积比较大,形状复杂的制品,且成本较低。

还有一些水泥混凝土,如用于海港工程、化学工程中的耐酸混凝土;用于一些工业建筑中,如烧碱和纯碱的生产车间的耐碱混凝土;用在化工、冶金、建材等工业领域,如工业烟囱或烟道的内衬,高温锅炉的基础及外壳,以及工业窑炉的耐火内衬等的耐热混凝土;此外还有如耐油混凝土、道路混凝土、防辐射混凝土、聚合物混凝土等。

练习题

【5-1】 普通混凝土是由哪些材料组成的,它们在混凝土凝结硬化前后各起什么作用?

【5-2】 何谓集料级配?混凝土的集料为什么要有级配要求?集料级配良好的标准是什么?集料的颗粒粗细和级配对混凝土的经济技术效果有何影响?

【5-3】 若两种砂子的细度模数相同,它们的级配是否相同?若二者的级配相同,其细度模数是否相同?

【5-4】 A、B 两种砂样(各 500 g)经筛分试验,各筛上的筛余量见下表。试分别计算其细度模数并评定其级配。若将这两种砂样按各占 50%混合,试计算混合砂的细度模数并评定其级配。

筛孔尺寸		4.75 mm	2.36 mm	1.18 mm	600 μm	300 μm	150 μm
筛余量/g	A砂	0	0	20	230	120	125
	B砂	50	150	150	50	50	35

【5-5】 什么是新拌混凝土的和易性？它包含哪些含义？如何评定？

【5-6】 影响新拌混凝土和易性的主要因素有哪些？各是如何影响的？改善新拌混凝土和易性的主要措施有哪些？在不同条件下应分别采取哪些措施？为什么？

【5-7】 什么是合理砂率？合理砂率有何技术及经济意义？

【5-8】 在测定新拌混凝土的和易性时，可能会出现以下四种情况：(1) 流动性比所要求的较小；(2) 流动性比所要求的较大；(3) 流动性比所要求的较小，而且黏聚性也较差；(4) 流动性比所要求的较大，且黏聚性、保水性也较差。试问对这四种情况应分别采取哪些措施来解决或调整才能满足要求？

【5-9】 何谓减水剂？试述减水剂的作用机理？在混凝土中掺入减水剂可获得哪些技术经济效果？

【5-10】 何谓引气剂？试述引气剂对混凝土性能所产生的影响？

【5-11】 影响混凝土强度的主要因素有哪些？各自是怎样影响的？提高混凝土强度的主要措施有哪些？

【5-12】 现场浇筑混凝土时，严禁施工人员随意向新拌混凝土中加水，试从理论上分析加水对混凝土质量的危害。它与混凝土成型后的洒水养护有无矛盾？为什么？

【5-13】 采用强度等级 32.5 的普通水泥、碎石和天然砂配制混凝土，制作尺寸为 100 mm×100 mm×100 mm 试件三块，标准养护 7 d 后，测得破坏荷载分别为 140 kN、135 kN 和 142 kN。试求：(1) 该混凝土 7 d 标准立方体抗压强度；(2) 估算该混凝土 28 d 的标准立方体抗压强度；(3) 估计该混凝土所用的水胶比。

【5-14】 引起混凝土产生变形的因素有哪些？采用哪些措施可减小混凝土的变形？

【5-15】 何谓混凝土的干缩变形及徐变？它们可能受哪些因素的影响？

【5-16】 简述混凝土耐久性的概念。它通常包括哪些性质？试说明混凝土抗冻性和抗渗性的表示方法及其影响因素。

【5-17】 采用哪些措施可提高混凝土的抗渗性？抗渗性大小对混凝土耐久性的其他方面有何影响？

【5-18】 什么是混凝土的碳化？碳化对钢筋混凝土性能有何影响？

【5-19】 混凝土在下列情况下均能导致其产生裂缝，试解释裂缝产生的原因，并指出主要防止措施。

(1) 水泥水化热大；(2) 水泥体积安定性不良；(3) 混凝土碳化；(4) 大气温度变化较大；(5) 碱-集料反应；(6) 混凝土早期受冻；(7) 混凝土养护时缺水；(8) 混凝土遭到硫酸盐腐蚀。

【5-20】 某工程混凝土设计强度等级为 C20，在一个施工期内浇筑的某部位混凝土，测得的混凝土 28 d 的抗压强度值(MPa)如下：

22.6，23.6，30.0，33.0，23.2，23.2，22.8，27.2，21.2，26.0，
24.0，30.8，22.4，21.2，24.4，24.4，23.2，24.4，22.0，26.2，
21.8，29.0，19.9，21.0，29.4，21.2，24.4，26.8，24.2，20.6，
21.8，28.6，26.8，28.6，28.8，19.0，36.8，29.2，35.6，28.0

试计算该批混凝土的平均抗压强度、标准差、变异系数和强度保证率。

【5-21】 简述混凝土配合比设计的四项基本要求及配合比常用的表示方法。

【5-22】 简述混凝土配合比设计的三个基本参数及其各自的确定原则。

【5-23】 某住宅楼工程构造柱用碎石混凝土，设计强度等级为 C20，配制混凝土所用水泥 28 d 抗压强度实测值为 35.0 MPa，已知混凝土强度标准差为 4.0 MPa，试确定混凝土的配制强度 $f_{cu,0}$ 及满足强度要求的水胶比值 W/C。

【5-24】 某试验室欲配制 C20 碎石混凝土，经计算按其初步计算配合比试配 25 L 混凝土拌合物，需各材料用量分别为：水泥 4.50 kg、砂 9.20 kg、石子 17.88 kg、水 2.70 kg。经试配调整，在增加 10%水泥浆后，新拌混凝土的和易性满足了设计要求。经测定新拌混凝土的实际表观密度为 2 450 kg/m^3，试确定混凝土的基准配合比(以每 1 m^3 混凝土中各材料用量表示)？就此配合比制作边长 100 mm 的立方体试件一组，经 28 d 标准养护，测得其抗压强度值分别为 26.8 MPa，26.7 MPa，27.5 MPa，试分析该混凝土强度是否满足设计要求(已知混凝土强度标准差为 4.0 MPa)？

【5-25】 某工程基础用碎石混凝土的设计强度等级为 C30，配制混凝土所用水泥 28 d 抗压强度实测值为 48.0 MPa，已知混凝土强度标准差为 4.8 MPa，初步计算配合比选定的水胶比为 0.54，试校核混凝土的强度？

【5-26】 某结构工程中的现浇梁用碎石混凝土，设计强度等级为 C25，已知混凝土设计配合比为每 1 m^3 混凝土中水泥 360 kg、砂 680 kg、石子 1 280 kg、水 180 kg。经对施工现场砂、石取样检验，测得其含水率分别为 3%和 1%，试换算施工配合比？根据施工现场所用混凝土搅拌机容量，经计算每盘(次)可搅拌两袋水泥的混凝土拌合物，试计算每盘混凝土所需其他三种材料的用量？就此混凝土施工配合比在施工现场成型边长 150 mm 的立方体试件一组，送至试验室标准差护 28 d，测得其抗压强度值分别为 25.8 MPa，27.1 MPa 和 26.3 MPa。试评定该组混凝土强度是否达到设计要求？

【5-27】 某工程为一建筑面积 5 000 m^2 的住宅楼，估计施工中要用 125 m^3 的现浇混凝土，已知混凝土的配合比为 1∶1.74∶3.56，$W/C=0.56$，现场供应的原材料情况为：

水泥：P·O32.5，$\rho_c=3.1$ g/cm^3；

砂：中砂、级配合格，$\rho_s=2.60$ g/cm^3；

石：5～37.5 mm 碎石，级配合格，$\rho_g=2.70$ g/cm^3。

试求：(1) 每立方米混凝土中各材料的用量；(2) 如果在上述混凝土中掺入 1.5%的减水剂，并减水 18%，减水泥 15%，计算每立方米混凝土的各种材料用量；(3) 掺入减水剂后，本工程可节约水泥多少吨？

【5-28】 混凝土配合比设计作业：在任课教师指导下，(1) 根据本校材料试验室所提供的原材料品种及在水泥、砂石试验课中所获取的有关技术资料、数据，设计某强度等级混凝土的初步计算配合比；(2) 按规定数量进行混凝土拌合物的试配与调整，确定混凝土基准配合比；(3) 进行强度检验，确定混凝土设计配合比；(4) 根据砂石含水率，进行施工配合比的换算。

【5-29】 简述混凝土强度检测评定方法、标准及各自的适用范围。

【5-30】 何谓轻集料混凝土？轻集料混凝土如何分类？砂轻混凝土与全轻混凝土有何不同？

【5-31】 轻集料混凝土对其中骨料技术指标的要求有哪些？各有何具体规定？

【5-32】 与普通混凝土相比较，轻集料混凝土的物理、力学和变形性质有什么特点？

【5-33】 某现场要求采用粉煤灰陶粒和普通砂配制 LC30、干表观密度不大于 1 700 kg/m^3 的砂轻混凝土，用于浇筑钢筋混凝土梁，钢筋最小间距为 20 mm，拌和物坍落度为 50～70 mm。已测得原材料性能如下：陶粒的堆积密度为 750 kg/m^3，其颗粒表观密度为 1 250 kg/m^3，其吸水率为 16%，筒压强度为 5.2 MPa；砂的堆积密度为 1 450 kg/m^3，砂粒密度为 2.6 g/cm^3。试求其配合比。

【5-34】 根据工程实际要求设计掺粉煤灰的全轻混凝土预制构件。混凝土的强度等级 LC20，干表观密度不大于 1 450 kg/m^3，混凝土拌和物的工作度不大于 10 s。已测得原材料性能如下：页岩陶粒的堆积密度为 620 kg/m^3、吸水率为 4%；陶砂堆积密度为 760 kg/m^3、表观密度为 1 500 kg/m^3。请计算其实际配合比。

【5-35】 高性能混凝土的特点是什么？混凝土达到高性能的措施有哪些？关键措施是什么？

【5-36】 智能混凝土的特点是什么？主要有哪些功能？

6 砂　　浆

砂浆是由胶凝材料、细集料、掺和料及水等配制而成的材料，在建筑工程中起粘结、衬垫和传递应力的作用。与混凝土相比，砂浆又可视为细集料混凝土，有关新拌混凝土和易性及混凝土强度的基本规律，原则上也适用于砂浆；但是，由于砂浆的使用环境和受力状态与混凝土有很大的差别，使其性能要求也有明显的不同。

砂浆是建筑工程中用量最大、用途广泛的材料之一，主要用于砖、石或砌块砌筑时的粘接，地面、墙面及梁、柱结构表面的抹面，以及贴面材料粘贴材料。根据砂浆的用途不同可分为砌筑砂浆与抹面砂浆。抹面砂浆包括普通抹面砂浆、装饰抹面砂浆、特种砂浆（如防水砂浆、保温砂浆等）。根据胶凝材料种类的不同可分为水泥砂浆、石膏砂浆、石灰砂浆、混合砂浆（包括水泥石灰砂浆、水泥黏土砂浆、石灰粉煤灰砂浆、石灰黏土砂浆）等。根据生产方式不同，可分为现场配制砂浆和预拌砂浆，预拌砂浆是由专业厂家生产的湿拌砂浆或干混（拌）砂浆。与现场配制砂浆相比，预拌砂浆具有产品质量高且性能稳定、性能可设计性强、可满足不同工程要求、生产效率高、原材料损耗小、环境效益好等优势，代表了建筑砂浆发展的方向。

6.1 砌筑砂浆

将砖、石、砌块等块材经砌筑成为砌体，起粘结、衬垫和传力作用的砂浆被称为砌筑砂浆。

6.1.1 砌筑砂浆的组成材料

(1) 水泥　《砌筑砂浆配合比设计规程》(JGJ 98—2010)规定，水泥品种宜符合《通用硅酸盐水泥》(GB175)和《砌筑水泥》(GB/T 3183)的规定。M15及以下强度等级的砌筑砂浆宜选用32.5级的通用硅酸盐水泥或砌筑水泥，目前我国有两种砌筑水泥，一种为《砌筑水泥》(GB/T 3183—2017)所规定的，水泥代号为M，有12.5、22.5和32.5三个强度等级；一种为《钢渣砌筑水泥》(JC/T 1090—2008)所规定的，水泥代号为S·M，有17.5、22.5和27.5三个强度等级。

当采用强度等级为32.5或42.5的水泥配制M15及以下强度等级砂浆时，可以掺加部分石灰膏、粉煤灰、炉灰或干黏土等掺和料制成混合砂浆以调节其某些性能。

(2) 细集料　宜选用符合《普通混凝土用砂、石质量及检验方法标准》(JGJ 52)规定的中砂，且应全部通过4.75 mm的筛孔。通常毛石砌体宜选用粗砂，料石与砖砌体多采用中、细砂。砂中含泥量对砂浆的质量影响较大，会增加砂浆中水泥的用量，还可能使砂浆的收缩值增大。因此，水泥砂浆及强度等级M5以上的混合砂浆所用砂子的含泥量不应超过5%；强度等级小于M5的水泥混合砂浆，含泥量不应超过10%；采用人工砂、山砂及特细砂时，应经试配确认满足砌筑砂浆技术要求后才能使用。

(3) 掺和料　配制混合砂浆可以使用石灰膏、电石膏。砂浆试配时所用石灰膏、电石膏的稠度应为120 mm±5 mm，生石灰必须经过充分熟化并调制成和易性良好的石灰膏（通常生石灰块的熟化时间不得少于 7 d，磨细生石灰粉的熟化时间不得少于 2 d)；沉淀池中储存的石灰膏应采取措施防止发生干燥、冻结或污染，严禁使用脱水硬化的石灰膏。消石灰粉不得直接用于砌筑砂浆中，因为其熟化并未充分且颗粒太粗，容易影响其和易性。

配制混合砂浆也可以使用粉煤灰、粒化高炉矿渣粉、硅灰、天然沸石粉等活性矿物掺和料，但其质量应分别符合国家现行标准《用于水泥和混凝土中的粉煤灰》(GB 1596)、《用于水泥和混凝土中的粒化高炉矿渣粉》(GB/T 18046)、《砂浆和混凝土用硅灰》(GB/T 27690)和《天然沸石粉在混凝土和砂浆中应用技术规程》(JGJ/T 112)的规定。

(4) 有机胶粘剂 水泥砂浆是一种非常坚硬、脆性大、柔性差的材料，现代建筑许多施工中，必须用聚合物对砂浆进行改性，从而满足施工要求。20 世纪 30 年代，人们开始应用双组分系统，双组分系统中容易出现许多问题，主要是难以准确控制聚合物乳液的掺量。1953 年，德国人 WCAKER CHEMIE 发明了可再分散粉末，使得生产聚合物改性干粉砂浆成为可能，现称为单组分系统。可再分散粉末是通过喷雾干燥的特殊水性乳液，主要是基于乙酸乙烯脂-乙烯共聚物而制出的聚合物粘结剂。这种粉状的有机胶粘剂在与水混合或者分散后，可以恢复到它们的原始水性乳液状态，并保持有机胶粘剂所具有的典型特性和功能，所以被称为可再分散乳胶粉。水分部分蒸发后，聚合物粒子通过聚结，形成一层聚合物薄膜，起到胶粘剂作用。根据配比的不同，采用可再分散聚合物粉末进行砂浆的改性，可以提高与各种基材的胶接强度，并提高砂浆的柔性和可变形性、抗弯强度、耐磨损性、韧性、粘结力和密度以及保水能力和施工性。

可再分散乳胶粉应符合《建筑干混砂浆用可再分散乳胶粉》(JC/T 2189—2013)的技术要求。

(5) 保水增稠材料 保水增稠材料是指用于改善砂浆可操作性及保水性能的非石灰类材料。主要包括纤维素醚和淀粉醚。

纤维素醚主要采用天然纤维通过碱溶、接枝反应(醚化)、水洗、干燥、研磨等工序加工而成。常用的纤维素醚有羟甲基乙基纤维素醚(MHEC)和羟甲基丙基纤维素醚(MHPC)。纤维素醚对湿砂浆起着保水、增稠、触变、引气、缓凝性等作用。

醚化淀粉是淀粉分子中的羟基与反应活性物质反应生成的淀粉取代基醚，包括羟烷基淀粉、羧甲基淀粉、阳离子淀粉等。淀粉醚和纤维素醚共同用在建筑干混料中，可赋予较高的增稠性，更强的结构性，抗流挂性和易操作性。采用保水增稠材料时，应在使用前进行试验验证。

(6) 外加剂 为了提高砂浆的和易性，改善硬化后的物理力学性质，可在砂浆中掺入各种外加剂。如引气剂、减水剂、缓凝剂、速凝剂、早强剂等，目前也有些砂浆专用外加剂，如塑化剂(《砌筑砂浆增塑剂》(JG/T 164—2004))、防水剂(《砂浆、混凝土防水剂》(JC 474—2008))、防冻剂(《水泥砂浆防冻剂》(JC/T 2031—2010))等。外加剂加入后应充分搅拌使其均匀分散，以防产生不良影响。

(7) 水 砂浆用水的水质应符合 JGJ 63《混凝土拌合用水标准》的各项技术指标要求。

6.1.2 砌筑砂浆的技术性质

砂浆的主要技术性质包括新拌砂浆的和易性、硬化砂浆的强度，砂浆的粘结力，砂浆的体积稳定性等，在《建筑砂浆基本性能试验方法标准》(JGJ/T 70—2009)中有具体的测定方法的规定。

1. 表观密度

为保证砌筑砂浆的质量,通常要求水泥砂浆拌合物的表观密度不小于 1 900 kg/m³,水泥混合砂浆拌合物的表观密度不小于 1 800 kg/m³。

2. 和易性

砂浆的和易性包括流动性和保水性两个方面的要求。和易性反映新拌砂浆施工操作难易程度及质量稳定性的重要技术指标。和易性良好的砂浆易在粗糙的砖、石表面铺成均匀的薄层,且能与基层紧密粘结,从而既便于施工操作,提高劳动生产率,又能保证施工质量。

(1) 流动性 是指砂浆在自重或外力作用下产生流动的性质,也称稠度。它通常用砂浆稠度测定仪测定(单位为 mm),以沉入度表示。沉入度是指以标准圆锥体在砂浆内自由沉降 10 s 时沉入的深度。实际工程所用砌筑砂浆的稠度可根据砌体种类参考表 6-1 选用。

表 6-1　砌筑砂浆的稠度

砌体种类	砂浆稠度/mm
烧结普通砖砌体、粉煤灰砖砌体	70～90
混凝土砖砌体、普通混凝土小型空心砌块砌体、灰砂砖砌体	50～70
烧结多孔砖砌体、烧结空心砖砌体、轻集料混凝土小型空心砌块砌体、蒸压加气混凝土砌块砌体	60～80
石砌体	30～50

(2) 保水性 新拌砂浆保持其内部水分不泌出流失的能力称为保水性。保水性不良的砂浆在存放、运输和施工过程中容易产生泌水和离析,并且当铺抹于基底后,水分易被基面很快吸走,致使砂浆干涩而不易铺成均匀密实的砂浆薄层,也影响水泥的正常水化硬化,使强度和粘结力下降。

砂浆拌合物在运输和停放时的稳定性用分层度(单位为 mm)来表征,分层度采用砂浆分层度仪来测定,砌筑砂浆的分层度一般不得大于 30 mm,分层度过大时,砂浆易产生分层离析,不利于施工及水泥硬化;分层度过小时,易产生干缩裂缝,也会降低砂浆强度和粘结力。

砌筑时砂浆拌合物的保水性采用砂浆保水率来表征,保水率采用内径为 100 mm,内部高度为 25 mm 的金属或硬塑料圆环试模来测定。砌筑时砂浆的保水率应符合表 6-2 的规定。

表 6-2　砌筑砂浆的保水率

砂浆种类	保水率
水泥砂浆	≥80%
水泥混合砂浆	≥84%
预拌砌筑砂浆	≥88%

3. 硬化砂浆的立方体抗压强度和强度等级

砂浆立方体抗压强度试件应采用 70.7 mm×70.7 mm×70.7 mm 的带底试模,每组试件应为 3 个,当砂浆的稠度大于 50 mm 时应采用人工插捣成型,当砂浆稠度不大于 50 mm 时,宜采用振动台振动成型。试件拆模后应立即放入温度为 20 ℃±2 ℃,相对湿度 90%以上的标准养护室中,标准养护龄期为 28 d,测定并计算砂浆的抗压强度代表值来确定其强度等级。

《砌筑砂浆配合比设计规程》(JGJ/T 98—2009)的规定，水泥砂浆和预拌砌筑砂浆的强度等级可分为 M5，M7.5，M10，M15，M20，M25，M30 七个，水泥混合砂浆的强度等级可分为 M5，M7.5，M10，M15 四个。

4. 影响砂浆强度的主要因素

砂浆的强度除受砂浆本身组成材料及配比的影响外，还与基底材料的吸水性有关。对于不吸水基底材料，影响砂浆强度的因素与混凝土的基本相同，主要取决于水泥强度和水胶比，吸水性基底材料，砂浆强度主要取决于水泥强度和水泥用量，而与水胶比无关。

5. 抗冻性

有抗冻性要求的砌筑工程，砌筑砂浆应进行冻融试验。

6.1.3 砌筑砂浆配合比设计

根据《砌筑砂浆配合比设计规程》(JGJ/T 98—2010)规定，水泥混合砂浆配合比计算步骤为：

(1) 砂浆试配强度 $f_{m,0}$ 按下式计算

$$f_{m,0}=kf_2 \tag{6-1}$$

式中 $f_{m,0}$——砂浆的试配强度，精确至 0.1 MPa；

f_2——砂浆强度等级值，精确至 0.1 MPa；

k——系数，应按表 6-3 取值。

表 6-3　砂浆强度标准差 σ 及 k 值

施工水平	强度标准差 σ/MPa							k
	M5	M7.5	M10	M15	M20	M25	M30	
优良	1.00	1.50	2.00	3.00	4.00	5.00	6.00	1.15
一般	1.25	1.88	2.50	3.75	5.00	6.25	7.50	1.20
较差	1.50	2.25	3.00	4.50	6.00	7.50	9.00	1.25

砌筑砂浆现场强度标准差的确定应符合下列规定

① 当有历史统计资料时，应按下式计算：

$$\sigma=\sqrt{\frac{\sum_{i=1}^{n}f_{m,i}^{2}-n\mu_{f_m}^{2}}{n-1}} \tag{6-2}$$

式中 $f_{m,i}$——统计周期内同一品种砂浆第 i 组试件的强度，MPa；

μ_{f_m}——统计周期内同一品种砂浆 n 组试件强度的平均值，MPa；

n——统计周期内同一品种砂浆试件的总组数，$n\geqslant 25$。

② 当不具备近期统计资料时，砂浆现场强度标准差 σ 可按表 6-3 选用。

(2) 每立方米砂浆中水泥用量按下式计算

$$Q_c=\frac{1\,000(f_{m,0}-\beta)}{\alpha\times f_{ce}} \tag{6-3}$$

式中 Q_c——每立方米砂浆的水泥用量，精确至 1 kg；

f_{ce}——水泥的实测强度，精确至 0.1 MPa；

α,β——砂浆的特征系数，其中 $\alpha=3.03$，$\beta=-15.09$。

在无法取得水泥的实测强度值时，可按下式计算 f_{ce}：

$$f_{ce}=\gamma_c\times f_{ce,k} \tag{6-4}$$

式中 $f_{ce,k}$——水泥强度等级对应的强度值；

γ_c——水泥强度等级值的富余系数，该值应按实际统计资料确定。无统计资料时可取 1.0。

(3) 石灰膏用量应按下式计算

$$Q_D=Q_A-Q_c \tag{6-5}$$

式中 Q_D——每立方米砂浆的石灰膏用量，精确至 1 kg；

Q_A——每立方米砂浆中水泥和石灰膏总量，精确至 1 kg；可为 350 kg。

(4) 每立方米砂浆中砂子的用量 应按干燥状态（含水率小于 0.5%）的堆积密度作为计算值(kg)。

(5) 每立方米砂浆中的用水量 根据稠度等要求可选用 210～310 kg。其中混合砂浆中的用水量，不包括石灰膏或黏土膏中的水；当采用细砂或粗砂时，用水量分别取上限或下限；稠度小于 70 mm 时，用水量可小于下限；施工现场气候炎热或干燥季节，可酌量增加用水量。

(6) 材料用量表 现场配制水泥砂浆的材料用量可按表 6-4 选用，现场配制水泥粉煤灰砂浆材料用量可按表 6-5 选用。

表 6-4　每立方米水泥砂浆材料参考用量　kg/m^3

强度等级	水泥用量	砂	用水量
M5	200～230	砂的堆积密度值	270～330
M7.5	230～260		
M10	260～290		
M15	290～330		
M20	340～400		
M25	360～410		
M30	430～480		

注：1. M15 及 M15 以下强度等级水泥砂浆，水泥强度等级为 32.5 级；M15 以上强度等级水泥砂浆，水泥强度等级为 42.5 级。
2. 当采用细砂或粗砂时，用水量分别取上限或下限。
3. 稠度小于 70 mm 时，用水量可小于下限。
4. 施工现场气候炎热或干燥季节，可酌量增加用水量。
5. 试配强度应按（式 6-1）计算。

表 6-5　每立方米水泥粉煤灰砂浆材料参考用量　kg/m^3

强度等级	水泥用量	粉煤灰用量	砂	用水量
M5	210～240	粉煤灰掺量可占胶凝材料总量的 15%～25%	砂的堆积密度值	270～330
M7.5	240～270			
M10	270～300			
M15	300～330			

注：水泥强度等级为 32.5 级。

(7) 确定试配砂浆的基准配合比 按计算或查表试配所得配合比进行试拌时，应按《建筑砂浆基本性能试验方法标准》(JGJ/T 70—2009)测定砌筑砂浆拌合物的稠度和保水率。当所测定新拌砂浆的稠度和保水率不能满足要求时，应调整材料用量，直到符合要求为止。

(8) 采用不同的配合比 试配时应至少采用三个不同的配合比，其中一个为基准配合比，其余两个配合比的水泥用量应按基准配合比分别增加及减少10%。在保证稠度和保水率合格的前提下，可通过调整用水量、石灰膏、保水增稠材料或粉煤灰等活性掺和料用量作相应调整。

(9) 砌筑砂浆试配稠度应满足施工要求 并按《建筑砂浆基本性能试验方法标准》(JGJ/T 70—2009)测定不同配合比砂浆的表观密度及强度；并应选定符合试配强度及和易性要求、水泥用量最低的配合比作为砂浆的试配配合比。

(10) 进行砌筑砂浆试配配合比校正

① 按下式计算砂浆理论表观密度值

$$\rho_t = Q_c + Q_D + Q_s + Q_w \tag{6-6}$$

② 按下式计算砂浆配合比校正系数

$$\delta = \rho_c / \rho_t \tag{6-7}$$

式中，ρ_c 为砂浆的实测表观密度值。当砂浆的实测表观密度值与理论表观密度值之差的绝对值超过理论值的2%时，应将试配配合比中每项材料用量均乘以校正系数 δ 后，确定为砂浆设计配合比。

砌筑砂浆试配时应采用机械搅拌，搅拌时间自加水时计算，对水泥砂浆和水泥混合砂浆，搅拌时间不得少于120 s，对预拌砌筑砂浆和掺有粉煤灰、外加剂、保水增稠材料等的砂浆，搅拌时间不得少于180 s。

6.1.4 建筑用砌筑干混砂浆

《建筑用砌筑和抹灰干混砂浆》(JG/T 291—2011)规定，干混砂浆是由胶凝材料、细集料、掺和料和添加剂按一定配比配制，在工厂预混而成的干态混合物。该砂浆通过散装或袋装运输到工地，加水搅拌后即可使用。其中用于砌筑的称为砌筑干混砂浆。

砌筑干混砂浆分为DM2.5、DM5、DM7.5、DM10、DM15、DM20、DM25、DM30八个强度等级，按保水性能分为：低保水砌筑干混砂浆(代号L)、中保水砌筑干混砂浆(代号M)、高保水砌筑干混砂浆(代号H)。砌筑干混砂浆物理力学性能要求如表6-6所示。

表6-6 砌筑干混砂浆物理力学性能

序号	项　目	高保水(H)	中保水(M)	低保水(L)
1	细度[a]	4.75 mm筛全通过		
2	保水率[b]	≥85%	≥70%	≥60%
3	凝结时间	厂家控制值±30 min		
4	抗压强度	达到规定强度等级		
5	粘结强度	≥0.20 μPa		

续表

序号	项　目	高保水(H)	中保水(M)	低保水(L)
6	收缩率(28 d)	≤0.15%		
7	抗冻性[c](50 次冻融强度损失率)	≤25%		

注：[a]采用薄抹灰施工时，细度要求由供需双方协商确定。
[b]采用真空抽滤法测定砂浆保水率。
[c]有抗冻要求的地区需要进行抗冻性试验。

6.1.5 湿拌砌筑砂浆

《预拌砂浆》(GB 25181—2010)对湿拌砂浆的生产和使用做了相关规定。湿拌砂浆是指将水泥、细骨料、矿物掺和料、外加剂、添加剂和水，按一定比例，在搅拌站经计量、拌制后，运至使用地点，并在规定时间内使用的拌合物。湿拌砌筑砂浆的代号为 WM，强度等级分级与现场配制砂浆强度等级分级相同，按稠度分为 50 mm、70 mm 和 90 mm 三类，按凝结时间分为≥8 h、≥12 h 和≥24 h 三类。湿拌砌筑砂浆性能指标主要有：保水率≥88%，拌合物表观密度≥1 800 kg/m^3，有抗冻要求时，强度损失率≤25%，质量损失率≤5%。

6.2 抹 灰 砂 浆

《抹灰砂浆技术规程》(JGJ/T 220—2010)的规定，抹灰砂浆是指大面积涂抹于建筑物墙、顶棚、柱等表面的砂浆。包括水泥抹灰砂浆、水泥粉煤灰抹灰砂浆、水泥石灰抹灰砂浆、掺塑化剂水泥抹灰砂浆、聚合物水泥抹灰砂浆及石膏抹灰砂浆等。抹灰砂浆的品种宜根据使用部位或基体种类按表 6-7 选用。

表 6-7　抹灰砂浆的品种选用

使用部位或基体种类	抹灰砂浆品种
内墙	水泥抹灰砂浆、水泥石灰抹灰砂浆、水泥粉煤灰抹灰砂浆、掺塑化剂水泥抹灰、聚合物水泥抹灰砂浆、石膏抹灰砂浆
外墙、门窗洞口外侧壁	水泥抹灰砂浆、水泥粉煤灰抹灰砂浆
温(湿)度较高的车间和房屋、地下室、屋檐、勒脚等	水泥抹灰砂浆、水泥粉煤灰抹灰砂浆
混凝土板和墙	水泥抹灰砂浆、水泥石灰抹灰砂浆、聚合物水泥抹灰砂浆、石膏抹灰砂浆
混凝土顶棚、条板	聚合物水泥抹灰砂浆、石膏抹灰砂浆
加气混凝土砌块(板)	水泥石灰抹灰砂浆、水泥粉煤灰抹灰砂浆、掺塑化剂水泥抹灰、聚合物水泥抹灰砂浆、石膏抹灰砂浆

(1) 抹灰砂浆的组成材料　抹灰砂浆对水泥、细集料的要求与砌筑砂浆基本相同，所不同的是对细集料的粗细依抹灰厚度而有所不同。此外，为提高砂浆的粘结能力，通常抹面砂浆比砌筑砂浆所用的胶凝材料较多。有时还需要加入有机聚合物(如可再分散乳胶粉、塑化剂等)，以便在提高砂浆与基层粘结力的同时，增加硬化砂浆的柔韧性，减少开裂，避免空鼓或脱落。我国 20 世纪 80 年代开始在水泥砂浆中使用的以纸浆废液为主要成分的微沫剂就是一种塑化

剂，其可代替部分或全部石灰，在砂浆搅拌过程可形成大量微小、封闭和稳定的气泡，一方面能增加浆体体积，改善和易性，使得用水量相应减少，而且搅拌后产生的适量微气泡使拌合物骨料颗粒间的接触点大大减少，降低了颗粒间的摩擦力，砂浆内聚性好，便于施工。另一方面，微小的封闭气泡可以改善砂浆的抗渗性能，特别是提高砂浆的保温性能。但微沫剂掺加量过多将明显降低砂浆的强度和粘结性。

由于抹灰砂浆的面积较大，干缩对其影响较大，还可在砂浆中加入一些纤维材料来限制其收缩影响，增强其抗拉强度，减少干缩和开裂。砂浆常用的纤维材料有麻刀、纸筋、稻草、玻璃纤维、聚丙烯纤维等。

(2) 抹灰砂浆的作用 为了保证砂浆层与基层粘结牢固，并防止灰层开裂，应采用分层薄涂的方法，通常分底层、中层和面层抹面施工。各层抹面的作用和要求不同，因此每层所选用的砂浆的组分与性能也不一样。

底层抹灰的作用是使砂浆与基面能牢固地粘结。中层抹灰主要是为了找平，有时可省略。面层抹灰是为了获得平整光洁的表面效果。

(3) 抹灰砂浆性能要求 抹灰砂浆的施工稠度宜按表 6-8 选取。聚合物抹灰砂浆的施工稠度宜为 50～60 mm，石膏抹灰砂浆的施工稠度宜为 50～70 mm。

表 6-8　　抹灰砂浆的施工稠度

抹灰层名称	稠度/mm
底层	90～110
中层	70～90
面层	70～80

抹灰砂浆强度不宜比基体材料强度高出两个及以上强度等级。并应符合以下规定：对于无粘贴饰面砖的外墙，底层抹灰砂浆宜比基体材料高一个强度等级或等于基体材料强度等级；对于无粘贴饰面砖的内墙，底层抹灰砂浆宜比基体材料低一个强度等级；对于有粘贴饰面砖的内墙和外墙，中层抹灰砂浆宜比基体材料高一个强度等级且不宜低于 M15，并宜选用水泥抹灰砂浆；孔洞填补和窗台、阳台抹面等宜采用 M15 或 M20 水泥抹灰砂浆。各品种抹灰砂浆的物理、力学性能指标要求如表 6-9 所示。

表 6-9　　各品种抹灰砂浆物理、力学性能

砂浆品种	强度等级	拌合物表观密度/(kg·m^{-3})	保水率	拉伸粘结强度/MPa
水泥抹灰砂浆	M15，M20，M25，M30	≥1 900	≥82%	≥0.2
水泥石灰抹灰砂浆	M2.5，M5，M7.5，M10	≥1 800	≥88%	≥0.15
水泥粉煤灰抹灰砂浆	M5，M10，M15	≥1 900	≥82%	≥0.15
掺塑化剂水泥抹灰[a]	M5，M10，M15	≥1 800	≥88%	≥0.15
聚合物水泥抹灰砂浆[b]	≥M5	—	≥99	≥0.30
石膏抹灰砂浆[c]	抗压强度≥4.0 MPa	—	—	≥0.40

注：[a]使用时间不应大于 2.0 h。

[b]宜为专业工厂生产的干混砂浆，用于面层时，宜采用不含砂的水泥基腻子，可操作时间宜为 1.5～4.0 h，具有防水性能要求时，抗渗性能不应小于 P6 级。

[c]宜为专业工厂生产的干混砂浆，初凝时间不应小于 1.0 h，终凝时间不应大于 8.0 h，且应随拌随用。

(4) 抹灰砂浆的配合比设计 水泥抹灰砂浆、水泥石灰抹灰砂浆、水泥粉煤灰抹灰砂浆、掺塑化剂水泥抹灰和石膏抹灰砂浆配合比的材料用量可分别按表6-10、表6-11、表6-12、表6-13和表6-14选用。

表6-10 水泥抹灰砂浆配合比材料用量 kg/m³

强度等级	水泥	砂	水
M15	230～380	每立方米砂的堆积密度值	250～300
M20	380～450		
M25	400～450		
M30	460～530		

表6-11 水泥石灰抹灰砂浆配合比材料用量 kg/m³

强度等级	水泥	石灰膏	砂	水
M2.5	200～230	(350～400)-C	每立方米砂的堆积密度值	180～280
M5	230～280			
M7.5	280～330			
M10	330～380			

注：表中C为水泥用量。

表6-12 水泥粉煤灰抹灰砂浆配合比材料用量 kg/m³

强度等级	水泥	粉煤灰	砂	水
M5	250～290	内掺，等量取代水泥量的15%～30%	每立方米砂的堆积密度值	270～320
M10	320～350			
M15	350～400			

表6-13 掺塑化剂水泥抹灰砂浆配合比材料用量 kg/m³

强度等级	水泥	砂	水
M5	260～300	每立方米砂的堆积密度值	250～280
M10	330～360		
M15	360～410		

(5) 抹灰干混砂浆 专业工厂生产的用于抹灰的砂浆称为抹灰干混砂浆。《建筑用砌筑和抹灰用干混砂浆》(JG/T 291—2011)将抹灰干混砂浆分为DP2.5,DP5,DP7.5,DP10,DP15五个强度等级；按保水性能分为：低保水抹灰干混砂浆(代号L)、中保水抹灰干混砂浆(代号M)、高保水抹灰干混砂浆(代号H)。其各项物理、力学性能指标要求按照表6-6的规定。

(6) 湿拌抹灰砂浆 《预拌砂浆》(GB 25181—2010)国家标准规定湿拌抹灰砂浆产品代号为WP，按强度等级分为M5,M10,M15和M20四个类别，按稠度分为70 mm,90 mm和

110 mm 三个类别,按凝结时间分为≥8 h、≥12 h 和≥24 h 三个类别。湿拌抹灰砂浆的性能指标主要有：保水率≥88%,14 d 拉伸粘结强度(M5：≥0.15 MPa,>M5：≥0.20 MPa),28 d 收缩率≤0.20%。

6.3 现代砂浆技术进展

建筑砂浆是建筑工程中一种量大面广的建筑材料。传统砂浆都是在工地现场采购水泥、石灰和砂,工地自行加工、配料和加水搅拌。其制作过程分为石灰的消解、陈化和过滤,砂的过筛,水泥、石灰膏和砂的加水搅拌。给施工现场带来粉尘、噪音、废渣、废水等的污染,由于原材料质量波动、计量不准确,砂浆质量不稳定,性能难以满足设计要求。

预拌砂浆是指由专业化厂家生产的,用于建设工程中的各种砂浆拌合物。20 世纪 50 年代初,欧洲国家就开始大量生产、使用预拌砂浆,至今已有 60 多年的发展历史。我国于 2007 首次颁布实施《预拌砂浆》(JG/T 230—2007)行业标准,2010 年开始实施《预拌砂浆》(GB/T 25181—2010)和《预拌砂浆应用技术规程》(JGJ 223—2010),对推动预拌砂浆在我国的应用起到重要作用。GB/T 25181—2010 规定,预拌砂浆分为湿拌砂浆和干混砂浆,湿拌砂浆按用途分为湿拌砌筑砂浆(WM)、湿拌抹灰砂浆(WP)、湿拌地面砂浆(WS)和湿拌防水砂浆(WW);干混砂浆按用途分为干混砌筑砂浆(DM)、干混抹灰砂浆(DP)、干混地面砂浆(DS)、干混普通防水砂浆(DW)、干混陶瓷砖粘结砂浆(DTA)、干混界面粘结砂浆(DIT)。JG/T 230 还规定将具有特种性能的干混砂浆称为特种干混砂浆,包括干混瓷砖粘结砂浆、干混耐磨地坪砂浆、干混界面处理砂浆、干混特种防水砂浆、干混自流平砂浆、干混灌浆砂浆、干混外保温粘结砂浆、干混外保温抹面砂浆、干混聚苯颗粒保温砂浆和干混无机集料保温砂浆。相对于施工现场配制的砂浆,预拌砂浆中的干混砂浆有以下优势：

1. 产品质量高，品质稳定可靠，提高工程质量

不同用途砂浆对材料的抗收缩、抗龟裂、保温、防潮等特性的要求不同,且施工要求的和易性、保水性、凝固时间也不同。这些特性是需要按照科学配方严格配制才能实现的,只有干混砂浆的生产过程可满足这一要求。

2. 功效提高，有利于自动化施工机具的应用

因为计量精确、质量保证,所以使用干粉砂浆后的工程质量都明显提高、工期明显缩短、用工量减少。

3. 产品齐全可以满足不同的功能和性能需求

根据建筑施工的不同要求,开发了许多产品和规格。根据建筑质量的不同要求,开发了不同强度等级、不同稠度、分层度、保水率、凝结时间要求的砂浆根据不同用户的需求量,包装也可分为 5 kg,20 kg,25 kg,50 kg、几种,还可用散装车密封运送。

4. 对新型墙体材料有较强的适应性，有利于推广应用新型墙材

原有砂浆在新型墙体材料的使用过程中集中表现出来的问题有：

① 砂浆施工性能不良,砌块在砌筑过程中吸水过多,干燥过程中砌块失水发生二次干缩导致墙体出现开裂;砂浆砌筑不饱满,出现空洞等质量问题。

② 砂浆在干燥固化后的粘结力在新型墙体材料中因截面尺寸与黏土砖的不同而出现粘

结力不足的现象，导致墙体在变形应力的影响下易开裂。砌体建筑质量要求的提高，将引导传统砂浆向干混砂浆方向转化。

5. 有助于我国建筑节能目标的实现

干混砂浆中的墙体保温系统专用砂浆，具有高粘结强度、高柔软性、低吸水率等特点，广泛应用于建筑保温，我国建筑节能目标的实施，将会有力带动保温用砂浆市场的快速发展。

6. 使用方便，便于管理

就像食用方便面一样，随取随用，加水15%左右，搅拌5～6 min即成，余下的干粉作备用，有3个月的保质期，但试验中放置了6个月，强度也没有明显变化。目前，我国涉及到特种砂浆的产品标准和应用技术规程主要有：

《聚合物水泥防水砂浆》(JC/T 984—2005)

《聚合物水泥防水浆料》(JC/T 2090—2011)

《混凝土地面用水泥基耐磨材料》(JC/T 906—2002)

《地面用水泥基自流平水泥砂浆》(JC/T 985—2005)

《墙体饰面砂浆》(JC/T 1024—2007)

《丙烯酸盐灌浆材料》(JC/T 2037—2010)

《聚氨酯灌浆材料》(JC/T 2041—2010)

《混凝土裂缝修复灌浆树脂》(JG/T 264—2010)

《水泥基灌浆材料》(JC/T 986—2005)

《水泥基灌浆材料应用技术规范》(GB/T 50448—2008)

《混凝土界面处理剂》(JC/T 907—2002)

《建筑外墙用腻子》(JG/T 157—2009)

《建筑室内用腻子》(JG/T 298—2010)

《外墙外保温柔性耐水腻子》(JG/T 229—2007)

《建筑保温砂浆》(GB/T 20473—2006)

《膨胀玻化微珠轻质砂浆》(JG/T 283—2010)

《膨胀玻化微珠保温隔热砂浆》(GB/T 26000—2010)

《无机轻集料砂浆保温系统技术规程》(JGJ 253—2011)

《胶粉聚苯颗粒外墙外保温系统材料》(JG/T 158—2013)

《陶瓷墙地砖胶粘剂》(JC/T 547—2005)

《挤塑聚苯板薄抹灰外墙外保温系统用砂浆》(JC/T 2084—2011)

《混凝土小型空心砌块和混凝土砖砌筑砂浆》(JC 860—2008)

这些年，国外干混砂浆生产巨头加大了在中国资金和技术的投资力度，几乎所有国外干混砂浆生产巨头都在中国设有分公司或办事处，如德国海德堡水泥集团麦克斯特公司、德国汉高西安汉港化工有限公司年、德国摩泰克公司等都在国内建立了干混砂浆生产设备、物流、施工机械生产厂，德国瓦克公司还建立了用于干混砂浆的聚合物胶粉生产厂。此外，法国圣哥班也在中国建有干混砂浆工厂。

国外干混砂浆生产巨头进入中国市场，不仅为中国建筑市场引入了高品质的建筑材料，也为中国干混砂浆行业起到了示范作用。他们带来的世界先进理念、技术和管理经验，为中国的干混砂浆企业提供了宝贵的借鉴，缩短了中国与发达国家的差距，同时对中国干混砂浆的推广起到了良好的促进作用。

尽管干混砂浆在我国推广使用过程中遇到各种阻力，但是其代替传统砂浆的历史必然性是难以改变的。就像预拌混凝土的发展一样，其必将迎来灿烂的春天。从现今的发展趋势来看，今后我国在干混砂浆方面的发展主要集中在以下几点：

(1) 以利用工业废料和地方材料为主要原材料的干粉砂浆品种 粉煤灰、矿渣、废石粉、炼油废渣、膨润土等的利用，不但能够降低干混砂浆成本，改善砂浆性能，而且有利于保护环境，节约资源。

(2) 开发新的砂浆品种和配套技术规程 只有开发出全面的、符合市场需要的所有的砂浆品种，才能使其使用范围不受限制，为其顺利推广创造有利条件。

(3) 开发具有自主知识产权的生产工艺 当前我国干混砂浆的生产工艺还不成熟，一般生产企业的生产线都是从国外引进的，投资一条生产线费用一般在 2 000 万～3 000 万元人民币，价格昂贵。只有开发出符合我国国情的生产工艺，才能为全面建设干混砂浆企业创造条件，降低投资和生产成本。

(4) 与新型墙体材料特性相适应 国家一直在致力于推广使用新型墙体材料，客观上要求开发出与当前使用的主要墙体材料相配套的专用砂浆。

练习题

【6-1】 砌筑砂浆的主要技术性质有哪些？具体指标是如何要求的？

【6-2】 某砌墙砖所用的水泥石灰混合砂浆，砂浆强度等级为 M5，所用原料为 32.5 级矿渣硅酸盐水泥，石灰膏的稠度为 12 cm，砂的粒径小于 2.5 mm，堆积密度为 1 500 kg/m^3，施工水平一般，试计算该砂浆的配合比。

【6-3】 预拌砂浆有何优点？

7 建筑钢材

钢材是将炼钢生铁和废钢材等原料在炼钢炉内冶炼而成的铁碳合金的总称。与生铁相比，钢材的杂质含量较少(通常含碳量小于 2%)，并有较高的抗拉强度，能承受冲击、振动荷载的作用，容许较大的弹塑性变形。因此它是土木工程中应用最多的金属材料。

7.1 钢的分类

从不同的角度分类，钢材的品种主要有以下几种(图 7-1)：

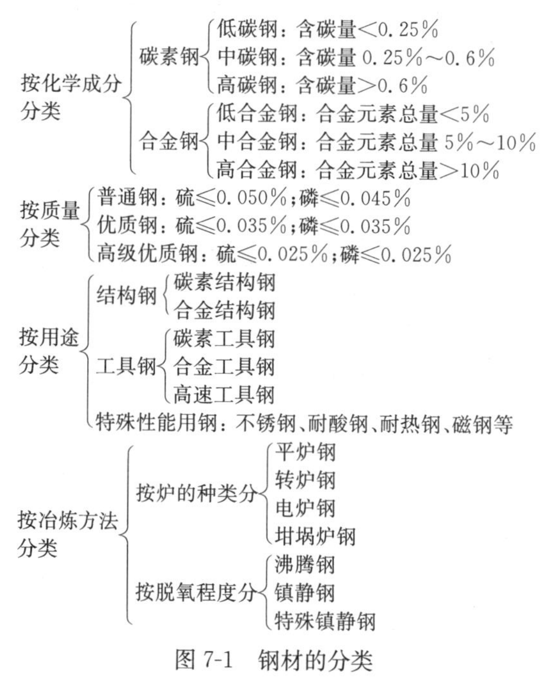

图 7-1　钢材的分类

(1) 按钢材化学成分　钢材可分为碳素钢与合金钢。当钢材组分元素中含量仅次于铁元素的成分为碳时，则称为碳素钢；当钢材组分元素中含量仅次于铁元素的成分为其他合金元素时，则称为合金钢。

(2) 根据钢材含碳量　碳素钢可以分为低碳钢(含碳量小于 0.25%)、中碳钢(含碳量 0.25%～0.6%)与高碳钢(含碳量大于 0.6%)。随着含碳量的提高而使钢材的强度和硬度增大，但其塑性和韧性则会减小。考虑对塑性和韧性的要求，土木工程中多应用低碳钢或中碳钢。

(3) 根据合金钢材中合金元素合金　合金钢可以分为低合金钢(合金元素总量小于 5%)、中合金钢(合金元素总量 5%～10%)与高合金钢(合金元素总量大于 10%)。土木工程中主要应用低合金钢。

(4) 根据钢材中所含有害杂质的多少 工业用钢可分为普通钢(硫≤0.050%、磷≤0.045%)、优质钢(硫≤0.035%、磷≤0.035%)、高级优质钢(硫≤0.025%、磷≤0.025%)、特级优质钢(硫≤0.025%、磷≤0.015%)。其中,当钢材中含硫量过高时,就会表现出热脆性;含磷量过高时,钢材则会表现出冷脆性。土木工程中主要应用普通钢,只有某些特殊工程才采用优质钢。

(5) 根据钢材用途 可分为结构钢、工具钢和特殊性能用钢。

此外,根据钢材的外形不同,土木工程中常用的钢材还有可分为圆钢、角钢、工字钢、槽钢、钢管、钢板、钢筋、钢丝、钢绞线等。还可依据钢材的冶炼炉型进行分类。

7.2 钢材的技术性质

钢材的技术性质主要由钢材的力学性能和工艺性能构成。

1. 钢材的力学性能

钢材的力学性能主要包括钢材在外力作用下的抵抗能力及其变形特征。反映钢材力学性能的主要技术指标有:抗拉屈服强度 σ_s、抗拉极限强度 σ_b、伸长率 δ、韧性和硬度等。

(1) 低碳钢的拉伸特性 低碳钢的拉伸特性可通过拉伸应力-应变($\sigma \sim \varepsilon$)曲线表明其变化规律(图 7-2)。低碳钢的应力 $\sigma \sim \varepsilon$ 应变曲线可划分为弹性阶段($O \sim A$)、屈服阶段($A \sim B$)、强化阶段($B \sim C$)和颈缩阶段($C \sim D$)等四个阶段。

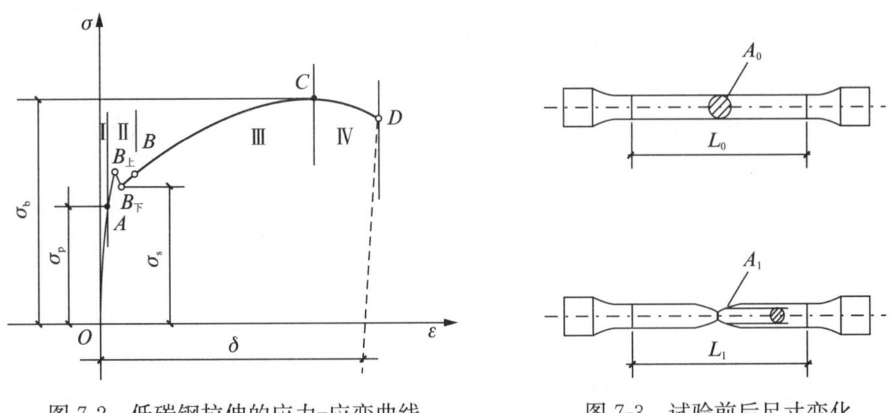

图 7-2 低碳钢拉伸的应力-应变曲线　　图 7-3 试验前后尺寸变化

在 OA 范围内,钢材试件的变形仍能恢复,表现为明显的弹性性质,则与 A 点对应的应力称为弹性极限,并用 σ_p 表示。当应力超过 A 点后,试件就开始出现塑性变形,此后的变形则不能全部恢复。当钢材受力达到 A 点以上某一点 $B_下$ 后,就会呈现出显著的塑性,并表现为宏观上的明显屈服变形。此后,在钢材受力的某一区间范围内一直表现为明显的屈服变形,该区间称为屈服阶段。在钢材屈服阶段的最高点 $B_上$ 称为屈服上限,最低点 $B_下$ 称为屈服下限。由于 $B_下$ 较稳定,且较易测定,故一般以 $B_下$ 点对应的应力称为屈服点,并用 σ_s 表示。试件在屈服后,其抵抗塑性变形的能力又重新提高,故称强化阶段($B \sim C$ 段)。对应于最高点 C 的应力值称为极限抗拉强度,用 σ_b 表示。当曲线达到最高点 C 以后,试件薄弱处急剧缩小,塑性变形迅速增加,从而产生“颈缩现象”,直至断裂。

(2) 钢材的抗拉屈服强度 抗拉屈服是指钢材在拉力作用下,当应力达到一定程度时,塑性变形快速增加的屈服现象，其对应的应力称为屈服强度或屈服点 σ_s。当钢材（如高碳钢）的屈服不明显时，可按产生残余应变为 0.2%时的应力作为屈服强度，并以 $\sigma_{0.2}$ 表示，也称为钢材的条件屈服点。

(3) 钢材的抗拉极限强度 抗拉极限强度是指钢材试件受拉破坏过程中，应力 $\sigma\sim\varepsilon$ 应变曲线图上的最大应力值，亦称抗拉强度 σ_b。钢材受力超过 σ_b 时就会产生急剧的塑性变形而断裂。

钢材的屈服强度与抗拉强度之比称为屈强比，它是土木工程结构中选择钢材的主要技术指标之一。屈强比较小的结构安全度较大，不易因局部超载而造成脆性断裂而破坏；但屈强比过小时，则因钢材的有效利用率太小而不经济。

(4) 钢材的伸长率 伸长率是指钢材试件拉断后，标距长度的伸长量 ΔL 与原标距 L_0 的比值，即

$$\delta = \frac{\Delta L}{L_0} = \frac{L_1 - L_0}{L_0} \times 100\% \tag{7-1}$$

式中 L_0——试件拉伸前的标距长度；

L_1——试件拉断后原标距两点间的长度。

由于伸长率的大小受试件标距长短的影响，为了统一标准，我国国家标准规定标准拉伸试验的标距长度 L_0 与试件直径 d_0 之间的关系应为 $L_0=10d_0$ 或 $5d_0$，其伸长率相应地被称为 δ_{10} 或 δ_5。

(5) 钢材的硬度 硬度是指材料抵抗另一硬物压入其表面的能力。钢材的硬度常用压痕的深度或压痕单位面积上所受的压力作为衡量指标。

土木工程中常用布氏硬度来表示钢材的硬度。其测定方法是在规定试验力作用下，将一定直径的钢球或硬质合金球压入试样表面，经规定的持荷时间（钢铁材料保持 10～15 秒）后卸除荷载，以试样表面的压痕直径计算其压痕面积，则荷载 P 与压痕球形表面积之比即为布氏硬度，并以 HB 作为其硬度代号（实验简图见图 7-4）。其硬度计算公式如下：

布氏硬度
$$HB = 0.12 \times \frac{2P}{\pi D^2\left(1-\sqrt{1-\dfrac{d^2}{D^2}}\right)} \tag{7-2}$$

式中 D——球体直径（mm），通常为 10，5，2.5 mm；

d——压痕直径，mm；

P——荷载，N。

根据钢材硬度的大小既可判断其软硬，又可近似地估计其强度。通常，布氏硬度值可按下式估算普通碳素钢的抗拉强度 σ_b：低碳钢 $\sigma_b\approx 0.362$ HB；高碳钢 $\sigma_b\approx 0.345$ HB。

(6) 钢材的冲击韧性 冲击韧性是指材料抵抗冲击荷载作用的能力。根据《金属夏比（V 型缺口）冲击试验方法》（GB 2106—80）标准，建筑钢材的冲击韧性是用具有一定形状和尺寸并带有 V 型缺口的标准试件，在摆锤式试验机上，进行冲击弯曲试验，并以试件折断时所吸收的功 a_{KV} 表示（图 7-5）。

冲击韧性的大小比较灵敏地反映出材料内部晶体组织、有害杂质、各种缺陷、应力状态以及环境温度等因素微小变化对性能的影响。因此，为了防止上述诸因素对钢引起的脆性断裂，常用冲击韧性来检查上述因素对钢材性能的影响程度，并作为选材的主要依据之一。

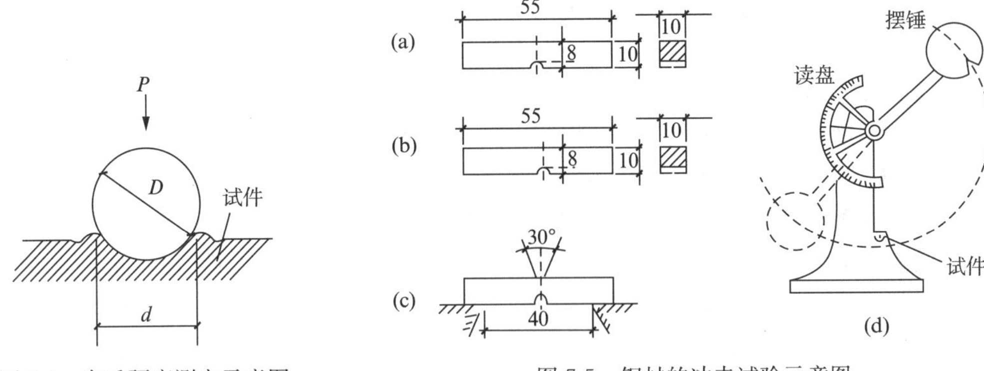

图 7-4　布氏硬度测定示意图　　　　图 7-5　钢材的冲击试验示意图

2. 钢材的工艺性能

(1) 可焊性　焊接是采用加热的方法使两个分离的金属连接在一起的方法。在焊接过程中,由于高温及焊后急剧冷却,会使焊缝及其附近区域的钢材发生晶体组织结构的变化,产生局部变形、内应力和局部硬脆倾向,这将影响钢材的某些技术性能。可焊性良好的钢材,焊缝处的局部硬脆倾向小,技术性能变化很小,仍能保持与母材基本相同的性质。钢材的可焊性与其组成有关,通常含碳量大于 0.25%的钢材可焊性较差,硫、磷等杂质的含量增加时,可焊性降低,特别是硫会显著增加焊缝的脆性。

(2) 冷弯性能　钢材冷弯性是指常温下钢材在受静力弯曲时所能允许的变形能力,它是土木工程中钢材的一项重要的工艺性能指标。钢材在规定的弯曲角度、弯心直径与试件厚度(或直径)条件下承受冷弯试验时,根据试件弯曲的外拱面部是否发生裂缝、断裂或起层等现象可以反映其冷弯性能。

冷弯性能也可表明钢材在静荷载作用下的塑性,而且更能揭示钢材是否存在内部组织不均匀、内应力和夹杂物等缺陷。在拉伸试件中,常因塑性变形导致应力重分布而难以充分反映这些缺陷。此外,冷弯也是对钢材焊接试件质量的一种严格检验,它能揭示钢材受弯表面是否存在未熔合、微裂缝和夹杂物等缺陷。

7.3　钢材的化学成分及其晶体组织对钢材性能的影响

1. 钢材的化学成分与性能

钢材中除了主要化学成分铁(Fe)以外,还含有少量的碳(C)、硅(Si)、锰(Mn)、磷(P)、硫(S)、氧(O)、氮(N)、钛(Ti)、钒(V)等元素,这些元素虽然含量少,但对钢材性能有很大影响:

(1) 碳　碳是决定钢材性能的最重要元素。当钢中含碳量在 0.8%以下时,随着含碳量的增加,钢材的强度和硬度提高,而塑性和韧性降低;但当含碳量在 1.0%以上时,随着含碳量的增加,钢材的强度反而下降。随着含碳量的增加,钢材的焊接性能变差(含碳量大于 0.3%的钢材,可焊性显著下降),冷脆性和时效敏感性增大,耐大气锈蚀性下降。一般工程所用碳素钢均为低碳钢,即含碳量小于 0.25%;工程所用低合金钢,其含碳量小于 0.52%。

(2) 硅　硅是作为脱氧剂而存在于钢中,是钢中的有益元素。硅含量较低(小于 1.0%)

时，能提高钢材的强度，而对塑性和韧性无明显影响。

(3) 锰　锰是炼钢时用来脱氧去硫而存在于钢中的，是钢中的有益元素。锰具有很强的脱氧去硫能力，能消除或减轻氧、硫所引起的热脆性，大大改善钢材的热加工性能，同时能提高钢材的强度和硬度。锰是我国低合金结构钢中的主要合金元素。

(4) 磷　磷是钢中很有害的元素。随着磷含量的增加，钢材的强度、屈强比、硬度均提高，而塑性和韧性显著降低。特别是温度愈低，对塑性和韧性的影响愈大，显著加大钢材的冷脆性。磷也使钢材的可焊性显著降低。但磷可提高钢材的耐磨性和耐蚀性，故在低合金钢中可配合其他元素作为合金元素使用。

(5) 硫　硫是钢中很有害的元素。硫的存在会加大钢材的热脆性，降低钢材的各种机械性能，也使钢材的可焊性、冲击韧性、耐疲劳性和抗腐蚀性等均降低。

(6) 氧　氧是钢中的有害元素。随着氧含量的增加，钢材的强度有所提高，但塑性特别是韧性显著降低，可焊性变差。氧的存在会造成钢材的热脆性。

(7) 氮　氮对钢材性能的影响与碳、磷相似，随着氮含量的增加，可使钢材的强度提高，塑性特别是韧性显著降低，可焊性变差，冷脆性加剧。氮在铝、铌、钒等元素的配合下可以减少其不利影响，改善钢材性能，可作为低合金钢的合金元素使用。

(8) 钛　钛是强脱氧剂。钛能显著提高强度，改善韧性、可焊性，但稍降低塑性。钛是常用的微量合金元素。

(9) 钒　钒是弱脱氧剂。钒加入钢中可减弱碳和氮的不利影响，有效地提高强度，但有时也会增加焊接淬硬倾向，钒也是常用的微量合金元素。

2. 钢中的晶体组织与性能

钢是铁碳合金，由于碳在钢中的含量及与铁结合的方式不同，可形成不同的晶体组织，使钢的性能产生显著差异。

钢材在常温下的基本晶体组织有铁素体、渗碳体和珠光体三种，其性能随着晶体组织的种类、含量和分布状态不同而变化。含碳量在0.02%～0.77%之间的钢，晶体组织为铁素体和珠光体，称为亚共析钢。在此范围内，随着含碳量的增加，钢中铁素体逐渐减少，珠光体逐渐增加，因而钢的强度和硬度逐渐提高，而塑性和韧性则逐渐降低。含碳量为0.77%的钢，晶体组织全部为珠光体，称为共析钢。含碳量在0.77%～2.11%之间的钢，晶体组织为珠光体和渗碳体，称为过共析钢。在此范围内，随着含碳量的增加，钢中珠光体逐渐减少，渗碳体逐渐增多，因而钢的强度和硬度逐渐增高，塑性和韧性逐渐降低，但含碳量超过1.0%以后，强度极限开始下降。由于含碳量对于钢材中铁素体、渗碳体和珠光体的相对含量有明显的影响，因此铁碳合金晶体组织的类型是随含碳量而变化的。铁碳合金的含碳量、晶体组织及钢材性能之间的关系见图7-6。

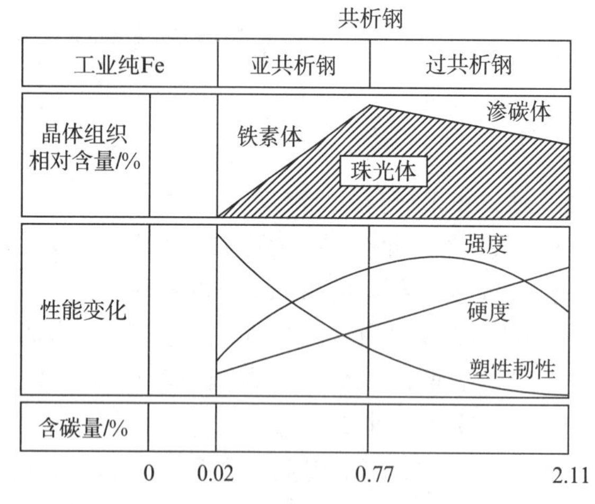

图7-6　常温下铁碳合金的含碳量、晶体组织与性能之间的关系

7.4 钢材的冷加工、热处理及焊接

1. 钢材的冷加工

冷加工是指钢材在常温下进行的加工，建筑钢材常见的冷加工方式有：冷拉、冷拔、冷轧、冷扭、刻痕等。

(1) 冷加工对钢材性能的影响 钢材在常温下进行加工，使其产生一定的塑性变形，屈服强度提高，塑性和韧性下降的现象称为冷加工硬化。钢材的变形程度越大，其性能的变化也越大。

在钢材拉伸试验中，试件在屈服后且在极限强度之前卸载后，其新的加载的应力-应变关系将会发生较大的变化(图 7-7)。冷拉时，在达到屈服点 C 后某一点 K 时卸载，试件的应力和应变曲线会沿 KO_1 线回缩，且具有与弹性变形阶段有相近的斜率。但当试件重新加载时，应力—应变线不是沿原先的加载路线 OCK 进行，而按直线 O_1K 变化。只是到了 K 点后才回复到正常的曲线 KE。因此，经过冷拉后，钢的弹性极限增大，屈服应力(K 点所对应的应力值)也得到了提高，而伸长率有却有所减少。

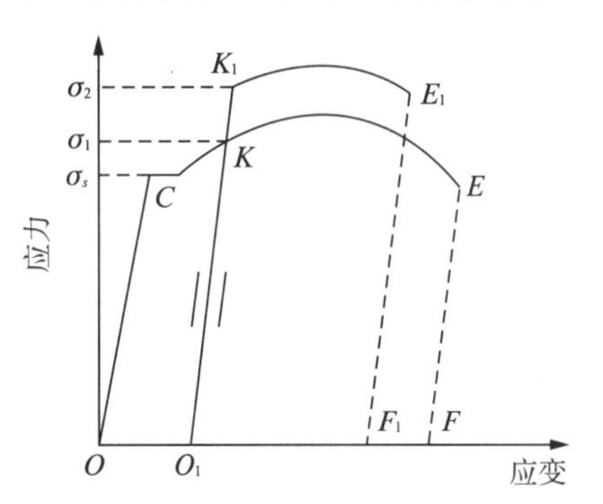

图 7-7 钢材冷拉前后的拉伸曲线

钢材冷加工硬化的原理是由于进行冷加工变形时，钢材内一部分晶粒沿着某些界面产生了滑移，晶粒的形状也发生了相应的变化。由于在滑移区域内的晶粒破碎和晶格扭曲，而使其在重新加载时，这些已经变形的晶粒对继续进行的滑移具有更大的阻力，使得那些已经滑移过的区域对塑性变形的抵抗能力明显增大，从而使其屈服强度明显提高。同时，钢材的塑性和韧性则由于塑性变形后滑移面减少而降低，且脆性也增大。

土木工程施工过程中常采用冷拉、冷拔或冷轧等冷加工方式以获得某些效果，不同的冷加工方式将会产生不尽相同的强化效果。通常，经过冷拉处理后的钢材，其屈服强度会产生明显的提高，而伸长率则下降，极限强度则基本不变。当钢材经冷拔加工硬化后，不仅屈服强度会明显提高，而且其极限强度也会具有明显的提高。因为冷加工后钢材的强度提高，从而节约钢材，所以冷加工已经成为强化金属材料的一种重要手段。工程中常用的冷拔低碳钢丝与预应力高强钢丝等钢材都是通过多次冷拔而成的常用钢材。

(2) 时效对钢材性能的影响 有些钢材在长时间的搁置中会自发地呈现弹性极限、屈服强度、强度极限和硬度逐渐增高，而塑性和韧性逐渐降低的现象，这种现象称为时效。

钢材在经过冷加工后的时效更为明显。在钢材的拉伸曲线中(图 7-7)，钢材未经冷拉与时效处理的应力-应变曲线为 $OCKE$。若将钢材冷拉至屈服后的 K 点时卸载，将试件进行自然时效(常温下存放 15～20 d)或人工时效(在 100 ℃～200 ℃下加热 20～120 min)后再拉伸，则屈服点将升高到 K_1 点，继续拉伸，曲线将沿 $O_1K_1E_1$ 发展。

钢材产生时效的原因是由于固溶体的溶解度会随温度的降低而减小，若冷却速度较快时，氮、氧原子来不及析出而成为过饱和状态。在存放过程中，这些原子会从固溶体中析出，逐渐扩散到晶格缺陷处，形成氮和氧的原子群或氮化物和氧化物的微粒，从而阻碍晶粒发生滑移，增加了钢材对塑性变形的抗力。通常，钢材完成时效的过程有的可达数十年之久，而且经过冷加工或受到反复振动后，时效还会加速发展。

通常用时效敏感系数来评定钢材的时效大小：

$$C=\frac{a_{k0}-a_{k1}}{a_{k0}}\times 100\%$$

式中，a_{k0}，a_{k1} 分别表示试件时效前后的冲击韧性值，J/cm^2。

时效敏感系数 C 越大，冲击韧性降低就越显著。通常，由于空气转炉钢或沸腾钢的气体杂质含量较多，使其要比平炉钢、氧气转炉或镇静钢的时效敏感性较大。

对受动荷载作用的钢结构，如锅炉、桥梁、钢轨和吊车梁等，为了避免其突然脆性断裂事故，应选用时效敏感系数较小的钢材。在钢筋混凝土工程中，则经常利用冷加工与时效的效果来获得较高的强度，以便节约钢材或提高结构的刚度。

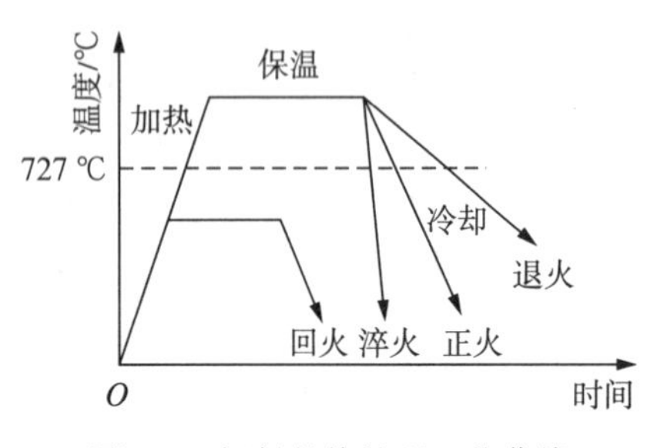

图 7-8　钢材的热处理工艺曲线

2. 钢材的热处理

钢材的热处理是将钢材加热至高温并保持一定时间，然后以不同的速度冷却下来以使钢材的晶体组织产生变化，从而获得所要求的性能。这种对钢材进行加热、保温和冷却的综合操作过程称为钢材的热处理。依据加热的温度和冷却速度不同，钢材的热处理主要有以下几种不同的基本形式，其热处理工艺曲线见图 7-8。

(1) 退火　把钢加热到 727 ℃以上某一适当温度，并保温一定时间后，随后以极缓慢的速度冷却(随炉冷却)，以获得接近平衡状态的组织结构。这种热处理工艺称为钢材的退火。退火后的钢材，其晶体组织产生了重新结晶，使钢在铸造或锻造等热加工时所造成的粗大、不均匀的组织得以均匀细化，消除了其他加工工艺中形成的缺陷和内应力，从而使钢材的塑性和冲击韧性改善，硬度也有所降低。

(2) 正火　把钢加热到 727 ℃以上某一适当温度，并保温一定时间后，然后移到空气中冷却，该过程称为正火。正火与退火相似，也能细化晶粒，从而消除钢在热轧过程中形成的带状组织和内应力，使钢材的塑性和韧性提高。正火与退火的主要区别是冷却速度不同，正火在空气中冷却比退火冷却速度快。因此，钢材在正火后的强度比退火后的强度较高，且硬度也大。

(3) 淬火　把钢材加热超过 727 ℃以上某一适当温度，并保温一定时间后，随后在液体介质中快速冷却，该过程称为淬火。淬火的目的是使钢中的奥氏体转变为一种针状晶体马氏体，这种组织硬度和强度很高，但塑性和冲击韧性很差。淬火所使用的液体介质有盐水、水或油等。最适宜于淬火处理的钢是中碳钢，低碳钢淬火效果不大明显，而高碳钢淬火后则变得太脆。经淬火后钢材的脆性和内应力很大，因此淬火后一般要及时地进行回火处理。

(4) 回火　把钢加热到较高温度(727 ℃)以下某一适当温度，并保持一定时间后在空气中冷却，这种热处理工艺过程称回火。回火可消除由于淬火所造成的内应力和不稳定组织，使钢材硬度降低，韧性提高。回火后对钢材力学性质的影响主要取决于回火温度。根据加热温度不同，分低温(150 ℃～250 ℃)、中温(350 ℃～500 ℃)和高温(500 ℃～650 ℃)三种回火制度。钢材的低温回火能保持较高的强度和硬度；钢材的中温回火能保持较高的弹性极限和屈服强度；钢材高温回火在保持一定强度和硬度的情况下，可使其具有适当的塑性和韧性。

淬火与回火的综合处理称为钢材的调质，经过调质处理的钢称调质钢。调质钢具有较好的综合技术性能，通常既有较高的强度和硬度，又有良好的塑性和韧性。土木工程中常用的某些低合金钢或高强钢丝通常都属调质钢。

3. 钢材的焊接性

钢材的焊接俗称可焊性，是指钢材对焊接加工的适应性。主要指在一定的焊接工艺条件下，获得优质焊接接头的难易程度。

钢材焊接性评定的最简便方法就是碳当量法。在钢材的成分中，影响焊接性最大的是碳，其次是锰、铬、钒等，通常把钢中合金元素(包括碳)的含量按其作用换算成碳的相当含量，称为碳当量，用符号 CE 来表示。碳当量可作为评定钢材焊接性的一种参考指标。国际焊接学会推荐碳素结构钢、低合金高强度结构钢按下式计算其碳当量。

$$CE=[\mathrm{C}+\mathrm{Mn}/6+(\mathrm{Cr}+\mathrm{Mo}+\mathrm{V})/5+(\mathrm{Ni}+\mathrm{Cu})/15] \tag{7-3}$$

式中，化学元素符号表示该元素在钢中质量分数的上限。实践证明，碳当量越大，钢材的焊接性就越差。根据经验：

① 当 $CE<0.4\%$时，钢材的淬硬倾向小，焊接性良好，焊接这类材料时一般不需预热。只有在工件厚大或低温下焊接时才考虑焊前预热。

② 当 CE 在 0.4%～0.6%时，钢材的淬硬倾向较大，焊接性较差，需要采用适当的预热、缓冷等工艺措施。

③ 当 $CE>0.6\%$时，钢材的淬硬倾向严重，焊接性差，需要进行较高温度的预热和采取严格的工艺措施。

利用碳当量法只能简便粗略地评定钢材的焊接性，因为钢材的焊接性还要受许多因素的影响。钢材的实际焊接性，还应根据焊件的具体情况通过试验确定。常用钢材的可焊性一般为低碳及低合金钢较好，中碳及中合金钢较差，高碳及高合金钢最差。

(1) 低碳钢的焊接 由于低碳钢中碳的质量分数不大于 0.25%，有良好的塑性，也没有淬硬倾向，所以，焊接性良好。几乎所有的焊接方法都可适用于焊接低碳钢，并能保证焊接接头质量。应用最多的方法是焊条电弧焊、埋弧、自动焊、电渣焊、气体保护焊和电阻焊。

(2) 中高碳钢的焊接 由于中碳钢中碳的质量分数在 0.25%～0.6%，含碳量比较高，淬硬性比较严重，焊接接头易形成淬硬组织、气孔和裂纹，因此，焊接性比较差。对于碳的质量分数大于 0.6%的高碳钢，其焊接性更差，有着与中碳钢相似的焊接特点，这类钢一般不用于制造焊接结构件，有时只用来修补工件。

(3) 低合金高强度结构钢的焊接 在焊接生产中，由于低合金高强度结构钢的含碳量属于低碳钢范围，因此，应用较广。但由于合金元素的种类和含量不同，其焊接性也有所不同，当碳当量越高，焊接性就越差。

7.5 钢材的技术标准及选用

目前，我国建筑工程和铁道工程的建筑钢材主要有碳素结构钢、优质碳素结构钢和低合金高强度结构钢三大类，它们广泛应用于钢结构、钢筋混凝土结构和轨道、桥梁等工程中。

1. 碳素结构钢

碳素结构钢是指一般结构工程用钢，由氧气转炉或平炉冶炼，适合于生产各种钢板、钢带、型钢、棒钢。其产品可供焊接、铆接、螺栓连接构件使用。

(1) 碳素结构钢的牌号 《碳素结构钢》(GB/T 700—2006)规定,根据屈服点的大小不同碳素结构钢可划分为 Q195、Q215、Q235 及 Q275 四个牌号。每个牌号的钢材又根据其杂质含量及性能的不同分为 A、B、C、D 四个等级。A 级钢的质量较差,D 级钢的质量最好,并按顺序质量逐次提高。根据其脱氧程度不同,还可分为沸腾钢、镇静钢和特殊镇静钢,并分别用 F、Z 和 TZ 表示。

碳素钢的牌号由代表屈服点的字母(Q)、屈服点数值、质量等级符号(A、B、C、D)、脱氧方法符号等四部分按顺序组成,其中表示镇静钢和特殊镇静钢的符号“Z”和“TZ”可予以省略。例如 Q215AF、Q235C 等。

(2) 碳素结构钢的技术标准 各牌号的碳素结构钢均应符合《碳素结构钢》(GB/T 700—2006)的规定,其力学性能见表 7-1,冷弯性能见表 7-2(由于工程结构所用钢材的厚度或直径均不超过 60 mm,限于篇幅,本书在这两个表中略去了厚度或直径大于 60 mm 的部分)。

表 7-1　　碳素结构钢的力学性能

牌号	等级	拉伸试验						冲击试验(V 型缺口)	
		屈服强度 σ_s(不小于)/MPa			拉伸强度 σ_b/MPa	伸长率 δ_s(不小于)/%		温度/℃	冲击功(纵向)
		钢材厚度(直径)				钢材厚度(直径)			
		≤16 mm	16～40 mm	>40～60 mm		≤16 mm	>40～60 mm		
Q195	—	195	185	—	315～430	33	—	—	—
Q215	A	215	205	195	335～450	31	29	—	—
	B							20	27
Q235	A	235	225	215	375～500	26	24	—	—
	B							20	27
	C							0	
	D							−20	
Q275	A	275	265	255	410～540	26	24	—	—
	B							20	27
	C							0	
	D							−20	

注:Q195 钢材的屈服点仅参考,不作交货的必需条件。

表 7-2　　碳素结构钢冷弯性能要求

牌号	试样方向	冷弯试验(试样宽度为 2 倍试样厚度、弯曲角度 180°)
		钢材厚度(或直径)a<60(mm)
		弯心直径 d
Q195	纵	0
	横	$0.5a$
Q215	纵	$0.5a$
	横	a

续表

牌号	试样方向	冷弯试验(试样宽度为2倍试样厚度、弯曲角度180°)
		钢材厚度(或直径)$a<60$(mm)
		弯心直径 d
Q235	纵	a
	横	$1.5a$
Q275	纵	$1.5a$
	横	$2a$

不同牌号的碳素结构钢含碳量不同。牌号越大,含碳量越高,如Q195含碳量≤0.12%,Q215含碳量≤0.15%,Q235含碳量≤0.22%,Q275含碳量≤0.24%。因此,牌号较高的碳素结构钢,其强度较高,硬度较大;但塑性、韧性较低。

(3) 碳素结构钢的应用 Q195和Q215钢的强度低,塑性、韧性很好,易于冷加工可制作冷拔低碳钢丝、钢钉、铆钉、螺栓。Q235具有较高的强度和良好的塑性、韧性、可焊性和冷加工性能,能较好地满足一般钢结构和钢筋混凝土结构的用钢要求,故在建筑工程中应用广泛。Q275强度虽高,但塑性、韧性和可焊性较差,加工难度增大,可用于结构中的配件、制造螺栓、预应力锚具等。

2. 优质碳素结构钢

优质碳素结构钢简称为优质碳素钢,它对于硫(S)和磷(P)等杂质的限制更为严格,其含量均不得超过0.035%。依据《优质碳素结构钢》(GB/T 699—1999)标准规定,其牌号用平均含碳量的万分数来划分,优质碳素结构钢可分为08F,10F,15F,08,10,15,20,25,30,35,40,45,50,55,60,65,70,75,80,85等20个不同的品种。优质碳素结构钢的技术指标,见表7-3。

表7-3　　几种常见优质碳素结构钢的技术性能指标

牌号	抗拉强度 σ_s(不小于)/MPa	屈服强度 σ_s(不小于)/MPa	伸长率 δ_s(不小于)/%	冲击功 A_k(不小于)/J
25	450	275	23	71
45	600	355	16	39
45Mn	620	375	15	39
60	675	400	12	—
75	1080	880	7	—
85	1130	980	6	—

优质碳素结构钢的特点在于其强度高,塑性、冲击韧性好,如25号优质碳素结构钢冲击功 $A_k \geq 71$ J,与相同含碳量的Q255($A_k \geq 27$ J)相比,冲击韧性有很大程度的提高。

优质碳素结构钢在工程中适用于高强度、高硬度、受强烈冲击荷载作用的部位和作冷拔坯料等。45号优质碳素结构钢主要用于重要结构的钢铸件及高强度螺栓,预应力锚具;55~65号优质碳素结构钢主要用于制作铁路施工用的道镐、道钉锤、道砟耙等;70~75号优质用碳素钢主要用于制作各种型号的钢；75～85 号优质碳素结构钢主要用于制作高强度钢丝、刻痕钢丝和钢绞线等。

3. 低合金高强度结构钢

在工程上如需要强度更高，并且塑性、韧性均较好的钢，就需要采用低合金结构钢。其是在碳素结构钢的基础上，加入总量不超过钢质量 5%的锰(Mn)、硅(Si)、钒(V)、钛(Ti)、铌(Nb)、铬(Cr)、镍(Ni)、铜(Cu)等合金元素或稀土元素(RE)而成的。

《低合金高强度结构钢》(GB/T 1591—2008)规定，目前我国生产的低合金高强度结构钢主要有 Q345，Q390，Q420，Q460，Q500，Q550，Q620，Q690 八个牌号，并划分为 A，B，C，D，E 五个质量等级，其牌号含义与碳素结构钢相同。各自的技术性能要求见表 7-4。

表 7-4　　低合金高强度结构钢的性能要求

牌号	质量等级	屈服点 σ_s(不小于)/MPa					抗拉强度 σ_b/MPa	断后伸长率 A/%	冲击吸收能量(KV2)²/J (纵向，12～150 mm，不小于)				180°弯曲试验 *a* 为试样厚度，*d* 为弯心直径	
		厚度(直径或边长单位为 mm)												
		≤16	>16～40	>40～63	>63～80	>80～100	≤40		20 ℃	0 ℃	−20 ℃	−40 ℃	≤16 mm	>16～100 mm
Q345	A	345	335	325	315	305	470～630	≥20					2*a*	3*a*
	B								34					
	C							≥21		34				
	D										34			
	E											34		
Q390	A	390	370	350	330	330	490～650	≥20						
	B								34					
	C									34				
	D										34			
	E											34		
Q420	A	420	400	380	360	360	520～680	≥19						
	B								34					
	C									34				
	D										34			
	E											34		
Q460	C	460	440	420	400	400	550～720	≥17		34				
	D										34			
	E											34		
Q500	C	500	480	470	450	440	610～770	≥17		55				
	D										47			
	E											31		
Q550	C	550	530	520	500	490	670～830	≥16		55				
	D										47			
	E											31		

续表

牌号	质量等级	屈服点 σ_s(不小于)/MPa					抗拉强度 σ_b/MPa	断后伸长率 A/%	冲击吸收能量(KV2)^2/J(纵向,12~150 mm,不小于)				180°弯曲试验 a 为试样厚度,d 为弯心直径	
		厚度(直径或边长单位为 mm)												
		≤16	>16~40	>40~63	>63~80	>80~100	≤40		20 ℃	0 ℃	−20 ℃	−40 ℃	≤16 mm	>16~100 mm
Q620	C	620	600	590	570	—	710~880	≥15		55				
	D										47			
	E											31		
Q690	C	690	670	660	640	—	770~940	≥14		55				
	D										47			
	E											31		

低合金高强度结构钢与碳素钢结构相比,具有以下优点:

(1) 高强度,综合性能好 比较可知,低合金高强度结构钢的强度比常用的 Q235 高 25%~60%,并且具有较好的塑性、冲击韧性和可焊性。低合金高强度结构钢的含碳量不高,一般在 0.20%以下,既具有合金元素增强其强度,又有微量元素改善其塑性、韧性,故强度提高,综合性能好。

(2) 节省钢材,成本低 由于低合金高强度结构钢的强度高,在相同条件下用钢量比普通碳素钢可节省 20%~50%。虽然钢材的单价稍有提高,但由于用钢量的减少,使相应的运输、加工、安装费用均可降低。

低合金高强度结构钢可用于高层建筑的钢结构、大跨度的屋架、网架、桥梁或其他承受较大冲击荷载作用的结构。强度较高的钢筋、桥梁用钢、钢轨用钢、弹簧用钢等,都是采用不同的低合金结构钢轧制而成的。

4. 热轧钢筋

根据其表面特征不同,热轧钢筋分为光圆钢筋和带肋钢筋。带肋钢筋有月牙肋钢筋和等高肋钢筋之分,见图 7-9。

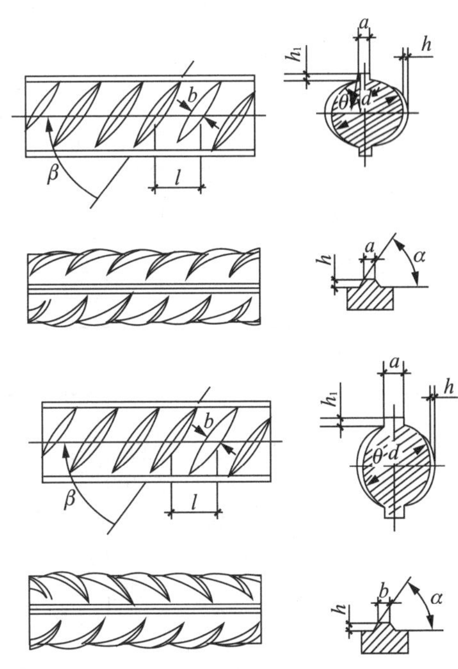

图 7-9 月牙肋钢筋表面及截面形状

(1) 钢筋混凝土用热轧光圆钢筋 《钢筋混凝土用热轧光圆钢筋》(GB 1499.1—2008)规定,热轧光圆钢筋的力学性能和工艺性能应符合表 7-5 的规定。HPB 为热轧光圆钢筋(Hot Rolled Plain Bars)英文的缩写。

(2) 低碳钢热轧圆盘条 是指供拉丝等深加工及其他一般用途的钢筋。《低碳钢热轧圆盘条》(GB/T 701—2008)规定盘条的力学性能和工艺性能应符合表 7-6 的要求。

(3) 热轧带肋钢筋 《钢筋混凝土用热轧带肋钢筋》(GB 1499.2—2007)规定,热轧带肋钢筋的力学性能和工艺性能应符合表 7-7 和表 7-8 的规定。

表 7-5 热轧光圆钢筋的力学性能和工艺性能

牌号	屈服强度 R_{eL}/MPa	抗拉强度 R_m/MPa	伸长率 A	总伸长率 $A_{总}$	冷弯试验 d 为弯芯直径，a 为钢筋公称直径
	不小于				
HPB235	235	370	25%	10%	$d=a$
HPB300	300	420			

表 7-6 低碳钢热轧圆盘条的力学和加工性能

牌号	力学性能		冷弯试验 180°，d=弯心直径 a=试样直径
	抗拉强度 R_m/MPa 不大于	断后伸长率 A 不小于	
Q195	410	30%	$d=0$
Q215	435	28%	$d=0$
Q235	500	23%	$d=0.5a$
Q275	540	21%	$D=1.5a$

表 7-7 热轧带肋钢筋的力学性能

牌号	屈服强度 R_{eL}/MPa	抗拉强度 R_m/MPa	断后伸长率 A/%	最大力总伸长率 A_{gt}/%
	不小于			
HRB335 HRBF335	335	455	17	7.5
HRB400 HRBF400	400	540	16	
HRB500 HRBF500	500	630	15	

表 7-8 热轧带肋钢筋的工艺性能

牌号	公称直径 d/mm	弯曲直径
HRB335 HRBF335	6～25	$3d$
	28～40	$4d$
	>40～50	$5d$
HRB400 HRBF400	6～25	$4d$
	28～40	$5d$
	>40～50	$6d$
HRB500 HRBF500	6～25	$6d$
	28～40	$7d$
	>40～50	$8d$

《钢筋混凝土用热扎带肋钢筋》(GB 1499.2—2007)规定：热轧钢筋分为普通热轧钢筋和细晶粒热轧钢筋两种。普通热轧钢筋由 HRB 钢筋的屈服强度特征值构成，细晶粒热轧钢筋由 HRBF 钢筋的屈服强度特征至构成。H、R、B、F 分别表示为热轧(Hot rolled)、带肋(ribbed)、钢筋(Bar)、细(Fine)4 个词的英文首位字母。细晶粒热轧钢筋较普通热轧钢筋结构更致密，性能更好。热轧钢筋的标准值是根据屈服强度确定的，具有不小于 95%的保证率。

热轧带肋钢筋中 HRB335、HRBF400 由于强度较高，塑性及焊接性能好，广泛用作大、中型钢筋混凝土结构的受力钢筋。HRB335、HRBF400 经过冷拉后，还可以用作预应力钢筋。HRB500 是采用中碳低合金镇静钢轧制而成的，钢筋表面轧有纵肋和横肋，其强度高，但塑性和可焊性较差，是建筑工程中的主要预应力钢筋。

7.6 钢材的锈蚀与防腐蚀

钢材长期与介质接触时，必然会遭到腐蚀而出现破坏现象，当周围大气受到污染时，其腐蚀作用更为严重；腐蚀对结构的损害不仅表现为截面的减少，而且会产生局部坑蚀，导致严重的应力集中，从而促使结构破坏。尤其在冲击、反复荷载作用下，更容易造成钢材韧性或疲劳强度的降低，甚至出现脆裂。

1. 钢材腐蚀的原因

根据钢材表面与周围介质作用的原理不同，一般分为化学腐蚀和电化学腐蚀。

(1) 化学腐蚀 化学腐蚀是由非电解质溶液或各种具有氧化作用的气体(如 O_2、CO_2、SO_2 或 H_2S 等)所引起纯化学性质的腐蚀，其特点是腐蚀过程中无电流产生。这种腐蚀多数是氧化作用，它在钢材表面形成疏松的氧化物，尤其在温度和湿度较高的条件下，其腐蚀速率更快。

(2) 电化学腐蚀 电化学腐蚀是钢材与电解质溶液相接触而形成原电池作用而发生的腐蚀。钢材中含有铁素体、渗碳体、游离碳和其他成分，由于这些成分的电极电位不同，也就是活泼性不同，会形成微电池而造成钢材的电化学腐蚀。特别是钢材与其他电极电位差别较大的物质接触时，更容易产生严重的电化学腐蚀。

2. 钢材的防腐蚀

腐蚀是影响土木工程中钢材使用寿命的主要因素之一，为延长钢结构物的使用寿命，必须做好钢材的防腐蚀。防止钢材腐蚀的主要方法有以下三种。

(1) 保护膜法 保护膜法是利用保护膜使金属与周围介质隔离从而避免或延缓外界腐蚀性介质对钢材的破坏作用。例如在钢材表面喷涂涂料、搪瓷、塑料等，或以金属镀层作为保护膜。采用电镀或喷镀的方法，在钢材表面覆盖一层耐腐蚀的金属，从而显著提高其抗腐蚀能力，如利用锌、锡、铬、银等金属材料进行的喷镀等。

(2) 合金化 合金化是在碳素钢中加入可提高其抗腐蚀能力的合金元素。如加入铬、镍、锡、钛、铜等制成的不同合金。通常加入 17%～20%的铬及 7%～10%的镍可制成耐腐蚀性很强的合金，称为高镍铬不锈钢。

(3) 电化学保护法 电化学保护法是针对钢材的电化学腐蚀而采取的保护措施，它可分为阴极保护法和阳极保护法。在土木工程中，常采用阴极保护法来保护钢结构，它是在钢结构上接一块较钢铁更为活泼的金属如锌、镁，因为锌和镁比钢铁的电位低，当产生电化学腐蚀时，锌、镁成为其原电池的阳极而遭到破坏(牺牲阳极)，而钢铁结构作为阴极而得到保护。这种方法常用于那些难以采取覆盖保护措施的部位，如蒸气锅炉、轮船外壳、地下管道、港工结构、钢结构桥梁等。

此外，在钢筋混凝土结构中，主要是通过形成较强的碱性环境，利用钢筋表面稳定的钝化膜来防止其遭到化学腐蚀。

7.7 新型高强钢筋及其在土木工程中的应用

高强钢筋是指抗拉、屈服强度达到 400 MPa 及以上的螺纹钢筋，具有强度高、综合性能优的特点，用高强钢筋替代目前大量使用的 335 MPa 螺纹钢筋，平均可节约钢材 12%以上。高强钢筋作为节材、节能环保产品，在建筑工程中大力推广应用，是加快转变经济发展方式的有效途径，是建设资源节约型、环境友好型社会的重要举措，对推动钢铁工业和建筑业结构调整、转型升级具有重大意义。

除 GB 1499.2—2007 中的 HRB400、HRBF400、HRB00、HRBF500 符合高强钢筋要求外。冷轧带肋钢筋、冷拔低碳钢丝、热处理钢筋、预应力混凝土用钢丝、钢绞线等，也作为高强钢筋在土木工程中广泛应用。

1. 冷轧带肋钢筋

冷轧带肋钢筋是以热轧圆盘条为母材，经冷轧减径后在其表面带有沿长度方向均匀分布的三面或两面月牙形横肋的钢筋。《冷轧带肋钢筋》(GB 13788—2008)规定，冷轧带肋钢筋的牌号由 CRB 和钢筋的抗拉强度最小值构成。C、R、B 分别为冷轧(Cold rolled)、带肋(Ribbed)、钢筋(Bar)三个词的英文首位字母。冷轧带肋钢筋分为 CRB550、CRB650、CRB800、CRB970 四个牌号。CRB550 钢筋的公称直径范围为 4～12 mm，为普通钢筋混凝土用钢筋；其他牌号钢筋的公称直径为 4、5、6 mm，为预应力混凝土用钢筋。冷轧带肋钢筋的化学成分力学性能和工艺性能应符合《冷轧带肋钢筋》(GB 13788—2008)的有关规定，其力学性能和工艺性能见表 7-9。

表 7-9　　冷轧带肋钢筋的力学性能和工艺性能

牌号	抗拉强度/MPa，不小于	伸长率/%，不小于		180°冷弯试验	反复弯曲次数	应力松弛(初始应力 $\sigma_{con}=0.7\sigma_b$)
		δ_{10}	δ_{100}			1 000 h/%，不大于
CRB550	550	8.0	—	$D=3d$	—	—
CRB650	650	—	4.0	—	3	8
CRB800	800	—	4.0	—	3	8
CRB970	970	—	4.0	—	3	8

注：表中 D 为弯心直径，d 为钢筋公称直径。

冷轧带肋钢筋既具有冷轧钢筋强度高的特点，同时又具有很强的握裹力，大大提高了构件的整体强度和抗震能力，可作为中、小型预应力混凝土结构构件和普通钢筋混凝土结构构件中的受力钢筋、构造钢筋等。

高延性冷轧带肋钢筋是热轧圆盘条经冷轧成型及回火热处理获得的具有较高延性的冷轧带肋钢筋。其中的CRB600H高延性冷轧带肋钢筋是国内近年来研制开发的新型高强带肋钢筋,其生产工艺增加了回火热处理过程,有明显的屈服点,强度和伸长率指标均有显著提高,被列入了国家行业标准《冷轧带肋钢筋混凝土结构技术规程》(JGJ 95—2011)中。CRB600H高延性冷轧带肋钢筋抗拉强度标准值为600 MPa。屈服强度标准值520 MPa,抗拉强度设计值415 MPa,最大力下总伸长率(均匀伸长率)≥5%。该钢筋可加工性能良好,而价格却较低,用作板类构件的受力钢筋和分布钢筋以及梁、柱中的箍筋构造钢筋,既可减少钢筋用量,又可降低造价,社会效益和经济效益均十分明显。2012年,国家住房建设部开始推广,起步较晚,各地产能有待增加。

2. 冷拔低碳钢丝

是指低碳钢热轧圆盘条经一次或多次冷拔制成的以盘卷供货的钢丝。《冷拔低碳钢丝》(JC/T 540—2006)规定,冷拔低碳钢丝分为甲、乙两级,甲级冷拔低碳钢丝适用于坐预应力筋;乙级冷拔低碳钢丝适用于作焊接网、焊接骨架、箍筋和构造钢筋。冷拔低碳钢丝代号为CDM(Cold-Drawn Wire的英文字头)。其力学性能应符合表7-10的要求。

表7-10　　冷拔低碳钢丝的力学性能

级别	公称直径 d/mm	抗拉强度 R_m/MPa	断后伸长率 A_{100}/%	反复弯曲次数/(次/180°)不小于
甲级	5.0	650	3.0	4.0
		600		
	4.0	700	2.5	
		650		
乙级	3.0,4.0,5.0,6.0	550	2.0	

注:甲级冷拔低碳钢丝如作预应力筋时,如经机械调直则抗拉强度标准值应降低50 MPa。

3. 预应力混凝土用热处理钢筋

预应力混凝土用热处理钢筋是由热轧螺纹钢筋(中碳低合金钢)经淬火和回火调质处理而成的。按其螺纹外形,分为有纵肋和无纵肋两种。经调质处理后的钢筋特点是塑性降低不大,但强度提高很多,综合性能比较理想。

《预应力混凝土用钢棒》(GB/T 5223.3—2005)的规定,预应力混凝土热处理钢筋的力学性能应符合表7-11的要求。

热处理钢筋具有强度高、韧性好,并且与混凝土粘结性能好,应力松弛低,塑性降低小,施工方便,节约钢筋等优点,主要用于预应力混凝土轨枕、预应力梁、板及吊车梁等构件。由于热处理钢筋对应力腐蚀及缺陷敏感性强,使用时不宜被硬物划伤,并采用必要的技术措施防止其锈蚀。

4. 预应力混凝土用钢丝

预应力混凝土用钢丝是指优质碳素钢结构钢盘条,经酸洗、拔丝钢或轧辊冷加工后再经消除应力等工艺制成的高强度钢丝。《预应力混凝土用钢丝》(GB/T 5223—2002)的规定,预应

表 7-11　　　　　　　　　　热处理钢筋的力学性能

公称直径 d/mm	抗拉强度 σ_b/MPa，不小于	规定非比例延伸强度 $\sigma_{p0.2}$/MPa，不小于	最大力总伸长率/%（L_0=200 mm，不小于）		断后伸长率/%（L_0=8d，不小于）		应力松弛性能		
			延伸 35	延伸 25	延伸 35	延伸 25	初始应力为公称抗拉强度的百分数/%	1 000 h 后应力松弛值/%，不小于	
								N	L
6	对所有规格	对所有规格							
8									
10	1 080	930					70	4.0	2.0
12	1 230	1080	3.5	2.5	7.0	5.0	60	2.0	1.0
14	1 420	1280					80	9.0	4.5
16	1 570	1420							

力混凝土用钢丝按加工状态分为冷拉钢丝（代号为 WCD）和消除应力钢丝两类。

消除预应力钢丝又分为低松弛钢丝（代号为 WLR）和普通松弛钢丝（代号为 WNR）。按外形又分为光圆钢丝（代号为 P）、螺旋肋钢丝（代号为 H）和刻痕钢丝（代号为 I）3 种。

冷拉钢丝、消除预应力光圆钢丝、螺旋肋及刻痕钢丝的力学性能应符合有关的规定。消除应力光圆及螺旋肋钢丝的力学性能要求见表 7-12。

表 7-12　　　　　　　　消除应力光圆及螺旋肋钢线的力学性能

公称直径 d/mm	抗拉强度 σ_b/MPa，不小于	规定非比例伸长应力 $\sigma_{p0.2}$/MPa，不小于		最大力总伸长率 δ_s/%（L_0=200 mm，不小于）	弯曲次数（次/180°）	弯曲半径 R/mm	应力松弛性能		
		WLR	WMR				初始应力相当于公称抗拉强度的百分数/%	1 000 h 后应力松弛度/%，不小于	
								WLR	WNR
							对所有规格		
4.00	1 470 1 570 1 670 1 770 1 860	1 290 1 380 1 470 1 560 1 640	1 250 1 330 1 410 1 500 1 580		3	10			
4.80					4	15			
5.00							60	1.0	4.5
6.00	1 470 1 570 1 670 1 770	1 290 1 380 1 470 1 560	1 250 1 330 1 410 1 500		4	15			
6.25				3.5	4	20	70	2.0	8.0
7.00					4	20			
8.00	1 470 1 570	1290	1250		4	20	80	4.5	12
9.00		1380	1330		4	25			
10.00	1 470	1290	1250		4	25			
12.00					4	30			

冷拉钢丝、消除应力光圆钢丝、螺旋肋及刻痕钢丝均属于冷加工强化的钢筋，没有明显的屈服点，材料检验只能以抗拉强度为依据。设计强度取值以条件屈服点（规定非比例伸长应力 $\sigma_{p0.2}$）的统计值来确定；并且规定，非比例伸长应力 $\sigma_{p0.2}$ 值不小于公称抗拉强度的 75%。

预应力混凝土用钢丝具有强度高、柔性好、松弛率低、抗腐蚀性强、质量稳定、安全可靠、无接头、施工方便等特点，主要用于大跨度屋架及薄腹梁、大跨度吊车梁、桥梁、轨枕、压力管道等预应力混凝土构件。

5. 预应力混凝土用钢绞线

预应力混凝土用钢绞线一般有 2 根、3 根或 7 根，直径为 2.5～6.0 mm 的高强度光圆或刻痕钢丝经绞捻、稳定化处理制成。稳定化处理是为了减少应用时的应力松弛，而在一定的张力下进行的短时热处理。

《预应力混凝土用钢绞线》(GB/T 5224—2003)的规定，钢绞线按捻制结构分为 5 种类型。用 2 根钢丝捻制的钢绞线为 1×2；用 3 根钢丝捻制的钢绞线为 1×3；用 3 根刻痕钢丝捻制的钢绞线(1×3)I；用 7 根钢丝捻制的标准钢绞线为(1×7)C。1×7 钢绞线的截面形式如图 7-10 所示。标准钢绞线是由冷拉光圆钢丝捻制成的钢绞线，刻痕钢绞线由刻痕钢丝捻制而成，拔模型钢绞线是捻制后再经冷拔而成的钢绞线。

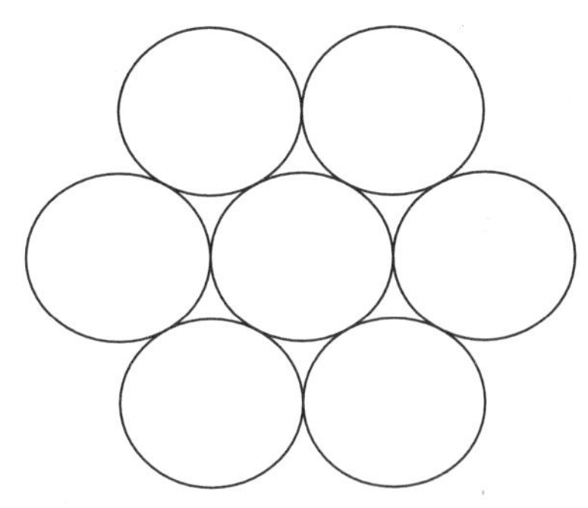

图 7-10　1×7 钢绞线截面示意图

钢绞线的力学性能应符合《预应力混凝土用钢绞线》(GB/T 5224—2003)有关规定。

1×7 结构钢绞线力学性能要求见表 7-13。

表 7-13　　1×7 结构钢绞线力学性能

钢绞线结构	钢绞线公称直径/mm	抗拉强度标准值 R_m /MPa，不小于	整根钢绞线最大拉力 /kN，不小于	规定非比例延伸力 $F_{p0.2}$ /kN，不小于	最大力下总伸长度 δ_{gl}/% ($L_0 \geqslant 500$ mm，不小于)	应力松弛性能	
						初始负荷相当于公称最大力的百分数/%	1 000 h 后应力松弛率/%，不小于
1×7	9.50	1 720	94.3	84.9	对所有规格	对所有规格	对所有规格
		1 860	102	91.8			
		1 960	107	96.3			
	11.10	1 720	128	115			
		1 860	138	124			
		1 960	145	131			
	12.70	1 720	170	153			
		1 860	184	166		60	1.0
		1 960	193	174			
	15.20	1 470	206	185			
		1 570	220	198			
		1 670	234	211	3.5	70	2.5
		1 720	241	217			
		1 860	260	234			
		1 960	174	247			
	15.70	1 770	266	239		80	4.5
		1 860	279	251			
	17.80	1 720	327	294			
		1 860	353	318			
(1×7)C	12.70	1 860	208	187			
	15.20	1 820	300	270			
	18.00	1 720	384	346			

注：规定非比例延伸力 $\sigma_{p0.2}$ 值不小于整根钢绞线公称最大力 F_m 的 90%。

预应力混凝土用钢绞线具有强度高、塑性好，与混凝土粘结性能好，易于锚固等特点，主要用于大跨度、重荷载的预应力混凝土结构。

6. 混凝土用钢纤维

《混凝土用钢纤维》(YB/T151—1999)规定：钢纤维的原材料可以使用碳素结构钢(C)、合金结构钢(A)和不锈钢(S)，钢纤维按生产方式不同可分为钢丝切断钢纤维(W)、薄板剪切钢纤维(S)、熔抽钢纤维(Me)、铣削钢纤维(Mi)等。表面粗糙或表面刻痕、形状为波形或扭曲形、端部带钩或端部有大头的钢纤维与混凝土的粘结、锚固较好，有利于混凝土增强。钢纤维直径应控制在 0.3～0.6 mm，长度与直径之比控制在 40～60。增大钢纤维的长径比，可提高混凝土的增强效果；但过于细长的钢纤维容易在搅拌时形成纤维球而失去增强作用。钢纤维按抗拉强度分为 1 000、600、和 380 三个等级，如表 7-14 所示。

表 7-14　钢纤维的强度等级

强度等级	1000 级	600 级	380 级
抗拉强度 σ_b/MPa	>1 000	$600<\sigma_b\leqslant 1\,000$	$380\leqslant\sigma_b\leqslant 600$

混凝土中掺入钢纤维，能极大提高混凝土的抗冲击强度和韧性，显著改善其抗裂、抗剪、抗弯、抗拉、抗疲劳等性能。常用于机场跑道、高速公路路面、桥梁桥面铺装层等工程。

7. 玻璃纤维增强筋

由含碱量小于1%的无碱玻璃纤维(E 玻璃纤维)、无捻粗纱或高强玻璃纤维(S)、无捻粗纱和树脂基体(环氧树脂、乙烯基树脂)、固化剂等材料，通过成型固化工艺复合而成的筋材，简称 GFRP 筋。《土木工程用玻璃纤维增强筋》(JG/T406—2013)规定，GFRP 筋的形状宜为螺纹形式，螺纹杆体表面质地应均匀，无气泡和裂纹，其螺纹牙形、牙距应整齐，不应有损伤。树脂基体应使用乙烯基树脂和环氧树脂或乙烯基树脂和环氧树脂混和树脂。GFRP 筋材料的密度应在 1.9～2.2 g/cm^3。公称直径范围宜为 10～36 mm，常用公称直径宜为 20 mm，22 mm，25 mm，28 mm 和 32 mm。GFRP 筋的力学性能应符合表 7－15 的要求。

表 7-15　GFRP 筋的力学性能

公称直径 d/mm	抗拉强度标准值 f_b/MPa ≥	剪切强度 f_v/MPa ≥	极限拉应变 ε/% ≥	弹性模量 E_f/GPa ≥
$d<16$	600	110	1.2	4.0
$16\leqslant d<25$	550			
$25\leqslant d<34$	550			
$d\geqslant 34$	450			

注：GFRP 筋抗拉强度标准值保证率为 95%。

练习题

【7-1】 解释下列名词

冷加工及硬化　热处理工艺　时效　阴极保护

【7-2】 填空

(1) 常用炼钢炉有________和________。

(2) 沸腾钢与镇静钢主要区别在于____。

(3) 在常温下,钢的晶体组织有________、________和________。

(4) 与牌号为 Q215AF 的钢材相比,Q235D 钢材的结构与性能有何差别?

(5) 钢材的 $\sigma_{0.2}$ 表示____。

(6) 冷轧带肋钢筋分________、________、________、________、________。

(7) 钢中含________较多时呈热脆性,含________较多时呈冷脆性。

(8) 钢的屈强比越大,表示钢材工作时可靠性______________________________________。

(9) 钢材的 δ_5 表示____。

【7-3】 问答题

(1) 与碳素结构钢相比,优质碳素结构钢有哪些优点?选择结构用钢时的主要依据是什么?

(2) 常温下碳素钢的含碳量、晶体组织与钢材性能之间有何关系?

(3) 解释下列钢牌号的意义(各属于哪类钢、每个符号及数字的含义),若以 Q235 的力学性能为基准,试比较这些钢材的力学性能差别:Q215　Q275Ab　60Mn　45

(4) 试分析钢材进行冷拉、冷拔、时效加工的原理与技术经济效果?

(5) 影响钢材韧性的因素有哪些?应如何保证钢材有适当的韧性?

(6) 简述不同类别钢筋(钢丝)的主要性能差别及其应用范围差别。

(7) 钢材腐蚀的原理与防止腐蚀的措施有哪些?

(8) 何谓低合金高强度结构钢?其钢牌号如何表示?低合金高强度结构钢与碳素结构钢相比有何优点?它适用于哪些结构?

(9) 何谓热处理钢筋、冷轧带肋钢筋、预应力混凝土用钢丝、钢绞线和钢纤维?它们各有哪些特性和用途?

【7-4】 计算题

从新进的一批热轧钢筋中抽样,并截取两根钢筋做拉伸试验,测得如下结果:屈服荷载分别为 42.4 kN 和 41.5 kN;抗拉极限荷载分别为 62.0 kN 和 61.6 kN。若钢筋公称直径为 12 mm,标距为 60 mm,拉断时长度分别为 71.1 mm 和 71.5 mm,试评定其级别,并说明其使用中安全可靠性如何。

8 围护结构材料

《建筑工程建筑面积计算规范》(GB/T 50353—2005)规定：围护结构是指围合建筑空间四周的墙体、门、窗等，构成建筑空间，抵御环境不利影响的构件(也包括某些配件)。根据在建筑物中的位置，围护结构分为外围护结构和内围护结构。外围护结构包括外墙、屋顶、侧窗、外门等，其所用材料或构(配)件应具有保温、隔热、隔声、防水、防潮、耐火、耐久等性能，可抵御风雨、温度变化、太阳辐射等。内围护结构如隔墙、楼板和内门窗等，起分隔室内空间作用，应具有隔声、隔视线以及某些特殊要求的性能。

8.1 墙体材料

《墙体材料应用统一技术规范》(GB 50574—2010)规定，墙体材料分为块体材料和墙板。由烧结或非烧结生产工艺制成的实(空)心或多孔正六面体块材称为块体材料；墙板是指用于围护结构各类外墙及分割室内空间的各类隔墙板。GB 50574—2010 在墙体材料一般规定中有一条强制性条文"墙体不应采用非蒸压硅酸盐砖(砌块)及非蒸压加气混凝土制品"。根据《墙体材料术语》(GB/T 18968—2003)的定义，硅酸盐砖是以钙质材料、硅质材料为主要材料，掺加适量集料或石膏，经坯料制备、压制成型、养护等工艺制成的实心、多孔或空心砖。这类制品配方中没有或掺加很少量硅酸盐水泥熟料，如生产过程中没有经蒸压处理，钙质材料和硅质材料形成的水化产物耐久性差，将会给墙体应用甚至安全带来隐患。

1. GB 50574 对于块体材料有关的强制性条文

(1) 块体材料的外形尺寸除应符合建筑模数要求外，非烧结含孔块材的孔洞率、壁及肋厚等应符合表 8-1 的要求 非烧结含孔砖(砌块)的孔洞布置及孔洞率(空心率)是影响块材物理力学性能的主要因素。孔洞布置不合理将导致砌体开裂荷载降低，尤其当多孔砖的中部开有

表 8-1 非烧结含孔块材的孔洞率、壁及肋厚度要求

块体材料类型及用途		孔洞率/%	最小外壁/mm	最小肋厚/mm	其他要求
含孔砖	用于承重墙	≤35	15	15	孔的长度与宽度比应小于 2
	用于自承重墙	—	10	10	—
砌块	用于承重墙	≤47	30	25	孔的圆角半径不应小于 20 mm
	用于自承重墙	—	15	15	—

注：1. 承重墙体的混凝土多孔砖的孔洞应垂直于铺浆面。当孔的长度与宽度比小于 2 时，外壁的厚度不应小于 18 mm；当孔的长度与宽度比小于 2 时，壁的厚度不应小于 15 mm。

2. 承重含孔块材，其长度方向的中部不得设孔，中肋厚度不宜小于 20 mm。

孔洞时，砖的抗折强度大幅度降低，降低砌体的承载能力并造成墙体过早开裂。多孔砖的孔洞不合理或孔洞率大于35%时，砖的肋及孔壁相对较窄或孔壁较柔(孔的长度与宽度比大于2)，在荷载作用下易发生脆性破坏或外壁崩析。砌块孔洞成型时不宜带有直角，以防孔洞尖角处的应力集中。表中承重墙是指承担各种作用并可兼作围护结构的墙体。自承重墙是指承担自身重力作用并可兼作围护结构的墙体。

(2) 蒸压加气混凝土砌块不应有未切割面，其切割面不应有切割附着屑 蒸压加气混凝土为模具浇筑成型，通常在模具内表面涂刷废机油等脱模剂以方便制品脱模，若不将制品的油面切掉，将严重影响墙体的砌筑与抹灰质量，导致砌筑、抹灰砂浆空鼓、脱落。切割附着屑也将影响砌筑与抹灰的质量，要求企业采用高强细钢丝(直径不大于0.8 mm)切割坯体。

(3) 块体材料强度等级要求 块体材料强度等级应符合产品标准除应给出抗压强度等级外，尚应给出其变异系数的限值。目前多数块体材料标准对强度指标要求一般仅为平均值和单块最小值，用户对企业产品的综合质量状况无从知晓，很容易使鱼龙混杂的块材应用于墙体。而块体强度指标的变异系数是衡量企业管理水平、块材质量的一项综合指标。承重砖的折压比不应小于表8-2的要求，实践证明，蒸压灰砂砖和蒸压粉煤灰砖等硅酸盐块材的原材料配比直接影响砖的脆性，砖越脆，墙体开裂越早。制品中粉煤灰掺量不同，制品抗折强度相差甚多，规定合理的折压比将有利于提高砖的品质，提高墙体的受力性能。仅用含孔块材的抗压强度作为衡量其强度指标是不全面的，因为该指标并没有反映孔型、孔的布置对砌体受力性能、墙体安全的影响。

表8-2　承重砖的折压比

砖种类	高度/mm	砖强度等级				
		MU30	MU25	MU20	MU15	MU10
		折压比				
蒸压普通砖	53	0.16	0.18	0.20	0.25	—
多孔砖	90	0.21	0.23	0.24	0.27	0.32

注：1. 蒸压普通砖包括蒸压灰砂实心砖和蒸压粉煤灰实心砖。
2. 多孔砖包括烧结多孔砖和混凝土多孔砖。

2. GB 50574中有关块体材料强度等级、物理性能的其他非强制性规定

(1) 块体材料的最低强度等级应符合表8-3的要求 为确保墙的安全性与耐久性，提出块体材料强度等级最低限值。其中自承重墙用轻骨料砌块应采用强度等级和密度等级双控原则，限制企业用大量煤渣等工业废弃物代替烧结陶粒，严重降低轻骨料砌块质量给工程带来隐患。强调煤渣轻骨料掺量不应大于轻粗骨料总量的30%。

(2) 墙材标准应给出吸水率和干燥收缩率限值 控制块体材料干燥收缩率和吸水率指标是防止墙体产生干缩裂缝的重要措施。但是，块材种类繁多，难以给出统一指标要求，编制材料标准时，应根据块材的固有特性和应用技术要求，给出相应的最高限值。

(3) 碳化系数不应小于0.85 非烧结块材，在大气中长期与二氧化碳接触产生碳化作用，是导致墙体劣化的主要原因之一，目前有一些企业片面追求利润，用质量低劣的工业废弃物代替材料标准要求的原材料，或简化工艺养护制度。限制其碳化指标是保障墙体耐久性和结构安全性的重要措施，同时也对生产企业原材料质量控制、工艺养护制度起到促进作用。

表 8-3 块体材料的最低强度等级

块体材料用途及类型		强度等级	备　注
承重墙	烧结普通砖、烧结多孔砖	MU10	用于外墙及潮湿环境的内墙时，强度应提高一个等级
	蒸压普通砖、混凝土砖	MU15	
	普通、轻骨料混凝土小型空心砌块	MU7.5	以粉煤灰做掺和料时，粉煤灰品质、取代水泥最大限量和掺量应符合国家现行标准《用于水泥和混凝土中的粉煤灰》GB/T 1596、《粉煤灰混凝土应用技术规程》GBJ 146 和《粉煤灰在混凝土和砂浆中应用技术规程》JGJ 28 的有关规定
	蒸压加气混凝土砌块	A5.0	
自承重墙	轻骨料混凝土小型空心砌块	MU3.5	用于外墙及潮湿环境的内墙时，强度等级不应低于 MU5.0；全烧结陶粒保温砌块用于内墙其强度等级不应低于 MU2.5、密度不应大于 800 kg/m³
	蒸压加气混凝土砌块	A2.5	用于外墙时，强度等级不应低于 A3.5
	烧结空心砖、空心砌块、石膏砌块	MU3.5	用于外墙及潮湿环境的内墙时，强度等级不应低于 MU5.0

注：1. 防潮层以下应采用实心砖或预先将孔灌实的多孔砖(空心砌块)。
2. 水平孔块体材料不得用于承重墙。

(4) 软化系数不应小于 0.85 块材原材料选择、成型和养护工艺等均对软化系数有较大影响。

(5) 抗冻性能应符合表 8-4 的要求 生产过程中的水化反应不彻底，将导致块材的抗冻性降低，为了强化非烧结块材的抗冻性能，以适应我国寒冷及严寒地区的工程应用，根据所在地区及应用部位的不同，规定不同抗冻性能要求。

表 8-4 块体材料抗冻性能

适用条件	抗冻指标	质量损失	强度损失
夏热冬暖地区	F15	≤5%	≤25%
夏热冬冷地区	F25		
寒冷地区	F35		
严寒地区	F50		

3. GB 50574 有关墙板问题的规定

(1) 墙面平整度 各类骨架隔墙覆面平板的表面平整度不应大于 1.0 mm。预制隔墙板的表面平整度不应大于 2.0 mm，厚度偏差不应超过±1.0 mm。各类覆面平板和预制多孔隔墙条板的平整度是板材应用质量(墙面平整度和抹灰质量)的关键，也是区别板材是由土法制作还是用现代化生产线制成的重要标志。

(2) 墙板的断裂荷载 骨架隔墙覆面平板的断裂荷载(抗折强度)应在国家现行有关标准规定的基础上提高 20%。目前市场所应用的骨架隔墙覆面平板基本为纸面石膏板、纤维水泥加压板、加压低收缩性硅酸钙板、纤维石膏板、粉石英硅酸盐板等，凡工艺、设备先进且管理到位的企业，其板材制品的断裂荷载(抗折强度)均高出标准规定的指标 30%以上，为确保板材的应用质量并引导企业科学发展、淘汰落后产品，特制订本条款。

(3) 预制隔墙板的力学性能和物理性能 预制隔墙板力学性能和物理性能应符合以下规定，目前有关轻质隔墙板的标志较多，各部标准对产品的力学、物理性能指标要求不尽一致，有必要对轻质隔墙板的各项力学、物理性能指标进行整合，提出统一的技术要求。

① 墙板弯曲产生的横向最大挠度应小于允许挠度，且板表面不应开裂；允许挠度应为受弯试件支座间距离的 1/250。

② 墙板抗冲击次数不应小于 5 次。

③ 墙板单点吊挂力不应小于 1 000 N。

④ 墙板应满足相应的建筑热工、隔声及防火要求，安装时板的质量吸水率不应大于 10%。

8.1.1 烧结普通砖

砖是指建筑用的人造小型块材，外形主要为直角六面体，长、宽、高分别不超过 365 mm、240 mm 和 115 mm。

烧结普通砖是以黏土、页岩、煤矸石、粉煤灰等为主要原材料，经制坯和焙烧制成的尺寸为 240 mm×115 mm×53 mm 的无孔洞或孔洞率小于 25%的砖。其中 240 mm×115 mm 的面称为砖的大面，240 mm×53 mm 的面称为砖的条面，115 mm×53 mm 的面称为砖的顶面(图 8-1)。

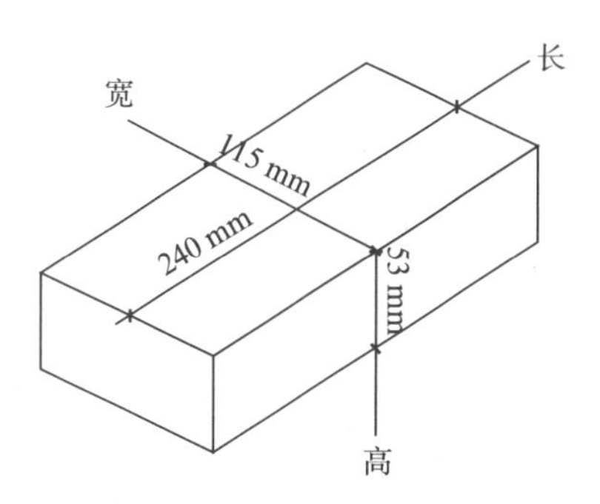

图 8-1 烧结普通砖的形状尺寸

《烧结普通砖》(GB5101—2017)规定，按所用主要原料的不同，烧结普通砖又分为黏土砖(N)、页岩砖(Y)、煤矸石砖(M)、粉煤灰砖(F)、建筑渣土砖(Z)、淤泥砖(U)、污泥砖(W)和固体废弃物砖(G)。

1. 烧结普通黏土砖的生产工艺

烧结普通黏土砖的主要生产过程为：

采土→配料调制→制坯→干燥$\xrightarrow{(950\ ℃\sim 1\ 050\ ℃)}$焙烧→成品。其中每道生产工艺都会影响黏土砖的技术性能，特别是在制坯、干燥、焙烧环节中的操作技术将对砖的性能有很大影响。

在普通黏土砖的窑内焙烧过程中，焙烧的温度与时间是决定其内部结构的关键工序，若焙烧不当，就会产生较多的欠火砖或过火砖。其中，欠火砖是指未达到烧结温度或烧结保温时间不足而造成缺陷的砖；其内部孔隙多、吸水率大，表现为砖的强度和耐久性较差，这种砖通常具有外观颜色浅、声音哑等特点，不适宜于承重砌体或潮湿环境中使用。过火砖指因烧结温度过高或高温烧结时间过长而造成的缺陷砖，虽然它的内部孔隙少、吸水率也低，但有很明显的弯曲变形和尺寸偏差，不适宜于各种砌筑工程。此外，由于在制坯或干燥过程中加工不当或遭受水浸、冻害等原因，还可能造成部分螺旋纹砖或酥砖，它们均为质量严重不合格的产品。

普通黏土砖可烧结成红色(称为红砖)或灰色(称为青砖)，它们的差别主要在于焙烧环境的不同，当黏土砖坯处于氧化气氛的焙烧环境中时，则形成红砖；当黏土砖坯在氧化气氛中焙烧至 900 ℃以上，再处于高温还原气氛环境中持续一段时间后，则形成青砖。前者红色为黏土中 Fe_2O_3 所致，而后者是砖内高价氧化铁(Fe_2O_3)还原成青灰色的低价氧化亚铁(FeO)所形成的。

为节约原料与燃料，还可在黏土中掺加部分含可燃物的废料，如煤渣、煤矸石、粉煤灰等，并在焙烧过程中使这些可燃物在砖中燃烧，从而获得内外比较均匀的焙烧温度，用这种方法焙烧的砖称为内燃砖。通常，与外燃砖相比，内燃砖不仅具有可节约黏土及利用废料的优点，而且表观密度较小，导热系数较低，还可提高强度20%左右。

2. 烧结普通砖的技术要求

为满足砌筑工程对普通黏土砖的技术性能要求，《烧结普通砖》(GB/T 5101—2017)对其物理力学性质均有严格的要求。

1) 尺寸偏差

烧结普通砖的尺寸偏差应符合表8-5的规定。

表8-5　烧结普通的尺寸允许偏差　mm

公称尺寸	指标	
	样本平均偏差	样本极差≤
240	±2.0	6.0
115	±1.5	5.0
53	±1.5	4.0

2) 外观质量

烧结普通砖在生产与运输过程中可能造成某些外观缺陷，这些缺陷将会影响砌体的砌筑质量。普通烧结砖的外观质量通常应符合表8-6的要求。产品中不允许有欠火砖、酥砖和螺旋纹砖(过火砖)，否则为不合格品。

表8-6　普通烧结砖的外观质量要求　mm

<table>
<tr><th colspan="3">项　目</th><th>指标</th></tr>
<tr><td colspan="2">两条面高度差</td><td>≤</td><td>2</td></tr>
<tr><td colspan="2">弯曲</td><td>≤</td><td>2</td></tr>
<tr><td colspan="2">杂质凸出高度</td><td>≤</td><td>2</td></tr>
<tr><td colspan="2">缺棱掉角的三个破坏尺寸</td><td>不得同时大于</td><td>5</td></tr>
<tr><td rowspan="2">裂纹长度</td><td>大面上宽度方向及其延伸至条面的长度</td><td>≤</td><td>30</td></tr>
<tr><td>大面上长度方向及其延伸至顶面的长度或条顶面上水平裂纹的长度</td><td>≤</td><td>50</td></tr>
<tr><td colspan="2">完整面</td><td>不得少于</td><td>一条面和一顶面</td></tr>
</table>

注：凡有下列缺陷之一者，不得称为完整面：
(1) 缺损在条面或顶面上造成的破坏面尺寸同时大于10 mm×10 mm。
(2) 条面或顶面上裂纹宽度大小1 mm，其长度超过30 mm。
(3) 压陷、粘底、焦花在条面或顶面上的凹陷或凸出超过2 mm，区域尺寸同时大于10 mm×10 mm。

3）强度等级

砖在砌体中主要起承受和传递荷载的作用，因此，强度高低是反映烧结普通砖质量的主要指标之一。烧结普通砖抗压强度测试方法按《砌墙砖试验方法》(GB/T 2542—2012)进行。取具有代表性样品砖 10 块制作标准试件，分别测得每个试件的抗压强度值，再计算其抗压强度平均值、抗压强度标准值，并以此两项指标作为划分强度等级的依据。抗压强度的标准值按下式计算：

$$f_k = \overline{f} - 1.83s \tag{8-1}$$

$$s = \sqrt{\frac{1}{9}\sum_{i=1}^{10}(f_i - \overline{f})^2} \tag{8-2}$$

式中 f_k——普通粘土砖抗压强度的标准值，MPa；

$\overline{f}$——10 块砖样的抗压强度算术平均值，MPa；

s——10 块砖样的抗压强度标准差，MPa；

f_i——单块砖样的抗压强度测定值，MPa。

抗压强度变异系数 δ 按下述计算：$\delta = \frac{s}{\overline{f}}$ (8-3)

烧结普通砖的强度等级可划分为 MU30，MU25，MU20，MU15，MU10 共 5 个强度等级，根据强度平均值与标准值确定强度等级，具体要求见表 8-7。

表 8-7　烧结普通砖的强度等级划分　MPa

强度等级	抗压强度平均值 $\overline{f}$ ≥	强度标准值 f_k≥
MU30	30.0	22.0
MU25	25.0	18.0
MU20	20.0	14.0
MU15	15.0	10.0
MU10	10.0	6.5

4）烧结普通砖的耐久性

烧结普通砖的耐久性主要包括抗风化性能、抗冻性、泛霜、石灰爆裂、吸水率与饱和系数等技术指标。

(1) 抗风化性能　砖在冷、热、水或腐蚀介质等因素作用下，其物理力学性能会受到影响，特别在严重风化地区对砖的抗风化性能要求更高。5 h 沸煮吸水率和饱和系数应符合表 8-8 的要求。

(2) 抗冻性　处于严重风化区的黑龙江、吉林、辽宁、内蒙古和新疆地区的砖必须对砖进行冻融试验，其他地区砖的抗风化性能符合表 8-8 规定时可不做冻融试验，否则必须做冻融试验。是将吸水饱和的砖在－15 ℃下冻结 3 h，再置于 10 ℃～20 ℃水中融化不少于 2 h，使其形成一个冻融循环过程；如此反复冻融 15 次后，每块砖样不允许出现明显的裂纹、分层、掉皮、缺

表 8-8　　　　烧结普通砖的抗风化性能

<table>
<tr><th rowspan="3">砖种类</th><th colspan="4">严重风化区</th><th colspan="4">非严重风化砖</th></tr>
<tr><th colspan="2">5 h沸煮吸水率/%　≤</th><th colspan="2">饱和系数　≤</th><th colspan="2">5 h沸煮吸水率/%　≤</th><th colspan="2">饱和系数　≤</th></tr>
<tr><th>平均值</th><th>单块最大值</th><th>平均值</th><th>单块最大值</th><th>平均值</th><th>单块最大值</th><th>平均值</th><th>单块最大值</th></tr>
<tr><td>黏土砖、建筑渣土砖</td><td>18</td><td>20</td><td rowspan="2">0.85</td><td rowspan="2">0.87</td><td>19</td><td>20</td><td rowspan="2">0.88</td><td rowspan="2">0.90</td></tr>
<tr><td>粉煤灰砖</td><td>21</td><td>23</td><td>23</td><td>25</td></tr>
<tr><td>页岩砖</td><td rowspan="2">16</td><td rowspan="2">18</td><td rowspan="2">0.74</td><td rowspan="2">0.77</td><td rowspan="2">18</td><td rowspan="2">20</td><td rowspan="2">0.78</td><td rowspan="2">0.80</td></tr>
<tr><td>煤矸石砖</td></tr>
</table>

注：粉煤灰掺入量(体积比)小于30%时，按黏土砖规定判定。

棱、掉角等冻坏现象，且其干质量损失不大于2%。

(3) 泛霜　有些砖的黏土原料中含有较多可溶盐类(如硫酸钠等)，这些盐类经烧结等过程后仍然残留在砖体内，当将其砌筑后，这些可溶盐类会溶解于进入砖内的水中，并随水分向外迁移时被带到砖的表面，从而形成水分蒸发后的白色结晶物，这种现象称为泛霜。泛霜严重时，不仅有损于建筑物的外观，而且会因为吸湿膨胀引起砖表面的疏松甚至剥落。

(4) 石灰爆裂　当在砖坯中夹杂有石灰石等颗粒时，经过焙烧就会在砖体内生成生石灰颗粒；当砖砌筑完成后，由于这些生石灰颗粒吸水熟化生成氢氧化钙而产生体积膨胀，从而导致砖体开裂、断裂、局部崩溃等破坏现象，严重降低砌体强度与外观。因此，应严格控制砖的石灰爆裂。

3. 烧结普通砖的基本性能与应用

烧结普通砖的表观密度为1 600～1 800 kg/m^3，孔隙率为30%～35%，吸水率为8%～16%，导热系数约为0.78 W/(m·K)，具有较高的强度和耐久性，又因其多孔结构而具有一定的绝热性、透气性和隔音性。这些优点使其在各种砌体工程中表现出较好的综合性能。

烧结普通砖在土木工程建设中主要用作墙体砌筑材料，也可用于砌筑墩柱、拱、窑炉、烟囱、沟道及基础等；在砌体中配置适当的钢筋或钢丝网后，还可代替钢筋混凝土柱、梁等。其中优等品可用于清水墙建筑，一等品和合格品主要用于混水墙砌筑。除了中等泛霜的砖外，大部分砖还可用于潮湿部位。

在砖砌体中，砖砌体的强度不仅取决于砖的强度，而且受砌筑砂浆性质的影响很大。砖的吸水率大，在砌筑时若不事先润湿，将大量吸收砂浆中的水分而影响水泥的正常凝结硬化，导致砖砌体强度下降。因此，在砌筑砖砌体时，必须预先将砖润湿，方可使用。

但烧结普通砖中的实心黏土砖生产消耗了大量的土地资源和煤炭资源，造成严重的环境破坏和污染。我国已于2003年7月1日在全国160个大中城市禁止生产和使用烧结实心黏土砖(简称"禁实")，近年来，部分经济发达地区开始禁止使用黏土烧结制品(简称"禁黏")。大力开发与推广使用节土、节能、利废、多功能、有利于环保、符合可持续发展的新型墙体材料。

8.1.2　烧结多孔砖和多孔砌块

以黏土(N)、页岩(Y)、煤矸石(M)、粉煤灰(F)、淤泥(U)、固体废弃物(G)等为主要原材料，经焙烧制成的主要用于承重部位，其孔洞率不小于 28%（砖）或 33%（砌块），孔的尺寸小而数量多的砖称为烧结多孔砖或烧结多孔砌块。

砌块是指外形主要为直角六面体，其主规格的长度、宽度和高度至少一项分别大于 365 mm、240 mm 和 115 mm，且高度不大于长度或宽度的 6 倍，长度不超过高度的 3 倍的建筑用人造块材。

《烧结多孔砖和砌块》(GB 13544—2011)规定，砖（砌块）的外形一般为直角六面体，砖规格尺寸为 290 mm、240 mm、190 mm、180 mm、140 mm、115 mm、90 mm。混水墙用砖和砌块应在条面和顶面上设有均匀分布的粉刷槽或类似结构，深度不小于 2 mm，以增加与砂浆的结合力（图 8-2）。砌块规格尺寸为 490 mm、440 mm、390 mm、340 mm、290 mm、240 mm、190 mm、180 mm、140 mm、115 mm、90 mm。砌块至少应在一个条面或顶面上设立砌筑砂浆槽，两个条面或顶面都有砌筑砂浆槽时，砌筑砂浆槽深应大于 15 mm 且小于 25 mm；只有一个条面或顶面有砌筑砂浆槽时，其深应大于 30 mm 且小于 40 mm；砌筑砂浆槽宽应超过砂浆槽所在砌块面宽度的 50%（图 8-3）。

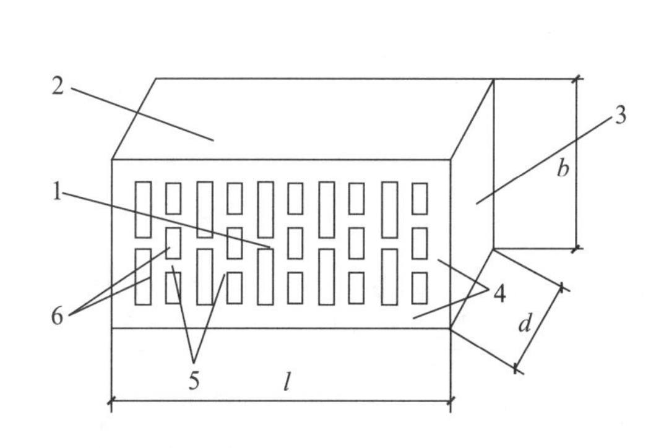

1—大面（坐浆面）；2—条面；3—顶面；4—外壁；5—肋；6—孔洞；l—长度；d—宽度；b—高度

图 8-2　烧结多孔砖外观和各部位名称

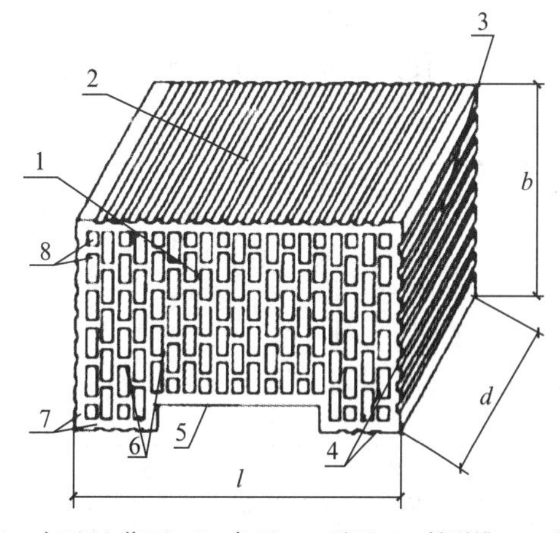

1—大面（坐浆面）；2—条面；3—顶面；4—粉刷槽；5—砌筑砂浆槽；6—肋；7—外壁；8—孔洞；l—长度；d—宽度；b—高度

图 8-3　烧结砌块外观和各部位名称

烧结多孔砖和砌块以大面（有孔面）抗压强度分为 MU30，MU25，MU20，MU15 和 MU10 五个强度等级。各等级砖和砌块 10 个试件抗压强度平均值和标准值应符合表 8-9 的要求。

表 8-9　　烧结多孔砖和砌块强度等级要求

强度等级	抗压强度平均值/MPa ≥	抗压强度标准值/MPa ≥
MU30	30.0	22.0
MU25	25.0	18.0
MU20	20.0	14.0
MU15	15.0	10.0
MU10	10.0	6.5

注：抗压强度标准值计算公式为 $f_k = \bar{f} - 1.83s$，标准差 s 的计算公式同式(8-2)。

烧结多孔砖和砌块以 3 块试件干燥表观密度平均值划分密度等级，各密度等级范围应符合表 8-10 的要求。

表 8-10　　烧结多孔砖和砌块的密度等级

密度等级		干燥表观密度平均值/(kg·m^{-3})
砖	砌块	
—	900	≤900
1 000	1 000	900～1 000
1 100	1 100	1 000～1 100
1 200	1 200	1 100～1 200
1 300	—	1 200～1 300

烧结多孔砖和砌块的孔型、孔结构及孔洞率应符合表 8-11 的规定。作为砌筑承重墙的含孔砖和砌块，其最小外壁厚、最小肋厚、孔长度与宽度比均不符合 GB 50574—2010 的强制性条文要求，使用时最好经试验验证满足相关设计要求。手抓孔的设置如图 8-4 所示。

表 8-11　　烧结多孔砖和砌块孔型、孔结构及孔洞率

孔型	孔洞尺寸/mm		最小外壁厚/mm	最小肋厚/mm	孔洞率		孔洞排列
	孔宽度 b	孔长度 L			砖	砌块	
矩形条孔或矩形孔	≤13	≤40	≥12	≥5	≥28%	≥33%	1. 所有孔宽应相等，孔采用单向或双向交错排列； 2. 孔洞排列上下、左右应对称，分布均匀，手抓孔的长度方向尺寸必须平行于砖的条面

注：1. 矩形孔的孔长 L、孔宽 b 满足 $L \geqslant 3b$ 时，为矩形条孔。
2. 孔四个角应做成过渡圆角，不得做成直尖角。
3. 如设有砌筑砂浆槽，则砌筑砂浆槽吧计算在孔洞率内。
4. 规格大的砖和砌块应设置手抓孔，其尺寸为(30～40) mm×(75～85) mm。

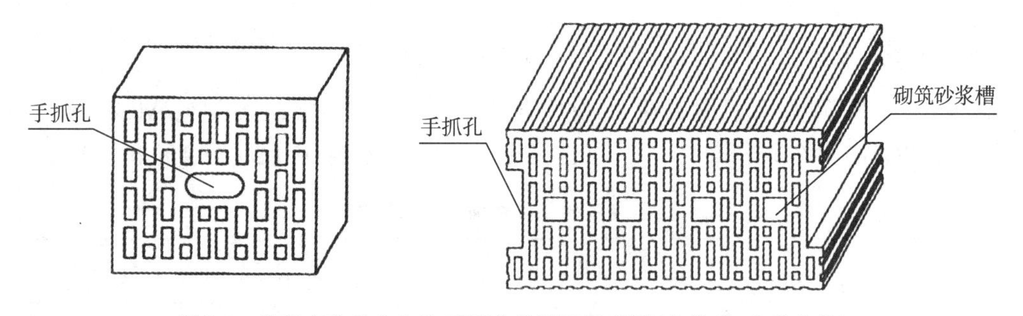

图 8-4　烧结多孔砖和砌块手抓孔的设置示意图(左为砖，右为砌块)

烧结多孔砖和砌块其他性能如尺寸允许偏差、外观质量、泛霜、石灰爆裂、抗风化性能等的要求见 GB 13544 的规定。

8.1.3　烧结空心砖和空心砌块

以黏土(N)、页岩(Y)、煤矸石(M)、粉煤灰(F)为主要原料，经焙烧而成主要用于建筑物自承重部位，其孔洞率不小于 40%，孔的尺寸大而数量少的砖或砌块称为烧结空心砖或烧结空心砌块。其外形为直角六面体，顶面分布有大孔洞(如图 8-5)，使用时孔洞平行于受力面。其长度、宽度、高度尺寸应为 390 mm，290 mm，240 mm，190 mm，180(175) mm，140 mm，115 mm，90 mm。

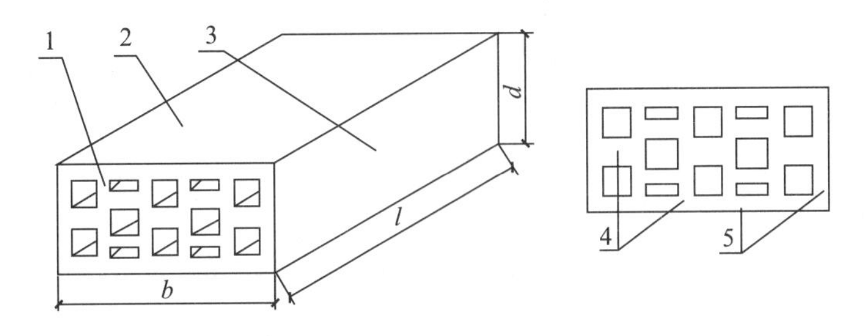

1—顶面；2—大面；3—条面；4—肋；5—外壁；l—长度；b—宽度；d—高度

图 8-5　烧结空心砖和砌块外观和各部位名称

烧结空心砖和砌块以 10 个试样大面抗压强度分为 MU10. 0，MU7. 5，MU5. 0，MU3. 5，MU2. 5 五个强度等级；以 5 个试样表观密度平均值分为 800，900，1 000，1 100 四个密度等级。强度等级和密度等级应符合表 8-12 的要求。

表 8-12　　**烧结空心砖和砌块强度等级与密度等级**

强度等级	抗压强度/MPa			密度等级范围/(kg·m^{-3})
	抗压强度平均值≥	变异系数 δ≤0. 21	变异系数 δ>0. 21	
		强度标准值≥	单块最小抗压强度值≥	
MU10. 0	10. 0	7. 0	8. 0	≤1 100
MU7. 5	7. 5	5. 0	5. 8	900(801～900)
MU5. 0	5. 0	3. 5	4. 0	1 000(901～1 000)
MU3. 5	3. 5	2. 5	2. 8	1 100(1 001～1 100)
MU2. 5	2. 5	1. 6	1. 8	≤800

强度、密度、抗风化性能和放射性物质合格的砖和砌块，根据尺寸偏差、外观质量、孔洞排列及其结构、泛霜、石灰爆裂吸水率分为优等品(A)、一等品(B)和合格品(C)三个质量等级。其孔洞排列及其结构要求见表 8-13，吸水率要求见表 8-14。

表 8-13　　**烧结空心砖和砌块孔洞排列及结构**

等　级	孔洞排列	孔洞排数/排		孔洞率
		宽度方向孔洞	高度方向孔洞	
优等品	有序交错排列	当 b≥200 mm 时，≥7	≥2	≥40%
		当 b<200 mm 时，≥5		
一等品	有序排列	当 b≥200 mm 时，≥5	≥2	
		当 b<200 mm 时，≥4		
合格品	有序排列	≥3	—	

注：b 为宽度的尺寸。

表 8-14　　烧结空心砖和砌块吸水率

等　级	吸水率/%　≤	
	黏土、页岩、煤矸石类	粉煤灰类[a]
优等品	16.0	20.0
一等品	18.0	22.0
合格品	20.0	24.0

注：[a]粉煤灰掺量(体积比)小于 30%时,按黏土类规定判定。

与烧结普通砖相比,生产多孔砖和空心砖或砌块时,可节省黏土 20%～30%,节约燃料 10%～20%,且砖坯焙烧均匀,烧成率高。采用多孔砖或空心砖砌筑墙体,可减轻自重 1/3 左右,同时还能改善墙体的热工性能。

8.1.4　烧结保温砖和保温砌块

《烧结保温砖和保温砌块》(GB 26538—2011)适用于以黏土(NB)、页岩(YB)或煤矸石(MB)、粉煤灰(FB)、淤泥(YNB)或其他固体废弃物(QGB)为主要原料,或加入成孔材料制成的实心或多孔薄壁坯体经焙烧制成的,主要用于建筑物围护结构保温隔热的砖和砌块。

成孔材料指焙烧过程中自燃烧或高温分解释放出气体,或本身气孔结构在制品中可形成不同孔径气孔的材料,如污泥、各类残渣、木屑、粉煤灰漂珠、泡沫塑料微珠、石灰石、粉碎的稻草、秸秆、膨胀珍珠岩、膨胀蛭石、碎纸筋、稻壳、磨损轮胎、硅藻土、漂白土等。

烧结保温砖和砌块按烧结处理工艺和砌筑方法分为 A 类和 B 类,A 类是经精细工艺处理,砌筑中采用薄灰缝,契合无灰缝的制品;B 类是未经精细工艺处理,砌筑中采用普通灰缝的制品。A 类制品长度、宽度和高度尺寸应为(单位为 mm):490,360(359,365),300,250(249,248),200,100;B 类为 390,290,240,190,180(175),140,115,90,53。

烧结保温砖和保温砌块以 10 个试样抗压强度(受压面为实际使用承载面)分为 MU15.0、MU10.0、MU7.5、MU5.0、MU3.5 五个强度等级;以 5 个试样干表观密度平均值分为 700、800、900、1 000 四个密度等级;以单层试样传热系数实测值范围分为 2.00、1.50、1.35、1.00、0.90、0.80、0.70、0.60、0.50、0.40 十个等级。强度等级、密度等级的要求见表 8-15,传热系数要求见表 8-16。传热系数 K 值,是指在稳定传热条件下,围护结构两侧空气温差为 1 度(K,℃),每秒内通过每平方米面积传递的热量,单位是 $W/(m^2 \cdot K)$,此处 K 可用℃代替,可按式(8-4)计算;测定方法按《绝热稳态传热性质的测定标定和防护热箱法》(GB/T 13275—2008)的规定进行。

$$K = \frac{1}{R + R_i + R_e} \tag{8-4}$$

式中　R——沿热流传递方向围护结构各层材料热阻之和,$(m^2 \cdot K)/W$;

R_i——墙体内表面换热阻,一般取 0.11 $(m^2 \cdot K)/W$;

R_e——墙体外表面换热阻,一般取 0.04 $(m^2 \cdot K)/W$。

表 8-15　　　　烧结保温砖和砌块强度等级和密度等级

强度等级	抗压强度/MPa			密度等级范围/(kg · m^{-3})
	抗压强度平均值≥	变异系数 $\delta \leqslant 0.21$	变异系数 $\delta > 0.21$	
		强度标准值≥	单块最小抗压强度值≥	
MU15.0	15.0	10.0	12.0	≤1 000
MU10.0	10.0	7.0	8.0	800(801～900)
MU7.5	7.5	5.0	5.8	900(901～1 000)
MU5.0	5.0	3.5	4.0	1 000(901～1 000)
MU3.5	3.5	2.5	2.8	≤700

表 8-16　　　　烧结保温砖和砌块传热系数等级

传热系数等级	单层试样传热系数 K 值的实测值/[W · (m^2 · K)$^{-1}$]
2.00	1.51～2.00
1.50	1.36～1.50
1.35	1.01～1.35
1.00	0.91～1.00
0.90	0.81～0.90
0.80	0.71～0.80
0.70	0.61～0.70
0.60	0.51～0.60
0.50	0.41～0.50
0.40	0.31～0.40

8.1.5　蒸压灰砂砖和多孔砖

蒸压灰砂砖有实心砖和多孔砖两种。是指以砂、石灰为主要原材料，允许掺入颜料和外加剂，经坯料制备、压制成型、高压蒸汽养护而制成的块材。

蒸压养护在蒸压釜内进行，整个过程分为静停、升温升压、恒温恒压、降压降温四个工序。静停可使砖坯中的石灰完全消化、提高砖坯的初始强度，从而防止蒸压过程中的制品胀裂。蒸压养护的蒸汽压力最低要达到 0.8 MPa，一般不超过 1.5 MPa，在 0.8～1.5 MPa 压力范围内，相应的饱和蒸汽温度为 170.42 ℃～198.28 ℃。升温升压速度不能过快，以免砖坯内外温差、压差过大而产生裂纹，恒温恒压 4～6 h。未经蒸汽压力养护的灰砂砖只能是气硬性材料，强度低，耐水性差。

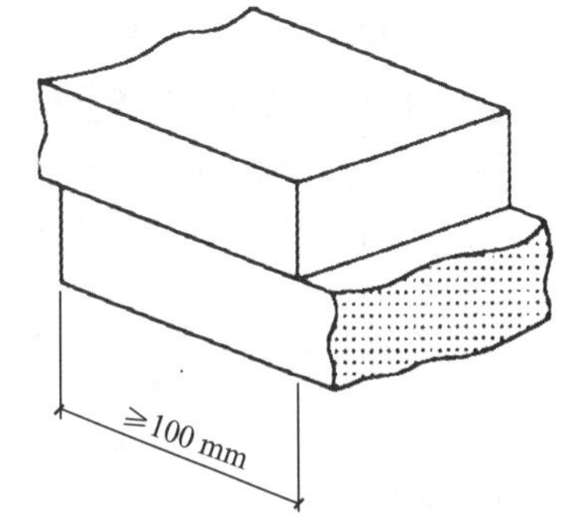

图 8-6　蒸压实心砖抗压强度试样示意图

《蒸压灰砂砖》(GB 11945—1999)适用于灰砂实心砖(代号 LSB)。按颜色分为彩色(Co)和本色(N)，彩色砖应颜色一致，无明显色差；砖的公称尺寸为 240 mm×115 mm×53 mm；根据 5 个试样抗折强度和抗压强度(抗压强度试样见图 8-6)分为 MU25，MU20，MU15，MU10 四个强度等级，力学性能和抗冻性的要求见表 8-17。MU15,MU20,MU25 的砖可用于基础及其他建筑部位;MU10 的砖仅可用于防潮层以上的建筑部位。

表 8-17　　蒸压灰砂实心砖力学性能和抗冻性

强度等级	抗压强度/MPa		抗折强度/MPa		冻后抗压强度平均值大于等于/MPa	单块干质量损失小于等于/%
	平均值≥	单块最小值≥	平均值≥	单块最小值≥		
MU25	25.0	20.0	5.0	4.0	20.0	2.0
MU20	20.0	16.0	4.0	3.2	16.0	
MU15	15.0	12.0	3.3	2.6	12.0	
MU10	10.0	8.0	2.5	2.0	8.0	

注:优等品的强度级别不得小于 MU15。

《蒸压灰砂多孔砖》(JC/T 637—2009)适用于灰砂多孔砖。蒸压灰砂多孔砖规格尺寸有 240 mm×115 mm×90 mm 和 240 mm×115 mm×115 mm 两种,孔洞采用圆形或其他孔型,孔洞垂直于大面,孔洞排列上下左右对称,分布均匀,圆孔直径不大于 22 mm,非圆孔直径不大于 15 mm,孔洞外壁厚度不小于 10 mm,肋厚度不小于 7 mm,孔洞率不小于 25%。以 10 块整砖(单块整砖沿竖孔方向加压)抗压强度分为 MU30,MU25,MU20,MU15 四个强度等级;冻融循环次数规定为:夏热冬暖地区 15 次,夏热冬冷地区 25 次,寒冷地区 35 次,严寒地区 50 次;强度等级和抗冻性的要求见表 8-18。

表 8-18　　蒸压灰砂多孔砖强度等级和抗冻性

强度等级	抗压强度/MPa		冻后抗压强度平均值大于等于/MPa	单块干质量损失小于等于/%
	平均值≥	单块最小值≥		
MU30	30.0	24.0	24.0	2.0
MU25	25.0	20.0	20.0	
MU20	20.0	16.0	16.0	
MU15	15.0	12.0	12.0	

蒸压灰砂多孔砖的碳化系数不小于 0.85,软化系数不小于 0.85,干燥收缩率不大于 0.050%。蒸压灰砂多孔砖可用于防潮层以上的建筑承重部位。

蒸压灰砂砖是一种技术成熟,性能优良,生产节能的新型墙体材料。在有砂和石灰石资源的地区,应大力发展,以替代烧结黏土砖。但因灰砂砖的组成材料和生产工艺与烧结黏土砖不同,某些性能与烧结黏土砖不同,施工应用时必须加以考虑,否则易产生质量事故。

① 刚出釜制品含水率很高,为减少干缩,灰砂砖出釜 28 d 后才能上墙砌筑,使灰砂砖的收缩在砌筑前基本完成。

② 控制砌筑时灰砂砖含水率为 8%～12%　禁止用干砖或含饱和水的砖砌墙,以免影响灰砂砖和砂浆的粘结强度以及增大灰砂砖砌体的干缩开裂;不宜在雨天、露天砌筑,否则无法控制灰砂砖和砂浆的含水率。由于灰砂砖吸水慢,施工时应提前 2 d 左右浇水润湿。

③ 砌筑时应采用高粘性的专用砂浆　由于灰砂砖表面光滑平整、砂浆与灰砂砖的粘结强度不如与烧结黏土砖的粘结强度高等原因,灰砂砖砌体的抗拉、抗弯和抗剪强度均低于同条件

下的烧结砖砌体。砂浆稠度 7～10 cm，不能过稀。当用于高层建筑、地震区或筒仓构筑物时，还应采取必要的结构措施来提高灰砂砖砌体的整体性。在灰砂砖表面压制出花纹也是增大灰砂砖砌体整体性的有效措施。

④ 灰砂砖不能用的环境与部位如下，灰砂砖不能用于长期超过 200 ℃的环境，也不能用于受急冷急热的部位。当环境温度高于 200 ℃时，灰砂砖中的水化硅酸钙的稳定性变差，如温度继续升高，灰砂砖的强度会随水化硅酸钙的分解而下降。灰砂砖不能用于有酸性介质侵蚀的部位和有流水冲刷的部位，如落水管处和水龙头下面等位置。灰砂砖的耐水性良好，处于长期潮湿的环境中强度无明显变化。但灰砂砖呈弱碱性，抗流水冲刷能力较弱。

⑤ 对清水墙体，必须用水泥砂浆二次勾缝，以防雨水渗漏。房屋宜做挑檐。

灰砂砖砌体工程的施工和验收应符合《砌体结构工程施工质量验收规范》(GB 50203—2011)的有关规定。

8.1.6 蒸压粉煤灰砖和多孔砖

蒸压粉煤灰砖有实心砖和多孔砖两种。是指以粉煤灰、生石灰（或电石渣）为主要原料，可掺加适量石膏等外加剂和其他集料，经坯料制备、压制成型、高压蒸汽养护而制成的块材。

《粉煤灰砖》(JC 239—2001)适用于蒸压粉煤灰实心砖(FB)。与蒸压灰砂砖规定不同的是，其以 10 个试样抗折强度和抗压强度分为 MU30，MU25，MU20，MU15，MU10 五个强度等级，强度等级和抗冻性要求见表 8-19。优等品和一等品干燥收缩值不大于 0.65 mm/m，合格品应不大于 0.75 mm/m；碳化系数不小于 0.80。粉煤灰砖可用于工业与民用建筑的墙体和基础，但用于基础或易受冻融和干湿交替作用的部位必须使用 MU15 及以上强度等级的砖。蒸压粉煤灰砖也不能用于长期超过 200 ℃的环境，也不能用于受急冷急热的部位。

表 8-19　蒸压粉煤灰实心砖力学性能和抗冻性

强度等级	抗压强度/MPa		抗折强度/MPa		冻后抗压强度平均值大于等于/MPa	单块干质量损失小于等于/%
	平均值≥	单块最小值≥	平均值≥	单块最小值≥		
MU30	30.0	24.0	6.2	5.0	24.0	2.0
MU25	25.0	20.0	5.0	4.0	20.0	
MU20	20.0	16.0	4.0	3.2	16.0	
MU15	15.0	12.0	3.3	2.6	12.0	
MU10	10.0	8.0	2.5	2.0	8.0	

《蒸压粉煤灰多孔砖》(GB 26541—2011)适用于蒸压粉煤灰多孔砖(AFPB)。其长度应为(单位 mm)360，330，290，240，190，140，宽度应为 240，190，115，90，高度应为 115，90。孔洞率应不小于 25%且不大于 35%，孔洞应与砌体承受压力的方向一致，铺浆面应为盲孔或半盲孔。以 5 块试样抗折强度和抗压强度分为 MU25，MU20，MU15 三个强度等级，强度等级和抗冻性应符合表 8-20 的要求。

表 8-20　　蒸压粉煤灰多孔砖力学性能和抗冻性

强度等级	抗压强度/MPa		抗折强度/MPa		冻后质量损失率小于等于/%	冻后抗压强度损失率损失小于等于/%
	平均值≥	单块最小值≥	平均值≥	单块最小值≥		
MU25	25.0	20.0	6.3	5.0	5	25
MU20	20.0	16.0	5.0	4.0		
MU15	15.0	12.0	3.8	3.0		

蒸压粉煤灰多孔砖的线性干燥收缩值应不大于 0.50 mm/m；碳化系数应不小于 0.85；吸水率应不大于 20%。蒸压粉煤灰多孔砖适用于工业与民用建筑承重结构部位。

8.1.7　蒸压加气混凝土砌块

《建筑材料术语》(JGJ/T 191—2009)定义蒸压加气混凝土砌块是以硅质材料和钙质材料为主要原材料，掺加发气剂及其他外加剂，经加水搅拌发泡、浇注成型、预养切割、蒸压养护等工艺制成的含泡沫状孔的砌块。

我国根据各地区的原材料来源情况组成了不同的原材料体系，生产出不同的加气混凝土品种，如石灰-砂加气混凝土、水泥-矿渣-砂加气混凝土、石灰-水泥-粉煤灰加气混凝土、水泥-粉煤灰加气混凝土等品种。这些材料和水是主要原料，在蒸压养护过程中生成以托勃莫来石(tobermorite)为主的水热合成产物，对制品的物理力学性能起关键作用；发气剂又称加气剂，是制造加气混凝土的关键材料，发气剂大多选用脱脂铝粉膏，其质量应符合《加气混凝土用铝粉膏》(JC/T 407)的要求。掺入浆料中的铝粉极细，在 $Ca(OH)_2$ 形成的碱性条件下发生化学反应，产生的氢气形成大量均匀分布的小气泡，保留在快速凝固的混凝土中，使加气混凝土砌块具有许多优良特性。

《蒸压加气混凝土砌块》(GB 11968—2006)规定，蒸压加气混凝土砌块(代号 ACB)的长度为 600 mm，宽度为(单位 mm)100，120，125，150，180，200，240，250，300，高度为 200，240，250，300。砌块按尺寸偏差与外观质量、干密度、抗压强度和抗冻性分为优等品(A)和合格品(B)两个等级。强度级别和干密度级别要求见表 8-21 和表 8-22，强度级别与干密度级别的关系见表 8-23。砌块干燥收缩值、抗冻性和导热系数应符合表 8-24 的要求。蒸压加气混凝土制品物理力学性能指标的测定方法按《蒸压加气混凝土性能试验方法》(GB/T 11969—2008)的规定进行。

表 8-21　　蒸压加气混凝土砌块强度级别

强度级别	立方体抗压强度/MPa	
	平均值不小于	单块值不小于
A1.0	1.0	0.8
A2.0	2.0	1.6
A2.5	2.5	2.0
A3.5	3.5	2.8
A5.0	5.0	4.0
A7.5	7.5	6.0
A10.0	10.0	8.0

表 8-22　　蒸压加气混凝土砌块的干密度级别

干密度级别		B03	B04	B05	B06	B07	B08
干密度/(kg·m^{-3})	优等品(A)≤	300	400	500	600	700	800
	合格品(C)≤	325	425	525	625	725	825

表 8-23　　蒸压加气混凝土砌块强度级别与干密度级别的关系

干密度级别		B03	B04	B05	B06	B07	B08
强度级别	优等品(A)≤	A1.0	A2.0	A3.5	A5.0	A7.5	A10.0
	合格品(B)≤			A2.5	A3.5	A5.0	A7.5

表 8-24　　蒸压加气混凝土砌块干燥收缩值、抗冻性和导热系数

干密度级别			B03	B04	B05	B06	B07	B08
干燥收缩值	标准法　≤	mm/m	0.50					
	快速法　≤		0.80					
抗冻性	质量损失小于等于/%		5.0					
	冻后强度/MPa　≥	优等品(A)	0.8	1.6	2.8	4.0	6.0	8.0
		合格品(B)			2.0	2.8	4.0	6.0
导热系数(干态)/[W·(m·k)$^{-1}$]　≤			0.10	0.12	0.14	0.16	0.18	0.20

注：规定采用标准法、快速法测定砌块干燥收缩值，若测定结果发生矛盾不能判定时，则以标准法测定的结果为准。

蒸压加气混凝土制品出釜时含水率为35%～40%，但其力学性能应在含水率8%～12%时测试，超过时应在(60±5)℃烘至该含水率，其立方体强度试件锯取方法见图8-7。

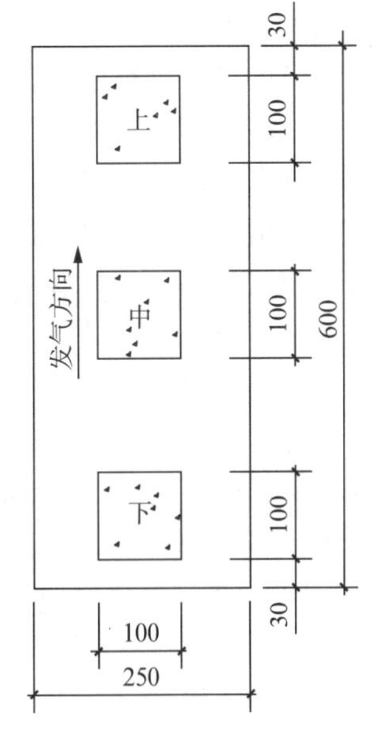

图8-7　蒸压加气混凝土立方体试件锯取方法示意图

蒸压加气混凝土砌块的材料计算取值、结构设计、建筑热工设计、构造设计、饰面处理、施工与质量验收可按照《蒸压加气混凝土建筑应用技术规程》(JGJ/T 17—2008)的规定进行。

蒸压加气混凝土砌块适用于工业与民用建筑物承重和自承重墙体及保温隔热使用。蒸压加气混凝土砌块选用和施工要点：

(1) 蒸压加气混凝土砌块不得使用在下列部位　如无有效措施，不得用于下列部位：建筑物防潮层以下的外墙；长期处于浸水和化学侵蚀环境；承重制品表面温度经常高于80℃的部位。

(2) 蒸压加气混凝土砌块不应直接砌筑在楼面、地面上　对于厕浴间、露台、外阳台以及设置在外墙面的空调机承托板与砌体接触部位等经常受干湿交替作用的墙体根部，宜浇筑宽度同墙厚、高度不小于0.2 m的C20素混凝土墙垫；对于其他墙体，宜用蒸压灰砂砖在其根部砌筑高度不小于0.2 m的墙垫。

(3) 加气混凝土制品砌筑或安装时的含水率宜小于30% 控制加气混凝土制品在砌筑或安装时的含水率是减少收缩裂缝的一项有效措施。首先控制上房含水率，不得在饱和状态下上房；其次控制墙体抹灰前含水率，墙体砌筑完毕后不宜立即抹灰，一般控制在15%以内再进行抹灰工艺。对粉煤灰加气混凝土制品以及相对湿度较高的地区，制品含水率可适当放宽，但亦宜控制在20%左右。

(4) 错缝搭接 当用砌块砌筑时，应上下错缝搭接，搭接长度不宜小于砌块长度的1/3。错缝搭接是加强砌体整体性，保证砌体强度的重要措施，必须做到。

(5) 咬槎砌筑 承重砌块内外墙墙体应同时咬槎砌筑，临时间断时可留成斜槎，不得留"马牙槎"。这是加强砌块建筑整体性的重要措施，在地震区尤为必要。根据工程实际调查，砌块砌筑在临时间断处留"马牙槎"，后塞砌块的竖缝大部分灰浆不饱满。留成斜槎可避免此不足。灰缝应横平竖直，水平缝砂浆饱满度不应小于90%。垂直缝砂浆饱满度不应小于80%。如砌块表面太干，砌筑前可适量浇水。

(6) 砂浆 地震区砌块应采用专用砂浆砌筑，其水平缝和垂直缝的厚度均不宜大于15 mm。非地震区如采用普通砂浆砌筑，应采取有效措施，使砌块之间粘结良好，灰缝饱满。当采用精确砌块和专用砂浆薄层砌筑方法时，其灰缝不宜大于3 mm。

砌体灰缝饱满度是墙体有良好整体性的必要条件，采用专用砂浆更能使灰缝饱满得到可靠保证，灰缝的宽度，取决于砌块尺寸的精确度。精确砌块可控制在≤3 mm。灰缝太大，易在灰缝处产生"热桥"，且影响砌体强度。

(7) 砌块的吸水性 砌块的吸水特性与黏土砖不同，它的初始吸水高于砖，持续吸水时间又较长，因此，用普通砂浆砌筑前适量浇水，能保证砌筑砂浆本身硬化过程的水化作用所必要的条件，并使砂浆与砌块有良好的粘结力，浇水多少与遍数视各地气候和制品品种不同而定。如采用精确砌块，专用胶粘剂密缝砌筑则可不用浇水。

(8) 后砌填充砌块墙 当砌筑到梁(板)底面位置时，应留出缝隙，并应等7 d后，方可对该缝隙做柔性处理。切锯砌块应采用专用工具，不得用斧子或瓦刀任意砍劈。洞口两侧，应选用规格整齐的砌块砌筑。砌筑外墙时，不得在墙上留脚手眼，可采用里脚手或双排外脚手。

砌块墙砌筑后水平灰缝因受压缩而变形，一定要等灰缝压缩变形基本稳定后再处理顶缝，否则该缝太宽影响墙体稳定性。目前施工中不采用专用工具而用斧子任意剔凿，造成砌块不应有的破损。尤其是门窗洞口两侧，因门窗开闭经常受撞击，要求其两侧不得用零星小块。砌筑加气砌块墙体不得留脚手眼的原因有两点：加气砌块不允许直接承受局部荷载，避免加气砌块局部受压；一般加气砌块墙体较薄，留脚手眼后用砂浆或砌块填塞，很难严实且极易在该部位产生裂缝或造成"热桥"。

(9) 加气混凝土墙面应做饰面 外饰面应对冻融交替、干湿循环、自然碳化和磕碰磨损等起有效的保护作用。饰面材料与基层应粘结良好，不得空鼓开裂。加气混凝土制品用于卫生间墙体，应在墙面上做防水层(至顶板底部)，并粘贴饰面砖。

(10) 加气混凝土墙面抹灰宜采用干粉料专用砂浆 内外墙饰面应严格按设计要求的工序进行，制品砌筑、安装完毕后不应立即抹灰，应待墙面含水率达15%～20%后再做装修抹灰层。抹灰工序应先做界面处理，后抹底灰，厚度应予控制。当抹灰层超过15 mm时应分层抹，一次抹灰厚度不宜超过15 mm，其总厚度宜控制在20 mm以内。加气混凝土外墙的底层，应采用与加气混凝土强度等级接近的砂浆抹灰，如室内表面宜采用粉刷石膏抹灰。当加气混凝土制品与其他材料处在同一表面时，两种不同材料的交界缝隙处应采用粘贴耐碱玻纤网格布聚合物水泥加强层加强后方可做装修。

加气混凝土的吸水特性与传统的烧结砖或混凝土不同，它的毛细作用较差，形似一种“墨水瓶”结构，其单端吸水试验表明，是先快后慢，吸水时间长，24 h 内吸水速度快，以后渐缓，直到 10 d 以上才能达到平衡，但量不多。所以如基层不处理，将不断吸收砂浆中的水分，使砂浆在未达到强度前就失去水化条件，造成抹灰层开裂空鼓。所以宜采用专用抹灰砂浆或在粉刷前做界面处理封闭气孔，以减少吸水量，并使抹灰层与加气混凝土有较好的粘结力。在界面处理前，一般在墙面均用水稍加湿润，这一工序能收到较好的效果。同时，一次性抹灰厚度较厚易于开裂，分层抹可以避免开裂。

因加气混凝土本身强度较低，故抹底灰层的强度应与加气混凝土的强度、弹性模量和收缩值等相适应，以避免抹灰开裂。如表面要做强度较高的砂浆，则应采取逐层过渡，逐层加强的原则。

8.1.8 混凝土砖

自 2004 年以来，陆续颁布了《混凝土多孔砖》(JC 943—2004)、《混凝土实心砖》(GB/T 21144—2007)、《非承重混凝土空心砖》(GB/T 24492—2009)和《承重混凝土多孔砖》(GB/T 25779—2010)四个标准，目的是减少烧结块材的生产和使用。

(1) GB/T 21144 的有关规定 以水泥、骨料，以及根据需要加入的掺和料、外加剂等，经加水搅拌、成型、养护制成的砖称为混凝土实心砖(SCB)。砖主规格尺寸为 240 mm×115 mm×53 mm，按混凝土自身的密度分为 A 级(≥2 100 kg/m^3)、B 级(1 681～2 099 kg/m^3)和 C 级(≤1 680 kg/m^3)三个密度等级；按砖的抗压强度分为 MU40，MU35，MU30，MU25，MU20，MU15 六个强度等级。最大吸水率 A 级不大于 11%，B 级不大于 13%，C 级不大于 17%。

(2) GB/T 24492 的有关规定 以水泥、集料为主要原料，可掺入外加剂及其他材料，经配料、搅拌、成型、养护制成的空心率不小于 25%，用于非承重结构部位的砖称为非承重混凝土空心砖(NHB)。空心砖的长度为 360 mm，290 mm，240 mm，190 mm，140 mm，宽度为 240 mm，190 mm，115 mm，90 mm，高度为 115 mm，90 mm。最小外壁厚应不小于 15 mm，最小肋厚应不小于 10 mm。铺浆面宜为盲孔或半盲孔。制品按抗压强度分为 MU5，MU7.5，MU10 三个强度等级；按表观密度分为 1 400，1 200，1 100，1 000，900，800，700，600 八个密度等级。

(3) GB 25779 的有关规定 以水泥、砂、石为主要原材料，经配料、搅拌、成型、养护制成，用于承重结构的多排孔砖称为承重混凝土多孔砖(LPB)。多孔砖的长度为 360 mm、290 mm、240 mm、190 mm、140 mm，宽度为 240 mm、190 mm、115 mm、90 mm，高度为 115 mm、90 mm。孔洞率应不小于 25%，不大于 35%。最小外壁厚应不小于 18 mm，最小肋厚应不小于 15 mm。铺浆面宜为盲孔或半盲孔。按抗压强度分为 MU15、MU20、MU25 三个强度等级。最大吸水率应不大于 12%。

(4) 其他的相关规定 上述三个标准都对制品的线性干燥收缩率和相对含水率做出了规定，见表 8-25。相对含水指混凝土砖的出厂含水率与吸水率之比。吸水率及相对含水率对混凝土砖(砌块)的收缩、抗冻、抗碳化性能有较大影响，相对含水率越大，其上墙后的收缩越大，墙体内部产生的收缩应力也越大，当其收缩应力大于小砌块抗拉应力时，即会产生裂缝。因而严格控制混凝土块材上墙时的相对含水率十分重要，但是根据厂家送检样品测得的相对含水率很难与施工现场的砌块相对含水率吻合，因此，控制砌块的线性干燥收缩率更有实际意义，砌块的干燥收缩率越小，其相对含水率可提高。

表 8-25　　混凝土砖线性干燥收缩率和相对含水率

砖品种	线性干燥收缩率/%　≤	相对含水率/%		
		潮湿	中等	干燥
实心砖	0.050	≤40	≤35	≤30
多孔砖	0.045			
空心砖	0.065			

注：使用地区的湿度条件：潮湿——年平均相对湿度大于75%的地区；中等——年平均相对湿度50%～75%的地区；干燥——年平均相对湿度小于50%的地区。

8.1.9　普通混凝土小型砌块

混凝土小型空心砌块主要有普通混凝土小型空心型块、轻集料混凝土小型空心砌块和粉煤灰混凝土小型空心砌块等类型。

1. 普通混凝土小型空心砌块

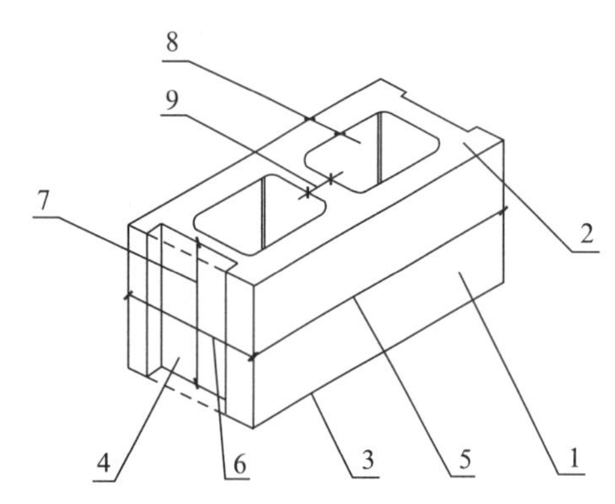

1—条面；2—坐浆面(肋厚较小的面)；3—铺浆面(肋厚较大的面)；4—顶面；5—长度；6—宽度；7—高度；8—壁；9—肋

图 8-8　砌块外观及各部位名称

《建筑材料术语标准》(JGJ/T 191—2009)定义普通混凝土小型砌块空心为：以水泥、矿物掺和料、砂、石、水等为原材料，经搅拌、压振成型、养护等工艺制成的主规格尺寸为390 mm × 190 mm × 190 mm，空心率不小于25%的砌块。砌块外观及各部位名称见图8-8。

《普通混凝土小型砌块》(GB/T 8239－2014)规定，普通混凝土小型砌块包括空心砌块(空心率不小于25%，代号：H)和实心砌块(空心率小于25%，代号：S)。砌块按使用时砌筑墙体的结构和受力情况，分为承重结构用砌块(代号：L，简称承重砌块)、非承重结构用砌块(代号：N，简称非承重砌块)。承重空心砌块的最小外壁厚应不小于30mm，最小肋厚应不小于25mm，非承重空心砌块的最小外壁厚和最小肋厚应不小于20mm。按5个试样大面抗压强度平均值和单块最小值分为MU5.0，MU7.5，MU10，MU15，MU20，MU25，MU30，MU35，MU40九个强度等级。相关性能检测方法按照《混凝土砌块和砖试验方法》(GB/T 4111－2013)的规定进行。

2. 轻集料混凝土小型空心砌块

用轻粗集料、轻砂(或普通砂)、水泥和水等原材料配制而成的干表观密度不大于1 950 kg/m^{3}的混凝土制成的主规格尺寸为390 mm×190 mm×190 mm，空心率不小于25%的砌块称为轻集料混凝土小型空心砌块。

《轻集料混凝土小型空心砌块》(GB/T 15229—2011)规定，轻集料混凝土小型空心砌块(LB)按砌块孔的排数分为单排孔、双排孔、三排孔、四排孔等；按砌块干表观密度分为700，800，900，1 000，1 100，1 200，1 300，1 400八个密度等级；按砌块抗压强度分为MU2.5，MU3.5，MU5.0，MU7.5，MU10.0五个强度等级。同一强度等级砌块的抗压强度和密度等级范围应符合表8-26的要求。砌块的吸水率应不大于18%。干燥收缩率和相对含水率应符合表8-27的要求。

表 8-26　　轻集料混凝土小型空心砌块强度等级

强度等级	抗压强度/MPa		密度等级范围/(kg·m^{-3}) ≤
	平均值 ≥	最小值 ≥	
MU2.5	2.5	2.0	800
MU3.5	3.5	2.8	1 000
MU5.0	5.0	4.0	1 200
MU7.5	7.5	6.0	1 200[a]
			1 300[b]
MU10.0	10.0	8.0	1 200[a]
			1 400[b]

注：当砌块的抗压强度同时满足 2 个强度等级或 2 个以上强度等级要求时，应以明显要求的最高强度等级为准。
[a]除自燃煤矸石掺量不小于砌块质量 35%以外的其他砌块；[b] 自燃煤矸石掺量不小于砌块质量 35%的砌块。

表 8-27　　轻集料混凝土小型空心砌块干燥收缩率和相对含水率

线性干燥收缩率/%	相对含水率/% ≤		
	潮湿	中等	干燥
<0.03	45	40	35
≥0.03,≤0.045	40	35	30
>0.045,≤0.065	30	25	30

3. 粉煤灰混凝土小型空心砌块

《粉煤灰混凝土小型空心砌块》(JC/T 862—2008)规定，以粉煤灰、水泥、集料、水为主要组分(也可加入外加剂等)制成的混凝土小型空心砌块，称为粉煤灰混凝土小型空心砌块(FHB)。粉煤灰用量应不低于原材料干重量的 20%，也不高于原材料干重量的 50%。按砌块孔的排数分为单排孔、双排孔和多排孔三类；按砌块块体密度范围分为 600，700，800，900，1 200，1 400 七个密度等级；按砌块抗压强度分为 MU3.5，MU5，MU7.5，MU10，MU15，MU20 六个等级。砌块干燥收缩率应不大于 0.060%。相对含水率在潮湿、中等、干燥地区时分别为 40%，35%，30%。

4. 混凝土小型砌块的应用

普通、粉煤灰和轻集料三类混凝土小型空心砌块材料和砌体的结构设计计算指标、建筑设计与建筑节能设计、砌体静力设计、配筋砌块砌体剪力墙静力设计、抗震设计、施工和工程验收等都可执行《混凝土小型空心砌块建筑技术规程》(JGJ 14—2011)的规定。混凝土小型砌块应用的要点主要有以下几点：

(1) 养护　砌块在厂内的自然养护龄期或蒸汽养护后的停放时间应确保 28 d。轻集料砌块的厂内自然养护龄期宜延长至 45 d。

(2) 保水性　砌筑砂浆应具有良好的保水性，其保水率不得小于 88%。砌筑普通混凝土小型空心砌块砌体的砂浆稠度宜为 50～70 mm；轻集料小型空心砌块的砌筑砂浆稠度宜为 60～90 mm。

(3) 砌筑工艺　在砌筑前，砌块不宜洒水淋湿，以防相对含水率超标，施工现场砌块堆放应采取防雨措施。在砌筑时应尽量采用主规格砌块，并应清除砌块与表面污物及底部毛边，并应尽量对孔错缝搭砌。

(4) 砌筑灰缝 砌体的灰缝应横平竖直，灰缝应饱满，水平灰缝厚度和竖直灰缝密度控制在 8～12 mm，水平灰缝砂浆饱满度不得低于 90%，竖缝不得低于 80%。

8.1.10 自保温混凝土复合砌块

《自保温混凝土复合砌块》(JG/T 407—2013)定义自保温混凝土复合砌块(SIB)为：通过在骨料中加入轻质骨料和(或)在实心混凝土块孔洞中填插保温材料等工艺生产的，其所砌筑墙体具有保温功能的混凝土小型空心砌块，简称自保温砌块。按自保温砌块复合类型可分为Ⅰ、Ⅱ、Ⅲ类：Ⅰ类为在骨料中复合轻质骨料制成的砌块，Ⅱ类是在孔洞中填插保温材料制成的砌块，Ⅲ类是在骨料中复合轻质骨料且在孔洞中填插保温材料制成的砌块。按自保温砌块孔的排数分为单排孔、双排孔和多排孔。复合用的轻质骨料包括各种天然和人造陶粒、膨胀珍珠岩、聚苯颗粒，轻质骨料最大粒径不宜大于 10 mm。填插用的保温材料主要为挤塑聚苯乙烯泡沫塑料(XPS)、模塑聚苯乙烯泡沫塑料(EPS)、聚苯颗粒保温浆料、泡沫混凝土等。

JG/T 407—2013 规定，自保温砌块的长度为 390 mm，290 mm，宽度为 280 mm，240 mm，190 mm，高度为 190 mm。密度等级分为 500，600，700，800，900，1 000，1 100，1 200，1 300 九个等级；强度等级分为 MU3.5，MU5.0，MU7.5，MU10.0，MU15.0 五个等级；砌块当量导热系数分为 EC10，EC15，EC20，EC25，EC30，EC35，EC40 七个等级；砌块当量蓄热系数分为 ES1，ES2，ES3，ES4，ES5，ES6，ES7 七个等级。去除填插材料后，砌块的质量吸水率不应大于 18%，砌块的干缩率不应大于 0.065%。自保温砌块当量导热系数和当量蓄热系数的要求见表 8-28。当量导热系数是表征自保温混凝土复合砌块砌体热传导能力的参数，其数值等于砌体的厚度与热阻的比值。当量蓄热系数是表征自保温混凝土复合砌块砌体在周期性热作用下热稳定性能力的参数。这两个参数的检测方法可参照 JG/T 407 中附录 A 和附录 B 的方法。

表 8-28　　自保温砌块当量导热系数和当量蓄热系数

当量导热系数等级	砌体当量导热系数/[W·(m·K)$^{-1}$]	当量蓄热系数等级	砌体当量蓄热系数/[W·(m^2·K)$^{-1}$]
EC10	≤0.10	ES1	1.00～1.99
EC15	0.11～0.15	ES2	2.00～2.99
EC20	0.16～0.20	ES3	3.00～3.99
EC25	0.21～0.25	ES4	4.00～4.99
EC30	0.26～0.30	ES5	5.00～5.99
EC35	0.31～0.35	ES6	6.00～6.99
EC40	0.36～0.40	ES7	≥7.00

自保温混凝土复合砌块相关应用技术可执行《自保温混凝土复合砌块墙体应用技术规程》(JGJ/T 323—2014)的规定。

将砖、砌块与绝热材料复合是传统块材墙体材料符合围护结构热工性能设计要求的有效途径。《复合保温砖和复合保温砌块》(GB 29060—2012)规定了四类复合保温砖(烧结 SBR、混凝土 CBR、蒸压硅酸盐 TBR、轻集料混凝土 QBR)和五类复合保温砌块(烧结 SBL、混凝土

CBL、蒸压硅酸盐 TBL、轻集料混凝土 QBL、石膏 GBL)；块材与绝热材料复合结构形式分为：填充复合型(Ⅰ)、夹芯复合型(Ⅱ)、贴面复合型(Ⅲ)。其他相关规定可详见 GB 29060。

8.1.11 装饰混凝土砌块

装饰混凝土砌块是指在砌块表面进行过专门加工的砌块。工厂化生产的装饰混凝土砌块，饰面层与砌块主体同材质，同寿命，避免了二次饰面层易空鼓、开裂、脱落的质量问题。同时，装饰混凝土砌块饰面花色繁多，给建筑师提供了发挥艺术才能的机会，建筑师可以像绘画一样，按美学观点设计建筑物的立面效果。在美国，装饰砌块占砌块总量的 25%。

《装饰混凝土砌块》(JC/T 641—2008)规定，装饰混凝土砌块按装饰效果分为彩色砌块、劈裂砌块、凿毛砌块、条纹砌块、磨光砌块、鼓形砌块、模塑砌块、露集料砌块、仿旧砌块；按用途分为砌体装饰砌块(M_q)和贴面装饰砌块(F_q)；按抗渗性分为普通型(P)和防水型(F)。装饰砌块基本尺寸见表 8-29。采用分层布料工艺生产装饰砌块时，加工后饰面层的最小厚度不宜小于 10 mm；含有孔洞的装饰砌块，表面经过二次加工后，外壁最薄处不应小于 20 mm，最小肋厚应不小于 25 mm。

表 8-29　　装饰混凝土砌块基本尺寸

尺　寸		尺寸数据
长度 L/mm		390,290,190
宽度 B/mm	砌体装饰砌块 M_q	290,240,190,140,90
	贴面装饰砌块 F_q	
高度 H/mm		190,90

装饰砌块按抗压强度分为 MU10，MU15，MU20，MU25，MU30，MU35，MU40 七个强度等级。贴面装饰砌块强度以抗折强度表示，平均值不小于 4.0 MPa，单块最小值不小于 3.2 MPa。砌块干燥收缩率应不大于 0.045%；相对含水率在潮湿、中等、干燥地区时依次为 40%、35%、30%。防水型砌块采用如图 8-9 所示装置测试自加水至 2 h 玻璃筒内水面下降高度，要求不大于 10 mm。具体测试方法可见 JC/T 641 附录 B。

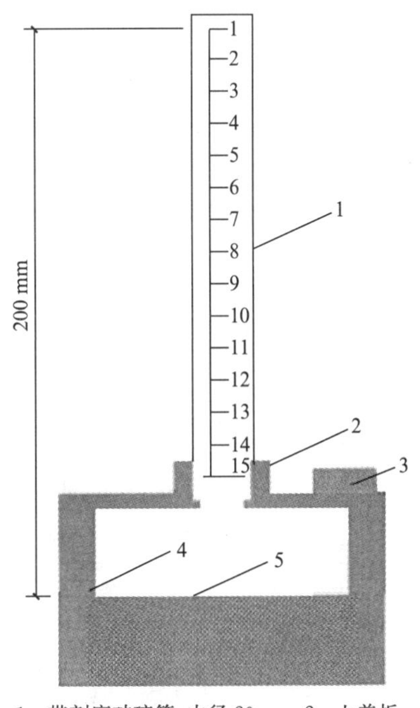

1—带刻度玻璃管，内径 20 mm；2—上盖板；3—水平仪；4—试件套；5—试件

图 8-9　防水型装饰混凝土砌块抗渗性测试装置示意图

墙板是指用于墙体的建筑板材。墙板尺寸大，面密度小，通过复合技术可实现多功能，可大量使用工业废渣，适应装配化施工，生产和施工效率高，代表了墙体材料发展的方向。墙板按建筑部位分为外墙板和隔墙板。墙板型式主要有：

(1) 大型墙板　尺寸相当于整个房屋开间(或进深)的宽度和整个楼层的高度，配有构造钢筋的墙板。含沿板材长度方向有若干贯通孔洞的空心墙板。

(2) 条板　可竖向或横向装配在龙骨或框架上长条形板材。有实心和空心两种，沿板材长度方向有若干贯通孔洞的条板称为空心条板。

(3) 复合墙板 由两种或两种以上不同功能材料组合而成的墙板。如夹芯板就是复合墙板的一种，是由承重或维护面层与绝热材料芯层复合而成的墙板，具有良好的保温和隔声性能。

(4) 挂板 以悬挂方式支承于两侧柱或墙上或上层梁上的非承重墙板。如外墙内保温板、外墙外保温板。

(5) 轻质墙板 采用轻质材料或轻型构造制成的非承重墙板。

(6) 芯板 由阻燃型聚苯乙烯、聚氨酯等泡沫塑料或岩棉等绝缘材料制成的板材，用作复合墙板中的芯材。

8.1.12 蒸压加气混凝土板

蒸压加气混凝土板是以石灰、水泥、硅质材料（硅砂、粉煤灰）、铝粉膏等为主要原料再根据结构要求配置添加不同数量经防腐处理的钢筋网片的一种轻质多孔的墙板。加气混凝土板出釜时水分含量较高，板应在厂房存放 5 d 以上方可出厂。

《蒸压加气混凝土板》（GB 15762—2008）规定，蒸压加气混凝土板按用途分为外墙板（JQB）、隔墙板（JGB）、屋面板（JWB）、楼板（JLB）等。其常用规格尺寸见表 8-30。有节能、隔声要求时，应根据相关规范选择板厚。

表 8-30　　蒸压加气混凝土板常用规格尺寸

长度 L/mm	宽度 B/mm	厚度 D/mm
1 800～6 000（300 模数进位）	600	75，100，125，175，200，300
		120，180，240

蒸压加气混凝土板按蒸压加气混凝土强度分为 A2.5，A3.5，A5.0，A7.5 四个强度级别；按蒸压加气混凝土干密度分为 B04，B05，B06，B07 四个干密度级别。其中 A2.5 级别板不能用于外墙板。蒸压加气混凝土板基本性能见表 8-31。

表 8-31　　蒸压加气混凝土板基本性能

强度级别		A2.5	A3.5	A5.0	A7.5
密度级别		B04	B05	B06	B07
干密度/($kg \cdot m^{-3}$)　≤		425	525	625	725
抗压强度/MPa　≥	平均值	2.5	3.5	5.0	7.5
	单块最小值	2.0	2.8	4.0	6.0
干燥收缩值/($mm \cdot m^{-1}$)	标准法　≤	0.5			
	快速法　≤	0.8			
抗冻性	质量损失/%　≤	5.0			
	冻后强度/MPa	2.0	2.8	4.0	6.0
导热系数(干态)/[$W \cdot (m \cdot K)^{-1}$]　≤		0.12	0.14	0.16	0.18

蒸压加气混凝土板是一种工厂生产的配筋板材，配筋量是根据使用荷载，板材规格等计算确定。工程设计时，设计人员提出板厚及荷载等要求。《蒸压加气混凝土建筑应用技术规程》(JGJ/T 17—2008)规定，受弯板材中应采用焊接网和焊接骨架配筋，不得采用绑扎的钢筋网片和骨架，钢筋上网与下网必须有连接钢筋或采用其他形式使之形成一个整体的焊接钢筋网骨架，钢筋网片必须采用防锈蚀性能可靠并具有良好粘结力的防腐剂进行处理。涂有防腐剂的钢筋与加气混凝土间的粘结强度不应小于 0.8 N/mm^2(A2.5)、1 N/mm^2(A5.0)，从钢筋外缘算起，外墙板中纵向钢筋距大面的保护层厚度应为(20±5) mm，距端部的保护层厚度为(10±5) mm。对蒸压加气混凝土板还有承载能力、短期挠度等结构性能指标要求。

蒸压加气混凝土板适用于各类钢结构、钢筋混凝土结构工业与民用建筑的外墙、内隔墙、屋面。部分蒸压加气混凝土板还可用作低层或加层建筑楼板、钢梁钢柱的防火保护、外墙保温等。墙体安装布置方案一般有竖装和横装两种，竖装多用于多层及高层民用建筑，横装多用于工业厂房及部分大型公共建筑。

蒸压加气混凝土板的材料计算取值、结构设计、建筑热工设计、构造设计、饰面处理、施工与质量验收可按照《蒸压加气混凝土建筑应用技术规程》(JGJ/T 17—2008)的规定进行。除选用和施工(抹灰)要点外，尚需注意以下几点：

(1) 应使用专用工具和设备安装外墙板 当墙板上有油污时，应在安装前将其清除。外墙板的板缝应采用有效的连接构造，缝隙应严密，粘结应牢固。内外墙板安装时需有专用的机具设备，如夹具，无齿锯，手电钻、手工刀锯和特制撬棍等。外墙拼接缝如灌缝和粘结不严，如在雨季有风压时，雨水就有可能侵入缝内。墙板板侧如有油污应该除净，以保证板之间的粘结良好。

(2) 内隔墙板的安装顺序 内隔墙板的安装顺序应从门洞处向两端依次进行，门洞两侧宜用整块板。无门洞口的墙体应从一端向另一端顺序安装。如内隔墙板由两端向中间安装，最后安装的中间条板很难使粘结砂浆饱满，致使在该处产生裂缝。故而必须从一端向另一端依次安装，边缝作特殊处理。如有门洞，则从门洞处向两端安装，门洞处如需固定门框，宜用整板。

(3) 平缝拼接缝处理 平缝拼接缝间粘结砂浆应饱满，安装时应以缝隙间挤出砂浆为宜。缝宽不得大于 5 mm。在墙板上钻孔、开洞，或固定物件时，必须待板缝内粘结砂浆达到设计强度后进行。控制拼缝厚度和粘结砂浆饱满，施工中尽量减少墙面和楼层震动是防止板缝出现裂缝的几项主要措施。

(4) 加气混凝土制品与其他安装设备的连接 加气混凝土制品与门、窗、附墙管道、管线支架、卫生设备等应连接牢固。当采用金属件作为进入或穿过加气混凝土制品的连接构件时，应有防锈保护措施。加气混凝土系多孔材料，出釜含水率为 35%～40%，使用过程中，水分不可能全部蒸发；其次在潮湿季节中，它也会吸入一部分水分；三是加气混凝土属于中性材料，pH 值在 9～11 之间。上述因素对未经处理的铁件均会起锈蚀作用，所以进入加气制品中的铁件应做防锈处理。

(5) 加气混凝土墙板与主体结构的连接 当加气混凝土墙板作非承重的围护结构时，与主体结构应有可靠的连接。当采用竖墙板和拼装大板时，分层承托；横墙应按一定高度由主体结构承托。当加气混凝土用作外墙板，因其强度偏低，不宜将每层墙板层层叠压到顶，以分层承托为宜，尤其在地震区的高层建筑中，必须各层分别承托本层的重量。

(6) 加气混凝土隔墙板宜采用垂直安装(过梁板除外) 板与主体结构的顶部构造宜采用柔性连接，板上端与主体结构连接的水平板缝应填放弹性材料，压缩后的厚度可控制在 5 mm 左右。板下端顺板宽方向打入楔子(木材应经防腐处理)，应使板上部通过弹性材料与上部主体结构顶紧。板下楔子不再撤出，楔子之间应采用豆石混凝土填塞严实，或采用其他有效的方法固定。板与板之间无楔口槽平接时，应采用专用砂浆粘结，且饱满度应大于80%。

8.1.13 玻璃纤维增强水泥外墙板

玻璃纤维增强水泥外墙板是以耐碱玻璃纤维为主要增强材料，硫铝酸盐水泥或铁铝酸盐水泥或硅酸盐水泥为胶凝材料、砂子为集料，采用直接喷射工艺或预混喷射工艺制成的墙板。

《玻璃纤维增强水泥外墙板》(JC/T 1057—2007)规定，按板的构造分为单层板(DCB)、有肋单层板(LDB)、框架板(KJB)、夹芯板(JXB)四种类型。按有无装饰层分为有装饰层板和无装饰层板。单层板为小型板或异型板，自身形状能够满足刚度和强度要求；有肋单层板是小型板或受空间限制不允许使用框架的板如柱面板，可根据空间情况和需要加强的位置，如做成各种形状的肋；框架板是大型板，由GRC面板与轻钢框架或结构框架组成，能够适应板内部热量变化或水分变化引起的变形；夹芯板是由两个GRC面板和中间填充层组成。

GRC结构层的物理力学性能见表8-32。

表8-32 GRC结构层物理力学性能

性能			指标要求
抗弯比例极限强度/MPa	≥	平均值	7.0
		单块最小值	6.0
抗弯极限强度/MPa	≥	平均值	18.0
		单块最小值	15.0
抗冲击强度/$(kJ \cdot m^{-2})$		≥	8.0
体积密度/$(kJ \cdot m^{-3})$		≥	1.8
吸水率/%		≤	14.0
抗冻性			经25冻融循环，无起层、剥落等破坏现象

8.1.14 金属面绝热夹芯板

建筑用金属面绝热夹芯板(简称“夹芯板”)是由双金属面和粘结于两金属面之间的绝热芯材组成的自支撑的复合板，可用于工业与民用建筑外墙、隔墙、屋面、天花板。

《建筑用金属面绝热夹芯板》(GB/T 23932—2009)规定，夹芯板按芯材材质分为聚苯乙烯(EPS，XPS)、硬质聚氨酯(PU)、岩棉(RW)、矿渣棉(SW)、玻璃棉(GW)；按用途分为墙板(W)、屋面板(R)；金属面板分为彩色涂层钢板(S)、压型钢板。夹芯板规格尺寸见表8-33。标准还规定了夹芯板的尺寸允许偏差、传热系数、粘结性能(金属面与芯材的粘结强度、剥离性能)、抗弯承载力、防火性能(燃烧性能、耐火极限)等性能指标。

8.1.15 钢丝网架模塑聚苯乙烯板

钢丝网架模塑聚苯乙烯板是指以工厂自动化设备生产的双面或单面钢丝网架为骨架，阻燃型EPS为绝热材料，用于现浇混凝土建筑、砌体建筑及既有建筑外墙外保温系统的钢丝网

表 8-33　　夹芯板规格尺寸

项　目	聚苯乙烯		PU	RW、SW	GW
	EPS	XPS			
厚度/mm	50	50	50	50	50
	75	75	75	80	80
	100	100	100	100	100
	150			120	120
	200			150	150
宽度/mm	900～1 200				
长度/mm	≤12 000				

架 EPS 板，施工时 EPS 板表面需涂或喷界面处理剂。其他种类的绝热材料如岩棉等也可以使用。

《外墙外保温系统用钢丝网架模塑聚苯乙烯板》(GB 26540—2011)规定，产品按腹丝(穿入绝热材料与网片焊接钢丝)的穿透形式分为非穿透型单面钢丝网架 EPS 板(FCT)、穿透型单面钢丝网架 EPS 板(CT)、穿透型双面钢丝网架 EPS 板(Z)三种。板的长度不大于 3 000 mm，宽度 1 200 mm，EPS 板厚度 40 mm，50 mm，80 mm，100 mm，钢丝网架板厚度：对 FCT 板和 CT 板为 50 mm，60 mm，90 mm，110 mm，对 Z 板为 50 mm，60 mm，90 mm，120 mm。标准还对腹丝与钢丝网片、不同网架板厚度时的热阻、焊点抗拉力、网片焊点漏焊率、腹丝与网片漏焊率、EPS 板密度、燃烧性能等做了规定。

8.1.16　隔墙板

《建筑隔墙用保温条板》(GB/T 23450—2009)适用于以纤维为增强材料，以水泥(或硅酸钙、石膏)为胶凝材料，两种或两种以上不同功能材料复合而成的具有保温性能的隔墙条板。板的长度不大于 3 000 mm，宽度 600 mm，厚度为 90 mm、120 mm、150 mm。标准规定了不同厚度隔墙条板的抗冲击、抗弯承载(板自重倍数)、抗压强度、软化系数、面密度、含水率、干燥收缩值、空气声计权隔声量、吊挂力、抗冻性、耐火极限、燃烧性能、传热系数性能的要求。

《玻璃纤维增强水泥轻质多孔隔墙条板》(GB/T 19631—2005)适用于以耐碱玻璃纤维与硫铝酸盐水泥为主要原料的预制非承重轻质多孔内隔墙条板，简称 GRC 轻质多孔隔墙条板。按板的厚度分为 90 型，120 型，按板型分为普通板(PB)、门框板(MB)、窗框板(CB)、过梁板(LB)。GRC 轻质多孔隔墙条板采用不同企口和开孔形式(图 8-10)，板的长度 2 500～3 000 mm，宽度 600 mm。标准对板的外观质量、尺寸偏差、含水率、气干面密度、抗折破坏荷载、干燥收缩值、抗冲击、吊挂力、空气声计权隔声量、抗折破坏荷载保留率、放射性比活度、耐火极限、燃烧性能的要求。

《灰渣混凝土空心隔墙板》(GB/T 23449—2009)适用于在工业与民用建筑中用做非承重室内隔墙的，以水泥为胶凝材料，以粉煤灰、经煅烧或自燃的煤矸石、炉渣、矿渣、房屋建筑工程、道路工程、市政工程施工废弃物为集料，以纤维或钢筋为增强材料制成的混凝土空心隔墙板。以粉煤灰陶粒和陶砂、页岩陶粒和陶砂、天然浮石等为集料制成的混凝土空心隔墙板可以

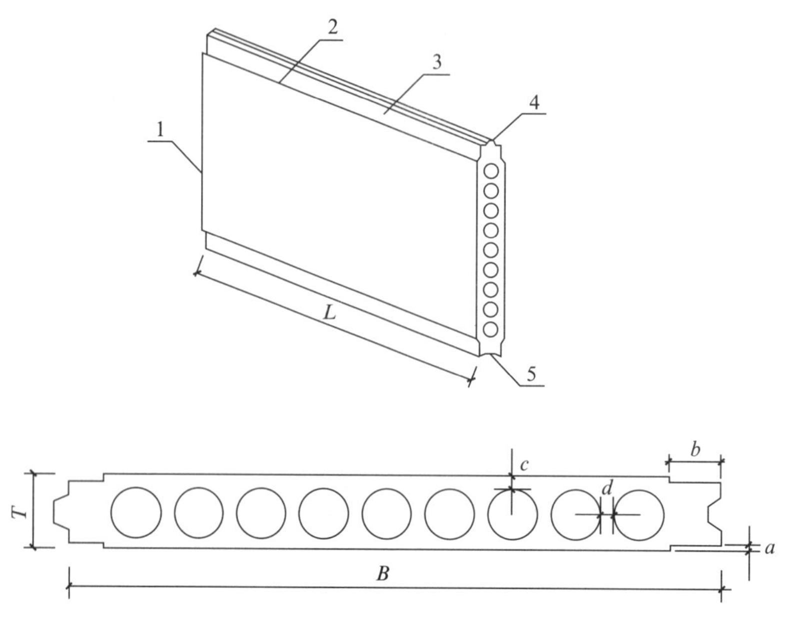

1—板端；2—板边；3—接缝槽；4—榫头；5—榫槽

图 8-10 GRC 轻质隔墙条板外形和断面示意图

参照本标准执行。产品构造断面为多孔空心式，长宽比不小于 2.5，灰渣总掺量在 40%以上（重量比）。产品按板的构件类型也分为普通板（PB）、门框板（MB）、窗框板（CB）、过梁板（LB），外形如图 8-10 所示。板的长度宜不大于 3 300 mm，宽度为 600 mm，厚度为 90 mm、120 mm、150 mm。要求的物理、力学性能指标项目与 GB/T 23450—2009 相同。

《纤维水泥夹芯复合墙板》（JC/T 1055—2007）中规定由两种或两种以上不同功能材料复合而成的实心墙板，适用于一般建筑物的非承重用轻质隔墙板和内墙保温。面层材料有四种：维纶纤维增强水泥平板（FW）、玻镁平板（FS）、纤维增强水泥建筑平板（FZ）和硅钙板（FC）；芯材有三类：胶粉聚苯颗粒保温浆料（IB）、胶钙聚苯颗粒保温浆料（IS）和水泥膨胀珍珠岩（IZ）。标准对产品提出的性能指标项目与 GB/T 23450—2009 相同。

8.1.17 隔断用板材

与轻质隔墙板不同，隔断用板材厚度较小，需要安装在龙骨上组成隔断墙。

水泥木屑板是以普通水泥或矿渣水为胶凝材料，木屑为主要填料，木丝或刨花为加筋材料，加入水和外加剂，平压成型、保压养护、调湿处理等制成的板材。板的长度 2 400～3 600 mm，宽度 900～1 250 mm，厚度 6～40 mm。相关性能规定详见《水泥木屑板》（JC/T 411—2007）。

纤维增强低碱度水泥建筑平板是以温石棉、短切中碱玻璃纤维或抗碱玻璃纤维为增强材料，以低碱度硫铝酸盐水泥为胶结材料制成的建筑平板。主要用于室内非承重内隔墙和吊顶平板。板的长度 1 200 mm，1 800 mm，2 400 mm，2 800 mm，宽度 800 mm，900 mm，1 200 mm，厚度 4 mm，5 mm，6 mm。相关性能规定详见《纤维增强低碱度水泥建筑平板》（JC/T 626—2008）。

维纶纤维增强水泥平板（VFRC）是以改性维纶纤维和（或）高弹模维纶纤维为主要增强材料、以水泥或水泥和轻集料为基材并允许掺入少量辅助材料制成的不含石棉的纤维水泥平板。

板按密度分为A型板和B型板，A型板主要用于非承重墙体、吊顶、通风道等，B型板主要用于非承重内隔墙、吊顶等。板的长度1 800 mm，2 400 mm，3 000 mm，宽度900 mm，1 200 mm，厚度4 mm，5 mm，6 mm，8 mm，10 mm，12 mm，15 mm，20 mm，25 mm。相关性能规定详见《维纶纤维增强水泥平板》(JC/T 671—2008)。

纤维增强硅酸钙板是以无机矿物纤维或纤维素纤维等松散纤维为增强材料，以硅质-钙质材料为主体胶结材料，经成型、高温高压饱和蒸汽中加速固化反应，形成硅酸钙胶凝体而制成的板材。分为无石棉硅酸钙板(NA)和温石棉硅酸钙板(A)。板按密度分为D0.8，D1.1，D1.3，D1.5四类，按表面处理状态分为未砂光板(NS)、单面砂光板(LS)、双面砂光板(PS)；NA板按抗折强度分为Ⅱ级、Ⅲ级、Ⅳ级、Ⅴ级四个等级，A板按抗折强度分为Ⅰ级、Ⅱ级、Ⅲ级、Ⅳ级、Ⅴ级五个等级。板的长度500～3 600 mm，宽度500～1 250 mm，厚度4～35 mm。相关性能规定详见《纤维增强硅酸钙板第1部分：无石棉硅酸钙板》(JC/T 564.1—2008)和《纤维增强硅酸钙板第2部分：石棉硅酸钙板》(JC/T 564.2—2008)。

玻镁平板又称防火复合板(也称氧化镁板)是以氧化镁、氯化镁和水三元体系，经配置和加改性剂而制成的，性能稳定的镁质胶凝材料，以中碱性玻纤网为增强材料，以轻质材料为填充物复合而成的新型不燃性装饰材料。一般规格为2 400 mm×1 200 mm×(3～15) mm。相关性能规定详见《玻镁平板》(JC 688—2006)。

以建筑石膏为胶凝材料生产的石膏砌块、石膏空心条板和纸面石膏板内容参见本书3.2.6。

8.2 屋 面 材 料

《屋面工程技术规范》(GB 50345—2012)规定屋面类型分为卷材、涂膜屋面，瓦屋面，金属板屋面，玻璃采光顶。本节主要讲述屋面工程中兼具防水、装饰作用的各类瓦和板。瓦屋面和金属板屋面各层的基本构造如表8-34所示。

表8-34　瓦屋面和金属板屋面基本构造层次

屋面类型	基本构造层次(自上而下)
瓦屋面	块瓦、挂瓦条、顺水条、持钉层、防水层或防水垫层、保温层、结构层
	沥青瓦、持钉层、防水层或防水垫层、保温层、结构层
金属板屋面	压型金属板、防水垫层、保温层、承托网、支承结构
	上层压型金属板、防水垫层、保温层、底层压型金属板、支承结构
	金属面绝热夹芯板、承重结构

8.2.1 烧结瓦

由黏土或其他无机非金属原料，经成型、烧结等工艺处理，用于建筑物屋面覆盖及装饰用的板状或块状烧结制品。

《烧结瓦》(GB/T 21149—2007)规定，烧结瓦根据形状分为平瓦、脊瓦、三曲瓦、双筒瓦、鱼鳞瓦、牛舌瓦、板瓦、筒瓦、滴水瓦、沟头瓦、J形瓦、S形瓦、波形瓦和其他异形瓦及其配件、饰件。根据表面状态可分为有釉(含表面经加工处理形成装饰薄膜层)和无釉瓦。按吸水率不同分为Ⅰ类瓦(≥6%)、Ⅱ类瓦(6%~10%)、Ⅲ类瓦(10%~18%)、青瓦(≤21%)。烧结瓦常用规格及尺寸见表8-35。相同品种、物理性能合格的产品,根据尺寸偏差和外观质量分为优等品(A)和合格品(C)两个等级。

平瓦、脊瓦、板瓦、筒瓦、滴水瓦、沟头瓦类的弯曲破坏荷重不小于1 200 N,其中青瓦类的弯曲破坏荷重不小于850 N;J形瓦、S形瓦、波形瓦类的弯曲破坏荷重不小于1 600 N;三曲瓦、双筒瓦、鱼鳞瓦、牛舌瓦类的弯曲强度不小于8.0 MPa。

无釉瓦类,若吸水率不大于10.0%时,取消抗渗性能要求,否则必须进行抗渗试验,经3 h瓦背面无水滴产生。有釉瓦类经10次急冷急热循环不出现炸裂、剥落及裂纹延长现象。

表8-35　　烧结瓦常用规格及主要结构尺寸

<table>
<tr><th rowspan="3">产品类型</th><th rowspan="3">规格</th><th colspan="8">基本尺寸/mm</th></tr>
<tr><th rowspan="2">厚度</th><th rowspan="2">瓦槽深度</th><th rowspan="2">边筋高度</th><th colspan="2">搭接部分长度</th><th colspan="3">瓦　爪</th></tr>
<tr><th>头尾</th><th>内外槽</th><th>压制瓦</th><th>挤出瓦</th><th>后爪有效高度</th></tr>
<tr><td>平瓦</td><td>400×240~360×220</td><td>10~20</td><td>≥10</td><td>≥3</td><td>50~70</td><td>25~40</td><td>具有四个瓦爪</td><td>保证两个后爪</td><td>≥5</td></tr>
<tr><td rowspan="2">脊瓦</td><td>L≥300</td><td>h</td><td colspan="4">l_1</td><td colspan="2">d</td><td>h_1</td></tr>
<tr><td>b≥180</td><td>10~20</td><td colspan="4">25~35</td><td colspan="2">>b/4</td><td>≥5</td></tr>
<tr><td>三曲瓦
双筒瓦
鱼鳞瓦
牛舌瓦</td><td>300×200~150×150</td><td>8~12</td><td colspan="7" rowspan="2">同一品种、规格瓦的曲度或弧度应保持基本一致</td></tr>
<tr><td>板瓦
筒瓦
滴水瓦
沟头瓦</td><td>430×350~110×50</td><td>8~16</td></tr>
<tr><td>J形瓦
S形瓦</td><td>320×320~250×250</td><td>12~20</td><td colspan="7">谷深c≥35,头尾搭接部分长度50~70 mm,左右搭接部分长度30~50 mm</td></tr>
<tr><td>波形瓦</td><td>420×330</td><td>12~20</td><td colspan="7">瓦脊高度≤35,头尾搭接部分长度30~70 mm,内外槽搭接部分长度25~40 mm</td></tr>
</table>

8.2.2　琉璃瓦

以黏土为主要原料,经成型、施釉、烧成而制得的用于建筑物的瓦类称为琉璃瓦。

琉璃瓦根据形状可分为板瓦、筒瓦、滴水瓦、沟头瓦、J形瓦和其他异形瓦。规格以长度和宽度的外形尺寸表示,长度和宽度尺寸为250~350 mm。其产品尺寸、外观质量、吸水率、弯曲破坏荷重、抗冻性、耐急冷急热性的要求见《建筑琉璃制品》(JC/T 765—2006)。

8.2.3　混凝土瓦

由水泥、细集料和水等为主要原材料经拌和,挤压、静压成型或其他成型方法制成的用于坡屋面的屋面瓦及与其配合使用的混凝土配件瓦称为混凝土瓦。

《混凝土瓦》(JC/T 746—2007)规定,混凝土瓦(CT)分为屋面瓦(CRT)及配件瓦(CFT),屋面瓦又分为波形瓦(CRWT)和平板瓦(CRFT)。混凝土瓦可以是本色的、着色的或表面经过处理的。规格以长度×宽度表示。其外观质量、尺寸允许偏差、质量标准差、承载力、耐热性、吸水率、抗渗性、抗冻性等性能指标的规定见 JC/T 746—2007。

8.2.4 纤维水泥波瓦及其脊瓦

以矿物纤维、有机纤维或纤维素作为增强纤维，以通用水泥为胶凝材料，采用机械化生产工艺制成的建筑用波瓦及与之配套使用的脊瓦称为纤维水泥波瓦及其脊瓦。

《纤维水泥波瓦及其脊瓦》(GB/T 9772—2009)规定，波瓦按增强纤维成分分为无石棉型(NA)、温石棉型(A)；按波高分为大波瓦(DW)、中波瓦(ZW)、小波瓦(XW)。脊瓦代号为JW。波瓦根据抗折力分为Ⅰ级、Ⅱ级、Ⅲ级、Ⅳ级、Ⅴ级五个强度等级，其中Ⅳ级、Ⅴ级仅适用于使用期五年以下的临时建筑。波瓦的规格尺寸见表 8-36。脊瓦的规格尺寸见表 8-37。其产品的外观质量、形状与尺寸偏差、吸水率、抗冲击性、不透水性、抗冻性、抗折力(横向、纵向)的要求见 GB/T 9772—2009。

表 8-36　　纤维水泥波瓦规格尺寸

<table>
<tr><th rowspan="2">类别</th><th rowspan="2">长度 l/mm</th><th rowspan="2">宽度 b/mm</th><th rowspan="2">厚度 e/mm</th><th rowspan="2">波高 h/mm</th><th rowspan="2">波距 p/mm</th><th colspan="2">边距</th></tr>
<tr><th>c_1</th><th>c_2</th></tr>
<tr><td rowspan="2">大波瓦</td><td rowspan="2">2 800</td><td rowspan="2">994</td><td>7.5</td><td rowspan="2">≥43</td><td rowspan="2">167</td><td rowspan="2">95</td><td rowspan="2">64</td></tr>
<tr><td>6.5</td></tr>
<tr><td rowspan="3">中波瓦</td><td rowspan="3">1 800</td><td rowspan="3">745
1 138</td><td>6.5</td><td rowspan="3">31～42</td><td rowspan="3">131</td><td rowspan="3">45</td><td rowspan="3">45</td></tr>
<tr><td>6.0</td></tr>
<tr><td>5.5</td></tr>
<tr><td rowspan="4">小波瓦</td><td rowspan="3">1 800</td><td rowspan="4">720</td><td>6.0</td><td rowspan="3">16～30</td><td rowspan="4">64</td><td rowspan="4">58</td><td rowspan="4">27</td></tr>
<tr><td>5.5</td></tr>
<tr><td>5.0</td></tr>
<tr><td>≤900</td><td>4.2</td><td>16～20</td></tr>
</table>

表 8-37　　纤维水泥脊瓦规格尺寸

<table>
<tr><th colspan="2">长度/mm</th><th rowspan="2">宽度 b/mm</th><th rowspan="2">厚度 e/mm</th><th rowspan="2">角度 θ/°</th></tr>
<tr><th>搭接长 l_1</th><th>总长 l</th></tr>
<tr><td rowspan="2">70</td><td rowspan="2">850</td><td>460</td><td>6.0</td><td rowspan="3">125</td></tr>
<tr><td>360</td><td>5.0</td></tr>
<tr><td>60</td><td>700</td><td>280</td><td>4.2</td></tr>
</table>

8.2.5 玻璃纤维增强水泥波瓦及其脊瓦

以耐碱玻璃纤维为增强材料、快硬硫铝酸盐水泥或低碱度硫铝酸盐水泥为胶凝材料制成的玻璃纤维水泥中波瓦、半波瓦及覆盖屋脊的"人"字形脊瓦称为玻璃纤维增强水泥波瓦及脊瓦。

《玻璃纤维增强水泥波瓦及脊瓦》(JC/T 567—2008)规定，该波瓦按其抗折力、吸水率、外观质量分为优等品(A)、一等品(B)与合格品(C),按其横断面形状分为中波瓦(ZB)和半波瓦(BB)。波瓦横截面示意图如图 8-11 所示,脊瓦的横截面示意图如图 8-12 所示。波瓦和脊瓦的规格尺寸见表 8-38、表 8-39。其产品的外观、尺寸允许偏差、抗折力(横向、纵向)、吸水率、抗冻性、不透水性、抗冲击性、破坏荷载(脊瓦)的要求见 JC/T 567—2008。

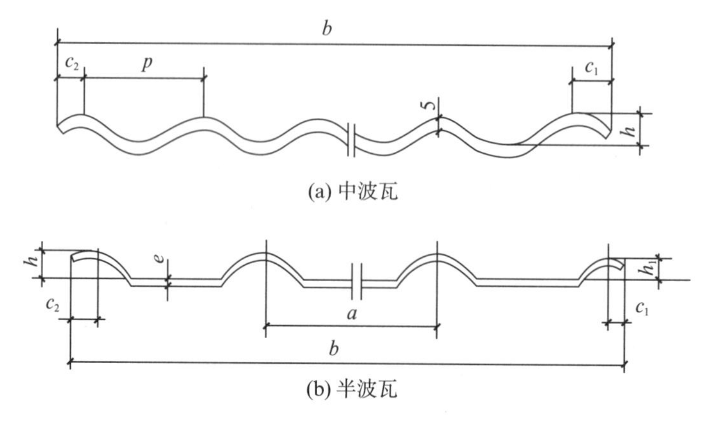

图 8-11　玻璃纤维增强水泥波瓦横截面示意图

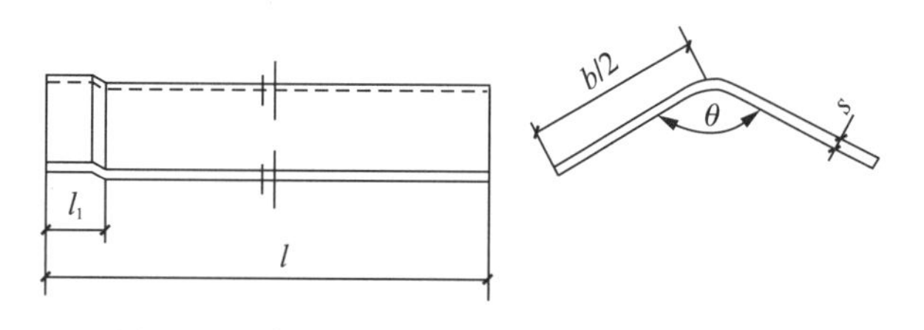

图 8-12　玻璃纤维增强水泥脊瓦横截面示意图

表 8-38　玻璃纤维增强水泥波瓦规格尺寸

品　种		长度 l/mm	宽度 b/mm	厚度 e/mm	波高 h/mm	波距 p/mm	边距/mm	
							c_1	c_2
中波瓦		1 800,2 400	746	7	33	131	45	45
半波瓦	Ⅰ型	2 800	965	7	40	300	35	30
	Ⅱ型	>2 800	1 000	7	50	310	40	30

表 8-39　玻璃纤维增强水泥脊瓦规格尺寸

长度/mm		宽度 b/mm	厚度 e/mm	角度 θ/°
搭接长 l_1	总长 l			
70	850	230×2	7	125

8.2.6　钢丝网石棉水泥小波瓦

以温石棉、水泥、钢丝网为主要原材料制成的小波瓦称为钢丝网石棉水泥小波瓦(GSBW)。其产品规格尺寸见表 8-40。

表 8-40　　钢丝网石棉水泥小波瓦规格尺寸

长 l/mm	宽 b/mm	厚 s/mm	波距 p/mm	波高 h/mm	波数 n/个	边距/mm		参考重量/kg	
						c_1	c_2		
1 800	720	6.0	63.5	16	11.5	58		27	27
		7.0							20
		8.5							24

《钢丝网石棉水泥小波瓦》(JC/T 851—2008)规定，按抗折力分为 GW330，GW280，GW250 三个等级；按外观质量分为一等品(B)、合格品(C)。瓦的外观质量、尺寸偏差、抗折力、吸水率、抗冻性、不透水性、抗冲击性的要求见 JC/T 851—2008。

8.2.7　玻纤胎沥青瓦

以石油沥青为主要原料，加入矿物颜料，采用玻纤毡为胎基、上表面覆以保护材料，用于铺设搭接法施工坡屋面的瓦称为玻纤胎沥青瓦。

《玻纤胎沥青瓦》(GB/T 20474—2006)规定，沥青瓦按产品形式分为平瓦(P)、叠瓦(L)；叠瓦是指在沥青瓦实际使用的外露面的部分区域用沥青粘合了一层或多层沥青瓦材料形成叠合状。按上表面保护材料分为矿物粒(片)料(M)、金属箔(C)；玻纤毡胎基有纵向加筋或不加筋的(G)。推荐瓦的长度为 1 000 mm，宽度为 333 mm。瓦的单位面积质量、规格尺寸、外观、可溶物含量、拉力(纵向、横向)、耐热度、柔度、撕裂强度、不透水性、耐钉子拨出性、矿物料粘附性、金属箔剥离强度、人工气候加速老化(外观、色差、柔度)、抗风揭性能、自粘胶耐热度、叠层剥离强度的要求见 GB/T 20474—2006。

8.2.8　彩喷片状模塑料(SMC)瓦

以彩喷片状模塑料(SMC)为原材料，经模压成型的表面喷漆的覆盖屋面用瓦。《彩喷片状模塑料(SMC)瓦》(JC/T 944—2005)规定，该产品按用途分为屋面瓦(T)和脊瓦(t)，屋面瓦长度 300～1 400 mm，宽度 400～450 mm，搭接 33 mm；脊瓦长度 250～1 000 mm，宽度 200～450 mm。其外观、规格及尺寸允许偏差、玻璃纤维含量、密度、面密度、吸水率、固化度、弯曲挠度、氧指数、导热系数、冲击性能、漆面耐老化性能的要求见 JC/T 944—2005。

8.2.9　合成树脂装饰瓦

以聚氯乙烯树脂为中间层和底层、丙烯酸类树脂为表面层，经三层共挤成型，可有各种形状的屋面用硬质装饰材料。表面丙烯酸类树脂一般包括 ASA、PMMA，不包括彩色 PVC。《合成树脂装饰瓦》(JG/T 346—2011)规定，产品按表面层共挤材料分为 ASA 共挤合成树脂装饰瓦、PMMA 共挤合成树脂装饰瓦。规格以长度、宽度和厚度表示，表面层厚度不应小于 0.15 mm，指接材和底层用 PVC 树脂性能应符合标准要求。产品加热后不应产生气泡、裂纹和麻点，加热后尺寸变化率不应超过 2.0%。产品的落锤冲击、燃烧性能、承载性能、耐应力开裂、老化性能、冲击强度保留率等应符合标准要求。

8.2.10 玻璃纤维增强聚酯波纹板

以玻璃纤维无捻粗纱及其制品和不饱和聚酯树脂等为主要原材料，具有近似正弦波形和梯形截面的波纹板称为玻璃纤维增强聚酯波纹板。

《玻璃纤维增强聚酯波纹板》(GB/T 14206—2005)规定，按成型方法可分为手糊型(S)和机制型(J)；按产品性能可分为普通型(CB)、透光型(TB)、阻燃型(F)和阻燃透光型，阻燃型按阻燃性能可分为2级(F_1、F_2)，截面形状分为正弦波(z)、梯形波(t)，产品尺寸以波长-波高-公称厚度表示。其原材料、尺寸极限偏差、外观、树脂含量、固化度、弯曲挠度、冲击强度、透光率、阻燃性的要求见GB/T 14206—2005。

8.2.11 玻璃纤维建筑膜材

以无碱玻璃纤维织物为基材浸渍聚四氟乙烯后制成的玻璃纤维涂塑布，用于建筑物或构筑物称为玻璃纤维建筑膜材(GWPF)。

《玻璃纤维建筑膜材》(GB/T 25042—2010)规定，产品按用途分为外膜(A)和内膜(B)。推荐膜材的典型单位面积质量(g/m²)规格为：350，500，800，1 000，1 150，1 300，1 550。其中外膜单位面积质量应不小于800 g/m²；内膜单位面积质量应不小于350 g/m² 且小于800 g/m²。除非另行商定，每卷布长度为50 m，100 m，200 m，400 m四种规格，实际长度应不小于公称长度，宽度由供需双方商定。其单位面积质量、宽度和长度、拉伸断裂强度(经向和纬向)、折叠后的拉伸断裂强度、撕裂强度、耐湿热老化性能、耐酸性能、透光率、阻燃性、外观的要求见GB/T 25042—2010。

8.2.12 金属板

《铝及铝合金波纹板》(GB/T 4438—2006)是指用于工程围护材料及建筑装饰用铝及铝合金波纹板。产品的合金牌号、供应状态、波型代号及规格应符合表8-41的规定。其产品化学成分、尺寸允许偏差、室温拉伸力学性能、外观质量的要求见GB/T 4438—2006。

表 8-41　　铝及铝合金波纹板的规格尺寸

牌　号	状态	波型代号	规格/mm				
			坯料厚度	长度	宽度	波高	波距
1050A，1050，1060，1070A，1100，1200，3003	H18	波 20-106	0.6～1.00	2 000～10 000	1 115	20	106
		波 33-131			1 008	33	131

《铝及铝合金压型板》(GB/T 6891—2006)是用于工业与民用建筑、设备围护结构的材料。该产品的规格尺寸见表8-42。图8-13示出V25-150Ⅰ型压型板的板型。其化学成分、尺寸偏差、力学性能、外观质量的要求见GB/T 6891—2006。

《彩色涂层钢板及钢带》(GB/T 12754—2006)是指用于建筑内用(JN)、外用(JW)的彩色涂层钢板及钢带，简称彩涂板。彩涂板是在经过表面预处理的基板上连续涂覆有机涂料(正面

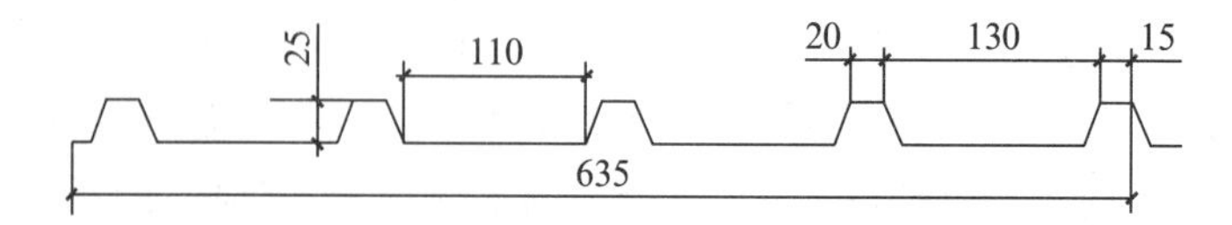

图8-13　V25-150Ⅰ型压型板的板型

表 8-42　　　　　　　　　　　铝及铝合金压型板规格尺寸

型号	牌号	状态	规格/mm				
			波高	波距	坯料厚度	宽度	长度
V25-150Ⅰ	1050A 1050 1060 1070A 1100 1200 3003 5005	H18	25	150	0.6～1.0	635	1 700～6 200
V25-150Ⅱ						935	
V25-150Ⅲ						970	
V25-150Ⅳ						1 170	
V60-187.5		H16,H18	60	187.5	0.9～1.2	826	1 700～6 200
V25-300		H16	25	300	0.6～1.0	985	1 700～5 000
V35-115Ⅰ		H16,H18	35	115	0.7～1.2	720	≥1 700
V35-115Ⅱ						710	
V35-125		H16,H18	35	125	0.7～1.2	807	≥1 700
V130-550		H16,H18	130	550	1.0～1.2	625	≥6 000
V173		H16,H18	173	—	0.9～1.2	387	≥1 700
Z295		H18	—	—	0.6～1.0	295	1 200～2 500

至少为二层),然后进行烘烤固化而成的产品。彩涂板的牌号由彩涂代号(T)、基板特性代号和基板类型代号三个部分组成,其中基板特性代号和基板类型代号之间用加号"+"连接。结构用彩涂板的基板一般用结构钢,其特性代号由四个部分组成,其中第一部分为字母"S",代表结构钢;第二部分为 3 位数字,代表规定的最小屈服强度(单位为 MPa),即 250、280、300、320、350、550;第三部分为字母"G",代表热处理;第四部分为字母"D",代表热镀;基板类型代号为:"Z"代表热镀锌基板、"ZF"代表热镀锌铁合金基板、"AZ"代表热镀铝锌合金基板、"ZA"代表热镀锌铝合金基板,"ZE"代表电镀锌基板建筑用压型钢板。

彩涂板的用途、基板类型、涂层表面状态、面漆种类、涂层结构和热镀锌基板表面结构的彩涂板应在订货时协商。涂层表面状态有涂层板(TC)、压花板(YA)、印花板(YI);面漆种类有聚酯(PE)、硅改性聚酯(SMP)、高耐久性聚酯(HDP)、聚偏氟乙烯(PVDP);涂层结构有正面二层,反面一层(2/1)、正面二层,反面二层(2/2);热镀锌基板表面结构有光整小锌花(MS)、光整无锌花(FS)。其尺寸、外形、重量、力学性能、正面涂层性能(涂料种类,涂层厚度、色差、光泽、硬度、柔韧性/附着力、弯曲性能、反向冲击性能)、涂层耐久性(耐中性盐雾、紫外灯加速老化)、反面涂层性能(厚度)、表面种类的要求见 GB/T 12754—2006。

《建筑用压型钢板》(GB/T 12755—2008)是指连续式机组上经辊压冷弯成型,沿板宽方向形成波形截面的建筑用压型钢板,包括用于屋面、墙面与楼盖等部位的各类型板。建筑用压型钢板分为屋面用板(W)、墙面用板(Q)、楼盖用板(L)三类,其型号由压型代号(Y)、用途代号与板型特征代号三部分组成,板型特征代号由压型钢板的波高尺寸(mm)与覆盖宽度(mm)组合表示。

压型钢板的波高、波距应满足承重强度、稳定与刚度的要求,其板宽宜有较大的覆盖宽度并符合建筑模数的要求,屋面及墙面用板板型设计应满足防水、承载、抗风及整体连接等功能要求;屋面板宜采用紧固件隐蔽的咬合板或扣合板,采用紧固件外露的搭接板时,其搭接板边形状宜形成防水空腔式构造(图 8-14)。

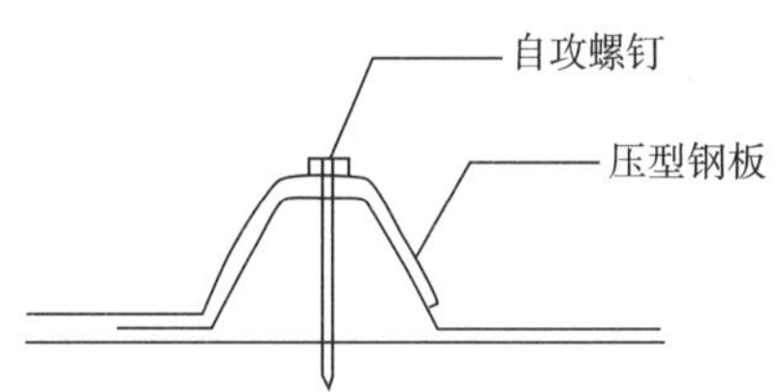

图 8-14　搭接板屋面连接构造(带防水空腔,紧固件外露)

8.3 门窗材料

《建筑门窗术语》(GB/T 5823—2008)定义门窗是建筑用窗和人行门的总称。门是围蔽墙体门洞口,可开启关闭,并可供人出入的建筑部件。窗是围蔽墙体窗洞口,可起采光、通风或观察等作用的建筑部件的总称,通常包括窗框和一个或多个窗扇以及五金配件,有时还带有亮窗和换气装置。本章主要讲述门窗框扇所用的材料,图 8-15 示出门窗框扇各部位名称。

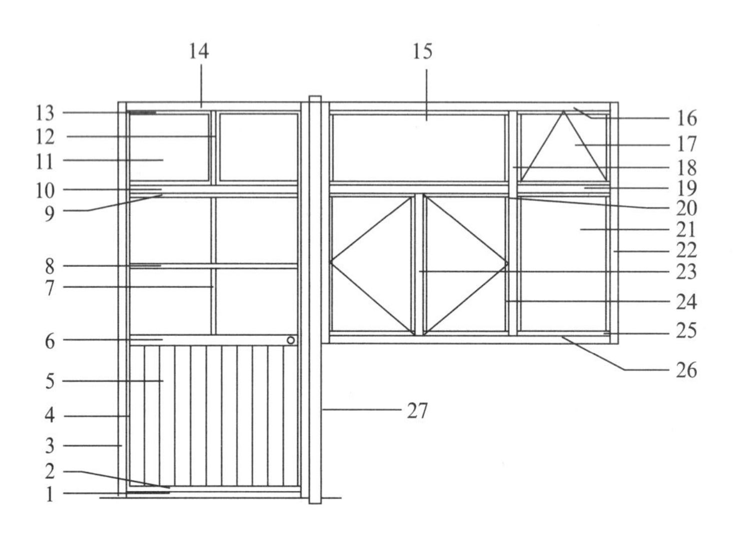

1—门下框;2—门扇下梃;3—门边框;4—门扇边框;5—镶板;6—门扇中横梃;7—竖芯;8—横芯;9—门扇上梃;10—门中横框;11—亮窗;12—亮窗中竖框;13—玻璃压条;14—门上框;15—固定亮窗;16—窗上框;17—亮窗;18—窗中竖框;19—窗中横框;20—窗扇上梃;21—固定窗;22—窗边框;23—窗中竖梃;24—窗扇边梃;25—窗扇下梃;26—窗下框;27—拼樘框

图 8-15 门窗框扇示意图

既然门窗是墙体的一部分,其框扇除围蔽墙体门窗洞口的作用外,还应承担相应的围护结构保温、隔声功能,并具有水密、气密、抗风压性能。

《建筑外门窗保温性能分级及检测方法》(GB/T 8484—2008)规定外门窗按传热系数分为 10 级,见表 8-43。

表 8-43 **外门、外窗传热系数分级** $W \cdot (m^2 \cdot K)^{-1}$

分　级	1	2	3	4	5
分级指标值	$K \geqslant 5.0$	$5.0 > K \geqslant 4.0$	$4.0 > K \geqslant 3.5$	$3.5 > K \geqslant 3.0$	$3.0 > K \geqslant 2.5$
分　级	6	7	8	9	10
分级指标值	$2.5 > K \geqslant 2.0$	$2.0 > K \geqslant 1.6$	$1.6 > K \geqslant 1.3$	$1.3 > K \geqslant 1.1$	$K < 1.1$

《建筑门窗空气声隔声性能分级及检测方法》(GB/T 8485—2008)规定,外门、外窗以"计权隔声量和交通噪声频谱修正量之和($R_w + C_{tr}$)"作为分级指标,内门、内窗以"计权隔声量和粉红噪声频谱修正量之和($R_w + C$)"作为分级指标。见表 8-44。

表 8-44　　建筑门窗的空气声隔声性能分级　　dB

分　级	外门、外窗的分级指标值	内门、内窗的分级指标值
1	$20 \leqslant R_w + C_{tr} < 25$	$20 \leqslant R_w + C < 25$
2	$25 \leqslant R_w + C_{tr} < 30$	$25 \leqslant R_w + C < 30$
3	$30 \leqslant R_w + C_{tr} < 35$	$30 \leqslant R_w + C < 35$
4	$35 \leqslant R_w + C_{tr} < 40$	$35 \leqslant R_w + C < 40$
5	$40 \leqslant R_w + C_{tr} < 45$	$40 \leqslant R_w + C < 45$
6	$R_w + C_{tr} \geqslant 45$	$R_w + C \geqslant 45$

注：用于对建筑内机器、设备噪声源隔声的建筑内门窗，对中低频噪声宜用外门窗的指标值进行分级；对中高频噪声仍可用内门窗的指标值进行分级。

《建筑外门窗气密、水密、抗风压性能分级及检测方法》(GB/T 7106—2008)规定，建筑外门窗气密性能采用在标准状态下(温度为 293 K(20 ℃)、压力为 101.3 kPa(760 mmHg)、空气密度为 1.202 kg/m³ 的试验条件)，压力差为 10 Pa 时的单位开启缝长空气渗透量 q_1 和单位面积空气渗透量 q_2 作为分级指标，见表 8-45。

表 8-45　　建筑外门窗气密性能分级

分级	1	2	3	4	5	6	7	8
单位缝长分级指标值 q_1/[$m^3 \cdot (m \cdot h)^{-1}$]	$4.0 \geqslant q_1 > 3.5$	$3.5 \geqslant q_1 > 3.0$	$3.0 \geqslant q_1 > 2.5$	$2.5 \geqslant q_1 > 2.0$	$2.0 \geqslant q_1 > 1.5$	$1.5 \geqslant q_1 > 1.0$	$1.0 \geqslant q_1 > 0.5$	$q_1 \leqslant 0.5$
单位面积分级指标值 q_2/[$m^2 \cdot (m^2 \cdot h)^{-1}$]	$12 \geqslant q_2 > 10.5$	$10.5 \geqslant q_2 > 9.0$	$9.0 \geqslant q_2 > 7.5$	$7.5 \geqslant q_2 > 6.0$	$6.0 \geqslant q_2 > 4.5$	$4.5 \geqslant q_2 > 3.0$	$3.0 \geqslant q_2 > 1.5$	$q_2 \leqslant 1.5$

建筑外门窗水密性采用严重渗漏(雨水从试件室外侧持续或反复进入内窗试件室内侧)压力差值的前一级压力差值作为分级指标，见表 8-46。

表 8-46　　建筑外门窗水密性能分级　　Pa

分　级	1	2	3	4	5	6
分级指标 ΔP	$100 \leqslant \Delta P < 150$	$150 \leqslant \Delta P < 250$	$250 \leqslant \Delta P < 350$	$350 \leqslant \Delta P < 500$	$500 \leqslant \Delta P < 700$	$\Delta P \geqslant 700$

注：第 6 级应在分级后同时注明具体检测压力值。

建筑外门窗抗风压性能采用定级检测压力值 P_3 作为分级指标。见表 8-47。定级检测是为确定外门窗抗风压性能指标值 P_3 和水密性能 ΔP 指标值而进行的检测。

表 8-47　　建筑外门窗抗风压性能分级　　kPa

分级	1	2	3	4	5	6	7	8	9
P_3	$1.0 \leqslant P_3 < 1.5$	$1.5 \leqslant P_3 < 2.0$	$2.0 \leqslant P_3 < 2.5$	$2.5 \leqslant P_3 < 3.0$	$3.0 \leqslant P_3 < 3.5$	$3.5 \leqslant P_3 < 4.0$	$4.0 \leqslant P_3 < 4.5$	$4.5 \leqslant P_3 < 5.0$	$P_3 \geqslant 5.0$

注：第 9 级应在分级后同时注明具体检测压力差值。

8.3.1 木门窗

用木材或木质人造板为主要材料制作门窗框、扇的门窗称为木门窗。

《木门窗》(GB/T 29498—2013)规定，木门窗按用途分为外门窗(W)和内门窗(N)；按主要材料分为实木门窗(SM)、实木复合门窗 SMFH、木质复合门窗(MZFH)，木门窗按用途和质量分为Ⅰ(高)级、Ⅱ(中)级、Ⅲ(普)级三个等级。实木门窗是以木材、集成材(指接材)制作的门窗。实木复合门窗是实木门窗扇面层覆贴装饰单板(薄木)或以单板层积材制作的门窗。木门窗的含水率应控制在6%～13%，且比使用地区的木材平衡含水率低1%～3%。木质复合门窗是以各种人造板或以木材和人造板为基材，其表面经涂饰饰面的门窗。

《建筑木门、木窗》(JG/T 122—2000)规定，木门窗按用途和质量分为Ⅰ(高)级、Ⅱ(中)级、Ⅲ(普)级三个等级。门窗框的厚度分为70 mm，90 mm，105 mm，125 mm，门窗扇的厚度分为35 mm，40 mm，50 mm。木门窗用材的含水率应符合表8-48的要求。各等级木门窗使用的人造板的等级应符合表8-49的要求。

对木门窗材料(木材材质、含水率，人造板等级)、加工工艺质量(结构、零部件的拼接与胶贴、表面粗糙度、木材缺陷处的修补、成品的尺寸许偏差、成品的形位公差)、物理力学性能(贴面胶合强度、浸渍剥离试验、胶缝(纵向)的顺纹抗剪强度、整体强度、承载力、风压变形性能、空气渗透、雨水渗漏性能、保温性能、空气声隔声性能)的要求见JG/T 122—2000。

表 8-48　　木门窗用材的含水率　　%

零部件名称		Ⅰ(高)级	Ⅱ(中)级	Ⅲ(普)级
门窗框　≤	针叶林	14	14	14
	阔叶林	12	14	14
拼接零件　≤		10	10	10
门扇及其余零部件　≤		10	12	12

注：南方高湿地区含水率的允许值可比表内规定加大1%。

表 8-49　　木门窗用人造板的等级

材料名称	Ⅰ(高)级	Ⅱ(中)级	Ⅲ(普)级
胶合板	特、1	2、3	3
硬质纤维板	特、1	1、2	3
中密度纤维板	优、1	1、合格	合格
刨花板	A类优，1	A类1，2	A类2及B类

8.3.2 钢门窗

用钢质型材、板材(或以它们为主)制作门窗框、扇骨架结构的门(M)、窗(C)或门窗组合(MC)称为钢门窗。

《钢门窗》(GB/T 20909—2017)规定，钢门窗需按开启方式分类，按材质分为实腹热轧型钢(S)、空腹冷轧普通碳素钢(K)、彩色涂层钢板(C)、不锈钢(B)。也按性能分类，分为抗风压性能(P_3)、水密性能(ΔP)、气密性能(q_1,q_2)、保温性能(K)、空气声隔声性能(R_w)、采光性能(T_r)、防盗性能(H)、防火性能(F)。

对其外观、结构、尺寸偏差、五金配件安装、玻璃装配、防腐处理、性能(抗风压性能、水密性能、气密性能、保温性能、采光性能、空气声隔声性能、防盗性能、防火性能、软物冲击性能、悬端吊重、启闭力、反复启闭性能)的要求见 GB/T 20909—2017。

8.3.3 铝合金门窗

铝合金门窗是采用铝合金建筑型材制作框、扇杆件结构的门、窗的总称。

《铝合金门窗》(GB/T 8478—2008)适用于手动启闭操作的建筑外窗和室内隔断用窗和人行门以及垂直屋顶窗。非手动启闭的上述门窗也可参照使用。铝合金门窗按用途分为外墙用(LW)、内墙用(LN);按使用功能分为普通型(PT)、隔声型(GS)、保温型(BW)、遮阳型(ZY),遮阳性能是门窗在夏季阻隔太阳辐射热的能力,用遮阳系数 SC 表示。

铝合金门窗以门窗框在洞口深度方向的设计尺寸——门窗框厚度构造尺寸(代号为 C_2,单位为 mm)划分产品系列,如门窗框厚度构造尺寸为 72 mm 时,其产品系列为 70 系列,门窗框厚度构造尺寸为 69 mm 时,其产品为 65 系列,即门窗框厚度构造尺寸小于某一基本系列或辅助系列值时,按小于该系列值的前一级标示其产品系列。

铝合金门窗以门窗宽、高的设计尺寸——门窗的宽度构造尺寸(B_2)和高度构造尺寸(A_2)的千、百、十位数字,前后顺序排列的六位数字表示,如,门窗的 B_2、A_2 分别为 1 150 mm 和 1 450 mm时,其尺寸规格型号为 115145。

对生产铝合金门窗所用铝合金型材的壁厚及尺寸偏差、表面处理层厚度(膜层厚度)、钢材材质(宜用奥氏体不锈钢)、玻璃、密封及弹性材料、五金配件、紧固件有具体标准要求。

对铝合金门窗外观、尺寸(规格、门窗及框扇装配尺寸偏差)、装配质量、构造、性能(抗风压性能、水密性能、气密性能、空气声隔声性能、保温性能、遮阳性能、采光性能、启闭力、反复启闭性能、耐撞击性能、抗垂直荷载性能(平开旋转类门)、抗静扭曲性能(平开旋转类门))的要求见 GB/T 8478—2008。

一般工业与民用建筑铝合金门窗工程设计、制作、安装、验收和维护技术可参照《铝合金门窗工程技术规范》(JGJ 214—2010)的规定。

8.3.4 塑料门窗

由未增塑聚氯乙烯(PVC-U)型材按规定要求使用增强型钢制作的门窗。塑料型材的质量要求可参照《门、窗用未增塑聚氯乙烯(PVC-U)型材》(GB/T 8814—2017)和《建筑门窗用未增塑聚氯乙烯彩色型材》(JG/T 263—2010)的规定,增强型钢的质量要求可参照《聚氯乙烯(PVC)门窗增强型钢》(JG/T 131—2000)的规定。

《建筑用塑料门》(GB/T 28886—2012)规定,建筑用塑料门(SM)按用途分为室外用门(W)、室内用门(S);按开启形式分为内平开(NP)、外平开(WP)、内平开下悬(PX)、推拉下悬(TX)、折叠(Z)、推拉(T)、提升推拉(TT)、地弹簧(DH)。门框厚度基本尺寸按门框型材无拼接组合时的最大厚度公称尺寸确定;规格尺寸按门洞口尺寸系列确定,门洞口尺寸宜符合《建筑门窗洞口系列》(GB/T 5824—2008)的规定。对门的外观质量、门的装配、力学性能(锁紧器(执手)的开关力、门的开关力、悬端吊重、翘曲、弯曲(T 和 TT 要求)、扭曲(T 和 TT 要求)、大力关闭、反复启闭性能、焊接角破坏力、垂直荷载、软重物体撞击)、物理性能(抗风压性能、气密性能、水密性能、保温性能、遮阳性能、空气声隔声性能)的要求见 GB/T 28886—2012。

《建筑用塑料窗》(GB/T 28887—2012)规定,建筑用塑料窗(SC)按用途分为室外用窗(W)、室内用窗(N);按开启形式分为内平开(NP)、外平开(WP)、内平开下悬(PX)、上悬(SX)、中悬(ZX)、下悬(XX)、推拉(T)、上下推拉(ST)、固定(G)等;规格和型号的规定与塑料门相同。窗的外观质量、窗的装配、力学性能[锁紧器(执手)的开关力、窗的开关力、悬端吊重、翘曲、撑挡、大力关闭(只检测平开和上悬)、反复启闭性能、焊接角破坏力)]、物理性能(抗风压性能、气密性能、水密性能、保温性能、遮阳性能、空气隔声性能、采光性能)的要求见 GB/T 28887—2012。

未增塑聚氯乙烯(PVC-U)塑料门窗的设计、施工、验收及保养维护可参照《塑料门窗工程技术规程》(JGJ 103—2008)的规定。

玻璃钢门窗是采用热固性树脂为基体材料,以玻璃纤维为主要增强材料,加入一定量助剂和辅助材料,经拉挤工艺成型为框扇杆件后切割组装成的门窗。玻璃钢门执行《玻璃纤维增强塑料(玻璃钢)门》(JG/T 185—2006)规定,玻璃钢窗执行《玻璃纤维增强塑料(玻璃钢)窗》(JG/T 186—2006)的规定。玻璃钢门窗的分类规定和性能要求与 PVC-U 塑料门窗的大体相同。

8.4 隔热保温材料及其在围护结构制品中的应用

隔热保温材料一般具有较大的热阻,通常被称为绝热材料,在围护结构制品中合理地使用绝热材料,可较大地降低建筑围护结构构件(墙体、屋面)的传热系数,改善室内热环境,降低建筑能耗。

根据《绝热材料及其相关术语》(GB/T 4132—1996)定义,绝热材料是一种用于减少结构物与环境热交换的功能材料。绝热材料一般为轻质多孔固体材料,按成分分为无机、有机两类,按外观可分为颗粒状、纤维状等。

8.4.1 聚苯乙烯泡沫塑料

采用聚苯乙烯树脂为原材料,通过不同生产工艺可以得到两种聚苯乙烯泡沫塑料制品。

由可发性聚苯乙烯珠粒经加热预发泡后,在模具中加热成型制得的具有闭孔结构的使用温度不超过 75 ℃的聚苯乙烯泡沫塑料板材,称为模塑聚苯乙烯泡沫塑料(EPS)。《绝热用模塑聚苯乙烯泡沫塑料》(GB/T 10801.1—2002)规定,EPS 按密度(单位 kg/m^3)分为Ⅰ(≥15~<20)、Ⅱ(≥20~<30)、Ⅲ(≥30~<40)、Ⅳ(≥40~<50)、Ⅴ(≥50~<60)、Ⅵ(≥60)五类。Ⅰ、Ⅱ类导热系数不大于 0.041 W/(m·K),其他的导热系数不大于 0.039 W/(m·K)。EPS 分为阻燃型和普通型。阻燃型燃烧分级达到《建筑材料及制品燃烧性能分级》(GB 8624—2012)规定的 B_2 级,为可燃材料。

由聚苯乙烯树脂或其共聚物主要成分,添加少量添加剂,通过加热挤塑成型制得的具有闭孔结构的硬质泡沫塑料板材,称为挤塑聚苯乙烯泡沫塑料(XPS)。《绝热用模塑聚苯乙烯泡沫塑料》(GB/T 10801.2—2002)规定,XPS 制品按压缩强度 p 和表皮分为十类:X150($p \geq$ 150 kPa,带表皮,下同),X200,X250,X300,X350,X400,X450,X500,W200(不带表皮),W300。制品导热系数:X150~X350 为≤0.028 W/(m·K)(10 ℃),≤0.030 W/(m·K)

(25 ℃)；X400～X500 为≤0.027 W/(m·K)(10 ℃)，≤0.029 W/(m·K)(25 ℃)；W200 为≤0.033 W/(m·K)(10 ℃)，≤0.035 W/(m·K)(25 ℃)；W300 为≤0.030 W/(m·K)(10 ℃)，≤0.032 W/(m·K)(25 ℃)。燃烧性能应达到 GB 8624—2012 规定的 B_2 级(可燃材料)。

XPS 板经挤压过程制造出的拥有连续均匀表层及闭孔式蜂窝结构，这些蜂窝结构的厚板，完全不会出现空隙，可具有不同的压力(150～500 kPa)，同时拥有同等低值的导热系数(仅为 0.028 W/(m·K))和经久不衰的优良保温和抗压性能，机械性能是 EPS 无法比拟的，另外，由于连续性挤出所致的紧密闭孔结构，它的密度、吸水率、导热系数及蒸汽渗透率均低于其他类型的板材，是目前市场公认的最佳保温材料。

EPS 和 XPS 作为绝热芯材在金属面夹芯板、复合砌块、外墙外保温系统中有广泛应用。如 EPS 膨胀聚苯板薄抹灰外墙外保温系统具有优越的保温隔热性能，技术成熟，施工方便，性价比高，是保温节能建筑设计和建筑施工单位常用的隔热体系。废弃的 EPS 板经破碎得到的聚苯颗粒也可以配制轻集料砂浆或混凝土，在复合砌块中作为灌浆料或生产轻集料混凝土(复合)砌块，胶粉聚苯颗粒保温浆料在外墙外保温系统中被广泛使用，并形成了国家行业标准《胶粉聚苯颗粒外墙外保温系统材料》(JG/T 158—2013)。

8.4.2 聚氨酯泡沫塑料

《建筑绝热用聚氨酯泡沫塑料》(GB/T 21558—2008)规定，聚氨酯泡沫塑料(PUR)按用途分为三类：

(1) Ⅰ类——适用于无承载要求的场合，芯密度≥25 kg/m^3，平均温度 23 ℃，28 d 时导热系数≤0.026 W/(m·K)。

(2) Ⅱ类——适用于有一定承载要求，且有抗高温和抗压缩蠕变要求的场合，也可用于Ⅰ类产品应用领域；芯密度≥30 kg/m^3，平均温度 10 ℃，28 d 时导热系数≤0.022 W/(m·K)，平均温度 23 ℃，28 d 时导热系数≤0.024 W/(m·K)。

(3) Ⅲ类——适用于有更高承载要求，且有抗压、抗压缩蠕变要求的场合，也可用于Ⅰ类和Ⅱ类产品的应用领域；芯密度≥35 kg/m^3，平均温度 10 ℃，28 d 时导热系数≤0.022 W/(m·K)，平均温度 23 ℃，28 d 时导热系数≤0.024 W/(m·K)。根据《建筑材料及制品燃烧性能分级》(GB 8624－2012)的规定，产品按燃烧性能分为 A，B_1，B_2 和 B_3 等级，聚氨酯泡沫塑料也没有达到 GB 8624－2012 所规定的“不燃材料(A 级)”的要求。

《喷涂硬质聚氨酯泡沫塑料》(GB/T 20219—2006)适用的制品是由多异氰酸酯和多元醇液体原料及添加剂经化学反应，通过喷涂工艺现场成型的闭孔泡沫塑料。产品根据使用状况分为非承载面层和承载面层两类：

(1) Ⅰ类 暴露或不暴露于大气中的无载荷隔热面，例如墙体隔热、屋顶内面隔热及其他仅需自体支撑的用途。初始导热系数：平均温度 10 ℃时≤0.020 W/(m·K)，平均温度 23 ℃时≤0.022 W/(m·K)；老化导热系数：平均温度 10 ℃，制造后 3～6 个月≤0.024 W/(m·K)，平均温度 23 ℃，制造后 3～6 个月≤0.026 W/(m·K)；

(2) Ⅱ类 仅需承受人员行走的主要暴露于大气的负载隔热面，如屋面隔热或其他类似可能遭受温升和需要耐压缩蠕变的用途。初始导热系数：平均温度 10 ℃时≤0.020 W/(m·K)，平均温度 23 ℃时≤0.022 W/(m·K)；老化导热系数：平均温度 10 ℃，制造后 3～6 个月≤0.024 W/(m·K)，平均温度 23 ℃，制造后 3～6 个月≤0.026 W/(m·K)。

聚氨酯使用温度高，一般可达 100 ℃，添加耐温辅料后，使用温度可达 120 ℃。聚氨酯中发泡剂会因扩散作用不断与环境中的空气进行置换，致使导热系数随时间而逐渐增大。为了克服这一缺点，可采用压型钢板等不透气材料做面层将其密封，以限制或减缓这种置换作用。现场喷涂聚氨酯泡沫塑料使用温度高，压缩性能高，施工简便，较 EPS 板更适于屋面保温。发烟温度低，遇火时产生大量浓烟与有毒气体，不宜用作内保温材料。

8.4.3 酚醛泡沫塑料

由苯酚和甲醛的缩聚物（如酚醛树脂）与其他添加剂如硬化剂、发泡剂、表面活性剂和填充剂等混合制成的多孔硬质泡沫塑料称为酚醛泡沫塑料。

《绝热用硬质酚醛泡沫制品（PF）》（GB/T 20974—2007）规定，按制品的压缩强度和外形分为三类：Ⅰ为有限承重类管材或异型构件，Ⅱ为有限承重类板材，Ⅲ为承重类（主要为板材）。按制品的体积密度分为三类：A：$\rho \leqslant 60\ kg/m^3$，B：$60\ kg/m^3 < \rho \leqslant 120\ kg/m^3$，C：$\rho > 120\ kg/m^3$。制品导热系数：平均温度 10 ℃±2 ℃时，不大于 0.032～0.044 W/(m・K)，平均温度 25 ℃±2 ℃时，不大于 0.035～0.046 W/(m・K)。制品燃烧性能应不低于 GB 8624—2012 中 B1 级（难燃材料）的要求。

酚醛泡沫塑料适用的温度范围大，短期内可在－200 ℃～200 ℃下使用，耐热性好，可在 140 ℃～160 ℃下长期使用，优于聚苯乙烯泡沫（75 ℃）和聚氨酯泡沫（110 ℃）；酚醛分子中只含有碳、氢、氧原子，受到高温分解时，除了产生少量 CO 气体外，不会再产生其他有毒气体，最大烟密度为 5.0%。25 mm 厚的酚醛泡沫板在经受 1 500 ℃的火焰喷射 10 min 后，仅表面略有碳化却烧不穿，既不会着火更不会散发浓烟和毒气。由于聚苯乙烯泡沫和聚氨酯泡沫都较易燃，不耐高温，在一些工业发达国家中正受到消防部门的限制使用，对防火要求严格的场所，政府部门已有明文规定只能用酚醛泡沫及其夹芯板。因而，酚醛泡沫保温材料是更适合于有苛刻要求的环境条件下使用的高性能材料，有着良好的发展前景。

酚醛泡沫塑料可直接生产成贴面薄板或大型板材，用于建筑内装饰板材或防火墙、防火板和防火隔墙等；现场浇注泡沫，可在室外 15 ℃以下浇注大型储罐、反应器和管道等保温层；现场喷涂泡沫，用喷枪喷涂矿井、隧道和地下建筑表面做保温隔热层；可作为外墙内外保温的材料以及彩钢夹芯板的板芯。

8.4.4 矿物棉

矿物棉主要包括岩棉、矿渣棉、玻璃棉、硅酸铝棉等，岩棉、矿渣棉、玻璃棉是建筑工程中常用的绝热材料，硅酸铝棉主要用于较高温工业设备的绝热材料。

1. 岩棉、矿渣棉

以岩石、矿渣等为主要原料，经高温熔融，用离心等方法制成的棉及以热固型树脂为粘结剂生产的绝热制品。岩棉是以天然岩石如玄武岩、辉长岩、白云石、铁矿石、铝钒土等为主要原料，矿渣棉是以工业矿渣如高炉的矿渣、磷矿渣、粉煤灰等为主要原料。

《建筑用岩棉绝热制品》（GB/T 19686—2015）规定，该类制品按用途分为屋面和地板用、幕墙用、金属面夹芯板用、钢结构和内保温用。按形式分为板、毡和条，板是指将岩棉施加热固性粘结剂制成的具有一定刚度的板状制品；毡则是柔性的毡状制品；条是由高强度岩棉板切割成特定结构制成，因此具有高耐压强度和优异的防火性能。产品的技术特征包

括公称热阻 R、密度、尺寸(长度×宽度×厚度)、外覆层材料。所有制品的基本物理性能要求见表 8-50。制品的外观、渣球含量、纤维平均直径、尺寸和密度、热阻、燃烧性能、压缩强度、施工性能、质量吸湿率、甲醛释放量、水萃取液 pH 值、水溶性氮化物含量和水溶性硫酸盐含量等的要求见 GB/T 19686—2015。制品基材的燃烧性能应达到 GB 8624—2012 规定的 A 级不燃材料的要求。

表 8-50　　建筑用岩棉基本物理性能要求

纤维平均直径/μm	渣球含量(粒径大于 0.25 mm)/%	酸度系数	导热系数(平均温度 25 ℃)/[W·(m·K)$^{-1}$]		燃烧性能	质量吸水率/%	憎水率/%	放射性核素	
			板	条				I_{R_a}	I_γ
≤6.0	≤7.0	≥1.6	≤0.040	≤0.048	A 级	≤0.5	≥98.0	≤1.0	≤1.0

随着 2007 年 10 月 1 日《建筑节能工程施工质量验收规范》(GB 50411—2007)的颁布实施，节能工程首次被明确规定为建筑工程的一项分部工程，由于建筑外保温材料使用不当而引起的火灾正呈愈演愈烈之势。2008 年正在施工中的济南奥体中心、哈尔滨经纬双子星大厦大火，2009 年央视新址附属文化中心工地、南京中环国际广场大火，2010 年上海胶州路教师公寓大火，2011 年沈阳顺鑫皇朝酒店大火直接促成公安部消防局发布公消[2011]65 号《关于进一步明确民用建筑外保温资料消防监督管理有关要求的通知》：从严执行《民用建筑外保温系统及外墙装饰防火暂行规定》(公通字[2009]46 号)第二条规定，民用建筑外保温材料采用燃烧性能为 A 级的材料(原第二条规定为：民用建筑外保温材料的燃烧性能宜为 A 级，且不应低于 B2 级)。因此，如无技术进步，EPS，XPS，PUR，PF 不能满足不燃材料(A 级)的要求，矿渣棉燃烧性能虽达到 A 级要求，但不能用于建筑外保温，因此，岩棉成为首选的建筑外墙外保温材料之一。

《建筑外墙外保温用岩棉制品》(GB/T 25975—2018)规定了薄抹灰外墙外保温系统用岩棉板和岩棉条的相关技术要求。岩棉条是将岩棉板以一定的间距切割成条状翻转 90°使用的制品。产品按垂直于表面的抗拉强度水平分级(单位 kPa)：岩棉板分为 TR15，TR10，TR7.5 三个级别，岩棉条 TR100 一个级别。产品技术特征主要为垂直于表面的抗拉强度和尺寸(长度×宽度×厚度)，对于有透湿或吸声要求的产品，应在产品技术特征中说明其湿阻因子或降噪系数，有标称导热系数的产品，宜在产品中说明其标称值。岩棉板的导热系数(平均温度 25 ℃)应不大于 0.040 W/(m·K)，岩棉带的应不大于 0.048 W/(m·K)，有标称值时还应不大于其标称值(标称值是根据国家制定的标准系列标注的，不是生产者任意标定的)。对制品外观、尺寸及允许偏差、直角偏离度、平整度偏差、酸度系数、尺寸稳定性、质量吸湿率、憎水率、短期吸水率、导热系数、垂直于表面的抗拉强度、压缩强度、燃烧性能、特殊要求(湿阻因子、降噪系数、长期吸水率)的要求见 GB/T 25975—2010。

2. 玻璃棉

用天然矿石(石英砂、白云石、蜡石等)配以化工原料(纯碱、硼酸等)熔制玻璃，在熔融状态下拉制、吹制或甩成的极细的纤维状材料，称为玻璃棉。

《建筑绝热用玻璃棉制品》(GB/T 17795—2008)规定，用于建筑的玻璃棉制品按包装方式不同分为压缩包装和非压缩包装；按制品形状分为玻璃棉板和玻璃棉毡；按外覆层分为三类：无外覆层制品；具有反射面的外覆层制品(外覆层兼有抗水蒸气渗透的性能，如铝箔及铝箔牛皮纸等)；具有非反射面的外覆层制品，这种外覆层分为两类：抗水蒸气渗透的外覆层，如

PVC、聚丙烯等，非抗水蒸气渗透的外覆层，如玻璃布等。外覆层加气胶粘剂应符合防霉要求。制品的导热系数和密度见表 8-51。对于无外覆层的玻璃棉制品，其燃烧性能应不低于 GB 8624—2012 中的 A 级，对带有外覆层的，应视其使用部位，由供需双方商定。对制品外观、规格尺寸及允许偏差、导热系数及热阻、密度及允许偏差、燃烧性能、对金属的腐蚀性、甲醛释放量、施工性能的要求见 GB/T 17795—2008。

表 8-51　　建筑用玻璃棉制品导热系数和密度

产品名称	常用厚度/mm	导热系数/[W·(m·K)$^{-1}$] 平均温度 25 ℃±5 ℃ ≤	热阻 R/[(m^2·K)·W^{-1}] ≥	密度/(kg·m^{-3})
毡	50 75 100	0.050	0.95 1.43 1.90	10 12
	50 75 100	0.045	1.06 1.58 2.11	14 16
毡、板	25 40 50	0.043	0.55 0.88 1.10	20 24
	25 40 50	0.040	0.59 0.95 1.19	32
	25 40 50	0.037	0.64 1.03 1.28	40
	25 40 50	0.034	0.70 1.12 1.40	48
板	25	0.033	0.72	64 80 96

注：表中的导热系数和热阻的要求是针对制品，而密度是指去除外覆层的制品。

8.4.5　泡沫玻璃

采用玻璃粉或玻璃岩粉经熔融制成以封闭气孔结构为主的绝热材料称为泡沫玻璃。《泡沫玻璃绝热制品》(JC/T 647—1996)规定，按制品密度不同分为 150 号(≤150 kg/m^3)、180 号(151～180 kg/m^3)号两种，平板制品长度 300 mm，400 mm，500 mm；宽度 200 mm，250 mm，300 mm，350 mm，400 mm；厚度 40 mm，50 mm，60 mm，70 mm，80 mm，90 mm，100 mm。150 号制品抗压强度 0.3～0.5 MPa，180 号制品抗压强度 0.4～0.5 MPa。35 ℃时，150 号制品导热系数最大值 0.058～0.066 W/(m·K)，180 号制品 0.062～0.066 W/(m·K)。

8.4.6　膨胀珍珠岩

由酸性火山玻璃质熔岩(珍珠岩、松脂岩、黑曜岩等)经破碎、筛分、高温焙烧、膨胀冷却而成的颗粒状多孔材料。《膨胀珍珠岩》(JC/T 209—2012)规定，产品按堆积密度(单位 kg/m^3)

分为 70(≥70 kg/m^3)、100(>70～100 kg/m^3)、150(>100～150 kg/m^3)、200(>150～200 kg/m^3)和 250(>200～250 kg/m^3)号五个标号。在平均温度 298 K±2 K 时,各标号优等品导热系数(单位 W/(m·k))应不大于 0.047,0.052,0.058,0.064,0.070,各标号合格品导热系数应不大于 0.049,0.054,0.060,0.066,0.072。

8.4.7 膨胀玻化微珠

由玻璃质火山熔岩矿砂经膨胀、玻化等工艺制成,表面玻化封闭,呈不规则球状,内部为多孔空腔结构的无机颗粒材料称为膨胀玻化微珠。

《膨胀玻化微珠》(JC/T 1042—2007)规定,产品按堆积密度分为:Ⅰ类,堆积密度小于 80 kg/m^3;Ⅱ类,堆积密度(80～120)kg/m^3;Ⅲ类:堆积密度大于 120 kg/m^3。平均温度 25 ℃时,导热系数:Ⅰ类不大于 0.043 W/(m·k),Ⅱ类不大于 0.048 W/(m·k),Ⅲ类不大于 0.070 W/(m·k)。制品表面玻化闭孔率(一定量样品中表面完全封闭颗粒数占总颗粒数的百分比)不小于 80%,体积漂浮率(7 d 后仍在水中漂浮的体积占样品总体积的百分比)不小于 80%,体积漂浮率实际表征了玻化微珠长期吸水能力的大小,体积漂浮率小,制品在使用过程中吸潮性大,最终将降低制品的保温性能。

玻化微珠作为轻质骨料主要用于配制保温砂浆,《膨胀玻化微珠轻质砂浆》(JG/T 283—2010)按用途将该轻质砂浆分为保温隔热型、抹灰型和砌筑型三类,保温隔热型砂浆导热系数不大于 0.070 W/(m·k),抹灰型砂浆导热系数不大于 0.15 W/(m·k),砌筑型砂浆导热系数不大于 0.20 W/(m·k),三类砂浆的燃烧性能都不低于 GB 8624—2012 规定的 A 级。

《膨胀玻化微珠保温隔热砂浆》(GB/T 26000—2010)按使用部位分为墙体用(QT)、地面及屋面用(DW)。砂浆的导热系数不大于 0.070 W/(m·k),燃烧性能达到 GB 8624—2012 规定的 A 级。

与有机类保温材料相比,膨胀玻化微珠保温隔热砂浆导热系数略大,但燃烧性能达到 GB 8624—2012 规定的"不燃材料 A 级"的要求,因此,膨胀玻化微珠保温砂浆成为可选的建筑外墙外保温材料之一。

8.4.8 膨胀蛭石

以蛭石为原材料,经破碎、烘干,在一定温度下焙烧膨胀。快速冷却而成的松散颗粒。《膨胀蛭石》(JC/T 441—2009)规定,根据颗粒级配分为 1 号、2 号、3 号、5 号五个类别和不分粒级的混合料;按密度分为 100 kg/m^3,200 kg/m^3,300 kg/m^3 三个等级,平均温度(25±5) ℃时,导热系数不大于 0.062 W/(m·k),0.078 W/(m·k),0.095 W/(m·k)。

练习题

【8-1】 普通黏土(实心)砖的强度等级是怎样划分的?砖的强度等级可间接反映砖的那些性能?质量等级是依据砖的哪些具体性能划分的?

【8-2】 什么是红砖、青砖、内燃砖?如何鉴别欠火砖和过火砖?

【8-3】 何为烧结普通砖的泛霜和石灰爆裂?它们对砌筑工程有何影响?

【8-4】 简要说明普通黏土砖存在的缺点,并提出其可行的发展方向。

【8-5】 试说明普通黏土砖耐久性的内容及规定这些内容的意义。

【8-6】 提供 10 m^2 的 240 厚砖墙需用普通黏土砖的计算块数及砌筑用砂浆的计算数量。

【8-7】 空心砖的主要特点有哪些？与普通黏土砖相比它有哪些优点？

【8-8】 试述烧结多孔砖和烧结空心砖各自的砖型、孔形特点及主要用途。

【8-9】《墙体材料应用统一技术规范》(GB 50574—2010)对块体材料有哪些强制性规定？

【8-10】 总结我国墙体材料发展的规律和趋势。

9 防水材料

防水工程是土木工程一个重要分项工程。防水工程又是一个相对独立的系统工程，包括防水设计、防水材料、防水施工、维护管理等方面的要求。防水材料种类和质量是防水工程的重要保证，其作用是防止雨水、雪水、地下水以及其他各种来源水对建筑物、构筑物的渗透、渗漏、侵蚀和破坏。

防水材料一般分为柔性防水材料（如防水卷材、防水涂料）和刚性防水材料（如防水混凝土、防水砂浆等）。除此之外，在土木工程中发挥防水作用的，还有各种密封材料、堵漏材料，它们也都可视为防水材料。除了依靠材料防水，在土木工程中，还有各种专门的防水结构、防水构造等，它们也在工程中发挥着防渗、防漏作用。本章主要介绍土木工程中的防水材料和密封材料。

《屋面工程技术规范》（GB 50345—2012）和《地下防水工程质量验收规范》（GB 50208—2011）规定的防水等级见表 9-1。

表 9-1　屋面和地下工程防水等级规定

屋面工程防水等级	建筑类别	设防要求
Ⅰ级	重要建筑和高层建筑	两道防水设防
Ⅱ级	一般建筑	一道防水设防

地下工程防水等级	地下工程防水标准
1 级	不允许渗水，结构表面无湿渍
2 级	不允许漏水，结构表面可有少量湿渍； 房屋建筑地下工程：总湿渍面积不大于总防水面积（包括顶板、墙面、地面）的 1‰；任意 100 m^2 防水面积上的湿渍不超过 2 处，单个湿渍的最大面积不大于 0.1 m^2； 其他地下工程：湿渍总面积不应大于总防水面积的 2‰；任意 100 m^2 防水面积上的湿渍不超过 3 处，单个湿渍的最大面积不大于 0.2 m^2；其中，隧道工程平均渗水量不大于 0.05 L/(m^2 · d)，任意 100 m^2 防水面积上的渗水量不大于 0.15 L/(m^2 · d)
3 级	有少量漏水点，不得有线流和漏泥沙； 任意 100 m^2 防水面积上的漏水或湿渍点数不超过 7 处，单个漏水点的最大漏水量不大于 2.5 L/d，单个湿渍的最大面积不大于 0.3 m^2
4 级	有漏水点，不得有线流和漏泥沙； 整个工程平均漏水量不大于 2 L/(m^2 · d)，任意 100 m^2 防水面积上的平均漏量不大于 4 L/(m^2 · d)

9.1 沥青及沥青基防水材料

沥青是一种有机胶凝材料，具有不透水、不吸水、不导电、耐酸、碱、盐等腐蚀、适变性较好等特性，且与混凝土、石料、钢材、木材等之间有良好的粘结性，除大量用作道路工程胶凝材料外，也是土木工程中常用的防水和防腐材料，被广泛用于建筑物和构筑物的防水、防潮、防渗和外观质量要求不高的表面防腐工程等。

9.1.1 沥青概述

1. 沥青的定义和分类

(1) 沥青的定义 《防水沥青与防水卷材术语》(GB/T 18378—2008)将沥青定义为：由高分子碳氢化合物及其衍生物组成的、黑色或深褐色、不溶于水而几乎全溶于二硫化碳的一种非晶态有机材料或液体状态。

(2) 沥青分类 沥青分地沥青和焦油沥青两大类。

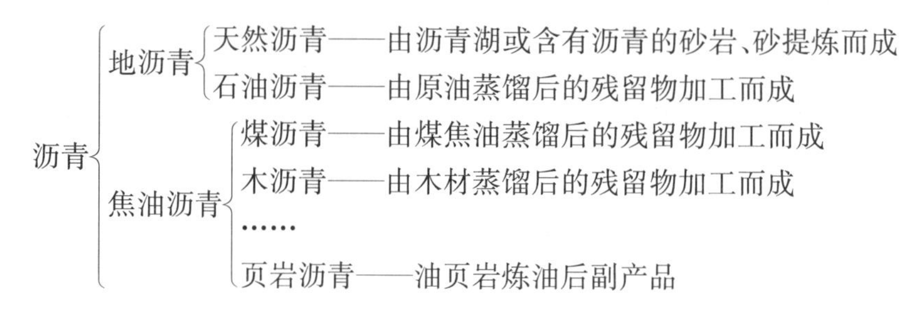

地沥青是天然沥青和石油沥青的总称。天然沥青是由地表或岩石中直接采集、提炼加工得到沥青。是石油在自然界长期受地壳挤压、变化，并与空气、水接触逐渐变化而形成的、以天然状态存在的石油沥青，其中常混有一定比例的矿物质。按形成的环境可以分为湖沥青、岩沥青、海底沥青、油页岩等。

石油沥青是由提炼石油的残留物制得的沥青，其中包含石油中所有的重组分。按获取石油沥青的加工方法不同，沥青可分为直馏沥青、蒸馏沥青、丙烷脱沥青、氧化沥青、氧化催化沥青、裂化沥青和酸洗沥青等。

焦油沥青是将各种有机物，如煤、页岩、木材等在干馏过程中挥发、冷凝得到的黏稠液体状焦油，再经分馏后的残留物。分别有煤沥青、页岩沥青和木沥青等。焦油沥青中所含芳香烃多于地沥青，常温下呈固态或半固态，俗称“柏油”。

土木工程广泛用作胶凝材料、防水材料的沥青是石油沥青，应用于防腐工程的多为石油沥青或煤沥青。本节所述沥青，主要为石油沥青。

2. 石油沥青的分类

按石油沥青的主要用途，主要分为道路石油沥青、建筑石油沥青和普通石油沥青。

(1) 道路石油沥青 由石油蒸馏的残余物或由残余物氧化而得的产品，主要适用于沥青路面或制作屋面防水层的粘结剂。

(2) 建筑石油沥青 由原油蒸馏后的重油经氧化而制成的产品。主要用于建筑工程中屋面及地下防水结构的胶结料、涂料以及制造油毡、油纸和防腐绝缘材料等。

(3) 普通石油沥青 又称多蜡沥青，是由石蜡基原油减压、蒸馏后的残渣经空气氧化而得的产品。其蜡含量高，黏度低，塑性差，在土木工程中很少单独使用，可与建筑石油沥青掺配或经改性处理后使用。

9.1.2 石油沥青的组分与结构

1. 石油沥青的组分

石油沥青是由多种碳氢化合物及其非金属(氧、硫、氮)衍生物组成的混合物,主要组分为碳(占 80%~87%)、氢(占 10%~15%),其余为氧、硫、氮(约占 3%以下)等非金属元素,此外还含有微量金属元素。

石油沥青的化学组成非常复杂,通常难以直接确定化学成分及含量与石油沥青工程性能之间的相互关系。为反映石油沥青组成与其性能之间的关系,通常是将其化学成分和物理性质相近,且具有某些共同特征的部分,划分为一个化学成分组,并对其进行组分分析以研究这些组分与工程性质之间的关系。依据石油沥青不同的组分特征,所采用的组分分析方法也不同,通常采用的是三组分分析法或四组分分析法。

1) *石油沥青三组分分析法*

石油沥青的三组分分析法是将石油沥青分离为油分、树脂和沥青质三个组分。因为这种方法兼用了选择性溶解和选择性吸附的方法,所以又称为溶解-吸附法。三组分分析法对各组分进行区别的性状见表 9-2。

表 9-2　　石油沥青三组分分析法的各组分性状

组分	外观特征	平均分子量	碳氢比	含量/%	物化特征
油分	淡黄色透明液体	200~700	0.5~0.7	45~60	几乎溶于除酒精外的大部分有机溶剂,具有光学活性,常呈荧光,相对密度 0.7~1.0,170 ℃以上加热较长时间可挥发
树脂	红褐色黏稠半固体	800~3 000	0.7~0.8	15~30	温度敏感性强,熔点低于 100 ℃,相对密度大于 1.0~1.1
沥青质	深褐色固体微粒	1 000~5 000	0.8~1.0	5~30	加热不熔化而碳化,相对密度 1.1~1.5

(1) 油分　在石油沥青中,油分赋予沥青以流动性,其含量的多少直接影响沥青的柔软性、抗裂性及施工中可塑性,它在一定条件下还可以转化为树脂甚至沥青质。

(2) 树脂　石油沥青中的树脂包括中性树脂和酸性树脂,其中绝大部分属于中性树脂。中性树脂可使沥青具有一定的塑性、可流动性和粘结性,其含量增加时沥青的粘结力和延伸性增强。石油沥青中的酸性树脂也称为沥青酸和沥青酸酐,它是树脂状的黑褐色黏稠状物质,其密度大于 1.0 g/cm^3。酸性树脂是油分氧化后的产物,多呈固态或半固态,具有酸性,能被碱所皂化,易溶于酒精、氯仿,难溶于石油醚和苯。酸性树脂是沥青中活性最强的组分,它能改善沥青对矿质材料的浸润性,特别是能提高与碳酸盐类岩石的粘附性,并使沥青易于乳化。

(3) 沥青质　沥青质不溶于酒精、正戊烷,但溶于三氯甲烷和二硫化碳,其染色力强,对光敏感性强,其含量多少决定了沥青的粘结力、黏度和温度稳定性等特性。沥青质含量增加时,沥青的粘度和粘结力增加,温度稳定性提高,但其硬脆性则会更明显。

石油沥青三组分分析法的组分界限明确,不同组分间的相对含量可在一定程度上反映沥青的工程性能;但采用该方法分析石油沥青时分析流程复杂,所需时间也较长。对于石蜡基沥青(蜡的质量分数一般大于 5%)和中间基沥青,在其油分中往往含有蜡,故在分析时还应提前进行油蜡分离。

2）石油沥青四组分分析法

四组分分析法可将石油沥青分离为沥青质(At)、饱和分(S)、芳香分(A)和胶质(R)四种组分，各组分性状见表 9-3。

表 9-3　石油沥青四组分分析法的各组分性状

组分	外观特征	平均相对密度	平均分子量	主要化学结构
饱和分	无色液体	0.89	625	烷烃、环烷烃
芳香分	黄色至红色液体	0.99	730	芳香烃、含 S 衍生物
胶质	棕色黏稠液体	1.09	970	多环结构，含 S,O,N 衍生物
沥青质	深棕色至黑色固体	1.15	3 400	缩合环结构，含 S,O,N 衍生物

在沥青四组分中，各组分相对含量的多少也决定了沥青的工程性能。若饱和分适量，且芳香分含量较高时，沥青通常表现为较强的可塑性与稳定性；当饱和分含量较高时，沥青抵抗变形的能力就较差，虽然具有较高的可塑性，但在某些环境条件下稳定性较差；随着沥青中胶质和沥青质的增加，沥青的稳定性越来越好，但其施工时的可塑性却越来越差。

2. 石油沥青的结构

1）石油沥青的胶体结构

石油沥青的结构是一种典型的胶体结构。其胶团核心是固态、超微细颗粒的沥青质(通常是若干沥青质分子团聚集在一起)，在沥青质周围，吸附着极性的半固态胶质，它们相互结合形成了胶团，大量胶团胶溶并分散于液态的芳香分和饱和分组成的分散介质中，形成稳定的胶体体系。

胶体结构的稳定性取决于胶团与分散介质之间界面的性质。在沥青胶体结构中，作为胶团核心的沥青质分子量很大，本身不能直接胶溶于分子量很低的芳香分及饱和分中。强极性的沥青质分子团首先吸附极性较强的胶质，胶质极性最强部分吸附在沥青质表面，极性次之部分向外扩散，直至形成由内至外极性逐渐减少的胶团。在此胶体结构中，离胶团核心越远，胶团极性就越小，使得胶团最外层表面的性质与无极性的饱和分相近，从而形成稳定的沥青胶溶体系。显然，在沥青胶溶体系中，由沥青质到胶质，然后再到芳香分和饱和分，其极性是逐渐递变的，没有明显的分界线存在。

2）胶体结构分类

在沥青胶体结构中，各组分相对含量的不同可形成不同的结构形式和物理状态，从而表现为不同的胶体结构类型。通常，沥青的胶体结构可分为以下三种类型。

(1) 溶胶型结构　石油沥青中沥青质含量很少(10%以下)，且其分子量也较低，而含有足够芳香度较高的胶质时，胶团能够完全胶溶分散在芳香分和饱和分的介质中，从而使石油沥青呈溶胶型结构。在溶胶型结构中，胶团之间相距较远，其相互吸引力也很小(甚至没有吸引力)，使得胶团可以在分散介质中较自由地运动[图 9-1(a)]。

溶胶型沥青的特点是具有较高的流动性和塑性，开裂后自行愈合能力较强；但对温度的敏感性强，温度过高时易发生流淌。大部分直馏沥青(原油直接蒸馏得到的沥青)都属于溶胶型沥青。

(2) 溶-凝胶型结构　沥青中沥青质含量适当(15%～25%)，且有足够数量的胶质时，胶团数量较多，胶团浓度也较大，从而使胶团间距离相对靠近，并产生了一定的相互吸引力和约束影响，该结构称为溶-凝胶结构[图 9-1(b)]。通常，溶-凝胶型结构的沥青既具有一定的抗高温能力，又具有一定的低温变形能力。由于这种结构沥青的性能比较稳定，使其成为土木工程中最为常用的石油沥青。

(3) 凝胶型结构 沥青中沥青质含量很高(大于 30%)，并有数量较高的高芳香度胶质时，可使其中胶团浓度很大，胶团间靠得很近且相互约束力很强，构成了较为紧密的空间网状结构。此时，液态的芳香分和饱和分仅作为胶团网络中的分散相填充于间隙中，而连续的胶团却成了分散介质，这种胶体结构称为沥青的凝胶型结构[图 9-1(c)]。凝胶型结构沥青的性能特点是弹性和黏性较高，具有较好的温度稳定性，抗高温变形能力较强；但流动性和塑性较低，低温时易表现为脆硬且变形能力较差，开裂后难以自行愈合。

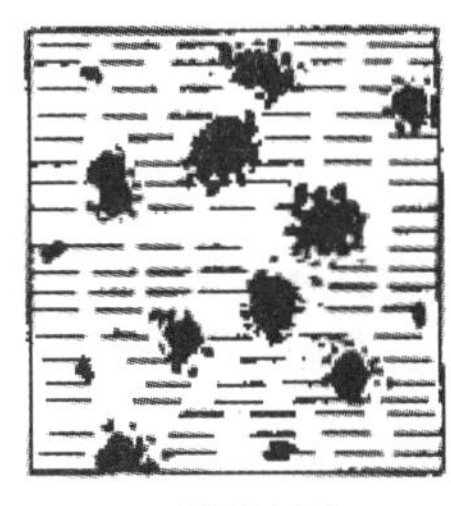

(a) 溶胶结构

(b) 溶-凝胶结构

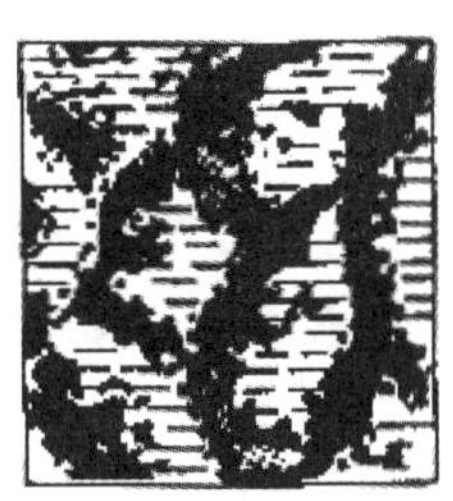

(c) 凝胶结构

图 9-1 石油沥青的胶体结构

9.1.3 石油沥青的技术性质

石油沥青的技术性质是反映石油沥青工程应用技术特性和技术要求的重要参数。在土木工程中，石油沥青技术性质主要包括黏滞性、塑性、温度敏感性、黏附性、大气稳定性、施工安全性和含蜡量等。这些性质直接决定了沥青在土木工程中施工和易性、物理力学性能及耐久性的表现。工程上，一般将表示沥青黏滞性的针入度、表示沥青塑性的延度和表示沥青温度敏感性的软化点列为石油沥青的三大技术指标。

1. 黏滞性

黏滞性是反映石油沥青抵抗其本身相对变形的能力，常表现为沥青的软硬程度或稀稠程度。根据石油沥青的自然状态不同，表征沥青黏滞性的具体指标不同。

(1) 黏滞度 对于液体石油沥青，其黏滞性主要通过标准黏度来表征其抵抗流动的能力，对黏稠沥青(半固态或固态)，其黏滞性常用针入度表征其抵抗剪切变形的能力。

标准黏度用标准黏度值来表示其黏滞性的大小，标准黏度值是指在规定的温度(20 ℃、25 ℃、30 ℃、60 ℃)下，石油沥青经标准黏度计孔口(直径 3 mm、5 mm、10 mm)流出 50 ml 沥青所需的时间秒数，测试方法见图 9-2，并以“$C_{d}^{t}T$”表示，其中 d 为流孔直径，t 为实验时的温度，T 为流出 50 ml 沥青所需时间秒数。沥青的标准黏度值越大，则说明其黏滞性越强。

(2) 针入度 沥青的针入度以标准针在一定的荷载、时间及温度条件下垂直穿入沥青试样的深度表示，单位为 1/10 mm。除非另行规定，标准针、针连杆与附加砝码的总质量为(100±0.05) g，温度为(25±0.1) ℃，时间为 5 s。特定试验可采用的其他条件参见《沥青针入度测定法》(GB/T 4509—2010)的规定。沥青的针入度越小，表明其黏滞性越强。

石油沥青的组成及环境均对其黏滞性有显著的影响，树脂与沥青质含量较高时，其黏滞性就较大；同一沥青在温度升高时，其黏滞性就会降低。

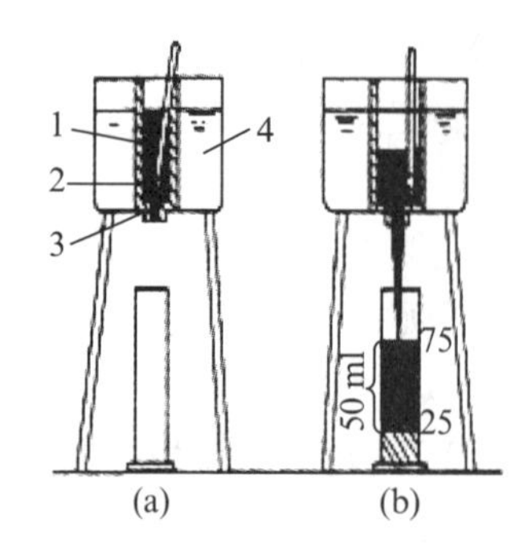

1—沥青；2—流孔；3—活动球杆；4—恒温水

图 9-2　石油沥青标准黏度测试

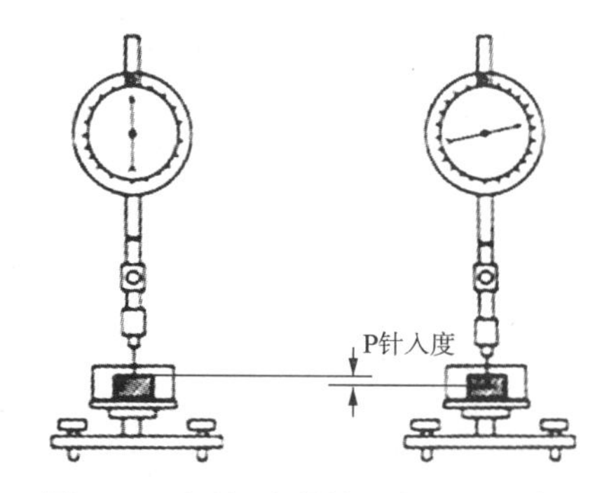

图 9-3　石油沥青的针入度测试示意图

2. 塑性(延度)

塑性是指沥青在外力作用下产生变形而不断裂的性质，它反映石油沥青的变形能力。石油沥青的塑性用延度指标表示。

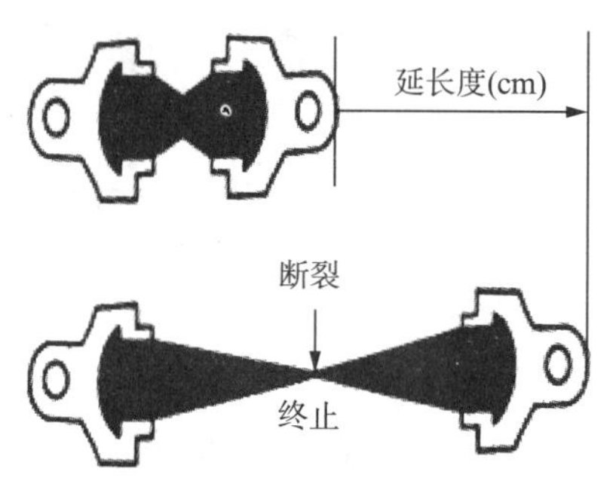

图 9-4　石油沥青延度测试示意图

延度指标测试是将石油沥青装入 8 字形标准试模中(试模中间最小截面积为 1 cm^2)，测试沥青标准试件在一定温度下以一定速度拉伸至断裂时的长度，单位为 cm，测试方法见图 9－4。非经特殊说明，试验温度为(25±0.5) ℃，拉伸速度为(5±0.25) cm/min。其值越大，表明沥青的塑性越好。

石油沥青的塑性与其组分有关，当树脂含量较高且其他组分含量适当时，塑性较好，反之较差。塑性较好的沥青具有较强的抗开裂能力及开裂后的自愈合能力，这些特性也使得石油沥青成为性能优良的柔性防水材料。此外，石油沥青的塑性也有利于吸收冲击荷载，并减少摩擦噪声。

3. 温度敏感性

温度敏感性是指石油沥青的黏滞性、塑性等物理力学性能随温度升降而变化的性能。

石油沥青中含有大量高分子非晶态热塑性物质，温度升高时，这些非晶态热塑性物质之间就会逐渐发生相对滑动，使沥青由固态或半固态逐渐软化，乃至像液体一样发生黏性流动，从而呈现出所谓的“黏流态”。温度降低时，沥青又逐渐由黏流态凝固为半固态或固态(又称“高弹态”)。随着温度的进一步降低，低温下的沥青会变得像玻璃一样又硬又脆(亦称“玻璃态”)。这种变化的快慢反映出沥青的黏滞性和塑性随温度升降而变化的特性，即沥青的温度敏感性。

为保证沥青的物理力学性能在工程使用中具有良好的稳定性，通常期望它具有在温度升高时(如阳光照射)不易流淌，而温度降低时(如冬季)不硬脆开裂的性能。因此，在工程中应尽可能采用温度敏感性更小的石油沥青。

石油沥青的温度敏感性常以软化点来表示。软化点是反映沥青达到某种物理状态时的条件温度。其检测方法是将黏稠沥青试样注入铜环(内径 18.9 mm)中，环上置一标准质量(3.5 g)钢球，在规定的加热速度(5 ℃/min)下加热，当沥青试样受热后逐渐软化，并在钢球荷重下开始下坠，直至下坠至规定的距离(25.4 mm)时，此时的瞬间温度即称为沥青的软化点(图 9-5)。软化点用 $T_{R\&B}$表示，其单位为℃。沥青的软化点越高，表明沥青的耐热性越好，即

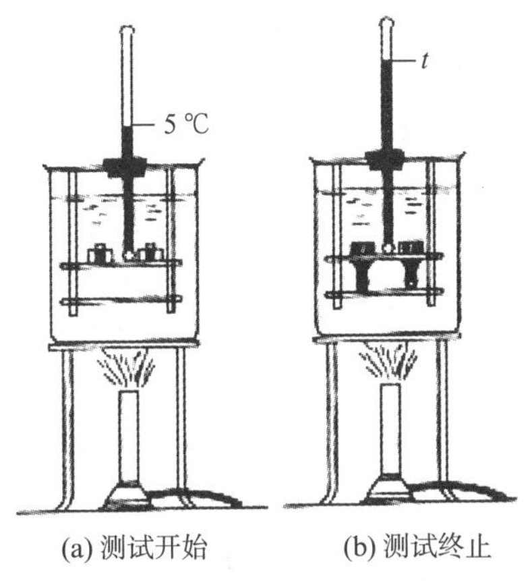

(a) 测试开始　　(b) 测试终止

图 9-5　石油沥青软化点测试

抗高温度敏感性越强。

通常，石油沥青的沥青质含量较高时，其抗温度敏感性较强；含蜡量较高时，抗温度敏感性较差。在土木工程中，所用石油沥青的软化点不能过低，以免其夏季受热软化变形或流淌；软化点也不宜太高，以免影响其施工和易性，且软化点过高也会导致其冬季易脆裂。为改善沥青的温度稳定性，工程中经常掺加滑石粉、石灰石粉及其他矿物填料，或掺加 SBS 高聚物、细纤维等对沥青进行改性处理。

4. 大气稳定性

大气稳定性是指石油沥青在热、阳光、氧气和潮湿等因素的长期综合作用下抵抗老化的性能。

石油沥青在贮运、加工、使用的过程中，由于长时间暴露于空气、阳光下，受温度变化、光、氧气及潮湿等因素综合的作用，会发生一系列的蒸发、脱氧、缩合、氧化等物理和化学变化。沥青的含氧官能团会增多，小分子量的组分将被氧化、挥发或发生聚合、缩合等化学反应而变成大分子组分。其结果将是沥青组分中油分逐渐减少，沥青质和沥青碳等脆性成分增加，表现为沥青的流动性和塑性降低，针入度变小，延度降低，软化点升高，容易发生脆裂。这种变化称为石油沥青的老化。石油沥青的老化是一个不可逆的过程，并决定了沥青的使用寿命。

沥青抗老化性是反映其大气稳定性的主要指标，其评定方法是利用沥青试样在加热蒸发前后的“蒸发后质量变化(163 ℃，5 h)”、“蒸发后 25 ℃针入度比”来评定。即先测定沥青试样的质量及针入度，然后将试样置于 163 ℃烘箱中加热蒸发 5 h，待冷却后再测定其质量和针入度，计算出蒸发损失的质量占原质量的百分比即为“蒸发后质量变化”，蒸发后针入度与原针入度之比即为“蒸发后针入度比”。石油沥青经蒸发后质量变化愈小，残余针入度愈大，表明其抗老化性能愈强，大气稳定性愈好。

5. 施工安全性

为了获得良好的施工和易性，黏稠沥青使用时必须加热，但当加热达到一定温度时，石油沥青中的油分就会挥发，混合气体产生闪火现象，沥青出现闪火现象时的温度(℃)称为闪点，闪点是关系到沥青在施工中安全性的重要指标。

闪点的高低反映了沥青可能引起火灾或爆炸的安全性差别，它直接关系到石油沥青运输、贮存和加热使用等方面的安全性。石油沥青熬制时应严格控制其加热温度(不得达到闪点)，并尽可能与火焰隔离。

9.1.4　建筑石油沥青技术标准和选用

1. 建筑石油沥青的标准和选用

适用于建筑屋面和地下防水的胶结料、制造涂料、油毡和防腐材料等产品的石油沥青称为建筑石油沥青。《建筑石油沥青》(GB/T 494—2010)规定建筑石油沥青按针入度不同分为 10 号、30 号、40 号 3 个牌号，其技术要求见表 9-4。

为满足使用性能、耐久性和施工操作的需要，应针对使用环境和使用条件选择不同的沥青性能指标。如用作屋面防水层时，在高温季节其表面温度会比环境温度高得多，往往比气温高出 25 ℃～30 ℃。因此，选用屋面沥青材料时，其软化点应比当地最高气温高出 50 ℃以上。对于可能产生结构变形部位的防水，应具有足够的塑性(延度)，以免出现防水层被拉裂。

2. 防水防潮石油沥青的选用

适用做油毡的涂覆材料及建筑屋面和地下防水的粘结材料的石油沥青称为防水防潮石油沥青。《防水防潮石油沥青》(SH/T 0002—1998)规定，防水防潮石油沥青按针入度指数划分为 3 号、4 号、5 号、6 号四个牌号，其技术要求见表 9-4。针入度指数表明沥青的温度特性，通称感温性，代号 PI，此值越大，感温性越小，沥青应用温度范围越宽。随着其牌号由低至高，针入度指数增大，温度敏感性减小，脆性降低。与建筑石油沥青相比，其特点是增加低温度稳定性指标。

(1) 3 号 感温性一般，质地较软，用于一般温度下室内及地下结构部分的防水。

(2) 4 号 感温性较小，用于一般地区可行走的缓坡屋顶防水。

(3) 5 号 感温性小，用于一般地区暴露屋顶或气温较高地区的屋顶。

(4) 6 号 感温性最小，并且质地较软，除一般地区外，主要用于寒冷地区的屋顶及其他防水防潮工程。

表 9-4　建筑石油沥青、防水防潮石油沥青的技术要求

项　目	建筑石油沥青			项　目	防水防潮石油沥青			
	10 号	30 号	40 号		3 号	4 号	5 号	6 号
针入度(25 ℃，200 g，5 s)/1/10 mm	10～25	26～35	36～50	针入度指数	3	4	5	6
针入度(46 ℃，100 g，5 s)/1/10 mm	报告(实测值)			针入度	25～45	20～40	20～40	30～50
针入度(0 ℃，200 g，5 s)/1/10 mm ≥	3	6	6	脆点/℃ ≤	−5	−10	−15	−20
延度(25 ℃，5 cm/min)/cm ≥	1.5	2.5	3.5	垂度/mm ≤	—	—	8	10
软化点(环球法)/℃ ≥	95	75	60	软化点	85	90	100	95
溶解度(三氯乙烯)/% ≥	99.0			溶解度	98	98	95	92
蒸发后质量变化(163 ℃，5 h)/% ≤	1							
蒸发后 25 ℃针入度比/% ≥	65			加热安定性/℃ ≤	5			
闪点(开口杯法)/℃ ≥	260			闪点	250	270		

9.1.5 防水材料基本性能要求

防水材料品种很多，一般来说，防水材料应具备以下基本性能。

(1) 可靠的防水性 防水性是指防水材料在水作用下和被水湿润后保持其性能基本不变，并具有抵抗一定水压力而不透水的能力，常以不透水性(承压能力 MPa)或抗渗性指标来表示。

材料的防水性主要依靠其憎水性与内部结构的致密连续性来保证。因此，多数防水材料都是以有机憎水性材料为主构成的。

(2) 一定的机械力学性能 机械力学性能是指防水材料在结构允许范围内的荷载与变形条件下不断裂的性质。常用拉伸强度和断裂伸长率等指标来表示。为保证防水材料的结构连续性，除要求材料具有较强的变形能力外，还应含有增强性胎体材料或纤维材料，以抵抗施工荷载及某些使用荷载对材料的破坏作用。

(3) **可靠的温度稳定性** 温度稳定性是指防水材料在高温下不流淌、不滑动、不起泡或严重变形，低温下不脆裂的性能。对于暴露于大气环境中的防水材料，它在使用温度范围内必须基本保持其原有的性能，才能获得可靠的防水能力。防水材料的温度稳定性常以耐热性(基本保持原有状态的最高温度)和耐低温(不产生脆性破坏时的最低温度)等指标表示。

(4) **较强的大气稳定性** 大气稳定性是指防水材料在阳光、热和氧气等长期综合作用下抵抗老化的性能。由于多数防水材料为有机物质组成，它在大气环境中使用时会不断发生各种导致其性能恶化的反应，从而使其防水性能等指标逐渐下降。为此，要求防水材料对这些化学变化应具备较强的抵抗能力。防水材料的大气稳定性常以耐老化性指标来表示，其中包括人工老化指标和长期耐老化指标等。

(5) **良好的柔韧性** 施工柔韧性是指防水材料在常温或低温下保持较高的弹性与塑性，且施工中容易产生弹性与塑性变形的性能。防水材料的柔韧性常以低温下的可弯折性及柔性指标来表示。

9.1.6 沥青基防水材料

土木工程广泛使用的沥青基防水材料主要是各种沥青卷材和防水涂料，另外还有配合沥青基防水卷材施工配套使用的基层处理剂，粘贴和嵌缝用的改性沥青胶粘剂等。

1. 基层处理剂

沥青基防水卷材施工配套使用的基层处理剂是由稀释剂(汽油、柴油、煤油、苯等)稀释沥青后形成的防水材料，主要用于防水工程的底层。因常温下打底时用，俗称“底涂料”或“冷底子油”。《沥青基防水卷材用基层处理剂》(JC/T 1069—2008)规定，产品分为水性(W)和溶剂型(S)两类，剥离强度、浸水后剥离强度都不小于 0.8 MPa，耐热性应 80 ℃不流淌，低温柔性应 0 ℃无裂纹，表干时间不大于 4 h(W)、2 h(S)。

冷底子油黏度小，流动性好。涂刷在混凝土、砖石、砂浆、木材等表面，能很快渗入基层空隙中，初步封闭基层空隙，改善基层表面，使基层表面由亲水状态转变为憎水状态，提高基层与防水卷材的粘结力，待其涂层表干后，再在上面粘铺防水卷材。

为提高冷底子油的涂刷效果，施工时，需保持基层干燥。雨天、雾天、霜冻不宜施工。

2. 改性沥青胶粘剂

改性沥青胶粘剂是在熔化沥青中，加入一些粉状或纤维状填充料形成的膏状物质，俗称“沥青胶”或“沥青玛蹄脂”。配制沥青胶可采用 10 号、30 号石油沥青和 60 号甲、60 号乙道路石油沥青或其熔合物，掺入 10%～25%的滑石粉、板岩粉、云母粉等粉状填充料(全部通过 0.02 mm 筛)，或 5%～10%的石棉粉等纤维填充料。调制沥青胶时，应在沥青完全熔化和脱水后，再慢慢地加入已预热至 100 ℃～200 ℃的填充料，同时不停地搅拌至均匀为止。

《屋面工程技术规范》(GB 50345—2012)中的 B.1.3 对改性沥青胶粘剂剥离强度、浸水 168 h 剥离强度、耐热性、低温柔性的要求与对基层处理剂的要求相同。

沥青胶主要用于粘贴各层沥青基防水卷材、粘结绿豆砂保护层。

3. 沥青基防水卷材

防水卷材是可卷曲的片状柔性防水材料。沥青基防水卷材是以各种沥青为基材，以原纸、纤维布等为胎基，表面施以隔离材料制成的防水卷材。

(1) 石油沥青纸胎油毡　石油沥青纸胎油毡是最传统的防水卷材，简称“油毡”或“油毛毡”，是以低软化点热熔石油沥青浸渍原纸，在此油纸上再浸涂软化点较高的石油沥青，再在表面上涂或撒隔离材料（滑石粉、云母片等），就制成了石油沥青纸胎油毡。

《石油沥青纸胎油毡》(GB 326—2007)规定，油毡按卷重和物理性能分为Ⅰ型(17.5 kg/卷)、Ⅱ型(22.5 kg/卷)、Ⅲ型(28.5 kg/卷)，Ⅰ型和Ⅱ型油毡适用于辅助防水、保护隔离层、临时性建筑防水、防潮及包装等，Ⅲ型油毡适用于屋面工程的多层防水。油毡幅宽一般为 1 000 mm，每卷油毡的总面积为(20±0.3) m^2。吸水率分别为不大于 3.0%、20%、1.0%，纵向拉力（单位：N/50 mm）依次为不小于 240，270，340。耐热性为(85±2) ℃，2 h 涂盖层无滑动、流淌和集中性气泡。

(2) 各种增强胎基沥青防水卷材　由于纸胎吸水率大，抗拉力低，使得纸胎油毡的使用寿命很低，通过其他胎基可以极大提高沥青基防水卷材的相关性能。

《沥青防水卷材用胎基》(GB/T 18840—2002)规定了作为沥青防水卷材胎基的聚酯毡、玻纤毡、聚乙烯膜、玻纤网格布增强玻纤毡、聚酯毡与玻纤网格布复合毡、涤棉无纺布与玻纤网格布复合毡等的性能要求。

① 聚酯毡(PY)。以涤纶纤维为原料，采用针刺法经热粘合或化学粘合方法生产的非织造布。

② 玻纤毡(G)。以中碱或无碱玻璃纤维为原料，用粘合剂湿法成型的薄毡或加筋薄毡。

③ 聚乙烯膜(PE)。以高密度聚乙烯为原料挤出成型的薄膜。

④ 玻纤网格布增强玻纤毡(GK)。以玻纤毡为基毡，用中碱或无碱玻纤网格布增强的胎基。

⑤ 聚酯毡与玻纤网格布复合毡(PYK)。以聚酯毡与中碱或无碱玻纤网格布复合成的胎基。

⑥ 涤棉无纺布与玻纤网格布复合毡(NK)。以涤纶纤维及植物纤维采用化学粘合制成的非织造布与中碱或无碱玻纤网格布复合成的胎基。

《石油沥青玻璃纤维胎防水卷材》(GB/T 14684—2008)规定，产品按单位面积质量分为 15 号、25 号；按上表面材料分为 PE 膜、砂面等；按力学性能分为Ⅰ型、Ⅱ型。单位面积质量(kg/m^2)应不小于：15 号 PE 膜 1.2、砂面 1.5，25 号 PE 膜 2.1、砂面 2.4；拉力(N/50 mm)应不小于：Ⅰ型纵向 350、横向 250，Ⅱ型纵向 500、横向 400。耐热性为 85 ℃无滑动、流淌、滴落。

《铝箔面石油沥青防水卷材》(JC/T 504—2007)适用于以玻纤毡为胎基、浸涂石油沥青、下表面采用细砂或聚乙烯膜为隔离处理的防水卷材。产品按单位面积质量分为 30 号(≥2.85 kg/m^2)、40 号(≥3.80 kg/m^2)。拉力(N/50 mm)应不小于：30 号 450，40 号 500。耐热性为(90±2) ℃，2 h 涂盖层无滑动、气泡和滴落。说明铝箔的反射作用可以提高沥青的耐热能力。

《沥青复合胎柔性防水卷材》(JC/T 690—2008)适用于以涤棉无纺布—玻纤网格布复合毡为胎基，浸涂胶粉改性沥青，以细砂(S)、PE 膜、矿物粒（片）料(M)等为覆面材料制成的防水卷材。产品按物理力学性能分为Ⅰ型、Ⅱ型。最大拉力(N/50 mm)应不小于：Ⅰ型纵向 500、横向 400，Ⅱ型纵向 600、横向 500。通过用“胶粉”（来源于废旧轮胎），采取类似于“玛蹄脂”的调配工艺，对石油沥青进行改性，该卷材产品的耐热性可以达到 90 ℃无滑动、流淌、滴落。2008 年首次连续颁布了几个类似产品标准有《胶粉改性沥青玻纤毡与玻纤网布增强防水卷材》(JC/T 1076—2008)、《胶粉改性沥青玻纤毡与聚乙烯膜增强防水卷材》(JC/T 1077—2008)和《胶粉改性沥青聚酯毡与玻纤网格布增强防水卷材》(JC/T 1078—2008)，这三类产品的性能规定与 JC/T 690—2008 的规定非常接近。

通过使用增强胎基和胶粉改性使得沥青基防水卷材的综合性能有所提高，但是沥青所具有的低温柔性、伸长率、拉伸强度、耐久性差的特性却仍然不能得到较大改善，难以适应建筑物屋面、地下工程对温度敏感性、适变性的要求，因此，上述沥青基卷材产品已逐渐从市场中淘汰。这从《屋面工程质量验收规范》(GB 50207—2012)附录 A 和《地下防水工程质量验收规范》(GB 50208—2011)附录 A 中都没有将这些产品标准列为工程使用材料标准就可以看出。

4. 高聚物改性沥青防水卷材

迄今为止，高聚物改性沥青防水卷材是防水材料中使用比例最高的一类。在沥青中添加适当的高聚物改性剂，可以改善传统沥青的缺点。通过高聚物的改性作用，沥青塑性增加，具有可逆变形能力；沥青的软化点提高，低温柔性增大，感温性能明显改善；耐老化能力提高，使用寿命延长；机械强度、刚性也有所改善。

按高聚物种类，分为弹性体改性沥青防水卷材和塑性体改性沥青防水卷材。

(1) 弹性体改性沥青防水卷材　以聚酯毡、玻纤毡、玻纤增强聚酯毡为胎基，以苯乙烯-丁二烯-苯乙烯(SBS)热塑性弹性体作石油沥青改性剂，两面覆以隔离材料制成的防水卷材，称为弹性体改性沥青防水卷材。简称“SBS 防水卷材”。

《弹性体改性沥青防水卷材》(GB 18242—2008)规定，产品按胎基分为聚酯毡(PY)、玻纤毡(G)、玻纤增强聚酯毡(PYG)；按上表面隔离材料分为聚乙烯膜(PE)、细砂(S)、矿物粒料(M)，下表面隔离材料为细砂(粒径不超过 0.60 mm)；按材料性能分为Ⅰ型、Ⅱ型。聚酯毡卷材公称厚度 3 mm、4 mm、5 mm，玻纤毡卷材公称厚度 3 mm、4 mm，玻纤毡增强聚酯毡公称厚度 5 mm，卷材公称宽度 1 000 mm，每卷公称面积 7.5 m^2、10 m^2、15 m^2。SBS 改性沥青防水卷材物理力学性能要求见表 9-5。

表 9-5　　SBS 改性沥青防水卷材的物理力学性能要求

序号	性能项目		性能指标				
			Ⅰ		Ⅱ		
			聚酯毡 PY	玻纤毡 G	聚酯毡 PY	玻纤毡 G	玻纤增强聚酯毡 PYG
1	可溶物含量/(g·m^{-2})	3 mm	2 100				—
		4 mm	2 900				—
		5 mm	3 500				
		试验现象	—	胎基不燃	—	胎基不燃	—
2	耐热性	℃	90		105		
		≤ mm	2				
		试验现象	无流淌、无滴落				
3	低温柔性/℃		−20		−25		
			无裂缝				
4	不透水性 30 min MPa		0.3	0.2	0.3		
5	拉力	最大峰拉力(N/50 mm)　≥	500	350	800	500	900
		次高峰(N/50 mm)　≥	—	—	—	—	800
		试验现象	拉伸过程中，试件中部无沥青涂盖层开裂或与胎基分离现象				

续表

序号	性能项目		性能指标				
			Ⅰ		Ⅱ		
			聚酯毡 PY	玻纤毡 G	聚酯毡 PY	玻纤毡 G	玻纤增强聚酯毡 PYG
6	延伸率	最大峰时延伸率(%) ≥	30	—	40	—	—
		次高峰延伸率(%) ≥	—	—	—	—	15
7	浸水后质量增加/% ≤	PE、S	1.0				
		M	2.0				
8	热老化	拉力保持率 % ≥	90				
		延伸率保持率 % ≥	80				
		低温柔性 ℃	−15		−20		
			无裂缝				
		尺寸变化率 % ≤	0.7	—	0.7	—	0.3
		质量损失% ≤	1.0				
9	渗油性	张数 ≤	2				
10	接缝剥离强度/$(N\cdot mm^{-1})$ ≥		1.5				
11	钉杆撕裂强度/N		—				300
12	矿物粒料粘附性/g		2.0				
13	卷材下表面沥青涂盖层厚度/mm		1.0				
14	人工气候加速老化	外观	无滑动、无流淌、无滴落				
		拉力保持率/% ≥	80				
		低温柔性/℃	−15		−20		
			无裂缝				

SBS是对沥青改性效果最好的高聚物，是沥青、塑料等脆性材料的增韧剂，加入到沥青中的SBS(添加量一般为沥青质量的10%～15%)与沥青相互作用，使沥青产生吸收、膨胀，形成分子键合牢固的沥青混合物，可显著改善沥青的弹性、伸长率、高温稳定性、低温柔韧性、耐疲劳性和耐老化性。

SBS改性沥青防水卷材特点是：耐温范围广，可在−25 ℃～+100 ℃温度范围内使用；伸长率高达150%，弹性好，耐穿刺能力强，耐撕裂，耐疲劳，具有良好的低温柔韧性和极高的弹性延伸性，可以广泛用于寒冷地区以及变形和震动较大的工业和民用建筑的防水工程，可单层或多层使用，冷、热施工均可。

(2) 塑性体改性沥青防水卷材 以聚酯毡、玻纤毡、玻纤增强聚酯毡为胎基，以无规聚丙烯(APP)或聚烯烃类聚合物(APAO、APO等)作石油沥青改性剂，两面覆以隔离材料制成的防水卷材，称为塑性体改性沥青防水卷材。简称“APP防水卷材”。

《塑性体改性沥青防水卷材》(GB 18243—2008)规定的该产品类型、规格与 SBS 防水卷材相同,只是下表面隔离材料有细砂(S)、聚乙烯膜(PE)两种。APP 防水卷材物理力学性能要求见表 9-6。

表 9-6　APP 改性沥青防水卷材的物理力学性能要求

序号	性能项目		性能指标				
			Ⅰ		Ⅱ		
			聚酯毡 PY	玻纤毡 G	聚酯毡 PY	玻纤毡 G	玻纤增强聚酯毡 PYG
1	可溶物含量/($g \cdot m^{-2}$)	3 mm	2 100				—
		4 mm	2 900				—
		5 mm	3 500				
		试验现象	—	胎基不燃	—	胎基不燃	—
2	耐热性	℃	110		130		
		mm　≤	2				
		试验现象	无流淌、无滴落				
3	低温柔性/℃		−7		−15		
			无裂缝				
4	不透水性 30 min MPa		0.3	0.2	0.3		
5	拉力	最大峰拉力(N/50 mm)　≥	500	350	800	500	900
		次高峰(N/50 mm)　≥	—	—	—	—	800
		试验现象	拉伸过程中,试件中部无沥青涂盖层开裂或与胎基分离现象				
6	延伸率	最大峰时延伸率/%　≥	25	—	40	—	—
		次高峰延伸率/%　≥	—	—	—	—	15
7	浸水后质量增加/%　≤	PE、S	1.0				
		M	2.0				
8	热老化	拉力保持率/%　≥	90				
		延伸率保持率/%　≥	80				
		低温柔性/℃	−2		−10		
			无裂缝				
		尺寸变化率/%　≤	0.7	—	0.7	—	0.3
		质量损失/%　≤	1.0				
9	渗油性	张数　≤	2				
10	接缝剥离强度/($N \cdot mm^{-1}$)　≥		1.5				
11	钉杆撕裂强度/N		—				300
12	矿物粒料粘附性/g		2.0				

续表

<table>
<tr><th rowspan="3">序号</th><th colspan="2" rowspan="3">性能项目</th><th colspan="5">性能指标</th></tr>
<tr><th colspan="2">Ⅰ</th><th colspan="3">Ⅱ</th></tr>
<tr><th>聚酯毡
PY</th><th>玻纤毡
G</th><th>聚酯毡
PY</th><th>玻纤毡
G</th><th>玻纤增强
聚酯毡 PYG</th></tr>
<tr><td>13</td><td colspan="2">卷材下表面沥青涂盖层厚度/mm</td><td colspan="5">1.0</td></tr>
<tr><td rowspan="4">14</td><td rowspan="4">人工气候加速老化</td><td>外观</td><td colspan="5">无滑动、无流淌、无滴落</td></tr>
<tr><td>拉力保持率/% ≥</td><td colspan="5">80</td></tr>
<tr><td rowspan="2">低温柔性/℃</td><td colspan="2">−2</td><td colspan="3">−10</td></tr>
<tr><td colspan="5">无裂缝</td></tr>
</table>

APP最大的特点是分子中极性碳原子少，单键结构不易分解，掺入石油沥青后，可明显提高其软化点、粘结性能、伸长率，受高温照射后，分子结构不会重新排列，故其抗紫外线能力、抗老化能力比其他卷材强，一般情况下老化期可达20年以上。

APP改性沥青防水卷材特点是：抗强光辐射性好，热稳定性好，弹塑性好，延伸率高，耐温范围广，可在−15 ℃～+130 ℃温度范围内使用，特别适于有强烈阳光照射的炎热地区屋面防水工程以及相关市政工程。该卷材施工速度快，无污染，可在混凝土、塑料、金属、木材等多种材料表面使用，可单层或多层使用，冷、热施工均可。

(3) 其他高聚物改性沥青防水卷材制品简介 《自粘聚合物改性沥青防水卷材》(GB 23441—2009)适用于以自粘聚合物改性沥青为基料，非外露使用的无胎基或采用聚酯胎基增强的本体自粘防水卷材。自粘聚合物改性沥青是以SBS、增塑剂、增粘剂、防老化剂等材料对优质沥青进行改性，常温下可自行与基层粘结。产品按有无胎基分为无胎基(N类)、聚酯胎基(PY类)；N类按上表面材料分为聚乙烯膜(PE)、聚酯膜(PET)、无膜双面自粘(D)，PY类按上表面材料分为聚乙烯膜(PE)、细砂(S)、无膜双面自粘(D)。产品按性能分为Ⅰ型和Ⅱ型，卷材厚度为2.0 mm的PY类只有Ⅰ型。N类卷材厚度为：1.2 mm，1.5 mm，2.0 mm，PY类卷材厚度为2.0 mm，3.0 mm，4.0 mm；卷材公称宽度1 000 mm，2 000 mm，公称面积10 m^2，15 m^2，20 m^2，30 m^2。

《改性沥青聚乙烯胎防水卷材》(GB 18967—2009)适用于以高密度聚乙烯为胎基，上下两面为改性沥青或自粘沥青，表面覆盖骨料材料制成的防水卷材。改性沥青包括用增塑油和催化剂将沥青氧化改性的氧化沥青、用丁苯橡胶和塑料树脂将氧化沥青改性的沥青、用SBS、APP改性的沥青等。按产品的施工工艺分为热熔型和自粘型两种。热熔型产品按改性剂的成分分为改性氧化沥青防水卷材、丁苯橡胶改性氧化沥青防水卷材、高聚物改性沥青防水卷材、高聚物改性沥青耐根穿刺防水卷材四类。热熔型卷材上下表面隔离材料为聚乙烯膜，厚度为3.0 mm，4.0 mm，耐根穿刺卷材为4.0 mm；自粘型卷材上下表面隔离材料为防粘材料，厚度为2.0 mm，3.0 mm。卷材公称宽度1 000 mm，1 100 mm，公称面积10 m^2，11 m^2。

5. 高聚物改性沥青防水涂料

防水涂料是一种流态或半流态物质，被涂刷在基层表面后，经溶剂或水分挥发，形成具有一定弹性的连续的防水薄膜，使基层与水隔离，从而起到防潮、防水作用。防水涂料的最大特点是成膜快，膜质轻，施工方便，维修简单。防水涂料适合用于各种结构复杂、外形不规则的建筑物表面、建筑物立面、建筑物节点、穿结构层管道等，尤其适合于轻型结构、薄壳结构及异形屋面的大面积防水。许多新型防水涂料既是防水剂，也是粘结剂，防水效果好，应用前景广阔。

防水涂料通常由基料、填料、分散介质和助剂等组成。按分散介质的种类和成膜过程不同，防水涂料可分为溶剂型、水乳型和反应型等三种。三种类型涂料的性能特点见表 9-7。

表 9-7　溶剂型、乳液型和反应型防水涂料的性能特点

性能项目	溶剂型防水涂料	乳液型防水涂料	反应型防水涂料
成膜机理	通过溶剂挥发和高分子链接触、缠结等过程成膜	通过水分子蒸发，胶粒颗粒靠近、接触、变形等过程成膜	通过预聚体与固化剂发生化学反应成膜
干燥速度	干燥快，涂膜薄而致密	干燥较慢，一次成膜致密性略差	可一次形成致密较厚的涂膜，几乎无收缩
储存稳定性	密封储存，稳定性较好	密封储存期不超过半年	各组分应分开密封存放
安全性	易燃、易爆、有毒，生产、运输和使用过程中要注意防火	无毒、不燃，生产、使用较安全	有异味，生产、运输、使用过程应注意防火
施工要求	通风良好，注意防火	施工安全，操作方便，可在较为潮湿的找平层上施工，施工温度不宜低于 5 ℃	施工时需现场按照规定配方进行配料，搅拌均匀，以保证施工质量

比较典型的高聚物改性沥青防水涂料主要有再生橡胶改性沥青防水涂料和氯丁橡胶改性沥青防水涂料，属于中、高档防水涂料。这两种防水涂料都分别有溶剂型和乳液型两类。下面各介绍一种。

(1) 溶剂型再生橡胶改性沥青防水涂料　溶剂型再生橡胶改性沥青防水涂料是以石油沥青为基料，以橡胶或再生橡胶为改性剂，以高标号汽油为溶剂，制成的防水涂料。其性能特点是耐水性好，耐化学侵蚀，涂膜光亮平整。由于其弹性大，延伸性好，抗拉强度高，故能较好适应基层变形。主要用于：民用和工业建筑的屋面防水工程、卫生间和厨房等防水、地下室、冷库、水池以及其他防水和防潮工程。产品标准有《溶剂型橡胶沥青防水涂料》(JC/T 852—1999)，按产品的抗裂性、低温柔性分为一等品(B)和合格品(C)。

(2) 乳液型氯丁橡胶改性沥青防水涂料　乳液型氯丁橡胶改性沥青防水涂料是以氯丁橡胶为改性剂，与沥青乳液混合所形成的防水涂料。其性能特点是成膜快，膜的柔软性、延伸性、强度都较高，且耐候性好，抗裂耐低温。此材料无毒难燃，适宜民用和工业建筑的屋面防水工程、卫生间和厨房等防水、地下室、冷库、水池以及其他防水和防潮工程。产品标准有《水乳型沥青防水涂料》(JC/T 408—2005)，产品按物理力学性能分为 H 型和 L 型。

上述两类沥青基防水涂料在《屋面工程质量验收规范》(GB 50207—2012)中仍列入现行屋面防水材料标准中，《屋面工程技术规范》(GB 50345—2012)对用于屋面的高聚物改性沥青防水涂料提出了主要性能指标要求，见表 9-8。而高聚物改性沥青防水涂料并没有被列入《地下防水工程质量验收规范》(GB 50208—2011)的现行防水材料标准中。

表 9-8　高聚物改性沥青防水涂料主要性能指标要求

项　目	指　标	
	水乳型	溶剂型
固体含量/% ≥	45	48
耐热性(80 ℃，5 h)	无流淌、起泡、滑动	

续表

项目		指标	
		水乳型	溶剂型
低温柔性(℃,2 h)		−15,无裂纹	
不透水性 ≥	压力/MPa	0.1	0.2
	保持时间/min	30	30
断裂伸长率/% ≥		600	—
抗裂性/mm		—	基层裂缝 0.3 mm,涂膜无裂纹

9.2 新型柔性防水材料及其在土木工程中的应用

9.2.1 合成高分子防水卷材

随着高分子技术和工业的发展,越来越多的合成高分子材料在建筑工程中得以应用。合成高分子防水卷材是近年来我国迅速发展的防水材料,高分子材料的分子链长且相互缠绕,使其具有拉伸强度高、伸长率大、弹性强、高低温特性好的特点,防水性能优异,是目前大力推广的新型高档防水卷材。

以高分子材料为主材料,以挤出或压延等方法生产,用于各类工程防水、防渗、防潮、隔气、防污染、排水等的均质片材(以下简称均质片)、复合片材(以下简称复合片)、异形片材(以下简称异型片)、自粘片材(以下简称自粘片)、点(条)粘片材[(以下简称点(条)粘片)]等,统称为高分子防水片材(也称卷材)。

合成高分子防水卷材主要有橡胶型、塑料型及橡塑共混型等几种类型,其中橡胶型又分为硫化型和非硫化型。《高分子防水材料第 1 部分：片材》(GB 18173.1—2012)规定了合成高分子片材的分类,见表 9-9。合成高分子防水片材目前依截面结构方式不同,分为均质片、复合片、自粘片和点(条)粘片四类。均质片是以高分子合成材料为主要材料,各部位截面结构一致的防水片材。复合片是以高分子合成材料为主要材料,复合织物等为保护或增强层,以改变其尺寸稳定性和力学特性,各部位截面结构一致的防水片材。自粘片是在高分子片材表面复合一层自粘材料和隔离保护层,以改善或提高其与基层的粘接性能,各部位截面结构一致的防水片材。异型片以高分子合成材料为主要材料,经特殊工艺加工成表面为连续凸凹壳体或特定几何形状的防(排)水片材。点(条)粘片是以均质片与织物等保护层多点(条)粘接在一起,粘接点(条)在规定区域内均匀分布,利用粘接点(条)的间距,使其具有切向排水功能的防水片材。橡胶类片材的厚度(单位：mm)为 1.0,1.2,1.5,1.8,2.0,宽度(单位：m)为 1.0,1.1,1.2;树脂类片材厚度为>0.5 mm,宽度为(单位：m)为 1.0,1.2,1.5,2.0,2.5,3.0,4.0,6.0;片材长度不小于 20 m。

合成高分子防水卷材主要性能特点是：拉伸强度高,可达 3～10 MPa,可满足施工中操作的拉伸要求,适合于跨越各种缝隙的覆面防水。具有较高的弹性变形,其断裂伸长率可达 100%～500%,使其能够适应防水基层的伸缩或开裂变形,防水质量可靠。撕裂强度在 25 kN/m 以上,可承受较高的不均匀变形或荷载作用,施工过程中不易损坏。大部分合成高分子防水卷材耐高温性较好，在100 ℃以上的温度不会流淌，也不会产生气泡，有些耐高温性还更好。耐低温柔度可达−20 ℃以下不脆断或脆裂。此类卷材还耐酸耐碱；耐臭氧、耐紫外线等，这些性能比改性沥青防水卷材较好。

合成高分子防水卷材适宜单层冷粘法施工，无需粘结料或加热烘烤。施工简单，操作方便。

表9-9　合成高分子防水片材分类

类别		代号	主要原材料
均质片	硫化橡胶类	JL1	三元乙丙橡胶
		JL2	橡塑共混
		JL3	氯丁橡胶、氯磺化聚乙烯、氯化聚乙烯等
	非硫化橡胶类	JF1	三元乙丙橡胶
		JF2	橡塑共混
		JF3	氯化聚乙烯
	树脂类	JS1	聚氯乙烯等
		JS2	乙烯-醋酸乙烯共聚物、聚乙烯等
		JS3	乙烯-醋酸乙烯共聚物与改性沥青共混等
复合片	硫化橡胶类	FL	(三元乙丙、丁基、氯丁橡胶、氯磺化聚乙烯等)/织物
	非硫化橡胶类	FF	(氯化聚乙烯、三元乙丙、丁基、氯丁橡胶、氯磺化聚乙烯等)/织物
	树脂类	FS1	聚氯乙烯/织物
		FS2	(聚乙烯、乙烯-醋酸乙烯共聚物等)/织物
自粘片	硫化橡胶类	ZJL1	三元乙丙/自粘料
		ZJL2	橡塑共混/自粘料
		ZJL3	(氯丁橡胶、氯磺化聚乙烯、氯化聚乙烯等)/自粘料
		ZFL	(三元乙丙、丁基、氯丁橡胶、氯磺化聚乙烯等)/织物/自粘料
	非硫化橡胶类	ZJF1	三元乙丙/自粘料
		ZJF2	橡塑共混/自粘料
		ZJF3	氯化聚乙烯/自粘料
		ZFF	(氯化聚乙烯、三元乙丙、丁基、氯丁橡胶、氯磺化聚乙烯等)/织物/自粘料
	树脂类	ZJS1	聚氯乙烯/自粘料
		ZJS2	(乙烯-醋酸乙烯共聚物、聚乙烯等)/自粘料
		ZJS3	乙烯-醋酸乙烯共聚物与改性沥青共混等/自粘料
		ZFS1	聚氯乙烯/织物/自粘料
		ZFS2	(聚乙烯、乙烯-醋酸乙烯共聚物等)/织物/自粘料
异型片	树脂类(防排水保护板)	YS	高密度聚乙烯、改性聚丙烯、高抗冲聚苯乙烯等

续表

类别		代号	主要原材料
点(条)粘片	树脂类	DS1	聚氯乙烯/织物
		DS2	(乙烯-醋酸乙烯共聚物、聚乙烯等)/织物
		DS3	乙烯-醋酸乙烯共聚物与改性沥青共混物等/织物

《屋面工程技术规范》(GB 50345—2012)提出了屋面工程所用合成高分子防水卷材主要性能指标应符合表9-10的要求。《地下防水工程质量验收规范》(GB 50208—2011)则提出了地下防水工程所用合成高分子防水卷材主要性能指标应符合表9-11的要求。

表9-10　屋面工程合成高分子防水卷材主要性能指标要求

项目			指标			
			硫化橡胶类	非硫化橡胶类	树脂类	树脂类(复合片)
断裂拉伸强度/MPa		≥	6	3	10	60(N/cm)
扯断伸长率/%		≥	400	200	200	400
低温弯折/℃			−30	−20	−25	−20
不透水性	压力/MPa	≥	0.3	0.2	0.3	0.3
	保持时间/min	≥	30			
加热收缩率/%			<1.2	<2.0	≤2.0	≤2.0
热老化保持率/%(80 ℃,168 h)	断裂拉伸强度/MPa	≥	80		85	80
	扯断伸长率/%	≥	70		80	70

表9-11　地下工程合成高分子防水卷材主要性能指标要求

项目		性能要求				
		硫化橡胶类		非硫化橡胶类	合成树脂类	纤维胎增强类
		JL1	JL2	JF3	JS1	
拉伸强度/MPa	≥	8	7	5	8	8
断裂伸长率/%	≥	450	400	200	200	10
低温弯折性/℃		−45	−40	−20	−20	−20
不透水性		压力0.3 MPa,保持时间30 min,不透水				

1. 三元乙丙橡胶防水卷材

三元乙丙橡胶防水卷材是以乙烯-丙烯-和少量双环戊二烯共聚的三元乙丙橡胶为主要原材料,掺入适量的丁基橡胶、硫化剂、促进剂、软化剂和填充料等,经密炼、拉片、过滤、压延或挤出成型、硫化等工序制成的弹性体防水卷材。

《屋顶橡胶防水材料三元乙丙片材》(HG 2402—1992)适用于以三元乙丙橡胶(EPDM)为

主，无织物增强硫化橡胶的防水片材，用于耐日光、耐腐蚀的屋面或地下工程的防水材料。产品按物理力学性能分为优等品、合格品，片材厚度 1.0 mm，1.2 mm，1.5 mm，2.0 mm，宽度 1.0 m，2.0 m，长度 20 m。

三元乙丙橡胶防水卷材主要有以下性能特点：

(1) 耐老化性能好，使用寿命长 三元乙丙共聚物的分子结构主链上只有单键，且具有饱和结构，故其结构稳定，耐老化性能好。在正常使用环境中，其使用寿命可达 40～50 年，是目前耐久性最好的一种高分子防水卷材。

(2) 弹性好、拉伸强度高、延伸率大 由于三元乙丙共聚物橡胶硫化体系的高弹性交联结构具有很高的弹性，使其断裂伸长率可达 450%以上，能适应基层伸缩和局部开裂的要求。

(3) 耐高低温性能优异 三元乙丙共聚物橡胶的分子结构可在较大温度范围内保持基本稳定，其玻璃化温度很低，而粘流态温度较高，通常其使用温度范围为－40 ℃～＋80 ℃，可适于各类气候地区的防水工程。

三元乙丙橡胶防水卷材多用于严寒地区和有大变形部位的防水工程。其应用部位也十分广泛，如各种屋面、地下建筑、桥梁、隧道的防水，排灌渠道、水库、蓄水池、污水处理池等结构物的防水隔水。

2. 聚氯乙烯防水卷材

以聚氯乙烯为主要原料制成的防水卷材，包括无复合层、用纤维单面复合及织物内增强的片材。

《聚氯乙烯防水卷材》(GB 12952—2011)规定，产品按组成分为均质卷材(H)、带纤维背衬卷材(L)、织物内增强卷材(P)、玻璃纤维内增强卷材(G)、玻璃纤维内增强带纤维背衬卷材(GL)；产品公称长度为 15 m，20 m，25 m，公称宽度规格为 1.00 m，2.00 m，厚度规格为 1.20 mm，1.5 mm，1.8 mm，2.00 mm。

聚氯乙烯防水卷材特点是拉伸强度和断裂伸长率较高，对基层伸缩、开裂、变形的适应性强，低温柔性好，可再较低温度下施工和应用。适用于大型屋面板、空心板作防水层，并可作刚性层下的防水层及旧建筑混凝土构件屋面的修缮，以及地下室或地下工程的防水、防潮，水池、储水池及污水处理池的防渗，有一定耐腐蚀要求的室内地面工程的防水、防渗。

3. 氯化聚乙烯防水卷材

以含氯量 35%～40%的氯化聚乙烯树脂为主要原料制成的防水卷材，包括无复合层、用纤维单面复合及织物内增强的片材。

《氯化聚乙烯防水卷材》(GB 12953—2003)对氯化聚乙烯防水卷材分类、规格尺寸的规定与 GB 12592—2003 对聚氯乙烯防水卷材的规定相同。

氯化聚乙烯不仅具有合成树脂的热塑性，还具有橡胶状的弹性，分子中不含有双键，具有良好的耐老化、耐腐蚀性能，可以制成彩色片材。适用于屋面单层外露防水，以及有保护层的屋面、地下室、水池等工程的防水，也可以用于室内装饰用的施工材料，兼有防水与装饰效果。

4. 氯化聚乙烯-橡胶共混防水卷材

氯化聚乙烯-橡胶共混防水卷材是以氯化聚乙烯树脂和合成橡胶为主体，加入适量的软化剂、稳定剂、硫化剂、促进剂、填充料等，经塑炼、混炼压延或挤出成型、硫化、冷却、检验、分卷、包装等工序制成的一种防水卷材。

《氯化聚乙烯-橡胶共混防水卷材》(JC/T 684—1997)规定，产品按物理力学性能分为 S

型、N型两类。产品厚度1.0 mm,1.2 mm,1.5 mm,2.0 mm,宽度1 000 mm,1 100 mm,1 200 mm,长度20 m。

氯化聚乙烯-橡胶共混防水卷材经共混改性处理后,兼有塑料和橡胶的双重特性,既有氯化聚乙烯所特有的高强度、优异的耐臭氧、耐老化性能,又具有橡胶类材料特有的高弹性、高延伸性、良好的低温柔性。适用于新建和维修各种不同结构的建筑屋面、墙体、地下建筑、水池、厕所、浴室以及隧道、山洞、水库等工程的防水、防潮、防渗和不漏。

5. 热塑性聚烯烃(TPO)防水卷材

以乙烯和α烯烃的聚合物为主要原料制成的防水卷材。《热塑性聚烯烃(TPO)防水卷材》(GB 27789—2011)规定,按产品的组成分为均质卷材(H,不采用内增强材料或背衬材料)、带纤维背衬卷材(L,用织物如聚酯无纺布等复合在卷材下表面)、织物内增强卷材(P,用聚酯或玻纤网格布在卷材中间增强)。产品公称长度规格为15 m,20 m,25 m,公称宽度规格为1.00 m,2.00 m,厚度规格为1.20 mm,1.50 mm,1.80 mm,2.00 mm。

TPO防水卷材综合了EPDM和PVC的性能优点,具有前者的耐候能力、低温柔度和后者的可焊接特性。这种材料与传统的塑料不同,在常温显示出橡胶高弹性,在高温下又能像塑料一样成型。因此,这种材料具有良好的加工性能和力学性能,并且具有高强焊接性能。而在两层TPO材料中间加设一层聚酯纤维织物后,可增强其物理性能、提高其断裂强度、抗疲劳、抗穿刺能力。

在实际应用中,该产品具有抗老化、拉伸强度高,伸长率大、潮湿屋面可施工、外露无须保护层、施工方便、无污染等综合特点,十分适用于作为轻型节能屋面的防水层。

与合成高分子防水卷材配套使用的还有胶粘剂和双面胶粘带。胶粘剂可参照《高分子防水卷材胶粘剂》(JC/T 863—2011)的规定,该产品适用于以合成弹性体为基料冷粘结的高分子防水卷材胶粘剂。该卷材胶粘剂按组分分为单组分(Ⅰ)和双组分(Ⅱ)两个类型。按用途分为基底胶(J)和搭接胶(D)两个品种。基底胶用于卷材与基层粘结的胶粘剂。搭接胶用于卷材与卷材接缝搭接的胶粘剂。GB 50345—2012规定高分子胶粘剂剥离强度不小于15 N/cm,浸水168 h剥离强度保持率不小于70%;双面胶粘带剥离强度不小于6 N/cm,浸水168 h剥离强度保持率不小于70%。

9.2.2 合成高分子防水涂料

合成高分子防水涂料是以合成橡胶或合成树脂为主要成膜物质的涂料。其组分有单一组分和多组分之区别。

合成高分子防水涂料具有高弹性、高强度、高耐磨性以及较好的耐低温性等特点,可用于Ⅰ、Ⅱ级别的屋面防水以及地下室、卫生间、水池等防水工程,属于高档防水涂料。

《屋面工程技术规范》(GB 50345—2012)提出了屋面工程所用合成高分子防水涂料主要性能指标应符合表9-12和表9-13的要求。《地下防水工程质量验收规范》(GB 50208—2011)则提出了地下防水工程所用合成高分子防水涂料主要性能指标应符合表9-14的要求。

合成高分子防水涂料主要有:聚氨酯防水涂料,聚合物乳液防水涂料,聚合物水泥防水涂料等。

1. 聚氨酯防水涂料

聚氨酯防水涂料分为双组分反应固化型和单组分湿固化型两类。双组分是由含异氰酸酯基(—NCO)的聚氨酯预聚体(甲组分)和含有多羟基(—OH)或氨基(—NH_2)的固化剂及其他

表 9-12　屋面用合成高分子防水涂料(反应型固化)主要性能指标要求

项目		指标	
		Ⅰ类	Ⅱ类
固体含量/%		单组分≥80;多组分≥92	
拉伸强度/MPa		单组分,多组分≥1.9	单组分,多组分≥2.45
断裂伸长率/%		单组分≥550;多组分≥450	单组分,多组分≥450
低温柔性(℃,2 h)		单组分-40,多组分-35,无裂纹	
不透水性　≥	压力/MPa	0.3	
	保持时间/min	30	

表 9-13　屋面用合成高分子(挥发固化型)和聚合物水泥防水涂料主要性能指标要求

项目		合成高分子(挥发固化型)防水涂料	聚合物水泥防水涂料
固体含量/%　≥		65	70
拉伸强度/MPa　≥		1.5	1.2
断裂伸长率/%　≥		300	200
低温柔性(℃,2 h)		-20,无裂纹	-10,无裂纹
不透水性　≥	压力/MPa	0.3	0.3
	保持时间/min	30	30

表 9-14　地下工程用有机涂料物理力学性能要求

涂料种类	可操作性 ≥	潮湿基面粘结强度/MPa ≥	抗渗性/MPa			浸水168 h后断裂伸长率/% ≥	浸水168 h后拉伸强度/MPa ≥	耐水性 ≥	表干/h ≤	实干/h ≤
			涂膜/30 min ≥	砂浆迎水面 ≥	砂浆背水面 ≥					
反应型	20	0.3	0.3	0.6	0.2	300	1.65	80	8	24
水乳型	50	0.2	0.3	0.6	0.2	350	0.5	80	4	12
聚合物水泥	30	0.6	0.3	0.8	0.6	80	1.5	80	4	12

注:耐水性是指浸水 168 h 后材料的粘结强度及砂浆抗渗性的保持率。

助剂的混合物(乙组分)在施工现场按一定比例混合,经反应固化成膜。单组分是利用涂料中保留的异氰酸根吸收空气中的水分固化成膜,生产技术难度较高。

《聚氨酯防水涂料》(GB/T 19250—2013)规定,产品按组分分为单组分(S)和多组分(M)两种;按基本性能分为Ⅰ型、Ⅱ型和Ⅲ型;按是否曝露使用分为外露(E)和非外露(N);按有害物质限量分为 A 类和 B 类。为了便于建设、设计、施工、生产等选择产品,提出Ⅰ型产品可用于工业与民用建筑工程,Ⅱ型产品可用于桥梁等非直接通行部位,Ⅲ型产品可用于桥梁、停车场、上人屋面等外露通行部位,但不表明该类产品仅限于以上的应用领域。室内/隧道等密闭空间宜选用有害物质限量 A 类的产品,施工与使用时应注意通风。

喷涂聚脲防水涂料是以异氰酸酯类化合物为甲组分、胺类化合物为乙组分,采用喷涂施工工艺使两组分混合、反应生成的弹性体防水涂料。《喷涂聚脲防水涂料》(GB/T 23446—2009)规定，产品按组成分为喷涂(纯)聚脲防水涂料(JNC)、喷涂聚氨酯(脲)防水涂料(JNJ)，按产品物理力学性能分为Ⅰ型、Ⅱ型。

聚氨酯防水涂料主要性能特点是强度高，弹性大，延伸率大(可达350%～500%)，耐候性好，耐油、耐碱、耐臭氧、耐海水侵蚀。其使用寿命可达10～15年。

聚氨酯防水涂料与混凝土、马赛克、大理石、钢材、木材、铝合金等多种材料粘接性好，施工方法简单，涂膜反应速度易于控制，固化后收缩率小，是一种较高档的防水涂料。

2. 聚合物乳液防水涂料

聚合物乳液防水涂料是以各类聚合物乳液(如丙烯酸酯共聚乳液、聚氯乙烯、硅橡胶乳液等)为主要原料，加入其他外加剂制得的单组分水乳型防水涂料。产品可在非长期浸水环境下的建筑防水工程中使用。

《聚合物乳液建筑防水涂料》(JC/T 864—2008)规定，产品按物理性能分为Ⅰ型和Ⅱ型，Ⅰ型不用于外露场合。

丙烯酸酯防水涂料主要性能特点是耐高温性好，无毒无味无污染，成膜快，施工操作简单等。使用寿命可达10～15年。其缺点是延伸率较低。通过橡胶改性可使延伸率提高。丙烯酸酯防水涂料与混凝土、钢材、木材等多种材料具有良好的粘接性，广泛用于外墙装饰防水层和各种彩色防水层。

硅橡胶防水涂料一大特点是既是涂膜防水材料，又是渗透性防水材料。所谓渗透性防水材料，又称"渗透防水剂"，它可直接渗透到混凝土、石材等有吸水性的材料表层内部，渗透深度可达20 mm，与混凝土、石材等材料形成永久性一体，形成一层不改变基材外观质感的永久性保护层，使材料能够很好地抵抗风霜雨雪等风化破坏作用。这种防水材料特别适于古建筑等保护工程。硅橡胶防水涂料成膜快，强度高，弹性好，延伸率高，耐高温耐低温耐氧化，无毒无味不燃。

3. 聚合物水泥防水涂料

以丙烯酸酯、乙烯-乙酸乙酯等聚合物乳液和水泥为主要原料，加入填料及其他助剂配制而成，经水分挥发和水泥水化反应固化成膜的双组分水性防水涂料。简称"JS防水涂料"。可针对被防水处的环境来选择不同的水泥含量。

《聚合物水泥防水涂料》(GB/T 23445—2009)规定，产品按物理力学性能分为Ⅰ型、Ⅱ型和Ⅲ型，Ⅰ型适用于活动量较大的基层，Ⅱ型和Ⅲ型适用于活动量较小基层。

当前我国聚合物水泥防水涂料发展很快，其具有比一般有机涂料干燥快、弹性模量大、体积收缩小、抗渗性好等优点，国外称之为弹性水泥防水涂料。可广泛用于给水、排水设施，建筑物屋面、墙面和地面，渡槽、游泳池以及隧道、地下室等的内壁防水、防渗工程。可取代建筑表面的抹灰，兼具抹灰和防水的双重功效。

9.3 刚性防水材料

刚性防水材料，主要是指由胶凝材料，如水泥、聚合物等，胶结砂石等散料，凝结硬化后形成的防水层。与一般混凝土或砂浆层不同的是，施工时需通过加入外加剂，调整配合比，降低孔隙率，改善空隙结构，增加密实性等方法，配制成具有一定抗渗性能的防水混凝土或防水砂浆。

刚性防水材料的特点是使用过程中材料保持基本不变的形状与体积，具有较高的弹性模量；只是由于本身的变形能力很小，不能适应主体结构或基层的变形，有时会因结构变形而产生开裂等问题，同时也不适于结构复杂或节点较多的防水层使用。

根据刚性防水材料在工程中所起的其他作用可分为两类：即具有承重功能的防水材料（即结构自防水）和仅起防水作用的防水材料。前者多指各种类型的防水混凝土，而后者则多为各种类型的防水砂浆。根据胶凝材料的品种不同，刚性防水材料也可分为两大类，一类是以硅酸盐水泥为基料配制的防水混凝土和防水砂浆；另一类是以膨胀水泥为基料配制防水混凝土和防水砂浆。

9.3.1 防水混凝土

1. 防水混凝土特点

防水混凝土是指通过调整配合比、掺入外加剂或改性材料，或使用膨胀水泥等方法，通过提高混凝土自身密实性，使其具有较高抗渗性（通常抗渗等级大于 P6）的不透水性混凝土。

防水混凝土一般可分为普通防水混凝土、外加剂防水混凝土和膨胀水泥防水混凝土等。与其他防水材料相比，防水混凝土具有以下优点：

① 兼有防水和承重双重功能，材料利用效率高。

② 制作方便并可最大限度的就地取材，而且成本较低。

③ 在防水结构复杂的情况下，可快捷简便地施工操作，并适合于潮湿环境中作业。

④ 渗漏水时易查找，便于修补。

⑤ 通常情况下其耐久性良好，可与建筑物同寿命，一般不需要中间更换。

⑥ 无需特殊的劳动条件与施工环境，且对操作人员无危害。

但是，防水混凝土也有一些缺点，如不能适应结构物或基层的变形而产生开裂，受较大温湿度变化影响时可能产生自身开裂等缺陷而影响防水效果；此外，防水混凝土施工时间较长、要求施工操作与养护必须精心熟练、防水结构尺寸和重量较大等方面的不足而往往限制了使用环境。因此，在选择与使用防水混凝土时应尽可能发挥其优点，避免其缺点，才能获得较好的技术经济效果。

2. 防水混凝土种类

1）普通防水混凝土

普通防水混凝土是利用调整配合比的方法来提高其自身密实度和抗渗性的混凝土。其原理是在保证新拌混凝土和易性的前提下减小水胶比，以减少孔隙数量和孔隙直径；同时适当提高水泥用量和砂率，在粗集料周围形成足够的砂浆包裹层，使粗集料彼此隔离，以阻隔沿粗集料界面而相互连通的渗水网。

普通防水混凝土对原材料的主要要求有：宜采用普通硅酸盐水泥或硅酸盐水泥；应采用自来水或洁净的天然水；最好采用含泥量不大于 2%的中砂或粗砂，含泥量不应大于 1%且最大粒径不大于 20 mm 的碎石。对混凝土配合比的要求有：水泥用量较高（通常为 330～440 kg/m^3）；水胶比应尽可能小（不宜大于 0.55）；用水量在 170～210 kg/m^3 范围内；砂率较大（通常为 35%～40%）；灰砂比为（1：2）～（1：2.5）。对新拌混凝土和易性的要求：坍落度控制适当（通常为 10～50 mm）。

在一定温度(100 ℃以内)范围内，普通防水混凝土在反复承受压力水作用下具有良好的抗渗性。对于从事水泥混凝土结构工程施工的工程，防水混凝土无须购置特殊材料和设备，也不需要特殊的技术；具有原材料来源广和施工简便的特点，适用于各种土木工程的地下、水中或地上防水工程。

2）外加剂防水混凝土

外加剂防水混凝土是在混凝土中掺入适宜品种和数量的外加剂，通过有效改善混凝土内部的密实度与孔结构、堵塞和隔断连通孔隙，以提高其抗渗性的混凝土。根据所采用外加剂的种类不同，常用的防水混凝土有减水剂防水混凝土、引气剂防水混凝土、三乙醇胺防水混凝土和氯化铁防水混凝土等品种。

(1) 减水剂防水混凝土 在新拌混凝土中掺入适量的减水剂，以提高其抗渗性能的防水混凝土称为减水剂防水混凝土。减水剂可以显著改善新拌混凝土的和易性，使其在施工操作要求的流动性的前提下可减少用水量，从而使硬化后混凝土的孔结构得到改善，抗渗性提高。

根据所掺入减水剂的品种不同，减水剂防水混凝土可用于钢筋密集、形状复杂或捣固困难的薄壁型防水构筑物，也可用于对混凝土凝结时间和流动性有特殊要求的防水工程。

(2) 引气剂防水混凝土 引气剂防水混凝土是在新拌混凝土中加入适量的引气剂配制而成的防水混凝土。引气剂可显著降低混凝土拌和水的表面张力，使其搅拌过程中在新拌混凝土中形成大量密闭、稳定和均匀的微小气泡。待混凝土硬化后这些微小气泡可隔断渗水通道，从而提高其抗渗性。

引气剂防水混凝土的新拌混凝土通常具有良好的和易性，硬化后的混凝土结构具有良好的耐久性，其技术经济效果很好。但是，引气剂防水混凝土的缺点是强度和弹性模量随着混凝土中含气量的增加均有不同程度的降低，特别是早期强度增长较慢，可能影响其承载能力的发挥。为此，引气剂防水混凝土主要适用于抗渗、抗冻要求较高的防水混凝土，特别适用于恶劣自然环境的混凝土工程，但不适用于抗压强度大于 20 MPa 或耐磨性要求较高的结构自防水工程。

(3) 三乙醇胺防水混凝土 三乙醇胺防水混凝土是指在新拌混凝土中加入适量含三乙醇胺的外加剂所配制的具有较高抗渗性能的混凝土。它主要是利用三乙醇胺在混凝土中对水泥水化的催化作用，使水泥在早期生成较多的水化产物，部分游离水变为结合水，通过减少毛细管通道而提高混凝土的抗渗性。

工程实际中常将三乙醇胺与氯化钠、亚硝酸钠等无机盐类复合使用，其综合效果更好。在三乙醇胺防水混凝土中，复合使用后的三乙醇胺能促进氯化钠、亚硝酸钠等无机盐与水泥的反应，生成的氯铝酸盐等络合物体积膨胀，以进一步堵塞混凝土内部的孔隙并切断毛细孔，从而使混凝土不仅抗渗能力更高，而且早期强度也较高，更适用于工期紧迫，要求早强及抗渗性能较高的防水工程。

(4) 氯化铁防水混凝土 氯化铁防水混凝土是指在新拌混凝土中加入适量氯化铁防水剂配制而成的具有较高抗渗性能的混凝土。它是依靠其中氯化铁水化反应产物氢氧化铁胶体的密实填充作用，来提高混凝土的抗渗性。氯化铁防水混凝土具有很高的抗渗性，常用于水中结构的无筋和少筋厚大防水混凝土工程及一般地下防水工程。但由于其导电性较强，不宜使用在直接接触直流电源的混凝土结构、预应力混凝土及重要的薄壁结构混凝土中。

需要指出的是，采用上述外加剂的防水混凝土应严格控制原材料质量和混凝土配合比，并加强振实与养护才能获得较好的效果。

3. 膨胀水泥防水混凝土

膨胀水泥防水混凝土是以膨胀水泥或掺加膨胀剂的水泥为胶结材料配制成的防水混凝土。由于其胶凝材料在水化过程中能形成大量的体积膨胀矿物(如钙矾石等),使其在混凝土内部会产生较均匀的挤密作用,尤其在有约束的条件下,其膨胀作用造成的结构挤密效果可显著改善混凝土内部的密实度与孔结构,减少混凝土中各种早期形成的缺陷,从而提高其抗渗性。

膨胀水泥防水混凝土具有密实性好、抗裂性好、抗渗性好等特点,适用于地下工程和地上防水构筑物、山洞、非金属油罐和主要工程的后浇缝。但在应用时应慎重使用,特别是采用膨胀剂的防水混凝土,尤其应注意其掺量和水泥品种适应性的影响,通常在使用前应进行适应性试验,经试验合格后方可正式使用,使用时还应特别注意其早期养护。

9.3.2 防水砂浆

1. 防水砂浆特点

水泥防水砂浆是通过优化配比、掺入适量的外加剂、高分子聚合物等材料,并采用严格的操作技术配制而成的具有较高抗渗性的水泥砂浆。

水泥防水砂浆通常是薄层防水材料,其防水施工操作效率要比防水混凝土高,防水层也易于更新,可通过调整其做法或厚度来获得不同的防水效果。目前,作为刚性防水层,水泥砂浆防水材料可适用于有防水防潮要求的地下工程结构的迎水面或背水面防水;也可以在防水的同时,起弥补建筑物表面缺陷(如混凝土的蜂窝、麻面)及改善结构物外观和耐久性的作用。水泥砂浆类防水材料的应用历史已经很久,不同材料与配比的水泥防水砂浆在技术经济效果方面的差别也较大。

目前土木工程中应用较多的水泥防水砂浆主要有氯化铁水泥防水砂浆、膨胀剂水泥防水砂浆、减水剂水泥防水砂浆和聚合物水泥防水砂浆等。根据其性能与防水效果的要求不同,分为多层普通砂浆防水、掺外加剂水泥砂浆防水和聚合物水泥砂浆防水三大类。

2. 防水砂浆种类

(1) 多层普通水泥防水砂浆 多层普通水泥防水砂浆是利用不同配合比的水泥浆和水泥砂浆分层次施工,相互交替抹压密实,从而切断各层毛细管网,构成多层界面防水的整体防水层。

多层普通水泥防水砂浆对其原材料技术性能的主要要求有:在满足环境条件要求的情况下,宜采用膨胀水泥或普通硅酸盐水泥;所用砂宜采用级配良好的中砂。其配合比应在级配密实并满足和易性要求的情况下,尽可能采用较小的水胶比。常用多层普通水泥防水砂浆的灰砂比约为 2.5,水灰比为 0.4~0.6,沉入度(稠度)约 80 mm。

多层普通水泥防水砂浆防水一般采用四层抹面法或五层抹面法,其中五层抹面法主要用于防水工程的迎水面,四层抹面法则主要用于防水工程的背水面。施工中必须注意砂浆的和易性变化对其抹面质量的影响,并控制好各层之间的时间间隔,才能获得较好的防水效果。

多层普通水泥防水砂浆的优点是原材料容易获得且成本低,材料配制与施工操作工艺简单,施工周期也较短;其缺点是施工操作水平要求较高、抗裂性和抗震性较差。

(2) 掺无机盐防水剂的水泥防水砂浆 掺无机盐防水剂的水泥防水砂浆是在水泥砂浆中掺入少量无机防水剂配制而成的具有较高抗渗能力的防水砂浆。其增强防水机理与氯化铁防水混凝土的机理类似,它也是依靠其中氯化铁等的水化反应产物生成胶体,并利用这些胶体隔断毛细孔或对孔隙的填充密实作用来提高砂浆的抗渗能力。

根据所掺无机盐防水剂的品种不同，该水泥防水砂浆的特性有所差别，也可分为不同的类型。如采用氯化物金属盐类防水剂所配制的防水砂浆称为氯化铁类防水砂浆，它比较适合层数较少且单层较厚的防水砂浆。而采用金属皂类防水剂配制的防水砂浆则称为金属皂类防水砂浆，它比较适合多层防水且单层较薄的防水。

掺无机盐防水剂的水泥防水砂浆具有施工操作方便、成本低、早期强度较高、后期强度稳定、具有较好的抗裂性。其中防水剂掺量通常不大于5%，可溶于拌和水中直接与水泥、砂子搅拌成砂浆。但是，由于其抗渗性一般在0.4 MPa以下，故多用于防潮层、工作水压较小的工程防水或用作其他防水层的辅助措施。

此外，应用效果较好的外加剂防水砂浆还有五矾（硫酸钾铝、硫酸铜、硫酸亚铁、重铬酸钾、硅酸钠）防水砂浆或水泥浆、无机铝盐及其复合防水剂防水砂浆等。

(3) 聚合物水泥防水砂浆 聚合物水泥防水砂浆以水泥、细骨料为主要组分，以聚合物乳液或可再分散乳胶粉为改性剂，添加适量助剂混合制成的防水砂浆。

与其他水泥防水砂浆不同的是，由于聚合物的加入，聚合物水泥防水砂浆的刚脆性得以削弱，并表现出一定的韧性。聚合物在砂浆中可以有效地封闭与填充砂浆中的连通孔隙，不仅起堵塞各种孔隙的作用，而且具有更强的抗开裂、抗震性能，还具有一定的憎水性而使其本身的吸水率有所下降。此外，聚合物的加入还改善了砂浆对环境中某些腐蚀介质的抵抗能力。因此，聚合物水泥砂浆具有防水性、韧性和耐腐蚀性等综合性能优良的特点。

《聚合物水泥防水砂浆》(JC/T 984—2011)规定，产品按组分分为单组分(S类)、双组分(D类)，单组分由水泥、细骨料和可再分散乳胶粉、添加剂等组成，双组分由粉料（水泥、细骨料等）和液料（聚合物乳液、添加剂等）组成。按产品物理力学性能分为Ⅰ型和Ⅱ型。

聚合物水泥防水砂浆的各项性能在很大程度上取决于聚合物本身的特性及掺量。掺量太低时，砂浆内部孔隙难以充分填充，故其性能得不到改善；掺量过高时，不仅成本提高，凝结硬化变得太慢，而且粘结性和干缩性变差，抗压强度也有明显下降。因此，从其技术经济综合效果来看，聚合物适宜品种的选择与掺量控制将是获得良好防水效果的关键。

根据所采用聚合物的类型不同，目前工程实际中常用的聚合物水泥防水砂浆有以下几种：阳离子氯丁胶乳水泥砂浆、丙烯酸酯共聚乳液防水水泥砂浆、有机硅防水水泥砂浆。

3. 其他水泥基防水材料

《水泥基渗透结晶型防水材料》(GB 18445—2012)是一种用于水泥混凝土的刚性防水材料。其与水作用后，材料中含有的活性化学物质以水为载体在混凝土中渗透，与水泥水化产物生成不溶于水的针状结晶体，填塞毛细孔道和微细缝隙，从而提高混凝土致密性与防水性。产品按使用方法分为水泥基渗透结晶型防水涂料(C)、水泥基渗透结晶型防水剂(A)。水泥基渗透结晶型防水涂料是以硅酸盐水泥、石英砂为主要成分，掺入一定量活性化学物质制成的粉状材料，经与水拌合可调配成可刷涂或喷涂在水泥混凝土表面的浆料；亦可采用干撒压入未完全凝固的水泥混凝土表面。水泥基渗透结晶型防水剂是一种掺入混凝土拌合物中使用的粉状材料。活性化学物质是由碱金属盐或碱土金属盐、络合化合物等复配而成，具有较强的渗透性，能与水泥的水化产物发生反应生成针状晶体的化学物质。

《无机防水堵漏材料》(GB 23440—2009)规定，无机防水堵漏材料(FD)是以水泥为主要组分，掺入添加剂经一定工艺加工制成的用于防水、防渗、堵漏用粉状无机材料。产品根据凝结时间和用途分为缓凝型（Ⅰ型）和速凝型（Ⅱ型），Ⅰ型主要用于潮湿基层上的防水抗渗，Ⅱ型主要用于渗漏或涌水基体上的防水堵漏。

聚合物水泥砂浆、渗透结晶型防水材料的设计、施工和质量验收要求可参照《聚合物水泥、渗透结晶型防水材料应用技术规程》(CECS 195：2006)的规定执行。

9.4 建筑密封材料

《建筑材料术语标准》(JGJ/T 191—2009)将建筑密封材料定义为：能承受接缝位移并满足气密、水密要求的，嵌入建筑接缝中的非定形和定形材料。

建筑密封材料应用范围广泛，如建筑工程中玻璃幕墙的安装、金属饰面板的安装、门窗的安装，建筑屋面和砌体伸缩缝，桥梁、道路、机场跑道伸缩缝，给水排水管道接缝等。为保证密封效果，密封材料应具有水密性和气密性，应有良好粘结性，良好的抗高、低温性，良好的耐候性、耐老化性，同时还应有一定的弹性和耐疲劳能力，能较好适应基体变形而保持密封状态效果不变。

不定形密封材料是指不具有一定形状，但可以填充建筑各种部位的裂缝和缝隙起到密封作用，常温下一般是膏状或黏稠状液体，称为密封胶或密封膏。定形密封材料是将密封材料按密封工程特殊部位（如沉降缝、伸缩缝、构件接缝等）的不同要求制成带、条、方、圆、垫片等形状。按密封机理分为遇水非膨胀型和遇水膨胀型两类。

9.4.1 不定形密封材料

1. 密封膏

由油脂、合成树脂等与矿物填充材料混合制成的，可表面形成硬化而内部硬化缓慢的密封材料。《建筑防水沥青嵌缝油膏》(JC/T 207—2011)是适用于冷施工型建筑防水沥青嵌缝油膏。油膏按耐热性和低温柔性分为702型和801型。用于屋面、地下工程时，其主要物理力学性能要求见表9-15。

表9-15 屋面、地下工程改性沥青嵌缝油膏性能指标要求(GB 50345—2012、GB 50208—2011)

项目			指标	
			702	801
耐热性	温度/℃		70	80
	下垂值/mm	≤	4.0	
低温柔性	温度/℃		−20	−10
	粘结状况		无裂纹、无剥离	
拉伸粘结性/%		≥	125	
浸水后拉伸粘结性/%		≥	125	
挥发性/%			2.8	
施工度/mm		≥	22.0	20.0

2. 密封胶

《建筑密封胶分级和要求》(GB/T 22083—2008)按用途将密封胶分为两类：镶装玻璃接缝用密封胶(G类)和镶装玻璃以外的建筑接缝用密封胶。

建筑接缝用密封胶按《混凝土建筑接缝用密封胶》(JC/T 881—2001)的规定执行，该标准产品适用于混凝土接缝用弹性和塑性密封胶，密封胶分为单组分(Ⅰ)和多组分(Ⅱ)两个品种。按流动性分为非下垂型(N)和自流平型(S)两个类型。按位移能力分为25,20,12.5,7.5四个级别：25级和20级密封胶按拉伸模量分为低模量(LM)和高模量(HM)两个次级别；12.5级密封胶按弹性恢复率分为弹性和塑性两个级别，恢复率不小于40%的密封胶为弹性密封胶(E)，恢复率小于40%的密封胶为塑性密封胶(P)，25级、20级和12.5E级密封胶称为弹性密封胶，12.5P级和7.5P级称为塑性密封胶。这类密封胶通常用橡胶、树脂等性能优异的合成高分子材料作为主体材料，与定形密封材料一起成为解决密封防水的关键性材料，在整个密封材料中占主要地位。屋面工程对合成高分子密封胶主要性能指标的要求见表9-16。地下工程对其要求见表9-17。

表9-16　屋面工程合成高分子密封胶主要性能指标要求(GB 50345—2012)

项目		指标						
		25LM	25HM	20LM	20HM	12.5E	12.5P	7.5P
拉伸模量/MPa	23℃ -20℃	≤0.4和 ≤0.6	>0.4 或>0.6	≤0.4和 ≤0.6	>0.4 或>0.6	—		
拉伸粘结性		无破坏					—	
浸水后拉伸粘结性		无破坏					—	
拉伸压缩后粘结性		—					无破坏	
断裂伸长率/%		—					≥100	≥20
浸水后断裂伸长率/%		—					≥100	≥20

表9-17　地下防水工程合成高分子密封胶主要性能指标要求(GB 50208—2011)

项目			指标	
			弹性体密封材料	塑性体密封材料
拉伸粘结性	拉伸强度/MPa	≥	0.2	0.02
	延伸率/%	≥	200	250
低温柔性/℃			-30,无裂纹	-20,无裂纹
拉伸—压缩循环性能	拉伸—压缩率/%	≥	±20	±10
	粘结和内聚破坏面积/%	≤	25	

按密封部位来分，密封胶现行相关标准还有：《建筑窗用弹性密封胶》(JC/T 485—2007)、《中空玻璃用硅酮密封胶》(GB 24266—2009)、《中空玻璃用丁基热熔密封胶》(JC/T 914—2003)、《中空玻璃用弹性密封剂》(JC/T 486—2001)、《高分子防水卷材胶粘剂》(JC/T 863—

2000)、《石材用建筑密封胶》(GB/T 23261—2009)、《干挂石材幕墙用环氧胶粘剂》(JC/T 887—2001)、《幕墙玻璃接缝用密封胶》(JC/T 882—2001)、《彩色涂层钢板用建筑密封胶》(JC/T 884—2001)、《建筑用阻燃密封胶》(GB/T 24267—2009)、《建筑用防霉密封胶》(JC/T 885—2001)、《道桥接缝用密封胶》(JC/T 976—2005)等。

按材料组分来分,密封胶现行相关标准有:《硅酮建筑密封胶》(GB/T 14683—2003)、《聚硫建筑密封胶》(JC/T 483—2006)、《丙烯酸酯建筑密封胶》(JC/T 484—2006)、《聚氯乙稀建筑防水接缝材料》(JC/T 798—1997)、《聚氨酯建筑密封膏》(JC/T 482—2003)、《单组分聚氨酯泡沫填缝剂》(JC/T 936—2004)等。

(1) 硅酮建筑密封胶 硅酮(聚硅氧烷)建筑密封胶是以硅橡胶为基料,加入交联剂、填料、助剂等配制而成的一种密封材料,适用于各种建筑防水密封等,但不适用于幕墙和中空玻璃的密封。《硅酮建筑密封胶》(GB/T 14683—2003)将其分为 25 HM,20 HM,25 HM,20 LM 四个级别。

《建筑用硅酮结构密封胶》(GB 16776—2005)适用于建筑幕墙及其他结构粘结装配用硅酮结构密封胶。产品按组成分为单组分型(1)和双组分型(2)。按产品适用的基材分类,分为金属(M)、玻璃(G)、其他(R)。

(2) 聚氨酯建筑密封胶 聚氨酯建筑密封胶是以聚氨酯甲酸酯为主要成分,是由含有两个或多个羟基或氨基官能团的化合物与二或多异氰酸酯进行加成聚合反应制备的。《聚氨酯建筑密封膏》(JC/T 482—2003)将其分为 20 HM,25 LM,20 LM 三个级别。

单组分聚氨酯泡沫填缝剂是一种发泡聚氨酯产品。其产品形式是将聚氨酯预聚物、发泡剂、催化剂等组分装填于耐压气雾罐中。使用时,物料从气雾罐中喷出,产生泡沫状聚氨酯,迅速膨胀并与空气及基体中的水分发生固化反应,形成泡沫密封状态。固化后的聚氨酯泡沫具有填缝、黏结、密封、隔热保湿、隔声等多种效果,是一种环保节能、使用方便的建筑密封材料。

《单组分聚氨酯泡沫填缝剂》(JC/T 936—2004)规定,该产品按燃烧性能等级分为 B2 级、B3 级;按包装结构分为枪式(Q)和管式(G)。

(3) 聚硫建筑密封胶 聚硫建筑密封膏是以液态聚硫橡胶为基料的室温硫化双组分建筑密封胶。

《聚硫建筑密封胶》(JC/T 483—2006)规定,产品按流动性分为非下垂型(N)和自流平型(L)两个类型;按位移能力分为 25,20 两个级别,按拉伸模量分为高模量(HM)和低模量(LM)两个次级别。因此,产品共有 20 HM,25 LM,20 LM 三个级别。

(4) 丙烯酸酯建筑密封胶 以丙烯酸酯乳液为基料的单组分水乳型建筑密封胶。《丙烯酸酯建筑密封胶》(JC/T 484—2006)将产品分为 12. 5E,12. 5P,7. 5P 三个级别。

(5) 聚氯乙稀建筑防水接缝材料 以聚氯乙烯为基料,加入改性材料及其他助剂配制而成的建筑防水接缝材料。《聚氯乙稀建筑防水接缝材料》(JC/T 798—1997)规定,按施工工艺分为两种类型:J 型是指用热塑法施工的产品,俗称聚氯乙烯胶泥。G 型是指用热熔法施工的产品,俗称塑料油膏。PVC 接缝材料按耐热性 80 ℃和低温柔性－10 ℃分为 801 型、耐热性 80 ℃和低温柔性－20 ℃为 802 型两个型号。

9. 4. 2　定形密封材料

定形密封材料主要是各种止水带和密封条,它们一般具有专门的结构形式,可嵌于各种缝隙之中，发挥密封作用。常用的定型密封材料有高分子止水带和高分子遇水膨胀橡胶。

1. 高分子止水带

高分子止水带由高分子材料、增塑剂、稳定剂等原料，经合成加工制成。可全部或部分浇筑于混凝土中起密封止水作用。

高分子止水带性能特点是防水性能好，弹性高，适应变形能力强，耐磨性强，抗撕裂性能好，温度适用范围广，耐老化，耐久性好。

《高分子防水材料　第二部分：止水带》(GB 18173—2000)规定，止水带按用途分为三类：适用于变形缝用(B)、施工缝用(S)、有特殊耐老化要求的接缝用(J)；另外，具有钢边的止水带，用G表示。止水带的结构示意图见图9-6。止水带的物理性能见表9-18。

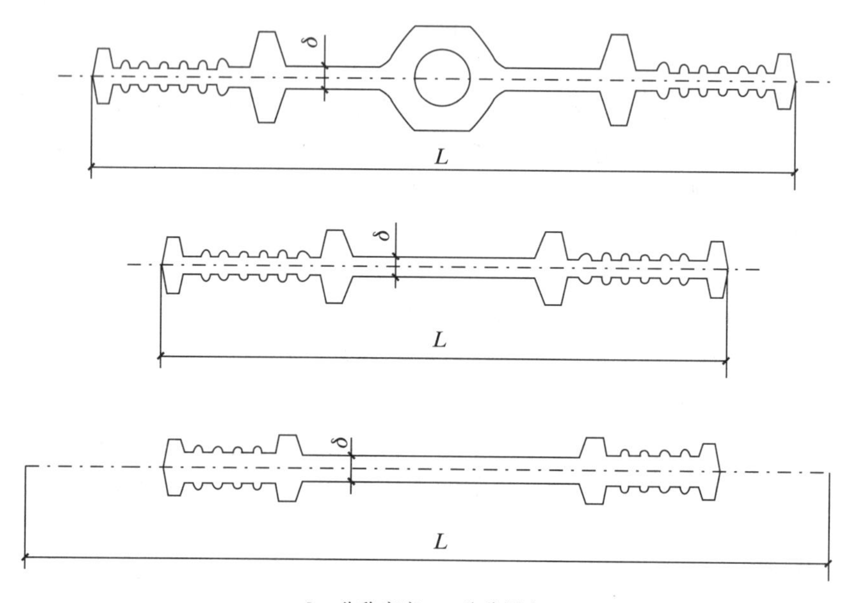

L—公称宽度；δ—公称厚度

图9-6　止水带的结构示意图

表9-18　止水带的物理性能

序号	项目			技术指标 B	技术指标 S	技术指标 J
1	硬度(邵尔A)			60±5	60±5	60±5
2	拉伸强度/MPa		≥	15	12	10
3	扯断伸长率/%		≥	380	380	300
4	压缩永久变形	70 ℃×24 h/%	≤	35	35	35
		23 ℃×168 h/%	≤	20	20	20
5	撕裂强度/(kN/m)		≥	30	25	25
6	脆性温度/℃		≤	−45	−40	−40

续表

序号	项　目			技术指标		
				B	S	J
7	热空气老化	70 ℃×168 h	硬度变化(邵尔 A)　⩽	+8	+8	
			拉伸强度/MPa　⩾	12	10	
			扯断伸长率/%　⩾	300	300	
		100 ℃×168 h	硬度变化(邵尔 A)　⩽	—	—	+8
			拉伸强度/MPa　⩾			9
			扯断伸长率/%　⩾			250
8	臭氧老化 50 pphm：20%，48 h			2 级	2 级	0 级
9	橡胶与金属粘合			断面在弹性体内		

2. 高分子遇水膨胀橡胶

高分子遇水膨胀橡胶是由水溶性聚氨酯预聚体、丙烯酸钠高分子吸水性树脂等吸水性材料与天然橡胶、氯丁橡胶等合成橡胶制得的遇水膨胀性防水橡胶。它的最大特点，是既具有橡胶特性，又具有遇水自行膨胀能力。这种橡胶弹性和遇水膨胀能力，使其在接缝两侧距离增大到防水材料的弹性复原率以外时，只要未超出材料的膨胀范围，材料仍能起止水作用。

高分子遇水膨胀橡胶是近年来研发出来的新型密封止水材料。目前主要用于各种隧道、顶管、人防等地下工程、基础工程的接缝、防水密封和船舶、机车等工业设备的防水密封。

《高分子防水材料　第 3 部分　遇水膨胀橡胶》(GB/T 18173.3—2002)规定，高分子遇水膨胀橡胶按制造工艺分为制品型(PZ)和腻子型(PN)两种。产品按其在静态蒸馏水中的体积膨胀倍率(浸泡后的试样质量与浸泡前的试样质量的比率)可分别分为制品型：⩾150%～<250%，⩾250%～<400%，⩾400%～<600%，⩾600%等几类，腻子型：⩾150%，⩾220%，⩾300%。表 9-19、表 9-20 是这两种制品的物理性能。

表 9-19　　制品型遇水膨胀橡胶的物理性能

序号	项　目		指　标			
			PZ-150	PZ-250	PZ-400	PZ-600
1	硬度(邵尔 A)度		42±7		45±7	48±7
2	拉伸强度/MPa　⩾		3.5		3	
3	扯断伸长率/%　⩾		450		350	
4	体积膨胀倍率/%　⩾		150	250	400	600
5	反复浸水试验	拉伸强度/MPa　⩾	3		2	
		扯断伸长率/%　⩾	350		250	
		体积膨胀倍率/%　⩾	150	250	300	500
6	低温弯折(−20 ℃×2 h)		无裂纹			

表 9-20　　腻子型遇水膨胀橡胶的物理性能

序号	项　　目	指　　标		
		PN-150	PN-220	PN-300
1	体积膨胀倍率/%　≥	150	220	300
2	高温流淌性　(80 ℃×5 h)	无流淌	无流淌	无流淌
3	低温试验　(−20 ℃×2 h)	无脆裂	无脆裂	无脆裂

练习题

【9-1】 天然沥青、石油沥青、焦油沥青三者的区别是什么?

【9-2】 三组分分析法是如何划分石油沥青组分的?各组分有哪些物化特征?这些特征影响沥青哪些性能?

【9-3】 试做出石油沥青胶体结构示意图,并解释之。

【9-4】 石油沥青技术性能有黏滞性、塑性、温度敏感性、黏附性、大气稳定性、施工安全性等。这些性能参数怎么表达?怎么测试?它们反映了沥青的哪些特征?

【9-5】 按照石油沥青技术标准,选择石油沥青品种时要考虑哪些因素?

【9-6】 列举一种防水涂料,解释其性能特点和使用方法。

【9-7】 防水卷材要具备哪些性能特点才能较好地满足建筑防水要求?

【9-8】 什么是弹性体改性沥青防水卷材?什么是塑性体改性沥青防水卷材?二者各有哪些性能特点?怎么使用?

【9-9】 列举一种合成高分子防水卷材,说明其性能特点和使用方法。

【9-10】 防水混凝土与一般结构混凝土在材料组成上有什么不同?

【9-11】 欲获得较好的防水性能,需要改善混凝土哪些性质?为什么?

【9-12】 列举一种防水砂浆,说明其组成和性能特点。

【9-13】 列举一种密封膏,说明其材料组成、性能特点及适用范围。

【9-14】 分别说明高分子止水带和高分子遇水膨胀橡胶的材质特点及适用范围。

10 沥青混合料

沥青混合料是指由矿料与沥青结合料拌和而成的混合料的总称。其中，矿料，是指配制沥青混合料的各种集料，如碎石、砂、矿粉、纤维等；沥青结合料，是指在沥青混合料中，对矿料起胶结作用的各类沥青材料（含添加的外掺剂、改性剂等）；此外，在沥青混合料中，还添加有各种外掺剂、改性剂等，用以改善沥青混合料性能。

沥青混合料主要用于道路工程和桥面工程。按照我国现行规范，沥青混合料有如下分类：

1. 按材料级配方式分类

分为连续级配混合料、间断级配沥青混合料。连续级配，是指矿料级配组成连续，没有断档的沥青混合料。间断级配是指矿料级配组成中缺少 1 个或几个档次（或用量很少）而形成的沥青混合料。

2. 按矿料级配组成及空隙率大小分类

分为密级配混合料、半开级配混合料、开级配混合料。

(1) 密级配混合料 按密实级配原理设计组成的各种粒径颗粒的矿料，与沥青结合料拌和而成，设计空隙率较小的密实式沥青混凝土混合料和密实式沥青稳定碎石混合料。

(2) 半开级配混合料 由适当比例的粗集料、细集料及少量填料（或不加填料）与沥青结合料拌和而成，经马歇尔标准击实成型试件的剩余空隙率在 6%～12%的半开式沥青碎石混合料。

(3) 开级配混合料 矿料级配主要由粗集料嵌挤组成，细集料及填料较少，设计空隙率为 18%的混合料。

3. 按公称最大粒径分类

按照配制沥青混合料的公称最大粒径尺寸，分为特粗式（公称最大粒径等于或大于 31.5 mm）混合料，粗粒式（公称最大粒径 26.5 mm）混合料，中粒式（公称最大粒径 16 或 19 mm）混合料，细粒式（公称最大粒径 9.5 或 13.2 mm）混合料，砂粒式（公称最大粒径小于 9.5 mm）混合料。

4. 按制造工艺分类

分为热拌沥青混合料、冷拌沥青混合料、再生沥青混合料等。道路工程施工多采用热拌沥青混合料，即先将矿质混合料与黏稠沥青在专门设备中加热拌和而成，然后用保温运输工具运至施工现场，并在热态下进行摊铺和压实，故也称为“热拌热铺沥青混合料”。另外在道路修补工程中，也采用常温沥青混合料施工（即冷拌冷铺沥青混合料）。表 10-1 为热拌沥青混合料种类。

5. 按组成方式分类

按组成分为沥青沥混凝土（代号 AC），密级配沥青稳定碎石（代号 ATB），开级配沥青碎石（OGFC 表面层及 ATPB 基层，代号 OGFC），半开级配沥青碎石（代号 AM）；沥青玛蹄脂碎石（代号 SMA）。为叙述方便，这些代号在后续内容中将常被使用。

表 10-1　　热拌沥青混合料种类

混合料类型	密级配			开级配		半开级配	公称最大粒径/mm	最大粒径/mm
	连续级配		间断级配	间断级配		沥青稳定碎石		
	沥青混凝土	沥青稳定碎石	沥青玛蹄脂碎石	排水式沥青磨耗层	排水式沥青碎石基层			
特粗式	—	ATB-40	—	—	ATPB-40	—	37.5	53.0
粗粒式	—	ATB-30	—	—	ATPB-30	—	31.5	37.5
	AC-25	ATB-25	—	—	ATPB-25	—	26.5	31.5
中粒式	AC-20	—	SMA-20	—	—	AM-20	19.0	26.5
	AC-16	—	SMA-16	OGFC-16	—	AM-16	16.0	19.0
细粒式	AC-13	—	SMA-13	OGFC-13	—	AM-13	13.2	16.0
	AC-10	—	SMA-10	OGFC-10	—	AM-10	9.5	13.2
砂粒式	AC-5	—	—	—	—	AM-5	4.75	9.5
设计空隙率/%	3~5	3~6	3~4	>18	>18	6~12		

作为现代公路主要路面材料，沥青混合料有以下特点：

① 力学性能好，能较好地抵抗动载和强载破坏，抗冲击、抗挤压能力强；

② 温度稳定性较好。具有较好的高温稳定性和低温柔韧性；

③ 具有较好的自修复能力，使用寿命较高，维护工程量较少；

④ 路面平整，弹性适当，行车震动和噪声小，行车舒适；

⑤ 表面粗糙度适宜，有较好的抗滑能力，无强烈反光，利于行车安全；

⑥ 适应范围较大，应用地域较广。

10.1　沥青混合料的组成材料

沥青混合料由矿料与沥青结合料拌和而成，其主要材料是沥青、粗集料、细集料和填料，以及一些改性材料如纤维稳定剂等。这些材料性质及其组成方式，决定了沥青混合料的性质。

10.1.1　沥青

1. 道路石油沥青的要求

沥青在沥青混合料中主要起胶结作用。在我国，用于道路工程的沥青主要是石油沥青。《公路沥青路面施工技术规范》(JTG F40—2004)规定了我国道路石油沥青的适用范围、道路石油沥青技术要求和聚合物改性沥青技术要求，分别见表 10-2、表 10-3 和表 10-4。

2. 道路石油沥青的选用

用于道路的沥青要满足道路工程的设计要求和施工技术要求，同时还应满足工程经济指标要求。一般来说，选用道路石油沥青必须遵守以下原则：

表 10-2　　道路石油沥青的适用范围

沥青等级	适 用 范 围
A 级沥青	各个等级的公路,适用于任何场合和层次
B 级沥青	① 高速公路、一级公路沥青下面层及以下的层次,二级及二级以下公路的各个层次; ② 用作改性沥青、乳化沥青、改性乳化沥青、稀释沥青的基质沥青
C 级沥青	三级及三级以下公路的各个层次

表 10-4　　聚合物改性沥青技术要求

指　　标	单位	SBS 类(Ⅰ类)				SBR 类(Ⅱ类)			EVA、PE 类(Ⅲ类)			
		Ⅰ-A	Ⅰ-B	Ⅰ-C	Ⅰ-D	Ⅱ-A	Ⅱ-B	Ⅱ-C	Ⅲ-A	Ⅲ-B	Ⅲ-C	Ⅲ-D
针入度 25 ℃,100 g,5 s	dmm	>100	80~100	60~80	30~60	>100	80~100	60~80	>80	60~80	40~60	30~40
针入度指数 PI　≥		−1.2	−0.8	−0.4	0	−1.0	−0.8	−0.6	−1.0	−0.8	−0.6	−0.4
延度 5 ℃,5 cm/min　≥	cm	50	40	30	20	60	50	40	—			
软化点 $T_{R\&B}$　≥	℃	45	50	55	60	45	48	50	48	52	56	60
运动粘度[1] 135 ℃　≤	Pa·s	3										
闪点　≥	℃	230				230			230			
溶解度　≥	%	99				99			—			
弹性恢复 25 ℃　≥	%	55	60	65	75	—			—			
粘韧性　≥	N·m	—				5			—			
韧性　≥	N·m	—				2.5			—			
离析,48 h 软化点差　≤	℃	2.5				—			无改性剂明显析出、凝聚			
质量变化　≤	%	1.0										
针入度比 25 ℃　≥	%	50	55	60	65	50	55	60	50	55	58	60
延度 5 ℃　≥	cm	30	25	20	15	30	20	10	—			

注:表中 P 为喷洒型,B 为拌和型,C、A、N 分别表示阳离子、阴离子、非离子乳化沥青。

① 沥青路面采用的沥青标号,宜按照公路等级、气候条件、交通条件、路面类型及在结构层中的层位及受力特点、施工方法等,结合当地的使用经验,经技术论证后确定。

② 对于高速公路、一级公路,夏季温度高、高温持续时间长、重载交通、山区及丘陵区上坡路段、服务区、停车场等行车速度慢的路段,尤其是汽车荷载剪应力大的层次,宜采用稠度大、60 ℃黏度大的沥青,也可提高高温气候分区的温度水平选用沥青等级。

③ 对于冬季寒冷的地区或交通量小的公路、旅游公路宜选用稠度小、低温延度大的沥青。

④ 对于温度日温差、年温差大的地区宜注意选用针入度指数大的沥青。当高温要求与低温要求发生矛盾时应优先考虑满足高温性能的要求。

⑤ 当缺乏所需标号的沥青时,可采用不同标号掺配的调和沥青,其掺配比例由试验决定。掺配后的沥青质量应符合规范要求。

表 10-3

道路石油沥青技术要求

指标	单位	等级	沥青标号																试验方法
			160号	130号	110号			90号					70号					50号	30号	
针入度(25 ℃,5 s,100 g)	dmm		140～200	120～140	100～120			80～100					60～80					40～60	20～40	T 0604
适用的气候分区			注[4]	注[4]	2-1	2-2	3-2	1-1	1-2	1-3	2-2	2-3	1-3	1-4	2-2	2-3	2-4	1-4	注[4]	附录A
针入度指数PI[2]		A	−1.5～+1.0																	T 0604
		B	−1.8～+1.0																	
软化点(R&B) ≥	℃	A	38	40	43			45			44		46		45			49	55	T 0606
		B	36	39	42			43			42		44		43			46	53	
		C	35	37	41			42					43					45	50	
60 ℃动力黏度[2] ≥	Pa·s	A	—	60	120			160			140		180		160			200	260	T 0620
10 ℃延度[2] ≥	cm	A	50	50	40			45	30	20	30	20	20	15	25	20	15	15	10	T 0605
		B	30	30	30			30	20	15	20	15	15	10	20	15	10	10	8	
15 ℃延度 ≥	cm	A、B	100															80	50	
		C	80	80	60			50					40					30	20	
蜡含量(蒸馏法) ≤	%	A	2.2																	T 0615
		B	3.0																	
		C	4.5																	
闪点 ≥	℃		230					245					260							T 0611
溶解度 ≥	%		99.5																	T 0607
密度(15 ℃)	g/cm³		实测记录																	T 0603
TFOT(或RTFOT)后[5]																				T 0610 或 T 0609
质量变化 ≤	%		±0.8																	
残留针入度比 ≤	%	A	48	54	55			57					61					63	65	T 0604
		B	45	50	52			54					58					60	62	
		C	40	45	48			50					54					58	60	
残留延度(10 ℃) ≥	cm	A	12	12	10			8					6					4	—	T 0605
		B	10	10	8			6					4					2	—	
残留延度(15 ℃) ≥	cm	C	40	35	30			20					15					10	—	T 0605

注：表中各参数说明请参见《公路沥青路面施工技术规范》(JTG F40—2004)。

10.1.2 粗集料

1. 粗集料种类

配制沥青混合料的粗集料包括碎石、破碎砾石、筛选砾石、钢渣、矿渣等。但高速公路和一级公路不得使用筛选砾石和矿渣。其他公路用筛选砾石、钢渣、矿渣作粗集料时，其使用有相关规范限制。

2. 粗集料质量要求

为保证沥青混合料质量，从而保证路面质量，我国对配制沥青混合料的粗集料质量制定了相关规范，表 10-5 是粗集料质量的一般性要求。

表 10-5　　用于配制沥青混合料的粗集料质量要求

指　　标		单位	高速公路及一级公路		其他等级公路
			表面层	其他层次	
石料压碎值	≤	%	26	28	30
洛杉矶磨耗损失	≤	%	28	30	35
表观相对密度	≤	$t \cdot m^{-3}$	2.60	2.50	2.45
吸水率	≤	%	2.0	3.0	3.0
坚固性	≤	%	12	12	—
针片状颗粒含量(混合料)	≤	%	15	18	20
其中粒径大于 9.5 mm	≤	%	12	15	—
其中粒径小于 9.5 mm	≤	%	18	20	—
水洗法<0.075 mm 颗粒含量	≤	%	1	1	1
软石含量	≤	%	3	5	5

注：① 坚固性试验可根据需要进行；② 用于高速公路、一级公路时，多孔玄武岩的视密度可放宽至 2.45 t/m^3，吸水率可放宽至 3%，但必须得到建设单位的批准，且不得用于沥青玛蹄脂碎石混合料(SMA)路面；③ 对 3～5 mm 规格的粗集料，针片状颗粒含量可不予要求，<0.075 mm 含量可放宽到 3%。

除上述要求外，对于高等级公路，由于设计车速高，车流量大，对路面的抗滑性能有较高的要求。因此，不仅要求集料具有高的抗磨耗性能，而且要求具有较高的抗磨光性。集料的抗磨光性采用磨光值表示，简称 PSV。磨光值越高，表示抗滑性能越好。一般来说，玄武岩、安山岩、砂岩和花岗岩的磨光值均较高。

按照现行规范，我国高速公路、一级公路沥青路面表面层(或磨耗层)的粗集料的磨光值应符合表 10-6 的要求。除 SMA(沥青玛蹄脂碎石混合料)、OGFC(大孔隙开级配排水式沥青磨耗层)路面外，允许在硬质粗集料中掺加部分较小粒径的磨光值达不到要求的粗集料。

采用破碎砾石配制沥青混合料时，应用粒径大于 50 mm、含泥量不大于 1%的砾石来轧制，且保证破碎砾石的破碎面符合技术要求。表 10-7 是粗集料破碎面的要求。

表 10-6　　粗集料与沥青的粘附性、磨光值的技术要求

雨量气候区	1(潮湿区)	2(湿润区)	3(半干区)	4(干旱区)
年降雨量/mm	＞1 000	1 000～500	500～250	＜250
粗集料的磨光值 PSV　≥				
高速公路、一级公路表面层	42	40	38	36
粗集料与沥青的粘附性　≥				
高速公路、一级公路表面层	5	4	4	3
高速公路、一级公路的其他层次及其他等级公路的各个层次	4	4	3	3

表 10-7　　粗集料破碎面的要求

路面部位或混合料类型	具有一定数量破碎面颗粒的含量/%	
	1 个破碎面	2 个或 2 个以上破碎面
沥青路面表面层		
高速公路、一级公路	100	90
其他等级公路	80	60
沥青路面中下面层、基层		
高速公路、一级公路	90	80
其他等级公路	70	50
SMA 混合料	100	90
贯入式路面	80	60

3. 粗集料的规格和选用

粗集料的粒径规格应符合表 10-8 的规定。

表 10-8　　沥青混合料用粗集料规格

规格名称	公称粒径/mm	通过下列筛孔(mm)的质量百分率/%												
		106	75	63	53	37.5	31.5	26.5	19.0	13.2	9.5	4.75	2.36	0.6
S1	40～75	100	90～100	—	—	0～15	—	0～5						
S2	40～60		100	90～100	—	0～15	—	0～5						
S3	30～60		100	90～100	—	—	0～15	—	0～5					
S4	25～50			100	90～100	—	—	0～15	—	0～5				
S5	20～40				100	90～100	—	—	0～15	—	0～5			
S6	15～30					100	90～100	—	—	0～15	—	0～5		
S7	10～30					100	90～100	—	—	—	0～15	0～5		

续表

规格名称	公称粒径/mm	通过下列筛孔(mm)的质量百分率/%												
		106	75	63	53	37.5	31.5	26.5	19.0	13.2	9.5	4.75	2.36	0.6
S8	10～25						100	90～100	—	0～15	—	0～5		
S9	10～20							100	90～100	—	0～15	0～5		
S10	10～15								100	90～100	0～15	0～5		
S11	5～15								100	90～100	40～70	0～15	0～5	
S12	5～10									100	90～100	0～15	0～5	
S13	3～10									100	90～100	40～70	0～20	0～5
S14	3～5										100	90～100	0～15	0～3

注：集料粒径规格以方孔筛为准。

粗集料的选用要遵从以下基本原则：

① 粗集料应洁净、干燥、表面粗糙而不能光滑。不同料源、品种、规格集料不得混杂堆放。

② 当单一规格集料的质量指标达不到要求，而按照集料配比计算的质量指标符合要求时，在工程上是允许使用的。

③ 若有受热易变质的集料，可以经过拌和机烘干后，对集料进行检验，合格后方可使用。

④ 当受地区条件限制，采集的粗集料不合要求时，可以掺加消石灰、水泥或用饱和石灰水处理后使用，还可同时在沥青中掺加耐热、耐水、长期性能好的抗剥落剂以改善胶结状况，另外还可以使用改性沥青，通过提高沥青混合料水稳定性来满足混合料的技术要求。

⑤ 选用钢渣作粗集料时，必须将其破碎并在使用前对其进行活性检验，钢渣中的游离氧化钙含量不能大于 3%，浸水膨胀率不大于 2%。若采用经过破碎且存放 6 个月以上的钢渣，按照现行规范，除吸水率允许适当放宽外，各项质量指标均应符合表 10-6 的要求。

⑥ 沥青路面集料的选择必须经过认真的料源调查，确定料源应尽可能就地取材。质量符合使用要求，石料开采必须注意环境保护，防止破坏生态平衡。

⑦ 粗集料运至现场后必须取样进行质量检验，经评定合格方可使用，不得以供应商提供的检测报告或商检报告代替现场检测。

10.1.3 细集料

1. 细集料的种类

沥青路面的细集料包括天然砂、机制砂和石屑。

天然砂有河砂和海砂。天然砂呈浑圆状，与沥青的黏附性较差，使用太多对高温稳定性不利。但使用天然砂施工时容易压实，路面成型好。天然砂与机制砂和石屑共同使用能起到互补的效果。

机制砂由制砂机将石料破碎而成，其表面粗糙、洁净、棱角性好，与沥青的黏附性较强，应推广使用。

石屑是采石场破碎石料时通过 4.75 mm 或 2.36 mm 的筛下部分，是石料破碎过程中表面剥落或撞下的棱角、细粉，它棱角性好、与沥青的黏附性好，但石屑中粉尘含量很多，强度很低、扁片含量及碎土比例很大，且施工性能较差，不易压实，路面残留空隙率大，并且在使用中还有继续细化的倾向。

2. 细集料质量要求

沥青混合料细集料质量应符合表10-9的要求。细集料的洁净程度，天然砂以小于0.075 mm含量的百分数表示，石屑和机制砂以砂当量（适用于0～4.75 mm）或亚甲蓝值（适用于0～2.36 mm或0～0.15 mm）表示。

表10-9 沥青混合料用细集料质量要求

项　目		单位	高速公路、一级公路	其他等级公路
表观相对密度	≥	t/m^3	2.50	2.45
坚固性（>0.3 mm部分）	≥	%	12	—
含泥量（小于0.075 mm的含量）	≤	%	3	5
砂当量	≥	%	60	50
亚甲蓝值	≤	g/kg	25	—
棱角性（流动时间）	≥	s	30	—

3. 细集料的规格和选用

细集料应洁净、干燥、无风化、无杂质，并有适当的颗粒级配。通常情况下，偏粗中砂是较好的材料，细砂中粒径0.3～0.6 mm的量要严格控制，否则容易出现驼峰级配。细集料的选用应遵从以下基本原则：

① 天然砂可采用河砂或海砂，通常宜采用粗、中砂。表10-10是天然河砂的规格要求。

② 砂的含泥量超过规定时应水洗后使用。海砂中的贝壳类材料必须筛除。开采天然砂必须取得当地政府主管部门的许可，并符合水利及环境保护的要求。

③ 机制砂采用专用的制砂机制造，并选用优质石料生产，其级配应符合S16的要求。

④ 选用石屑作细集料时，其规格应符合表10-11的要求。采石场在生产石屑的过程中应具备抽吸设备。高速公路和一级公路的沥青混合料，宜将S14与S16组合使用，S15可在沥青稳定碎石基层或其他等级公路中使用。

⑤ 细集料运至现场后必须取样进行质量检验，经评定合格方可使用，不得以供应商提供的检测报告或商检报告代替现场检测。

表10-10 沥青混合料用天然砂规格

筛孔尺寸/mm	通过各孔筛的质量百分率/%		
	粗砂	中砂	细砂
9.5	100	100	100
4.75	90～100	90～100	90～100
2.36	65～95	75～90	85～100

续表

筛孔尺寸/mm	通过各孔筛的质量百分率/%		
	粗砂	中砂	细砂
1.18	35～65	50～90	75～100
0.6	15～30	30～60	60～84
0.3	5～20	8～30	15～45
0.15	0～10	0～10	0～10
0.075	0～5	0～5	0～5

注：集料粒径规格以方孔筛为准。

表 10-11　　沥青混合料用机制砂或石屑规格

规格	公称粒径/mm	水洗法通过各筛孔的质量百分率/%							
		9.5	4.75	2.36	1.18	0.6	0.3	0.15	0.075
S15	0～5	100	90～100	60～90	40～75	20～55	7～40	2～20	0～10
S16	0～3		100	80～100	50～80	25～60	8～45	0～25	0～15

10.1.4　填料(矿粉)

1. 填料(矿粉)的种类

加入沥青混合料中的填料，又称矿粉，采用石灰岩或岩浆岩中的强基性岩石等憎水性石料经磨细而成。

2. 矿粉的质量要求

矿粉应干燥、洁净，能自由地从矿粉仓流出。填料质量必须满足表 10-12 的要求。

表 10-12　　沥青混合料用矿粉质量要求

项　　目	单位	高速公路、一级公路	其他等级公路
表观相对密度　≥	$t \cdot m^{-3}$	2.50	2.45
含水量　≤	%	1	1
粒度范围<0.6 mm	%	100	100
<0.15 mm	%	90～100	90～100
<0.075 mm	%	75～100	70～100
外观		无团粒结块	
亲水系数		<1	
塑性指数		<4	
加热安定性		实测记录	

3. 矿粉的选用

选用矿粉的基本原则是：

① 一般情况下，矿粉应采用石灰岩或岩浆岩中的强基性岩石等憎水性石料经磨细而成。

② 拌和机的粉尘可作为矿粉的一部分回收使用。但每盘用量不得超过填料总量的25%，掺有粉尘填料的塑性指数不得大于4%。

③ 将粉煤灰作为填料使用时，用量不得超过填料总量的50%，粉煤灰的烧失量应小于12%，与矿粉混合后的塑性指数应小于4%，其余质量要求与矿粉相同。

④ 高速公路、一级公路的沥青面层不宜采用粉煤灰作填料。

⑤ 矿粉运至现场后必须取样进行质量检验，经评定合格方可使用，不得以供应商提供的检测报告或商检报告代替现场检测。

10.1.5 纤维稳定剂

1. 纤维稳定剂的种类

在沥青混合料中掺加的纤维稳定剂一般为木质素纤维、矿物纤维等。目前我国普遍使用的是木质素纤维，且主要用于沥青玛蹄脂碎石混合料(SMA)中。近年来国外有研究认为木质素纤维拌制的沥青混合料不能再生使用，矿物纤维(大部分是玄武岩纤维)与集料品种一样，能再生使用，应大力推广。

2. 纤维稳定剂质量要求

纤维应在250 ℃的干拌温度下不变质、不发脆。纤维必须在混合料拌和过程中能充分均匀分散。表10-13是木质素纤维的质量要求。

表10-13　　木质素纤维质量技术要求

项　　目	单位	指　　标	试验方法
纤维长度　　≤	mm	6	水溶液用显微镜观测
灰分含量	%	18±5	高温590 ℃～600 ℃燃烧后测定残留物
pH值		7.5±1.0	水溶液用pH试纸或pH计测定
吸油率　　≥		纤维质量的5倍	用煤油浸泡后放在筛上经振敲后称量
含水率(以质量计)　　≤	%	5	105 ℃烘箱烘2 h后冷却称量

3. 纤维稳定剂选用

对于沥青混合料纤维稳定剂的选用，一般有以下原则：

① 所使用的纤维必须符合环保要求，不危害身体健康；石棉纤维不宜直接使用。

② 矿物纤维宜采用玄武岩等矿石制造。

③ 纤维应松散不结团。运输和存放都应在室内或有棚盖的地方，避免受潮。

④ 纤维稳定剂的掺加比例以沥青混合料总量的质量百分率计算，通常情况下用于SMA(沥青玛蹄脂碎石混合料)路面的木质素纤维用量不宜低于0.3%，矿物纤维用量不宜低于0.4%，必要时可适当增加纤维用量。

⑤ 纤维掺加量的允许误差宜不超过±5%。

⑥ 纤维稳定剂必须经质量检验评定合格后方可使用，不得以供应商提供的检测报告或商检报告代替现场检测。

10.2 沥青混合料技术性质

10.2.1 沥青混合料结构

在道路工程中，用作路面材料的沥青混合料要满足道路性能的各项要求，才能很好满足行车需要。为满足道路工程要求，沥青混合料有各种不同的配制。因而也就呈现出不同的组成结构方式。研究这些结构方式有利于分析沥青混合料的技术特性。

一般来说，沥青混合料主要有以下三类结构：

1. 密实悬浮结构

当沥青混合料采用连续型密级配矿质混合料时(图 10-1(a))，矿质材料会形成由大到小相互嵌固的连续密实混合料。在这种混合料中，因为较大颗粒间被较小颗粒挤开，所以大颗粒多以悬浮状态处于较小颗粒之中(图 10-2(a))。该结构虽然很密实，但各级集料均为次级集料所隔开，不能直接接触形成骨架，而是悬浮于次级集料和沥青胶浆之间。这种结构具有内部黏聚力较高的优点，但是内摩擦角较低，其高温稳定性也较差。

2. 骨架空隙结构

当采用连续型开级配矿质混合料(图 10-1(b))时，较大粒径石料彼此紧密相接，而较小粒径石料的数量较少，不足以充分填充大颗粒间的空隙，而形成骨架空隙结构，沥青碎石混合料多属这一类型，其组成结构见图 10-2(b)。尽管这种结构的沥青混合料具有较高的内摩擦力，但是其黏聚力通常很差，难以摊铺压实成密实平整的路面。

3. 密实骨架结构

当采用间断型密级配矿质混合料(图 10-1(c))时，矿质混合料既有足够数量的粗集料形成骨架，粗集料间空隙中又有适量的细集料填充，并形成较为密实的结构，其组成的结构见图 10-2(c)，此结构类型的沥青混合料称为密实骨架结构。这种结构的沥青混合料不仅具有较高的黏聚力，而且具有较高的内摩擦力。利用这种混合料可以摊铺压实成为结构密实、表面平整、物理力学性能比较稳定的路面。

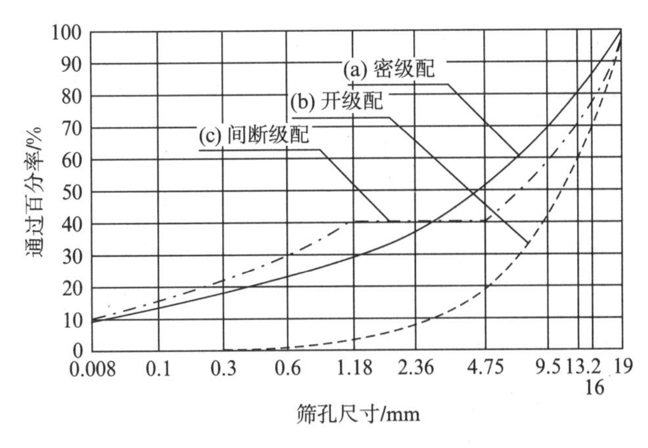

图 10-1　三种类型矿质混合料级配曲线

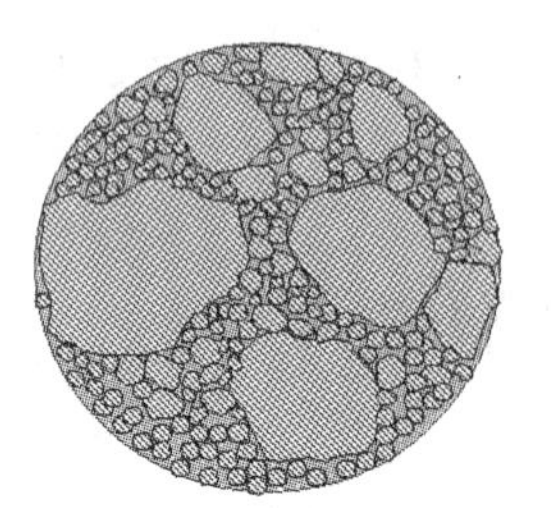
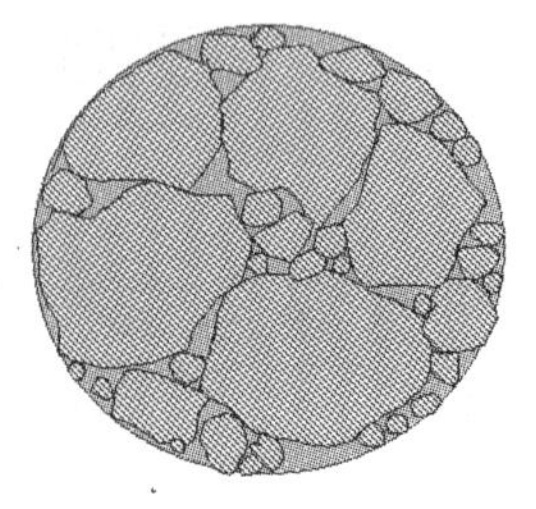
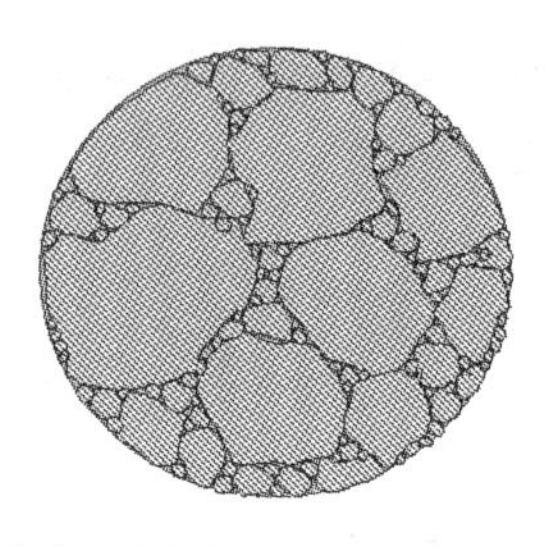

(a) 密实—悬浮结构；(b) 骨架—空隙结构；(c) 密实—骨架结构

图 10-2　沥青混合料的典型组成结构

由于以上 3 种沥青混合料的结构组成不同，从而所表现的结构常数和稳定性也具有显著的差异，相关结构和稳定性参数见表 10-14。

表 10-14　　不同结构组成的沥青混合料的结构常数和稳定性指标

混合料名称	组成结构类型	结构常数			稳定性指标	
		密度 ρ_0/(g·cm^{-3})	空隙率/%	矿料间空隙率/%	黏聚力 c/kPa	内摩擦角 ϕ/rad
连续型密级配沥青混合料	密实—悬浮结构	2.40	1.3	17.9	318	0.600
连续型开级配沥青混合料	骨架—空隙结构	2.37	6.1	16.2	240	0.653
间断型密级配沥青混合料	密实—骨架结构	2.43	2.7	14.8	338	0.658

10.2.2　沥青混合料的强度形成与破坏原理

沥青混合料的强度，决定了沥青道路的质量和耐久性。自有沥青路面以来，沥青混合料强度研究，一直是各国学者在道路材料理论研究中的一个重要内容。

1. 沥青混合料的强度理论

在较高温度或常温环境中，承受路面荷载的沥青混合料可能由于其中沥青的粘结力不足而产生变形或由于抗剪强度不足而破坏，可利用库伦理论来分析其强度和稳定性。通过对圆柱形沥青混合料试件进行三轴剪切试验，其摩尔圆应力状态可表现出沥青混合料的荷载抵抗特点(图 10-3)。

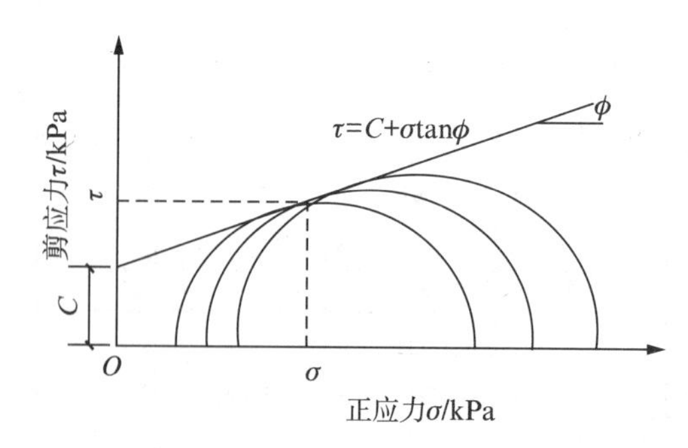

图 10-3　决定沥青混合料 C 与 ϕ 值的摩尔圆包络线图

图中应力圆的公切线即摩尔-库伦包络线，即抗剪强度曲线。利用包络线与纵轴相交的截距可估算出混合料的黏聚力；切线与横轴的交角反映了沥青混合料的内摩阻角大小，其表达

式为

$$\tau = C + \sigma \tan\phi \tag{10-1}$$

式中 τ——沥青混合料的抗剪强度，MPa；

C——沥青混合料的黏聚力，MPa；

ϕ——沥青混合料的内摩阻角，rad；

σ——剪切时的压应力，MPa。

从上式中可看出沥青混合料的抗剪强度决定于两个参数——黏聚力 C 和内摩阻角 ϕ。

2. 影响沥青混合料强度与稳定性的主要因素

沥青混合料路面破坏的情况，多发生在高温时因抗剪强度不足或塑性变形过大而产生的推挤等现象，以及低温时抗拉强度不足或变形能力较差而产生的开裂现象。因此，影响上述破坏的各种因素有很多，其中既有材料本身的因素，也有环境条件的外部因素。

1）沥青黏度的影响

从沥青混合料材料本身的内部结构来看，它是利用沥青将矿质集料胶结而成的整体，沥青粘度的大小将直接决定混合料的黏聚力 C，也将直接影响沥青混合料在外力作用下抵抗变形的能力。因此，在其他因素固定的情况下，沥青的黏度愈大，它对矿质集料间的约束作用使得集料间的嵌锁结构更为稳定，则抵抗变形的能力愈强。因此，沥青混合料的黏聚力会随着沥青粘度的提高而增大，其内摩阻角也会稍有提高，从而使沥青混合料的抗剪强度明显提高。

2）集料级配、粒径与颗粒状态的影响

从沥青混合料的组成结构来看，合理的矿质集料级配将会使其颗粒间形成较为稳定的相互嵌锁结构，颗粒间由于相互摩阻的约束力也较大，因此采用合理的矿质集料级配对于提高沥青混合料的强度及稳定性具有重要的影响。当集料颗粒粒径较大时，单位体积内可产生相互位移的界面就较少，大颗粒间由于相互接触的摩擦力就较大，通过三轴试验的结果也反映了这种情况（表 10-15）。因此，通常粗粒式沥青混合料的内摩阻角要比细粒式和砂粒式沥青混合料的大。此外，矿质集料不同的颗粒状态也会影响其结构的强度与力学稳定性，当混合料采用带有棱角、粗糙表面且近立方形颗粒的集料时，其相互嵌锁作用要比浑圆颗粒间的嵌锁作用更强，从而也会表现出较强结构力学稳定性。

表 10-15　矿质混合料的粗细与级配对沥青混合料粘结力及内摩阻角的影响

沥青混合料级配类型	三轴试验结果	
	内摩阻角/ϕ	粘结力 C/MPa
某粗粒式沥青混凝土	$45°55'$	0.076
某细粒式沥青混凝土	$35°45'30''$	0.197
某砂粒式沥青混凝土	$33°19'30''$	0.227

3）矿粉比表面积及沥青用量的影响

沥青混合料中的矿粉不仅能填充空隙，提高混合料的密实度，而且在很大程度上会影响其黏聚力（图 10-4(a)）。通常，矿粉对于沥青组分具有较强的吸附作用，当沥青与矿粉交互作用后，可使靠近矿粉的沥青组分重新排列，且黏度增高，使得愈靠近界面的沥青其黏度愈高，从而在矿粉表面形成一层黏度很高的扩散结构膜。一般情况下，矿粉表面的这种扩散结构膜很薄（小于 10 μm），该区域内的沥青称为结构沥青。只有该区域内结构沥青的黏度显著增大，并表现出更强的黏聚力（图 10-4(b)）；而在此区域之外的沥青黏度并无明显增加，其黏聚力并未受到矿粉的影响，故称之为自由沥青（图 10-4(c)）。

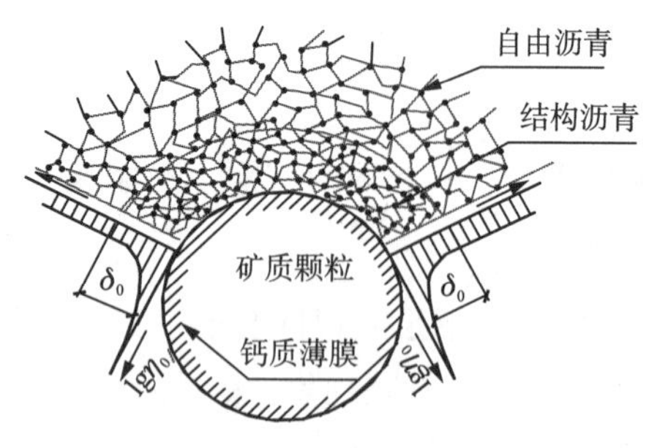

(a) 沥青与矿粉交互作用形成结构沥青

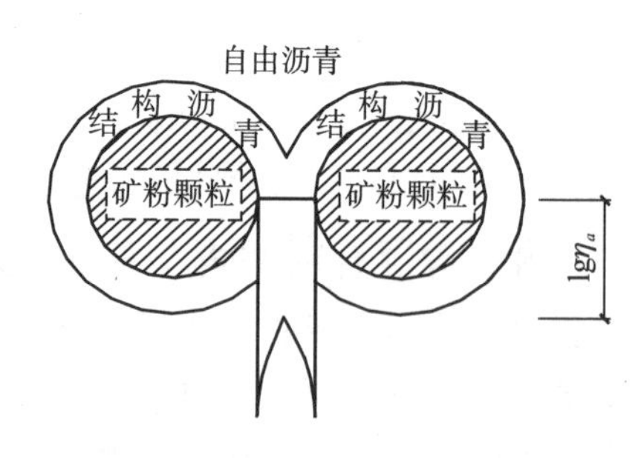

(b) 矿粉颗粒之间为结构沥青联结，其黏聚力为$\lg\eta_a$

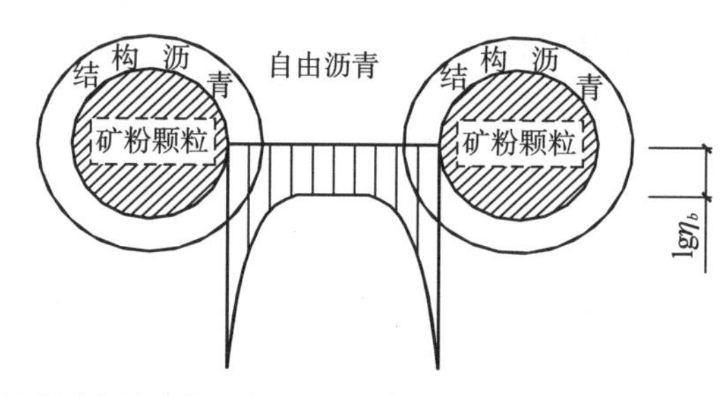

(c) 矿粉颗粒之间为自由沥青联结，其黏聚力为$\lg\eta_b$；且$\lg\eta_a>\lg\eta_b$

图 10-4　沥青膜层厚度对黏聚力 C 的影响

在矿粉表面积一定时，所形成的结构沥青量基本相同；当混合料所用沥青较多时，结构沥青占沥青总量的比例就较少，从而会产生较多的自由沥青。当沥青用量太多时，由于自由沥青的增多而会削弱混合料的内部黏聚力。因此，沥青用量将影响结构沥青的相对含量，从而影响沥青混合料的黏聚力和内摩阻角，因此沥青用量对沥青混合料的黏聚力和内摩阻角也具有明显的影响（图 10-5）。相反，沥青用量太少时，会由于难以形成足够的结构沥青层来提高混合料的黏聚力而不能提高混合料的结构强度。

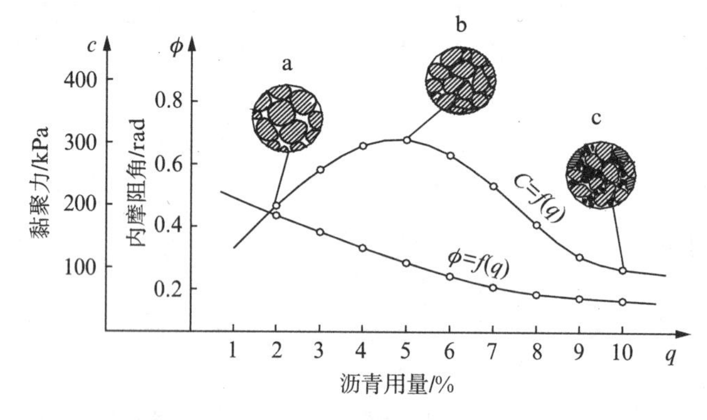

a—沥青用量不足；b—沥青用量适中；c—沥青用量过多

图 10-5　沥青用量对沥青混合料 C，ϕ 值的影响

当矿粉的表面积变化时将会造成结构沥青数量的变化。显然，结构沥青的数量将随着矿粉表面积的增大而增多。由此可见，矿粉在沥青混合料中对黏聚力的影响与其总表面积有关，总表面积越大，则结构沥青数量就越多，对混合料结构黏聚力的改善就会更显著。密实的混合料中，矿粉的比表面积一般占矿料总面积的 80%以上，它对混合料强度与稳定性的贡献也十分明显，其原因主要来自矿粉表面形成的结构沥青层。

4）矿料表面性质的影响

沥青与矿料的相互黏结能力是决定沥青混合料黏聚力的重要因素之一，这种粘结能力取决于矿料表面与沥青的相互作用，而这种相互作用又取决于沥青与矿料表面的物理化学性质。因此，不同的矿料表面性质对沥青混合料的黏聚力及内摩阻角均有重要的影响。通常石油沥青与碱性石料（如石灰石）有较好的黏附性，而与酸性石料则黏附性较差。这是由于矿料表面对沥青的物理化学吸附是有选择性的，如碳酸盐类或其他碱性矿料能与石油沥青组分中的沥青酸和沥青酸酐产生化学吸附作用，这种化学吸附比石料与沥青之间的分子力吸附（即物理吸附）要强得多，可产生较大的粘结力；而酸性石料与石油沥青之间的化学吸附作用则较差。

5）环境条件对沥青混合料强度与稳定性的影响

(1) 温度对沥青混合料的影响 沥青混合料是一种热塑性材料，其抗剪强度及力学稳定性随着温度的升高会产生明显的降低。在沥青混合料的结构参数中，黏聚力值随温度升高而降低的程度最为显著，而内摩阻角受温度变化的影响较小。

(2) 变形速率对沥青混合料的影响 沥青混合料为黏-弹性材料，其抗剪强度及力学稳定性会表现出随着变形速率加快而增大的趋势。在其他条件相同的情况下，变形速率对沥青混合料的黏聚力影响比较显著，而对内摩阻角的影响则较小。在进行沥青混合料试件力学实验的过程中可以明显地表现出这种现象。

10.2.3 沥青混合料技术性质及技术标准

1. 沥青混合料技术性质

沥青混合料作为沥青路面的面层材料，需要满足各种使用要求，并能承受车辆行驶反复荷载和气候因素的作用。因此，沥青混合料应具有较好的抗高温变形、抗低温脆裂、抗滑性、耐久性和施工和易性等技术性质，以保证沥青路面的施工质量和使用性能。

1）沥青混合料的高温稳定性

高温稳定性是指沥青混合料在高温条件下承受多次重复荷载作用而不发生过大塑性变形的能力。沥青混合料受到外力作用时将产生变形，其中包括弹性变形和塑性变形，而过大的塑性变形会造成沥青路面产生车辙、波浪及拥包等现象。特别是在高温和受到荷载重复作用下，沥青混合料的塑性变形会显著增加。因此，在高温地区、交通量大、重车比例高和经常变速路段的沥青路面，更易发生这些破坏现象。

世界各国评价沥青混合料高温稳定性的方法很多，使用比较广泛的是马歇尔实验和车辙实验。《公路沥青路面施工技术规范》(JTG F40—2004)规定了热拌沥青混合料马歇尔实验的技术标准，同时规定为保证高速公路和一级公路沥青混合料的高温稳定性，当其公称粒径等于或小于 19 mm 时，必须在配合比设计基础上进行车辙实验，对其高温稳定性进行进一步检验。

(1) 马歇尔实验 马歇尔实验又称“马歇尔稳定度实验”，主要测定沥青混合料的马歇尔稳定度(MS)、流值(FL)和马歇尔模数(T)三项指标。稳定度是指在规定温度与加荷速度下，标准尺寸试件可承受的最大荷载(kN)；流值是最大荷载时试件的垂直变形(以 0.1 mm 计)；马歇尔模数则是稳定度与其流值之比，即：

$$T = \frac{MS \times 10}{FL} \tag{10-2}$$

式中 T——马歇尔模数，kN/mm；

MS——稳定度，kN；

FL——流值，0.1 mm。

(2) 车辙试验 车辙试验是用标准成型方法制成 300 mm×300 mm×50 mm 的沥青混合料试件，在 60 ℃的温度条件下，以 0.7 MPa 荷载的轮子在同一轨迹上作规定速度与频率的反复行走规定次数后，以其试件变形 1 mm 所需试验车轮行走次数称为动稳定度，并以次/mm 表示。

$$DS = \frac{(t_2 - t_1) \cdot N}{d_2 - d_1} \cdot C_1 \cdot C_2 \tag{10-3}$$

式中 DS——沥青混合料动稳定度，次/mm；

d_1, d_2——时间 t_1 和 t_2 的变形量，mm；

N——往返碾压速度，通常为 42 次/min；

C_1, C_2——试验机或试样修正系数。

车辙实验主要检验试件产生车辙深度的形成速度。通常对于高速公路和城市快速路，其抗车辙能力不应低于 800 次/mm；对一级公路及城市主干路不应低于 600 次/mm。

2) 沥青混合料的低温抗裂性

低温抗裂性是指在低温下沥青混合料抵抗低温开裂的能力。造成沥青路面产生裂缝的原因很复杂，其可能原因之一是温度收缩开裂，它是因为沥青混合料路面是在高温下所形成的结构，在降温过程中它会产生体积收缩，且变得硬脆。对于变形能力较差的沥青混合料，在气温骤降时，原来结构比较密实的沥青面层受基层和周围材料的约束而不能自由收缩，从而产生很大的收缩应力，当该应力超过沥青混合料的允许应力值时就会产生开裂。重复荷载下产生的疲劳开裂也是造成沥青混合料路面开裂的主要原因之一，即沥青混合料结构在受到反复疲劳荷载作用时，由于局部变形超过了允许能力或导致沥青与集料的界面脱落而开裂。这些开裂破坏达到一定程度就会导致路面松散、严重变形或大块剥落，而且当有水存在时其开裂破坏将会加剧。

沥青混合料的低温抗裂性可采用低温收缩实验、直接拉伸实验、弯曲蠕变实验以及低温弯曲实验等方法进行评价。《公路沥青路面施工技术规范》(JTG F40—2004)规定沥青混合料采用低温弯曲实验评价其低温稳定性。

低温弯曲试验是在试验温度－10 ℃的条件下，以 50 mm/min 的速率，对沥青混合料小梁试件跨中施加集中荷载至断裂破坏，记录试件跨中荷载与挠度的关系曲线。由破坏时的跨中挠度计算沥青混合料的破坏弯拉应变。沥青混合料在低温下的破坏弯拉应变越大，低温柔韧性越好，抗裂性越好。

3）耐久性

沥青混合料的耐久性是指其抵抗长时间自然因素（风、日光、温度、水分等）和行车荷载的反复作用，仍能保持原有性能的能力。沥青混合料的耐久性是一项综合性质，它包含了多方面的含义，目前尚无综合指标对其进行全面描述。工程上一般分别考察其水稳定性、耐老化性和耐疲劳性三项指标。

(1) 水稳定性 水稳定性是指沥青混合料抵抗水侵蚀导致沥青膜剥离、松散、脱粒等破坏的能力。沥青混合料水稳定性差的话，汽车车轮动态荷载作用，会使进入路面空隙中的水不断产生动水压力或真空负压抽吸的反复循环作用，路面上的水分会逐渐渗入到沥青与集料的界面上，使沥青黏附性降低并丧失粘结力，从而导致沥青膜从石料表面脱落，沥青混合粒料丧失胶结，颗粒脱落，沥青路面出现坑槽，最终导致路面发生破坏。

沥青混合料的水稳定性除与沥青性质、矿料性质、沥青与矿料间胶结状态等有关外，还与沥青膜厚度、沥青混合料的空隙率有关。一般来说，沥青膜较薄，水分容易穿透沥青膜层，导致沥青从集料表面剥落；空隙率较大，水分容易进入沥青混合料结构内部，导致沥青剥落破坏可能性较大。

在我国，沥青混合料的水稳定性通过浸水马歇尔试验和冻融劈裂试验进行评价。

浸水马歇尔试验测试试件的残留稳定度 MS_0。残留稳定度越高，沥青混合料水稳定性越好。测试方法为：按规范制备标准马歇尔试件，将试件分为 2 组。一组在 60 ℃恒温水槽中保温 0.5 h，测定稳定度 MS；另一组在 60 ℃的恒温水槽中保温 48 h，测定稳定度 MS_1；计算两者的比值，即为残留稳定度 MS_0：

$$MS_0 = \frac{MS_1}{MS} \times 100\% \tag{10-4}$$

式中 MS_0——试件的浸水残留稳定度，%；

MS_1——试件浸水 48 h 残留稳定度，kN；

MS——试件浸水 0.5 h 稳定度，kN。

冻融劈裂试验测试试件的残留强度比 TSR。残留强度比越大，沥青混合料水稳定性越好。测试方法为：制备双面各击实 50 次的马歇尔试件，将其分为 2 组。一组试件在 25 ℃的恒温水槽中保温 2 h，测定劈裂抗拉强度 R_{T1}；另一组试件先进行真空饱水，然后放入－18 ℃冰箱冷冻 16 h，再在 60 ℃恒温水槽中保温 24 h，再放入 25 ℃恒温水槽保温 2 h，测定其劈裂抗拉强度 R_{T2}。计算两者的比值，即残留强度比 TSR。

$$TSR = \frac{R_{T2}}{R_{T1}} \times 100\% \tag{10-5}$$

式中 TSR——残留强度比，%；

R_{T2}——冻融循环后第 2 组试件的劈裂抗拉强度，MPa；

R_{T1}——未冻融循环后第 1 组试件的劈裂抗拉强度，MPa。

(2) 耐老化性 沥青混合料的老化是一个由来已久的问题。沥青混合料的老化除热法施工的影响外，使用过程中氧气、紫外线、温度变化等作用都会使沥青混合料老化。老化的结果是沥青混合料变硬变脆，柔韧性变差，变形能力逐渐丧失，最后沥青路面在荷载作用下发生开裂，出现很多裂缝。

所谓耐老化性，是指沥青混合料抵抗人为和自然因素作用，而逐渐丧失变形能力、柔韧性等各种良好品质的能力。

影响沥青混合料老化速度的因素主要有沥青性质、沥青用量、沥青混合料的空隙率、铺筑工艺等。从性质上讲，沥青化学组分中的轻质成分、不饱和烃含量越多，沥青老化速度越快；沥青用量大小决定沥青混合料中裹覆矿料的沥青膜厚度，一般来说，薄的沥青膜容易老化；沥青混合料的空隙率大，沥青与空气、紫外线等接触范围就大，容易老化；铺筑时拌和温度过高、加热时间过长，会导致沥青严重老化，铺筑后路面上会过早出现脆性裂缝。

(3) 耐疲劳性 耐疲劳性是指沥青混合料在车轮荷载反复作用下，抵抗疲劳断裂破坏的能力。沥青路面经受车轮荷载的反复作用，长期处于应力应变交迭变化状态。荷载重复作用超过一定次数，沥青混合料产生疲劳断裂破坏，路面开裂。

评价沥青混合料耐疲劳性的试验一般有真实条件和模拟条件两类。具体方法有：a. 实际路面在真实汽车荷载作用下的疲劳破坏试验；b. 足尺路面结构在模拟汽车荷载作用下的疲劳试验；c. 试板试验；d. 试验室小型试件的疲劳试验。前三种试验研究方法耗资大、周期长，因此多采用周期短、费用较少的室内小型试件疲劳试验，包括重复弯曲试验、间接拉伸疲劳试验等。

4）抗滑性

沥青路面的抗滑性与矿质集料的表面特征和抗磨光性、沥青混合料的级配组成以及沥青用量、沥青含蜡量等因素有关。

现代高速公路和高等级公路对沥青路面的抗滑性提出了更高的要求。为提高沥青路面的抗滑能力，保证行车安全，要求配料时应选择硬质多棱角，与沥青黏附性好、抗磨光性好的粗集料。但表面粗糙、坚硬耐磨的集料多为酸性集料，与沥青的黏附性欠佳，一般通过掺加消石灰、水泥或饱和石灰水处理后使用，也可同时在沥青中掺加耐热耐水性能好的抗剥落剂。

沥青用量和沥青含蜡量对抗滑性的影响非常敏感。沥青用量超过最佳用量的 0.5%即可使抗滑系数明显降低。我国现行规范对沥青含蜡量进行了限制。

评价沥青路面抗滑性常用方法有表面构造深度测定和摩擦系数测定等。

5）施工和易性

沥青混合料的施工和易性是指沥青混合料易于拌和、摊铺均匀以及受碾压而能够很密实的性能。

影响沥青混合料施工和易性的因素很多，沥青混合料的性质、施工条件、当地气温等都直接影响其和易性。

从沥青混合料性质来看，影响和易性的因素主要是矿质混合料的级配、沥青用量和矿粉的质量。当粗细集料粒径尺寸相距过大，缺乏中间尺寸颗粒时，沥青混合料容易分层和离析。细集料过少，沥青层难以均匀分布在粗颗粒表面；细集料过多，则拌和困难。沥青用量过少或矿粉用量过多时，沥青混合料疏松而不易压实，反之则容易粘结成团块，不易摊铺。

目前尚无具体指标用以表征沥青混合料的施工和易性，生产上大都凭目测判断。

2. 沥青混合料技术标准

依道路所在地气候、道路级别不同，沥青混合料类型不同，标准不同。《公路沥青路面施工技术规范》(JTG F40—2004)规定，沥青混合料采用马歇尔试验方法进行配合比设计。在规定的试验条件下进行车辙试验以检验沥青混合料的高温稳定性，在规定试验条件下进行浸水马歇尔试验和冻融劈裂试验检验沥青混合料的水稳定性。

沥青混凝土混合料马歇尔试验技术标准 沥青混合料马歇尔试验技术标准见表 10-16、表 10-17、表 10-18 和表 10-19。

表 10-16　　密级配沥青混凝土混合料马歇尔试验技术标准

(本表适用于公称最大粒径≤26.5 mm 的密级配沥青混凝土混合料)

试验指标		单位	高速公路、一级公路				其他等级公路	行人道路
			夏炎热区(1-1、1-2、1-3、1-4 区)		夏热区及夏凉区(2-1、2-2、2-3、2-4、3-2 区)			
			中轻交通	重载交通	中轻交通	重载交通		
击实次数(双面)		次	75				50	50
试件尺寸		mm	ϕ101.6×63.5					
空隙率 V_V	深约 90 mm 以内	%	3～5	4～6[注2]	2～4	3～5	3～6	2～4
	深约 90 mm 以下	%	3～6		2～4	3～6	3～6	—
稳定度 MS　≥		kN	8				5	3
流值 FL		mm	2～4	1.5～4	2～4.5	2～4	2～4.5	2～5
矿料间隙率 V_{MA}/%	设计空隙率/%		相应于以下公称最大粒径(mm)的最小 V_{MA} 及 V_{FA} 技术要求					
			26.5	19	16	13.2	9.5	4.75
	2		10	11	11.5	12	13	15
	3		11	12	12.5	13	14	16
	4		12	13	13.5	14	15	17
	5		13	14	14.5	15	16	18
	6		14	15	15.5	16	17	19
沥青饱和度 V_{FA}/%			55～70	65～75			70～85	

表 10-17　　沥青稳定碎石混合料马歇尔试验配合比设计技术标准

试验指标	单位	密级配基层(ATB)		半开级配面层(AM)	排水式开级配磨耗层(OGFC)	排水式开级配基层(ATPB)
公称最大粒径	mm	26.5	≥31.5	≤26.5	≤26.5	所有尺寸
马歇尔试件尺寸	mm	ϕ101.6×63.5	ϕ152.4×95.3	ϕ101.6×63.5	ϕ101.6×63.5	ϕ152.4×95.3
击实次数(双面)	次	75	112	50	50	75
空隙率 V_V①	%	3～6		6～10	不小于 18	不小于 18
稳定度　≥	kN	7.5	15	3.5	3.5	—
流值	mm	1.5～4	实测	—	—	—
沥青饱和度 V_{FA}	%	55～70		40～70	—	—
密级配基层 ATB 的矿料间隙率 V_{MA}/%　≥	设计空隙率/%		ATB-40	ATB-30	ATB-25	
	4		11	11.5	12	
	5		12	12.5	13	
	6		13	13.5	14	

表 10-18　　SMA(沥青玛蹄脂碎石)混合料马歇尔试验配合比设计技术要求

试验项目		单位	技术要求	
			不使用改性沥青	使用改性沥青
马歇尔试件尺寸		mm	ϕ101.6×63.5	
马歇尔试件击实次数			两面击实 50 次	
空隙率 V_V		%	3～4	
矿料间隙率 V_{MA}	≥	%	17.0	
粗集料骨架间隙率 $V_{CA_{mix}}$	≤		$V_{CA_{DRC}}$	
沥青饱和度 V_{FA}		%	75～85	
稳定度	≥	kN	5.5	6.0
流值		mm	2～5	—
谢伦堡沥青析漏试验的结合料损失		%	不大于 0.2	不大于 0.1
肯塔堡飞散试验的混合料损失或浸水飞散试验		%	不大于 20	不大于 15

表 10-19　　OGFC(大孔隙开级配排水式沥青磨耗层)混合料技术要求

试验项目		单位	技术要求
马歇尔试件尺寸		mm	ϕ101.6×63.5
马歇尔试件击实次数			两面击实 50 次
空隙率		%	18～25
马歇尔稳定度	≥	kN	3.5
析漏损失		%	<0.3
肯特堡飞散损失		%	<20

3. 沥青混合料其他技术标准

为保证沥青混合料技术性能满足道路设计要求，一般来说，在满足马歇尔实验基础上，对用于高速公路和一级公路的公称最大粒径等于或小于 19 mm 的密级配沥青混合料(AC)及SMA、OGFC 混合料等，还需在配合比设计的基础上，进行各种使用性能检验，包括车辙实验、水稳定性实验、低温弯曲试验破坏应变实验以及试件渗水实验等。表 10-20、表 10-21、表 10-22、表 10-23 是《公路沥青路面施工技术规范》(JTG F40—2004)规定的相关技术标准。

表 10-20　　沥青混合料车辙试验动稳定度技术要求

气候条件与技术指标		相应于下列气候分区所要求的动稳定度/(次·mm^{-1})								
七月平均最高气温(℃)及气候分区		>30				20～30				<20
		1. 夏炎热区				2. 夏热区				3. 夏凉区
		1-1	1-2	1-3	1-4	2-1	2-2	2-3	2-4	3-2
普通沥青混合料	≥	800		1 000		600	800			600
改性沥青混合料	≥	2 400		2 800		2 000	2 400			1 800

续表

气候条件与技术指标		相应于下列气候分区所要求的动稳定度/(次·mm^{-1})								
七月平均最高气温(℃)及气候分区		>30				20～30				<20
		1. 夏炎热区				2. 夏热区				3. 夏凉区
		1-1	1-2	1-3	1-4	2-1	2-2	2-3	2-4	3-2
SMA 混合料	非改性 ≥	1 500								
	改性 ≥	3 000								
OGFC 混合料		1 500(一般交通路段)、3 000(重交通量路段)								

表 10-21　　沥青混合料水稳定性检验技术要求

气候条件与技术指标		相应于下列气候分区的技术要求/%			
年降雨量/mm		>1 000	500～1 000	250～500	<250
气候分区		1. 潮湿区	2. 湿润区	3. 半干区	4. 干旱区
普通沥青混合料		80		75	
改性沥青混合料		85		80	
SMA 混合料	普通沥青	75			
	改性沥青	80			
普通沥青混合料		75		70	
改性沥青混合料		80		75	
SMA 混合料	普通沥青	75			
	改性沥青	80			

表 10-22　　沥青混合料低温弯曲试验破坏应变(μ_ε)技术要求

气候条件与技术指标	相应于下列气候分区所要求的破坏应变/μ_ε								
年极端最低气温/℃	<−37.0		−21.5～−37.0			−9.0～−21.5		>−9.0	
气候分区	1. 冬严寒区		2. 冬寒区			3. 冬冷区		4. 冬温区	
	1-1	2-1	1-2	2-2	3-2	1-3	2-3	1-4	2-4
普通沥青混合料 ≥	2 600		2 300			2 000			
改性沥青混合料 ≥	3 000		2 800			2 500			

表 10-23　　沥青混合料试件渗水系数技术要求

级 配 类 型		渗水系数要求/(ml·min^{-1})
密级配沥青混凝土	≤	120
SMA 混合料	≤	80
OGFC 混合料	≥	实测

10.3 沥青混合料配合比设计

所谓沥青混合料配合比设计是指依据工程设计要求，对所选用的欲拌制沥青混合料的材料，进行用量计算、试配、实验测试，获得满足工程设计要求、施工要求及经济性要求的材料用量配方，用于工程施工。

10.3.1 沥青混合料配合比设计流程

沥青混合料配合比设计一般有三个步骤。

首先进行目标配合比设计，确定实验阶段的沥青混合料的材料品种、矿料级配、标准配合比，以及最佳沥青用量等。图 10-6 是密级配沥青混合料目标配合比设计流程示意图。

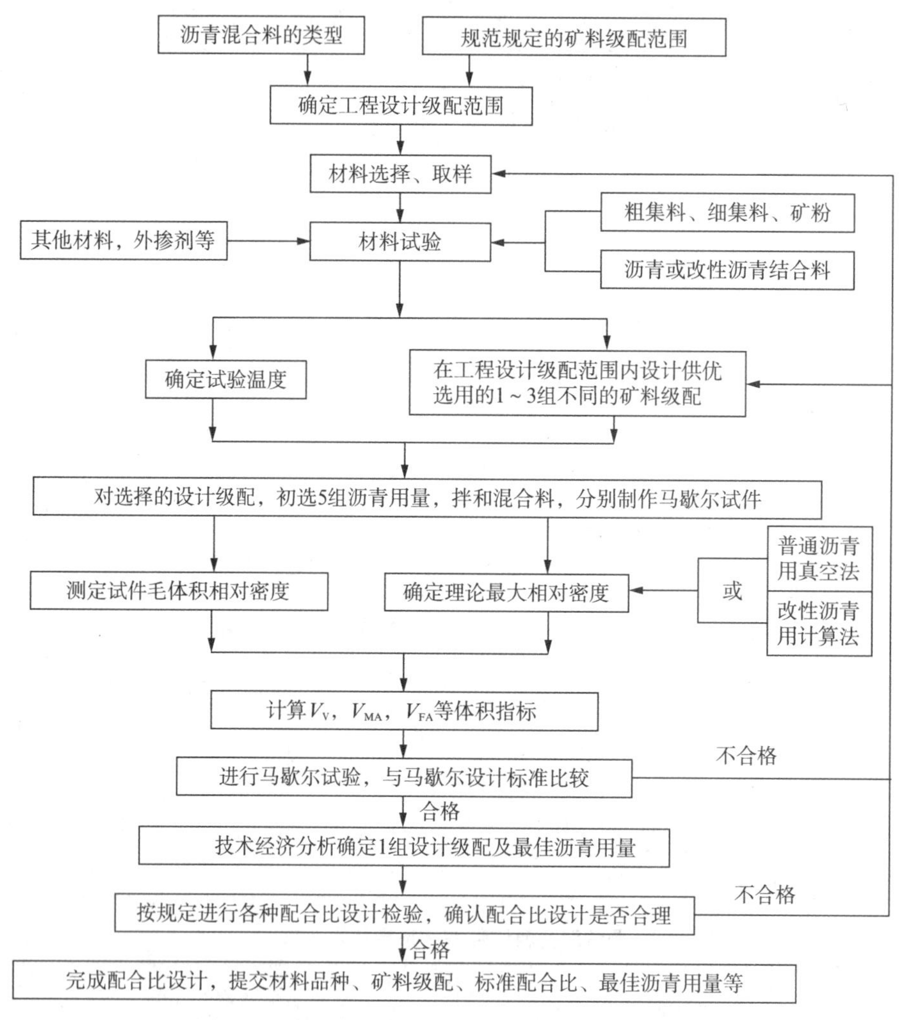

图 10-6 密级配沥青混合料目标配合比设计流程图

第二步是生产配合比设计，通过拌和机实验取样，确定生产配合比和生产用量。

第三步是生产配合比的验证，通过生产配合比试拌、试铺以及相关实验检测、检验，最终确定正式生产配合比。

进行配合比设计时，必须在对同类公路配合比设计和使用情况调查研究的基础上，充分借鉴成功的经验，选用符合要求的材料配制沥青混合料。

10.3.2 配合比设计第一阶段——目标配合比设计方法与步骤

下面以热拌密级配沥青混合料配合比设计为例，介绍目标配合比设计方法与步骤。其他类型沥青混合料配合比设计参见相关规范。

1. 目标配合比设计与计算

1）沥青混合料类型选择

根据道路设计要求，按照规范选择沥青混合料种类。选择依据参照本章表 10-1“热拌沥青混合料种类”，由集料公称最大粒径、矿料级配、孔隙率等因素决定。

2）确定工程设计级配范围

沥青混合料的矿料级配应符合工程规定的设计级配范围。

密级配沥青混合料宜根据公路等级、气候及交通条件按表 10-24 选择采用粗型（C 型）或细型（F 型）混合料，并在表 10-25 范围内确定工程设计级配范围。通常情况下工程设计级配范围不宜超出表 10-25 的要求。

确定工程设计级配范围要遵从以下基本原则：

表 10-24　粗型和细型密级配沥青混凝土的关键性筛孔通过率

混合料类型	公称最大粒径/mm	用以分类的关键性筛孔/mm	粗型密级配		细型密级配	
			名称	关键性筛孔通过率/%	名称	关键性筛孔通过率/%
AC-25	26.5	4.75	AC-25C	<40	AC-25F	>40
AC-20	19	4.75	AC-20C	<45	AC-20F	>45
AC-16	16	2.36	AC-16C	<38	AC-16F	>38
AC-13	13.2	2.36	AC-13C	<40	AC-13F	>40
AC-10	9.5	2.36	AC-10C	<45	AC-10F	>45

注：AC——密级配沥青混凝土混合料。

表 10-25　密级配沥青混凝土混合料矿料级配范围

级配类型		通过下列筛孔（mm）的质量百分率/%												
		31.5	26.5	19	16	13.2	9.5	4.75	2.36	1.18	0.6	0.3	0.15	0.075
粗粒式	AC-25	100	90～100	75～90	65～83	57～76	45～65	24～52	16～42	12～33	8～24	5～17	4～13	3～7
中粒式	AC-20		100	90～100	78～92	62～80	50～72	26～56	16～44	12～33	8～24	5～17	4～13	3～7
	AC-16			100	90～100	76～92	60～80	34～62	20～48	13～36	9～26	7～18	5～14	4～8
细粒式	AC-13				100	90～100	68～85	38～68	24～50	15～38	10～28	7～20	5～15	4～8
	AC-10					100	90～100	45～75	30～58	20～44	13～32	9～23	6～16	4～8
砂粒式	AC-5						100	90～100	55～75	35～55	20～40	12～28	7～18	5～10

① 按照上述表 10-24、表 10-25 范围确定采用粗型(C 型)或细型(F 型)的混合料。

② 对夏季温度高、高温持续时间长，重载交通多的路段，宜选用粗型密级配沥青混合料(AC-C 型)，并取较高的设计空隙率。

③ 对冬季温度低且低温持续时间长的地区，或者重载交通较少的路段，宜选用细型密级配沥青混合料(AC-F 型)，并取较低的设计空隙率。

④ 为确保高温抗车辙能力，同时兼顾低温抗裂性能的需要，配合比设计时宜适当减少公称最大粒径附近的粗集料用量，减少 0.6 mm 以下部分细粉的用量，使中等粒径集料较多，形成 S 型级配曲线，并取中等或偏高水平的设计空隙率。

⑤ 确定各层的工程设计级配范围时应考虑不同层位的功能需要，经组合设计的沥青路面应能满足耐久、稳定、密水、抗滑等要求。

⑥ 根据公路等级和施工设备的控制水平，确定的工程设计级配范围应比规范级配范围窄，其中 4.75 mm 和 2.36 mm 通过率的上下限差值宜小于 12%。

⑦ 沥青混合料的配合比设计应充分考虑施工性能，使沥青混合料容易摊铺和压实，避免造成严重的离析。

3) 材料选择与准备

材料选择与准备遵从以下原则：

① 配合比设计的各种矿料必须按现行《公路工程集料试验规程》(JTG E42—2005)规定的方法，从工程实际使用的材料中取代表性样品。进行生产配合比设计时，取样至少应在干拌 5 次以后进行。

② 配合比设计所用的各种材料必须符合气候和交通条件的需要。其质量应符合规范要求。

③ 当单一规格的集料某项指标不合格，但不同粒径规格的材料按级配组成的集料混合料指标能符合规范要求时，允许使用。

4) 矿料配比设计

矿料级配设计主要是用试配法，借助电子表格，画出泰勒曲线。

泰勒曲线的横坐标按表 10-26 参数进行计算，通过坐标原点，画出与集料最大粒径 100% 各点的连线，此连线即为沥青混合料的最大密度线。具体绘制方法参见《公路工程沥青及沥青混合料试验规程》(JTJ E20—2011)，表 10-27 和图 10-7 是矿料配比设计示例。

表 10-26　泰勒曲线的横坐标

d_i	0.075	0.15	0.3	0.6	1.18	2.36	4.75	9.5
$x=d_i^{0.45}$	0.312	0.426	0.582	0.795	1.077	1.472	2.016	2.754
d_i	13.2	16	19	26.5	31.5	37.5	53	63
$x=d_i^{0.45}$	3.193	3.482	3.762	4.370	4.723	5.109	5.969	6.452

表 10-27　矿料级配设计计算表示例

筛孔/%	10～20/%	5～10/%	3～5/%	石屑/%	黄砂/%	矿粉/%	消石灰/%	合成级配	工程设计级配范围		
									中值	下限	上限
16	100	100	100	100	100	100	100	100.0	100	100	100
13.2	88.6	100	100	100	100	100	100	96.7	95	90	100

续表

筛孔/%	10～20/%	5～10/%	3～5/%	石屑/%	黄砂/%	矿粉/%	消石灰/%	合成级配	工程设计级配范围		
									中值	下限	上限
9.5	16.6	99.7	100	100	100	100	100	76.6	70	60	80
4.75	0.4	8.7	94.9	100	100	100	100	47.7	41.5	30	53
2.36	0.3	0.7	3.7	97.2	87.9	100	100	30.6	30	20	40
1.18	0.3	0.7	0.5	67.8	62.2	100	100	22.8	22.5	15	30
0.6	0.3	0.7	0.5	40.5	46.4	100	100	17.2	16.5	10	23
0.3	0.3	0.7	0.5	30.2	3.7	99.8	99.2	9.5	12.5	7	18
0.15	0.3	0.7	0.5	20.6	3.1	96.2	97.6	8.1	8.5	5	12
0.075	0.2	0.6	0.3	4.2	1.9	84.7	95.6	5.5	6	4	8
配比	28	26	14	12	15	3.3	1.7	100.0			

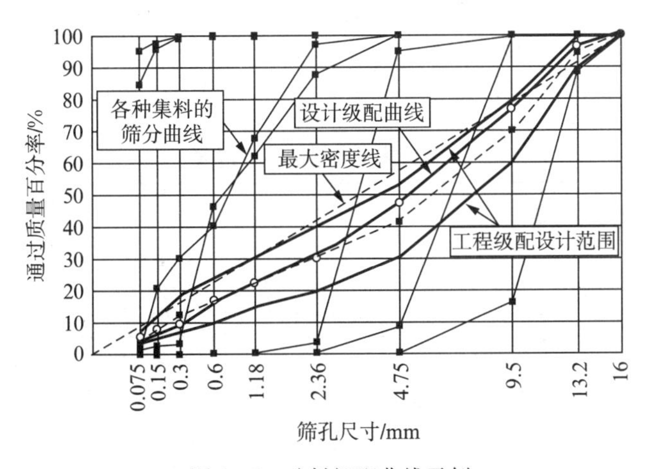

图 10-7 矿料级配曲线示例

进行矿料配比设计时要注意以下问题：

① 高速公路和一级公路，宜在工程设计级配范围内计算 1～3 组粗细不同的配比，绘制设计级配曲线，分别位于工程设计级配范围的上方、中值及下方。

② 设计合成级配不得有太多的锯齿形交错，且在 0.3～0.6 mm 范围内不出现“驼峰”。当反复调整不能满意时，宜更换材料设计。

③ 根据当地的实践经验选择适宜的沥青用量，分别制作几组级配的马歇尔试件，测定压实沥青混合料的矿料间隙率（V_{MA}值），初选一组满足或接近设计要求的级配作为设计级配。

5）马歇尔试验

马歇尔实验目的主要是确定最佳沥青用量。在确定试件制作温度基础上，计算确定沥青用量范围，然后试配制备马歇尔试件，通过对马歇尔试件物理指标和力学指标的测定，作图确定最佳沥青用量，最后检验最佳沥青用量下的胶粉比和有效沥青膜厚度。

做完马歇尔实验获得沥青混合料配合比方案后，接下来需要完成的，是将上述计算获得的沥青混合料配合比试配成试件，进行各种使用性能，包括高温稳定性检验、水稳定性检验、低温抗裂性检验、渗水系数检验等。待全部检验合格，就进入第二阶段——生产配合比设计阶段。

下面是马歇尔实验过程。

(1) 确定试件制作温度 试件制作温度按照现行规范确定，其值见表 10-28。

表 10-28　热拌普通沥青混合料试件的制作温度　℃

施工工序	石油沥青的标号				
	50 号	70 号	90 号	110 号	130 号
沥青加热温度	160～170	155～165	150～160	145～155	140～150
矿料加热温度	集料加热温度比沥青温度高 10～30(填料不加热)				
沥青混合料拌和温度	150～170	145～165	140～160	135～155	130～150
试件击实成型温度	140～160	135～155	130～150	125～145	120～140

注：表中混合料温度，并非拌和机的油浴温度，应根据沥青的针入度、黏度选择，不宜都取中值。

确定制作温度，还应当考虑与热拌沥青混合料的施工温度相一致。表 10-29 是现行规范规定施工温度，表 10-30 是确定沥青混合料拌和及压实温度的适宜温度。若采用聚合物改性沥青，其混合料的成型温度要在此基础上再提高 10 ℃～20 ℃，参见表 10-31。

表 10-29　热拌沥青混合料的施工温度　℃

施工工序		石油沥青的标号			
		50 号	70 号	90 号	110 号
沥青加热温度		160～170	155～165	150～160	145～155
矿料加热温度	间隙式拌和机	集料加热温度比沥青温度高 10～30			
	连续式拌和机	矿料加热温度比沥青温度高 5～10			
沥青混合料出料温度		150～170	145～165	140～160	135～155
混合料贮料仓贮存温度		贮料过程中温度降低不超过 10			
混合料废弃温度 　>		200	195	190	185
运输到现场温度 　≥		150	145	140	135
混合料摊铺温度 　≥	正常施工	140	135	130	125
	低温施工	160	150	140	135
开始碾压的混合料内部温度 　≥	正常施工	135	130	125	120
	低温施工	150	145	135	130
碾压终了的表面温度 　≥	钢轮压路机	80	70	65	60
	轮胎压路机	85	80	75	70
	振动压路机	75	70	60	55
开放交通的路表温度 　≤		50	50	50	45

表 10-30　　确定沥青混合料拌和及压实温度的适宜温度

黏　　度	适宜于拌和的沥青结合料黏度	适宜于压实的沥青结合料黏度
表观黏度	(0.17±0.02) Pa·s	(0.28±0.03) Pa·s
运动黏度	(170±20) mm^2/s	(280±30) mm^2/s
赛波特黏度	(85±10) s	(140±15) s

表 10-31　　聚合物改性沥青混合料的正常施工温度范围　　℃

工　　序		聚合物改性沥青品种		
		SBS 类	SBR 胶乳类	EVA、PE 类
沥青加热温度		160～165		
改性沥青现场制作温度		165～170	—	165～170
成品改性沥青加热温度	≤	175	—	175
集料加热温度		190～220	200～210	185～195
改性沥青 SMA 混合料出厂温度		170～185	160～180	165～180
混合料最高温度(废弃温度)		195		
混合料贮存温度		拌和出料后降低不超过 10		
摊铺温度	≥	160		
初压开始温度	≥	150		
碾压终了的表面温度	≥	90		
开放交通时的路表温度	≤	50		

(2) 确定沥青用量　确定沥青用量,实际上是确定油石比。

确定油石比要通过计算这些参数完成:矿料混合料的合成毛体积相对密度 γ_{sb}、矿料混合料的合成表观相对密度 γ_{sa}、沥青混合料的适宜的油石比 P_a 或沥青用量 P_b、矿料的有效相对密度 γ_{se} 等。下面是计算步骤。

① 计算矿料混合料的合成毛体积相对密度 γ_{sb}

$$\gamma_{sb}=\frac{100}{\frac{P_1}{\gamma_1}+\frac{P_2}{\gamma_2}+\cdots+\frac{P_n}{\gamma_n}} \tag{10-6}$$

式中　$P_1, P_2, \cdots, P_n$——各种矿料成分的配比,其和为 100;

$\gamma_1, \gamma_2, \cdots, \gamma_n$——各种矿料相应的毛体积相对密度。

式中,粗集料、机制砂及石屑毛体积相对密度测定方法参见《公路工程集料试验规程》(JTG E42—2005),也可用筛出的 2.36～4.75 mm 部分的毛体积相对密度代替。矿粉(含消石灰、水泥)毛体积相对密度以表观相对密度代替。

② 计算矿料混合料的合成表观相对密度 γ_{sa}

$$\gamma_{sa}=\frac{100}{\frac{P_1}{\gamma'_1}+\frac{P_2}{\gamma'_2}+\cdots+\frac{P_n}{\gamma'_n}} \tag{10-7}$$

式中　$P_1,P_2,\cdots,P_n$——各种矿料成分的配比，其和为 100；

$\gamma'_1,\gamma'_2,\cdots,\gamma'_n$——各种矿料按试验规程方法测定的表观相对密度。

③ 计算预估沥青混合料的适宜的油石比 P_a 或沥青用量 P_b

$$P_a=\frac{P_{a1}\times\gamma_{sb1}}{\gamma_{sb}} \tag{10-8}$$

$$P_b=\frac{P_a}{100+\gamma_{sb}}\times 100 \tag{10-9}$$

式中　P_a——预估的最佳油石比(与矿料总量的百分比)，%；

P_b——预估的最佳沥青用量(占混合料总量的百分数)，%；

P_{a1}——已建类似工程沥青混合料的标准油石比，%；

γ_{sb}——集料的合成毛体积相对密度；

γ_{sb1}——已建类似工程集料的合成毛体积相对密度。

④ 计算矿料的有效相对密度 γ_{se}　矿料的有效相对密度 γ_{se} 计算方法视混合料类型不同而异。

对非改性沥青混合料，宜以预估的最佳油石比拌和二组混合料，采用真空法实测最大相对密度，取平均值，然后由式(10-10)反算合成矿料的有效相对密度 γ_{se}。

$$\gamma_{se}=\frac{100-P_b}{\frac{100}{\gamma_t}-\frac{P_b}{\gamma_b}} \tag{10-10}$$

式中　γ_{se}——合成矿料的有效相对密度；

P_b——试验采用的沥青用量(占混合料总量的百分数)，%；

γ_t——试验沥青用量条件下实测得到的最大相对密度，无量纲；

γ_b——沥青的相对密度(25 ℃/25 ℃)，无量纲。

对改性沥青及 SMA 等难以分散的混合料，有效相对密度宜直接由矿料的合成毛体积相对密度与合成表观相对密度，按式(10-11)计算确定。其中，沥青吸收系数 C 值根据材料的吸水率由式(10-12)求得，材料的合成吸水率 w_x 按式(10-13)计算。

$$\gamma_{se}=C\times\gamma_{sa}+(1-C)\times\gamma_{sb} \tag{10-11}$$

$$C=0.033w_x^2-0.2936w_x+0.9339 \tag{10-12}$$

$$W_X=\left(\frac{1}{\gamma_{sb}}-\frac{1}{\gamma_{sa}}\right)\times 100 \tag{10-13}$$

式中　γ_{se}——合成矿料的有效相对密度；

C——合成矿料的沥青吸收系数；

γ_{sa}——材料的合成表观相对密度，按式(10-7)求取，无量纲；

W_X——合成矿料的吸水率；

γ_{sb}——材料的合成毛体积相对密度，按式(10-6)求取，无量纲。

(3) 制备马歇尔试件　制备马歇尔试件要以预估的最佳油石比 P_a 为中值，按一定间隔

(对密级配沥青混合料通常为0.5%,对沥青碎石混合料可适当缩小间隔为0.3%~0.4%),取5个或5个以上不同的油石比分别成型马歇尔试件。每一组试件的试样数按现行试验规程的要求确定,对粒径较大的沥青混合料,宜增加试件数量。其中5个不同油石比不一定选整数,例如预估油石比4.8%,可选3.8%,4.3%,4.8%,5.3%,5.8%等。

(4) 测定马歇尔试件物理指标 测定时首先采用表干法测定压实沥青混合料试件的毛体积相对密度 γ_f 和吸水率,取平均值。

① 对试件吸水率大于2%,改用蜡封法测定毛体积相对密度。对吸水率小于0.5%的特别致密的沥青混合料,在施工质量检验时,允许采用水中称重法测定的表观相对密度作为标准密度,钻孔试件也采用相同方法。但配合比设计时不得采用水中称重法。

② 测定和计算沥青混合料的最大理论相对密度 γ_{ti}。

对非改性的普通沥青混合料,在成型马歇尔试件的同时,用真空法实测各组沥青混合料的最大理论相对密度 γ_{ti}。当只对其中一组油石比测定最大理论相对密度时,也可按式(10-14)或式(10-15)计算其他不同油石比时的最大理论相对密度 γ_{ti}:

$$\gamma_{ti}=\frac{100+P_{ai}}{\frac{100}{\gamma_{se}}+\frac{P_{ai}}{\gamma_b}} \tag{10-14}$$

$$\gamma_{ti}=\frac{100}{\frac{P_{si}}{\gamma_{se}}+\frac{P_{bi}}{\gamma_b}} \tag{10-15}$$

式中 γ_{ti}——相对于计算沥青用量 P_{bi} 时沥青混合料的最大理论相对密度,无量纲;

P_{ai}——所计算的沥青混合料中的油石比,%;

P_{bi}——所计算的沥青混合料的沥青用量,$P_{bi}=P_{ai}/(1+P_{ai})$,%;

P_{si}——所计算的沥青混合料的矿料含量,$P_{si}=100-P_{bi}$,%;

γ_{se}——矿料的有效相对密度,按式(10-10)或式(10-11)计算,无量纲;

γ_b——沥青的相对密度(25 ℃/25 ℃),无量纲。

对改性沥青或SMA混合料,宜按式(10-16)或式(10-17)计算各个不同沥青用量混合料的最大理论相对密度:

$$\gamma_{ti}=\frac{100+P_{ai}}{\frac{100}{\gamma_{se}}+\frac{P_{ai}}{\gamma_b}} \tag{10-16}$$

$$\gamma_{ti}=\frac{100}{\frac{P_{si}}{\gamma_{se}}+\frac{P_{bi}}{\gamma_b}} \tag{10-17}$$

式中 γ_{ti}——相对于计算沥青用量 P_{bi} 时沥青混合料的最大理论相对密度,无量纲;

P_{ai}——所计算的沥青混合料中的油石比,(%);

P_{bi}——所计算的沥青混合料的沥青用量,$P_{bi}=P_{ai}/(1+P_{ai})$,%;

P_{si}——所计算的沥青混合料的矿料含量,$P_{si}=100-P_{bi}$,%;

γ_{se}——矿料的有效相对密度,按式(10-10)或式(10-11)计算,无量纲;

γ_b——沥青的相对密度(25 ℃/25 ℃),无量纲。

获得最大理论相对密度后,采用式(10-18)、式(10-19)、式(10-20)计算沥青混合料试件的空隙率、矿料间隙率 V_{MA}、有效沥青的饱和度 V_{FA} 等体积指标，取 1 位小数，用其进行体积组成分析。计算式如下：

$$V_V=\left(1-\frac{\gamma_f}{\gamma_t}\right)\times 100 \tag{10-18}$$

$$V_{MA}=\left(1-\frac{\gamma_f}{\gamma_{sb}}\times P_s\right)\times 100 \tag{10-19}$$

$$V_{FA}=\frac{V_{MA}-V_V}{V_{MA}}\times 100 \tag{10-20}$$

式中 V_V——试件的空隙率，%；

V_{MA}——试件的矿料间隙率，%；

V_{FA}——试件的有效沥青饱和度（有效沥青含量占 V_{MA} 的体积比例），%；

γ_f——试件的毛体积相对密度，无量纲；

γ_t——沥青混合料的最大理论相对密度，按式(10-14)、式(10-15)的方法计算或实测得到，无量纲；

P_s——各种矿料占沥青混合料总质量的百分率之和，即 $P_s=100-P_b$，%；

γ_{sb}——矿料混合料的合成毛体积相对密度，按式(10-6)计算。

(5) 测定马歇尔试件力学指标 将试配的试件上机，进行马歇尔试验，测定马歇尔稳定度及流值。

(6) 确定最佳沥青用量(油石比) 确定最佳沥青用量(油石比)分以下几步进行。

① 绘制沥青用量与物理力学关系图。如图 10-8 所示以油石比或沥青用量为横坐标，以马歇尔试验的各项指标为纵坐标，将试验结果点入图 10-8 中，连成圆滑的曲线。确定均符合本规范规定的沥青混合料技术标准的沥青用量范围 $OAC_{min}\sim OAC_{max}$。

要注意选择的沥青用量范围必须涵盖设计空隙率的全部范围，并尽可能涵盖沥青饱和度的要求范围，并使密度及稳定度曲线出现峰值。如果没有涵盖设计空隙率的全部范围，试验必须扩大沥青用量范围重新进行。绘制曲线时含 V_{MA} 指标，且应为下凹型曲线，但确定 $OAC_{min}\sim OAC_{max}$ 时不包括 V_{MA}。

图 10-8 中，$a_1=4.2\%$，$a_2=4.25\%$，$a_3=4.8\%$，$a_4=4.7\%$，$OAC_1=4.49\%$（由 4 个平均值确定），$OAC_{min}=4.3\%$，$OAC_{max}=5.3\%$，$OAC_2=4.8\%$，$OAC=4.64\%$。此例中相对于空隙率 4% 的油石比为 4.6%。根据试验做出曲线，根据曲线的走势，按下列步骤确定沥青混合料的最佳沥青用量。

a. 确定最佳沥青用量初始值 OAC_1，在曲线图 10-8 上求取相应于密度最大值、稳定度最大值、目标空隙率（或中值）、沥青饱和度范围的中值的沥青用量 a_1，a_2，a_3，a_4，然后按式(10-6)取平均值作为 OAC_1：

$$OAC_1=(a_1+a_2+a_3+a_4)/4 \tag{10-21}$$

如果在所选择的沥青用量范围未能涵盖沥青饱和度的要求范围，按式(10-7)求取三者的平均值作为 OAC_1：

$$OAC_1=(a_1+a_2+a_3)/3 \tag{10-22}$$

对所选择试验的沥青用量范围，密度或稳定度没有出现峰值（最大值经常在曲线的两端）

时，可直接以目标空隙率所对应的沥青用量 a_3 作为 OAC_1，但 OAC_1 必须介于 OAC_{min}～OAC_{max}的范围内。否则应重新进行配合比设计。

b. 确定最佳沥青用量的初始值 OAC_2，最佳沥青量的初始值 OAC_2 一般以各项指标均符合技术标准（不含 VMA）的沥青用量范围 OAC_{min}～OAC_{max}的中值来充当：

$$OAC_2 = (OAC_{min} + OAC_{max})/2 \tag{10-23}$$

c. 确定最佳沥青用量（油石比）OAC，取 OAC_1 及 OAC_2 的中值作为计算的最佳沥青用量 OAC：

$$OAC = (OAC_1 + OAC_2)/2 \tag{10-24}$$

依上述计算的最佳沥青用量（油石比）OAC，从图 10-8 中查出所对应的空隙率和压实沥青混合料的矿料间隙率 V_{MA}值，用表 10-16 密级配沥青混凝土混合料马歇尔实验技术要求进行检验，观察是否满足表中 V_{MA}值的规定。

一般来说，最佳沥青用量 OAC 值宜位于 V_{MA}凹形曲线最小值的贫油一侧。当空隙率不是整数时，最小 V_{MA}按内插法确定，并再将其画入图 10-8 中。

d. 检查图 10-8 中相应于此 OAC 的各项指标是否均符合马歇尔试验技术标准。

e. 根据实践经验和公路等级、气候条件、交通情况，再次调整，确定最佳沥青用量 OAC。做法包括：调查当地各项条件相接近的工程的沥青用量及使用效果，论证适宜的最佳沥青用量。检查计算得到的最佳沥青用量是否相近，如相差甚远，应查明原因，必要时重新调整级配，进行配合比设计。

对炎热地区公路以及高速公路、一级公路的重载交通路段，山区公路的长大坡度路段，预计有可能产生较大车辙时，宜在空隙率符合要求的范围内将计算的最佳沥青用量减小 0.1%～0.5%作为设计沥青用量。此时，除空隙率外的其他指标可能会超出马歇尔试验配合比设计技术标准，配合比设计报告或设计文件必须予以说明。但配合比设计报告必须要求采用重型轮胎压路机和振动压路机组合等方式加强碾压，以使施工后路面的空隙率达到未调整前的原最佳沥青用量时的水平，且渗水系数符合要求。如果试验段试拌试铺达不到此要求时，宜调整所减小的沥青用量的幅度。

对寒区公路、旅游公路、交通量很少的公路，最佳沥青用量可以在 OAC 的基础上增加 0.1%～0.3%，以适当减小设计空隙率，但不得降低压实度要求。

② 获得确定最佳沥青用量 OAC 后，按式(10-25)和式(10-26)计算沥青结合料被集料吸收的比例及有效沥青含量：

$$P_{ba} = \frac{\gamma_{se} - \gamma_{sb}}{\gamma_{se} \times \gamma_{sb}} \times \gamma_b \times 100 \tag{10-25}$$

$$P_{be} = P_b - \frac{P_{ba}}{100} \times P_s \tag{10-26}$$

式中 P_{ba}——沥青混合料中被集料吸收的沥青结合料比例，%；

P_{be}——沥青混合料中的有效沥青用量，%；

γ_{se}——集料的有效相对密度，按式(10-10)计算，无量纲；

γ_{sb}——材料的合成毛体积相对密度，按式(10-6)求取，无量纲；

γ_b——沥青的相对密度(25 ℃/25 ℃)，无量纲；

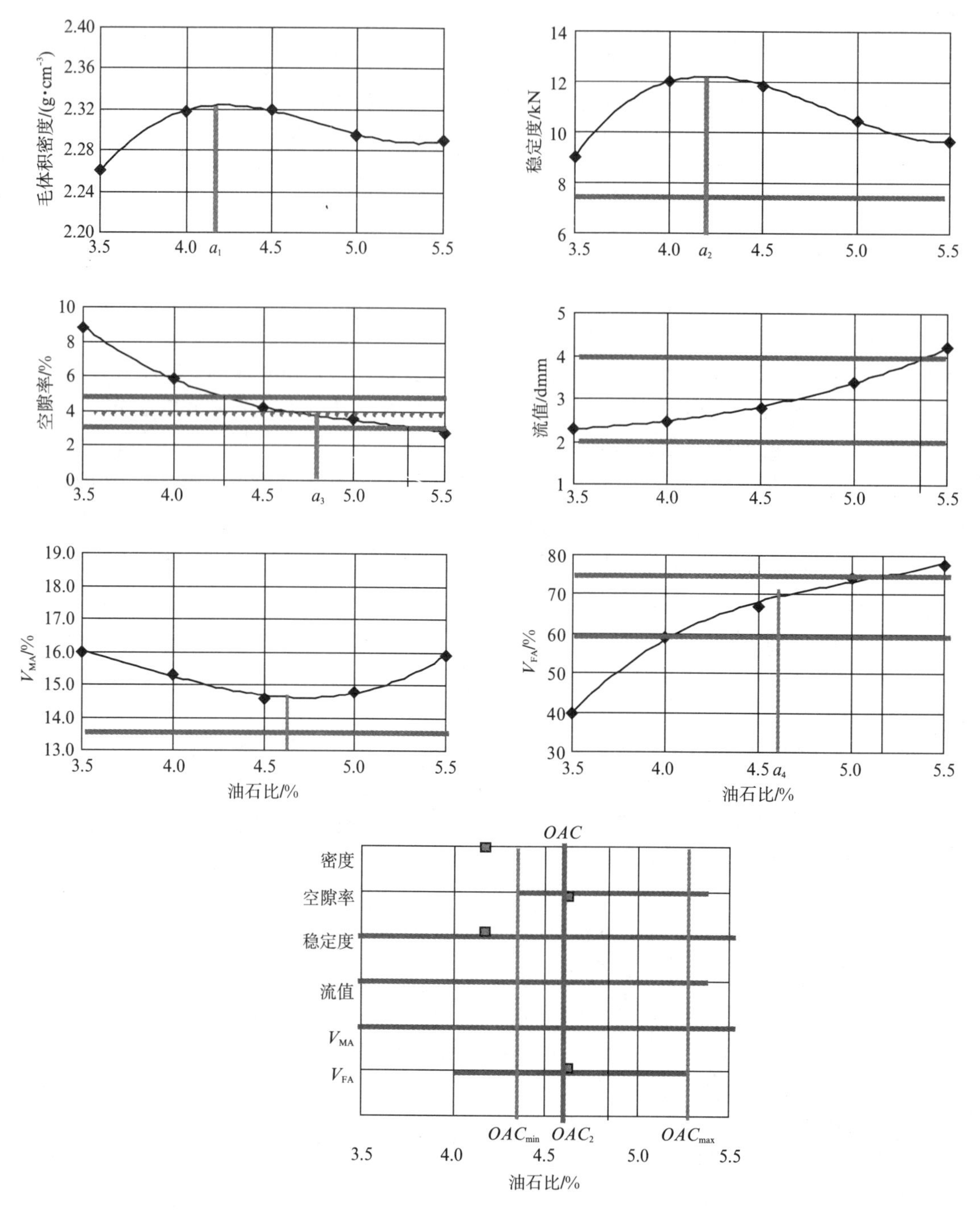

图 10-8　马歇尔试验结果示例

P_b——沥青含量，%；

P_s——各种矿料占沥青混合料总质量的百分率之和，即 $P_s=100-P_b$，%。

③ 检验最佳沥青用量时的粉胶比和有效沥青膜厚度。按式(10-27)计算沥青混合料粉胶比：

$$FB=\frac{P_{0.075}}{P_{be}} \tag{10-27}$$

式中　FB——粉胶比，沥青混合料的矿料中 0.075 mm 通过率与有效沥青含量的比值，无量纲；

$P_{0.075}$——矿料级配中 0.075 mm 的通过率(水洗法)，%；

P_{be}——有效沥青含量，%。

胶粉比一般控制在 0.6～1.6 范围内。

集料的比表面 SA 按式(10-28)计算，沥青混合料的沥青膜有效厚度 DA 按式(10-29)估算。

$$SA = \sum (P_i \times FA_I) \tag{10-28}$$

$$DA = \frac{P_{be}}{\gamma_b \times SA} \times 10 \tag{10-29}$$

式中　SA——集料的比表面积，m^2/kg；

P_i——各种粒径的通过百分率，%；

FA_i——相应于各种粒径的集料的表面积系数，如表 10-30 所列；

DA——沥青膜有效厚度，μm；

P_{be}——有效沥青含量，%；

γ_b——沥青的相对密度(25 ℃/25 ℃)，无量纲。

各种集料粒径的表面积系数按表 10-32 采用。各种公称最大粒径混合料中大于 4.75 mm 尺寸集料的表面积系数 FA 均取 0.004 1，且只计算一次。4.75 mm 以下部分的 FA_i 如表 10-32 所示。该例的 SA=6.60 m^2/kg。若混合料的有效沥青含量为 4.65%，沥青的相对密度 1.03，则沥青膜厚度为 DA=4.65/1.03/6.60×10=6.83 μm。

表 10-32　　集料的表面积系数计算示例

筛孔尺寸/mm	19	16	13.2	9.5	4.75	2.36	1.18	0.6	0.3	0.15	0.075	集料比表面总和 SA/($m^2 \cdot kg^{-1}$)
表面积系数 FA_i	0.004 1	—	—	—	0.004 1	0.008 2	0.016 4	0.028 7	0.061 4	0.122 9	0.327 7	
通过百分率 P_i/%	100	92	85	76	60	42	32	23	16	12	6	
比表面 $FA_i \times P_i$/($m^2 \cdot kg^{-1}$)	0.41	—	—	—	0.25	0.34	0.52	0.66	0.98	1.47	1.97	6.60

上述步骤完成后，即获得了沥青混合料目标配合比。然后根据此配合比，按规定进行目标配合比设计检验，确认配合比设计是否合理。

6) 目标配合比设计检验

目标配合比设计检验，主要是按照计算确定的设计最佳沥青用量，在标准条件下进行。使用规范方法，对试配的试件分别进行高温稳定性实验、水稳定性实验、低温抗裂性实验以及渗水系数实验。不符合要求的沥青混合料，必须更换材料或重新进行配合比设计。

(1) 高温稳定性检验　对公称最大粒径等于或小于 19 mm 的混合料，要按规定方法进行车辙试验，其动稳定度应符合规范要求参见表 10-20。

对公称最大粒径大于 19 mm 的密级配沥青混凝土或沥青稳定碎石混合料，由于车辙试件尺寸不能适用，不能进行车辙试验和弯曲试验时，可加厚试件厚度或采用大型马歇尔试件。

(2) 水稳定性检验　对试件按规定的试验方法进行浸水马歇尔试验和冻融劈裂试验，残留稳定度及残留强度比均必须符合本规范要求参见表 10-21、表 10-22。

实验过程中若调整沥青用量后，马歇尔试件成型可能达不到要求的空隙率条件。当需要添加消石灰、水泥、抗剥落剂时，需重新确定最佳沥青用量后试验。

(3) 低温抗裂性能检验 对公称最大粒径等于或小于 19 mm 的混合料，按规定方法进行低温弯曲试验，其破坏应变应符合规范要求参见表 10-22。

(4) 渗水系数检验 利用轮碾机成型的车辙试件进行渗水试验，所检验的渗水系数要符合规范要求参见表 10-23。

上述实验过程中，还可以改变试验条件进行配合比设计检验，如按调整后的最佳沥青用量、变化最佳沥青用量 *OAC*±0.3%、提高试验温度、加大试验荷载、采用现场压实密度进行车辙试验，在施工后的残余空隙率(如 7%～8%)的条件下进行水稳定性试验和渗水试验等，但不宜用规范规定的技术要求进行合格评定。

7) 配合比设计报告

上述设计检验完成后，应出具沥青混合料配合比设计报告。配合比设计报告应包括工程设计级配范围选择说明、材料品种选择与原材料质量试验结果、矿料级配、最佳沥青用量及各项体积指标、配合比设计检验结果等。试验报告的矿料级配曲线应按规定的方法绘制。使用调整后沥青用量作为最佳沥青用量，并报告不同沥青用量条件下的各项试验结果，提出施工压实工艺的技术要求。

2. 配合比设计第二阶段——生产配合比设计

完成目标配合比设计后，进入配合比设计第二阶段，即进行生产配合比设计，其任务是对目标配合比进行试生产试拌和马歇尔实验检验，以保证所配制的沥青混合料性能满足工程设计要求和施工要求。一般来说，采用间歇式拌和机生产，要进行生产配合比设计，若采用连续拌和机生产，此步骤可省略。

生产配合比设计主要工作包括：取样测试各热料仓的材料级配，确定各热料仓配合比，以供拌和机控制室使用；调整筛孔尺寸和安装角度，保证各热料仓供料量平衡；取目标配合比最佳沥青用量±3%范围内三个量进行试拌和马歇尔实验；通过室内实验和试拌实验，综合确定生产配合比。一般来说，生产配合比设计结果与目标配合比设计结果不宜相差±2%左右，否则应当重新进行设计计算和实验。

3. 配合比设计第三阶段——生产配合比验证

所谓生产配合比验证，即是根据生产配合比进行试拌、试铺，并从路上钻取的芯样取样观察空隙率，进行马歇尔实验以及车辙实验和水稳定性实验，由此确定正式生产使用的标准配合比。实际上，只有通过混合料拌和、摊铺、碾压，仔细观察才能判断配合比设计是否合理。

目标配合比、生产配合比以及生产配合比验证这三阶段，都属于配合比设计，它们是一个完整的整体，必须通过设计找到一个平衡点，使材料、性能、经济各方面都满足要求，最后得出一个标准配合比，取得监理、业主的批准，方可在生产中使用。

10.4 道路建筑材料技术进展

随着近几十年来交通需求量突飞猛进增长，现代公路工程建设规模和建设速度日新月异。为满足越来越高的道路建设要求，道路建筑材料的研究和开发也发展迅速。其主要表现在三个方面。一方面，是利用沥青既有的工程特性，对其进行进一步改性，提高和改善沥青混合料路面的各种性能，同时对沥青混合料的级配方式进行改良，以满足交通要求；另一方面，是对水泥混凝土道路进行改性，突出的做法是改善配筋材料，形成新型道路水泥混凝土材料；第三个方面则是将工业废渣变废为宝，综合用于建筑道路。

10.4.1　沥青玛蹄脂碎石混合料(SMA)

1. 材料组成

沥青玛蹄脂碎石混合料是由沥青结合料与少量的纤维稳定剂、细集料以及较多量的填料(矿粉)组成的沥青玛蹄脂，填充于间断级配的粗集料骨架的间隙，组成一体形成的沥青混合料。

沥青玛蹄脂碎石混合料组成特点是三高一少，即高沥青量、高粗集料量、高矿粉量，较少的细集料量。

沥青玛蹄脂碎石混合料的粗集料比例高达 70%～80%，矿粉用量 8%～13%。由于此类矿料较多，对沥青的针入度、软化点、温度稳定性、黏附能力等都有较高要求，故配制沥青玛蹄脂碎石混合料一般需采用改性沥青，才能较好地满足工程要求。同时由于粗集料和矿粉多，其沥青用量显然也随之增大。

2. 性能特点

沥青玛蹄脂碎石混合料因采用高比例粗集料，形成了较稳定的混合料骨架，被高含量矿粉和沥青充填后，骨架密实，结构稳定，强度高，弹塑性好，耐磨性好。

3. 应用情况

沥青玛蹄脂碎石混合料路面最早出现在德国，是 20 世纪 60 年代为抵抗带钉轮胎对浇筑式沥青混凝土路面磨损，在一步步增加碎石用量基础上发展起来的。在欧洲推广后，美国于 20 世纪 90 年代初期开始研究并推广，而后制定了相关规范。我国从 20 世纪 90 年代开始试验采用，于 2004 年正式颁布了相关规范。

10.4.2　开级配沥青碎石混合料(OGFC)

1. 材料组成

开级配沥青碎石混合料是由矿料和沥青组成，具有一定级配要求，面层为大孔隙开级配排水式沥青磨耗层，基层为排水式沥青稳定碎石混合料的一种结构的沥青混合料。

此混合料的所谓开级配，即是集料采用间断级配，粗集料含量高且粒径单一，细集料含量少，混合料空隙率高。

开级配沥青碎石混合料的沥青主要为高粘度改性沥青。因粗集料多且粒径单一，细集料少，空隙率高，为保证沥青与集料间的有足够的粘附能力，一般要求沥青 60 ℃黏度达到 20 000 Pa·s。

2. 性能特点

开级配沥青碎石混合料的最大特点是防滑降噪。其原因是因为混合料空隙较大，能在雨天迅速排除路面雨水，减小路标水膜厚度，从而保证了行驶车辆的车轮与路面间有较大的接触面积，避免了车辆打滑，同时还减少了因飞溅所产生的水雾，利于行车安全。而路面磨耗层中的大量空隙具有吸声功能，能有效降低车辆在路面行驶的摩擦噪音。由于这种特点，开级配沥青混合料路面又称排水性沥青路面，或多孔性防滑层沥青混合料路面，还有将其称为低噪声沥青混合料路面等。

3. 应用情况

此路面材料20世纪80年代在欧洲、北美、日本、澳大利亚等地区和国家得到广泛应用。我国近十年来对其进行了专门研究和试用，并根据我国道路条件、环境及气候特点，于2004年制定了正式技术规范。

10.4.3 纤维混凝土

1. 材料组成

纤维混凝土，是以水泥混凝土为基材，掺入各种非连续纤维材料，所形成的道路水泥混凝土材料。

掺入的钢纤维，一般有几种来源：由冷拔钢丝（直径0.4～0.8 mm）经截断、压轧波纹或弯钩而成；由冷轧钢薄板经剪切、压轧波纹或弯钩而成；由厚钢板或钢锭铣削而成；由废钢熔融，离心抽丝而成。用于公路混凝土路面和桥面的钢纤维要满足相关规范要求（参见《公路水泥混凝土纤维材料钢纤维》（JT/T 524—2004）），同时单丝钢纤维抗拉强度不宜小于600 MPa。钢纤维长度与混凝土粗集料最大公称粒径须相匹配，最短长度宜大于粗集料最大公称粒径的1/3，最大长度宜大于粗集料最大公称粒径的2倍；钢纤维长度与标称值的偏差不超过±10%。

使用的水泥，一般为旋窑道路硅酸盐水泥、旋窑硅酸盐水泥或普通硅酸盐水泥等。水泥用量不得少于360 kg/m^3（非冰冻地区）或380 kg/m^3（冰冻地区）。

所用粗集料粒径，要考虑钢纤维长度大小，粗集料公称最大粒径宜为钢纤维长度的1/3～1/2，并不宜大于16 mm。粒径过大，不利于钢纤维分散，也容易削弱钢纤维的增强效果。

所用细集料一般为中粗砂，砂率一般为45%～50%。

为调节其性能，包括施工和易性，常用的水泥外掺剂也需加入。

2. 性能特点

纤维混凝土特性主要表现在，因钢纤维的加入，其抗剪、抗弯、抗扭强度明显增强，混凝土的耐疲劳寿命有显著提高。同时抗冲击强度和抗冲击韧性有所提高，使得混凝土在道路使用过程中抗冲击荷载能力增强。

同时，由于抗裂性好，钢纤维混凝土在各种物理因素作用下的耐久性有明显提高，主要表现在耐冻融性、耐热性、耐磨性等方面。

与钢筋混凝土相比，钢纤维混凝土在抗压强度、弹性、收缩与徐变等方面没有明显变化。

3. 应用情况

钢纤维混凝土是路面工程中应用最多的新型道路混凝土。世界很多国家都广泛使用，在我国也应用较多。《公路水泥混凝土路面设计规范》（JTG D40—2011）和《公路水泥混凝土路面施工技术细则》（JTG/T F30—2014）对其作了相关规定。

10.4.4 工业废渣道路材料

利用废渣修筑道路实际上一直是道路建设中的常用方法。传统的废渣利用包括粉煤灰、炉灰、矿山废渣等。

现代废渣利用主要是对来自于钢铁厂、化工厂、火电厂、冶炼厂、各类矿山废弃物（尾矿渣）

以及建筑弃渣等，进行综合使用。利用其力学性能和一定的水化反应能力，与水泥、沥青等胶凝材料，以及矿物集料，进行混合，获得满足路面工程要求的“变废为宝”的新材料。

目前已经开发利用于道面工程的工业废渣包括：高炉矿渣、煤矸石、硫铁矿废渣、钢渣、粉煤灰、煤渣、电石渣等。

由于废渣本身性能的不足，高速公路、一级公路的路面材料中，不宜使用工业废渣。工业废渣目前综合使用更多的，还是用在道路的路基填料、垫层材料、底基层材料和部分基层材料中。

练习题

【10-1】 沥青混合料怎么定义的？在沥青混合料中，各组分的作用是什么？

【10-2】 沥青混合料主要用途是什么？

【10-3】 什么叫密级配混合料、半开级配混合料、开级配混合料、间断级配沥青混合料？

【10-4】 沥青混合料有哪些性能特点？试用这些性能特点解释其应用范围。

【10-5】 试用改性沥青特点，解释道路石油沥青的选用原则。

【10-6】 沥青混合料的粗集料种类有哪些？对粗集料质量有哪些要求？为什么有这些要求？

【10-7】 沥青混合料的细集料种类有哪些？对细集料质量有哪些要求？为什么有这些要求？

【10-8】 填料(矿粉)在沥青混合料里起什么作用？填料种类有哪些？为什么高速公路、一级公路的沥青面层不宜采用粉煤灰作填料？

【10-9】 纤维稳定剂在沥青混合料中起什么作用？为什么要规定SMA(沥青玛蹄脂碎石混合料)路面的木质素纤维用量不宜低于0.3%，矿物纤维不宜用量低于0.4%？

【10-10】 沥青混合料有哪三种结构方式？试做出三种结构示意图并解释其结构构成。

【10-11】 影响沥青混合料强度与稳定性的主要因素有哪些？为什么？

【10-12】 列出沥青混合料的主要技术性质并解释之。

【10-13】 试述沥青混合料马歇尔实验目的及实验过程。

【10-14】 沥青混合料配合比设计分几个阶段？各阶段主要任务是什么？

【10-15】 试述沥青混合料目标配合比设计流程。

【10-16】 设计沥青混合料配合比时，空隙率是最重要的指标，请思考为什么这么说？

【10-17】 配合比设计检验达到了规范指标，是否意味着路面工程质量就不再会发生问题了？为什么？

【10-18】 简要叙述沥青玛蹄脂碎石混合料和开级配沥青碎石混合料的性能特点。

11 建筑用工程塑料制品

随着石油化学工业的发展，成型加工和应用技术的提高，许多化工产品和化工材料在建筑业获得了广泛的应用，形成了建材行业中的一支新军——化学建材，化学建材是一类新兴的建筑材料，它主要包括建筑塑料、建筑涂料、建筑防水及密封材料、隔热保温及隔声材料、建筑胶粘剂、混凝土外加剂等，故化学建材被称为是继木材、钢材、水泥之后的第四大建筑材料，其中尤其是建筑塑料所占比重最大。

当前，建筑用工程塑料制品应用最多的是给排水管、输气管等管材和塑钢门窗，其次是电线、电缆等。胶粘剂是一种能够将各种材料紧密地粘结在一起的物质，随着建筑构件向预制化、装配化、施工机械化方向发展以及结构修补、加固的需要，胶粘剂越来越广泛地应用于建筑构件、材料等的连接，土木工程中采用的大部分胶粘剂都是合成高分子胶粘剂。

本章主要讲述常用塑料门窗、塑料管材及其胶粘剂的品种和应用。

11.1 建筑塑料的基础知识

塑料是以人工合成的高分子化合物（聚合物）为基础材料，添加各种辅助材料（添加剂、增强填充材料）制成的有机高分子材料。

11.1.1 合成高分子化合物

高分子化合物是由一种或多种简单低分子化合物聚合而成的，也叫聚合物或高聚物。其分子量很大，但化学成分却比较简单，是由许多相同、简单的结构单元通过共价键（有些以离子键）有规律地重复连接而成。例如，聚氯乙烯的结构为：

$$\cdots\cdots \underset{\displaystyle Cl}{\underset{|}{CH}}—CH_2—\underset{\displaystyle Cl}{\underset{|}{CH}}—CH_2—\underset{\displaystyle Cl}{\underset{|}{CH}}\cdots\cdots$$

它是由重复单元 $—CH_2—\underset{\displaystyle Cl}{\underset{|}{CH}}—$ 组成，称为链节。结构单元重复的数目称为平均聚合度，用 n 表示。聚合度可由几百至几千，聚合物的分子量为重复结构单元的分子量与聚合度的乘积。由于聚合反应本身及反应条件等方面的原因，合成高分子化合物各个分子的分子量大小是不相同的。通常所讲的高聚物的分子量，是指平均分子量，聚合度也是指平均聚合度。聚合物中分子量大小不一的现象称为分子量的多分散性。

1. 聚合物的分类

聚合物的分类方法很多，按分子结构分为线型聚合物和体型聚合物；按主链元素分为碳链高分子（主链只含碳元素）、杂链高分子（主链含碳、氧、氮、硫等元素）、元素有机高分子（主链不含碳元素，由硅、硼、铝、氧、氮、硫、磷等杂原子组成）；按聚合物受热的行为又可分为热塑性聚合物和热固性聚合物。

(1) **热塑性聚合物** 热塑性聚合物加热时软化甚至熔化，冷却后硬化，而不起化学变化，可多次反复加热和冷却，均能保持这种性能。热塑性聚合物为线型结构，包括所有的加聚物和部分缩聚物。如：聚氯乙烯、聚乙烯、聚丙烯、聚苯乙烯等。一般来说，热塑性聚合物强度低、弹性模量较小、变形较大、耐热性较差、耐腐蚀性较差，且可溶于某些溶剂。

(2) **热固性聚合物** 热固性聚合物加热即行软化，同时产生化学变化，相邻的分子互相连接(交联)而逐渐硬化，最后成为不熔化、不溶解的物质。如酚醛树脂、环氧树脂、聚酯树脂等。热固性聚合物为体型结构，包括大部分的缩聚物。它在初次加热时可产生软化，且分子间在高温下发生化学交联而固化；一旦固化，以后再加热时不会软化。热固性聚合物的特点是强度和弹性模量较高，变形较小，且较硬脆；它的耐热性较好、耐腐蚀性较高、几乎不溶于各种溶剂。

根据高聚物的结晶性能，分为晶态高聚物和非晶态高聚物。由于线型高分子容易产生弯曲，故其结晶体多为部分结晶。高聚物线型高分子中结晶部分占全部高聚物的百分比称为结晶度。一般来说，高聚物的结晶度越高，则其密度、弹性模量、强度、硬度、耐热性、折光系数等越大，而冲击韧性、黏附力、断裂伸长率、溶解度则越小。晶态高聚物一般为不透明或半透明的，非晶态高聚物则一般为透明的。

2. 高聚物的变形与温度特点

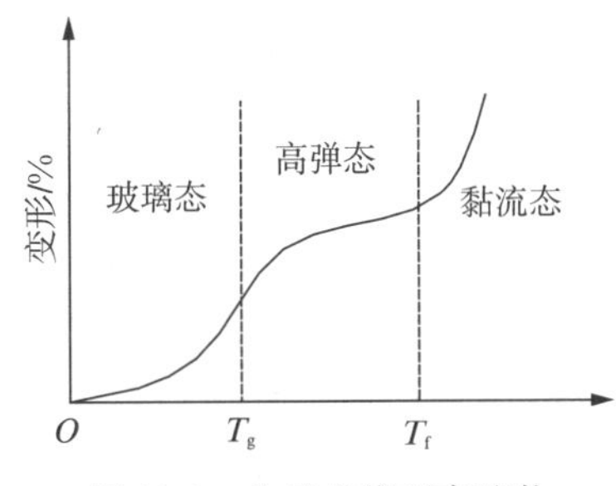

图 11-1 非晶态线型高聚物变形与温度的关系

在恒定外力下，非晶态线型高聚物的变形与温度的关系如图 11-1 所示。非晶态线型高聚物在低温(即处于玻璃化温度 T_g 以下)时，由于所有分子链段和大分子链均不能自由转动而成为硬脆的玻璃体。当温度超过玻璃化温度 T_g 后，由于分子链段可以发生运动(但大分子整体仍不可运动)，可使高聚物产生较大的变形，具有较高的弹性，该阶段状态称为高弹态。当温度继续升高至某一温度(黏流态温度 T_f)以上时，由于分子链段和大分子整体链均可产生相对运动，使高聚物容易产生塑性变形，该阶段的高聚物称为黏流态。

正确利用高聚物变形与温度间的关系对于其应用具有重要的实际意义。通常，当高聚物的玻璃化温度 T_g 低于室温时称为橡胶，表现为高弹态；当高聚物的玻璃化温度 T_g 高于室温时称为塑料，表现为玻璃态。玻璃化温度是塑料的最高使用温度，但却是橡胶的最低使用温度。无论是热塑性聚合物，还是热固性聚合物，它们在成型时必须处于黏流态时才能加工使用。

11.1.2 添加剂

在建筑塑料制品配方中，除了起胶结作用的合成树脂外，还必须加入一些必要的助剂。以聚氯乙烯(PVC)为例，需加入增塑剂、稳定剂、润滑剂、如需发泡还要加入发泡剂。要改善聚丙烯(PP)的抗冲击性，要加入抗冲击剂；为防止制品老化要加入防老化剂；要改善耐燃烧性要加入阻燃剂；为了防止长年在户外的制品发霉，需加入防霉剂；交联聚乙烯(PE)管材要加入交联剂。其他还有抗氧化剂、(光)热稳定剂、着色剂等。助剂应根据塑料制品功能需要而添加。

11.1.3 增强填充材料

在建筑塑料制品中，填料是必不可少的，加入填料的首要目的是降低成本，同时也可以改变制品的机械性能,如耐老化性、耐热性等。常用填料有碳酸钙、滑石粉、云母粉、高岭土、硅藻土等。二氧化钛、氧化锌、石墨、玻璃微珠等功能性填料。玻璃纤维、碳纤维等增强填料。

11.1.4 建筑工程塑料的工程性质

与传统建材相比,塑料建材具有如下工程特性:

1. 密度小,强度高

塑料的密度一般为 0.9～2.2 g/cm³,为钢材的 1/8～1/4,铝材的 1/2,混凝土的 1/3,不仅减轻了施工时的劳动强度,而且大大减轻了建筑物的自重。但塑料刚性小,作为结构材料使用时,必须制成特殊结构的复合材料,如玻璃纤维增强塑料(FRP)等复合材料和某些高性能的工程塑料已可用于承受小负荷的结构材料。

2. 耐化学腐蚀性能优良

一般塑料对酸、碱、盐的侵蚀有较好的抵抗能力,这对延长建筑物的使用寿命很重要。塑料易燃烧、老化的缺陷可通过适当的配方技术和加工技术加以部分克服。

3. 优良的加工性能

塑料可以用各种方法成型,且加工性能优良。可加工成薄膜、板材、管材,尤其易加工成断面较复杂的异形板材和管材。各种塑料建材都可以用机械大规模生产,生产效率高,产量高。

4. 出色的装饰性能

现代先进的加工技术可以把塑料加工成装饰性能优异的各种材料。塑料可以着色,而且色彩是永久的,不需要时可油漆,也可用先进的印刷或压花技术进行印刷和压花。印刷图案可以模仿天然材料,如大理石纹、木纹,图像十分逼真,花纹能满足各种设计人员的丰富想象力。压花使塑料表面产生立体感的花纹、增加了环境的变化,可以说,没有任何一种材料在装饰性能方面可以与塑料相提并论。

11.2 塑 料 门 窗

塑料门窗通常是指以未增塑聚氯乙烯(PVC-U)树脂为主要原料,加上所需的各种添加剂,经混配和挤出制成型材,然后通过切割、焊接的方式制成门窗框和扇,装配上连接件、密封件、玻璃及其他五金配件等。

《门、窗用未增塑聚氯乙烯(PVC-U)型材》(GB/T 8814—2017)规定,型材按颜色及工艺分为通体和装饰型材。通体型材分为白色通体(BT)和非白色通体(FBT)型材,装饰型材分为覆膜(FM)、共挤(GJ)和涂装(TZ)型材。按主型材(框、扇(纱扇除外)、梃用型材)壁厚分为 A 类(可视面≥2.8mm、非可视面≥2.5mm)、B 类(可视面≥2.5mm、非可视面≥2.0mm)。当门窗关闭时可以看到的型材表面称为可视面,塑料型材的断面见图 11-2。

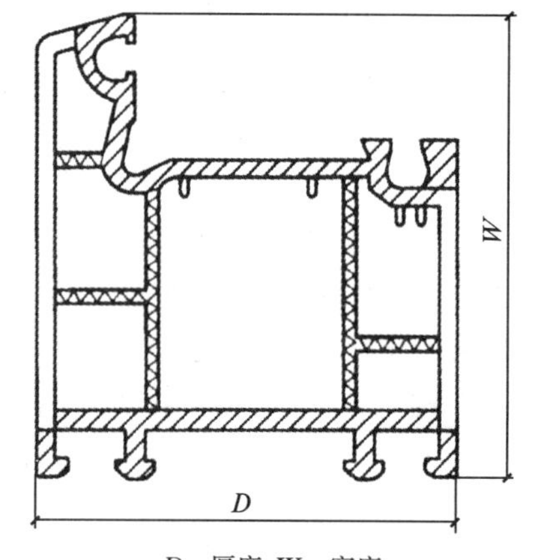

D—厚度;W—宽度

图 11-2 型材断面图

产品按主型材老化试验时间分为M类(4 000 h)、S类(6 000 h);按在−10℃时1 000 g落锤冲击高度分为Ⅰ类(1 000 mm)、Ⅱ类(1 500 mm),在−20℃时1 000 g落锤冲击高度1 500 mm则为Ⅲ类;按主型材的传热系数分为1级(≤2.0 W/(m^2·K))、2级(≤1.6 W/(m^2·K))和3级(≤1.0 W/(m^2·K))三个保温性能分级。

《建筑门窗用未增塑聚氯乙烯彩色型材》(JG/T 263—2010)适用于以未增塑聚氯乙烯型材为基材,以共挤、覆膜、涂装、通体着色工艺加工的建筑门窗用未增塑聚氯乙烯彩色型材。产品按老化时间分为M类(老化时间4 000 h)、S类(老化时间6 000 h);型材类别为彩色共挤(G)、彩色覆膜(F)、彩色涂装(C)、彩色通体(T)四种。门用型材可视面壁厚≥2.8 mm、非可视面≥2.5 mm,窗用型材可视面≥2.5 mm、非可视面≥2.0 mm,共挤型材的主型材共挤面壁厚包括共挤层厚度,覆膜型材的主型材覆膜面壁厚不包括膜和胶的厚度。

聚氯乙烯塑料的缺点是抗弯强度低,即使从实体断面计算,其抗弯强度也仅为木料的1/4,加之塑料门窗用异型材又多为中空结构,其抗弯强度更低。为了弥补这方面缺点,除了加大聚氯乙烯型材的断面尺寸,使塑料门窗型材断面比钢、铝、木门窗都大,并使断面形状的力学性能尽可能合理外,还有一个重要措施,就是在其主腔内加衬经防腐处理的增强型钢。《聚氯乙烯(PVC)门窗增强型钢》(JG/T 131—2000)规定增强型钢可采用开口型式和闭口型式,见图11-3,Q235钢带材料轧制,内外表面应进行热镀锌处理,开口型式也可直接用热镀锌钢带轧制,型钢材料厚度不应小于1.2 mm。增强型钢的规格、尺寸也要根据型材主空腔的规格、尺寸加工,松紧、长短要适宜,一般型钢的长度比型材短10～15 mm,以不影响端头焊接。增强型钢是通过紧固件使聚氯乙烯型材刚性增强的。图11-4为型材与增强型钢的结合图。

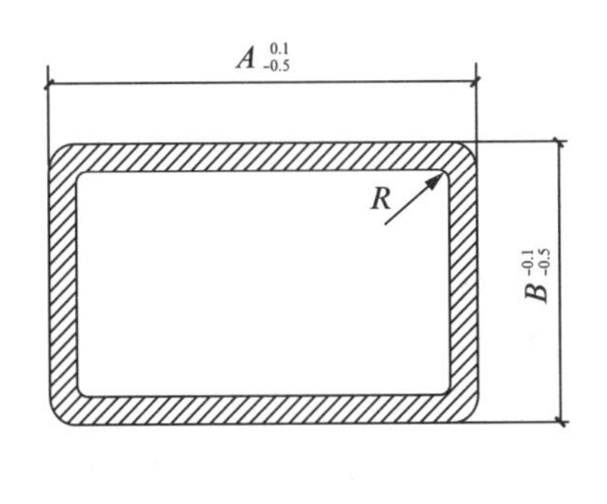

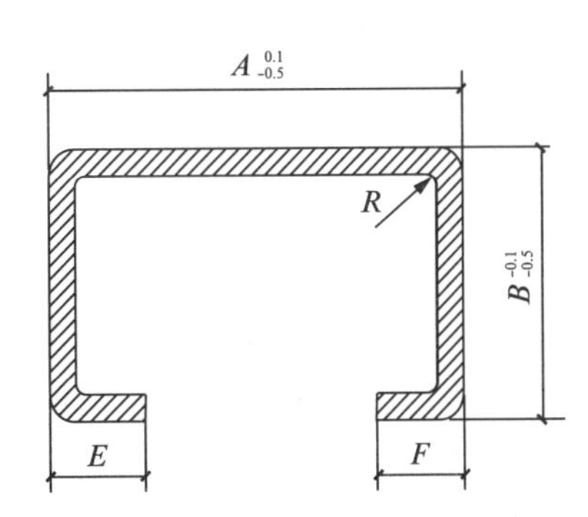

图11-3　增强型钢截面形状示意图

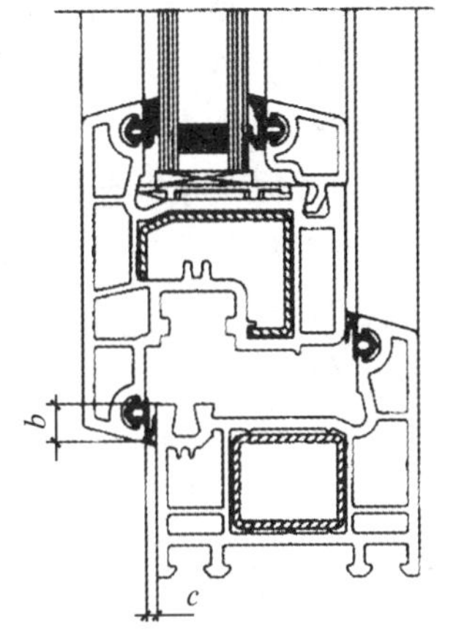

图11-4　型材与增强型钢结合示意图

《建筑用塑料门》(GB/T 28886—2012)和《建筑用塑料窗》(GB/T 28887—2012)均规定,外门、窗用型材老化时间不应小于6 000 h,门用、窗用型材的老化时间不应小于4 000 h。门用主型材可视面最小壁厚不应小于2.8 mm,非可视面型材最小壁厚不应小于2.5 mm。门用主型材可视面最小壁厚不应小于2.5 mm,非可视面型材最小壁厚不应小于2.0 mm。

应根据门、窗的抗风压强度、挠度计算结果确定增强型钢的规格。当门、窗主型材构件长度大于450 mm时,其内腔应加增强型钢。增强型钢的最小壁厚不应小于2.0 mm(门)、1.5 mm(窗),应采用镀锌防腐处理,增强型钢端头与型材端头内角距离不宜大于15 mm,且以不影响端头焊接为宜。增强型钢与型材承载方向内腔配合间隙不应大于 1 mm。增强型钢用紧固件应采用机制自钻自攻螺钉，不应采用拉铆钉。用于固定每根增强型钢的紧固件不得少于 3 个，其间距不应大于 300 mm，距型材端头内角距离不应大于 100 mm。固定后的增强型钢不得松动。外门、窗框(扇)、梃应有排水通道和气压平衡孔，使渗入框、扇、梃内的水及时排至室外，排水通道不得与放置增强型钢的腔室连通。彩色外门、窗应在彩色型材最外侧的封闭腔体处加工通气孔。

《塑料门窗工程技术规程》(JGJ 103—2008)规定，塑料门窗安装应采用预留洞口法安装，不得采用边安装边砌口或先安装后砌口的施工方法。门、窗的构造尺寸应考虑预留洞口与待安装门、窗框的伸缩缝间隙及墙体饰面处理的厚度。安装前，塑料门窗扇及分格杆件宜作封闭型保护。门、窗框应采用三面保护，框与墙体连接面不应有保护层，保护膜脱落的应补贴保护膜。塑料门窗应采用固定片法安装，固定片应符合《聚氯乙烯(PVC)门窗固定片》(JG/T 132—2000)的规定。

上述规定是基于其材质较脆，型材壁薄，碰撞和挤压容易造成局部开裂和损伤，塑料门窗安装后即为成品，无需进一步涂饰，为了保持其表面洁净，应在墙体湿作业完成后进行安装，且型材表面要做好保护。塑料门窗的线性膨胀系数较大，为$(70\sim80)\times10^{-6}$ m/(m·℃)，安装塑料门窗要在门窗框及洞口与间预留合理的伸缩缝，与洞口应采用“弹性连接”方式，固定片安装方式就是弹性连接，可减少因塑料门窗热胀冷缩产生的弯曲变形。与钢、木、铝合金门窗比较，塑料门窗的技术经济优势主要体现在：

(1) 节能保温性好 就生产型材的能耗而言，塑料门窗的能耗最低，生产 1 吨钢材的能耗为生产 1 吨 PVC-U 型材的 4.5 倍；而生产 1 吨铝材的能耗为生产 1 吨 PVC-U 型材的 8 倍。在实际使用中，塑料门窗的热损失最小，塑料型材为多腔式结构，具有良好的隔热性能，传热系数很小，仅为钢材的 1/357，铝材的 1/1 250。

(2) 降低噪音 塑料型材本身具有良好的隔音效果，若采用双玻结构其隔音效果更理想，特别适用于闹市区噪音干扰严重，但需要安静的场所，如医院、学校、宾馆、写字楼等。塑料门窗的隔音性能符合 GB 8485《建筑外窗隔音性能分级及其检测方法》中的要求。

(3) 气密性好 塑料门窗在安装时所有缝隙处都装有橡塑密封条和毛条，所以其气密性远远高于铝合金门窗。而塑料平开窗的气密性又高于推拉窗，一般情况下，平开窗的气密性可达一级，推拉窗可达二级。根据中国建筑科学研究院物理所检测，塑料门窗气密性高于铝、木、钢门窗 5～10 倍；塑料门窗的空气渗透性能一般为 2 级至 1 级，而木、钢门窗则为 5 级左右。因此，塑料门窗可用于一些有超净化要求的建筑上。

(4) 耐腐蚀性好 塑料型材具有独特的配方，具有良好的耐腐蚀性，因此塑料门窗的耐腐蚀性能主要取决于五金件的选择，如选防腐五金件，不锈钢材料，其使用寿命是钢窗的 10 倍左右。因此塑料门窗特别适合在盐雾大的沿海地区、湿度大的南方地区和带有腐蚀性介质的工业建筑中使用。而在强腐蚀、大气污染、海水和盐雾、酸雨等恶劣环境下，钢窗难以适应，铝窗虽稍好，但耐久性差。

(5) 性能稳定、耐候性好 长期困扰塑料门窗推广的老化、变形、耐候性差、变色等质量问题已有改善。国产 PVC 窗工作环境温度已达－50 ℃～55 ℃，又由于改进了配方，提高了产品的耐寒性，因此其高温变形、低温脆裂的问题已得到解决。塑料门窗可长期使用于温差较大的环境中，烈日暴晒、潮湿都不会使其出现变质、老化、脆化等现象。正常环境条件下塑料门窗使用寿命可达 50 年以上。

(6) 防火性能好 塑料门窗不易燃，不助燃，能自熄，安全可靠，经公安部上海科学研究所检测氧指数为47，符合《门窗框用聚氮乙烯(PVC)型材》(GB 8814)中规定的氧指数不低于38的要求。

(7) 绝缘性好 塑料门窗使用的塑料型材为优良的电绝缘材料，不导电，安全系数高。

(8) 水密性好 塑料型材具有独特的多腔式结构，有特有的排水腔，无论是框还是扇的积水都能有效排出。塑料平开窗的水密性又远高于推拉窗，一般情况下，平开窗的水密性可达2级，保持未发生渗透的最大压力为150 Pa，符合《建筑外墙雨水渗透性能分级及检测方法》(GB 7108)中2级的要求，推拉窗可达到3级。

(9) 抗风压性好 在独特的塑料型腔内，可填加1.2～3 mm厚的钢衬，根据当地的风压值、建筑物的高度、洞口大小、窗型设计来选择加强筋的厚度和型材系列，以保证建筑对门窗的要求。一般高层建筑可选用内平开窗或大断面椎拉窗，抗风压强度可达1级或特1级；低层建筑可选用外平开窗或小断面推拉窗，抗风压强度一般在3级，都符合《建筑外窗抗风压性能分级及其检测方法》(GB 7106)的要求。

(10) 产品尺寸精度高，不变形性好 塑料型材材质细腻平滑、质量内外一致，无需进行表面特殊处理。易加工、易切割，焊接加工后，成品的长、宽及对角线公差均能控制在2 mm以内，加工精度高，焊角强度可达3 500 N以上，同时焊接处经清角除去旱瘤，保证型材表面平整。

(11) 易防护性好 塑料门窗不受侵蚀，不易变黄褪色，不受灰、水泥及胶合剂影响，几乎不必保养，脏污时，可用任何清洗剂洗涤，清洗后光洁如新。

(12) 价格适中 与达到同等性能的铝窗、木窗、钢窗相比，塑料门窗的价格较经济实用。

11.3 塑料管材

塑料管是以合成高分子树脂为主要原料，经挤出、注塑、焊接等工艺成型的管材和管件。与传统的镀锌钢管和铸铁管相比，塑料管具有耐腐蚀、不生锈、不结垢、重量轻、施工方便和供水效率高等优点，已成为当今土木工程中取代铸铁、陶瓷和钢管的主要材料。

塑料管的品种较多，按所用的聚合物划分，国内外广泛使用的塑料管主要包括硬质聚氯乙烯(UPVC)管、聚乙烯(PE)管、聚丙烯(PP)管、ABS(丙烯腈-丁二烯-苯乙烯共聚物)管、聚丁烯(PB)管、玻璃钢(FRP)管以及铝塑等复合塑料管。

1. 塑料管道分类

2007年6月原建设部公告第659号将塑料管道分为十大类。

(1) 建筑给水(冷水)塑料管道系统 铝塑复合管(PAP)、聚乙烯管(PE)、交联聚乙烯管(PE-X)、聚丙烯管(PP-R、PP-B)、塑铝稳态管(PP-R、PE-RT)、纤维增强PP-R复合管、硬聚氯乙烯管(PVC-U)(非铅盐稳定剂生产)、丙烯酸共聚聚氯乙烯管(AGR)。

(2) 建筑给水(热水)塑料管道系统 交联铝塑复合管(XPAP)、交联聚乙烯管(PE-X)、无规共聚聚丙烯管(PP-R)、塑铝稳态管(PP-R、PE-RT)、纤维增强PP-R复合管、耐热聚乙烯管(PE-RT)、聚丁烯管(PB)、氯化聚氯乙烯管(PVC-C)。

(3) 建筑排水塑料管道系统 硬聚氯乙烯(PVC-U)建筑排水管(含实壁管、芯层发泡管、中空壁管、内螺旋管)、高密度聚乙烯(HDPE)排水管、硬聚氯乙烯(PVC-U)建筑雨落水管。

(4) 建筑地面辐射采暖塑料管道系统 交联铝塑复合管(XPAP)、交联聚乙烯管(PE-X)、聚丙烯管(PP-R)、耐热聚乙烯管(PE-RT)、聚丁烯管(PB)。

(5) 散热器采暖塑料管道系统 交联铝塑复合管(XPAP)、交联聚乙烯管(PE-X)、无规共聚聚丙烯管(PP-R)、塑铝稳态管(PP-R、PE-RT)、纤维增强 PP-R 复合管。

(6) 建筑电线塑料护套管系统 聚氯乙烯管(PVC-U)。

(7) 城乡供水塑料管系统 聚乙烯管(PE)、硬聚氯乙烯管(PVC-U)(非铅盐稳定剂)、玻璃钢夹砂管(GRP)、钢骨架聚乙烯复合管、钢塑复合管(PSP)。

(8) 城镇排水塑料管道系统 高密度聚乙烯双壁波纹管、高密度聚乙烯缠绕结构壁管、钢带增强聚乙烯螺旋缠绕波纹管、硬聚氯乙烯双壁波纹管、硬聚氯乙烯环形肋管、聚氯乙烯(实壁)管(PVC-U)、玻璃钢夹砂管(GRP)。

(9) 聚乙烯燃气管道系统 高密度聚乙烯管(HDPE)、中密度聚乙烯管(MDPE)、钢骨架聚乙烯复合管。

(10) 电力、通讯塑料保护套管系统 氯化聚氯乙烯管、硬聚氯乙烯芯层发泡管、硬聚氯乙烯双壁波纹管。

2. 聚氯乙烯类管材

硬聚氯乙烯(PVC-U)管的特点为有较高的硬度和刚度,许用应力一般在 10 MPa 以上,价格比其他塑料管低。硬质聚氯乙烯管在加工过程中,常加入少量的稳定剂,铅化合物是最有效的稳定剂,但所含的铅在聚氯乙烯管使用过程中能析出。因此,硬质聚氯乙烯管用于输送食品和饮水时,必须对每种新管子进行卫生检验。

(1) 给水用硬聚氯乙烯(PVC-U)管材 以聚氯乙烯树脂为主要原料,经挤出成型的给水用硬聚氯乙烯管材。《给水用硬聚氯乙烯(PVC-U)管材》(GB/T 10002.1—2006)适用于建筑物室内或室外埋地给水用聚氯乙烯管材。生产管材的材料应为 PVC-U 混配料,混配料应以 PVC 树脂为主,其中加入满足性能所要求的添加剂,饮水用管材不应使用铅盐稳定剂。产品按连接方式不同分为弹性密封圈式和溶剂粘接式。

当管材的公称外径为 20～90 mm 时,根据设计应力达到 10 MPa 确定,公称最小壁厚不小于 2.0 mm。标准尺寸比 SDR(管材公称外径与公称壁厚的比值)分为:SDR33,SDR26,SDR21,SDR17,SDR13.6,SDR11,SDR9,对应的公称压力(与管道系统部件耐压能力有关的参考数值,为便于使用,通常取 R10 系列的优先数)等级依次为 PN0.63,PN0.8,PN1.0,PN1.25,PN1.6,PN2.0,PN2.5,对应的管系列(与公称外径和公称壁厚有关的无量纲数,可用于指导管材规格的选用)为 S16,S12.5,S10,S8,S6.3,S5,S4。

当管材的公称外径为 110～1 000 mm 时,根据设计应力达到 12.5 MPa 确定,公称最小壁厚不小于 2.7 mm。标准尺寸比 SDR 分为:SDR41,SDR33,SDR25,SDR21,SDR17,SDR13.6,SDR11,对应的公称压力等级依次为 PN0.63,PN0.8,PN1.0,PN1.25,PN1.6,PN2.0,PN2.5,对应的管系列为 S20,S16,S12.5,S10,S8,S6.3,S5。

管材长度一般为 4 m、6 m。管材的外观、颜色、不透光性、尺寸(长度、弯曲度、平均外径及偏差和不圆度)、壁厚(任意点壁厚及偏差、平均壁厚及允许偏差)、承口、插口、物理性能(密度、维卡软化温度、纵向回缩率、二氯甲烷浸渍试验)、力学性能(落锤冲击试验、液压试验)、系统适用性试验(连接密封试验、偏角试验(弹性密封连接适用)、负压试验(弹性密封适用))、卫生性能的要求见 GB/T 10002.1—2006。

(2) 建筑排水用硬聚氯乙烯(PVC-U)管材 《建筑排水用聚氯乙烯(PVC-U)管材》(GB/T

5836.1—2006)规定,生产管材的混配料中聚氯乙烯树脂的质量百分含量不宜低于80%。管材按连接形式不同分为胶粘剂连接型和弹性密封圈连接型。管材颜色一般为白色和灰色。管材公称外径32～315 mm,相应最小壁厚2.0～7.8 mm,最大壁厚2.4～8.6 mm,管材长度一般为4 m、6 m。管材外观、颜色、规格尺寸(平均外径、壁厚、长度、不圆度、弯曲度、承口尺寸)、物理力学性能(密度、维卡软化温度、纵向回缩率、二氯甲烷浸渍试验、拉伸屈服强度、落锤冲击试验)、系统适用性(水密性试验、气密性试验)的要求见GB/T 5836.1—2006。

(3) 其他硬聚氯乙烯管材 以聚氯乙烯树脂为主要原料加入必要的添加剂,经复合共挤成型的芯层发泡复合管材应遵照《排水用芯层发泡硬聚氯乙烯((PVC-U))管材》(GB/T 16800—2008)的要求,该管材适用于建筑物内外或埋地无压排水用,在考虑材料许可的耐化学性和耐温性后,也可用于工业排污用。产品按连接型式分为直管、弹性密封圈连接型、胶粘剂连接型;按环刚度(具有环形截面的管材或管件在外部载荷下抗挠曲(径向变形)能力的物理参数,单位kN/m^2)分为S2,S4,S8三个等级。管材物理力学性能中没有密度、维卡软化温度、拉伸屈服强度要求,增加了环刚度、表观高密度、扁平试验的要求,其他要求项目同GB/T 5836.1—2006的要求。芯层管材可降低水流动时的噪声。产品截面见图11-5。

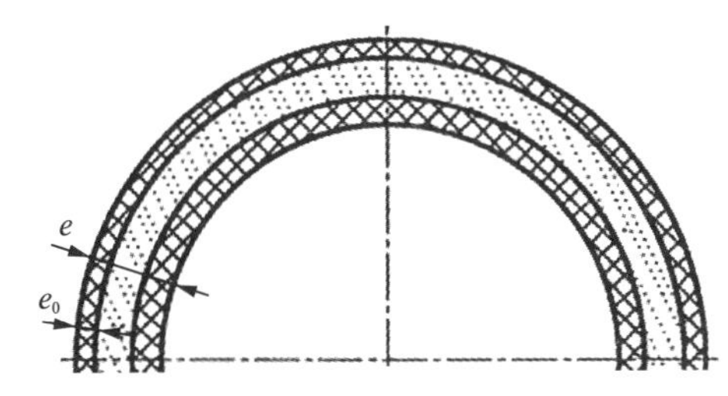

图11-5 芯层发泡复合管材截面

《无压埋地排污、排水用硬聚氯乙烯(PVC-U)管材》(GB/T 20221—2006)适用于外径从(110～1 000 mm)的弹性密封圈连接和外径从(110～200 mm)的粘接式连接的无压埋地排污、排水用管材。在考虑材料的耐化学性和耐热性条件下,也可用于工业无压埋地排污管材。不适用于建筑物内埋地排污、排水管道系统。分类方法与GB/T 16800—2008的规定相同,其他性能指标要求见GB/T 20221—2006。

《埋地排水用硬聚氯乙烯(PVC-U)结构壁管道系统 第1部分:双壁波纹管材》(GB/T 18477.1—2007)适用于无压市政埋地排水、建筑物排水、农田排水用工程,也可用于通讯电缆穿线用套管。在考虑材料的耐化学性和耐热性条件下,也可用于无压埋地工业排污管道。管材按环刚度分为SN2(仅在任一点外径不小于500 mm的管材中允许有),SN4,SN8,SN12.5(非首选等级)、SN16。管材可用弹性密封圈连接,也可使用其他连接方式。

《埋地排水用硬聚氯乙烯(PVC-U)结构壁管道系统 第2部分:加筋管材》(GB/T 18477.2—2011)适用于市政工程、公共建筑室外、住宅小区的埋地排污、排水、排气、通讯电缆穿线用的管材,系统工作压力不大于0.2 MPa、公称尺寸不大于300 mm的低压输水和排污管材。管材按环刚度分为SN4,SN6.3(非首选),SN8,SN12.5(非首选),SN16。使用弹性密封圈连接方式。

《埋地排水用硬聚氯乙烯(PVC-U)结构壁管道系统 第3部分:双层轴向中空壁管材》(GB/T 18477.3—2009)适用于市政工程、公共建筑室外、住宅小区的埋地排污。排水、埋地无压农田排水用管材。管材按环刚度分为SN4,SN6.3(非首选),SN8,SN12.5(非首选),SN16五个等级。使用弹性密封圈连接方式,产品截面见图11-6。

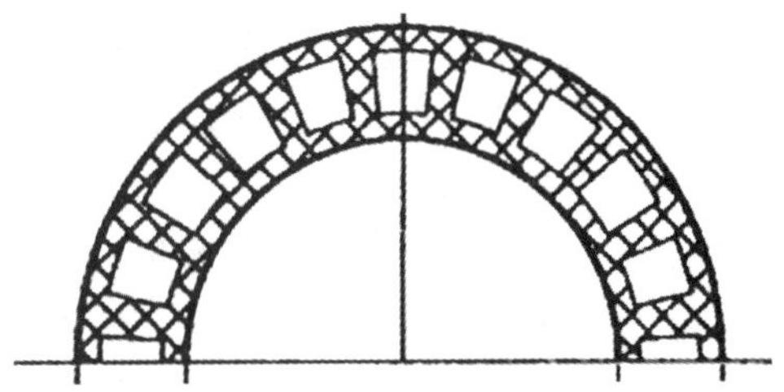
图11-6 双层轴向中空壁管材截面

3. 氯化聚氯乙烯类管材

以氯化聚氯乙烯树脂(PVC-C)为主要原料,经挤出成型的工业与民用的冷热水管道系统用管材。PVC 树脂经过氯化后,氯含量由 56.7%提高到 63%~69%,改善了硬 PVC 的阻燃性、生烟性,提高了抗张强度和模量,而保留了它原有的良好性能:突出的尺寸稳定性,优良的耐化学特性以及良好的介电性能。提高了树脂的热变形温度和机械性能,最高使用温度可达 110 ℃,长期使用温度为 95 ℃。可提供清洁、安全、耐热、耐腐、安静、阻燃、易于安装的管道系统。

《冷热水用氯化聚氯乙烯(PVC-C)管道系统　第 2 部分:管材》(GB/T 18993.2—2003)规定,管材按尺寸分为 S6.3,S5,S4 三个系列;管材规格用管系列、公称外径(管材或管件插口外径的规定数值,单位为 mm)、公称壁厚(管材壁厚的规定值,等于最小允许壁厚,单位为 mm)表示。长度一般为 4 m。管材的颜色、外观、不透光性、规格及尺寸(平均外径、公称壁厚、长度、不圆度、壁厚偏差)、物理性能(密度、维卡软化温度、纵向回缩率)、力学性能(静液压试验、静液压状态下的热稳定性试验、落锤冲击试验、拉伸屈服强度)、卫生性能(给水)、系统适应性(内压、热循环组合试验)的要求见 GB/T 18993.2—2003。

4. 聚乙烯类管材

聚乙烯管的特点是比重小、比强度高,脆化温度低(−80 ℃),优良的低温性能和韧性使其能抵抗车辆和机械振动、冰冻和解冻及操作压力突然变化的破坏。聚乙烯管性能稳定,低温下亦能经受搬运和使用中的冲击;可利用盘管进行犁入或插入施工,使工程费用大为降低;不受输送介质中液态烃的化学腐蚀;管壁光滑,介质流动阻力小。

高密度聚乙烯(HDPE)管耐热性能和机械性能均高于中密度和低密度聚乙烯管,是一种透气性、透湿性很低的低渗透性的管材;中密度聚乙烯(MDPE)管既有高密度聚乙烯管的刚性和强度,又有低密度聚乙烯(LDPE)管良好的柔性和耐蠕变性,比高密度聚乙烯有更高的热熔连接性能,对管道安装十分有利,其综合性能高于高密度聚乙烯管;低密度聚乙烯管的特点是化学稳定性和高频绝缘性能十分优良;柔软性、伸长率、耐冲击和透明性比高、中密度聚乙烯管好,但管材许用应力仅为高密度聚乙烯管的一半。

(1) 给水用聚乙烯(PE)管材　《给水用聚乙烯(PE)管道系统第 2 部分:管材》(GB/T 13663.2—2018)适用于水温不大于 40 ℃,最大工作压力(MOP)不大于 2.0 MPa,一般用途的压力输水和饮用水输配。适用于 PE80 和 PE100 混配料制造的公称外径为 16 mm~2 500 mm 的给水用聚乙烯管材。使用混配料生产聚乙烯管材,混配料为蓝色或黑色,暴露在阳光下的敷设管道(如地上管道)必须是黑色。依据材料的与 20 ℃、50 年、预测概率 97.5%相应的静液压强度,换算出管材最小要求强度 MRS,将 MRS 乘以 10 得到材料的分级数,按材料分级数将管材命名为 PE63,PE80,PE100。管材按照期望使用寿命 50 年设计,输送 20 ℃的水,不同等级材料的设计应力的最大允许值分别为 5 MPa,6.3 MPa,8 MPa。直管长度一般为 6 m,9 m,12 m。管材的颜色、外观、尺寸(长度、平均外径、壁厚及偏差)、静液压强度(20 ℃静液压强度(100 h)、80 ℃静液压强度(165 h)、80 ℃静液压强度(1 000 h))、物理性能(断裂伸长率、纵向回缩率、氧化诱导时间(200 ℃)、耐候性)的要求见 GB/T 13663—2000。

(2) 冷热水用交联聚乙烯(PE-X)管材　《冷热水用交联聚乙烯(PE-X)管道系统　第 2 部分:管材》(GB/T 18992.2—2003)适用于建筑物内冷热水管道系统,包括工业及民用冷热水、饮用水和采暖系统等。管材按交联工艺的不同分为过氧化物交联聚乙烯($PE\text{-}X_a$)管材、硅烷交联聚乙烯($PE-X_b$)管材、电子束交联聚乙烯($PE-X_c$)管材和偶氮交联聚乙烯($PE-X_d$)管材。管材按尺寸分为 S6.3,S5,S4,S3.2 四个管系列,管系列对应管材使用条件级别和设计压力。交联聚乙烯管道系统按 GB/T 18992.1—2003 的规定,按使用条件选用其中的 1,2,4,5 四个使用条件级别,每个级别均对应着特定的应用范围及 50 年的使用寿命,在具体应用时,还应考虑 0.4 MPa,0.6 MPa,0.8 MPa,1.0 MPa 不同的设计压力。各种级别的管道系统均应同时满足在 20 ℃和 1.0 MPa 下输送冷水,达到 50 年寿命。管材的颜色、外观、不透光性、规格尺寸(外径、壁厚和公差)、力学性能(耐静液压)、物理和化学性能(纵向回缩率、静液压状态下的热稳定性、交联度)、系统适用性(静液压试验、热循环试验、循环压力冲击试验、耐拉拔试验、弯曲试验、真空试验)的要求见 GB/T 18992.2—2003。

(3) 其他聚乙烯管材 《埋地用聚乙烯(PE)结构壁管道系统　第 1 部分:聚乙烯双壁波纹管材》(GB/T 19472.1—2004)适用于长期温度不超过 45 ℃的埋地排水和通讯套管用管材,也可用于工业排水、排污管。用于生产管材的聚乙烯树脂的密度应不小于 930 kg/m^3。管材的分类方法和要求、连接方式与 GB/T 18477.1 的相同。管材外层一般为黑色。管材有效长度 L 一般为 6 m,公称外径 110～1 200 mm。

《埋地用聚乙烯(PE)结构壁管道系统　第 2 部分:聚乙烯缠绕结构壁管材》(GB/T 19472.2—2004)适用于以聚乙烯(PE)为主要原料,以相同或不同材料作为辅助支撑结构,采用缠绕成型工艺,经加工制成的结构壁管材。该管材适用于长期温度在 45 ℃以下的埋地排水、埋地农田排水等工程。管材的分类方法和要求与 GB/T 19472.1—2004 的相同。管壁有 A 型结构和 B 型结构两种,A 型结构管壁具有平整的内外表面,在内外壁之间由内部的螺旋形肋连接,或内表面光滑,外表面平整,管壁中埋螺旋型中空管,此类型结构管壁的中空管可为多层;B 型结构壁管内表面光滑,外表面为中空螺旋形肋。管材、管件可采用弹性密封件连接方式、承插口电熔焊接连接方式,也可采用其他连接方式。

5. 聚丙烯类管材

是以聚丙烯树脂为原料,经挤出成型的圆形横断面的管材。聚丙烯(PP)塑料管与其他塑料管相比,具有较高的表面硬度、表面光洁度,流体阻力小,使用温度范围为 100 ℃以下;许用应力为 5 MPa;弹性模量为 130 MPa。

《冷热水用聚丙烯管道系统 第 2 部分:管材》(GB/T 18742.2—2017)适用于建筑物内冷热水管道系统所用的管材,包括饮用水和采暖管道系统等。管材按聚丙烯混配料分为 β 晶型 PP-H 管(均聚聚丙烯)、PP-B 管(耐冲击共聚聚丙烯,又称嵌段共聚聚丙烯)、PP-R 管(无规共聚聚丙烯)和 β 晶型 PP-RCT 管;管材按管系列分为 S6.3,S5,S4,S3.2,S2.5,S2 六个系列。聚丙烯管道系统使用条件级别的规定与 GB/T 18992.2—2003 的相同。管材一般为灰色,管材规格用管系列、公称外径×公称壁厚表示,管材长度一般为 4 m、6 m。管材的颜色、外观、不透光性、规格尺寸(公称外径、平均外径、壁厚、长度、同一截面壁厚偏差)、物理力学性能(纵向回缩率、简支梁冲击试验、静液压试验、熔体质量流动速率、静液压状态下热稳定性试验)、卫生性能、系统适用性(内压试验、热循环试验)的要求见 GB/T 18742.2—2002。

6. 聚丁烯(PB)管材

聚丁烯管柔性与中密度聚乙烯管相似,强度特性介于聚乙烯和聚丙烯之间。聚丁烯具有独特的抗蠕变(冷变形)性能,抗拉强度在屈服极限以上时,能阻止变形。因此需要较大负荷才能达到破坏,这为管材提供了额外安全系数,使之能反复绞缠而不折断。其许用应力为

8 MPa，弹性模星为 50 MPa，使用温度范围为 95 ℃以下，聚丁烯管在化学性质上不活泼，能抗细菌、藻类或霉菌，可用作地下埋设管道。

《冷热水用聚丁烯(PB)管道系统　第 2 部分：管材》(GB/T 19473.2—2004)适用于建筑冷热水管道系统，包括工业及民用冷热水、饮用水和采暖系统等。管材按尺寸分为 S3.2，S4，S5，S6.3，S8，S10 六个管系列。聚丁烯管道系统使用条件级别的规定与 GB/T 18992.2—2003 的相同。管材的颜色、外观、不透光性、规格尺寸(平均外径、公称壁厚、任一点壁厚偏差)、力学性能(静液压试验)、物理化学性能(纵向回缩率、静液压状态下热稳定性试验、熔体质量流动速率)、卫生性能、系统适用性(耐内压试验、弯曲试验、耐拉拔试验、热循环试验、循环压力冲击试验、真空试验)的要求见 GB/T 19473.2—2004。

7. 玻璃纤维增强塑料夹砂管

是以玻璃纤维及其制品为增强材料，以不饱和聚酯树脂等为基体材料，以石英砂及碳酸钙等无机非金属颗粒材料为填料，采用定长缠绕工艺、离心浇筑工艺、连续缠绕工艺方法制成的管道。玻璃钢管具有强度高、重量轻、耐腐蚀、不结垢、阻力小、耗能低、运输方便、拆装简便、检修容易等优点。

《玻璃纤维增强塑料夹砂管》(GB/T 21238—2016)适用于公称直径为 100～4 000 mm，压力等级为 0.1～3.2 MPa，环刚度等级为 1 250～10 000 N/m^2 地下和地面用给排水、水利、农田灌溉等管道工程用 FRPM 管，介质最高温度不超过 50 ℃。产品按工艺方法分为Ⅰ(定长缠绕工艺)、Ⅱ(离心浇筑工艺)、Ⅲ(连续缠绕工艺)；公称直径在 200～4 000 mm 分为二十七个规格；按压力(MPa)分为 0.1，0.25，0.4，0.6，0.8，1.0，1.2，1.4，1.6，2.0，2.5 十一个等级；按环刚度分为 1 250，2 500，5 000，10 000 四个等级。管材的有效长度为 3 m、4 m、5 m、6 m、9 m、10 m、12 m。管材的外观质量、尺寸(直径、长度、壁厚、管壁结构、管端面垂直度)、巴氏硬度、树脂不可溶含量、直管段管壁组分含量、初始力学性能(初始环刚度、初始环向拉伸强力、初始轴向拉伸强力及拉伸断裂应变、水压渗漏、初始绕曲性、初始环向弯曲性)、长期性能(长期静水压设计压力基准、长期弯曲应变)、卫生性能的要求见 GB/T 21238—2007。

8. 复合塑料管

随着材料复合技术的迅速发展，以及各行业对管材性能要求愈来愈高，塑料管材趋向于复合化。复合类型主要有如下几种：热固性树脂玻璃钢复合热塑性塑料管材、热固性树脂玻璃钢复合热固性塑料管材、不同品种热塑性塑料的双层或多层复合管材，以及与金属复合的管材等。

塑料还可以制成各种电料，如开关、开关盒、接线盒、电灯、插座、电线电缆、盖板、螺接、直接、管卡、管堵等。电料是家装中不可缺少的材料，随着家用电器的增加和人们对家居环境要求逐步提高，很多电线都改成了暗线，因此对电料的质量提出了更高的要求，如果电料质量不好，就很容易在日后的使用中产生隐患。

此外，利用塑料还可以制成强度、硬度不同的塑料土工材料，从而满足工程的不同需要。如制作各种塑料排水板或隔离层、塑料土工布或加筋网等，主要用于土木工程的基础处理。

11.4 胶　粘　剂

按《胶粘剂术语》(GB/T 2943—2008)的定义，胶粘剂是指通过物理或化学的作用，能使被粘物结合在一起的材料。《胶粘剂分类》(GB/T 13553—1996)规定胶粘剂可以按照主要粘料、物理形态、硬化方法和被粘物材质来分类。我国胶粘剂标准通常是按被粘物材质来编写的。

1. 石材用胶粘剂

《饰面石材用胶粘剂》(GB 24269—2009)按施工部位将胶粘剂分为地面粘贴用(F)、墙面粘贴用(W)、干挂用(D)。

(1) 非结构承载用石材胶粘剂 以不饱和聚酯树脂和/或环氧树脂等为基体树脂、添加其他改性材料及适当的固化剂,适用于石材的定位、修补等非结构承载粘结用途的石材胶粘剂。《非结构承载用石材胶粘剂》(JC/T 989—2006)规定,产品按基体树脂分为不饱和聚酯树脂型(UP)和/或环氧树脂型(EP)等;按用途分为Ⅰ型和Ⅱ型,Ⅰ型适用于耐水要求较高的产品,Ⅱ型适用于一般要求的产品。产品应为色泽均匀、细腻的黏稠膏状体。其适用期、弯曲弹性模量、冲击韧性、压剪粘结强度见 JC/T 989—2006。

(2) 陶瓷墙地砖胶粘剂 《陶瓷墙地砖胶粘剂》(JC/T 547—2005)规定,产品按组成分为水泥基(C)、膏状乳液(D)、反应型树脂胶粘剂(R)。膏状乳液普通型胶粘剂(D1)主要技术指标有压缩剪切胶粘原强度、热老化后的压缩剪切胶粘强度、晾置 20 min 拉伸胶粘强度,滑移为特殊性能(D2),浸水后的剪切胶粘强度、高温下的剪切胶粘强度为附加性能(DT),晾置 30 min 拉伸胶粘强度为附加性能(DE)。反应型树脂普通胶粘剂(R1)主要技术指标与 D1 相同,滑移为特殊性能(RT),高低温交变循环后的压缩剪切胶粘强度为附加性能(R2)。

(3) 环氧胶粘剂 《干挂石材幕墙用环氧胶粘剂》(JC 887—2001)规定,胶粘剂为双组份环氧型,按固化速度分为快固型(K)和普通型(P)。胶粘剂各组份搅拌后应为细腻、均匀黏稠液体或膏状物,不应有离析、颗粒和凝胶。其适应期、弯曲弹性模量、冲击强度、抗剪强度、压剪强度的要求见 JC 887—2001。

2. 木材用胶粘剂

(1) 氯丁橡胶胶粘剂 是以氯丁橡胶为基料,添加改性剂、助剂和溶剂制造而成的溶剂型氯丁橡胶胶粘剂,主要用于室内木质材料或木质材料与其他材料的粘接。外观为黄色或棕褐色均匀黏稠液体。

其外观、拉伸剪切强度、不挥发物含量、黏度、初粘强度、耐干热性能见《木工用氯丁橡胶胶粘剂》(LY/T 1206—2008)的要求。

(2) 聚乙酸乙烯酯乳液胶粘剂 《聚乙酸乙烯酯乳液木材胶粘剂》(HG/T 2727—2010)规定,聚乙酸乙烯酯乳液木材胶粘剂按最低成膜温度和压缩剪切强度分为常年用型、夏用型、冬用型,外观为乳白色。其外观、pH 值、黏度、不挥发物、最低成膜温度、木材污染性、有害物质(游离甲醛、总挥发性有机物)、压缩剪切强度见 HG/T 2727—2010 的要求。

(3) 水基聚合物-异氰酸酯胶粘剂 是由主剂(A 组分)和交联剂(B 组分)组成的双组分型胶粘剂,以聚合物的水溶液、水乳液、水分散体或其混合物为主要成分构成主剂,以异氰酸酯系化合物为主要成分构成交联剂。《水基聚合物-异氰酸酯木材胶粘剂》(LY/T 1601—2011)规定,产品按固化温度分为Ⅰ型(常温固化)、Ⅱ型(加热固化),每一类型又按用途分为Ⅰ类和Ⅱ类。主剂、交联剂理化性能(外观、不挥发物、黏度、pH 值、游离甲醛含量、水混合性、贮存稳定性、异氰酸酯基质量分数、适用期)、胶粘剂交接性能(压缩剪切强度、拉伸剪切强度)见 LY/T 1601—2011 的要求。

(4) 脲醛、酚醛、三聚氰胺甲醛树脂胶粘剂 脲醛树脂是尿素(脲)与甲醛经缩聚反应指制得的树脂，属于氨基树脂，为无色、白色或浅黄色无杂质均匀液体。酚醛树脂是酚类与醛类经缩聚反应制得的树脂，常用苯酚和甲醛。三聚氰胺是三聚氰胺与甲醛反应制得的树脂，属于氨基树脂。《木材工业胶粘剂用脲醛、酚醛、三聚氰胺甲醛树脂》(GB/T 14732—2006)规定，按被胶合单元，分为单板类(如胶合板和细木工板)、纤维类(如中、高密度纤维板)、刨花类(如刨花板)；按树脂使用工艺分为热压用、冷压用；按树脂用途分为胶合用、浸渍用。脲醛树脂分为冷压用、单板用、刨花用、纤维板用、浸渍用五类，其外观、pH 值、固体含量、游离甲醛含量、黏度、固化时间、适用期、胶合强度、内结合强度、板材甲醛释放量见 GB/T 14732—2006 的要求。酚醛树脂分浸渍用和胶合用两类，浸渍用为金黄或浅红色透明液体，胶合用为红褐色到暗红色透明液体，其外观、pH 值、固体含量、黏度、游离甲醛含量、游离苯酚含量、胶合强度见 GB/T 14732—2006 的要求。三聚氰胺甲醛树脂为无色或浅黄色透明液体，只有浸渍用一种，其外观、密度、黏度、pH 值固体含量、游离甲醛含量见 GB/T 14732—2006 的要求。

(5) 木地板铺装胶粘剂 《木地板铺装胶粘剂》(HG/T 4223—2011)适用于面层木地板与水泥砂浆基础地面或基础结构的粘接，也适用于木地板基础结构层之间的粘接。其外观、涂布性、剪切拉伸率、剪切强度、拉伸强度、操作时间、热老化剪切强度应符合标准的要求。

3. 其他装饰装修用胶粘剂

(1) 壁纸胶粘剂 《壁纸胶粘剂》(JC/T 948—1994)适用于建筑装饰装修用壁纸胶粘剂。产品按其材性和应用分为第 1 类(适用于一般纸基壁纸粘贴)、第 2 类(具有高湿黏性、高干强，适用于各种基底壁纸粘贴)。每类按其物理形态又分为粉型、调制型、成品型三种，第 1 类三种形态代号依次为 1F、1H、1Y；第 2 类三种形态代号依次为 2F、2H、2Y。成品胶外观、pH 值、适用期、晾置时间、湿黏性、干黏性、滑动性、防霉性等级应符合标准要求。

(2) 天花板胶粘剂 《天花板胶粘剂》(JC/T 549—1994)适用于各种天花板材料(胶合板、纤维板、石膏板、石棉水泥板、硅酸钙板、矿棉板)与基材(石膏板、石棉水泥板、木板)的粘贴。成品按合成树脂及其乳液或合成胶乳种类分为：乙酸乙酯系(VA)、乙烯共聚系(EC)、合成胶乳系(SL)、环氧树脂系(ER)。产品的外观、涂布性、流挂、拉伸胶接强度应符合标准要求。

(3) 塑料地板胶粘剂 《聚氯乙烯块状塑料地板胶粘剂》(JC/T 550—2008)适用于粘贴聚氯乙烯块状塑料地板。产品按组成分为乳液型(RY，包括乙烯共聚类、丙烯酸类、橡胶类等)、溶剂型(RJ，包括压缩乙烯类、乙烯共聚类等)、反应型(FY，包括环氧树脂类、聚氨酯类等)；按用途分为普通型(粘贴后不受水影响的场合)、耐水型(粘贴后用于易受水影响的场合)。产品的外观、涂布性、拉伸粘结强度应符合标准要求。

(4) 聚乙烯醇胶粘剂 是以聚乙烯醇为主要原料经化学改性制得的水溶性高分子建筑胶粘剂，主要用于配制墙面腻子、陶瓷墙地砖的铺贴砂浆等。《水溶性聚乙烯醇建筑胶粘剂》(JC/T 438—2006)规定，产品按游离甲醛含量分为无醛型和低醛型。为无色或浅黄色透明液体。产品的外观、不挥发物含量、粘结强度、pH 值、低温稳定性、有害物质限量(游离甲醛、苯、甲苯＋二甲苯、总挥发物有机物)应符合标准要求。

(5) 膨胀聚苯乙烯板胶粘剂 《墙体保温用膨胀聚苯乙烯板胶粘剂》(JC/T 992—2006)适用于工业与民用建筑中采用膨胀聚苯乙烯板的墙体保温系统用聚苯板胶粘剂。产品按形态分为干粉型(F)、胶液型(Y)，F 型由聚合物胶粉、水泥等胶结材料和添加剂、填料等组成。Y 型由液状或膏状聚合物胶液或干粉料等组成。产品的固含量、烧失量、与聚苯板的相容性、初黏性、拉伸粘结强度、可操作时间、抗裂性应符合标准要求。

练习题

【11-1】 与传统的土木工程材料相比,合成高分子材料有何特点?

【11-2】 热塑性聚合物与热固性聚合物两者在性能及应用方面有哪些区别?

【11-3】 土木工程中常用的工程塑料制品有哪些?

【11-4】 试举出几种土木工程中常用的胶粘剂及其应用特点。

12　建筑装饰材料

12.1　材料的装饰性

装饰材料是指覆盖在建筑物表面起装饰效果的材料，它的使用效果对于建筑物的外观、使用性能及耐久性等均具有重要的影响。

1. 装饰材料的作用

装饰材料在土木工程建设中的主要作用包括许多方面，但通常必须考虑以下方面：

(1) 装饰作用　构成建筑物的结构主体分别承担着各种荷载的作用，这些材料本身的外观往往难以满足人们的要求。所以，利用外观漂亮的装饰材料对建筑物进行表面装饰不仅可以实现人们对建筑物所追求的艺术效果，而且还可使建筑物具有一定的时代感。此外，利用装饰材料还可在有限的空间内创造出“虚幻的”空间环境，体现人情化的艺术风格，使凝固的建筑表达生动的生活气息，体现出设计师的设计意境。这些效果的实现都必须通过合理选择与正确使用装饰材料来实现。

(2) 对主体结构的保护作用　建筑物表面的装饰材料不仅改善了建筑物本身及环境的外观，而且往往还能对建筑主体起到保护作用。

对于不同的使用环境条件，所适用装饰材料的品种、性能和规格要求可能有较大的差别。因此，掌握不同类型的装饰材料及其适应环境要求，对于确保主体结构的安全耐久具有重要的作用。

(3) 改善建筑物使用功能　装饰材料除了具有装饰和保护功能外，有时还兼有其他功能(如保温、防水、抗冻、抗腐蚀)，甚至可以明显改善建筑物的表面强度、耐候性、防火性、耐腐蚀性等，这些性能的改善可明显提高建筑物的使用功能。

2. 装饰材料的特性

材料的装饰性是指材料对所覆盖建筑物外观美化的改善效果。建筑的艺术与技术效果可以通过建筑装饰材料体现出来，而建筑艺术和技术水平的发挥很大程度上也受到装饰材料的制约。

材料在建筑物表面的装饰效果主要体现为材料的各种特性，如材料的颜色、质感、光泽与肌理等方面。这些特性选择是否恰当往往还取决于建筑物类型、所处环境及空间尺寸等。

(1) 色彩　色彩是指在普通阳光照射下材料所产生的效果，它可以是一种颜色，也可以是几种颜色的相互搭配。色彩对建筑物的装饰效果实质上是人的视觉对颜色的生理反应，这种反应能够对人的生理或心理产生影响。装饰材料的色彩就是利用这种影响达到所期望的艺术效果。因此，对同一种装饰材料来说，不同的颜色，甚至深浅不同的同种颜色，将会产生不同的艺术效果。有时为获得灯光照射下的装饰效果，应考虑材料在灯光下的色彩。从与建筑物的相关因素来看，其装饰材料色彩的效果是由颜色的基调、色相(暖色或冷色)、明度、彩度等相互组合的结果。

有些装饰材料通过其色彩还可反映其质量水平，当某些材料的色彩产生异常时也可表明其内部化学组分或结构发生了变化，这种变化往往也会影响材料的其他使用性能。

(2) 质感 质感是指人们对材料质地的感觉。它是材料本身所具有的本质特征作用于人的眼睛后所产生的心理感觉。它主要通过线条的粗细、凹凸不平程度等所产生的对光线吸收或反射强弱不一的效果，使人获得对材料不同观感的反应。

质感不仅取决于材料的性质，而且取决于其表面组织，如有些材料的表面组织可能有细腻或粗糙、致密或疏松、平滑或凹凸、坚硬或松软等差别。利用装饰材料的表面质感往往能够遮盖某些缺陷或弱点，产生与环境相协调的装饰效果。

质感对人心理或生理也有一定的影响，这些影响往往与人们对某些典型材料表面质感的印象有关。如仿花岗岩表面给人以坚硬的感觉；仿木纹表面给人以温暖和富于弹性的感觉；仿丝棉花纹给人以松软的感觉。

(3) 光泽 光泽是材料表面的一种特性。它对形成于材料表面上的物体形象的清晰程度起着决定性的作用。在评定材料的外观时，其重要性仅次于颜色。材料表面愈光滑，则光泽度愈高，镜面反射则是产生光泽的主要因素。不同的光泽度，可改变材料表面的明暗程度，可扩大视野或造成不同的虚实对比。

(4) 肌理 材料肌理是指构成装饰材料表面纹理的尺寸与形状。不同的表面肌理对人的视觉具有一定的诱导和影响效果，或产生规则整齐的感觉，或动态起伏的感觉，或流畅自然的感觉，或对称协调的感觉，或坚固结实的感觉，有时还可表现出某些特殊的艺术效果。

3. 装饰材料的分类

现代装饰材料的发展速度异常迅猛，种类繁多，更新换代很快。不同的装饰材料用途不同，性能也千差万别，一般按下面两种方法分类：

(1) 按化学成分的不同分类 有机高分子材料，如木材、塑料、有机涂料等；无机非金属材料，如玻璃、花岗岩、大理石、瓷砖、水泥等；金属材料，如铝合金、不锈钢、铜制品等；复合材料，如人造大理石、彩色涂层钢板、铝塑板、真石漆等。

(2) 按照装饰部位分类 在建筑工程中，根据材料所应用的部位不同可分为外墙装饰材料、内墙装饰材料、地面装饰材料及顶棚装饰材料等，见表 12-1。

表 12-1　　装饰材料按装饰部位的分类

序号	类型	举例	
1	墙面装饰材料	涂料类	无机类涂料（石灰、石膏、碱金属硅酸盐、硅溶胶等） 有机类涂料（乙烯树脂、丙烯树脂、环氧树脂等） 有机无机复合类（环氧硅溶胶、聚合物水泥、丙烯酸硅溶胶等）
		壁纸、墙布类	塑料壁纸、玻璃纤维贴墙布、织锦缎、壁毡等
		软包类	真皮类、人造革、海绵垫等
		人造装饰板	印刷纸贴面板、防火装饰板、PVC 贴面装饰板、三聚氰氨贴面装饰板、胶合板、微薄木贴面装饰板、铝塑板、彩色涂层钢板、石膏板等
		石材类	天然大理石、花岗石、青石板、人造大理石、美术水磨石等
		陶瓷类	彩釉砖、墙地砖、马赛克、大规格陶瓷饰面板、劈离砖、琉璃砖等
		玻璃类	饰面玻璃板、玻璃马赛克、玻璃砖、玻璃幕墙材料等
		金属类	铝合金装饰板、不锈钢板、铜合金板材、镀锌钢板等
		装饰抹灰类	斩假石、剁斧石、仿石抹灰、水刷石、干粘石等

续表

序号	类型	举例	
2	地面装饰材料	地板类	木地板、竹地板、复合地板、塑料地板等
		地砖类	陶瓷墙地砖、陶瓷马赛克、缸砖、大阶砖、水泥花砖、连锁砖等
		石材板块	天然花岗石、青石板、美术水磨石板等
		涂料类	聚氨酯类、苯乙烯丙烯酸酯类、酚醛地板涂料、环氧类涂布地面涂料等
3	吊顶装饰材料	吊顶龙骨	木龙骨、轻钢龙骨、铝合金龙骨等
		吊挂配件	吊杆、吊挂件、挂插件等
		吊顶罩面板	硬质纤维板、石膏装饰板、矿棉装饰吸声板、塑料扣板、铝合金板等
4	门窗装饰材料	门窗框扇	木门窗、彩板钢门窗、塑钢门窗、玻璃钢门窗、铝合金门窗等
		门窗玻璃	普通窗用平板玻璃、磨砂玻璃、镀膜玻璃、压花玻璃、中空玻璃等
5	建筑五金	门窗五金、卫生水暖五金、家具五金、电气五金等	
6	卫生洁具	陶瓷卫生洁具、塑料卫生洁具、石材类卫生洁具、玻璃钢卫生洁具、不锈钢卫生洁具等	
7	管材型材	管材	钢质上下水管、塑料管、不锈钢管、铜管等
		异形材	楼梯扶手、画(挂)镜线、踢脚线、窗帘盒、防滑条、花饰等
8	胶结材料	无机胶凝材料	水泥、石灰、石膏、水玻璃等
		胶粘剂	石材胶粘剂、壁纸胶粘剂、板材胶粘剂、瓷砖胶粘剂、多用途胶粘剂等

12.2 石材装饰材料

12.2.1 天然装饰石材

1. 天然大理石

多数大理石中除了含有 $CaCO_3$ 外，通常还含有氧化铁、二氧化硅、云母、石墨等杂质，从而呈现红、黄、棕、黑、绿等各种色彩和斑驳纹理；因此它经磨细抛光后的表面色彩美观，花纹清晰多样。纯净的大理石呈白色，称汉白玉，其耐久性比其他大理石好。

(1) 技术性能与特点 结构较均匀，质地较细腻，抗压强度较高；构造致密，但硬度不高，摩氏硬度值为 3～4，属中硬性石材，因此易于锯解、雕琢和磨光等加工，使其可用于制作石雕、工艺品等；抗风化性较差，不耐酸，但耐碱性较好。由于大理石的主要化学成分是 $CaCO_3$，它属于碱性物质，容易受环境中或空气中的酸性物质（CO_2，SO_3 等）的侵蚀作用，且经过侵蚀后的表面会失去光泽，甚至出现斑孔，故一般不宜作室外装饰。少数较纯净的大理石（如汉白玉、艾叶青等）具有性能较稳定，可用于室外装饰；装饰性好，加工性好。大理石色彩丰富，纹理斑澜，磨光后美丽典雅，是最理想的饰面装饰材料之一；耐磨性好，吸水率低，其质量磨耗率约为 12%，吸水率小于 1%。

(2) 产品标准 大理石一般加工为磨光板材。《天然大理石建筑板材》(GB/T 19766—2005)规定,产品按形状分为普型板(PX)、圆弧板(HM),普型板按规格尺寸偏差、平面度公差、角度公差及外观质量分为优等品(A)、一等品(B)、合格品(C)三个等级;圆弧板按规格尺寸偏差、直线度公差、线轮廓度公差及外观质量分为优等品(A)、一等品(B)、合格品(C)三个等级。普型板厚度分为≥12 mm 和<12 mm,圆弧板壁厚最小值应不小于 20 mm。产品的规格尺寸允许偏差、平面度允许公差、角度允许公差、外观质量应符合标准要求。镜面板材的镜向光泽值应不低于 70 光泽单位,若有特殊要求,由供需双方协商确定,其他物理性能应符合表 12-2 的要求。

表 12-2　　天然大理石板材物理性能要求

项目			指标
体积密度/($g \cdot cm^{-3}$)		≥	2.30
吸水率/%		≤	0.50
干燥压缩强度/MPa		≥	50.0
干燥	弯曲强度/MP	≥	7.0
水饱和			
耐磨度/($1/cm^3$)		≥	10

2. 天然花岗石

花岗石的主要矿物成分是长石、石英及少量云母和暗色矿物,其中长石含量为 40%~60%,石英含量为 20%~40%,其结构为全晶质结构,磨光板呈均匀粒状斑纹及发光云母微粒。花岗石的颜色取决于其矿物组成和相对含量,常呈灰色、黄色、红色等,以深色品种较为名贵。花岗石的化学成分多为酸性氧化物,对环境中酸性介质的抵抗能力较强,具有良好的化学稳定性。

1) 技术性能与特点

构造致密,质地坚硬,抗压强度高,耐磨性好,抗冻性好;化学稳定性好,抗风化能力强,耐腐蚀性强;装饰性好,质感强;磨光板材色泽质地庄重大方;非磨光板材,质感厚重庄严;自重大,硬度大,开采加工难度大;耐火性较差,因石英在 573 ℃~870 ℃会发生晶型转变,产生体积膨胀,遇火时会爆裂破坏。

此外,部分产地的个别花岗石的放射性指数可能超标,应经过检验合格才能使用。

2) 产品标准

花岗石通常加工成剁斧板材、火烧板、机刨板材、粗磨板材和磨光板材。

(1) 剁斧板材 经剁斧加工,表面粗糙,呈规则的条状斧纹,一般用于室外地面、台阶、基座等处的装饰。

(2) 火烧板 经火烧或其他加工而形成表面不规则凹凸的板材,可用于室外地面、台阶、基座、墙面等的饰面。

(3) 机刨板材 经刨石机刨平,表面较为平整,条纹相互平行,一般用于地面、台阶、基座、踏步等处的装饰。

(4) 粗磨板材 经粗磨加工，表面光滑而无光泽，一般用于墙面、柱面、台阶、基座、纪念碑、铭牌等。

(5) 磨光板材 经细磨和抛光加工，表面光亮，晶体裸露，质地较均匀，有多种色彩，多用于室内外地面、墙面、柱面装饰，还可用于吧台、服务台、展示台及家具台面等部位的装饰。

《天然花岗石建筑板材》(GB/T 18601—2009)规定，产品按形状分为毛光板(MG)、普型板(PX)、圆弧板(HM)、异型板(YX)；按表面加工程度分为镜面板(JM)、细面板(YG)、粗面板(CM)；按用途分为一般用途(一般性装饰)、功能用途(用于结构性承载或特殊功能要求)。按加工质量和外观质量，毛光板按厚度偏差、平面度公差、外观质量，普型板按规格尺寸偏差、平面度公差、角度公差、外观质量，圆弧板按规格尺寸偏差、直线度公差、线轮廓度公差、外观质量，分别分为优等品(A)、一等品(B)、合格品(C)三个等级。规格板的边长系列为 300 mm，305 mm，500 mm，600 mm，800 mm，1 000 mm，1 200 mm，1 500 mm，1 800 mm(其中 300，305，600 为常用规格)，厚度系列为 10 mm，12 mm，15 mm，20 mm，25 mm，30 mm，35 mm，40 mm，50 mm(其中 10，20 为常用规格)，圆弧板壁厚最小值应不小于 18 mm。圆弧板、异型板和特殊要求的普型板规格尺寸由供需双方协商确定。

产品的加工质量(毛光板的平面度公差和厚度偏差、普型板规格尺寸允许偏差、圆弧板规格尺寸允许偏差、普型板平面度允许公差和角度允许公差)、外观质量应符合标准要求。产品物理性能应符合表 12-3 的要求。

表 12-3　　天然花岗石板材物理性能要求

<table>
<tr><th colspan="3" rowspan="2">项　目</th><th colspan="2">技 术 指 标</th></tr>
<tr><th>一般用途</th><th>功能用途</th></tr>
<tr><td colspan="2">体积密度/($g \cdot cm^{-3}$)</td><td>≥</td><td>2.56</td><td>2.56</td></tr>
<tr><td colspan="2">吸水率/%</td><td>≤</td><td>0.60</td><td>0.40</td></tr>
<tr><td rowspan="2">压缩强度/MPa　≥</td><td colspan="2">干燥</td><td rowspan="2">100</td><td rowspan="2">131</td></tr>
<tr><td colspan="2">水饱和</td></tr>
<tr><td rowspan="2">弯曲强度/MPa　≥</td><td colspan="2">干燥</td><td rowspan="2">8.0</td><td rowspan="2">8.3</td></tr>
<tr><td colspan="2">水饱和</td></tr>
<tr><td colspan="2">耐磨度/cm^{-3}</td><td>≥</td><td>25</td><td>25</td></tr>
</table>

3. 天然板石

板石也称为板岩，主要由石英、绢云母和绿泥石族矿物组成。属沉积源变质岩，由于原泥质、黏土质岩石沉积生成时的水下环境不同，以及各种生成物质成分的来源不同，变质形成的板石颜色多样，品种奇多。天然板石是天然饰面石材的重要成员，与其他天然板材相比，具有古香古色、朴实雅典、易加工、造价低廉的特点。它既可以跻身于繁华闹市，又可以装点于楼堂馆所，在烈日酷寒下，室内、室外随遇而安，适应多种环境。天然板石种类很多，装饰效果也很独特。天然板材按主要用途分为三个种类：

(1) 建材类 瓦板，饰面板(包括墙体饰面板、地面板)。

(2) 工艺类 碑石用板，家具用板，雕刻用板，天然风景画墙体装演用板(天然画工艺品)。

(3) 综合类 用具、首饰用料，毛板石，碎石、块石，矿粉。

《天然板石》(GB/T 18600—2009)适用于建筑装饰用天然板石，包括饰面板和瓦板。产品按用途分为饰面板(CS)和瓦板(RS)，饰面板用于地面和墙面等装饰，按弯曲强度分为 C_1、C_2、C_3、C_4 类，瓦板用于房屋盖顶，按吸水率分为 R_1、R_2、R_3 类；按形状分为普形板(NS)、异形板(IS)。按尺寸偏差、平整度公差、角度公差、干湿稳定性分为一等品(A)、合格品(B)两个等级。

普形板的规格尺寸允许偏差(规格尺寸允许偏差、同一块板材的厚度允许极差)、平整度允许极限公差、角度允许极限公差、外观质量应符合标准要求。饰面板理化性能应符合表 12-4 的要求。瓦板的理化性能应符合表 12-5 的要求。

表 12-4　　天然板石饰面板理化性能要求

项　目		技术指标			
		室　内		室　外	
		C_1 类	C_2 类	C_3 类	C_4 类
弯曲强度/MPa	≥	10.0	50.0	20.0	62.0
吸水率/%	≤	0.45		0.25	
耐气候性软化深度/mm	≤	0.64			
耐磨性/cm^{-3}	≥	8			

表 12-5　　天然板石瓦板理化性能要求

项　目		技术指标		
		R_1 类	R_2 类	R_3 类
吸水率/%	≤	0.25	0.36	0.45
破坏荷载/N	≥	1 800		
耐气候性软化深度/mm	≤	0.35		

4. 天然砂岩

砂岩是一种沉积岩，主要由砂粒胶结而成，结构稳定，通常呈淡褐色或红色，主要含硅、钙、黏土和氧化铁。砂岩高贵典雅的气质以及其坚硬的质地成就了世界建筑史上一朵朵奇葩。最近几年砂岩作为一种天然建筑材料，被追随时尚和自然的建筑设计师所推崇，广泛地应用在商业和家庭装潢上。

《天然砂岩建筑板材》(GB/T 23452—2009)规定，产品按矿物组成种类分为杂砂岩(石英含量 50%～90%)、石英砂岩(石英含量大于 90%)、石英岩(经变质的石英砂岩)；按形状分为毛板(MB)、普型板(PX)、圆弧板(HM)、异型板(YX)。毛板、普型板的边长系列为 300 mm，305 mm，400 mm，500 mm，600 mm，800 mm，900 mm，1 000 mm，1 200 mm，1 500 mm，1 800 mm，厚度系列为 10 mm，12 mm，15 mm，18 mm，20 mm，25 mm，30 mm，35 mm，40 mm，50 mm。圆弧板壁厚最小值应不小于 20 mm。天然砂岩物理力学性能要求见表 12-6。

表 12-6　　天然砂岩物理力学性能指标

项　目		技术指标		
		杂砂岩	石英砂岩	石英岩
体积密度/(g·cm^{-3})　≥		2.00	2.40	2.56
吸水率/%　≤		8	3	1
压缩强度/MPa　≥	干燥	12.6	68.9	137.9
	水饱和			
弯曲强度/MPa　≥	干燥	2.4	6.9	13.9
	水饱和			
耐磨度/cm^{-3}　≥		28	8	8

5. 超薄石材复合板

是指面材厚度小于 8 mm 的石材复合板。由两种及两种以上不同板材用胶粘剂粘结而成的复合板材，分为面材和基材，面材用各种天然石材，为复合板的装饰面，基材为复合板的底面材料，一般分为硬质基材和柔质基材，硬质基材常见的有瓷砖、石材、玻璃等，柔质基材常见的有铝蜂窝、铝塑板、保温材料等。

《超薄石材复合板》(GB/T 29059—2012)规定，产品按基材类型分为石材-硬质基材复合板、石材-柔质基材复合板；石材-硬质基材复合板又分为石材-瓷砖复合板(S-CZ)、石材-石材复合板(S-SC)、石材-玻璃复合板(S-BL)三类；石材-柔质基材复合板又分为石材-铝蜂窝复合板(S-LF)、石材-铝塑板复合板(S-LS)、石材-保温材料复合板(S-BW)。按形状分为普型板(PX)、圆弧板(HM)、异型板(YX)；按面材表面加工程度分为镜面板(JM，饰面具有镜面光泽)、细面板(XM，面材为细面板)、粗面板(CM，饰面经拉丝、喷砂、仿古、烧毛及水冲等工艺加工)。规格板的边长系列为 300 mm，400 mm，600 mm，800 mm，900 mm，1 200 mm，1 600 mm，其中 300 mm，600 mm 为常用规格。面材为天然花岗石的复合板镜向光泽度应不低于 80 光泽单位，面材为天然大理石的复合板镜向光泽度应不低于 70 光泽单位。

硬质基材复合板物理力学性能应符合表 12-7 的要求，柔质基材复合板物理力学性能应符合表 12-8 的要求。

表 12-7　　硬质基材复合板物理力学性能

项　目		技术指标
抗折强度/MPa　≥	干燥	7.0
	水饱和	7.0
弹性模量/GPa　≥	干燥	10.0
剪切强度/MPa　≥	标准状态	4.0
	热处理 80 ℃168 h	4.0
	浸水 168 h	3.2
	冻融循环(50 次，外墙用)	2.8
	耐水性(28 d，外墙用)	2.8

续表

项　　目	技 术 指 标
落球冲击强度(300 mm)	表面不得出现裂纹、凹陷、掉角
耐磨性/cm^{-3}　≥	8(面材为天然砂岩) 10(面材为天然大理石、石灰石) 25(面材为天然花岗石)

表 12-8　　柔质基材复合板物理力学性能

项　　目		技 术 指 标
抗折强度/MPa　≥	干燥	7.0(面材向下)
		18.0(面材向上)
弹性模量/GPa　≥	干燥	1.5(面材向下) 3.0(面材向上)
剪切强度/MPa　≥	标准状态	1.0
	热处理 80 ℃168 h	1.0
	浸水 168 h	0.8
	冻融循环(50 次,外墙用)	0.7
	耐水性(28 d,外墙用)	0.7
落球冲击强度(300 mm)		表面不得出现裂纹、凹陷、掉角
耐磨性/cm^{-3}　≥		8(面材为天然砂岩) 10(面材为天然大理石、石灰石) 25(面材为天然花岗石)

12.2.2　人造石材

天然大理石、花岗石在开采加工中会产生 70%以上的废石料,如不能综合利用,将造成巨大的资源浪费和环境灾难。人造石材的粗细集料可以大量使用这些废弃石料,是国家积极鼓励发展的集利废、资源再利用、节能、绿色生产概念于一体的循环经济产业。

人造石材是一种人工合成的装饰材料。按其生产工艺过程的不同,可分为聚酯型、硅酸盐型、复合型、烧结型四种类型。目前国内外市场上销售的人造石材主要是树脂型人造石材(又称岗石)和微晶石(又称微晶玻璃)两大类。

1. 岗石

又称人造大理石,以天然大理石碎料、石粉为主要原材料,也可添加马赛克、贝壳、玻璃等材料作为点缀,以不饱和聚酯树脂为胶结剂,经真空搅拌、高压震荡制成方料,再经过室温固化(固化时间在 7 d 以上)、锯切、打磨、抛光等工序制成板材。

岗石的加工工艺采用先进的流水线自动化加工,从而从根本上保证了板材的质量。岗石组成中含有 92%以上的天然大理石,因此保留了天然石材高贵、典雅的特性,更具有色泽艳丽、颜色均匀、尺寸精确、光洁度高、抗压耐磨、透气性好、环保、可多次翻新等特点,是一种国际流行的绿色环保装饰材料。其特点如下:

(1) 色差小 合成过程中采用集中配料工艺，基本解决了天然石材装修中无法解决的色差问题。

(2) 无辐射 岗石在选料上进行严格筛选，几乎完全剔除了石材中所含的辐射性元素。

(3) 强度高，耐老化 岗石生产过程中消除了所有暗裂、裂隙，使得其铺装过程中更加安全；经过高科技的处理和先进的成型工艺，使岗石的强度得到加强(部分强度高于同类型天然石)，原先需 20 mm 以上厚度的天然石材才能有的强度现在 12 mm 厚即可。岗石产品在出厂前抛光上蜡和使用后的定期维护会大大延缓老化过程。

(4) 品种齐全、色泽艳丽 可以按照客户要求、所需颜色制造加工，使用者或设计者可根据自己个性及风格选择花色品种，演绎独特的装饰装修效果。

(5) 品质稳定 岗石特殊的制造工艺使其产品具有了稳定、可靠的质量保证。相比陶瓷砖，岗石具有规格尺寸大、平整度好等优点。

(6) 重量轻 重量比同等天然大理石轻 10%。

(7) 易切割，安装方法简单 产品尺寸精确，可用常规方法进行铺装。

目前各生产厂家产品的技术和质量标准不统一，国家也没有推出相应的标准来规范行业的发展，造成市场秩序混乱，不利于产业的持续健康发展。

2. 微晶玻璃

微晶玻璃是由适当组成的玻璃颗粒经烧结和晶化，制成的有结晶相和玻璃相组成的质地坚实、致密均匀的复相材料。玻璃相与结晶相两者的分布状况随其比例而变化，当玻璃相占的比例大时，玻璃相为连续的基体，晶相孤立地均匀地分布在其中；如玻璃相较少时，玻璃相分散在晶体网架之间，呈连续网状；若玻璃相数量很低，则玻璃相以薄膜状态分布在晶体之间。微晶玻璃集中了玻璃、陶瓷及天然石材的三重优点，优于天石材和陶瓷，可用于建筑幕墙及室内高档装饰。

《建筑装饰用微晶玻璃》(JC/T 872—2000)规定，产品按颜色基调分为白色、米色、灰色、蓝色、红色、黑色等；按形状分为普型板(P)、异型板(Y)；按表面加工程度分为镜面板(JM)、亚光面板(YG)。按板材的规格尺寸允许偏差、平面度公差、角度公差、外观质量、光泽度分为优等品(A)、合格品(B)两个等级。镜面板材的镜面光泽度优等品不低于 85 光泽单位，合格品不低于 75 光泽单位。莫氏硬度 5～6 级，弯曲强度不小于 30 MPa，外墙装饰板材抗急冷急热无裂隙，在 1.0%硫酸溶液和 1.0%氢氧化钠溶液室温浸泡 650 h 后质量损失率不大于 0.2%，且外观无变化。

12.3 木质装饰材料

木材作为装饰材料广泛应用在建筑物室内装修与装饰，如木质门窗、楼梯扶手、栏杆、地板、天花板、踢脚板、装饰吸声板等。木材具有不同天然纹理，如直线条纹、疏密不均的细纹、山形花纹等。木材除具有多种多样天然细腻的纹理之外，还具有丰富的自然色彩、光泽和亲切的质感。木材在装饰工程中应用十分广泛，常见木材装饰制品有人造板材、木质地板。

12.3.1 人造板材

尽管木材在土木工程中的应用很广泛，但是，由于森林资源的日益匮乏，现有天然木材的数量已远不能满足工程建设的需要；而且随着人们对木材性能要求的提高，在许多工程中，天然木材的性能尚不能满足工程的使用要求。因此，充分利用木材及其下脚料制作深加工产品，综合利用与改进木材性能的意义重大。

1. 胶合板

胶合板又称层压板，胶合板是由木段旋切成单板或由木方刨切成薄木，并将薄片经干燥处理后，再用胶粘剂经热压胶合而成的三层或多层的板状材料，通常用奇数层单板，并使相邻层单板的纤维方向互相垂直胶合而成。胶合板的木片层数应为奇数，一般为3～13层，胶合时相邻两薄片的木纤维相互垂直，粘结剂多用耐水性较好的合成树脂，也可采用具有一定耐水性的动植物胶。根据胶合板的层数命名，可将其称为三合板、五合板等。

为了尽量改善天然木材各向异性的特性，使胶合板材性均匀、形状稳定，一般胶合板在结构上都要遵守两个基本原则：一是对称；二是相邻层单板纤维互相垂直。对称原则就是要求胶合板对称中心平面两侧的单板，无论木材性质、单板厚度，层数、纤维方向，含水率等，都应该互相对称。在同一张胶合板中，可以使用单一树种和厚度的单板，也可以使用不同树种和厚度的单板；但对称中心平面两侧任何两层互相对称的单板树种和厚度要一样。面背板允许不是同一树种。

要使胶合板的结构同时符合以上两个基本原则，它的层数就应该是奇数。所以胶合板通常都做成三层，五层、七层等奇数层数。胶合板各层的名称是：表层单板称为表板，里层的单板称为芯板；正面的表板叫面板，背面的表板叫背板；芯板中，纤维方向与表板平行的称为长芯板或中板。

胶合板可以利用小直径的原木制成表面花纹美观的大张无缝无节的薄板；由于其各层木片的纤维相互垂直，可相互消除因各向异性而引起的不利因素，从而使板材变形均匀，平面方向的各向强度大致相等。此外，胶合板可充分利用木材，除表层采用较好的木材外，内层可用质差或有缺陷的木材，其综合应用效果较好。

《胶合板　第1部分：分类》(GB/T 9846.1—2004)规定，按构成分为单板胶合板、木芯胶合板(又分为细木工板、层积板)、复合胶合板；按外形和形状分为平面的、成型的；按耐久性分为干燥条件下使用(Ⅲ类)、潮湿条件下使用(Ⅱ类)、室外条件下使用(Ⅰ类)；按表面加工状况分为未砂光板、砂光板、预饰面板、贴面板(装饰单板、薄膜、浸渍纸等)；按用途分为普通胶合板、特种胶合板。《胶合板　第4部分：普通胶合板外观分等技术条件》(GB/T 9846.4—2004)规定，普通胶合板按成品板上可见的材质缺陷和加工缺陷的数量和范围分成三个等级，即优等品、一等品和合格品，这三个等级的面板均应砂光，特殊需要的可不砂光或两面砂光。

《胶合板　第2部分：尺寸公差》(GB/T 9846.2—2004)适用于整张胶合板，不适用于通过斜接、指接或其他端接拼成的胶合板。整张胶合板的长度一般为915 mm，1 220 mm，1 830 mm，2 135 mm，2 440 mm，宽度一般为915 mm，1 220 mm，公称厚度2.7～25 mm。胶合板出厂时的含水率：Ⅰ、Ⅱ应为6%～14%，Ⅲ类应为6%～16%。各类胶合板的胶合强度、甲醛释放量应符合《胶合板　第3部分：普通胶合板通用技术条件》(GB/T 9846.3—2004)的要求。

1) 细木工板

细木工板是由面板、表板、实木板芯组成的胶合板。实木板芯是由木条在长度和宽度方向上拼接或不拼接组成的拼板或木格结构板。它集木板与胶合板的优点于一身，适用于建筑装饰和家具制作等，也可作为装饰构造材料，用于门板、壁板等。

《细木工板》(GB/T 5849—2006)规定，细木工板按板芯结构分为实心、空心两种；按板芯拼接状况分为胶拼、不胶拼；按表面加工状况分为单面砂光、双面砂光、不砂光；按层数分为：三层、五层、多层；按用途分为普通用、建筑用；按外观质量和翘曲度分为优等品、一等品和合格品，外观质量主要根据表板的材质缺陷和加工缺陷判定等级，表板用时朝外。三层细木工板的表板厚度不应小于 1.0 mm，纹理方向与板型木条方向垂直。同一张板的芯条应为同一厚度、同一树种或材性相近的树种。产品的含水率、横向静曲强度、浸渍剥离性能、表面胶合强度、甲醛释放量(室内用)应符合标准要求，其中，三层细木工板不做胶合强度和表面胶合强度，当表板厚度＜0.55 mm 时，不做胶合强度检验，当表板厚度不小于 0.55 mm 时，五层及多层板不做表面胶合强度和浸渍剥离检验。

2）单板层积材

由多层整幅(或经拼接)单板按顺纹为主组坯胶合而成的板材。《单板层积材》(GB/T 20241—2006)规定，产品按用途分为非结构用单板层积材(非承载用途)、结构用单板层积材(具良好耐水性、耐候性和力学性能，可作承载构件使用)。非结构用材可用于家具制作和室内装饰装修，如制作木制品、分室墙、门、门框、室内隔板等，适用于室内干燥环境。相邻两层单板的纤维方向应相互平行，特定层单板组坯时可横向放置，但横向放置单板的总厚度不超过板厚的 20%；内层单板拼缝应紧密，且相邻层的拼缝应不在同一断面上。产品长度为 1 830～6 405 mm，宽度为 915 mm，1 220 mm，1 830 mm，2 440 mm，厚度为 19 mm，20 mm，22 mm，30 mm，32 mm，35 mm，40 mm，45 mm，50 mm，55 mm，60 mm，含水率为 6%～14%。

3）指接材

以锯材为原料，利用切削和加压的方法，在木材端部加工形成的指形(锯齿形)榫接头，经胶合接长制成的板方材。《指接材　非结构用》(GB/T 21140—2007)规定，产品按耐水性分为Ⅰ类(耐气候，可再室外条件下使用)、Ⅱ类(耐潮，可再潮湿条件下使用)、Ⅲ类(不耐潮，只能在干燥条件下使用)；按指榫在指接材中可见指的位置分为水平型(H 型)、垂直型(V 型)，见图 12-1。同一指接材部件原则上应使用同一树种木材，需要由两种或两种以上木材进行指接时，其木材性质应相近。指接材所用木材含水率应满足胶接工艺要求，含水率范围为 8%～15%，平均为 12%。

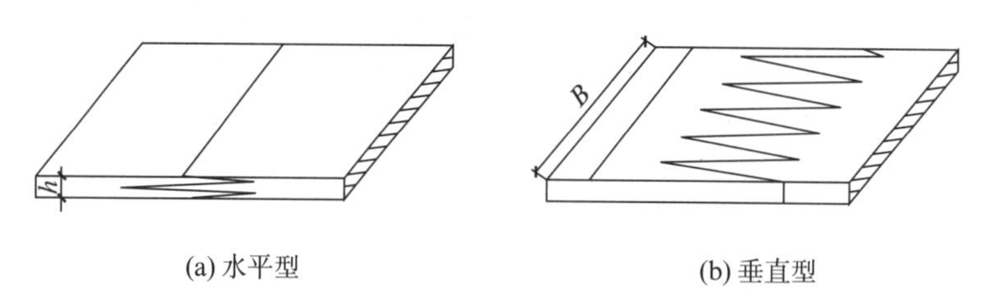

图 12-1　指榫结构类型示意图

4）成型胶合板

由木单板或木单板与饰面材料经涂胶、组坯、模压而成的非平面型胶合板。表面未进行任何饰面处理的称为素面成型胶合板。按受力情况分为单向受力、多向受力、非受力三种板；按表面加工情况分为素面、饰面；按使用场合分为室内、室外。饰面成型胶合板分为热固性树脂浸渍纸高压装饰层压板、装饰单板贴面板、浸渍胶膜纸饰面板三种。

(1) 高压装饰板　由酚醛树脂浸渍的纸为芯(底)层和由氨基树脂(主要是三聚氰胺树脂)浸渍的纸为面层经加热及在不低于 5 MPa 压力下胶合在一起的板材，其外层的一面或两面有装饰性的颜色或图案，简称高压装饰板（HPL）。

《热固性树脂浸渍纸高压装饰层积板（HPL）》（GB/T 7911—1999）规定，产品按用途分为平面通用板（HG，用于较高性能平面，也用于需要特殊性能的立面）、平面高耐磨（HW，比 HG 耐磨性好，用于高性能平面）、立面通用（VG，用于立面和中等性能平面）、衬里、平衡（CL，通常不直接受光照的内壁立面及平衡面，色泽牢度、耐热、耐水性胶 HG 低）；按特性分为 S 型（普通 HPL）、P 型（后成型 HG，可弯曲）、F 型（有一定滞燃性能的 HG 板）、SE 型（具有一定防静电性能 HG）。平面和立面类板按外观质量分为优等品、一等品、合格品。

该产品分薄型和厚型两种，厚度在 2 mm 以下为薄型，只有一个装饰面，应与基材复合后使用；厚度在 2 mm 以上（含 2 mm）的为厚型，可单独使用，厚度 2～5 mm 应有支撑，厚度 5 mm 以上（含 5 mm）可无支撑。

(2) 装饰单板贴面板 利用普通单板、集成单板和重组装饰单板等胶贴在各种人造板表面制成的板材。单板（又称薄木）是用刨切、旋切或锯切方法制成的木质薄片状材料；集成单板是指将板材或小方材等按纤维方向相互平行拼接合成木方，经刨切制成的单板；重组装饰单板是以旋切或刨切单板为主要原料，采用单板调色、层积、胶合成型制成木方，经刨切、旋切或锯切制成的单板。

《装饰单板贴面人造板》（GB/T 15104—2006）规定，产品按人造板基材品种分为装饰单板贴面胶合板、装饰单板贴面细木工板、装饰单板贴面刨花板、装饰单板贴面中密度纤维板；按装饰单板品种分为普通单板贴面人造板、调色单板贴面人造板、集成单板贴面人造板、重组装饰单板贴面人造板；按装饰面分我单面、双面；按耐水性能分为Ⅰ类、Ⅱ类、Ⅲ类

(3) 浸渍胶膜纸饰面人造板 是以刨花板、纤维板等人造板为基材，以浸渍氨基树脂的胶膜纸为饰面材料的装饰板材。《浸渍胶膜纸饰面人造板》（GB/T 15102—2006）规定，按人造板基材分为浸渍胶膜纸饰面刨花板、浸渍胶膜纸饰面纤维板；按装饰面分为浸渍胶膜纸单饰面人造板、浸渍胶膜纸双饰面人造板；按表面状态分为平面、浮雕浸渍胶膜纸饰面人造板。按产品外观质量分为优等品、一等品、合格品三个等级。该人造板也是木塑装饰板中的一种，木塑装饰板主要有墙板、壁板和天花类等，适于室内外装饰用非结构型板材，详见《木塑装饰板》（GB/T 24137—2009）的规定。

2. 纤维板

纤维板又名密度板，具有材质均匀、纵横强度差小、不易开裂等优点，用途广泛。制造 1 m^3 纤维板需 2.5～3 m^3 的木材，可代替 3 m^3 锯材或 5 m^3 原木。生产纤维板是木材资源综合利用的有效途径。

(1) 轻质纤维板 是以木质纤维或其他植物纤维为原料，添加或不添加胶粘剂、助剂加工制成的密度小于或等于 450 kg/m^3 的板材。产品外观质量、规格尺寸、理化性能（密度、含水率、静曲强度、2 h 吸水厚度膨胀率、导热系数、阻燃）、甲醛释放量的要求见《轻质纤维板》（LY/T 1718—2007）。轻质纤维板质轻，空隙率大，有良好的隔热性和吸声性，多用作公共建筑物内部的覆盖材料。经特殊处理可得到孔隙更多的轻质纤维板，具有吸附功能，可用于净化空气。

(2) 中密度纤维板 是以木质纤维或其他植物纤维为原料，经纤维制备，施加合成树脂，在加热加压条件下，压制成厚度不小于 1.5 mm，名义密度范围在 0.65～0.80 g/cm^3 之间的板材。普通型中密度纤维板是通常不在承重场合使用以及非家具用的板材，如展览会用的临时展板、隔墙板等；家具型作为家具或装饰装修用，通常需要进行表面二次加工处理，如家具制

造、橱柜制作、装饰装修件、细木工制品等；承重型通常用于小型结构部件，或承重状态下使用，如室内地面铺设、棚架、室内普通建筑部件等。产品的外观质量、幅面尺寸、尺寸偏差、密度及偏差、含水率、物理力学性能、甲醛释放量、其他性能（握螺钉力、含砂量、表面吸收性能、尺寸稳定性）的要求见《中密度纤维板》（GB/T 11718—2009）的规定。

(3) 硬质纤维板 是以木材或其他植物纤维为原料，板坯成型含水率高于20%，且主要运用纤维间的粘性与其固有的粘合性使其胶合的板材，密度大于 800 kg/m³。湿法硬质纤维板的共同指标见《湿法硬质纤维板 第 2 部分：对所有板型的共同要求》（GB/T 12626.2—2009）。

3. 刨花板、木丝水泥板和水泥木屑板

(1) 刨花板 由木材碎料（木刨花、锯末或类似材料）或非木材植物碎料（亚麻屑、甘蔗渣、麦秸、稻草或类似材料）与胶粘剂一起热压而成的板材。《刨花板 第 1 部分：对所有板型的共同要求》（GB/T 4987.1—2003）规定，刨花板的幅面尺寸为 1 220 mm×2 440 mm，公称厚度为 4 mm，6 mm，8 mm，10 mm，12 mm，14 mm，16 mm，19 mm，22 mm，25 mm，30 mm 等。产品按用途分为在各种状态下使用的普通用板、家具及室内装修用板、结构用板、增强结构用板，在潮湿状态下使用的结构用板、增强结构用板。六种板的使用要求见 GB/T 4987.2—2003～GB 4987.7—2003 的规定。

① 以麦（稻）秸秆为原料，以异氰酸酯（MDI）为胶粘剂，通过粉碎、干燥、分选、施胶、成型、预压、热压、冷却、裁边和砂光等工序制成的板材称为麦（稻）秸秆刨花板。产品分类和质量要求见《麦（稻）秸秆刨花板》（GB/T 21723—2009）的规定。

② 以水泥为胶凝材料，刨花（由木材、麦秸、稻草、竹材等制成）为增强材料并加入其他化学添加剂，通过成型、加压和养护等工序制成的板材，称为水泥刨花板。产品分类和质量要求见《水泥刨花板》（GB/T 24312—2009）的规定。

(2) 木丝水泥板 以普通硅酸盐水泥、白色硅酸盐水泥或矿渣硅酸盐水泥为胶凝材料，木丝为加筋材料，加水搅拌后经铺装成型、保压养护、调湿处理等工艺制成的板材称为木丝水泥板。木丝是木材经机械刨切和改性处理后加工成的宽度和厚度均匀的木质细丝。产品分类和质量要求见《木丝水泥板》（JG/T 357—2012）。

(3) 水泥木屑板 用水泥和木屑制成的各类建筑板材统称为水泥木屑板。产品质量要求见《水泥木屑板》（JC/T 411—2007）的规定。

12.3.2 木质地板

木质装饰材料所具有的天然纹理、色泽、亲切的质感以及温度、湿度调控的能力，是其他装饰材料无法比拟的。家居装饰中地面设计的首选材料为木地板。常用的木质地板有实木地板、复合地板、竹地板等。

1. 实木地板

用实木直接加工的地板称为实木地板。实木地板根据加工工艺的差别可分为实木整块地板、实木集成地板、实木复合地板。

(1) 实木地板 是指用气干密度不低于 0.32 g/cm³ 的针叶树木材和气干密度不低于 0.50 g/cm³ 的阔叶树木材制成的地板。《实木地板 第 1 部分：技术要求》（GB/T 15036.1—2009）规定，产品按形状分为榫接（侧面和端面为榫、槽）、平接（无榫、槽）、仿古（具有独特表面

结构，包括平面、凹凸面、拉丝面等）三类；按表面有无涂饰分为涂饰、未涂饰；按表面涂饰类型分为漆饰（表面涂漆）、油饰（表面浸油）。实木地板的长度不小于 250 mm，宽度不小于 40 mm，厚度不小于 8 mm，榫、舌宽度不小于 3.0 mm。按产品的外观质量、物理性能分为优等品、一等品、合格品。产品的规格尺寸与偏差、形状位置偏差（翘曲度、拼装离缝、拼装高度差）、外观质量、物理性能指标（含水率、漆膜表面耐磨、漆膜附着力、漆膜硬度）的具体要求见（GB/T 15036.1—2009）中的详细说明。

(2) 实木集成单板 用两块或两块以上实木规格料经平面胶拼而成的企口地板。两端规格料（不含榫）保留长度不小于 50 mm，纵向拼接应采用指接方式接长。《实木集成地板》（LY/T 1614—2004）规定，产品按表面有无涂饰分为涂饰、未涂饰；按地板拼接方式分为普通企口、卡扣企口。按产品外观质量分为优等品、一等品、合格品。产品长度为 1 818 mm，1 820 mm，1 830 mm；宽度对应为（90 mm，75 mm，129 mm），（118 mm，90 mm，145 mm），（—，120 mm，150 mm），（—，150 mm，—）；厚度为 13 mm，14 mm，15 mm，22 mm 等。产品外观质量、规格尺寸及其偏差（幅面尺寸、厚度、尺寸偏差）、理化性能指标（浸渍剥离、抗弯载荷、含水率、漆膜附着力、表面耐磨、表面耐污染、甲醛释放量）的要求见 LY/T 1614—2004。

集成材只选用原木材材质良好的部分，弃除原材料中树节、开裂和腐烂部分，加工成一定长度、宽幅并在理想状态充分干燥的地板材料。其品质的稳定性更高，强度是整块实木的 2 倍，有效地利用了资源，解决了整块实木在构造用材方面易变形、开裂的缺陷，使实木材料的利用更加广泛。

(3) 实木复合地板 以实木拼板或单板为面层。实木条为芯层、单板为底层制成的企口地板和以单板为面层、胶合板为基材制成的企口地板。以门窗树种来确定地板树种名称。《实木复合地板》（GB/T 18103—2000）规定，产品按面层材料分为实木拼板面层、单板面层；按结构分为三层结构、以胶合板为基材；按表面有无涂饰分为涂饰、未涂饰；按甲醛释放量分为 A 类（甲醛释放量不超过 9 mg/100 g）、B 类（甲醛释放量超过 9～40 mg/100 g）。按产品的外观质量、理化性能分为优等品、一等品、合格品。三层结构实木复合地板的面层常用水曲柳、桦木、山毛榉、栎木、枫木、楸木、樱桃木的板条组成，板条常见宽度为 50 mm、60 mm、70 mm，厚度为 3.5 mm、4.0 mm；芯层常用杨木、松木、泡桐、杉木、桦木板条组成，板条厚度为 8 mm、9 mm；底层常用杨木、松木、桦木等的单板，厚度为 2.0 mm。以胶合板为基材的杉木复合地板面层通常为装饰单板（薄木），树种通常为水曲柳、桦木、山毛榉、栎木、榉木、枫木、楸木、樱桃木，常见厚度为 0.3 mm、1.0 mm、1.2 mm。三层结构实木复合地板的厚度为 14 mm、15 mm，以胶合板为基材的实木复合地板的厚度为 8 mm、12 mm、15 mm。产品的外观质量、规格尺寸和偏差（幅面尺寸、厚度）、理化性能指标（浸渍剥离、静曲强度、弹性模量、含水率、漆膜附着力、表面耐磨、表面耐污染）、甲醛释放量的具体要求见 GB/T 18103—2000 的详细叙述。

实木复合地板的优点是表层为天然木材，纹理清晰，资源利用率较高，相对造价较低。不足之处是工艺处理不好，易分层脱胶，耐腐性差，受潮后会整体膨胀。

2. 复合地板

(1) 浸渍纸层压板饰面多层实木复合地板 以浸渍纸层压板为饰面层，以胶合板为基材，经压合并加工制成的企口地板。《浸渍纸层压板饰面多层实木复合地板》（GB/T 25407—2009）规定，产品按表面的模压形状分为浮雕面、平面；按甲醛释放量分为 E_0 级、E_1 级。按产品外观质量分为优等品、合格品。产品的幅面尺寸为(450～2 430) mm×(60～600) mm,厚度为7～20 mm,榫舌宽度应不小于3 mm。产品的基材质量、外观质量、规格尺寸及偏差、理化性能(浸渍剥离、静曲强度、弹性模量、含水率、表面耐冷热循环、表面耐划痕、尺寸稳定性、表面耐香烟灼烧、表面耐干热、表面耐污染腐蚀、表面耐龟裂、甲醛释放量、耐光色牢度)的要求见GB/T 25407—2009。

(2) 浸渍纸层压木质地板 以一层或多层专用纸浸渍热固性氨基树脂,铺装在刨花板、高密度纤维板等人造板基材表面,背面加平衡层、正面加耐磨层,经热压、成型的地板。商品名称强化木地板。《浸渍纸层压木质地板》(GB/T 18102—2007)规定,产品按用途分为商用级、家用Ⅰ级、家用Ⅱ级;按表面耐磨等级分为商用级(≥9 000转)、家用Ⅰ级(≥6 000转)、家用Ⅱ级(≥4 000转)。按产品外观质量、理化性能分为优等品、合格品。产品的幅面尺寸为(600～2 430) mm×(60～600) mm,厚度为6～15 mm,榫舌宽度应不小于3 mm。

经过阻燃处理,达到一定阻燃等级,该产品可以具有阻燃功能。产品应符合《阻燃木质复合地板》(GB/T 24509—2009)的要求。

复合地板有如下优点:耐磨、阻燃、防潮、防静电、防滑、耐压、易清理;纹理整齐,色泽均匀,强度大,弹性好,脚感好;避免了木材受气候变化而产生的变形、虫蛀、防潮及经常性保养等问题;质轻、规格统一,便于施工安装,小地面不需胶接,通过板材本身槽榫胶接,直接浮铺在地面上,节省工时及费用;无需上漆打蜡,日常维修简单,使用成本低。但是复合地板也有缺点,如不适应湿度较大的场所,弹性不如实木地板,装饰效果也不如实木地板具有淳朴、典雅的气质。

3. 竹地板

把竹材加工成竹片后,再用胶粘剂胶合、加工成的长条企口地板。

(1) 竹地板 《竹地板》(LY/T 1573—2000)规定,按结构分为多层胶合竹地板、单层胶合竹地板;见图12-2。按表面有无涂饰分为涂饰(包括有光和柔光)按表面颜色分为本色、漂白、深色(俗称炭化竹地板)。

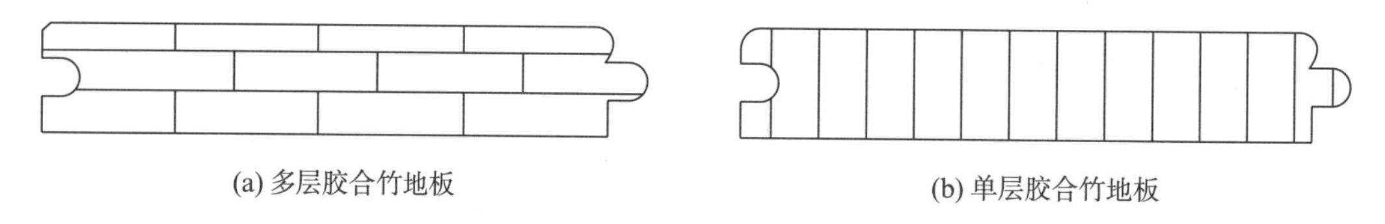

(a) 多层胶合竹地板　　(b) 单层胶合竹地板

图12-2　竹地板结构

竹材含有的蛋白质、糖类、淀粉类、脂肪和蜡质比木材多,在温湿度适宜的情况下,易遭虫、菌类的侵蚀,因此竹条在粗刨后需进行蒸煮处理(本色)或高温高湿的炭化处理(咖啡色),处理时加入防虫剂、防腐剂等,杜绝虫类、菌类的滋生。本色地板在温度90 ℃双氧水漂白,深色地板是在高温高压下经过二次炭化程序加工而成。二次炭化技术可将竹材中的虫卵、脂肪、糖分、蛋白质等养分全部炭化,使材质变轻,竹纤维呈"空心砖"状排列,抗拉、抗压强度及防水性能大大提高。

(2) 竹木复合层积地板 以竹材作面、底板,实木条或胶合板、集成板为芯层;或以竹材为面板,实木条、胶合板或集成板为底板制作而成的企口地板。《竹木复合层积地板》(GB/T 27649—2011)规定了产品的分等、规格尺寸及允许偏差和拼装偏差、外观质量、理化性能(含水率、静曲强度、浸渍剥离试验、表面漆膜耐磨性、表面漆膜耐污染性、表面漆膜附着力、甲醛释放量、表面抗冲击性能)的要求。

竹木地板耐磨、耐压、防潮、防火，物理性能优于实木地板，抗拉强度高于实木地板而收缩率低于实木地板，因此铺设后不开裂、不扭曲、不变形起拱。但竹木地板强度高，硬度强，脚感不如实木地板舒适，外观也没有实木地板丰富多样。它的外观是自然竹子纹理，色泽美观，这一点优于复合木地板。因此价格也介于实木地板和复合木地板之间。

12.3.3 木线条

木线条是用实木、指接材、人造板、木塑复合材作原材料加工制作而成的各种条状产品。按产品形状不同分为角线条、边线条、工艺线条。角线条横截面两背边的交线是直角或其边上的延长线为直角。边线条的背面为平面，表面及横截面呈不同形状变化。工艺线条的横截面、纵截面或背面呈各种形状或雕刻图案。木线条示例见图 12-3。

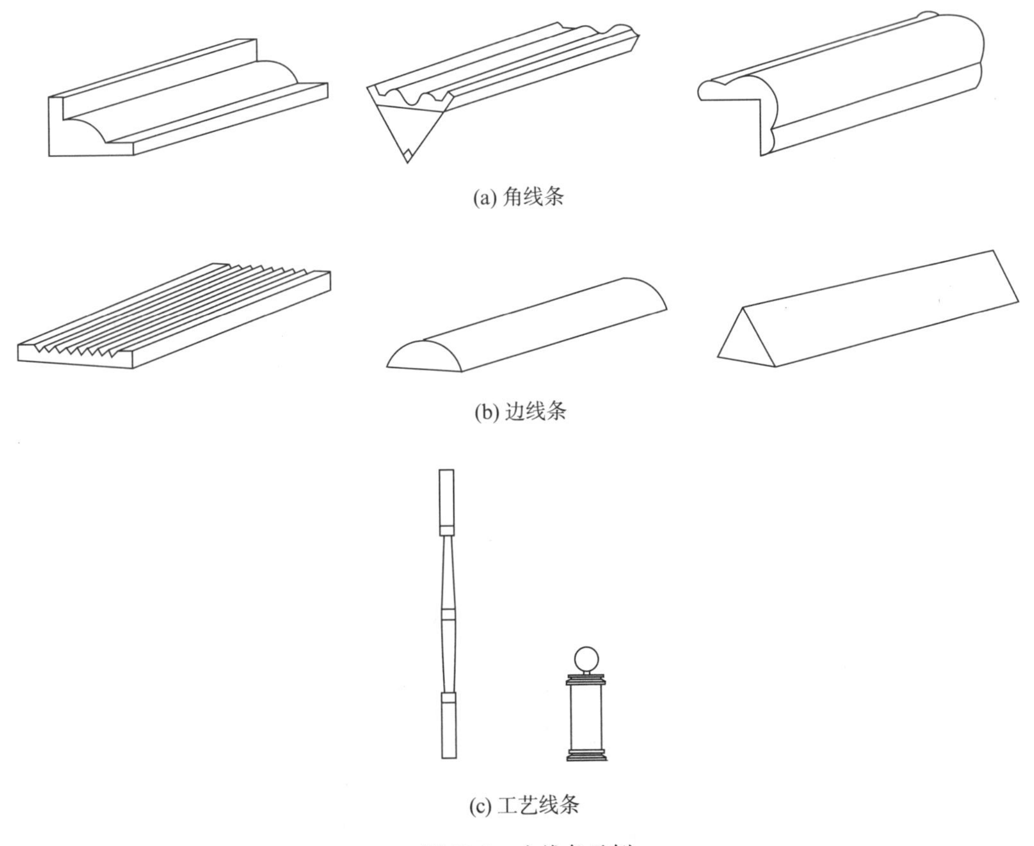

(a) 角线条

(b) 边线条

(c) 工艺线条

图 12-3　木线条示例

实木线条、指接线条应采用材性较稳定且不易开裂、变形和昆虫蛀蚀的树种。

木线条是天花上不同层次面交接处的封边，天花上各不同料面的对接处封口，天花平面上的造型线，天花上设备的封边；天花与墙面、柱面的交接处封口，墙面上不同层次面交接处封边，墙面上各不同材面的对接处封口、墙裙压边、踢脚板压边、设备的封边装饰边、墙饰面材料压线、墙面装饰造型线。造型体、装饰隔墙、屏风上的收口线和装饰线以及各种家具上的收边线装饰。

12.4　水泥类装饰材料

12.4.1　装饰混凝土

水泥混凝土是当今世界最主要的建筑材料，但其不足之处是外观色彩单调、灰暗、呆板，给人以压抑感。装饰混凝土将装饰与功能结合为一体，结构施工与装饰同时进行，充分利用混凝土的可塑性和材料的构成特点，在墙体、构件成型时采取适当措施，使其表面具有装饰性的线条、图案、纹理、质感及色彩，以满足建筑立面装饰的不同要求。该混凝土又被称为“建筑艺术混凝土”或“视觉混凝土”。

装饰混凝土主要有彩色混凝土、清水装饰混凝土、露骨料混凝土等。装饰混凝土的制作工艺分为正打工艺、反打工艺和露骨料工艺等。

装饰混凝土的原材料，基本上与普通混凝土相同，只不过在原材料的颜色等方面要求更为严格。对于一个工程用的水泥应选用同一工厂同一批号的水泥。对于骨料应同一产源的材料，骨料的颜色应一致，且其吸水率不宜超过 11%。对于颜料应选用不溶于水，与水泥不发生化学反应，耐碱、耐光的矿物颜料，其掺量一般不超过 6%。水和外加剂的选择与普通混凝土相同。

1. 彩色混凝土

彩色混凝土通常是用作混凝土面层着色。彩色混凝土是在普通混凝土中掺入适量的彩色外加剂、无机氧化物颜料和化学着色剂等着色料，或者干撒着色硬化剂等。制成的彩色混凝土，先铺于模底，一般不小于 10 mm。再在其上浇筑普通混凝土，这称为“反打一步成型”工艺。

在普通混凝土基材表面加做饰面层，制成的面层着色的彩色混凝土路面砖已有相当广泛的应用。如不同颜色的水泥混凝土花砖，按设计图案铺设，外观美观，色彩鲜艳，成本低廉，施工方便，可获得良好的装饰效果。

彩色混凝土在使用中表面会出现“白霜”，其原因是由于混凝土中的氢氧化钙及少量硫酸钠，随混凝土内水分蒸发而被带出并沉淀在混凝土表面，以后又与空气中二氧化碳作用变成白色的碳酸钙和碳酸钠晶体而形成的，“白霜”遮盖了混凝土色彩，严重降低其装饰效果。防止“白霜”常用的措施是：采用低水胶比，机拌机振，提高混凝土密实度；采用蒸汽养护可有效防止初期“白霜”的形成；硬化混凝土表面喷涂聚烃硅氧系憎水剂、丙烯酸系树脂等。

2. 清水装饰混凝土

清水装饰混凝土是通过模板，利用普通混凝土结构本身的造型、线条或几何外型而取得简单、大方、明快的立面效果。或者利用模板在构件表面浇注出凹凸饰纹，使建筑立面更加富有艺术性。由于这类装饰混凝土构件基本保持了普通混凝土的外型质地，故称为清水装饰混凝土。其成型工艺有以下三种。

(1) 正打成型工艺　正打成型工艺多用在大板建筑的墙板预制，它是在混凝土墙板浇注完毕，水泥初凝前后，在混凝土表面进行压印，使之形成各种线条和花饰。根据其表面的加工艺方法不同，可分为压印和挠刮两种方式。

压印工艺一般有凸纹和凹纹两种做法。凸纹是用刻有镂花图案模具，在刚浇注成型的壁板表面印出的。模具采用较柔软、能反复使用的材料，如橡胶板或软塑料板等。模具的厚度可根据对花纹凸出程度的要求决定，一般以不超过 10 mm 为宜。凹纹是用钢筋焊接成设计图形，在新浇混凝土壁板表面压出的。钢筋直径一般以 5～10 mm 为宜。当然也可用硬质塑料、玻璃钢等其他材料制作。挠刮工艺在新浇混凝土壁板上，用硬毛刷等工具挠刮形成一定毛面质感。

正打压印、挠刮工艺制作简单，施工方便，但壁面形成的凹凸程度小，层次少，质感不丰富。

(2) 反打成型工艺 反打成型工艺即在浇筑混凝土的底面模板上做出凹槽，或在底模上加垫具有一定花纹、图案的衬模，拆模后使混凝土表面具有线型或立体装饰图案。

当要求有色彩时，则应在衬板上先铺筑一层彩色混凝土混合料，然后在其上浇筑普通混凝土。反打工艺制品的图案、线条的凹凸感很强，质感很好，且可形成较大尺寸的线形。但反打工艺应强调两点：一是模板要有合理的脱模锥度，以防脱模时碰坏图形棱角；二是要选用性能良好的脱模剂，以防在制品表面残留污渍，影响建立立面的装饰效果。

(3) 立模工艺 前述正打、反打工艺均属预制条件下的成型工艺。立模工艺即在现浇混凝土墙面时做饰面处理，利用墙板升模工艺，在外模内侧安置衬板，脱模时模板先平移，离开新浇筑混凝土墙面再提升。这样随着模板爬升形成直条纹理的装饰混凝土，其外立面也十分引人注目，这种施工工艺使饰面效果更加逼真。立模生产也可用于成组立模预制工艺。

有关清水混凝土的设计、施工和质量验收要求可见《清水混凝土应用技术规程》(JGJ 169—2009)的规定。

3. 外露骨料混凝土

露骨料混凝土是在混凝土硬化前或硬化后，通过一定工艺手段使混凝土骨料适当外露，以骨料的天然色泽和不规则的分布，达到一定的装饰效果。

露骨料混凝土的制作方法有水洗法、缓凝剂法、酸洗法、水磨法、喷砂法、抛丸法、凿剁法、火焰喷射法和劈裂法等。

(1) 水洗法 水洗法用于正打工艺，它是在水泥混凝土达终凝前，采用具有一定压力的射流水冲刷混凝土表面的水泥浆，使混凝土表面露出石子的自然状态。

(2) 缓凝剂法 缓凝剂法用于反打或立模工艺，它是先施缓凝剂在模板上，然后浇筑混凝土，借助缓凝剂使混凝土表面层水泥浆不硬化，待脱模后用水冲刷，露出骨料。缓凝剂法露骨料工艺实际上仍是水洗法。

(3) 酸洗法 酸洗法是利用化学作用去掉混凝土表层水泥浆，使骨料外露。一般在混凝土浇筑 24 h 后进行酸洗。酸洗液通常选用一定浓度的盐酸。但因其对混凝土和环境有一定的破坏作用，故应用较少。

(4) 水磨法 水磨法也即制作水磨石的方法，所不同的是水磨露骨料工艺一般不抹水泥石碴浆，而是将抹平的混凝土表面磨至露出骨料。水磨时间一般认为应在混凝土强度达到 12～20 MPa 时进行为宜。水磨石可以现浇，也可以预制，但现浇水磨石湿作业量大，工期长，现已较少使用，预制水磨石是我国传统出口石材之一。预制和现浇水磨石的质量应符合《建筑装饰用水磨石》(JC/T 507—2012)的要求。

(5) 抛丸法 抛丸法是将混凝土制品以室外 1.5～2 m/min、室内以 65～80 m/s 的线速度抛出铁丸，利用铁丸冲击力将混凝土表面的水泥浆皮剥离，露出骨料。因此方法同时将骨料表皮凿毛，故其效果如花锤、剁斧，自然逼真。

外露骨料混凝土饰面关键在于石子质量和数量，在使用彩色石子时，配色要协调美观，这样才能获得良好的装饰效果。

12.4.2 装饰砂浆

涂抹在建筑物的内外墙表面，具有美观装饰效果的抹灰砂浆称为装饰砂浆。装饰砂浆的底层和中层抹灰与普通抹灰砂浆基本相同。装饰砂浆是在抹面的同时，经各种加工处理而获得特殊的饰面形式，以满足审美需要的一种表面装饰。装饰砂浆饰面可分为灰浆类饰面和石碴类饰面两类。

(1) 灰浆类饰面 灰浆类饰面是通过水泥砂浆的着色或水泥砂浆表面形态的艺术加工，获得一定色彩、线条、纹理、质感，达到装饰目的。这种以水泥、石灰及其砂浆为主形成的饰面装饰做法的优点是：材料来源广泛，施工方便，造价低廉；通过不同的工艺，可形成不同的装饰效果，如搓毛、拉毛、喷毛以及仿面砖、仿毛石等饰面。

(2) 石碴类饰面 石碴类饰面是在水泥浆中掺入各种彩色石碴作骨料，配制成水泥石碴浆抹于墙体基层表面，然后用水洗、斧剁、水磨石等手段除去表面水泥浆皮，呈现石碴的颜色及质感的饰面做法。石碴类饰面与灰浆类饰面的主要区别在于：石碴类饰面主要靠石碴的颜色、颗粒形状来达到装饰目的；而灰浆类饰面则主要靠掺入颜料以及砂浆本身所形成的质感来达到装饰目的。

1. 灰浆类砂浆饰面种类

(1) 拉毛灰 拉毛灰先用水泥砂浆做底层，再用水泥石灰浆做面层，在砂浆尚未凝结之前，用铁抹子或木蟹将罩面灰轻压后顺势轻轻拉起，形成一种凹凸质感较强的饰面层。要求表面拉毛花纹、斑点均匀，颜色一致，同一平面上不显接搓。

(2) 甩毛灰 甩毛灰是先用水泥砂浆做底层，再用竹丝等工具将罩面灰浆甩洒在表面上，形成大小不一，但又很有规律的云朵状毛面。也有先在基层上刷水泥色浆，再甩上不同颜色的罩面灰浆，并用抹子轻轻压平，形成两种颜色的套色做法。

(3) 搓毛灰 搓毛灰是在罩面灰浆初凝时，用硬木抹子由上而下搓出一条细而直的纹路，也可水平方向搓出一条 L 形细纹路，当纹路明显搓出后即停。这种装饰方法工艺简单、造价低，效果朴实大方。

(4) 扫毛灰 扫毛灰是在罩面灰浆初凝时，用竹丝扫帚把按设计组合分格的面层砂浆，扫出不同方向的条纹，或做成仿岩石的装饰抹灰。扫毛灰做成假石以代替天然石材饰面，工序简单，施工方便，造价便宜。

(5) 拉条 拉条抹灰是采用专用模具把面层做出竖向线条的装饰做法。拉条抹灰有细条形、粗条形、半圆形、波形、梯形、方形等多种形式，是一种较新的抹灰做法。一般细条形抹灰可采用同一种砂浆配比，多次加浆抹灰拉模而成；粗条形抹灰则采用底、面层两种不同配合比的砂浆，多次加浆抹灰拉模而成。砂浆不得过干，也不得过稀，以能拉动可塑为宜。它具有美观大方、不宜积灰、成本低等优点，并有良好的音响效果。

(6) 假面砖 假面砖是采用掺氧化铁颜料的水泥砂浆，通过手工操作达到模拟面砖装饰效果的饰面做法。适合房屋建筑外墙抹灰饰面。

(7) 假大理石 假大理石是用掺适量颜料的石膏色浆和素石膏浆按 1∶10 比例配合，通过手工操作，做成具有大理石表面特征的装饰抹灰。这种装饰工艺对操作技术要求较高，但如果做得好，无论在颜色、花纹和光洁度等方面，都接近天然大理石效果，适用于高级装饰工程中的室内墙面抹灰。

2. 石碴类砂浆饰面种类

(1) 水刷石 水刷石是水泥和细小的石碴(约 5 mm)按比例配合并拌制成水泥石碴浆,抹在墙面上,在水泥浆初凝时用硬毛刷蘸水刷洗,或用喷水冲刷表面,使石碴半露不脱落而达到装饰目的,多用于建筑物的外墙。

水刷石具有石料饰面的质感,自然朴实。结合不同的分格、分色、凹凸线条等艺术处理,可使饰面获得明快庄重、淡雅秀丽的艺术效果。水刷石的不足之处是操作技术要求较高,费工费料,湿作业量大,劳动强度大,逐渐被干粘石取代。

(2) 干粘石 干粘石是在素水泥浆或聚合物水泥浆粘结层上,把石碴、彩色石子等备好的骨料粘在其上,再拍打压实即为干粘石。干粘石的操作方法有手工甩粘和机械甩喷两种。要求石子要粘牢,不掉粒,不露浆,石子应压入砂浆 2/3。

干粘石工艺是由传统水刷石工艺演变而得,具有与水刷石相同的装饰效果。但与水刷石相比,特点操作简单、造价较低、饰面效果好。

(3) 斩假石 斩假石又称为剁斧石,它是以水泥石碴浆或水泥石屑浆作抹灰面层,待其硬化具有一定强度时,用钝斧及各种凿子等工具,在面层上剁斧出类似石材的纹理,具有粗面花岗岩的效果。

在石碴类饰面的各种做法中,斩假石的效果最好。它既具有真石的质感,又有精工细作的特点,给人以朴实、自然、素雅、庄重的感觉。斩假石的缺点是费时费力,劳动强度大,施工效率较低。斩假石饰面所用的材料与水刷石基本相同。斩假石饰面一般多用于局部小面积装饰,如勒脚、台阶、柱面、扶手等。

(4) 拉假石 拉假石是用废锯条或 5～6 mm 厚的铁皮加工成锯齿形,钉在木板上构成抓耙,用抓耙挠刮去除表层水泥浆皮露出石碴,并形成条纹效果。这种工艺实质上是斩假石工艺的演变,与斩假石相比,其施工速度快,劳动强度低,装饰效果类似斩假石,可大面积使用。

12.5 烧结类装饰材料

烧结类装饰材料主要指各种装饰陶瓷和装饰玻璃等,不同的烧结装饰材料除了焙烧工艺不同外,所用原料也有较大的差别。现代的装饰陶瓷和装饰玻璃在传统陶瓷和玻璃的基础上又开发出了更多的花色品种。

12.5.1 装饰陶瓷

建筑陶瓷是由黏土、长石、石英为主要原料,经成型、烧成等工艺处理,用于装饰、构建与保护建筑物、构筑物的板状或块状陶瓷制品。建筑陶瓷包括陶瓷砖(各类室内、室外、墙面、地面用陶瓷砖、陶瓷板、陶瓷马赛克、广场砖等)、建筑琉璃制品、微晶玻璃陶瓷复合砖、陶瓷烧结透水砖、建筑幕墙用陶瓷板等。

《建筑卫生陶瓷分类及术语》(GB/T 9195—2011)规定,建筑陶瓷制品按成型方法分为挤压(A)、干压(B)、其他(C);按吸水率(E,质量分数)分为低吸水率(Ⅰ类,$E\leqslant3\%$)、中吸水率(Ⅱ类,$3\%<E\leqslant10\%$)、高吸水率(Ⅲ类,$E>10\%$);按用途分为内墙、外墙、地、天花、阶梯、游泳池、广场、配件、屋面(瓦)、其他。

1. 陶瓷砖

用于覆盖墙面和地面的板状或块状建筑陶瓷制品,陶瓷砖是在室温下通过挤压或干压或其他方法成型,干燥后,在满足性能要求的温度下烧制而成。砖是有釉(GL)或无釉(UGL)的,而且是不可燃、不怕光的。

《陶瓷砖》(GB/T 4100—2006)规定,陶瓷砖按吸水率分为瓷质砖($E\leqslant0.5\%$)、炻瓷砖($0.5\%<E\leqslant3\%$)、细炻砖($3\%<E\leqslant6\%$)、炻质砖($6\%<E\leqslant10\%$)、陶质砖($E>10\%$)。

按陶瓷砖的成型方法和吸水率进行分类,共涵盖 11 类产品,这种分类与产品的使用无关。

(1) 挤压陶瓷砖 是将可塑性坯料经过挤压机挤出成型,再将所成型的泥条按砖的预定尺寸进行切割。该类产品根据性能分为精细的或普通的,挤压砖通常是用来描述劈离砖(双挤压砖和单挤压砖)和方砖(E≤6%)的。

① AⅠ类,$E\leqslant3\%$ 挤压瓷质砖和炻瓷砖。当产品厚度≥7.5 mm 时,破坏强度≥1 100 N,厚度<7.5 mm 时,破坏强度≥600 N;断裂模数平均值≥23 MPa,单值≥18 MPa;无釉地砖耐磨损体积≤275 mm^3。

② AⅡa 类,$3\%<E\leqslant6\%$ 挤压细炻砖。根据性能又分为 AⅡa-1 和 AⅡa-2 两种产品。AⅡa-1:当产品厚度≥7.5 mm 时,破坏强度≥950 N,厚度<7.5 mm 时,破坏强度≥600 N;断裂模数平均值≥20 MPa,单值≥18 MPa;无釉地砖耐磨损体积≤393 mm^3。AⅡa-2:当产品厚度≥7.5 mm 时,破坏强度≥800 N,厚度<7.5 mm 时,破坏强度≥600 N;断裂模数平均值≥13 MPa,单值≥11 MPa;无釉地砖耐磨损体积≤541 mm^3。

③ AⅡb 类,$6\%<E\leqslant10\%$ 挤压炻质砖。根据性能又分为 AⅡb-1 和 AⅡb-2 两种产品。AⅡb-1:破坏强度≥900 N;断裂模数平均值≥17.5 MPa,单值≥15 MPa;无釉地砖耐磨损体积≤649 mm^3。AⅡb-2:破坏强度≥750 N;断裂模数平均值≥9 MPa,单值≥8 MPa;无釉地砖耐磨损体积≤1 062 mm^3。

④ AⅢ类,E>10% 挤压陶质砖。破坏强度≥600 N;断裂模数平均值≥8 MPa,单值≥7 MPa;无釉地砖耐磨损体积≤2 365 mm^3。

(2) 干压陶瓷砖 是将混合好的粉料置于模具中于一定压力下压制成型的。

① BⅠa 类,$E\leqslant0.5\%$ 干压瓷质砖。当产品厚度≥7.5 mm 时,破坏强度≥1 300 N,厚度<7.5 mm 时,破坏强度≥700 N;断裂模数平均值≥35 MPa,单值≥32 MPa;抛光砖(经过机械研磨、抛光,表面呈镜面光泽)光泽度≥55,无釉地砖耐磨损体积≤175 mm^3。

② BⅠb 类,$0.5\%<E\leqslant3\%$ 干压炻瓷砖。当产品厚度≥7.5 mm 时,破坏强度≥1 100 N,厚度<7.5 mm 时,破坏强度≥700 N;断裂模数平均值≥30 MPa,单值≥27 MPa;无釉地砖耐磨损体积≤175 mm^3。

③ BⅡa 类,$3\%<E\leqslant6\%$ 干压细炻砖。当产品厚度≥7.5 mm 时,破坏强度≥1 000 N,厚度<7.5 mm 时,破坏强度≥600 N;断裂模数平均值≥22 MPa,单值≥20 MPa;无釉地砖耐磨损体积≤345 mm^3。

④ BⅡb 类,6%<E≤10% 干压炻质砖。当产品厚度≥7.5 mm 时,破坏强度≥800 N,厚度<7.5 mm 时,破坏强度≥600 N;断裂模数平均值≥18 MPa,单值≥16 MPa;无釉地砖耐磨损体积≤540 mm^3。

⑤ BⅢ类,$E>10\%$ 干压陶质砖。当产品厚度≥7.5 mm 时,破坏强度≥600 N,厚度<

7.5 mm时，破坏强度≥350 N；断裂模数平均值≥15 MPa，单值≥12 MPa；不能生产无釉地砖。

2. 陶瓷板

由黏土和其他无机非金属材料经成型、高温烧成等生产工艺制成的板状陶瓷制品。

(1) 干挂空心陶瓷板 用做建筑幕墙装饰，吸水率值E≤10%的空心板状陶瓷制品。施工时采用金属配件将板材牢固悬挂在结构体上形成饰面的方法，简称干挂。《干挂空心陶瓷板》(JC/T 1080—2008)规定，产品分为无釉、有釉两种。产品有效宽度不大于600 mm，名义厚度(统称产品规格的厚度)≤18 mm的板材，承载力壁厚≥5.5 mm，18 mm<名义厚度≤30 mm的板材，承载力壁厚≥7.7 mm，见图12-4。名义厚度≤18 mm时，破坏强度平均值≥2 100 N，单值≥1 900 N，导热系数≤0.35 W/(m·K)(孔未密封)；18 mm<名义厚度≤30 mm，破坏强度平均值≥4 500 N，单值≥4 200 N，导热系数≤0.47 W/(m·K)(孔未密封)。

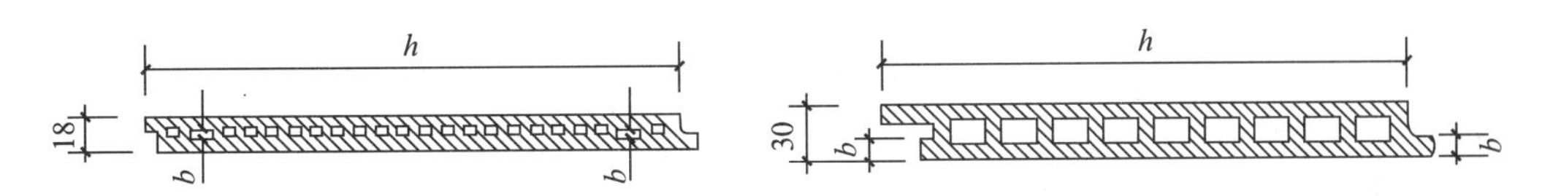

图12-4　有效宽度、承载力厚度示意图

(2) 陶瓷板 用于建筑物室内外墙、地面装饰的陶瓷板。《陶瓷板》(GB/T 23266—2009)规定产品的厚度不大于6 mm、上表面面积不小于1.62 m^2。产品按吸水率分为瓷质板(E≤0.5%)、炻质板(0.5%<E≤10%)、陶质板(E>10%)；按表面特征分为有釉、无釉。陶瓷板破坏强度和断裂模数见表12-9。

表12-9　　**陶瓷板破坏强度和断裂模数**

产品类别		破坏强度/N	断裂模数/MPa
瓷质板　≥	厚度d≥4.0 mm	800	平均值≥45 单值≥40
	厚度d<4.0 mm	400	
炻质板　≥		750	平均值≥40　单值≥35
陶质板　≥	厚度d≥4.0 mm	600	平均值≥40　单值≥35
	厚度d<4.0 mm	400	平均值≥30　单值≥25

(3) 纤维陶瓷板 由无机纤维和可塑性坯料经混合、挤压成型、高温烧成后具有一定弹性的建筑陶瓷装饰材料。《纤维陶瓷板》(JC/T 1045—2007)规定，产品按厚度分为t≥3 mm适用于墙面、t≥6 mm适用于地面。产品有中吸水率(6%<E≤11%)、高吸水率(11%<E≤15%)，产品厚度产品厚度>7.5 mm时，破坏强度平均值≥600 N，厚度≤7.5 mm时，破坏强度≥350 N；断裂模数平均值≥30 MPa，单值≥25 MPa。墙面板的弹性≥12 mm。

3. 广场砖

用无机非金属粉料、粒料混合压制成形，经高温烧制而成的用于广场、步行街、社区园林等室外场所地面装饰的陶瓷制品。《广场用陶瓷砖》(GB/T 23458—2009)规定，产品的边长/厚度不小于5。吸水率平均值不大于5.%，单值不大于5.5%，破坏强度平均值不小于1 500 N，断裂模数平均值不小于20 MPa，单值不小于18 MPa，经试验后磨损量不大于0.1 g，防滑坡度不低于12°。

4. 微晶玻璃陶瓷复合板

将微晶玻璃熔块粒施于陶瓷坯体表面，经高温晶化烧结，使微晶玻璃面层与陶瓷基体复合而成的建筑内、外墙及地面用饰面材料。《微晶玻璃陶瓷复合砖》(JC/T 994—2006)规定，产品按表面加工程度分为镜面砖(呈镜面光泽)、亚光砖(表面具有均匀细腻光漫反射能力)。产品的吸水率平均值不大于0.5%，单值不大于0.6%；破坏强度平均值≥3 000 N，断裂模数平均值≥35 MPa，单值≥32 MPa；地砖产品耐磨损体积不大于150 mm^3。镜面砖光泽度平均值不小于90光泽单位，单值不小于85光泽单位。

5. 烧结透水砖

以无机非金属材料外为主要原料，经成型、高温烧结等工艺处理后制成，具有较大水渗透性能的铺地砖。《透水砖》(JC/T 945—2005)规定，产品边长为100 mm，150 mm，200 mm，250 mm，300 mm，400 mm，500 mm，厚度为40 mm，50 mm，60 mm，80 mm，100 mm，120 mm。产品按抗压强度分为Cc30、Cc35、Cc40、Cc50、Cc60五个强度等级。磨坑长度不大于35 mm，保水性不小于0.6 g/cm^2，透水系数(15 ℃)$\geqslant 1.0\times10^{-2}$ cm/s。

6. 陶瓷马赛克

用于装饰与保护建筑物地面及墙面的由多块小砖(表面面积不大于55 cm^2)拼贴成联的陶瓷砖。《陶瓷马赛克》(JC/T 456—2005)规定，产品按表面性质分为有釉、无釉两种；按砖联分为单色、混色和拼花三种；单块砖边长不大于95 mm、表面面积不大于55 cm^2；砖联分正方形、长方形和其他形状。产品按尺寸允许偏差和外观质量分为优等品和合格品两个等级。无釉陶瓷马赛克吸水率不大于0.2%，有釉的吸水率不大于1.0%，无釉陶瓷马赛克耐深度磨损体积不大于175 mm^3。

12.5.2 装饰玻璃

玻璃是由石英砂、纯碱、长石、石灰石等主要原料及辅料，在1 550 ℃～1 600 ℃高温下熔融为液体后再经(拉制、模制或压延)加工而成的致密结构材料。由于玻璃液在凝固过程中粘度急剧增加，使得质点间来不及按一定的晶格有序地排列而形成无定型非结晶体，从而表现为典型的非结晶体特性。

在玻璃生产与加工过程中，原材料的改变，加工工艺的改变以及深加工方法的不同，可使玻璃制品获得不同的物理力学性能、外观效果或化学性质，这些性能千变万化的玻璃，为土木建筑工程质量及人们生活质量的不断改善提供了丰富的物质基础。

玻璃在建筑工程中的应用十分广泛，它不仅作为建筑工程中必不可少的采光材料而大量应用于门、窗等部位，而且是建筑物内外装饰、隔断、安全、绝热、隔声以及智能化等方面的主要材料之一。

《建筑玻璃应用技术规程》(JGJ 113—2009)规定，建筑物可根据功能要求选用平板玻璃、中空玻璃、真空玻璃、钢化玻璃、夹层玻璃、夹丝玻璃、着色玻璃、镀膜玻璃、压花玻璃等。

1. 平板玻璃

平板玻璃指采用各种工艺(拉引法、浮法)生产的钠钙硅平板玻璃。

《平板玻璃》(GB 11614—2009)规定,产品按颜色属性分为无色透明平板玻璃和本体着色平板玻璃;按外观质量分为合格品、一等品、优等品;按公称厚度分为 2 mm,3 mm,3 mm,5 mm,6 mm,8 mm,10 mm,12 mm,15 mm,19 mm,22 mm,25 mm。普通平板玻璃主要用于采光,无色透明平板玻璃的可见光透射比最小值按玻璃厚度依次为 89%,88%,87%,86%,85%,83%,81%,79%,76%,72%,69%,67%。本体着色平板玻璃可见光透射比的偏差应控制在 2%范围内。

着色玻璃又称为吸热玻璃。《着色玻璃》(GB/T 18701—2002)规定,着色浮法玻璃按用途分为制镜级、汽车级、建筑级。按色调分为不同的颜色系列,包括茶色、金色、绿色、蓝色、紫色、灰色、红色等系列,厚度在 2~19 mm。

2. 具有热功能的装饰玻璃

(1) 镀膜玻璃 表面镀有金属或金属氧化物薄膜的玻璃。对波长范围 350~1 800 nm 的太阳光具有一定控制作用的镀膜玻璃称为阳光控制镀膜玻璃。对波长范围 4.5~25 μm 远红外光有较高反射比的镀膜玻璃,称为低辐射镀膜玻璃,又称“Low-E”玻璃,该玻璃还可以复合阳光控制功能。

①《镀膜玻璃 第 1 部分:阳光控制镀膜玻璃》(GB/T 18915.1—2012)规定,产品按外观质量、光学性能差值、颜色均匀性分为优等品和合格品;按热处理加工性能分为非钢化、钢化和半钢化。光学性能包括:紫外线透射比、可见光透射比、太阳光直接透射比、太阳光直接反射比和太阳能总透射比。阳光控制镀膜玻璃镜耐磨、耐酸、耐碱性试验前后可见光透射比平均值的差值绝对值不应大于 4%,并且耐酸、耐碱性试验前后膜层不能有明显变化。

②《镀膜玻璃 第 2 部分:低辐射镀膜玻璃》(GB/T 18915.2—2012)规定,产品按外观质量分为优等品和合格品;按生产工艺分为离线、在线;按进一步加工工艺可分为钢化、半钢化、夹层等。光学性能包括:紫外线透射比、可见光透射比、可见光反射比、太阳光直接透射比、太阳光直接反射比和太阳能总透射比。离线低辐射镀膜玻璃应低于 0.15,在线低辐射镀膜玻璃应低于 0.25。对离线低辐射镀膜玻璃无耐磨、耐酸、耐碱要求,因为离线镀膜膜层硬度较低,属于软镀膜,在线镀膜膜层属于硬镀膜。离线镀膜膜层颜色变化较丰富。

在玻璃表面镀有抗菌功能膜,常态下具有持续抑制或杀灭表面细菌功能的玻璃称为镀膜抗菌玻璃。《镀膜抗菌玻璃》(JC/T 1054—2007)规定,产品按外观质量、抗菌率分为优等品、合格品,优等品抗菌率应不小于 95%,合格品的抗菌率应不小于 90%。

(2) 涂膜玻璃 使用透明隔热涂料对玻璃表面进行涂覆制成的具有阻挡太阳辐射热能力的玻璃制品,称为隔热涂膜玻璃。《隔热涂膜玻璃》(GB/T 29501—2013)规定,产品按遮蔽系数和可见光透射比大小分为Ⅰ型、Ⅱ型和Ⅲ型;按涂膜面使用部位分为暴露型(B 型)、非暴露型(F 型)。所用涂料应符合《建筑玻璃隔热涂料》(JG/T 338—2011)的要求。Ⅰ型、Ⅱ型、Ⅲ型的遮蔽系数应分别为≤0.55、>0.55 且≤0.65、>0.65 且≤0.80,可见光透射比应分别不小于 40%,50%,60%。

(3) 贴膜玻璃 表面贴有有机功能薄膜的玻璃制品。《贴膜玻璃》(JC 846—2008)规定,产品按功能分为:A 类(具有阳光控制和/或低辐射及抵御破碎飞散功能)、B 类(具有抵御破碎飞散功能)、C 类(具有阳光控制和/或低辐射功能)、D 类(仅具有装饰功能)。有机薄膜是指由耐磨涂层、经工艺处理的聚酯膜和保护膜通过胶粘剂组合在一起的、具有隔热、安全、装饰等功能的多层聚酯复合薄膜材料,其质量应符合《建筑玻璃用功能膜》(GB/T 29061—2012)的要求。

(4) 中空玻璃 由两片或多片玻璃以有效支撑均匀隔开并周边粘接密封，使玻璃层间形成有干燥气体空间的玻璃制品。使用符合标准规范材料生产的中空玻璃使用寿命一般不少于15年。《中空玻璃》(GB/T 11944—2012)规定，产品按形状分为平面、曲面；按中空腔内气体种类分为普通(腔内为空气)、充气(腔内充入氩气、氪气等气体)。可采用平板玻璃、镀膜玻璃、夹层玻璃、半钢化玻璃、防火玻璃和压花玻璃等。中空玻璃的露点应小于−40 ℃，防止腔内结露，降低隔热功能。

(5) 真空玻璃 两片或两片以上平板玻璃以支撑物隔开，周边密封，在玻璃间形成真空层的玻璃制品。《真空玻璃》(JC/T 1079—2008)规定，产品按保温性能(K 值)分为1类($K\leqslant$ 1.0 W/(m^2·K))、2类(1.0 W/(m^2·K)$<K\leqslant$2.0 W/(m^2·K))、3类(2.0 W/(m^2·K)$<$ $K\leqslant$2.8 W/(m^2·K))。隔声性能≥30 dB。

3. 具有安全功能的装饰玻璃

(1) 防火玻璃 防火玻璃包括复合防火玻璃和经钢化工艺制造的单片防火玻璃。复合防火玻璃是由两层或两层以上玻璃复合而成或由一层玻璃和有机材料复合而成，并满足相应耐火性能要求的特种玻璃。《建筑用安全玻璃 第1部分：防火玻璃》(GB 15763.1—2009)规定，产品按结构分为复合(FFB)、单片(DFB)；按耐火性能分为隔热型(A类)、非隔热型(C类)，防火玻璃按耐火极限分为0.50 h、1.00 h、1.50 h、2.00 h、3.00 h五个等级，隔热型要求耐火隔热性时间和耐火完整性时间均要不低于耐火极限等级的最低值；非隔热型只要求耐火完整性时间不低于耐火极限等级的最低值，不要求耐火隔热性时间。单片防火玻璃抗冲击试验后不破碎，复合复合玻璃抗冲击试验后不破碎或玻璃破碎但钢球未穿透试样。每块试验样品在50 mm×50 mm区域内的碎片数应不低于40块，允许有少量长条碎片存在，但其长度不得超过75 mm，且端部不是刀刃状，延伸至玻璃边缘的长条形碎片与玻璃边缘形成的夹角不得大于45°。

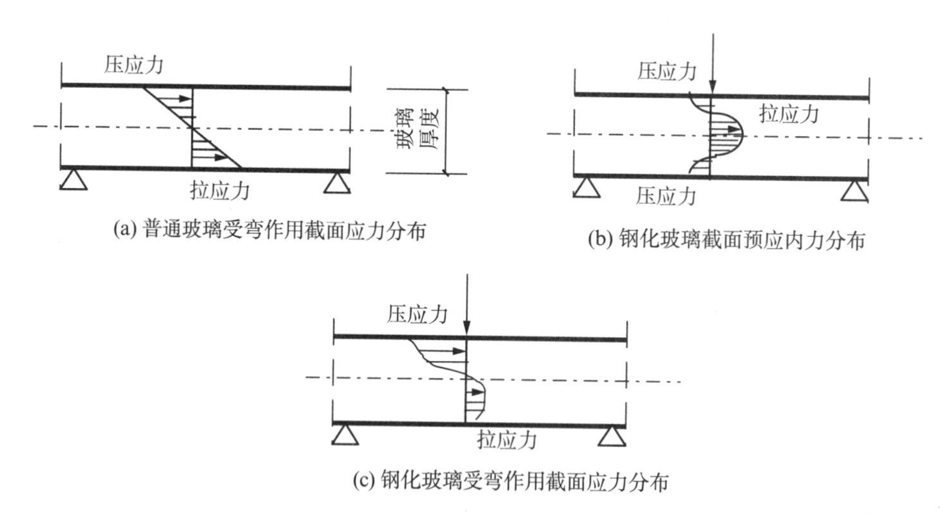

(a) 普通玻璃受弯作用截面应力分布

(b) 钢化玻璃截面预应内力分布

(c) 钢化玻璃受弯作用截面应力分布

图12-5 玻璃钢化前后的应力状态分布

(2) 钢化玻璃 经热处理工艺之后的玻璃(物理钢化法)，其特点是在玻璃表面形成压应力层(图12-5)，机械强度和耐热冲击强度得到提高，并具有特殊的碎片状态。《建筑用安全玻璃 第2部分：钢化玻璃》(GB 15763.2—2005)规定，产品按生产工艺分为垂直法(吊挂方式生产)、水平法(水平辊支撑方式生产);按形状分为平面钢化、曲面钢化。对钢化玻璃的抗冲击性、碎片状态、霰弹袋冲击性能这三项与安全性能有关的性能指标为强制性要求。4块试样(平面)在任何 50 mm×50 mm 区域内的最小碎片数为 30 块(玻璃厚度 3 mm)、40 块(厚度 4～12 mm)、30 块(厚度≥15 mm),曲面试样为 30 块(厚度≥4 mm),允许有少量长条碎片存在,但其长度不得超过 75 mm。钢化玻璃的表面应力不应小于 90 MPa,应耐 200 ℃温差不破坏。

通过控制加热和冷却过程,在玻璃表面引入永久压应力层,使玻璃的机械强度和耐热冲击性能提高,并具有特定的碎片状态的玻璃制品称为半钢化玻璃。《半钢化玻璃》(GB/T 17841—2008)规定,半钢化玻璃按生产工艺分为垂直法、水平法。玻璃原片为浮法玻璃、镀膜玻璃时,表面压力值应在 24～60 MPa,弯曲强度≥70 MPa,厚度≤8 mm 玻璃的碎片状态应符合标准要求。

将玻璃釉料涂布在玻璃表面,经过钢化或半钢化处理,在玻璃表面形成牢固釉层的玻璃称为釉面钢化及半钢化玻璃。其霰弹袋冲击性能、碎片状态、耐热冲击性能的要求见《釉面钢化及釉面半钢化玻璃》(JC/T 1006—2006)。

在我国,每年都有大量钢化玻璃使用在建筑幕墙上,但钢化玻璃的自爆大大限制了钢化玻璃的应用,经长期研究发现玻璃内部存在硫化镍结石是造成钢化玻璃自爆的主要原因,通过对钢化玻璃进行均质(第二次热处理工艺)处理,可以大大降低钢化玻璃的自爆率。但均质处理时温度应控制适当。抗冲击性、碎片状态及霰弹袋冲击性能为均质钢化玻璃的强制性要求,见《建筑用安全玻璃　第 4 部分:均质钢化玻璃》(GB 15763.4—2009)。

通过离子交换,玻璃表层碱金属离子被熔盐中的其他碱金属离子置换,使机械强度提高的玻璃称为化学钢化玻璃(CSB),适用于建筑物或室内作隔断使用。《化学钢化玻璃》(JC/T 977—2005)规定,产品按表面应力值(P)分为Ⅰ类(300 MPa<P≤400 MPa)、Ⅱ类(400 MPa<P≤600 MPa)及Ⅲ类(P≥600 MPa);按应力层厚度(d)分为 A 类(12 μm<d≤25 μm)、B 类(25 μm<d≤50 μm)、C 类(d≥50 μm)。厚度 2 mm 以上化学钢化玻璃的弯曲强度不应低于 150 MPa(95%置信区间,5%的破损概率)。应耐 120 ℃温差不破坏。玻璃厚度<2 mm 时,1.0 m 高度冲击不破坏,玻璃厚度≥2 mm 时,2.0 m 高度冲击不破坏。化学钢化玻璃破碎后仍带尖锐棱角,不做碎片状态规定。

(3) 夹层玻璃　是玻璃与玻璃和/或塑料等材料,用中间层分隔并通过处理使其粘结为一体的复合材料总称,常见和大多使用的是玻璃与玻璃,用中间层分隔并通过处理使其粘结为一体的玻璃构件。中间层是介于两层玻璃和/或塑料等材料之间起分隔和粘结作用,使得夹层玻璃具有诸如抗冲击、阳光控制、隔音等功能,可用的中间层材料有:离子性中间层(含少量金属盐,以乙烯-甲基丙烯酸共聚物为主,可与玻璃牢固粘结)、PVB(以聚乙烯醇缩丁醛为主)、EVA(以乙烯-聚醋酸乙烯共聚物为主),塑料可以选用聚碳酸酯、聚氨酯、聚丙烯酸酯等,可以是无色、着色、镀膜,透明或半透明的,使得夹层玻璃装饰性提高。《建筑用安全玻璃　第 3 部分:夹层玻璃》(GB 15763.3—2009)规定,产品按形状分为平面、曲面;按霰弹袋冲击性能分为Ⅰ类(对霰弹袋冲击性能不做要求,不能作为安全玻璃使用)、Ⅱ-1 类(霰弹袋冲击高度可达 1 200 mm)、Ⅱ-2 类(霰弹袋冲击高度可达 750 mm)、Ⅲ类(霰弹袋冲击高度可达 300 mm)。制品的安全性要求包括耐热性、耐湿性、耐辐照性、落球冲击剥离性能、霰弹冲击性能。霰弹冲击检验时,在每一冲击高度试验后试样均应为破坏和/或安全破坏,有关安全破坏的规定见 GB 15763.3—2009。

4. 其他装饰玻璃

(1) 压花玻璃 压花玻璃又称滚花玻璃，它因表面带有经滚压形成的花纹而得名。压花玻璃是将红热的软化平板玻璃以连续辊压工艺生产的单面花纹或双面花纹的深加工玻璃。若将玻璃液着色或在玻璃表面喷涂金属氧化物薄膜，则可制成彩色压花玻璃。由于压花面凹凸不平，当光线通过时即产生漫射，使得通过它观察物象时，会产生模糊而具有透光不透视的光学效果。压花玻璃表面的各种花纹图案，可使其具有一定的艺术装饰效果。

压花玻璃的质量要求与普通玻璃类似，但考虑其装饰效果，应对其表面效果有更多的要求。《压花玻璃》(JC/T 511—2002)规定，产品按外观质量分为一等品、合格品；玻璃厚度为 3 mm，4 mm，5 mm，6 mm，8 mm。

压花玻璃多用于制作要求透光不透视的门窗或隔断，如办公室、会议室、浴室、卫生间以及公共场所分隔室的门窗与隔断；也可作为墙面装饰或护面材料。使用时应注意将花纹面朝向室内侧，其花纹形状在满足装饰性要求的同时，应考虑其透视性。

(2) 热弯玻璃 平板玻璃在曲面坯体上靠自重或加配重等方法加热成型的曲面玻璃。《热弯玻璃》(JC/T 915—2003)规定，产品按形状分为单弯、折弯、多曲面弯。厚度范围 3 mm～19 mm，最大尺寸为(弧长＋高度)/2≤4 000 mm，拱高≤600 mm。所用玻璃原片不应使用非浮法玻璃(压花玻璃除外)。加工前应做磨边处理。

(3) U 形玻璃 以玻璃配合料的连续熔化、压延、成形、退火为主要工艺生产的玻璃。《建筑用 U 形玻璃》(JC/T 867—2000)规定，产品按横截面形状分为 U 形、双 U 形，见图 12-6。U 形玻璃可以是有色或无色的，可以是夹丝(网)的或不夹丝(网)的，表面可以是光滑的或有花纹图案的。夹丝(网)U 形玻璃内所夹的金属丝(网)应采用直径 0.3～0.7 mm 的。金属丝应与玻璃的长度方向平行分布。被氧化着色的夹丝、夹丝接头、夹丝断开超过 30 mm、夹丝露头都不允许。

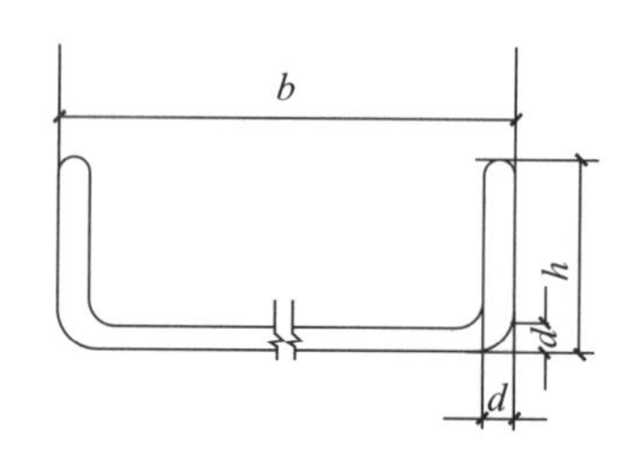

b—正面宽；h—翼高；d—厚度

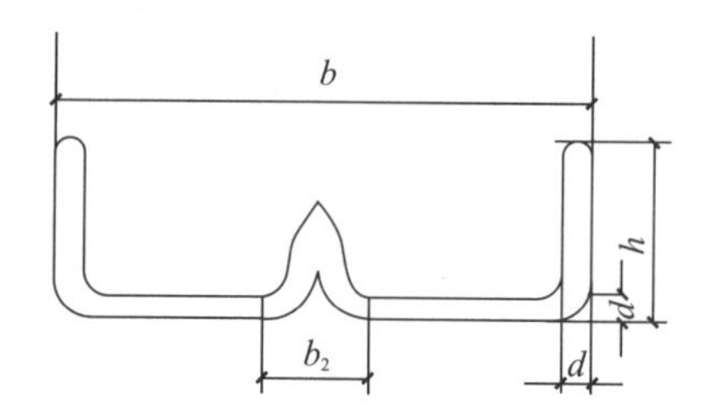

b—正面宽；h—翼高；d—厚度；b_2—肋宽

图 12-6　U 形和双 U 形玻璃横截面示意图

(4) 镀银玻璃镜 在优质浮法玻璃或磨光玻璃片上镀有一层反光的银层，银层上镀一层铜，再以镜背漆为保护层的、室内使用的镜子，简称银镜，代号为 SGM。《镀银玻璃镜》(JC/T 871—2000)规定，产品按颜色分为无色、有色；按厚度分为 2 mm、3 mm、4 mm、5 mm、6 mm、8 mm、10 mm。银层是通过化学过程沉积到玻璃板面上的反射层，对可见光具有均匀的反射性能，银层中银含量应不小于 700 mg/m²；铜层是通过化学过程沉积到银层上的保护层，也是对反射层的补充，因此，铜层完全覆盖银层，铜层中铜的含量应不小于 200 mg/m²。漆层用于保护银层和铜层，单层漆厚度应不小于 40 μm，两层漆的厚度应不小于 50 μm，其中底漆厚度应不小于 20 μm，见图 12-7。

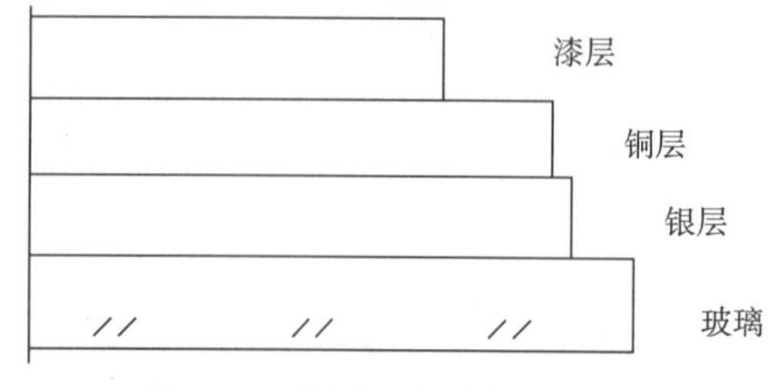

图 12-7　镀层和涂层结构示意图

(5) 玻璃锦砖 锦砖又称马赛克。它是以废玻璃等为主要原料,经粉碎、成型、干燥、焙烧而成的小规格彩色玻璃再经镶嵌而成的装饰材料。出厂前也是将小块玻璃马赛克按设计图案反贴在牛皮纸上成联出厂。《玻璃锦砖》(JC/T 875—2001)规定,产品一般规格为 25 mm×50 mm,50 mm×50 mm,50 mm×105 mm 三种,厚度为 4～6 mm,单块玻璃锦砖的背面应有阶梯状的沟纹以利于与基面粘结,所用粘结剂除保证粘接强度外,还应易从玻璃锦砖上擦去,不能损坏或使玻璃锦砖变色。

玻璃马赛克颜色绚丽、色泽丰富,且有透明、半透明、不透明等不同效果。它吸水率极小,抗冻性很好,不变色,不积尘,能雨天自涤;尤其是其优异的化学稳定性和耐急冷急热性,使其成为一种成本低廉、经久常新的外墙饰面材料。

(6) 空心玻璃砖 两个模压成凹形的半块玻璃砖加热熔接或胶接成为带有空腔的整体,腔内充入干燥稀薄空气或玻璃纤维等绝热材料所制成的、非承重的建筑及装饰用玻璃制品。《空心玻璃砖》(JC/T 1007—2006)规定,产品按砖的外形分为正方形、长方形、异形;按颜色分为无色、本色两类。产品平均抗压强度不小于 7.0 MPa,单块最小值不小于 6.0 MPa;钢球自由落体冲击试样不允许破裂;耐 30 ℃冷热水温差,试样不允许出现裂纹或其他破损现象。

空心玻璃砖具有较好的透光性能,其本身的透光率与中空玻璃相近。根据所采用玻璃品种不同,玻璃砖的透光率为 40%～80%。与其他材料的砌筑墙体相比,空心玻璃砖墙体具有较高的透光性,可形成大面积的透光墙体,且不具透视性。若采用花纹空心玻璃砖,还能使室外光线通过砖花纹的漫散射变得柔和,营造良好的室内光环境。

空心玻璃砖本身具有优良的隔音效果,通常隔音量可达到 50 dB,利用(白水泥浆等)粘接材料砌筑的空心玻璃砖墙体,其整体的隔音效果能达到 45 dB 左右。其砌体的化学稳定性很强,可适合在各种恶劣的环境中使用,并始终保持整洁一致的外观。这些优良的综合性能特点使其适合用于砌筑公共建筑的非承重的透光内外隔墙及地面。

12.6 金属类装饰材料

金属装饰材料用于建筑物中更是多种多样,丰富多彩。这是因为金属材料与其他材料相比具有较高的强度,能抵抗较大的变形,并能制成各种形状的制品和型材,同时具有独特的光泽和颜色,庄重华贵,经久耐用。

12.6.1 装饰用铝及铝合金制品

纯铝中加入适量其他元素如 Si、Cu、Mg、Zn 等即为铝合金。《变形铝及铝合金牌号表示方法》(GB/T 16474—2011)规定,铝合金牌号命名的基本原则为:

(1) 国际四位数字体系牌号可直接引用 第 1 位数字表示组别,为 2～8 中的任一数字(1 代表纯铝),如 6 表示 Mg_2Si 组别;第 2 位数字表示对合金的修改,如为零,则表示原始合金,如为 1～9 中的任一整数,则表示对合金的修改次数。2×××～8×××系列中,牌号最后两位数字无特殊意义,仅表示同一系列中的不同铝合金。

(2) 四位字符牌号 未命名为国际四位数字体系牌号的变形铝及铝合金,应采用四位字符牌号(但实验铝及铝合金采用前缀 X 加四位字符牌号)命名。四位字符体系牌号的第一、三、四位为阿拉伯数字,第二位为英文大写字母(C、I、L、N、O、P、Q、Z 字母除外)。牌号的第一位数字表示铝及铝合金的组别，除改型合金外，铝合金组别按主要合金元素来确定，主要合金元素指极限含量算术平均值为最大的合金元素，当有一个以上的合金元素极限含量算术平均值同为最大时，应按 Cu、Mn、Si、Mg、Mg_2Si、Zn、其他元素的顺序来确定合金组别牌号；第二位字母表示原始纯铝或铝合金的改型情况，如果牌号第二位字母为 A，则表示为原始合金，如果是B～Y 的其他字母，则表示为原始合金的改型合金，最后两位数字用以标识同一组中不同的铝合金或表示铝的纯度。

国家间相似铝及铝合金采用与其成分相似的四位数字牌号后缀一个英文大写字母(按国际字母表的顺序，由 A 开始依次选用，但 I、O、Q 除外)来命名。

1. 铝合金型材

制作门(窗)框、扇的铝合金型材品种有基材、阳极氧化型材、电泳涂漆型材、粉末喷涂型材、氟碳漆喷涂型材、隔热型材六种。

(1) 铝合金基材 是指表面未经处理的铝合金建筑型材。《铝合金建筑型材 第 1 部分：基材》(GB 5237.1—2008)规定，建筑型材用铝合金牌号有 6005、6060、6061、6063、6063A、6463、6463A，均为国际四位数字体系牌号，以镁为主要合金元素并以 Mg_2Si 相为强化相的铝合金，属于变形铝合金中的热处理型合金。6061 为 T4、T6 供应状态，其他均为 T5、T6 供应状态，T4：固溶热处理后自然时效至基本稳定的状态，适用于固溶热处理后，不再进行冷加工(可进行矫直、矫平，但不影响力学性能极限)的产品；T5：由高温成型过程冷却，然后进行人工时效的状态，适用于由高温成型过程冷却后，不经过冷加工(可进行矫直、矫平，但不影响力学性能极限)，予以人工时效的产品；T6：固溶热处理后进行人工时效的状态，适用于固溶热处理后，不再进行冷加工(可进行矫直、矫平，但不影响力学性能极限)的产品。

Al-Mg-Si 组别合金是最重要的挤压合金，目前全世界有 70%以上的铝挤压加工材是用 Al-Mg-Si 系合金生产的，其成分质量范围为：0.3%～1.3%Si，0.35%～1.4%Mg。6063 合金是 Al-Mg-Si 系合金中的典型代表，具有特别优良的可挤压性和可焊接性，是建筑门窗型材的首选材料。它的特点是在压力加工的温度-速度条件下，塑性性能和抗蚀性高，没有应力腐蚀倾向，在焊接时，其抗蚀性实际上不降低。Al-Mg-Si 系合金品种和典型用途见表 12-10。

表 12-10 Al-Mg-Si 系合金品种和典型用途

合金牌号	品　种	典 型 用 途
6005	挤压管、棒、型、线材(T5)	挤压型材与管材，用于要求强度大于 6063 合金的结构件，如梯子、电视天线等
6061	拉伸管(T4、T6) 挤压管、棒、型、线材(T4) 导管、轧制或挤压结构型材(T6)	要求有一定强度、可焊性与抗蚀性高的各种工业结构件，如制造卡车、塔式建筑、船舶、电车、铁道车辆、集装箱、家具等用的管、棒、型材
6063	拉伸管(T4、T6) 挤压管、棒、型、线材(T5、T6) 导管(T6)	建筑型材，灌溉管材，供车辆、台架、家具、升降机、栅栏等用的挤压材料，以及飞机、船舶、轻工业部门、建筑物等用的不同颜色的装饰构件
6463	挤压管、棒、型、线材(T5、T6)	一般用于需要机械抛光和电化学抛光等需要光亮处理的建筑型材

注：6060 为美国铝业协会(AA)牌号。

6463、6463A 牌号的化学成分应符合的 GB 5237.1—2008 规定，其他牌号的化学成分应符合《变形铝及铝合金化学成分》(GB/T 3190)的规定，因 GB/T 3190 中无 6463 和 6463A 合金的化学成分。型材横截面尺寸用A、B、C三组壁厚尺寸表示，见图12-8。除压条、压盖、扣板等需要弹性装配的型材之外，型材最小公称壁厚应不小于1.20 mm。按非壁厚尺寸(*H*)偏差分为普通级、高精级、超高精级，有装配关系的6060-T5、6063-T5、6063A-T5、6463-T5、6463A-T5型材尺寸偏差，应选择高精级或超高精级。室温抗拉强度、规定非比例延伸强度、断后伸长率三个力学性能指标应符合GB 5237.1—2008的规定。

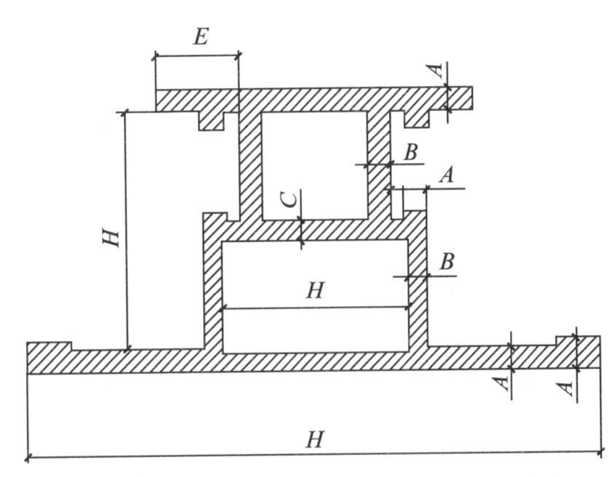

A—翅壁壁厚；*B*—封闭空腔周壁壁厚；*C*—两个封闭空腔间的隔断壁厚；*H*—非壁厚尺寸；*E*—对开口部位的尺寸偏差有重要影响的基准尺寸

图12-8 铝合金型材横截面尺寸示意图

(2) 阳极氧化型材 表面经阳极氧化、电解着色或有机着色的建筑用铝合金型材。阳极氧化处理的目的主要是通过控制氧化条件及工艺参数，使在铝型材表面形成比自然氧化膜(厚度小于0.1 μm)厚得多的氧化膜层(5～20 μm)，并进行"封孔"处理，以达到提高表面硬度、耐磨性、耐蚀性等的目的，光滑、致密的膜层也为进一步着色创造了条件。

《铝合金建筑型材 第2部分：阳极氧化型材》(GB 5237.2—2008)规定了阳极氧化膜膜厚级别，局部膜厚是在型材装饰面上某个面积不大于1 cm^2 的考察面内作不少于3次膜厚测量所得的平均值。平均膜厚是在型材装饰面上测出不少于5个局部膜厚的平均值。封孔质量为阳极氧化膜经硝酸预浸的磷铬酸试验，其质量损失值应不大于30 mg/dm^2。耐盐雾腐蚀性、耐、耐磨性、耐候性应符合GB 5237.2—2008的要求。型材表面不允许有电灼伤、氧化膜脱落等影响使用的缺陷，但距型材端头80 mm以内允许局部无膜。

表12-11 **阳极氧化膜膜厚级别**

膜厚级别	平均膜厚/μm ≥	局部膜厚/μm ≥	表面处理方式	典型用途
AA10	10	8	阳极氧化 阳极氧化加电解着色 阳极氧化加有机着色	室内外建筑
AA15	15	12		室外建筑
AA20	20	16		室外苛刻环境下使用的建筑部件
AA25	25	20		

(3) 电泳涂漆型材 表面经阳极氧化和电泳涂漆(水溶性清漆或色漆)复合处理的建筑用铝合金热挤压型材。《铝合金建筑型材 第3部分：电泳涂漆型材》(GB 5237.3—2008)规定，型材膜厚级别规定见表12-12，表中复合膜局部膜厚要求是强制性的。

表12-12 **电泳涂漆铝合金型材膜厚级别**

膜厚级别	阳极氧化膜局部膜厚/μm ≥	漆膜局部膜厚/μm ≥	复合局部膜厚/μm ≥	表面漆膜类型	典型用途
A	9	12	21	有光或哑光透明漆	室外苛刻环境下使用的建筑部件
B	9	7	16		室外建筑
S	6	15	21	有光或哑光有色漆	室外建筑

(4) 粉末喷涂型材 以热固性有机聚合物粉末作涂层的建筑用铝合金热挤压型材。《铝合金建筑型材 第4部分：粉末喷涂型材》(GB 5237.4—2008)强制性要求有：饰面上涂层最小局部厚度应≥40 μm，最小局部膜厚是指型材装饰面上测量的若干个局部膜厚中最小的1个。涂层的干附着性、湿附着性和沸水附着性均应达到0级。其他涂层性能如光泽、压痕硬度、耐冲击性、抗杯突性、抗弯曲性、耐磨性、耐沸水性、耐盐酸性、耐砂浆性、耐溶剂性、耐洗涤剂性、耐盐雾腐蚀性、耐湿热性、耐候性也应符合GB 5237.4—2008的要求。

(5) 氟碳漆喷涂型材 以聚偏二氟乙烯漆静电喷涂作涂层的建筑用铝合金热挤压型材。《铝合金建筑型材 第5部分：氟碳漆喷涂型材》(GB 5237.5—2008)规定，涂层种类分为二涂层(底漆加面漆)、三涂层(底漆、面漆加清漆)、四涂层(底漆、阻挡漆、面漆加清漆)。装饰面上的漆膜厚度见表12-13、附着性为强制性要求。其他涂层性能如光泽、压痕硬度、耐冲击性、抗杯突性、抗弯曲性、耐磨性、耐沸水性、耐盐酸性、耐砂浆性、耐溶剂性、耐洗涤剂性、耐盐雾腐蚀性、耐湿热性、耐候性也应符合GB 5237.5—2008的要求。

表12-13 **氟碳漆喷涂型材膜层厚度**

涂层种类	平均膜厚/μm ≥	最小局部膜厚/μm ≥
二涂层	30	25
三涂层	40	34
四涂层	65	55

(6) 隔热型材 用穿条式或浇筑式方法将隔热材料与铝合金型材连接而制成的具有隔热功能的复合型材。隔热材料是指用于连接铝合金型材的低导热率的非金属材料。通过开齿、穿条、液压工序，将条形隔热材料穿入铝合金型材穿条槽口内，并使之被型材牢固咬合的复合方式称为穿条式。把液态隔热材料注入铝合金型材浇注槽内并固化，切除型材浇注槽内的临时连接桥使之断开金属连接，通过隔热材料将型材断开的两部分结合在一起的复合方式称为浇筑式。见图12-9。

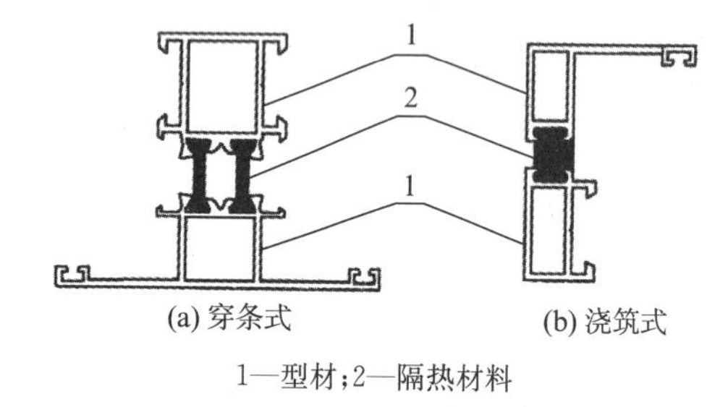

1—型材；2—隔热材料

图12-9 铝合金隔热型材断面结构示意图

《铝合金建筑型材 第6部分：隔热型材》(GB 5237.6—2012)的强制性要求有：穿条式产品高温(80 ℃±2 ℃)持久荷载横向抗拉特征值应不低于24 MPa，浇筑式产品60次热循环(Ⅰ级原胶)、90次热循环(Ⅱ级原胶)纵向抗剪特征值应不大于24 MPa。

2. 铝、铝合金装饰板

(1) 铝单板 以铝或铝合金板(带)为基材，经加工成型且装饰表面具有保护性和装饰性涂层或阳极氧化膜的建筑装饰用单层板称为铝单板。《建筑装饰用铝单板》(GB/T 23443—2009)规定，产品按膜的材质分为氟碳涂层(FC,)、聚酯涂层(PET)、丙烯酸涂层(AC)、陶瓷涂层(CC)、阳极氧化膜(AF)；按成膜工艺分为辊涂(GT)、液体喷涂(YPT)、粉末喷涂(FPT)、阳极氧化(YH)；按使用环境分为室外(W)、室内(N)。室外用铝单板宜采用3×××系列或5×××系列铝合金，公称厚度宜不小于2.0 mm，表面宜采用耐候性能优异的氟碳涂层。基材表面膜厚、膜的物理力学性能、耐冲击性、耐候性应符合GB/T 23443—2009的要求。

(2) 铝塑复合板 以塑料为芯层，两面为铝材的三层复合板材，并在产品表面覆以装饰性和保护性的涂层或薄膜(若无特别注明则统称为涂层)作为产品的装饰面，简称铝塑板。包括普通装饰用和建筑幕墙用铝塑复合板。

《普通装饰用铝塑复合板》(GB/T 22412—2008)规定，产品按燃烧性分为普通型(G)、阻燃型(FR)；按装饰面层工艺分为涂层型、覆膜型(F)，涂层型分为氟碳树脂涂层(FC)、聚酯树脂涂层(PET)、丙烯酸树脂涂层(AC)。产品常见规格尺寸为：长度 2 000 mm、2 440 mm、3 200 mm，宽度 1 220 mm、1 250 mm，厚度 3 mm、4 mm、5 mm、6 mm。涂层厚度平均值≥16 mm，最小值≥14 mm。

《建筑幕墙用铝塑复合板》(GB/T 17748—2008)规定，产品按燃烧性能分为普通型(G)、阻燃型(FR)。产品常见规格尺寸为：长度 2 000 mm、2 440 mm、3 200 mm，宽度 1 220 mm、1 250 mm、1 500 mm，厚度 4 mm 以上。幕墙板应采用 3×××、5×××系列或耐腐蚀性及类型性能更好的其他系列铝合金，铝材厚度平均值≥0.5 mm，最小值≥0.4 mm。幕墙板涂层材质宜采用耐候性优异的氟碳树脂(FC)，也可采用其他性能相当或更优异的材质，二涂涂层厚度平均值≥25 mm、最小值≥23 mm，三涂平均值≥32 mm、最小值≥30 mm。用作芯材的宜为低密度聚乙烯树脂、高密度聚乙烯树脂、线型低密度聚乙烯树脂，聚氯乙烯树脂通常被认为不宜用作芯材，因为其在高温下易分解产生强烈的有毒和腐蚀性物质。

(3) 铝蜂窝复合板 以铝蜂窝为芯材，两面粘贴铝板，表面带有装饰面层，用于建筑外墙装饰的复合板材(AHP-F)。《建筑外墙用铝蜂窝复合板》(JG/T 334—2012)规定，产品按装饰面材质分为氟碳树脂涂层(FC)、阳极氧化膜(AF)、其他材质装饰面。复合板的面板标称厚度不应小于 1.0 mm，背板标称厚度不应小于 0.7 mm。铝蜂窝芯宜为六边形，边长不宜大于 10 mm，边长不大于 6 mm 的芯所用铝箔厚度不宜小于 0.05 mm，边长 6～10 mm 的芯所用铝箔厚度不宜小于 0.07 mm。对装饰面层为涂层的产品，生产商应标明涂层的涂装方式(辊涂、喷涂)和涂层层数(二涂、三涂)，装饰面层厚度应符合 JG/T 334—2012 的要求。铝板与芯层间胶粘剂应具有耐候性和韧性，不应对铝材产生腐蚀。矩形平面板常用规格尺寸为：长度 2 000 mm、2 400 mm、3 000 mm、3 200 mm，宽度 1 200 mm、1 250 mm、1 500 mm，厚度 10 mm、15 mm、20 mm、25 mm、30 mm、40 mm、50 mm。

(4) 泡沫铝板 基体中分布着大量通孔或闭孔，用于工业和民用建筑降噪和装饰用的铝或铝合金板。《建筑用泡沫铝板》(JG/T 359—2012)规定，产品按材质分为纯铝(C)、铝合金(H)；按孔隙状态分为通孔(T)、闭孔(B)；按板材形状分为泡沫(P)、曲面(Q)。通孔铝板吸声系数≥0.5，闭孔铝板吸声系数≥0.45。

3. 钛锌合金饰面复合板

以钛锌合金材料为饰面层，铝合金材料为衬板，塑料为芯层的建筑饰面用复合板材。《建筑用钛锌合金饰面复合板》(JG/T 339—2012)规定，产品按芯层结构形成分为钛锌实心复合板(SP，采用无孔隙塑料芯材)、钛锌中空复合板(HP，采用有孔隙塑料芯材)；按钛锌合金板表面处理方式分为自然光泽(BR)、预钝化处理(PW，通过人工气候加速钛锌合金板氧化，使其表面形成致密氧化层)、压纹处理(EB，通过加工使钛锌合金板表面形成装饰性的凹凸、纹理或图案)。钛锌合金板 Ti 的质量分数为 0.06%～0.2%，厚度平均值≥0.5 mm，最小值≥0.47 mm；铝板宜采用 3×××系列、5×××系列或耐腐蚀性及力学性能更好的其他系列铝合金，铝板厚度平均值≥0.5 mm，最小值≥0.48 mm；芯材应采用耐老化性能及物理力学性能符合《改性聚苯醚工程塑料》(HG/T 223)要求的工程塑料合金改性聚苯醚(MPPO),也可采用其他性能相当的改性塑料。产品的规格尺寸为:长度 2 000 mm、2 440 mm、3 000 mm,宽度 980 mm,厚度实心板为 4 mm、中空板为 8 mm。产品的燃烧性能应不低于 B_1(B-s2,d2,t1)级。

12.6.2 装饰用钢材

在现代建筑装饰中,以普通钢材为基体添加多种元素或在普通钢材表面进行涂层处理,可使普通钢材成为一种全新的、功能独特的装饰材料。

目前,建筑装饰工程中常用的钢材制品主要有不锈钢板与钢管、彩色不锈钢板、彩色涂层钢板和彩色压型钢板以及塑料复合钢板及轻钢龙骨等。

1. 不锈钢

不锈钢是以不锈、耐蚀性为主要特性,且铬含量至少为 10.5%、碳含量最大不超过 1.2% 的钢。铬含量越高,钢的抗腐蚀性越好。除铬外,不锈钢中还含有镍、锰、钛、硅等元素,这些元素都能影响不锈钢的强度、塑性、韧性和耐蚀性。

(1) 分类 不锈钢按其化学成分可分为铬不锈钢、铬镍不锈钢和高锰低铬不锈钢等几类。按不同耐腐蚀特点可分为普通不锈钢(简称不锈钢)和耐酸钢两类,前者具有耐大气和水蒸气侵蚀的能力,后者除对大气和水汽有抗蚀能力外,还对某些化学侵蚀介质(如酸、碱、盐溶液)具有良好的抗蚀性。还可根据不锈钢在 900 ℃~1 100 ℃高温淬火处理后的反应和微观组织(即金相结构)分为铁素体系不锈钢(淬火后不硬化)、马氏体系不锈钢(淬火后硬化)、奥氏体系不锈钢(高铬镍型)。

(2) 规范规定 《不锈钢和耐热钢 牌号及化学成分》(GB/T 20878—2007)规定,不锈钢按冶金学分类为铁素体型(S1)、奥氏体-铁素体型(S2)、奥氏体型(S3)、马氏体型(S4)、沉淀硬化型(S5)。牌号表示方法为:一般用两位数字表示平均含碳量(以万分之几计);当平均含碳量≤0.03%时,用三位数字表示(以十万分之几计);其余元素表示方法仍执行《钢铁产品牌号表示方法》GB/T 221—2000 的规定。如 0Cr18Ni9 变为 06Cr19Ni9(C 含量≤0.08%)。

(3) 主要特性 不锈钢膨胀系数大,为碳钢的 1.3~1.5 倍,但热导率只有碳钢的 1/3,不锈钢韧性及延展性均较好,常温下亦可加工。值得强调的是,不锈钢的耐腐蚀性强是诸多性质中最显著的特性之一。但由于所加元素的不同,耐腐蚀性也表现不同,例如,只加入单一合金元素铬的不锈钢在氧化性介质(水蒸气、大气、海水、氧化性酸)中有较好的耐腐蚀性,而在非氧化性介质(盐酸、硫酸、碱溶液)中耐腐蚀性很低。镍铬不锈钢由于加入了镍元素,而镍对非氧化性介质有很强的抗腐蚀力,因此镍铬不锈钢的耐腐蚀性更佳。不锈钢的另一显著特性是表面光泽性,不锈钢经表面精加工后,可以获得镜面光亮平滑的效果,光反射比达 90%以上,具有良好的装饰性,为极富现代气息的装饰材料。

(4) 应用 不锈钢在建筑装饰中主要应用在:立面和室内覆面、楼梯结构、扶梯扶手、走廊栏杆、大厅支柱、玻璃门门框及拉手、旋转门、自动门、商场门面、墙面幕墙、柜台、阳台、电梯、雨棚等等。不锈钢便于每天清洗,而且不易滋生细菌,这方面的性能与玻璃和陶瓷相同。在实际应用中,不锈钢往往是一些深受恶劣环境影响的建筑物的最佳选择,同时也是建筑师对"光"进行表现的首选材料,在建筑结构中使用不锈钢最重要的原因是易于使用和较少维护。由于建筑结构可以暴露出来,所以不锈钢有助于创造一种现代的、高效形象。

2. 不锈钢制品

(1) 不锈钢薄板 不锈钢薄板包括光面或镜面不锈钢(反射率在 90%以上)、雾面板、丝面板、腐蚀雕刻板(雕刻深度通常为 0.015～0.5 mm)、凹凸板和半球型板(弧型板)。《不锈钢热轧钢板和钢带》(GB/T 4237—2007)和《不锈钢冷轧钢板和钢带》(GB/T 3280—2007)在附录B中都列出了相应不锈钢产品的特性和用途,使用户在设计和采购时能合理选材,不同用途使用不同牌号的不锈钢。

(2) 不锈钢管材　不锈钢管材的产品包括平管、花管、方管、圆管、圆管两端斜管、方管两端斜管、彩色管及半球板管。

(3) 不锈钢角材与槽材　包括等边不锈钢角材、等边不锈钢槽材、不等边不锈钢槽材。

(4) 彩色不锈钢板　是在不锈钢板上进行技术性和艺术性的着色处理,使其表面成为具有各种绚丽色彩的不锈钢装饰板,其颜色有蓝、灰、紫、红、青、绿、金黄、橙、茶色等多种。

① 彩色不锈钢板具有抗腐蚀性强、较高的机械性能、彩色面层经久不褪色、色泽随光照角度不同会产生色调变幻等特点,而且彩色面层能耐约 200 ℃的温度或 180°弯曲,耐盐雾腐蚀性能超过一般不锈钢,耐磨和耐刻划性能相当于薄层镀金的性能。

② 彩色不锈钢板可用作厅堂墙板、天花板、电梯厢板、车厢板、建筑装潢、招牌等装饰之用,采用彩色不锈钢板装饰墙面不仅坚固耐用、美观新颖,而且具有强烈的时代感。除板材外还有方管、圆管、槽型、角型等彩色不锈钢型材。

3. 建筑用轻钢龙骨和金属吊顶

(1) 轻钢龙骨　以连续热镀锌钢板(带)或以连续热镀锌钢板(带)为基材的彩色涂层钢板(带)作原料,采用冷弯工艺生产的薄壁型钢。

《建筑用轻钢龙骨》(GB/T 11981—2011)规定,龙骨按使用场合分为墙体龙骨(Q)和吊顶龙骨(D、ZD 直卡式)两种类别,分别见图 12-10 和图 12-11,按断面形状分为 U、V、CH、T、H、V、L 七种形式。龙骨外观、尺寸、龙骨防锈、力学性能(抗冲击试验、静载试验)应符合 GB/T 11981—2011 的要求。

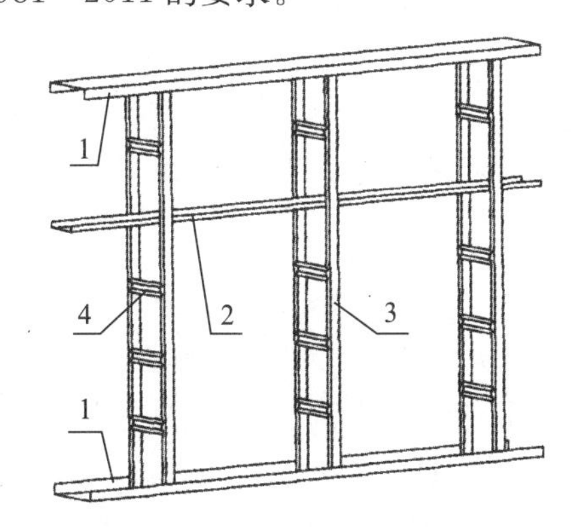

1—横龙骨;2—童贯龙骨;3—竖龙骨;4—支撑卡

图 12-10　墙体龙骨示意图

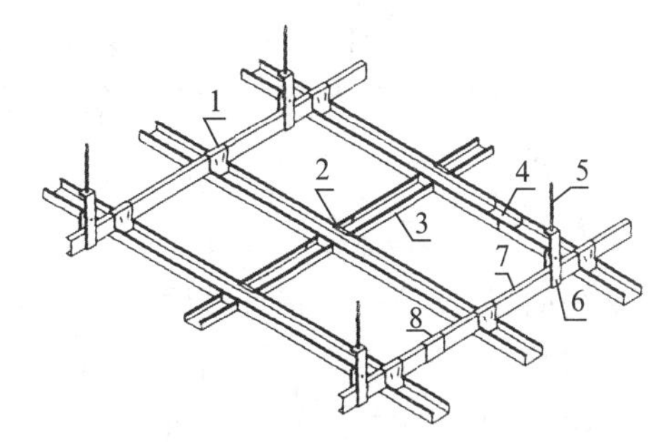

1—挂件;2—挂插件;3—覆面龙骨;4—覆面龙骨连接件;
5—吊杆;6—吊件;7—承载龙骨;8—承载龙骨连接件

图 12-11　吊顶龙骨示意图

轻钢龙骨具有强度大、自重轻、通用性强、抗震性能好、耐火性好、安装简易等优点,可装配各种类型的石膏板、钙塑板、吸音板等。用作墙体隔断和吊顶的龙骨支架,美观大方。它广泛用于各种民用建筑工程以及轻纺工业厂房等场所,对室内装饰造型、隔声等功能起到良好效果。

(2) 金属吊顶　金属吊顶指的是用一种集多种功能、装饰性于一体的吊顶金属装饰板。与传统吊顶材料相比,除保持其特性外,质感、装饰感方面更优,可分为吸声板和装饰板(不开孔)。吸声板是根据声学原理,利用各种不同穿孔率的金属板来达到消除噪声,根据需要孔型有圆孔、方孔、长圆孔、长方孔、三角孔、大小组合孔等不同形式,底板大都是白色或铝色。另一种金属装饰板,特别注重装饰性,线条简洁流畅,造型美观,色泽优雅,有古铜、黄金、红蓝、奶白等颜色;规格恰好与普通住宅的宽度相吻全,与大理石、铝合金门窗等材料连接浑然一体,高雅华丽,为恬静的居室环境锦上添花。

《金属及金属复合材料吊顶板》(GB/T 23444—2009)规定有金属吊顶板(JS)和金属复合材料吊顶板(JF)两类产品。金属吊顶板是将单层金属材料加工成型后用作吊顶的、表面有保护性和装饰性涂层、氧化膜或塑料薄膜的装饰板。金属复合材料吊顶板是将金属装饰面与其他金属或非金属材料复合并加工后用作吊顶的、表面有保护性和装饰性膜的装饰板。金属吊顶板可以为铝及铝合金基材、钢板基材、不锈钢基材、铜基材等。产品按表面处理工艺分为辊涂(GT)、喷涂(粉末喷涂(FPT)、液体喷涂(YPT))、覆膜(FM)、阳极氧化(YH);按形状分为条板(T)、块板(K)、格栅(G)、异形板(Y);按功能分为有吸声孔(YK)、无吸声孔(WK)。按吊顶板的尺寸偏差分为优等品、合格品。

12.6.3 铜及铜合金装饰材料

1. 铜及其应用

铜是人类最早使用的金属之一。铜也是一种古老的建筑材料,广泛应用作建筑装饰及各种零部件。在古建筑中,铜材是一种高档的装饰材料,用于宫廷、寺庙、纪念性建筑以及商店铜字招牌等。在现代建筑装饰方面,铜材集古朴和华贵于一身。可用于外墙板、执手或把手、门锁、纱窗(紫铜纱窗)、西式高级建筑的壁炉。在卫生器具、五金配件方面,铜材也具有广泛的用途。铜材经铸造、机械加工成型,表面用镀镍、镀铬工艺处理,具有抗腐蚀、色泽光亮、抗氧化性强的特点,可用于宾馆、旅社、学校、机关、医院等多种民用建筑中。铜材还可用于楼梯扶手栏杆、楼梯防滑条等。

工业纯铜牌号用字母 T 加上序号表示,如 T1,T2,T3 等,数字增加表示纯度降低。无氧铜用 TU 加上序号表示,如 TU1、TU2 等,用磷和锰脱氧的无氧铜,在 TU 后面加上脱氧剂化学元素符合表示,如 TUP、TUMn。

2. 铜合金及其应用

由于纯铜强度不高,不宜直接用作结构材料,同时由于纯铜价格昂贵,在工程中更广泛使用的是掺加锌、锡等元素制成的铜合金,铜合金主要有黄铜、白铜和青铜,黄铜又分为简单黄铜和复杂黄铜,简单黄铜为 Cu-Zn 二元合金,以 H 表示,后面的数字表示合金的平均含铜量(百分之几计),如 H70 表示平均含铜量为 70%,复杂黄铜,加入少量 Pb、Sn、Al、Mn 等组成多元合金,以第三种含量最多的元素命名,如 HSn57-3-1 表示含 57%Cu、3%Sn、1%Al,其他为 Zn 的锰黄铜。白铜为 Cu-Ni 为主要合金元素的铜合金,以 B 表示,如 B10 为 10%Ni、其他为铜的铜镍合金。青铜是除黄铜、白铜之外的铜合金,按主加元素(如 Sn、Al、Be 等)命名为锡青铜、铝青铜、铍青铜,并以 Q+主加元素化学符合及百分含量表示,如 QSn6.5-0.1 为 6.5%Sn、0.1%P、其他为铜的锡磷青铜。

铜合金经挤制或压制可形成不同横断面形状的型材,有空心型材和实心型材。铜合金型材也具有与铝合金型材类似的特点,可用于门窗的制作。以铜合金型材作骨架,以吸热玻璃、热反射玻璃、中空玻璃等为立面形成的玻璃幕墙,一改传统外墙的单一面貌,可使建筑物乃至城市生辉。另外，利用铜合金板材制成铜合金压型板应用于建筑物外墙装饰，同样使建筑物金碧辉煌、光亮持久。

铜合金装饰制品的另一特点是其具有金色感，常替代稀有的、价值昂贵的金在建筑装饰中作为点缀使用。铜质的把手、门锁、执手，变幻莫测的螺旋式楼梯扶手栏杆选用铜质管材，踏步上附有铜质防滑条，浴缸龙头、坐便器开关、淋浴器配件，各种灯具、家具采用的制作精致、色泽光亮的铜合金，无疑会在原有豪华、高贵的氛围中添增了装饰的艺术性，使其装饰效果得到淋漓尽致的发挥。

铜合金的另一应用是铜粉(俗称“金粉”)，是一种由铜合金制成的金色颜料。主要成分为铜及少量的锌、铝、锡等金属。常用于调制装饰涂料，可替代“贴金”。

12.6.4 其他装饰金属材料与制品

1. 铁艺装饰

用铁(含其他金属)做成的，主要起装饰作用的物品。铁艺的材料主要是铁，但由于装饰和加工的需要，有时也把用不锈钢、铜、铝等其他金属材料按传统方法加工的制品统称为铁艺。

铁艺装饰来源于欧洲，铁艺制作工艺复杂、价格昂贵，因此它很少流行于世。随着中国经济的腾飞，装饰艺术走入寻常百姓家，追求生活艺术品位不再满足于木艺、皮艺、布艺的单一装饰，于是，有复古味道、能满足消费者个性化需求的铁艺，就开始从户外的防盗门、窗外的护栏，逐渐渗入到家庭内部装饰，精美的铁艺钟表、铁艺摆件、烛台，甚至家具，铁艺饰品以美观、自然、个性化的特点，受到越来越多人的青睐。现代铁艺装饰，将欧洲古典风范与东方传统文化相结合形成了独特的艺术风格，其线型丰富、门类齐全，形态各异，充分展现了铁艺装饰的立体感和韵律美。

目前铁艺已进入了建筑业、市政园林业装饰装修业、灯具家具业、工艺品业、小商品业、外贸加工业等深入生活的很多方面。无论是院墙的铁栅栏、雕花的铁屏风、复式阁楼的转角楼梯、阳台上摆设的铁摇椅，还是盛满干花的铁花篮，无处不在的铁艺处处闪烁着迷人的光泽。

但凡事都应讲个度，铁艺饰品在家居装饰中一定要与整体美感相吻合。例如，铁艺饰品装在门框上，要同时考虑门套、门页、门扶手的用材、造型，处理手法是否一致，铁艺画要与家居装饰风格、色调和谐统一，相互匹配。主人在突出个性审美情趣时，更要营造整体和谐美，任何画蛇添足都会破坏居室的温馨感。

2. 金箔装饰

金箔是以黄金为原料制成的一种极薄的饰面材料。黄金的天然延展性很强，金块在工匠们手下经过千万次捶打，1 盎司(37.426 9 g)黄金可拉成 105 km 长的细线，1 g 黄金捶打出来的金箔可覆盖 0.47 m^2，一两黄金可以制成接近平铺篮球场大小的金箔。用黄金打造而成的金箔，裁成 10 cm×10 cm 左右大小的金箔纸片，由于非常的薄，无法用手拿起，只有夹在专用的毛边纸中，要配以专用的镊子才能夹起。

金箔目前较多的是在国家重点文物和高级建筑物的局部使用。在装饰中金箔可用于欧式风格的建筑，也可以用于传统中式风格或日式风格的建筑。寺庙里的佛像基本上都是用金箔来“再塑金身”的。在古代的家具、屏风上也能看到金箔的影子，用金箔做金字招牌，是金箔应用的一种创新，是其他材料制作的招牌无法比拟的，豪华名贵，能保持在 20 年以上。

12.7 有机类装饰材料

本节主要讲述有机装饰涂料、装饰塑料制品(塑料壁纸、塑料板材、塑料地毯)等。

12.7.1 有机装饰涂料

1. 建筑涂料的基础知识

建筑涂料是指涂敷于建筑物表面并能与被涂建筑物表面很好地粘结,形成完整保护膜的成膜物质。建筑装饰涂料则是主要起装饰作用的,并起到一定的保护作用或使建筑物具有某些特殊功能的建筑涂料。

建筑装饰涂料色彩鲜艳、造型丰富、质感与装饰效果好,品种多样,可满足各种不同要求。此外,建筑装饰涂料还具有施工方便、易于维修、造价较低、自身重量小、施工效率高,可在各种复杂的墙面上施工等优点,因而是一种很有发展前途的装饰材料。

按涂料中各组分所起的作用,可分为主要成膜物质、次要成膜物质和辅助成膜物质。主要成膜物质也称胶粘剂或固着剂,它的作用是将其他组分粘结成一整体,并能附着在被涂基层表面形成坚韧的保护膜,胶结剂应具有较高的化学稳定性,多属于高分子化合物或成膜后能形成高分子化合物的有机物质。颜料和填料是构成涂膜的组成部分,因而也称为次要成膜物质,但它不能脱离主要成膜物而单独成膜。辅助成膜物质不是构成涂膜的主体,但对涂料的成膜过程(施工过程)有很大影响或对涂膜的性能起一定辅助作用,主要包括溶剂(稀释剂)和辅助材料两大类。

建筑涂料从化学组成上可分为无机高分子涂料和有机高分子涂料,常用的有机高分子涂料有以下三类:

(1) 溶剂型涂料 溶剂型涂料是以有机高分子合成树脂为主要成膜物质。有机溶剂为稀释剂,加入适量的颜料、填料(体质颜料)及辅助材料,经研磨而成的涂料。溶剂型涂料生成的涂膜细而坚韧,有一定耐水性,使用这种涂料的施工温度常可低到零度。它的主要缺点是有机溶剂较贵,易燃,挥发后有损于人体健康。

(2) 水溶性涂料 水溶性涂料是以水溶性合成树脂为主要成膜物质,以水为稀释剂并加入适量颜料、填料及辅助材料,经研磨而成的涂料。由于水溶性树脂直接溶于水中,没有明显界面,所以这种涂料是单相的。

(3) 乳胶漆(涂料) 乳胶漆是将合成树脂以 0.1～0.5 μm 的极细微粒分散于水中构成乳液(掺适量乳化剂),以乳液为主要成膜物质并加入适量颜料、填料、辅助原料研磨而成的涂料。由于合成树脂微粒和水之间存在明显界面,所以这种涂料是两相的。

《涂料产品分类和命名》(GB/T 2705—2003)主要以涂料产品的用途为主线,并辅以主要成膜物的分类方法,建筑涂料的分类见表 12-14。

2. 墙面涂料

1) 合成树脂乳液内墙涂料

以合成树脂乳液为基料、与颜料、体质颜料及各种助剂配制而成的、施涂后能形成表面平整的薄质涂层的内墙涂料,包括底漆和面漆。《合成树脂乳液内墙涂料》(GB/T 9756—2009)规定,产品分为内墙底漆、内墙面漆;内墙面漆分为优等品、一等品、合格品三个等级。

表 12-14 **建筑涂料的分类**

涂料用途	主要产品类型	主要成膜物质类型
墙面涂料	合成树脂乳液内墙涂料 合成树脂乳液外墙涂料 溶剂型外墙涂料 其他墙面涂料	丙烯酸酯类及其共聚乳液，醋酸乙烯及其改性共聚乳液，聚氨酯、氟碳等树脂，无机粘合剂等
地坪涂料	水泥基等非木质地面用涂料	聚氨酯、环氧等树脂
功能性涂料	防火涂料 防霉(菌)涂料 保温隔热涂料 其他功能性涂料	聚氨酯、环氧、丙烯酸酯类、乙烯类、氟碳等树脂
防水涂料	溶剂型树脂防水涂料 聚合物乳液防水涂料 其他防水涂料	EVA，丙烯酸酯类乳液，聚氨酯、沥青，PVC 胶泥或油膏、聚丁二烯等树脂

腻子又叫批灰或填泥，是由合成树脂乳液、聚合物粉末、无机胶凝材料为主要粘结剂，配以填料、助剂等制成的，施涂于建筑物室内墙面，以找平为目的的基层表面处理材料。《建筑物室内用腻子》(JG/T 298—2010)规定，按室内腻子适用特点分为一般型(Y，一般室内装饰工程)、柔韧型(R，有一定抗裂要求的室内装饰工程)、耐水型(N，适用于要求耐水、高粘结强度场所的室内装饰工程)。

2）合成树脂乳液外墙涂料

以合成树脂乳液为基料、与颜料、体质颜料及各种助剂配制而成的、施涂后能形成表面平整的薄质涂层的外墙涂料。

(1) 非弹性乳液外墙涂料 《合成树脂乳液外墙涂料》(GB/T 9755—2001)规定产品分为优等品、一等品、合格品三个等级。该类型涂料没有抗裂性、柔韧性要求，为非弹性外墙涂料，一般仅应用于露天阳台、地下室、架空层等场所，禁止涂饰于建筑外立面。

(2) 弹性乳液外墙涂料 外墙用合成树脂乳液弹性中层漆和面漆的技术性能要求可参照《弹性建筑涂料》(JG/T 172—2005)相关规定。弹性建筑涂料是以合成树脂乳液为基料，与颜料、填料及助剂配制而成，施涂一定厚度(干膜厚度不小于 150 μm)后，具有弥盖因基材伸缩(运动)产生细小裂纹的有弹性的功能性涂料。

(3) 质感涂料、真石漆、浮雕涂料和多彩涂料 质感涂料、真石漆、浮雕涂料的技术要求可参照《合成树脂乳液砂壁状建筑涂料》(JG/T 24—2000)和《复层建筑涂料》(GB/T 9779—2005)的规定。砂壁状建筑涂料是以合成树脂乳液为主要粘结剂，以砂粒、石材微粒和石粉为骨料，在建筑物表面上形成具有石材质感饰面涂层的内、外墙涂料。产品按用途分为内用(N)、外用(W)。

复层建筑涂料是以水泥系、硅酸盐系和合成树脂乳液系(E)等胶结料及颜料和骨料为主要原料作为主涂层，用刷涂、辊涂或喷涂等方法，在建筑物外墙面上至少涂布二层的立体或平状涂层。复层涂料一般由底涂层、主涂层、面涂层组成。按主涂层中粘结材料主要成分分为聚合物水泥系(CE，混有聚合物分散剂或可再乳化粉状树脂的水泥作为粘结料)、硅酸盐系(Si，混有合成树脂乳液的硅溶胶等作为粘结料)、合成树脂乳液系(E，合成树脂乳液作为粘结料)、反应固化型合成树脂乳液系(RE，环氧树脂或类似系统通过反应固化的合成树脂乳液等作为粘结料)。产品按耐沾污性和耐候性分为优等品、一等品、合格品三个等级。

(4) 外墙底漆 底漆是指当多层涂装时，直接施涂于建筑物内外墙底材上的涂料。外墙底漆的技术性能可参照《建筑内外墙用底漆》(JG/T 210—2007)规定，外墙用底漆分为Ⅰ型(用于抗泛碱性及抗盐析性要求较高的外墙涂饰工程)、Ⅱ型(用于抗泛碱性及抗盐析性要求一般的外墙涂饰工程)。

(5) 外墙腻子 涂饰工程前，施涂于建筑物外墙，以找平、抗裂为主要目的的基层表面处理材料。其技术要求可参照《建筑外墙用腻子》(JG/T 157—2009)和《外墙柔性腻子》(GB/T 23455—2009)的规定。JG/T 157规定，按腻子膜柔韧性或动态抗开裂性指标分为普通型(P，适用于普通外墙涂饰工程，不适宜用于外墙外保温涂饰工程)、柔性(R，适用于普通外墙、外墙外保温等有抗裂要求的外墙涂饰工程)、弹性(T，适用于抗裂要求较高的外墙涂饰工程)。GB/T 23455规定，产品按组分分为单组分(D，工厂预制，包括水泥、可再分散聚合物粉末、填料以及其他添加剂等搅拌而成的粉状产品，使用时按生产商提供的配比加水搅拌均匀)、双组分(S，工厂预制，包括由水泥、填料以及其他添加剂组成的粉状组分和由聚合物乳液组成的液状组分，使用时按生产商提供的配比将两组分搅拌均匀)；按适用的基面分为Ⅰ型(适用于水泥砂浆、混凝土、外墙外保温基面)、Ⅱ型(适用于外墙陶瓷砖基面)。

3) 溶剂型外墙涂料

以合成树脂为基料、与颜料、体质颜料及各种助剂配制而成的、施涂后能形成表面平整的薄质涂层的溶剂型外墙涂料。《溶剂型外墙涂料》(GB/T 9757—2001)规定，产品分为优等品、一等品、合格品三个等级。

3. 地坪涂料

地坪涂装涂料是指用于涂装在水泥砂浆、混凝土等基面上，对地面起装饰、保护作用，以及具有特殊功能(防静电性、防滑性等)要求。《地坪涂装材料》(GB/T 22374—2008)规定，产品按其分散介质分为水性(S)、无溶剂型(W)、溶剂型(R)；按涂层结构分为底涂(D)、面涂(M)；按使用场所分为室内、室外；按承载能力分为Ⅰ级、Ⅱ级；按防静电类型分为静电耗散型、导静电型。

12.7.2 装饰塑料制品

装饰塑料制品很多，最常用的是屋面、地面、墙面和顶棚的各种壁纸、板材、地毯等。

1. 塑料壁纸

壁纸又称墙纸，主要以纸为基材，通过胶粘剂贴于墙面或天花板上的装饰材料，不包括墙毯及其他类似的墙挂。国家工业和信息化部行业标准《壁纸》(QB/T 4034—2010)规定，产品按材质不同分为纯纸壁纸、纯无纺纸壁纸、纸基壁纸和无纺纸基壁纸；按产品质量分为优等品、一等品、合格品。

(1) 纯纸壁纸 又称纸面层壁纸，是以纸为原料，直接涂布、印刷、轧花而制成的壁纸。

(2) 纯无纺纸壁纸 又称无纺纸面层壁纸，是以无纺纸(用植物纤维配抄一定比例合成纤维，通过湿法造纸而抄造的纸张)为原料，直接涂布、印刷、轧花而制成的壁纸。

(3) 纸基壁纸 以纸为基材，以聚氯乙烯塑料、金属材料或者两者的复合材料为面层，经压延或涂布以及印刷、轧花或发泡复合而制成的壁纸。

(4) 无纺纸基壁纸 以无纺纸为基材，以聚氯乙烯塑料、金属材料或者两者的复合材料为面层，经压延或涂布以及印刷、轧花或发泡复合而制成的壁纸。

成品壁纸的宽度为500～530 mm或600～1 400 mm；500～600 mm宽的成品壁纸的面积应为5.326 m^2±0.03 m^2，每卷壁纸都应标明宽度和长度，且长、宽允许偏差应不超过额定尺寸的±1.5%。10 m/卷的成品壁纸每卷为一段，15 m/卷和50 m/卷的成品壁纸每卷段数及段长应为：优等品每卷段数≤2段、最小段长≥5 m，优等品每卷段数≤3段、最小段长≥3 m，合格品每卷段数≤5段、最小段长≥3 m。

壁纸的色差、伤痕和皱褶、气泡、套印精度、露底、漏印、污染点等外观质量应符合QB/T 4034—2010的要求。纯纸壁纸和纯无纺纸壁纸的褪色性、耐摩擦色牢度、遮蔽性、湿润拉伸负荷、吸水性、伸缩性、粘合剂可拭性、可洗性见QB/T 4034—2010的规定。纸基壁纸和无纺纸基壁纸的褪色性、耐摩擦色牢度、遮蔽性、湿润拉伸负荷、粘合剂可拭性、可洗性的要求见QB/T 4034—2010的规定。

《壁纸胶粘剂》(JC/T 548—1994)规定，产品按材性和应用分为第1类(适用于一般纸基壁纸粘贴)、第2类(具有高湿黏性，高干强。适用于各种基底壁纸粘贴)；每类按其物理形态又分为粉型、调制型、成品型三种，第1类三种形态代号为1F、1H、1Y，第2类代号依次为2F、2H、2Y。

塑料壁纸是目前国内外使用广泛的一种室内墙面装饰材料，也可用于顶棚、梁柱等处的贴面装饰。普通墙纸的花色品种繁多，适用面广，价格较低，其表面可组成天然石材、丝绸锦缎等花色图案，是民用住宅和公共建筑墙面装饰应用最普遍的一种墙纸。发泡塑料墙纸印花后再经加热发泡而成，装饰效果好，立体感强，弹性和吸声性能好。其表面可制成木纹、石墙、面砖等图案和花色，适用于室内吊顶、墙面装饰。特种墙纸具有耐水、防火和特殊装饰效果的墙纸。

2. 装饰塑料板材

塑料装饰板材是指以树脂为浸渍材料或以树脂为基材，采用一定的生产工艺制成的具有装饰功能的板材。塑料装饰板材以其质量轻、装饰性强、生产工艺简单、施工简便、易于保养、适于与其他材料复合等特点在装饰工程中得到愈来愈广泛的应用。

塑料装饰板材按原材料的不同可分为硬质PVC板、塑料金属复合板、三聚氰胺层压板、玻璃钢板、聚碳酸酯采光板、有机玻璃装饰板、复合夹层板等类型。按结构和断面形式可分为平板、波形板、实体异型断面板、中空异型断面板、格子板、夹心板等类型。

1) 硬质PVC板

以未增塑聚氯乙烯树脂为主要原料，加入适量的添加剂(稳定剂、润滑剂、加工助剂、抗冲改性剂、填充剂、阻燃剂、着色剂)，经层压或挤出工艺成型的各种用途的硬质板材。

《硬质聚氯乙烯板材　分类、尺寸和性能　第1部分：厚度1 mm以上板材》(GB/T 22789.1—2008)规定，硬质聚氯乙烯板材按加工工艺分为层压板材和挤出板材；按板材的特点和主要性能(拉伸屈服应力、简支梁冲击强度、维卡软化温度)可将层压板材和挤出板材分为五类：第一类(一般用途级)，第二类(透明级)，第三类(高模量级)，第四类(高抗冲击级)，第五类(耐热级)。板面应用适当材料(如聚乙烯薄膜或纸)保护，除压花板外，板面应光滑，压花板应有统一的花式。公称规格尺寸为1 800 mm×910 mm、2 000 mm×1 000 mm、24 400 mm×1 220 mm、3 000 mm×1 500 mm、4 000 mm×2 500 mm。硬质PVC板主要用作护墙板、屋面板和平顶板，有透明和不透明两种。硬质PVC板按其断面形式可分为平板、波形板和异型板等。

(1) 平板　硬质PVC平板表面光滑、色泽鲜艳、不变形、易清洗、防水、耐腐蚀，同时具有良好的施工性能，可锯、刨、钻、钉。常用于室内饰面、家具台面的装饰。常用的规格为 2 000 mm×1 000 mm，1 600 mm×700 mm 和 1 000 mm×700 mm 等，厚度为 1 mm，2 mm 和 3 mm。

(2) 波形板 硬质 PVC 波形板是具有各种波形断面的板材。这种波形断面既可以增加其抗弯刚度，同时也可通过其断面波形的变形来吸收 PVC 较大的伸缩。其波形尺寸与一般石棉水泥波形瓦、彩色钢板波形板等相同，以便必要时与其配合使用。

硬质 PVC 波形板有两种基本结构。一种是纵向波形板，其板材宽度为 900～1 300 mm，长度没有限制，但为了便于运输，一般最长为 5 m；另一种为横向波形板，宽度为 500～1 800 mm，长度为 10～30 m，因其横向尺寸较小，可成卷供应和存放。板材的厚度为 1.2～1.5 mm。硬质 PVC 波形板可任意着色，常用的有白色、绿色等。

(3) 异型板 硬质 PVC 异型板有两种基本结构，一种为单层异型板，另一种为中空异型板，单层异型板的断面形式多样，一般为方型波，以使立面线条明显。与铝合金扣板相似，两边分别做成钩槽和插入边，既可达到接缝防水的目的，又可遮盖固定螺丝。硬质 PVC 异型板表面可印制或复合多种仿木纹、仿石纹装饰几何图案，有良好的装饰性，而且防潮、表面光滑、易于清洁、安装简单，常用作墙板和潮湿环境的吊顶板。

(4) 格子板 硬质 PVC 格子板是将硬质 PVC 平板在烘箱内加热至软化，放在真空吸塑膜上，利用板上下的空气压力差使硬板吸入模具成型，然后喷水冷却定型，再经脱模、修整而成的方形立体板材。格子板具有空间体形结构，可大大提高其刚度，不但可减少板面的翘曲变形，而且可吸收 PVC 塑料板在纵横两方向的热伸缩。格子板的立体板面可形成迎光面和背光面的强烈反差，使整个墙面或顶棚具有极富特点的光影装饰效果。格子板常用的规格为 500 mm×500 mm，厚度为 3 mm。格子板常用于体育馆、图书馆、展览馆或医院等公共建筑的墙面或吊顶。

2) 硬聚氯乙烯挂板

以聚氯乙烯为主要原料经挤出成型、用于建筑内外装饰的硬质聚氯乙烯挂板及其配件。国家轻工行业标准《建筑装饰用硬聚氯乙烯》(QB/T 2781—2006)规定，产品按不同用途分为挂板和配件，挂板分为墙体板、吊顶板，配件包括 J 型槽、收口条、外角柱、内角柱等；按加工工艺分为普通型和复合型；按可视面分为光面型、压花型。挂板平均厚度应不小于 0.9 mm，复合型挂板表皮层厚度应不小于 0.12 mm。

3) 塑料贴面板

(1) 热固性树脂浸渍纸高压装饰层积板 俗称防火板。内容详见 12.3.1 的介绍。

(2) 木塑装饰板 室内外装饰用非结构型木塑复合板材，包括用各种工艺加工而成的室内外装饰用木塑板材(墙板、壁板和天花板类等)和木塑线条类。《木塑装饰板》(GB/T 24137—2009)规定，产品按表面是否有装饰层分为饰面木塑装饰板(S，以木塑装饰板为基材经涂饰或以各种装饰材料饰面而成的板材)、裸面木塑装饰板(L)；按使用场所分为室外用(W)、室内用(N)；按老化时间分为Ⅰ级(老化时间 1 000 h)、Ⅱ级(老化时间 500 h)、Ⅲ级(老化时间 300 h)。

浸渍胶膜纸饰面木塑装饰板外观质量应不低于《浸渍胶膜纸饰面人造板》(GB/T 15102—2006)中合格品的要求；聚氯乙烯薄膜饰面木塑装饰板的外观质量应不低于《聚氯乙烯薄膜饰面人造板》(LY 1279—2008)中合格品的要求。其他饰面木塑装饰板和无饰面木塑装饰板的外观质量应符合 GB/T 24137—2009 的要求。所有木塑装饰板的规格尺寸及偏差、物理性能应符合 GB/T 24137—2009 的要求。

浸渍胶膜纸饰面人造板的内容详见 12.3.1。聚氯乙烯薄膜饰面人造板是以人造板为基材，表面覆贴聚氯乙烯薄膜而制成的饰面板，简称 PVC 饰面板。LY 1279—2008 规定，PVC 饰面板按使用基材分为 PVC 饰面胶合板、PVC 饰面纤维板、PVC 饰面刨花板；按饰面分为单饰面人造板、双饰面人造板；按应用范围分为用于做桌面、柜台面，用于建筑物耐久墙面及家具立面，用于建筑物的普通墙壁、门等，用于建筑物的特殊墙壁。产品的长度一般为 1 830 mm、2 000 mm、2 135 mm、2 440 mm，宽度为 915 mm、1 000 mm、1 220 mm。

(3) 木塑地板　也称塑木地板，由木材等纤维材料同热塑性塑料分别制成加工单元，按一定比例混合后，经成型加工制成的地板。《木塑地板》(GB/T 24508—2009)规定，产品按使用环境分为室外用、室内用；按使用场所分为公共场所用、非公共场所用；按基材结构分为实芯、空芯；按发泡与否分为基材发泡、基材不发泡；按表面处理状态分为素面(表面未经其他材料饰面)、涂饰(表面经涂料涂饰处理)、贴面(表面经浸渍胶膜纸等材料贴面处理)。木塑地板的幅面尺寸通常为(600～6 000) mm×(60～300) mm，厚度为 8～60 mm，具有榫舌的木塑地板，其榫舌宽度应大于 3 mm。

(4) 塑铝装饰板　普通装饰装修工程中以粘贴形式应用为主，采用连续热复合工艺生产的，以塑料为芯层，双面复合铝箔且铝箔厚度小于 0.20 mm，并在产品表面覆以装饰性和保护性的涂层作为装饰面的三层复合板材。《塑铝贴面板》(JG/T 373—2012)规定，产品按燃烧性能分为普通型(G)、阻燃型(FR)。贴面板的常用规格尺寸为：长度 2 440 mm、3 200 mm，宽度 1 220 mm、1 250 mm，厚度 1 mm、2 mm、3 mm。

4) 玻璃钢装饰板

玻璃钢装饰板是玻璃纤维在树脂中浸渍、粘合、固化而成。玻璃钢材料缠绕或模压成型着色处理后，可制成浮雕式平面装饰板或波纹板、格子板等。玻璃钢轻质高强、刚度大，制成的浮雕美观大方，可制成工艺品，作为装饰板材也具有独特的装饰效果。

5) 聚碳酸酯(PC)板

聚碳酸酯板材具有良好的透光性，抗冲击性，耐紫外线辐射及其制品的尺寸稳定性和良好的成型加工性能，使其比建筑业传统使用的无机玻璃具有明显的技术性能优势。与性能接近聚甲基丙烯酸甲酯相比，聚碳酸酯的耐冲击性能好，折射率高，加工性能好，不需要添加剂就具有 B1 级阻燃性能。产品分类和性能要求可参照《聚碳酸酯(PC)实心板》(JG/T 347—2012)和《聚碳酸酯(PC)中空板》(JG/T 116—2012)的规定。

6) 地面装饰塑料制品

地面装饰塑料制品主要有块状塑料地板和塑料卷材地板。此外塑料地毯作为一种中低档装饰材料替代了部分羊毛、麻、混纺和化纤地毯。

(1) 块状塑料地板　以聚氯乙烯树脂为主要原料，并加入适当助剂生产的用于建筑物室内地面铺设的地板。《半硬质聚氯乙烯块状地板》(GB/T 4085—2005)规定，产品按结构分为同质地板(HT，整个厚度由同一层或多层相同成分、颜色和图案组成的地板)、复合地板(CT，由耐磨层和其他不同成分的材质层组成的地板)；按施工工艺分为拼接型(M)、焊接型(W)；按耐磨性分为通用型(G)、耐用型(H)。产品厚度为 1.00 mm(G 型)、1.50 mm(H 型)。

《聚氯乙烯块状塑料地板胶粘剂》(JC/T 550—2008)适用于粘贴聚氯乙烯块状塑料地板的胶粘剂。产品按组成分为乳液型(RY，包括乙烯共聚类、丙烯酸类、橡胶类等)、溶剂型(RJ，包括乙酸乙烯类、乙烯共聚类等)、反应型(FY，包括环氧树脂类、聚氨酯类等)；按用途分为普通型(粘贴后用于不受水影响的场合)、耐水型(粘贴后用于易受水影响的场合)。

块状塑料地板的表面虽然硬,但仍有一定的柔性,脚感舒适、噪音较小;耐热性、耐磨性、耐污染性较好;但抗折强度和硬度低,易被折断和划伤。可用于餐厅、商店、住宅和办公室等。

(2) 塑料卷材地板 俗称地板革,属于软质塑料。与块材相比,塑料卷材地板较柔软、质感好,尤其是发泡塑料地板;施工方便,装饰性较好,易清洗,耐磨性较好;耐热性和耐燃性较差。塑料卷材地板主要应用于住宅、办公室、实验室、饭店等地面装饰,也可用于台面装饰。

①《聚氯乙烯卷材地板　第1部分:带基材的聚氯乙烯卷材地板》(GB/T 11982.1—2005)适用于以聚氯乙烯树脂为主要原料,并加入适当助剂,在片状连续基材上,经涂覆工艺生产的卷材地板。带基材的卷材地板是指带有基材、中间层和表面耐磨层的多层片状地面或楼面铺设材料。产品按中间层的结构分为带基材的发泡聚氯乙烯卷材地板(FB)、带基材的致密聚氯乙烯卷材地板(CB);按耐磨性分为通用型(G)、耐用型(H)。

②《聚氯乙烯卷材地板　第2部分:有基材有背涂层聚氯乙烯卷材地板》(GB/T 11982.2—1996)适用于以聚氯乙烯树脂为主要原料,并加入适当助剂,在片状连续基材上,经涂覆工艺生产的有基材有背涂层的聚氯乙烯卷材地板。产品分有基材有背涂发泡层的聚氯乙烯卷材地板和有基材有背涂紧密层聚氯乙烯卷材地板两个品种。

(3) 塑料地毯 塑料地毯又叫橡胶地毯,它采用聚氯乙烯树脂、增塑剂等多种辅助材料,经均匀混炼、高温熔化后喷成丝,再把丝制成地毯丝,用织机编织而成。它可以代替纯毛地毯和化纤地毯使用。塑料地毯质地柔软、色彩鲜艳、舒适耐用、不易燃、且可自熄、不怕湿、不虫蛀、不霉烂、弹性好、耐磨、可根据面积任意拼接。塑料地毯适用于宾馆、商场、舞台、住宅,也可用于浴室起防滑作用。

(4) 化纤地毯 化纤地毯也称为合成纤维地毯,品种极多,有尼龙(锦纶)、聚丙烯(丙纶)、聚丙烯腈(腈纶)、聚酯(涤纶)等不同种类。化纤地毯外观与手感类似羊毛地毯,耐磨而富弹性,具有防污、防虫蛀等特点,价格低于其他材质地毯。

《地毯垫、浴室和门前用毯垫》(QB/T 3000—2008)适用于以化纤、棉、羊毛及混纺纤维构成的毯面材料制作的浴室和门前等处使用的小型块状毯垫。产品按用途分为浴室毯垫(铺放在浴室或与其相关场所的脚踏毯垫,要求具有特殊的功能性,如良好的防滑性和耐水性、色牢度等)、卫生间系列毯垫(铺放在卫生间的三件套毯垫)、门前毯垫(铺放在房间、门廊、过道、厨房浴室和厕所等的出入口处使用的脚踏毯垫,主要具有刮除接落泥尘和除去水分的功能,以保持室内清洁)、其他场所使用的毯垫。

13 土木工程材料试验指导

13.1 土木工程材料基本性质试验

本实验的目的在于通过实验掌握材料的密度，表观密度的概念、实验测试及计算方法。

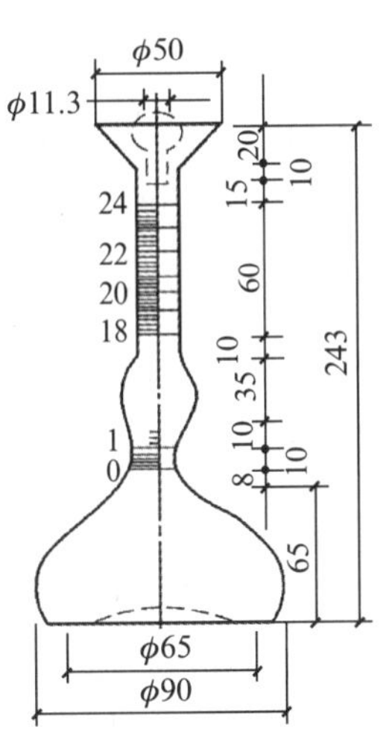

图 13-1 李氏瓶

13.1.1 密度

(1) 主要仪器设备 李氏瓶、筛子(孔径 0.2 mm)、温度计、烘箱、干燥器、量筒、天平(称量 500 g，感量 0.01 g)，小勺，漏斗等。

(2) 试验步骤

① 将试样破碎，通过 0.2 mm 孔筛，除去筛余物，再放在 105 ℃～110 ℃烘箱中烘至恒重，然后在干燥器内冷却至室温备用。

② 将不与试样反应的液体(水或煤油，一般用煤油)注入比重瓶中，使液体至凸颈下 0～1 mL 刻度线范围内，记下刻度数，将李氏瓶放入盛水的容器中，在试验过程中水温控制在 20 ℃±0.5 ℃，李氏瓶内壁应用滤纸擦净吸附的煤油。

③ 用天平称取 60～90 g 试样，用小勺和漏斗将试样徐徐送入李氏瓶中(下料速度不得超过瓶内液体浸没试样的速度，以免阻塞)，直至液面上升至 20 ml 刻度左右。再称剩余的试样质量，算出装入瓶内的试样质量 m(g)。

④ 转动李氏瓶使液体中的气泡排出，在恒温容器中放置 30 min 后记下液面刻度(以液面弯月面底部刻度为准)，根据前后两次液面读数算出液面上升的体积 V(cm^3)，即为瓶内试样所占体积。

(3) 实验结果计算 按下式计算试样密度(精确至 0.01 g/cm^3)

$$\rho = \frac{m}{V}$$

式中 m——装入瓶中试样的质量，g；

V——装入瓶中试样的体积，cm^3。

以两次试验结果的平均值作为密度的测定结果，但两次试验结果之差不应大于 0.02 g/cm^3，否则重做。

13.1.2 形状规则材料表观密度实验

(1) 仪器设备 游标卡尺(精度 0.1 mm)、天平(感量 0.1 g)、烘箱、干燥器、漏斗、直尺等。

(2) 试验步骤

① 试样制备：将规则形状的试件放入 105 ℃～110 ℃烘箱中烘干至室温，取出后放入干

燥器中，冷却至室温待用。

② 用天平称量出试件的质量 m(g)。

③ 用游标卡尺测量试件尺寸，并计算出试样体积 V_0(cm^3)。(平行六面体试件每边测量上、中、下三次，取其算术平均值作为实测结果；圆柱体试样则取其上、中、下三个断面直径的平均值代表值，且每个断面上应以互相垂直的两个方向上直径的平均值为该断面直径)。

(3) 结果计算

按下式计算出表观密度 ρ_0

$$\rho_0 = \frac{m}{V_0}$$

式中 m——试样质量，g；

V_0——试样体积，cm^3。

以三次试验结果的平均值作为最后测定结果，精确至 0.01 g/cm^3。

13.2 砂 试 验

13.2.1 砂的筛分试验

通过筛分试验，获得砂的级配曲线即颗粒大小分布状况，判定砂的颗粒级配情况；根据累计筛余率计算出砂的细度模数，评定出砂的粗细程度。

(1) 仪器设备 标准方孔筛，孔径为 9.5 mm，4.75 mm，2.36 mm，1.18 mm，600 μm，300 μm，150 μm，并附有筛底和筛盖；称量为 1 000 g，精度为 1 g 的天平；温度能控制在 105 ℃±5 ℃ 的烘箱；摇筛机、浅盘、毛刷和容器等。

(2) 试样制备 将四分法缩取的约 1 100 g 试样，置于 105 ℃±5 ℃的烘箱中烘至恒重，冷却至室温后先筛除大于 9.50 mm 的颗粒(并记录其含量)，再分为大致相等的两份备用。

(3) 试验步骤

① 准确称取试样 500 g(精确至 1 g)。

② 将标准筛按孔径从大到小顺序叠放，加底盘后，将试样倒入最上层 4.75 mm 筛内，加筛盖后置于摇筛机上，摇 10 min。

③ 将筛取下后按孔径大小，逐个用手筛分，筛至每分钟通过量不超过试样总重的 0.1%为止，通过的颗粒并入下一号筛内一起过筛。直至各号筛全部筛完为止。

各筛的筛余量不得超过按下式计算出的量，超过时应按方法(a)或方法(b)处理。

$$m = \frac{A \times d^{1/2}}{200}$$

式中 m——在一个筛上的筛余量，g；

A——筛面的面积，mm^2；

d——筛孔尺寸，mm。

方法(a)将筛余量分成少于上式计算出的量，分别筛分，以各筛余量之和为该筛的筛余量。

方法(b)将该筛孔及小于该筛孔的筛余混合均匀后，以四分法分为大致相等的两份，取一份称其质量并进行筛分。计算重新筛分的各级分计筛余量需根据缩分比例进行修正。

④ 称量各号筛的筛余量(m_i,精确至 1 g)。分计筛余量和底盘中剩余重量的总和与筛分前的试样重量之比,其差值不得超过 1%。

(4) 试验结果计算与评定

① 分计筛余百分率 a_i　各筛的筛余量除以试样总量的百分率,精确至 0.1%。

② 累计筛余百分率 A_i　该筛上的分计筛余百分率与大于该筛的分计筛余百分率之和,精确到 1%。

③ 砂的粗细程度确定　按下式计算砂的细度模数 M_x,精确至 0.01。

$$M_x = \frac{(A_2 + A_3 + A_4 + A_5 + A_6) - 5A_1}{100 - A_1}$$

式中,A_1,A_2,A_3,A_4,A_5,A_6 分别为 4.75 mm,2.36 mm,1.18 mm,600 μm,300 μm,150 μm 孔径筛的累计筛余百分率。

以两个平行试样试验结果的算术平均值作为测定结果,精确至 0.1,两次所得的细度模数之差不应大于 0.2,否则重做。根据细度模数的大小确定砂的粗细程度。

④ 砂的颗粒级配评定　累计筛余率取两次试验结果的平均值,绘制筛孔尺寸-累计筛余率曲线,或对照规定的级配区范围,判定是否符合级配区要求。

13.2.2　砂的表观密度试验

(1) 仪器设备　温度能控制在 105 ℃±5 ℃的烘箱;称量 1 000 g,精度为 1 g 的天平;称量为 10 kg,精度为 1 g 的台秤;500 mL 的容量瓶;干燥器、搪瓷盆、滴管、毛刷等。

(2) 试样制备　按前述方法,将试样缩分至约 600 g,放在烘箱中于 105 ℃±5 ℃下烘干至恒量,待冷却至室温后,分为大致相等的两份备用。

(3) 试验步骤

① 称取试样 300 g,精确至 1 g。将试样装入容量瓶,注入冷开水至接近 500 mL 的刻度处,用手旋转摇动容量瓶,使砂样充分摇动,排除气泡,塞紧瓶盖,静置 24 h。然后用滴管小心加水至容量瓶 500 ml 的刻度处,塞紧瓶塞,擦干瓶外水分,称出其质量,精确至 1 g。

② 倒出瓶内水和试样,洗净容量瓶,再向容量瓶内注水至 500 mL 的刻度处,塞紧瓶塞,擦干瓶外水分,称出其质量,精确至 1 g。

(4) 试验结果计算与评定　砂的表观密度按下式计算,精确至 10 kg/m³:

$$\rho_0 = \left(\frac{G_0}{G_0 + G_2 - G_1}\right) \times \rho_w$$

式中　ρ_0——表观密度 kg/m³;

ρ_w——水的密度,1 000 kg/m³;

G_0——烘干试样的质量,g;

G_1——试样、水及容量瓶的总质量,g;

G_2——水及容量瓶的总质量,g。

表观密度取两次结果的算术平均值,精确至 10 kg/m³;如两次试验结果之差大于 20 kg/m³,须重新试验。

13.2.3 砂的堆积密度试验

(1) 仪器设备 温度能控制在105 ℃±5 ℃的烘箱；称量为10 kg，精度为1 g的台秤；容量筒：圆柱形金属筒，内径108 mm，净高109 mm，壁厚2 mm，筒底厚约5 mm，容积1 L；直径10 mm，长500 mm的圆钢垫棒；孔径4.75 mm的方孔筛；搪瓷盆、直尺、漏斗、毛刷等。

(2) 试样制备 参照前述的取样与处理方法。

(3) 试验步骤

① 用搪瓷盘装取试样约3 L，放在烘箱中于105 ℃±5 ℃下烘干至恒量，待冷却至室温后，筛除大于4.75 mm的颗粒，分为大致相等的两份备用。

② 松散堆积密度：取试样一份，用漏斗或料勺从容量筒中心上方50 mm处徐徐倒入，让试样以自由落体落下，当容量筒上部试样呈锥体，且容量筒四周溢满时，即停止加料。然后用直尺沿筒口中心线向两边刮平(试验过程应防止触动容量筒)，称出试样和容量筒的总质量，精确至1 g。

③ 紧密堆积密度：取试样一份两次装入容量筒。装完第一层后，在筒底垫放一根直径为10 mm的圆钢，将筒按住，左右交替击地面各25次。然后装入第二层，第二层装满后用同样的方法垫实(但筒底所垫钢筋的方向与第一层时的方向垂直)后，再加试样直至超过筒口，然后用直尺沿筒口中心向两边刮平，称出试样和容量筒的总质量，精确至1 g。

(4) 试验结果计算与评定 松散或紧密堆积密度按下式计算，精确至10 kg/m³：

$$\rho_1 = \frac{G_1 - G_2}{V}$$

式中 ρ_1——松散或紧密堆积密度，kg/m³；

G_1——容量筒和试样总质量，g；

G_2——容量筒质量，g；

V——容量筒的容积，L。

(5) 空隙率计算 空隙率按下式计算，精确至1%：

$$V_0 = \left(1 - \frac{\rho_1}{\rho_0}\right) \times 100\%$$

式中 V_0——空隙率，%；

ρ_1——试样的松散或紧密堆积密度，kg/m³；

ρ_0——试样的表观密度，kg/m³。

空隙率取两次试验结果的算术平均值，精确至1%。

13.3 水 泥 试 验

本试验内容包括水泥的细度、标准稠度用水量、凝结时间、安定性、胶砂流动度及胶砂强度等，通过试验使学生强化相关理论知识，学会水泥品质检验的操作方法及强度试件的制作，掌握水泥品质各技术指标的实际工程意义。

13.3.1 水泥试验的一般规定

(1) 养护与试验条件 养护室(箱)温度应为 20 ℃±1 ℃,相对湿度应大于 90%;试验室温度应为 20 ℃±2 ℃,相对湿度应大于 50%。

(2) 对试验材料的要求 试样要充分拌匀,通过 0.9 mm 方孔筛并记录筛余物的百分数。试验室用水必须是洁净的饮用水。水泥试样、标准砂、拌和水及试模等温度均与试验室温度相同。

13.3.2 水泥细度实验

水泥细度通常采用两种方法测定:勃氏法测定比表面积(m^2/kg);筛析法测定 80 μm 或 45 μm 筛余量(%)。

(1) 实验目的 掌握《水泥细度检验方法　筛析法》(GB/T 1345—2005)及《水泥比表面积测定方法　勃氏法》(GB/T 8074—2008)中通用硅酸盐水泥细度的测试方法,正确使用所用仪器与设备,并熟悉其性能。

(2) 实验方法、步骤及结果评定

《水泥细度检验方法　筛析法》(GB 1345—2005)规定,可用于测定通用硅酸盐水泥细度的筛析法可分为负压筛析法、水筛法和手工干筛法三种。负压筛法与水筛法或手工筛法测定的结果发生争议时,以负压筛法为准。

① 负压筛析法

(a) 主要仪器设备　负压筛:方孔,孔径 80 μm 或 45 μm,见图 13-2;负压筛析仪:由筛座、负压筛、负压源及收尘器组成。筛座转速 30 r/min±2 r/min,负压可调范围 4 000~6 000 Pa,喷嘴上口与筛网距离 2~8 mm;负压源及收尘器有功率≥600 W 的工业吸尘器和小型旋风收尘筒组成。筛座见图 13-3。水筛架和喷头;天平:精度为 0.01 g;铝罐、料勺等。

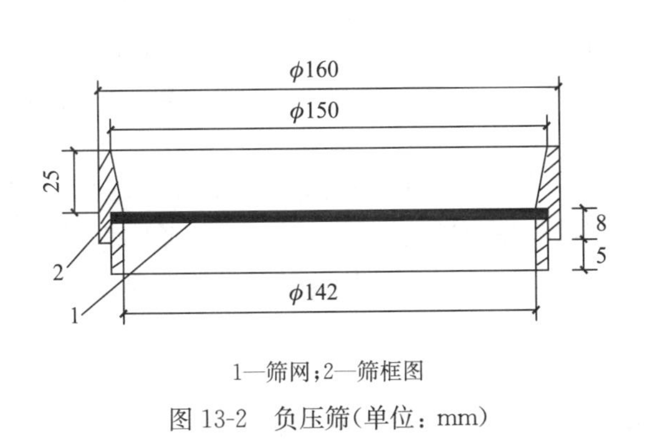

1—筛网;2—筛框图

图 13-2　负压筛(单位:mm)

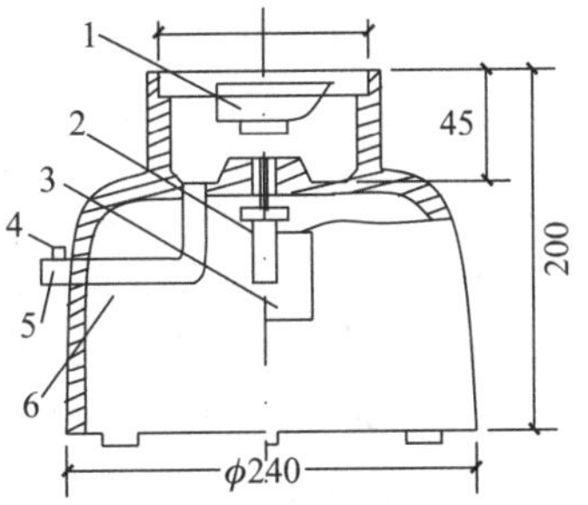

1—喷气嘴;2—微电机;3—控制板开口;4—负压表接口;5—负压源及吸尘器接口;6—壳体

图 13-3　筛座(单位:mm)

(b) 试验步骤　筛析试验前,应把负压筛放在筛座上,盖上筛盖,接通电源,检查控制系统,调节负压至 4 000~6 000 Pa,喷气嘴上口平面应与筛网之间保持 2~8 mm 的距离。

称取水泥试样 25 g(精确至 0.01 g,使用 80 μm 方孔筛进行试验时试样用量,若使用 45 μm 方孔筛进行试验,试样用量应为 10 g,下同),置于洁净的负压筛中。盖上筛盖,放在筛座上,开动筛析仪连续筛析 2 min,在此期间如有试样附着在筛盖上,可轻轻敲击使试样落下,筛毕后用天平称量筛余物质量(R_S),精确至 0.01 g。

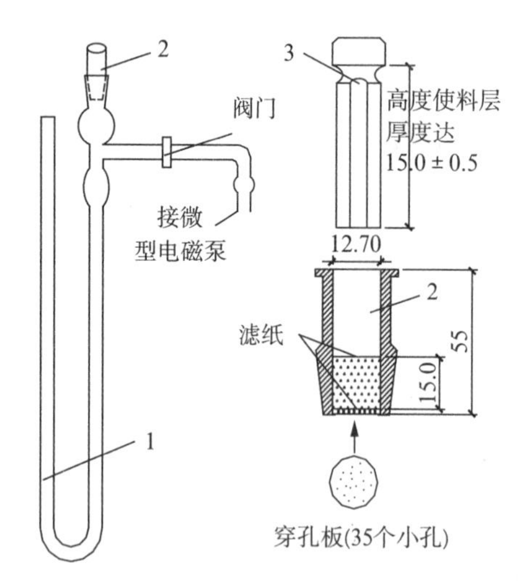

1—U 型压力计；2—透气圆筒；3—捣器

图 13-4　透气仪示意图

当工作负压小于 4 000 Pa 时，应清理吸尘器内水泥，使负压恢复正常。

② 勃氏法

(a) 主要仪器设备　勃氏比表面积透气仪：由 U 型压力计、透气圆筒和捣器组成，见图 13-4；分析天平精确至 0.001 g；烘箱控制温度灵敏度±1 ℃；秒表精确至 0.5 s。铝罐、料勺等。

(b) 试样准备　水泥试样过 0.9 mm 方孔筛，在 110 ℃±5 ℃烘箱中烘 1 h 后，置于干燥器中冷却至室温待用。

(c) 试验方法步骤

● 按照《水泥密度测定方法》(GB/T 208)：测定水泥的密度。

● 检查仪器是否漏气。如发现漏气，可用活塞油脂加以密封。

● 确定试样空隙率。PⅠ型、PⅡ型水泥的空隙率采用 0.500±0.005，其他水泥或粉料的空隙率采用 0.530±0.005。

● 确定试样质量 m，

$$m = \rho \cdot V(1-\varepsilon)$$

式中　m——需要的试样量，g；

ρ——试样密度，g/cm³；

V——试料层的体积，cm³；

ε——试料层的空隙率。

● 试样层制备。用捣棒把一片滤纸送到穿孔板上，边缘压紧。称取所需质量试样，精确至 0.001 g，倒入圆筒。轻敲筒边使水泥层表面平坦。再放入一片滤纸，用捣器均匀捣实试料，至捣器的支持环紧紧接触筒顶边并旋转二周，取出捣器。

● 透气试验。把装有试料层的透气圆筒连接到压力计上，保证紧密连接不致漏气，并不得振动试料层。打开微型电磁泵从压力计中抽气，至压力计内液面上升到扩大部下端，关闭阀门。当压力计内液体的凹月面下降到第一个刻线时开始计时，液体的凹月面下降到第 2 条刻线时停止计时，记录所需时间 t(s)，并记录温度。

(d) 试验结果计算与评定

● 当被测试样和标准试样的密度、试料层中空隙率与标准试样相同时：

当试验与校准温差≤3 ℃时，按式下式计算被测试样的比表面积 S，精确至 1 cm²/g。

$$S = S_s \cdot \sqrt{\frac{T}{T_s}}$$

式中　S_s——标准试样的比表面积，cm²/g；

T_s——标准试样压力计中液面降落时间，s；

T——被测试样压力计中液面降落时间，s。

当试验与校准与校准温差>3 ℃时，按下式计算被测试样的比表面积 S，精确至 1 cm^2/g。

$$S = S_s \cdot \sqrt{\frac{\eta_s}{\eta}} \cdot \sqrt{\frac{T}{T_s}}$$

式中 η_s——标准试样试验温度时的空气黏度（$\mu P_a \cdot s$）；

η——被测试样试验温度时的空气黏度（$\mu P_a \cdot s$）。

- 当被测试样和标准试样的密度相同，试料层中空隙率不同时：

当试验与校准与校准温差≤3 ℃时，按下式计算被测试样的比表面积 S，精确至 1 cm^2/g。

$$S = S_s \sqrt{\frac{T}{T_s}} \frac{(1-\varepsilon_s)}{(1-\varepsilon)} \sqrt{\frac{\varepsilon^3}{\varepsilon_s^3}}$$

式中 ε_s——标准试样试料层的空隙率；

ε——被测试样试料层的空隙率。

当试验与校准与校准温差>3 ℃时，按下式计算被测试样的比表面积 S，精确至 1 cm^2/g。

$$S = S_s \sqrt{\frac{\eta_s}{\eta}} \sqrt{\frac{T}{T_s}} \frac{(1-\varepsilon_s)}{(1-\varepsilon)} \sqrt{\frac{\varepsilon^3}{\varepsilon_s^3}}$$

- 当被测试样和标准试样的密度和试料层中空隙率均不同时：

当试验与校准与校准温差≤3 ℃时，按下式计算被测试样的比表面积 S，精确至 1 cm^2/g。

$$S = S_s \frac{\rho_s}{\rho} \sqrt{\frac{T}{T_s}} \frac{(1-\varepsilon_s)}{(1-\varepsilon)} \sqrt{\frac{\varepsilon^3}{\varepsilon_s^3}}$$

式中 S_s——标准试样的比表面积，cm^2/g；

ρ_s——标准试样的密度；

ρ——被测试样的密度。

当试验与校准与校准温差>3 ℃时，按式下式计算被测试样的比表面积 S，精确至 1 cm^2/g。

$$S = S_s \frac{\rho_s}{\rho} \sqrt{\frac{\eta_s}{\eta}} \sqrt{\frac{T}{T_s}} \frac{(1-\varepsilon_s)}{(1-\varepsilon)} \sqrt{\frac{\varepsilon^3}{\varepsilon_s^3}}$$

- 实验结果评定　水泥比表面积取两个平行试样试验结果的算术平均值，精确保留至 10 cm^2/g。如二次试验结果相差 2%以上时应重新试验。当同一水泥用手动勃氏透气仪测定的结果与自动勃氏透气仪测定的结果有争议时，以手动勃氏透气仪测定结果为准。

13.3.3　水泥标准稠度用水量试验

(1) 实验目的　掌握《水泥标准稠度用水量、凝结时间、安定性检验方法》(GB/T 1346—2011)中水泥标准稠度用水量的测试方法，正确使用仪器设备，并熟悉其性能；测出水泥的标准稠度用水量，同时为进行凝结时间和安定性试验作好准备。

(2) 主要仪器设备　维卡仪：滑动部分的总重量为 300 g±1 g，见图 13-5；装净浆用试模：标准法试杆及试模见图 13-6，每个试模应配备一个边长或直径约为 100 mm、厚度 4～5 mm 的平板玻璃或金属底板，代用法试锥及试模见图 13-7；天平其最大称量不小于 1 000 g，分度值不大于 1 g；量筒或滴定管精度±0.5 mL；水泥净浆搅拌机满足 JC/T 729 的要求；小刀、料勺等。

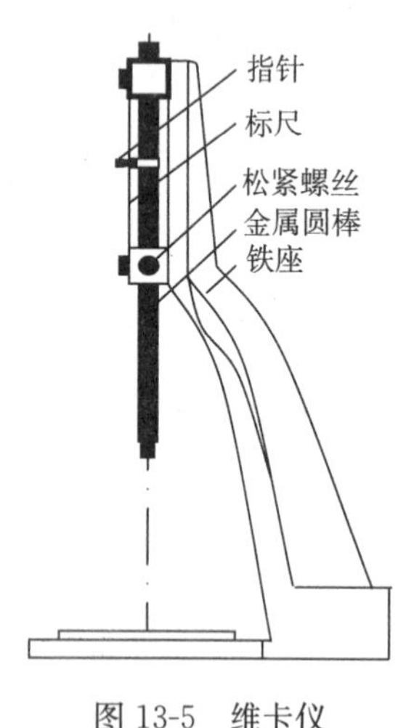

图 13-5　维卡仪

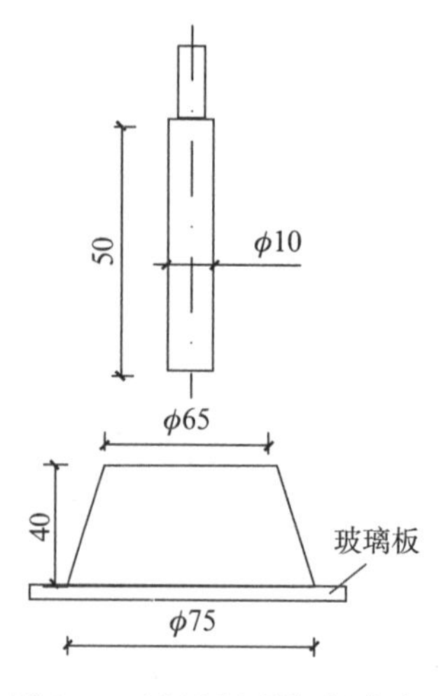

图 13-6　试杆和试模(标准法)
(单位：mm)

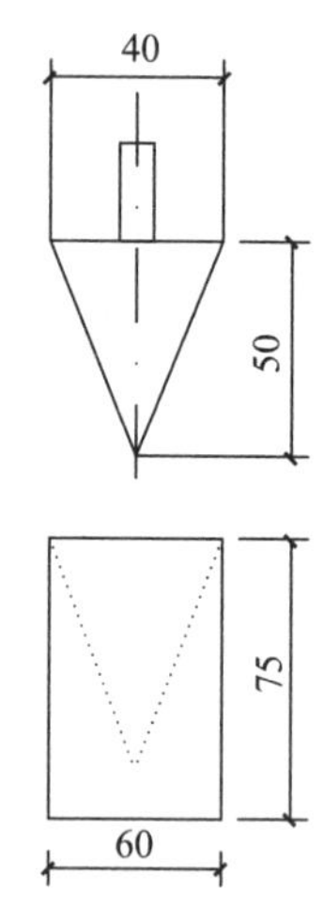

图 13-7　试锥和锥模(代用法)
(单位：mm)

(3) 试验方法与步骤

① 标准法

(a) 试验前准备　试验前需检查稠度仪，必须做到：维卡仪的金属圆棒能自由滑动；调整指针至试杆接触玻璃板时，指针应对准标尺的零点；搅拌机运转正常。

(b) 水泥净浆的拌制

- 用湿布擦抹水泥净浆搅拌机的筒壁及叶片；
- 称取 500 g(m_c)水泥试样；
- 量取拌和水(m_w 根据经验确定)，水量精确至±0.5 mL，倒入搅拌锅；
- 在 5～10 s 内将水泥加入水中；
- 将搅拌锅放到搅拌机锅座上，升至搅拌位置，开动机器慢速搅拌 120 s，停拌 15 s，再快速搅拌 120 s，然后停机。

(c) 标准稠度用水量的测定

- 拌和结束后，立即取适量水泥净浆将其装入已置于玻璃底板上的试模上端，用宽约 25 mm 的直边刀轻轻拍打超出试模部分的浆体 5 次以排除浆体中的孔隙，然后在试模上表面约 1/3 处，略倾斜于试模分别向外轻轻锯掉多余净浆，再从试模边沿轻抹顶部一次，使净浆表面光滑。在锯掉多余净浆和抹平的操作过程中，注意不要压实净浆。
- 抹平后迅速将试模和底板移到维卡仪上，并将其中心定在试杆下，降低试杆直至与水泥净浆表面接触，拧紧螺丝 1～2 s 后，突然放松，使试杆垂直自由地沉入净浆中。
- 在试杆停止沉入或释放试杆 30 s 时记录试杆距底板之间的距离，升起试杆后，立即擦净，整个操作应在搅拌后 1.5 min 内完成。以试杆沉入净浆并距底板 6 mm±1 mm 的水泥净浆为标准稠度净浆，其拌和水量为该水泥的标准稠度用水量(P)，按水泥质量的百分比计。

② 代用法

采用代用法测定水泥标准稠度用水量可用调整水量法和不变水量法两种，可选用任一种测定，如有争议时以调整水量法为准。不变水量法拌和用水量为 142.5 mL，调整水量法的拌合用水量则按经验找水。

(a) 不变水量法

● 拌和结束后，立即将拌制好的水泥净浆装入锥模中，用宽约 25 mm 的直边刀在浆体表面轻轻插捣 5 次，再轻振 5 次，刮去多余的净浆；

● 抹平后迅速放到试锥下面固定位置上，将试锥降至净浆表面，拧紧螺丝 1～2 s 后，突然放松，让试锥垂直自由地沉入水泥净浆中；

● 到试锥停止下沉或释放试锥 30 s 时记录试锥下沉深度 S(mm)。整个操作应在搅拌后 1.5 min 内完成。

(b) 调整用水量法　用调整水量方法测定时，以试锥下沉深度 30 mm±1 mm 时的净浆为标准稠度净浆，其拌和水量为该水泥的标准稠度用水量(P)，按水泥质量的百分比计。如下沉深度超出范围需另称试样，调整水量，重新试验，直至达到 30 mm±1 mm 为止。

(4) 试验结果的计算与确定

① 标准法　按下式计算水泥标准稠度用水量 P(精确至 0.1%)：

$$P = \frac{m_w}{m_c} \times 100\%$$

式中　m_w——拌合用水量；

　　m_c——水泥质量。

② 代用法

(a) 调整用水量方法　计算公式同标准法。

(b) 不变用水量方法　根据测得的试锥下沉深度 S(mm)，按下面的经验公式计算水泥标准稠度用水量 P，精确至 0.1%。

$$P = 33.4 - 0.185S$$

注：若试锥下沉深度小于 13 mm，应改用调整用水量方法测定。

13.3.4 水泥凝结时间试验

(1) 试验目的　掌握《水泥标准稠度用水量、凝结时间、安定性检验方法》(GB 1346—2011)中水泥凝结时间的测试方法，正确使用仪器设备。

(2) 主要仪器设备　维卡仪：见图 13-5；试针和试模：见图 13-8；天平：最大称量不小于 1 000 g，分度值不大于 1 g；量筒或滴定管：精度±0.5 mL；水泥净浆搅拌机，满足 JC/T 729 要求；湿气养护箱：温度为 20 ℃±2 ℃，相对湿度不低于 90%；小刀、料勺等。

(3) 试验方法及步骤

① 试验前准备　将圆模放在玻璃板上，在模内侧稍涂一层机油，调整指针，使初凝试针接触玻璃板时，指针对准标尺的零点。

② 试样制备　将标准稠度水泥净浆装入圆模，按标准稠度用水量(标准法)的方法装模和刮平后，立即放入标准湿气养护箱内。记录水泥全部加入水中的时间作为凝结时间的起始时间。

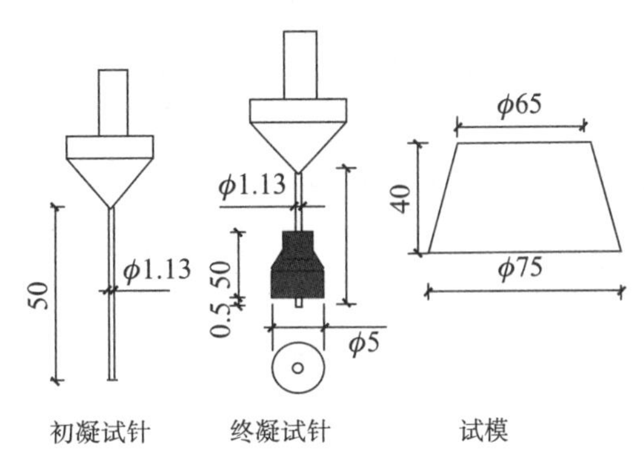

图 13-8　凝结时间测定仪 (单位：mm)

③ 凝结时间测定　凝结时间分初凝时间

和终凝时间，测定如下。

(a) 初凝时间 试件在湿气养护箱内养护至加水后 30 min 时进行第 1 次测定。测定时，从养护箱中取出试模放到试针下，降低试针与净浆表面接触，拧紧螺丝 1～2 s 后突然放松，试针垂直自由地沉入净浆，观察试针停止下沉或释放 30 s 时指针的读数。

临近初凝时间时每隔 5 min(或更短时间)测定一次，当试针沉至距底板 4 mm±1 mm 时，为水泥达到初凝状态。由水泥全部加入水中至初凝状态的时间即为水泥的初凝时间，用 min 表示。

(b) 终凝时间 完成初凝时间测定后，立即将试模和浆体以平移方式从玻璃板上取下，翻转 180°，直径大端向上，小端向下放在玻璃板上，再放入养护箱中继续养护。取下测初凝时间的试针，换上测终凝时间的试针。临近终凝时间每隔 15 min(或更短时间)测一次，当试针沉入浆体 0.5 mm，即环形附件开始不能在净浆表面留下痕迹时，为水泥达到终凝状态。由水泥全部加入水中至终凝状态的时间为水泥的初凝时间，用 min 表示。

(c) 测定过程注意事项 在测定时应注意，最初测定的操作时应轻轻扶持金属棒，使其徐徐下降，防止撞弯试针，但结果以自由下沉为准；在整个测试过程中试针沉入净浆的位置至少要距试模内壁 10 mm；每次测定完毕需将试针擦拭干净并将试模放入养护箱内，测定过程中要防止圆模受振；每次测量时不能让试针落入原孔。

到达初凝时应立即重复测一次，当两次结论相同时才能确定到达初凝状态；到达终凝时，需要在试体另外两个不同点测试，确认结论相同时才能确定达到终凝状态。

13.3.5 安定性试验

安定性试验方法有雷氏夹法(标准法)和试饼法(代用法)，当试验结果有争议时以雷氏夹法为准。

(1) 试验目的 通过实验掌握《水泥标准稠度用水量、凝结时间、安定性检验方法》(GB/T 1346—2011)中水泥体积安定性的测试方法，正确使用仪器设备。

(2) 主要仪器设备 沸煮箱：能在 30 min±5 min 将箱内水由室温升至沸腾状态并保持 3 h以上；雷氏夹见图 13-9；雷氏夹膨胀值测定仪见图 13-10。湿气养护箱、水泥净浆搅拌机、玻璃板、天平等。

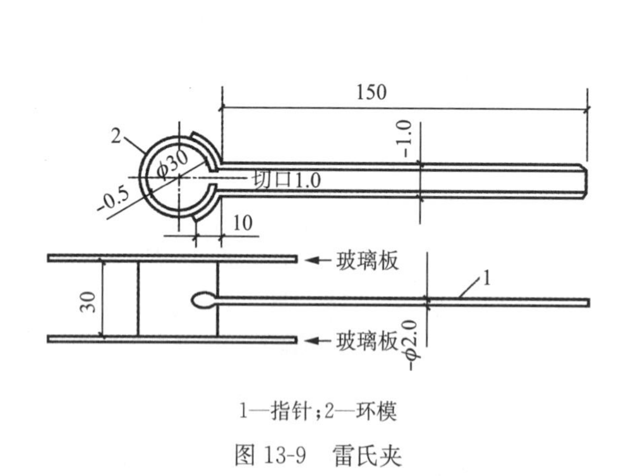

1—指针；2—环模

图 13-9 雷氏夹

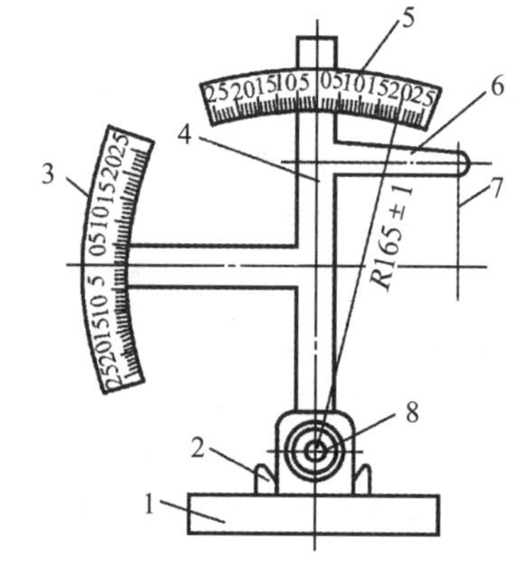

1—底座；2—模子座；3—测弹性标尺；4—立柱；5—测膨胀值标尺；6—悬臂；7—悬丝；8—弹簧顶扭

图 13-10 雷氏夹膨胀值测定仪

(3) 试验方法、步骤及结果评定

① 雷氏夹法

(a) 测定前的准备工作　每个试样需成型两个试件，每个雷氏夹需配备两个边长或直径约 80 mm、厚度 4～5 mm 的玻璃板，凡与水泥净浆接触的玻璃板和雷氏夹表面都要稍稍涂上一薄层矿物油。

(b) 标准稠度净浆的制备　以标准稠度用水量加水，制成标准稠度水泥净浆。

(c) 试件成型　把内表面涂油的雷氏夹放在稍涂油的玻璃板上，将标准稠度净浆一次装满雷氏夹，一手轻扶雷氏夹，另一只手用宽约 25 mm 的直边刀在浆体表面轻轻插捣 3 次，然后抹平，盖上另一稍涂油的玻璃板，立即将试件移至湿气养护箱内养护(24±2) h。

(d) 煮沸

- 调整沸煮箱内的水位，使试件能在整个沸煮过程中浸没在水里，并在煮沸的中途不需添补实验用水，同时又保证能在 30 min±5 min 内升至沸腾。
- 脱去玻璃板取下试件，先测量雷氏夹指针尖端间的距离 A，精确到 0.5 mm，接着将试件放入沸煮箱水中的试件架上，指针朝上，试件之间互不交叉，然后在 30 min±5 min 内加热至沸，并恒沸 3 h±5 min。
- 沸煮结束，即放掉箱中的热水，打开箱盖，待箱体冷却至室温，取出试件进行判别。
- 测量煮后试件指针头端间的距离 C，精确至 0.5 mm。

(e) 试验结果的计算与评定

- 雷氏夹法试验结果以沸煮前后试件指针头端间的距离之差($C-A$)表示。
- 雷氏夹法试验结果取两个平行试样试验结果的算术平均值，如二次试验结果相差大于 4 mm 时，应重新试验。
- 当距离之差($C-A$)小于等于 5.0 mm 时，即水泥安定性合格，反之不合格。安定性不合格的水泥为不合格品。

② 试饼法

(a) 测定前的准备工作　每个样品需要准备两块约 100 mm×100 mm 的玻璃板，凡与水泥净浆接触的玻璃板都要稍稍涂上一薄层机油。

(b) 标准稠度净浆的制备　以标准稠度用水量加水，制成标准稠度水泥净浆。

(c) 试件成型　取标准稠度水泥净浆约 150 g，分成两等份，制成球形，放在涂过油的玻璃板上，轻振玻璃板，并用湿布擦过的小刀，由边缘向饼的中央抹动，制成直径为 70～80 mm，中心厚约 10 mm，边缘渐薄，表面光滑的试饼，放入标准养护箱内养护 24 h±2 h。

(d) 煮沸

- 调整沸煮箱内的水位，使试件能在整个沸煮过程中浸没在水里，并在煮沸的中途不需添补实验用水，同时又保证能在 30 min±5 min 内升至沸腾。
- 脱去玻璃板取下试饼，检查试饼是否完整，在试饼无缺陷的情况下，将试饼置于沸煮箱内水中的篦板上，在 30 min±5 min 内加热至沸腾并恒沸 180 min±5 min。
- 沸煮结束，即放掉箱中的热水，打开箱盖，待箱体冷却至室温，取出试件进行判别。
- 目测试饼有无裂缝，并用钢尺检查试饼底部有无弯曲。

(e) 试验结果的评定　目测试饼，若未发现裂缝，再用钢直尺检查也没有弯曲时，则水泥安定性合格，反之为不合格。当两个试饼判别结果有矛盾时，为安定性不合格。安定性不合格的水泥为不合格品。

13.3.6 水泥胶砂强度试验

(1) 试验目的 根据国家标准要求，测定水泥各龄期的强度，从而确定或检验水泥的强度等级；通过试验掌握水泥胶砂强度试验方法和仪器设备的使用。

(2) 主要仪器设备 水泥胶砂搅拌机：行星式水泥胶砂搅拌机，工作时搅拌叶片既绕自身轴线自转又沿搅拌锅周边公转，运动轨迹似行星式，见图 13-11；试模为可卸的三联模，由隔板、端板、底座等组成。模槽内腔尺寸为 40 mm×40 mm×160 mm。三边应互相垂直，见图 13-12；抗折强度试验机：般采用杠杆比值为 1∶50 的电动抗折试验机。三点抗折，两个支撑圆柱中心距离为 100 mm±0.2 mm，加载速度可控制在 50 N/s±10 N/s，见图 13-13；抗压强度试验机：抗压试验机以 200～300 kN 为宜，在接近 4/5 量程范围内使用时，记录的荷载应有±1% 精度，并具有按 2 400 N/s±200 N/s 速率的加荷能力；水泥胶砂试体成型振实台：由可以跳动的台盘和使其跳动的凸轮等组成。振实台的振幅为 15 mm±0.3 mm，振动频率 60 次/(60 s±2 s)。抗压夹具：由硬质钢材制成，上、下压板长 40 mm±0.1 mm，宽不小于 40 mm，加压面必须磨平。天平：最大称量不小于 1 000 g，分度值不大于 1 g；模套、刮平直尺、自动滴管等。

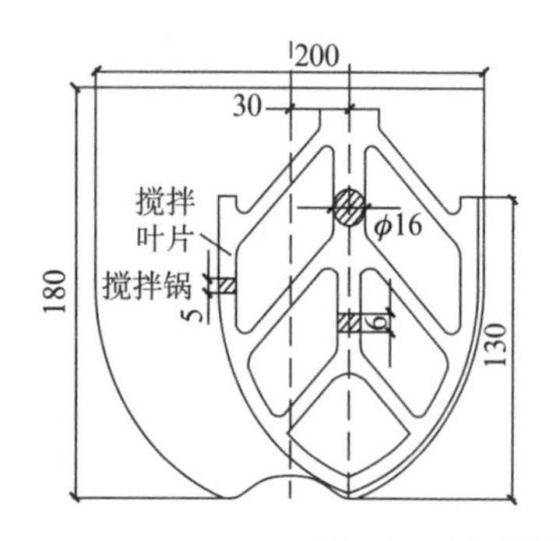

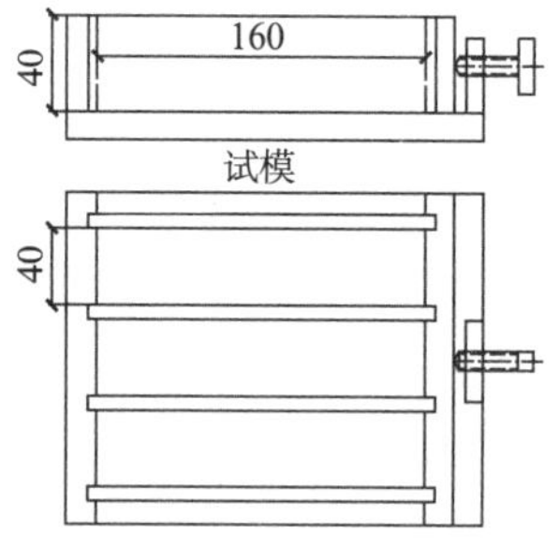

图 13-11 胶砂搅拌机与试模图

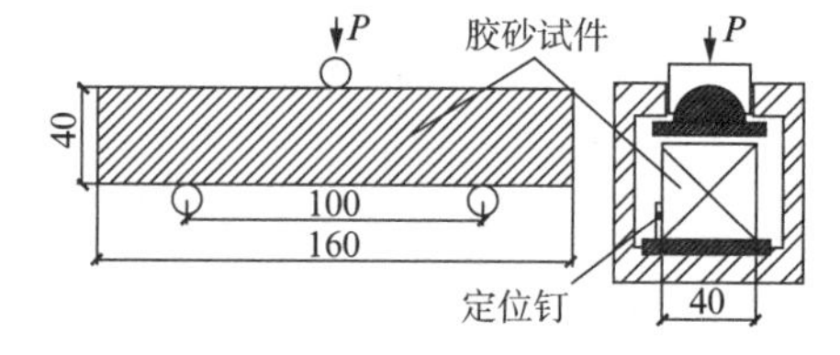

图 13-12 胶砂抗折和抗压示意图

(3) 试验方法及步骤

① 试验前准备

(a) 试模准备 将试模擦净，紧密装配，内壁均匀刷一层薄机油。

(b) 试样准备

● 水泥与标准砂的质量比为 1∶3，水胶比为 0.5。每三条试件需称量水泥 450 g±2 g，标准砂 1 350 g±5 g，拌合用水量为 225 ml±1 ml。

● 对于火山灰质硅酸盐水泥、粉煤灰硅酸盐水泥、复合硅酸盐水泥和掺火山灰质混合材料的普通硅酸盐水泥在进行胶砂强度检验时，其用水量按 0.50 水胶比和胶砂流动度不小于 180 mm 来确定。当流动度小于 180 mm 时，须以 0.01 的整倍数递增的方法将水胶比调整至胶砂流动度不小于 180 mm(胶砂流动度试验见 13.3.7“水泥胶砂流动度试验”)。

② 试件成型

(a) 把水加入锅里，再加入水泥，把锅固定。然后立即开动机器，先低速搅拌 30 s 后，在第 2 个 30 s 开始的同时均匀地将砂加入，再高速搅拌 30 s。停拌 90 s，在第一个 15 s 内将叶片和锅壁上的胶砂刮入锅中间。再高速搅拌 60 s。各个搅拌阶段，时间误差应在±1 s 之内。

(b) 将空试模和模套固定在振实台上，将搅拌锅里胶砂分两层装入试模，装第一层时，每个槽内约放 300 g 胶砂，用大播料器垂直架在模套顶部沿每个模槽来回一次将料层播平，接着放置在胶砂振实台上振动 60 次。再装入第二层胶砂，用小播平器播平，再振实 60 次。

(c) 从振实台上取下试模，用一金属直尺以近 90°的角度从试模一端沿长度方向以横向锯割动作慢慢将超过试模部分的胶砂刮去，并用直尺以近乎水平的角度将试体表面抹平。

(d) 在试模上作标记或加字条表明试件编号和试件相对于振实台的位置。

(e) 试验前和更换水泥品种时，搅拌锅、叶片等须用湿布抹擦干净。

③ 试件养护

(a) 将试模水平放入养护室或养护箱，养护至规定的脱模时间(对于 24 h 龄期的，应在破型试验前 20 min 内脱模，对于 24 h 以上龄期的应在成型后 20～24 h 之间脱模)时取出脱模。脱模前一般应做好试件编号和标记工作。

(b) 试件脱模后立即水平或竖直放在养护水温为 20 ℃±1 ℃，水平放置时刮平面应朝上养护至规定龄期。养护期间试件之间应留有间隙至少 5 mm，水面至少高出试件 5 mm，养护至规定龄期，不允许在养护期间全部换水。

④ 强度试验

(a) 龄期　各龄期的试件必须在 3 d±45 min，28 d±2 h 内进行强度测定。在强度试验前 15 min 将试件从水中取出后，用湿布覆盖。

(b) 抗折强度测定

● 每龄期取出 3 个试件，先做抗折强度测定，测定前须擦去试件表面水分和砂粒，清除夹具上圆柱表面粘着的杂物，以试件侧面与圆柱接触方向放入抗折夹具内。

● 调节抗折试验机的零点与平衡，开动抗折试验机以 50 N/s±10 N/s 速度加荷，直至试件折断，记录破坏荷载 F_f(N)。

● 抗折强度结果取 3 个试件抗折强度的算术平均值，精确至 0.1 MPa；当 3 个强度值中有 1 个超过平均值的±10%时，应予剔除，取其余两个的平均值；如有 2 个强度值超过平均值的 10%时，应重做试验。

(c) 抗压强度测定

● 取抗折试验后的 6 个断块进行抗压试验，抗压强度测定采用抗压夹具，试体受压面为 40 mm×40 mm，试验前应清除试体受压面与加压板间的砂粒或杂物；试验时，以试体的侧面作为受压面。

● 开动试验机，以 2 400 N/s±200 N/s 的速度均匀地加荷至破坏。记录破坏荷载 F_c(N)。

(d) 试验结果及评定

● 按下式计算水泥胶砂试件的抗折强度 R_f，精确至 0.1 MPa。

$$R_f = \frac{3}{2}\frac{F_f L}{bh^2} = 0.002\,34 F_f$$

式中　L——支撑圆柱中心距离，100 mm；

b，h——试件断面宽及高均为 40 mm。

抗折强度的结果确定是取 3 个试件抗折强度的算术平均值；当 3 个强度值中有一个超过平均值的±10%时，应予剔除，取其余两个的平均值；如有 2 个强度值超过平均值的 10%时，应重做试验。

● 按下式计算水泥胶砂试件的抗压强度 R_c，精确至 0.1 MPa。

$$R_c = \frac{F_c}{A}$$

式中　F_c——破坏荷载，N；

　　A——受压面积 40×40，mm^2。

抗压强度结果取 6 个试件抗压强度的算术平均值；如 6 个测定值中有一个超出 6 个平均值的±10%，就应剔除这个结果，而以剩下 5 个的平均值作为结果；如果 5 个测定值中再有超过它们平均数±10%的，则此组结果作废。

13.3.7　水泥胶砂流动度试验

(1) 试验目的　通过流动度试验，可衡量水泥相对需水量的大小，也是火山灰质水泥、粉煤灰硅酸盐水泥、复合硅酸盐水泥和掺火山灰质混合材料的普通硅酸盐水泥进行水泥胶砂强度试验时确定水胶比的必要前提。

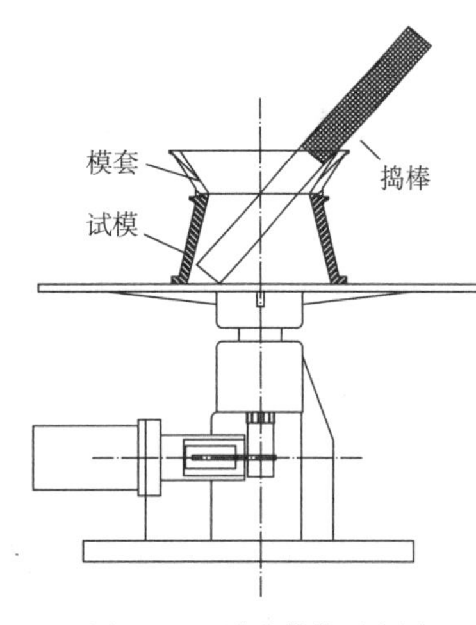

图 13-13　跳桌结构示意图

(2) 主要仪器设备　水泥胶砂搅拌机；水泥胶砂流动度测定仪(跳桌)：见图 13-13；天平量程不小于 1 000 g，分度值不大于 1 g；试模：截锥圆模，高 60±0.5 mm，上口内径 70 mm±0.5 mm，下口内径 100 mm±0.5 mm；捣棒：金属材料制成的捣棒，直径 20 mm±0.5 mm，长度约 200 mm；卡尺：量程不小于 300 mm，分度值不大于 0.5 mm。小刀、模套、料勺等。

(3) 试验方法及步骤

① 试验前准备　检查水泥胶砂搅拌机运转是否正常，如果跳桌在 24 h 内未被使用，先空跳一个周期 25 次。

② 胶砂制备　按照 GB/T 17671 的有关规定(或参见 13.3.6“水泥胶砂强度试验”)制备胶砂。

③ 进行跳桌试验

(a) 在制备胶砂的同时，用湿布抹擦跳桌台面、试模、捣棒等与胶砂接触的工具并用潮湿棉布覆盖。

(b) 将拌好的胶砂分两层迅速装入加模套的试模，第一层装至约 2/3 模高处，并用小刀在两垂直方向各划 5 次，扶住试模用捣棒由边缘至中心压捣 15 次。捣压深度为 1/2 胶砂高度。

(c) 第二层装至约高出截锥圆模顶 20 mm 处，并用小刀在两垂直方向各划 5 次，再手扶试模用捣棒由边缘至中心捣压 10 次。捣后胶砂应略高于试模，捣压深度不超过已捣实低层表面。

(d) 压捣完毕，取下模套，将小刀倾斜，由中间向两侧分两次近水平角度抹平顶面，擦去落在桌面上的胶砂。垂直轻轻提起截锥圆模。

(e) 开动跳桌，每秒 1 次的频率完成 25 次跳动。

(f) 水泥加入水中起到测量结束的时间不得超过 6 min。

④ 试验结果的计算与确定　水泥胶砂流动度试验结果取两个垂直方向上直径的算术平均值，精确至 1 mm。

13.4 混凝土试验

混凝土试验按照《普通混凝土拌合物性能试验方法》(GB/T 50080—2002)、《普通混凝土力学性能试验方法标准》(GB/T 50081—2002)规定的方法进行。

13.4.1 混凝土拌和物实验室拌和方法

(1) 一般规定

① 拌制混凝土的原材料应符合技术要求,并与施工实际用料相同,水泥如有结块现象,应用0.9 mm筛过筛,筛余团块不得使用。混凝土在拌和前,所用材料的温度应与实验室温度(20 ℃±5 ℃)保持一致。

② 拌制混凝土的材料用量以质量计。称量精度:集料为±1%,水、水泥及混合材料为±0.5%。

③ 搅拌机最小搅拌量:当骨料最大粒径小于31.5 mm时,拌制量为15 L,最大粒径为40 mm时为25 L。采用机械搅拌时,搅拌量不应小于搅拌机额定搅拌容量的1/4。

(2) 仪器设备 磅秤:称量50 kg,精度50 g;台称:精度为水、水泥、掺和料、外加剂质量的±0.5%;天平:称量5 kg,精度1 g;搅拌机:容量75~100 L;拌和钢板、钢抹子、拌铲等。

(3) 拌和方法

① 人工拌和法 按实验室配合比称取各种材料。将拌板和拌铲用湿布润湿后,将砂倒在拌板上,加入水泥,用拌铲翻拌混合至颜色均匀,再放入粗集料,继续翻拌至混合均匀。将干混合料堆成锥形,在中间作一凹槽,倒入称量好的一半水,然后翻拌并徐徐加入剩余的水,边翻拌边用铲在混合料上铲切,直至混合均匀。

拌和时间从加水时算起,应大致符合下列规定:拌合物体积为30 L以下时4~5 min;拌合物体积为30~50 L时5~9 min;拌合物体积为51~75 L时9~12 min。

② 机械搅拌法 至正式拌和时水泥浆挂失影响混凝土配合比,宜先用按配合比的水泥、砂和水及少量石子,在搅拌机中涮膛,然后倒出并刮去多余水泥浆。将称好的石子、水泥、砂按顺序倒入搅拌机内,开机干拌1 min左右,再边拌和边将水徐徐倒入,继续拌和2~3 min。将拌合物从搅拌机中卸出,倾倒在拌板上,再人工拌和2~3次。

混凝土拌和物取样后应立即进行坍落度测定或试件成型。从开始加水时算起,全部操作必须在30 min内完成。

13.4.2 混凝土拌和物和易性试验

坍落度方法适用于坍落度值不小于10 mm,骨料最大粒径不大于40 mm的塑性混凝土和流动性混凝土拌合物。

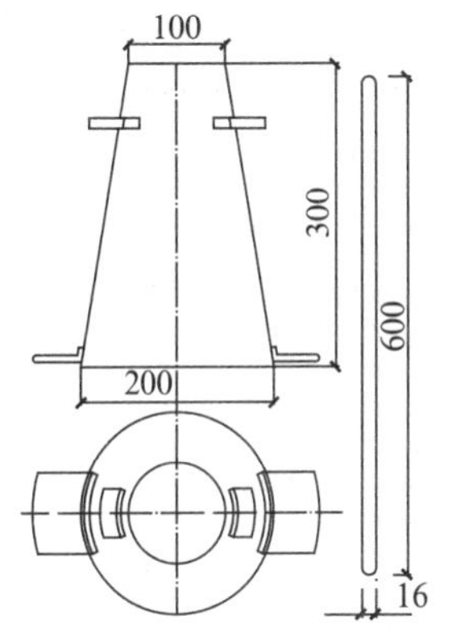

图 13-14 坍落度筒、捣棒
(单位:mm)

(1) 仪器设备 坍落度筒、捣棒:见图13-14;小铲、钢尺、喂料斗等。

(2) 试验步骤

① 测定前,用湿布将拌板及坍落度筒内润湿,并在筒顶部加漏斗,放在拌板上,用双脚踩紧脚踏板,固定位置。

② 用小铲将拌好的混合料分三层装入筒内，每层高度在插捣后约为筒高的1/3，每层用捣棒插捣25次，插捣呈螺旋形由外向中心进行，各插捣点均应在截面上均匀分布。插捣底层时捣棒应贯穿整个深度，插捣第二层和顶层时，捣棒应插透本层至下一层表面。在插捣顶层时，应随时添加混凝土使其不低于筒口。插捣完毕，刮去多余混凝土，并用抹刀抹平。

③ 清除筒边底板上的混凝土后，5～10 s内垂直平稳地提起坍落度筒。

④ 坍落度筒提起后，如拌合物发生崩塌或一边剪切破坏，则应重新取样测定，若再出现上述现象，则该混凝土拌合物和易性不好，并应记录。

(3) 试验结果评定

① 坍落度　用两钢直尺或专用工具测量筒高与坍落后混凝土试体最高点之间的高度差，此值即为坍落度值(mm)。

② 黏聚性　用捣棒在已坍落的拌合物锥体侧面轻轻敲打，如锥体逐渐下沉，表示黏聚性良好，如锥体倒塌、部分崩裂或出现离析现象，则表示黏聚性不好。

③ 保水性　坍落度筒提起后，如有较多的稀浆从底部析出，锥体部分的拌合物也因失浆而骨料外露，则表明保水性不好。如无此种现象，则表明保水性良好。

13.4.3　混凝土拌和物表观密度试验

(1) 仪器设备　容量筒：集料最大粒径不大于40 mm时为5 L，高度和直径均为186 mm，骨料最大粒径大于40 mm时，高度和直径应大于最大粒径的4倍；磅秤：称量为50 kg，精度为50 g；小铲、捣棒、振动台等。

(2) 试验步骤

① 用湿布把容量筒内外擦干，称量出容量筒的质量m_1，精确至50 g。

② 混凝土的装料及捣实方法应根据拌和物的稠度而定。坍落度小于70 mm的混凝土，用振动台振实为宜，大于70 mm的用捣棒捣实为宜。

采用振动台振实时，拌和物一次加至略高出筒口，装料时可用捣棒稍加插捣。振动过程中混凝土低于筒口时应随时添加，振动直至表面出浆为止。

采用捣棒捣实时应根据容量筒的大小决定分层与插捣次数。容量筒体积为5 L时，拌合物分两层装入，每层由边缘向中心均匀插捣25次；用大于5 L的容量筒时，每层混凝土的高度应不大于100 mm，每层插捣次数应按每100 cm^2截面不小于12次计算。每次插捣应贯穿该层，每层插捣完后用橡皮锤在筒外壁敲打5～10次。

③ 刮尺齐筒口刮去多余混凝土，表面用抹刀抹平。将容量筒外壁擦净，称出拌和物和容量筒的总质量m_2。

(3) 试验结果的计算与评定　混凝土拌和物的表观密度按下式计算，精确至10 kg/m^3。

$$\rho_0 = \frac{m_2 - m_1}{V}$$

式中　ρ_0——混凝土拌合物的表观密度，kg/m^3；

m_2——容量筒和混凝土拌和物的总质量，kg；

m_1——空容量筒的质量，kg；

V——空容量筒的容积，L。

13.4.4 混凝土抗压强度试验

(1) 仪器设备 压力试验机;振动台;试模、钢直尺、毛刷等。

(2) 试件成型和养护

① 混凝土抗压强度试验采用立方体试件,以同一龄期每三个试件为一组,试件尺寸根据集料最大粒径按表 13-1 选取。每组试件所用拌和物按实验室拌和方法拌制,所需混凝土数量见表 13-1。

表 13-1 **混凝土试件尺寸及强度换算系数**

试件尺寸/(mm×mm×mm)	最大粒径/mm	每组需混凝土量/kg	抗压强度换算系数
100×100×100	31.5	9	0.95
150×150×150	40	30	1.00
200×200×200	63	65	1.05

② 制作试件前,检查试模,拧紧螺栓,同时在试模内壁涂上一薄层脱模剂。

③ 所有试件应在取样后立即制作。试件成型方法应视混凝土的坍落度而定。坍落度不大于 70 mm 的混凝土拌合物宜采用振动台振实,大于 70 mm 的宜采用人工捣实。

(a) 振动台成型 将混凝土拌和物一次装入试模,并使拌和物略高出模口。然后将试模放到振动台上固定,开启振动台,振动到表面出浆为止,不得过振。取下试模,刮去多余拌和物,临近初凝时抹平。

(b) 人工捣实成型 混凝土拌和物分两层装入试模,每层厚度大致相等。插捣按螺旋方向从边缘中心均匀进行。插捣低层时,捣棒应达到试模底面,插捣上层时,捣棒应穿入下层深度 20~30 mm。插捣时,捣棒应保持垂直,并用镘刀沿试模内壁插入数次。每层插捣次数按 100 cm^2 面积不少于 12 次,然后刮除多余混凝土,临近初凝时用镘刀抹平。

④ 试件成型后应覆盖并在 20 ℃±5 ℃的环境中静置 24~48 h。然后编号拆模。

拆模后的试件应立即放入温度为 20 ℃±2 ℃、相对湿度 95%以上的标准养护室中养护,或 20 ℃±2 ℃的不流动的 $Ca(OH)_2$ 饱和溶液中养护。标准养护室内的试件应放在支架上,彼此间隔为 10~20 mm,试件表面应保持潮湿,并不得被水直接冲淋。

同条件养护的试件拆模时间与构件拆模时间相同。拆模后放置在相应结构部位的适当位置,并采取相同的养护方法。

(3) 抗压强度试验步骤

① 试件从养护地点取出,随即擦干并量出其受压面边长 a,b(精确至 1 mm),据此计算试件的承压面积 A(mm^2)。

② 将试件居中放置在下承压板上,试件的受压面应与成型时的顶面垂直。开动试验机,当上压板与试件接近时,调整球座,使接触平衡。

③ 加载应连续而均匀,加载速度为:混凝土强度等级低于 C30 时,取 0.3~0.5 MPa/s。混凝土强度等级等于或高于 C30 时且低于 C60 时,取 0.5~0.8 MPa/s。混凝土强度等级等于或高于 C60 时,取 0.8~1.0 MPa/s。

当试件接近破坏而开始急剧变形时,停止调整试验机送油阀,直至试件破坏,记录破坏荷载 P(N)。

(4) 试验结果的计算与评定

① 混凝土立方体试件的抗压强度按下式计算(精确至 0.1 MPa)：

$$f_{cu} = \frac{P}{A}$$

式中 f_{cu}——混凝土立方体试件的抗压强度，MPa；

P——破坏荷载，N；

A——试件承压面积，mm^2。

② 抗压强度取三个试件的算术平均值，精确至 0.1 MPa。3 个测值中如有 1 个与中间值的差值超过中间值的 15%时，则把最大及最小值一并舍去，取中间值作为该组试件的抗压强度值；如有 2 个测值与中间值的差均超过中间值的 15%，则该组试件的试验结果无效。

③ 混凝土强度等级低于 C60 时，边长为 200 mm 和 100 mm 非标准立方体试件抗压强度值需乘以对应的尺寸换算系数 1.05 和 0.95，换算成标准立方体试件抗压强度值。高于 C60 时，宜采用标准试件，使用非标准试件时，尺寸换算系数应根据试验确定。

13.5 砂 浆 试 验

砂浆试验参照《砌筑砂浆基本性能试验方法》(JGJ 70—2009)进行，试验基本内容有砂浆的制备、新拌砂浆的稠度试验，分层度试验和硬化砂浆的抗压强度试验。

13.5.1 砂浆制备方法

(1) 试验目的 通过砂浆的拌制，加强对砂浆配合比设计的实践性认识，掌握砂浆的拌制方法，为测定新拌砂浆以及硬化后砂浆性能作准备。

(2) 一般规定

① 制备砂浆环境条件 室内的温度应保持在 20 ℃±5 ℃，所用材料的温度应与试验室温度保持一致。当需要模拟施工条件下所用的砂浆时，所用原材料的温度应与施工现场保持一致，且搅拌方式宜与施工条件相同。

② 原材料

(a) 水泥的选择使得水泥砂浆强度等级不宜大于 32.5 级，水泥混合砂浆强度等级不宜大于 42.5 级。

(b) 对于砂，砌筑砂浆宜选用中砂，毛石砌体宜选用粗砂，且含泥量不应超过 5%。

(c) 对于石灰膏，生石灰熟化时间不得少于 7 d，生石灰粉熟化时间不得少于 2 d。稠度应为 120 mm±5 mm。严禁使用脱水硬化的石灰膏。

③ 搅拌量与搅拌时间控制适当，搅拌量不应小于搅拌机额定搅拌容量的 1/4，搅拌时间不宜少于 2 min，掺有外加剂时搅拌时间不少于 3 min。

④ 原材料的计量精度：细骨料为±1%，水、水泥、石灰膏、掺和料和外加剂等为±0.5%。

(3) 主要仪器设备 磅秤：称量量程 50 kg，感量为 50 g；台称、天平：精度为水、水泥、外加剂质量的±0.5%；砂浆搅拌机、铁板、铁铲、抹刀等。

(4) 试验方法与步骤

① 人工拌和方法

(a) 将称好的砂子放在铁板上，加上所需的水泥，用铁铲拌至颜色均匀为止。

(b) 将拌匀的混合料集中成圆锥形,在锥上做一凹坑,再倒入适量的水将石灰膏或黏土膏稀释,然后与水泥和砂共同拌和,逐次加水,仔细拌和均匀,水泥砂浆每翻拌一次,用铁铲压切一次。

(c) 拌和时间一般需 5 min,使其色泽一致、和易性满足要求即可。

② 机械搅拌方法

(a) 机械搅拌时,应先拌适量砂浆,使搅拌机内壁粘附一薄层砂浆。

(b) 将称好的砂、水泥装入砂浆搅拌机内。

(c) 开动砂浆搅拌机,将水徐徐加入(混合砂浆需将石灰膏或黏土膏稀释至浆状),搅拌时间约为 3 min,使物料拌和均匀。

(d) 将砂浆拌和物倒在铁板上,再用铁铲翻拌两次,使之均匀。

13.5.2 砂浆稠度试验

(1) 试验目的 通过稠度试验,可以测定达到设计稠度时的加水量,或在施工期间控制稠度以保证施工质量。

(2) 主要仪器设备 砂浆稠度仪:试锥高度 145 mm、锥底直径 75 mm,试锥及滑杆质量 300 g,见图 13-15。捣棒:直径 10 mm、长 350 mm。小铲、秒表等。

(3) 试验方法及步骤

① 将拌好的砂浆一次装入砂浆筒内,装至距离筒口约 10 mm,用捣棒捣 25 次,然后将筒在桌上轻轻振动或敲击 5~6 下,使之表面平整,随后移置于砂浆稠度仪台座上。

② 调整试锥的位置,使其尖端和砂浆表面接触,并对准中心,拧紧固定螺丝,将指针调至刻度盘零点,然后突然放开固定螺丝,使圆锥体自由沉入砂浆中 10 s 后,读出下沉的距离,即为砂浆的稠度值 K_1,精确至 1 mm。

③ 圆锥体内砂浆只允许测定一次稠度,重复测定时应重新取样。

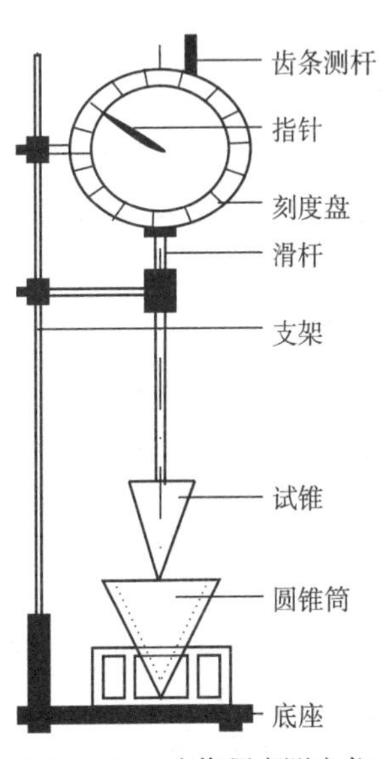

图 13-15 砂浆稠度测定仪

(4) 结果计算与评定 同盘砂浆应取两次试验结果的算术平均值作为测定值,并应精确至 1 mm;当两次试验值之差大于 10 mm 时,应重新取样测定。

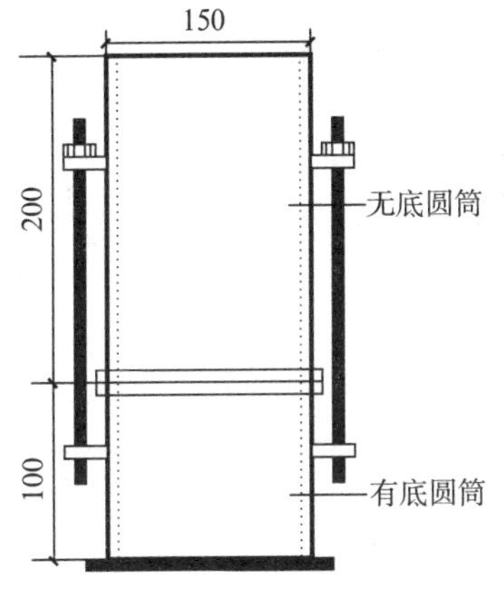

图 13-16 砂浆分层度仪

(单位:mm)

13.5.3 砂浆分层度试验

(1) 试验目的 砂浆保水性的好坏,将直接影响砂浆的使用及砌体的质量。通过分层度试验,可测定砂浆在运输及停放时的保水能力。

(2) 主要仪器设备 分层度测定仪:见图 13-16;小铲、木锤等。

(3) 试验方法与步骤

① 将拌合好的砂浆测试稠度 K_1,精确至 1 mm。

② 再把砂浆一次注入分层度测定仪中,装满后用木锤

在四周4个不同位置敲击容器1～2下，刮去多余砂浆并抹平。

③ 静置30 min后，去除上层200 mm砂浆，然后取出底层100 mm砂浆重新拌和均匀，再测定砂浆稠度值K_2，精确至1 mm。

两次砂浆稠度值的差值(K_2-K_1)即为砂浆的分层度。

(4) 结果计算与评定 应取两次试验结果的算术平均值作为该砂浆的分层度值，精确至1 mm；当两次分层度试验值之差大于10 mm时，应重新取样测定。

13.5.4 砂浆保水性试验

(1) 试验目的 判定砂浆拌和物在施工时的保水能力。

(2) 主要仪器设备 金属或硬塑料圆环试模：内径100 mm、内部高度25 mm；可密封的取样容器：应清洁、干燥；2 kg的重物；金属滤网：网格尺寸45 μm，直径110 mm±1 mm；超白滤纸：符合《化学分析滤纸》(GB/T 1914)中速定性滤纸，直径110 mm，200 g/m^2；2片金属或玻璃的方形或圆形不透水片，边长或直径大于110 mm；天平：量程200 g，感量0.1 g；量程2 000 g，感量1 g；烘箱。

(3) 试验方法与步骤

① 称量底部不透水片与干燥试模质量m_1和15片中速定性滤纸质量m_2。

② 将砂浆拌合物一次性装入试模，并用抹刀插捣数次，当装入的砂浆略高于试模边缘时，用抹刀以45°一次性将试模表面多余的砂浆刮去，然后再用抹刀以较平的角度在试模表面反方向将砂浆刮平。

③ 抹掉试模边的砂浆，称量试模、底部不透水片与砂浆总质量m_3。

④ 用金属滤网覆盖在砂浆表面，再在滤网表面放上15片滤纸，用上部不透水片盖在滤纸表面，以2 kg的重物把不透水片压着。

⑤ 静止2 min后移走重物及不透水片，取出滤纸(不包括滤网)，迅速称量滤纸质量m_4。

⑥ 从砂浆的配比及加水量计算砂浆的含水率，若无法计算，可按(5)的规定测定砂浆的含水率α。

(4) 试验结果计算与评定 砂浆保水性应按下式计算：

$$W=\left[1-\frac{m_4-m_2}{\alpha\times(m_3-m_1)}\right]\times 100$$

取两次试验结果的算术平均值作为砂浆的保水率，精确至0.1%。且第二次应重新取样测定。当两次测定值之差超过2%时，此组试验结果应为无效。

(5) 测定砂浆含水率 应称取100 g±10 g砂浆拌和物试样质量，置于一干燥并已称重的盘中(总质量m_6)中，烘干至恒重(总质量m_5)。砂浆含水率应按下式计算：

$$\alpha=\frac{m_6-m_5}{m_6}\times 100$$

取两次试验结果的算术平均值作为砂浆的含水率，精确至0.1%。当两次测定值之差超过2%时，此组试验结果应为无效。

13.5.5 砂浆立方体抗压强度试验

(1) 试验目的 检验和确定砂浆配合比及强度等级是否能够满足设计与施工的要求。

(2) 主要仪器设备 压力试验机：精度为1%，试件的破坏荷载应不小于压力机量程的20%，且不大于压力机量程的80%；试模：70.7 mm×70.7 mm×70.7 mm 带底试模；捣棒、抹刀、油灰刀等。

(3) 试验方法与步骤

① 制作试件

(a) 试模内壁涂刷薄层机油或脱模剂。

(b) 向试模内一次注满砂浆，当砂浆的稿度大于 50 mm 应采用人工振捣，当稠度大于 50 mm时，宜采振动台振实成型；人工振捣：应采用捣棒均匀地由边缘向中心按螺旋方式插捣25次，插捣过程中当砂浆沉落低于试模口时，应随时添加砂浆，可用油灰刀沿模壁插数次，并用手将试模一边抬高 5～10 mm 各振动 5 次，砂浆应高出试模顶面 6～8 mm；机械振捣：当砂浆一次装满试模，放置到振动台上，振动时试模不得跳动，振动 5～10 s 或持续到表面泛浆为止，不得过振。

(c) 应待砂浆表面水分稍干后，再将高出部分试模部分的砂浆沿试模顶面削去并抹平。

② 养护试件

(a) 试件制作后在 20 ℃±5 ℃温度下停置 24 h±2 h，当气温较低时，可适当延长时间，但不应超过 48 h，然后对试件进行编号拆模。试件拆模后，应在标准养护条件下，继续养护28天。

(b) 标准养护条件 温度 20 ℃±2 ℃，相对湿度 90%以上。养护期间，试件彼此间隔不少于 10 mm。

③ 测试抗压强度

(a) 从养护室取出并迅速擦拭干净试件，测量尺寸，检查外观。试件尺寸测量精确至1 mm。如实测尺寸与公称尺寸之差不超过 1 mm，可按公称尺寸进行计算。

(b) 将试件居中放在试验机的下压板上，试件的承压面应垂直于成型时的顶面。

(c) 开动试验机，以 0.25～1.5kN/s 加荷速度加载。砂浆设计强度不大于 2.5 MPa 时，取下限为宜，砂浆设计强度 2.5 MPa 以上时取上限为宜。

(d) 当试件接近破坏而开始迅速变形时，停止调整试验机油门，直至试件破坏。记录破坏荷载 P(N)。

(4) 结果计算与评定 按下式计算试件的抗压强度，精确至 0.1 MPa：

$$f_{m,cu} = K \cdot \frac{P}{A}$$

式中 $f_{m,cu}$——砂浆立方体试件抗压强度，MPa，精确至 0.1 MPa；

P——试件破坏荷载，N；

K——换算系数，取 1.35；

A——试件承压面积，mm^2。

砂浆抗压强度取 3 个试件抗压强度的算术平均值，精确至 0.1 MPa。当 3 个试件抗压强度的最大值或最小值中有一个与中间值之差超过中间值的 15%时，应把最大值及最小值一并舍去，取中间值作为该组试件的抗压强度值。当有两个测值与中间值的差值均超过中间值的15%时，则该组试件的试验结果无效。

13.6 钢筋试验

实验内容：钢筋混凝土用钢——钢筋的力学、工艺性能试验。

试验参照《金属材料室温拉伸试验方法》(GB/T 228—2002)、《金属材料弯曲试验方法》(GB/T 232—1999)、《钢筋混凝土用钢第1部分：热扎光圆钢筋》(GB 1499.1—2008)、《钢筋混凝土用钢第2部分：热轧带肋钢筋》(GB 1499.2—2007)、《金属洛氏硬度试验第1部分》(GB/T 230.1—2004)、《型钢验收、包装、标志及质量证明书的一般规定》(GB/T 2101—2008)《钢及钢产品交货一般技术要求》(GB/T 17505—1998)进行。

13.6.1 钢筋的取样与检验规则

钢筋的拉伸试验和弯曲试验取样数量各两根，可任选两根钢筋切取。钢筋试样制作时不允许进行车削加工。试验一般应在10 ℃～35 ℃的温度下进行。取样方法和结果评定规定，自每批钢筋中任意抽取两根，各取一套试样(两根试件)，在每套试样中取一根作拉伸试验，另一根作冷弯试验。在拉伸试验的两根试件中，如其中一根试件的屈服点、抗拉强度和伸长率3个指标中，有一个指标达不到钢筋标准中规定的数值，应取双倍试样数量，重作试验。如仍有一根试件的指标达不到标准要求，则拉伸试验不合格。在冷弯试验中，如有一根试件不符合标准要求，就同样抽取双倍钢筋，重作试验。如仍有一根试件不符合标准要求，即为不合格。

13.6.2 钢筋拉伸试验

(1) 试验目的 通过钢筋试验可判定钢筋的各项指标是否符合标准要求。钢材在常温下进行弯曲试验，以表示其承受弯曲成要求角度及形状的能力。

(2) 主要仪器设备 万能材料试验机：精度为1%；钢板尺：精度为1 mm；天平：精度为1 g；游标卡尺、千分尺、钢筋标点机等。

(3) 试件的制作与准备

① 测量试样的实际直径 d_0 和实际横截面积面积 S_0。

(a) 光圆钢筋 可在标点的两端和中间3处，用游标卡尺或千分尺分别测量2个互相垂直方向的直径，精确至0.1 mm，计算3处截面的平均直径，精确至0.1 mm，再按 $S_0=\frac{1}{4}\pi d_0^2$ 分别计算钢筋的实际横截面积面积，取四位有效数字。实际直径 d_0 和实际横截面积面积 S_0 分别取三个值的最小值。

(b) 带肋钢筋 用钢尺测量试样的长度 L，精确至0.1 cm；称量试样的质量 m，精确至1 g；按 $S_0=\frac{m}{\rho L}=\frac{m}{7.85\,L}\times 1\,000$ 计算实际横截面面积，取四位有效数字。

② 确定原始标距 L_0 $L_0=5.65\sqrt{S_0}=5.65\sqrt{\frac{1}{4}\pi d_0^2}$，修约至最接近5 mm的倍数。

③ 根据原始标距 L_0、公称直径 d 和试验机夹具长度 h 确定截取钢筋试样的长度 L。L 应大于 $L_0+1.5d+2h$，若需测试最大力总伸长率则应增大试样长度。

④ 在试样中部用标点机标点，相邻两点之间的距离可为10 mm或5 mm，见图13-17。

(4) **试验方法与步骤**

① 按试验机操作使用要求选用操作试验机。

② 将试样固定在试验机夹头内,开机均匀拉伸。拉伸速度要求:屈服前,6～60 MPa/s;屈服期间,试验机活动夹头的移动速度为 $0.015(L-2h)$/min～$0.15(L-2h)$/min;屈服后,试验机活动夹头的移动速度为不大于 $0.48(L-2h)$/min,直至试件拉断。

③ 拉伸过程中,可根据荷载-变形曲线或指针的运动直接读出或通过软件获取屈服荷载 F_S(N)和极限荷载 F_b(N)。

④ 将已拉断试件的两段,在断裂处对齐,使其轴线位于一条直线上。测试断后伸长率和最大力总伸长率。

(a) 断后伸长率

● 以断口处为中点,分别向两侧数出标距对应的格数,用卡尺直接量出断后标距 L_u,精确至 0.1 mm。见图 13-17。

● 若短段断口与最外标记点距离小于原始标距的 1/3,则可采用移位方法进行测量。短段上最外点为 X,在长段上取短段格数相同点 Y。原始标距 L_0 所需格数减去 XY 段所含格数得到剩余格数:为偶数时取剩余格数的一半,得 Z_1 点;为奇数时取所余格数减 1 的一半的格数得 Z_1 点,加 1 的一半的格数得 Z_2 点,见图 13-17。

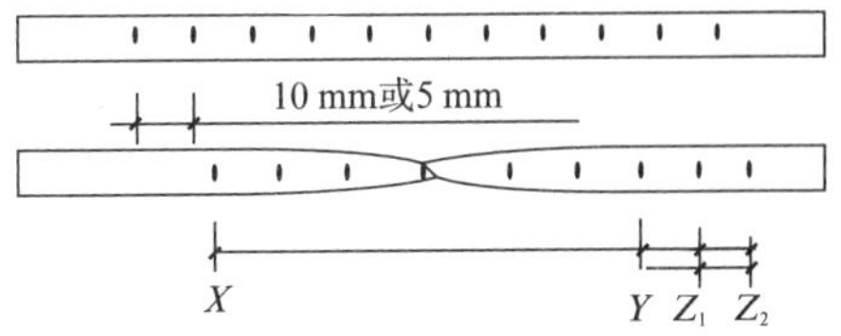

图 13-17 钢筋标点及移位法

例:标点间距为 10 mm。若原始标距 $L_0=60$ mm,则量取断后标距 $L_u=XY$;若 $L_0=70$ mm,断后标距 $L_u=XY+YY+YZ_1=XY+YZ_1$;若 $L_0=80$ mm,断后标距 $L_u=XY+YZ_1+YZ_1=XY+2YZ_1$。

● 在工程检验中,若断后伸长率满足规定值要求,则不论断口位置位于何处,测量均为有效。

(b) 最大力总伸长率

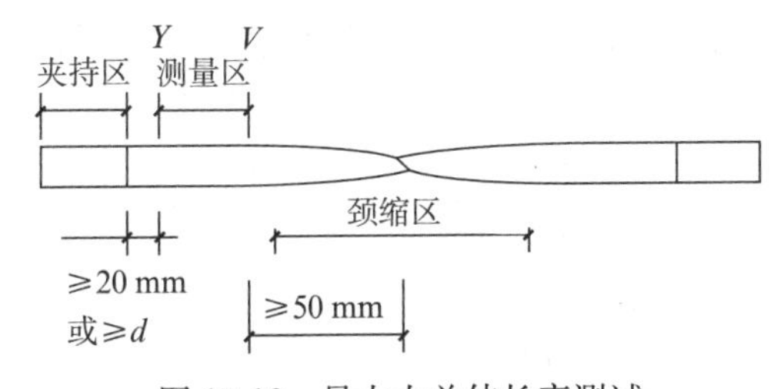

图 13-18 最大力总伸长率测试

● 采用引伸计或自动采集时,根据荷载—变形曲线或应力—应变曲线,可得到最大力时的伸长量经计算得到最大力总伸长率或直接得到最大力总伸长率。

● 在长段选择标记 Y 和 V,测量 YV 的长度 L',精确至 0.1 mm,YV 在拉伸试验前长度 L'_0 应不小于 100 mm,其他要求见图 13-18。

(5) **试验结果的计算与评定**

① 按下式计算屈服强度 R_{eL},修约至 5 MPa。

$$R_{eL}=\frac{F_s}{S_0} \text{ 或 } R_{eL}=\frac{F_s}{S}$$

式中,S 为公称面积,mm^2,取四位有效数字,工程检验时采用。

② 按下式计算抗拉强度 R_m,修约至 5 MPa。

$$R_m=\frac{F_b}{S_0} \text{ 或 } R_{eL}=\frac{F_b}{S}$$

③ 按下式计算断后伸长率 A，修约至 0.5%。

$$A=\frac{L_u-L_0}{L_0}\times 100\%$$

④ 按下式计算最大力总伸长率 A_{gt}，修约至 0.5%。

$$A_{gt}=\frac{L'-L'_0}{L'_0}\times 100\%$$

13.6.3 钢筋弯曲试验

(1) 主要仪器设备 万能试验机或弯曲试验机；冷弯压头等。

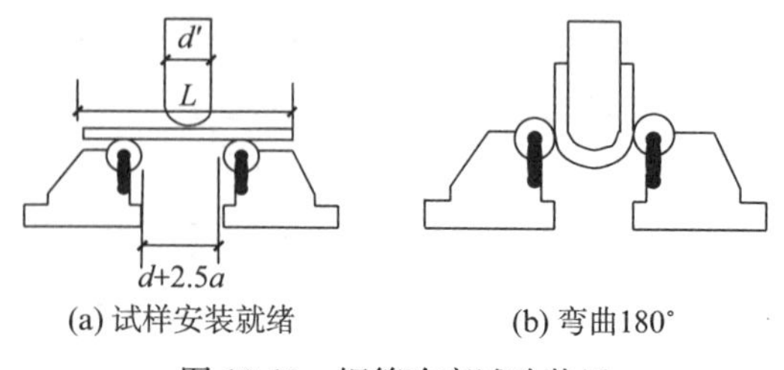

图 13-19 钢筋冷弯试验装置

(2) 试验方法及步骤

① 试件长度根据试验设备确定，一般可取 $5d$+150 mm，d 为公称直径。

② 按要求确定弯心直径 d' 和弯曲角度。

③ 调整两支辊间距离等于 $d'+2.5d$，见图 13-19。

④ 装置试件后，平稳地施加荷载，弯曲到要求的弯曲角度。

(3) 结果评定 检查试件弯曲处的外缘及侧面，如无裂缝、断裂或起层，即判定弯曲性能合格。

13.7 沥 青 试 验

本节试验内容包括：沥青针入度试验，沥青延度试验，软化点试验。

本试验执行规范：《建筑石油沥青》(GB/T 494—2010)；《沥青针入度测定法》(GB/T 4509—2010)；《沥青延度测定法》(GB/T 4508—2010)；《沥青软化点测定法》(GB/T 4507—1999)。

13.7.1 针入度试验

(1) 试验目的 沥青针入度试验用于测定石油沥青的稠度。针入度越大说明稠度越小，针入度是划分沥青牌号的主要指标。

(2) 主要仪器设备 针入度计：见图 13-20；标准钢针、试样皿、恒温水浴、平底玻璃皿、计时器、温度计等。

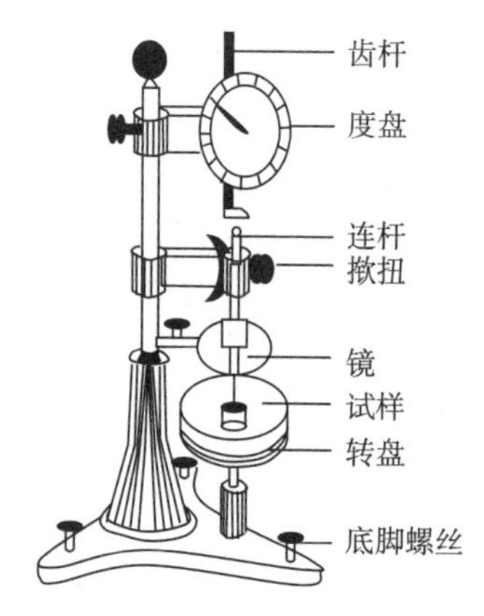

图 13-20 沥青针入度仪

(3) 试样准备

① 均匀加热沥青至流动，将其注入试样皿，放置于 15 ℃～30 ℃的空气中冷却 1～1.5 h(小试样皿)或 1.5～2.0 h(大试样皿)。

② 把试样皿浸入 25 ℃±0.1 ℃的水浴恒温(小皿恒温 1～

1.5 h,大皿恒温 1.5～2.0 h),水面高于试样表面 10 mm 以上。

(4) 试验方法与步骤

① 调整螺丝使三角底座水平。

② 用溶剂将针擦干净,再用干布擦干,然后将针插入连杆中固定。

③ 取出恒温的试样皿,置于水温为 25 ℃的平底保温皿中,试样以上的水层高度大于 10 mm,再将保温皿置于转盘上。

④ 调节针尖与试样表面恰好接触,移动齿杆与连杆顶端接触时,将度盘指标调至“0”。

⑤ 用手紧压按钮,同时开动秒表,使针自由针入试样,经 5 s,放开按钮使针停止下沉。

⑥ 拉下齿杆与连杆顶端接触,读出指针读数,即为试样的针入度,1/10 mm。

⑦ 在试样的不同点重复试验 3 次,测点间及与金属皿边缘的距离不小于 10 mm;每次试验用溶剂将针尖端的沥青擦净。

(5) 试验结果的计算与评定

① 取三次试验结果的算术平均值作为本次试验的针入度值,要求取至整数。三次试验所测针入度的最大值与最小值之差不应超过表 13-2 的规定,否则应重新进行试样。

② 对建筑石油沥青按针入度要求划分牌号,划分方法要求见第 9 章表 9-4。

表 13-2　　石油沥青针入度测定值的最大允许差值

针入度/(1/10 mm)	0～49	50～149	150～249	250～500
允许最大差值/(1/10 mm)	2	4	12	20

13.7.2　延度试验

(1) 试验目的　延度是沥青塑性的指标,延度值越大,表明沥青塑性越好。具有一定延度是沥青成为柔性防水材料的最重要性能之一。

(2) 主要仪器设备　延度仪及模具:见图 13-21;试件模具、瓷皿或金属皿、水浴、砂浴、温度计、方孔筛(0.3～0.5 mm)、隔离剂等。

(3) 试样制备

① 将隔离剂涂于金属板上及侧模的内侧面,然后将试模在金属垫板上卡紧。

② 均匀加热沥青至流动,将其从模一端至另一端往返注入,沥青略高出模具。

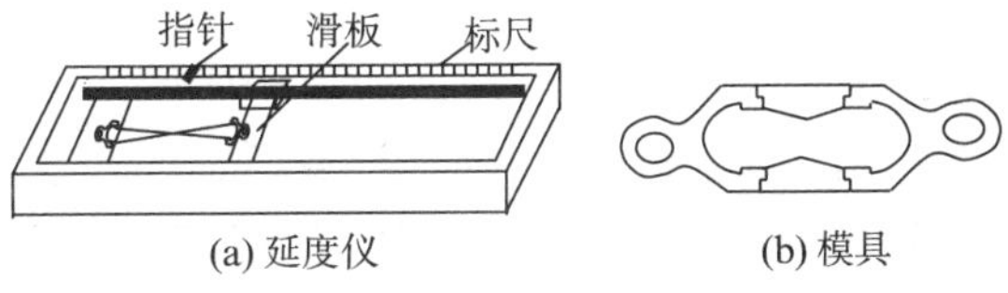

图 13-21　沥青延度仪及模具

③ 试件空气中冷却 30～40 min 后,再将试件及模具置于温度 25 ℃±0.5 ℃的水浴 30 min,取出后用热刀将多余沥青刮去,至与模平。再将试件及模具放入水浴恒温 85～95 min。

(4) 试验方法及步骤

① 去除底板和侧模,将试件装在延度仪上。试件距水面和水底的距离不小于 2.5 cm。

② 调整延度计水温至 25 ℃±0.5 ℃,开机以 5 cm/min±0.25 cm/min 速度拉伸,观察沥青的延伸情况。如沥青细丝浮于水面或沉入槽底时,则加入酒精或食盐水,调整水的密度与试样的密度相近后,再测定。

③ 试件拉断时,试样从拉伸到断裂所经过的距离,即为试样的延度,mm。

(5) 试验结果的计算与评定　对延度值取三个平行试样的测试结果的算术平均值。如三个试样的测试结果不在其平均值的5%范围，但两较高值在平均值的5%范围，则取两较高值的平均值，否则需重做。

13.7.3 软化点试验

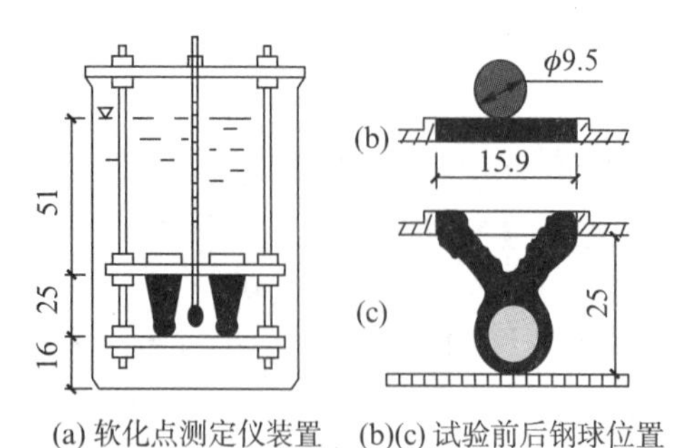

(a) 软化点测定仪装置 (b)(c) 试验前后钢球位置

图 13-22 沥青软化点测定仪

(1) 试验目的 软化点是反映沥青在温度作用下，其黏度和塑性改变程度的指标，它是在不同环境下选用沥青的最重要指示之一。沥青的软化点越高，表明沥青的耐热性越好，即抗高温度敏感性越强。

(2) 主要仪器设备 软化点试验仪(环与球法)：见图13-22；电炉、烧杯、测定架等。

(3) 试验准备

① 将沥青均匀加热至流动，注入铜环内至略高出环面。

② 在空气中冷却不少于30 min后，用热刀刮去多余的沥青至与环面齐平。

③ 将铜环安在环架中层板的圆孔内，与钢球一起放在水温为5 ℃±1 ℃烧杯中，恒温15 min。

④ 烧杯内重新注入新煮沸约5 ℃的蒸馏水，使水面略低于连接杆上的深度标记。软化点高于80 ℃的用甘油浴，同时起始温度也提高到30 ℃±1 ℃。

(4) 试验方法及步骤

① 放上钢球并套上定位器。调整水面至标记，插入温度计，使水银球与铜环下齐平。

② 将测定仪装置底部以5 ℃±0.5 ℃/min的速率加热。

③ 试样软化下坠与支撑板接触时，分别记录温度，为试样的软化点，精确至0.5 ℃。

(5) 试验结果的计算与评定 试验结果取两个平行试样测定结果的平均值。两个数值的差数不得大于表13-3规定。

表 13-3 **软化点试验结果允许差值表**

软化点温度/℃	≤80	80～100	100～140
允许差值/℃	1	2	3

13.8 沥青混合料试验

试验内容包括：沥青混合料马歇尔试验，沥青混合料车辙试验。

本试验执行规范：《公路工程沥青及沥青混合料试验规程》(JTG E20—2011)；《公路沥青路面施工技术规范》(JTG F40—2004)。

13.8.1 沥青混合料马歇尔试验

(1) 试验目的 马歇尔稳定度试验是进行沥青混合料配合比设计的必做实验，用以检验评价沥青混合料的高温稳定性。也是沥青路面施工质量的重要检验方法。

马歇尔稳定度实验主要测定沥青混合料的马歇尔稳定度(*MS*)、流值(*FL*)和马歇尔模数

(T)三项指标。稳定度是指在规定温度与加荷速度下，标准尺寸试件可承受的最大荷载(kN)；流值是最大荷载时试件的垂直变形(以 0.1 mm 计)，马歇尔模数是稳定度与其流值之比。马歇尔模数 T 越大，说明沥青混合料高温稳定性越好。

浸水马歇尔稳定度试验用于检验评价沥青混合料抵抗水侵蚀致沥青膜剥离、松散、脱粒等破坏的能力。

浸水马歇尔试验测试试件的残留稳定度 MS_0。残留稳定度越高，沥青混合料水稳定性越好。

(2) 主要仪器与材料 沥青混合料马歇尔试验仪：符合 GB/T 11823《沥青混合料马歇尔试验仪》的技术要求；恒温水槽：控温准确度为 1 ℃，深度不少于 150 mm；真空饱水容器：包括真空泵及真空干燥器；烘箱；天平：感量不大于 0.1 g；温度计：分度为 1 ℃；其他：卡尺、棉纱和黄油。

(3) 试验准备

① 标准马歇尔试件的尺寸应符合直径 101.6 mm±0.2 mm、高 63.5 mm±1.3 mm 的要求。

② 用卡尺测量试件中部的直径，用马歇尔试件高度测定器或用卡尺在十字对称的 4 个方向量测离试件边缘 10 mm 处的高度，准确至 0.1 mm，并以其平均值作为试件的高度。如试件高度不符合 63.5 mm±1.3 mm 要求或两侧高度差大于 2 mm 时，此试件应作废。

③ 按规定的方法测定试件的密度、孔隙率、沥青体积百分率、沥青饱和度、矿料间隙率等物理指标。

④ 将恒温水槽调节至要求的试验温度，黏稠石油沥青或烘箱养生过的乳化沥青混合料为 60 ℃±1 ℃，对煤沥青混合料为 33.8 ℃±1 ℃，空气养生的乳化沥青或液体沥青混合料为 25 ℃±1 ℃。

(4) 试验步骤

① 将试件置于已达规定的恒温水槽中，保温 30～40 min。试件之间应有间隔，底下应垫起，离容器底部不小于 5 cm。

② 将马歇尔试验仪的上下压头放入水槽或烘箱中达到同样温度。将上下压头从水槽或烘箱中取出擦拭干净内面，在下压头的导棒上涂少量黄油。再将试件取出置于下压头上，盖上上压头，然后装在加载设备上。

③ 在上压头的球座上放妥钢球，并对准荷载测定装置的压头。

④ 将流值计安装在导棒上，使导向套管轻轻地压住上压头，同时将流值计读数调零。调整压力环中百分表，对准零。

⑤ 启动加载设备，使试件承受荷载，加载速度为 50 mm/min±5 mm/min。当试验荷载达到最大值的瞬间时，取下流值计，同时读取压力环中百分表读数及流值计的流值读数。

⑥ 从恒温水槽中取出试件至测出最大荷载值的时间不得超过 30 s。

(5) 浸水马歇尔试验步骤 浸水马歇尔试验方法与标准马歇尔试验方法的不同之处在于，试件在已达规定温度恒温水槽中的保温时间为 48 h，其余均与标准马歇尔试验方法相同。

(6) 实验计算

① 获得试件的流值 FL。试件的稳定度及流值根据压力环标定曲线，将压力环中百分表的读数换算为荷载值 MS(单位为 kN，准确至 0.01 kN)；由流值计及位移传感器测定装置读取的试件垂直变形，即为试件的流值 FL(单位为 mm，准确至 0.1 mm)。

② 计算试件的马歇尔模数 T。试件的马歇尔模数按下式计算：

$$T=\frac{MS}{FL}$$

式中 T——试件的马歇尔模数，kN/mm；

MS——试件的稳定度，kN；

FL——试件的流值，mm。

③ 计算试件的浸水残留稳定度 MS_0。试件的浸水残留稳定度 MS_0 按下式计算

$$MS_0=\frac{MS_1}{MS}\times 100\%$$

式中 MS_0——试件的浸水残留稳定度，%；

MS_1——试件浸水 48 h 后的稳定度，kN。

④ 计算试件的真空饱水残留稳定度 MS'_0 试件的真空饱水残留稳定度 MS'_0 按下式计算。

$$MS'_0=\frac{MS_2}{MS}\times 100\%$$

式中 MS'_0——试件的真空饱水残留稳定度，%；

MS_2——试件真空饱水后浸水 48 h 后的稳定度，kN。

进行实验时，当一组测定值中某个测定值与平均值之差大于标准差的 k 倍时，该测定值应予舍弃，并以其余测定值的平均值作为试验结果。当试验数目 n 为 3，4，5，6 时，k 值分别为 1.15，1.46，1.67，1.82。

13.8.2 沥青混合料车辙试验

沥青混合料车辙试验主要检验试件产生车辙深度的形成速度。车辙试验是用标准成型方法制成 300 mm×300 mm×50 mm 的沥青混合料试件，在 60 ℃的温度条件下，以 0.7 MPa 荷载的轮子在同一轨迹上作规定速度与频率的反复行走规定次数后，以其试件变形 1 mm 所需试验车轮行走次数称为动稳定度，并以次/mm 表示。通常对于高速公路和城市快速路，其抗车辙能力不应低于 800 次/mm；对一级公路及城市主干路不应低于 600 次/mm。

(1) 主要仪器与材料 车辙试验机：主要由试件台、试验轮、加载装置、试模、变形测量装置、温度检验装置组成；恒温室：恒温室温度 60 ℃±1 ℃，试件内部温度 60 ℃±0.5 ℃；台秤：称量 15 kg，感量不大于 5 g。

(2) 试验准备

① 试验轮接地压强测定。测定在 60 ℃时进行，在试验台上放置一块 50 mm 厚的钢板，其上铺一张毫米方格纸，再上铺一张新的复写纸，以规定的 700 N 荷载将试验轮静压复写纸，即可在方格纸上得出轮压面积，并由此求得接地压强。当压强不符合 0.7 MPa±0.05 MPa 时，荷载应予适当调整。

② 车辙试验采用轮碾成型的标准尺寸为 300 mm×300 mm×50 mm 的试件，也可从路面切割制作 300 mm×150 mm×50 mm 的试件。

③ 将试件脱模按规定的方法测定密度及孔隙率等各项物理指标。将其吹干，然后再装回试模中。

(3) 试验步骤 车辙试验的试验温度与轮压可根据有关规定和需要选用，非经注明，试验温度为 60 ℃，轮压为 0.7 MPa。

① 将试件连同试模一起置于达到试验温度 60 ℃±1 ℃的恒温室中，保温不少于 5 h，也不得多于 24 h。在试件的试验轮不行走的部位上，粘贴一个热电偶温度计(也可在试件制作时预先将热电偶导线埋入试件一角)，控制试件温度稳定在 60 ℃±0.5 ℃。

② 将试件连同试模移置于轮辙试验机的试验台上，试验轮在试件的中央部位，其行走方向须与试件碾压或行车方向一致。开动车辙变形自动记录仪，然后启动试验机，使试验轮往返行走，时间约 1 h，或最大变形达到 25 mm 时为止。试验时，记录仪自动记录变形曲线及试件温度。

(4) 实验计算

① 从变形曲线上读取 45 min(t_1)及 60 min(t_2)时的车辙变形 d_1 及 d_2，准确至 0.01 mm。当变形过大，在未到 60 min 变形已达 25 mm 时，则以达到 25 mm(d_2)时的时间为 t_2，其前 15 min 为 t_1，此时的变形量为 d_1。

② 计算沥青混合料试件的动稳定度 *DS* 试件的动稳定度 *DS* 按下式计算：

$$DS = \frac{(t_2 - t_1) \times N}{d_2 - d_1} \times C_1 \times C_2$$

式中 *DS*——沥青混合料的动稳定度，次/mm；

d_1——时间 t_1 的变形量，mm；

d_2——时间 t_2 的变形量，mm；

C_1——试验机类型修正系数，曲柄连杆驱动试件的变速行走方式为 1.0，链驱动试验轮的等速方式为 1.5；

C_2——试件系数，试验室制备的宽 300 mm 的试件为 1.0，从路面切割的宽 150 mm 的试件为 0.80；

N——试验轮往返碾压速度，通常为 42 次/min。

同一沥青混合料或同一路段的路面，至少平行试验 3 个试件，当 3 个试件稳定度变异系数小于 20%时，取平均值作为试验结果；变异系数大于 20%时应分析原因，并追加试验。如计算动稳定度大于 6 000 次/mm 时，记作>6 000 次/mm。

参 考 文 献

[1] 朋改非. 土木工程材料[M]. 武汉：华中科技大学出版社，2010.
[2] 廖国胜，曾三海. 土木工程材料[M]. 北京：冶金工业出版社，2011.
[3] 周辉，钱美丽，冯金秋，等. 建筑材料热物理性能与数据手册[M]. 北京：中国建筑工业出版社，2010.
[4] 钱晓倩，詹树林，金南国. 建筑材料[M]. 北京：中国建筑工业出版社，2009.
[5] 赵方冉，王起才，严捍东. 土木工程材料[M]. 上海：同济大学出版社，2004.
[6] 严捍东，钱晓倩. 新型建筑材料教程[M]. 北京：中国建材工业出版社，2005.
[7] 张雄，张永娟. 现代建筑功能材料[M]. 北京：化学工业出版社，2009.
[8] 孙道胜，王爱国，胡普华. 地聚合物的研究与应用发展前景[J]. 材料导报，2009，23(4)：61－65.
[9] 倪文，王恩，周佳. 地聚合物——21 世纪的绿色胶凝材料[J]. 新材料产业，2003，(6)：24－28.
[10] 杨南如. 一类新的胶凝材料[J]. 水泥技术，2004，(3)：11－17.
[11] 湖南大学，天津大学，同济大学，东南大学合编. 土木工程材料[M]. 北京：中国建筑工业出版社，2002.
[12] 魏小胜，严捍东，张长清. 工程材料[M]. 武汉：武汉理工大学出版社，2013.